模 具 技 术

罗启全　编著

广东省出版集团
广东科技出版社
·广州·

图书在版编目（CIP）数据

模具技术/罗启全编著. —广州：广东科技出版社，2012.1
ISBN 978 - 7 - 5359 - 5418 - 3

Ⅰ. ①模…　Ⅱ. ①罗…　Ⅲ. ①模具—技术　Ⅳ. ①TG76

中国版本图书馆 CIP 数据核字（2010）第 217585 号

责任编辑：熊晓慧
装帧设计：柳国雄
责任校对：陈素华　吴丽霞　黄慧怡
责任印制：任建强
出版发行：广东科技出版社
　　　　　（广州市环市东路水荫路 11 号　邮政编码：510075）
E-mail：gdkjzbb@21cn.com
http：//www.gdstp.com.cn
经　　销：广东新华发行集团股份有限公司
排　　版：广东科电有限公司
印　　刷：广州嘉正印刷包装有限公司
　　　　　（广州市番禺大龙街大龙村工业区新凌路边 C 号　邮政编码：511450）
规　　格：787 mm × 1 092 mm　1/16　印张 37.5　字数 750 千
版　　次：2012 年 1 月第 1 版
　　　　　2012 年 1 月第 1 次印刷
定　　价：68.00 元

如发现因印装质量问题影响阅读，请与承印厂联系调换。

内 容 提 要

　　本书是一本重点介绍各类模具及其制造、装配、调整、试模、模具用材料、元器件及模具的热处理强化、模具配套用设备及使用等技术。

　　本书为一本内容丰富（几乎涵盖了除水泥、糕点模具之外的所有模具）、系统、完整、图文并茂、贴近生产、通俗易懂、简明实用的模具技术书，其实用性强，可查阅的内容、数据多，可供各类模具制造、修理的工人在生产现场使用，也可供从事模具设计、研究开发、教学人员、模具企业的经营管理人员，以及推销、采购人员和大专院校的师生学习参考。

前　言

模具工业是经济发展的重要基础工业之一。从民用工业到国防工业，从地上地下跑的、水上水下游的，到天上和太空飞的产品，从成人用的产品、用具，到小孩玩的玩具以及人们的衣食住行、游乐、休闲等方面的产品、用品和教育、文化、艺术等领域，几乎都离不开模具在其研制、改型、生产中的作用。

在科学技术飞速发展、人类已进入信息时代的今天，在商品经济高度发达，市场瞬息万变、竞争日益激烈，世界经济逐步走向一体化的今天，各国经济都在不断发展。

我国是世界上人口最多的发展中国家，地大物博、资源丰富，其中劳动力资源最充足。改革开放20多年来，各行各业蓬勃发展，吸引外资逐渐增多，加入WTO后，大量的制造业务转向我国。因此中国将成为"世界工厂"，这就必须出现大量的模具需求，同时，随着机械加工工业技术的进步和迅速发展，少切削和无切削加工工艺范围必将日益扩大，也使作为现代工业重要工艺装备的各类模具的需求量日益增多，并对其功能和精度提出了更高的要求，亦即对各类模具的设计和制造提出了更多、更高的要求。

为适应这种形势的需要，帮助日益增多的模具制造工人获得一本内容比较全面系统，性能、数据、公式及图表齐全可靠，且实用性通用性强、通俗易懂、便于查阅的模具技术书，也为我国模具工业和技术的发展贡献绵薄之力，借鉴了国内外相关资料，并在收（搜）集、总结、整理、归纳了国内外大量各类模具制造技术、经验、数据的基础上编写了《模具技术》。

本书的特点：

一、学习和吸收了国内外同类书的优点，避开了其缺点，力求把当代模具先进的制造技术和经验、诀窍融会贯通在相关内容中，简化了模具从业人员所熟知的传统技术方面的章节，旨在保证本书信息量大、可读性强。

二、为适应我国各类模具需求量和种类将大量增多的形势，改变我国模具技术落后、技术单一、竞争能力差、每年要进口大量模具的局面，本书介绍了当今世界各国的五大类上千种模具结构和使用得最多的200余种模具的结构、特点及适用范围，其中详细地介绍了我国将要大量使用和生产的各类塑料模、冷冲模、型材挤压模、压铸模等铸造模、陶瓷模、玻璃模的结构、成型原理、特点、适用范围及其新技术、新工艺、新材料和发展动向，旨在有助于我国模具同仁举一反三、触类旁通，科学、系统、实用化地研究、开发新的先进的模具，不断丰富千变万化的模具内涵，提高我国模具行业的科技创新能力、技术水平和制造能力。

三、为适应20世纪80年代以来珠江三角洲内、外资企业使用进口模具材料日益增多的趋势，本人从粤港多家外资企业收集、整理、汇编了美国、日本、瑞典、澳大利亚等国的冷作模、热作模、塑料模用金属、非金属材料的成分、性能、热处理工艺等相关资料，供读者使用、查阅或推广。

四、为适应各种简易模具和特种模具将大量使用，随着各种简便快速经济的铸造法制模技术将大显身手的发展趋势，本书相应地介绍了几种铸造制模工艺及所用设备、材料。

五、为适应产品日益集成化、多功能化、小型化对精密模具的需求日益增多和作为加工精密复杂模具零件重要手段的数显铣、数控铣和加工中心的使用随之增加的发展趋势，本书介绍了国内外有关模具零件铣削加工方面的设备、附件、工夹具、加工技术及数据、经验。

六、针对目前还没有加工大尺寸模具零件的一般设备的情况，本书收集、归纳介绍了各种使用刨床加工大型模具零件内外曲面、平面所要配用的附件、工夹具、测具等，以供读者自制或找厂家购买。

七、考虑到磨削在模具零件加工中的重要作用和工作量大的特点，本书收集、整理、介绍了各类磨床的结构及其附件、工夹具、测具的特点及装夹和磨削方法。

八、对于今后将使用得很多的各类简易模具和特种模具，在《简易模具设计与制造》一书（广东科技出版社2004年出版）中有详细介绍，限于篇幅，故不作详细介绍。

作者愿以此书为砖，向国内外模具同仁引玉，共同切磋模具技术经验，以使本书日臻完善。

本书可供各类模具制造工人（包括线切割、电火花加工工人）和各类学校的模具专业的学生阅读，也可供模具设计人员、模具制造工艺人员、模具企业（车间）的经营管理人员、供销人员和从事模具科研、教学、信息情报等人员参考。

由于作者水平有限，书中有错误和不妥之处，敬请读者批评指正。

编著者

2010 年 12 月

目　　录

第一章 概　述

一、模具和模具技术的定义及模具在现代工业中的地位和作用

1. 定义

模具是工业生产中借助设备（工具）及能源把各种金属或非金属材料压制成或浇注成所需形状、尺寸的零件（或零件毛坯）或产品的专用工艺装备，或说模具是材料压力加工或熔化浇注的一种与材料直接接触成型的工艺装备。

我国古代把模具称作"范"（如陶范、泥范等），而今则称作"型"或"模"。

模具技术是介于机械加工、电加工、粉料成型与压力加工或熔体成型（如金属铸造成型或塑料、橡胶、蜡料等非金属熔体成型等）之间的一门涉及多学科的综合性技术。

2. 地位和作用

随着科技的不断进步，机械制造业的迅速发展，少切削无切削加工工艺范围的不断扩大以及文物复制、金银首饰、艺术雕塑、服装模特、各类展示品的发展，采用模具来加工零件（或产品）或复制古玩、文物等艺术品的比例和数量日益增加，各行各业都离不开模具，并有日益增多的趋势，显然模具工业在国民经济和社会发展中起着极其重要的作用，占有重要的地位，故发达国家有所谓"模具工业是进入富裕社会的原动力"之说，当今，在某种意义上确实可以认为："模具就是产品质量，模具就是经济效益。"其重要作用主要表现在以下方面：

1）模具是实现锻压、挤压、冲压成型零件或产品与浇注成型零件毛坯或产品的基本工艺装备。

2）模具是保证零件或产品形状、尺寸和精度的基本工具。

3）模具是保证零件或产品内外质量的重要工具。

4）模具是高效率、高质量、低成本的加工零件或产品的工具。

5）合理的模具结构、形状和尺寸，在某种程度上可以控制零件或产品的内部组织状态和其力学性能、物理性能（如先进的铝合金挤压模等模具）。

6）先进合理的模具结构设计，不但对改善劳动条件，保证人身和设备安全而且对提高生产效率都有十分重要的作用。

7）先进的、新型的模具，不仅为发展新产品、新工艺提供了良好的条件，也为传统的机械加工、电加工或锻造、铸造、钣焊等手段难以加工或根本无法加工的外形内构非常复杂、尺寸和形位精度及表面光滑程度要求都很高的异形零件找到了一条先进有效的加工途径。

8）合理的先进的模具设计结构和精确先进的模具制造工艺可大大提高模具寿命，进而大大降低产品成本并节省能耗和设备耗用。

9）采用模具加工零件或产品，对推动零件或产品的标准化、通用化，减少非标准、非通用零件或产品的生产、流通所造成的浪费和危害有着重要的意义。

10）一些简易模具和特种模具对加速新产品研制、老产品改型、快速生产出零件或产品，抢占市场更有十分重要的作用。

二、采用模具加工零件或产品的优缺点

1. 优点

1）生产效率高，适合大批量生产。

2）加工出来的零件或产品的精度高，尺寸稳定，标准化程度高，比采用其他加工方法加工的互换性、通用性强，因而检验的工作量也大大减少。

3）加工出来的零件或产品，一般都不需要进一步加工或加工量很少。

4）节省原材料，材料的利用率高，浪费很少。

5）操作工艺比较简单方便，对操作者的技术水平和文化程度要求不高。

6）能加工出用其他加工方法难以加工或根本无法加工的外形内构极为复杂、尺寸和形位精度和表面光滑程度要求很高的零件或产品。

7）用模具批量加工的零件或产品的成本很低。

8）简易模具上马快、设计制作工艺简单、加工时间短，不需要高档、复杂的加工设备，适用面广、造价低，很适合单件和小批量试制件和要快速占领市场的零件或产品。

2. 缺点

由于模具为单件生产，型面和结构日益复杂，精度要求高，寿命要求长，选用的材料贵，设计加工的周期长，动用的设备多，除少数简易模具外，其造价都很高，故不适合单件和小批量零件或产品的生产。

三、模具的分类

模具（型）种类及分类方法很多，多采用如下分类方法：

1. 按模具所用的材料分类

按模具所用材料来分类，可分为金属模和非金属模两大类。金属模有钢模、铸铁模、铝及铝合金模、铜及铜合金模等；非金属模有砂模（型）、陶土模、石膏模（型）等。

2. 按材料在模具内成型的特点分类

按材料在模具内成型的特点划分，模具的种类如下：

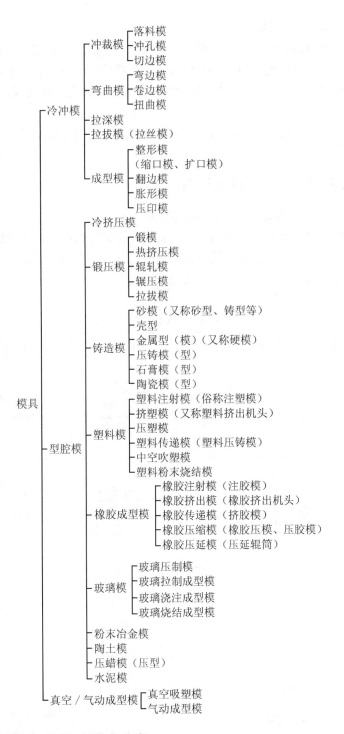

模具 型腔模 冷冲模 冲裁模 落料模
冲孔模
切边模

弯曲模 弯边模
卷边模
扭曲模

拉深模

拉拔模（拉丝模）

成型模 整形模
（缩口模、扩口模）
翻边模
胀形模
压印模

冷挤压模

锻压模 锻模
热挤压模
辊轧模
辗压模
拉拔模

铸造模 砂模（又称砂型、铸型等）
壳型
金属型（模）（又称硬模）
压铸模（型）
石膏模（型）
陶瓷模（型）

塑料模 塑料注射模（俗称注塑模）
挤塑模（又称塑料挤出机头）
压塑模
塑料传递模（塑料压铸模）
中空吹塑模
塑料粉末烧结模

橡胶成型模 橡胶注射模（注胶模）
橡胶挤出模（橡胶挤出机头）
橡胶传递模（挤胶模）
橡胶压缩模（橡胶压模、压胶模）
橡胶压延模（压延辊筒）

玻璃模 玻璃压制模
玻璃拉制成型模
玻璃浇注成型模
玻璃烧结成型模

粉末冶金模
陶土模
压蜡模（压型）
水泥模

真空／气动成型模 真空吸塑模
气动成型模

3. 按在模具内成型的材料状态分类

按在模具内成型的材料状态，可把模具分为三类：

（1）非定型材料成型模（如型腔模）

非定型材料，是指进入模具型腔之前，材料的状态为颗粒、粉末或熔融状的流体。

3

（2）定型或半定型材料的成型模

定型材料，指在进入模具之前的材料状态为有完整的固体形态，如金属和非金属钣料、片料、带料等；半定型材料，是指材料在进入模具之前的状态介于固体和熔融状态之间的加热软化状态，如真空/气动吸塑模加工时被加热软化的塑料板等。

（3）定型材料冲裁模（分离模）

定型材料，是指在进入模具之前的材料为有固定形状的金属材料或非金属材料或复合材料。

四、各类模具的功能及成型特点

1. 冷冲模的定义（概念）、功能及成型特点

冷冲模是在室温的冷态下把金属或非金属或复合材料的钣料或棒料放在模具上，通过压力机等设备对钣料进行冲压，使钣料分离或变形而加工成所需形状的零件或产品的工艺装备。其冲压成型功能及变形特点见表1-1。

表1-1　　　　　　　　各种冷冲模的冲压成型功能及变形特点

功能类别	工序名称	工序图示	冲模名称	冲模简图	工序性质及变形特点
冲裁（分离）	切断	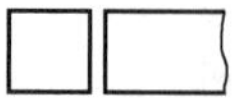	切断模	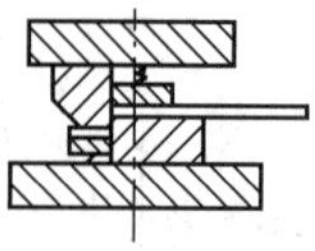	将材料从敞开的轮廓线分开，得到平整的零件
	冲孔	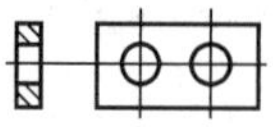	冲孔模	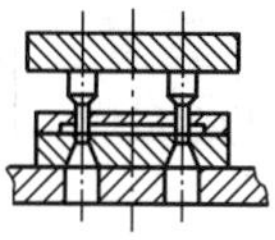	沿工件封闭轮廓线分开，使零件获得所需形状尺寸的孔
	落料		落料模	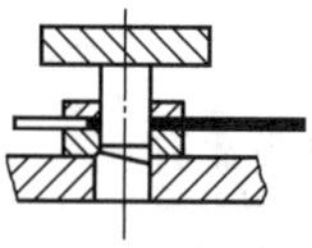	沿封闭线冲切板材，冲切下来的部分为工件，其余为废料边
	切口	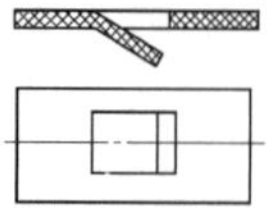	切口模	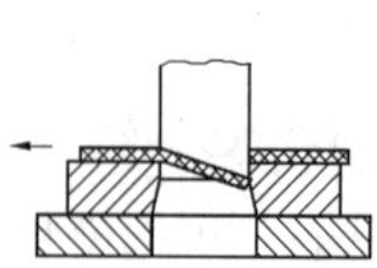	将零件的一部分切开，切开的轮廓线为敞开的，而不将两部分完全分离，切口部分的根部发生弯曲

4

续表

功能类别	工序名称	工序图示	冲模名称	冲模简图	工序性质及变形特点
冲裁（分离）	切（修）边	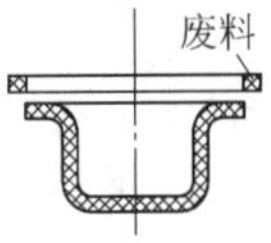	切边模	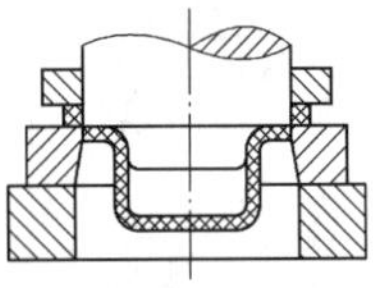	将拉深或成型后的半成品件边缘多余的边料切到图纸尺寸，切去的部分为废料
	剖截（切）	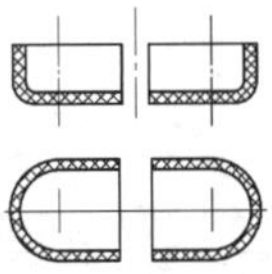	剖截（切）模	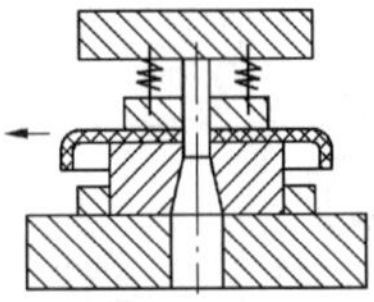	将对称的拉伸等半成品件切开成为2个或2个以上零件。多用于成对（双）冲切
	精整（修）	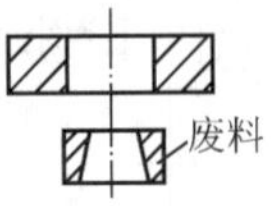	精修模、整修模	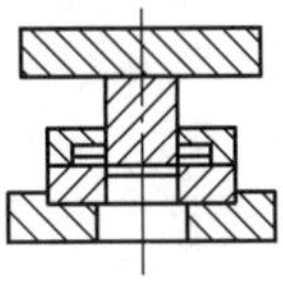	将半成品件预留的加工余量作再次冲切，冲切掉加工余量，以得到高的尺寸精度和光滑垂直的冲切面
弯曲	弯曲	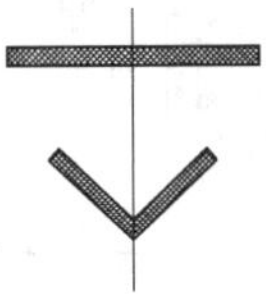	弯曲模	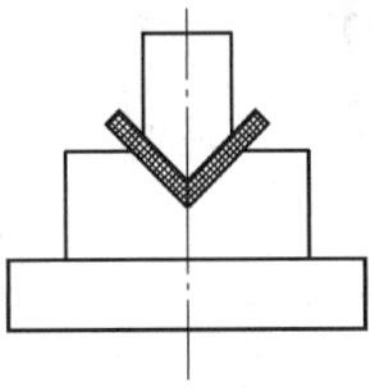	使平直料弯曲成所需形状尺寸
	卷圆	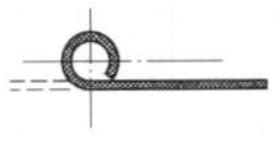	卷边（圆）模	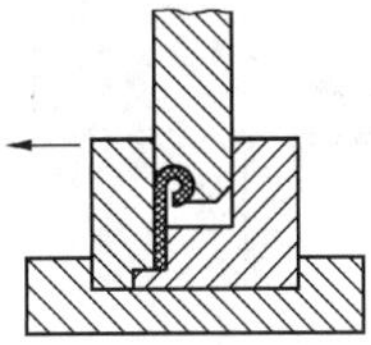	将钣料边缘按一定的半径弯曲成圆形或半圆形或弧形
	扭曲	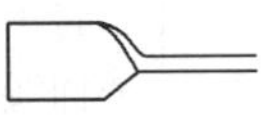	扭弯模	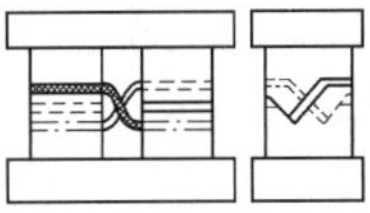	将平板坯料的一部分相对另一部分扭转一个角度，弯曲成麻花状零件
拉深	一般拉深	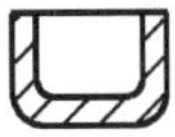	拉深模	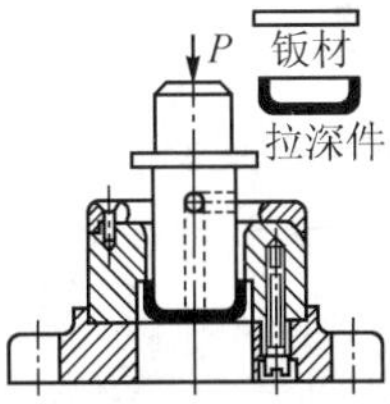	将钣料压成任意空心件或将其形状尺寸改变，但钣料厚度基本不变
	变薄拉深	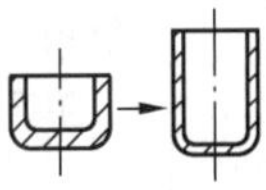	变薄拉深模	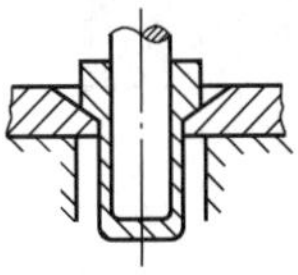	用减小直径与壁厚、增加工件高度的方法来改变空心件的尺寸，最后得到所要求的底厚、壁薄的零件

5

功能类别	工序名称	工序图示	冲模名称	冲模简图	工序性质及变形特点
拉深	双动拉深	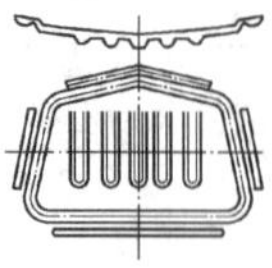	拉延模、正反拉深模	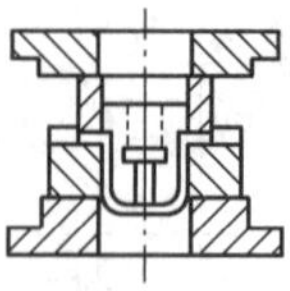	将平板坯料放在双动压力机上作正反拉延，得到曲线形空心件或覆盖件
成型	局部起伏成型	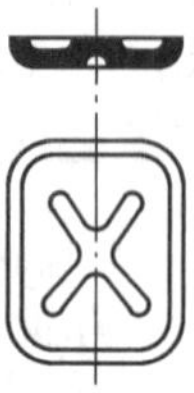	成型模	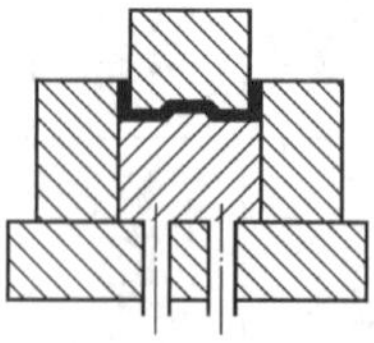	在钣料或半成品工件上压出起伏状的图案、文字、筋条等。在整个起伏状的厚度上都拉深变薄
	卷边	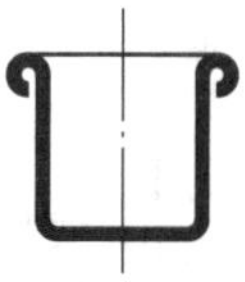	卷边模	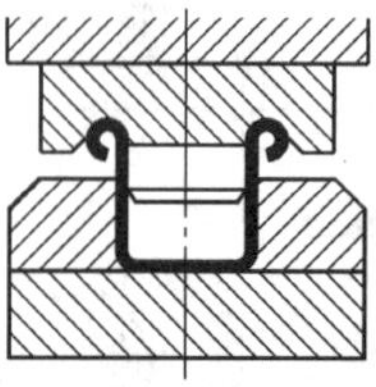	将空心件的边缘卷曲成某种形状
	翻边	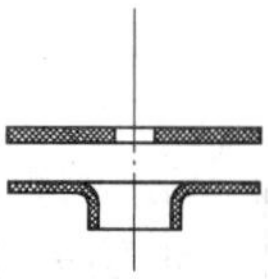 孔翻边 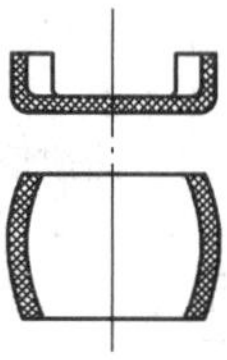 边缘翻边	翻边膜	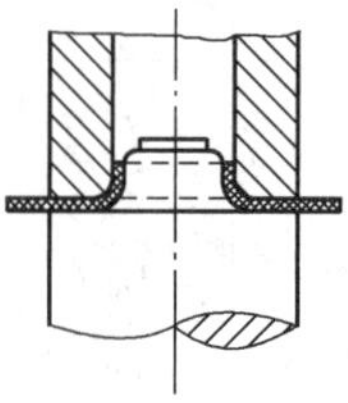 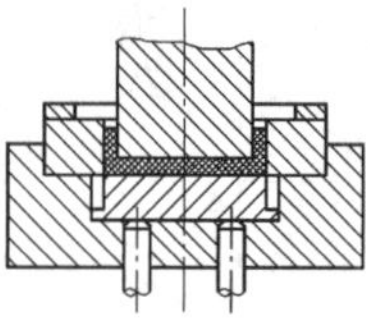	将钣料或半成品件上的孔的边缘拉深成竖直的凸出的边缘 将工件外边缘翻压成圆弧或曲线状的竖立的凸缘
	缩口		缩口模	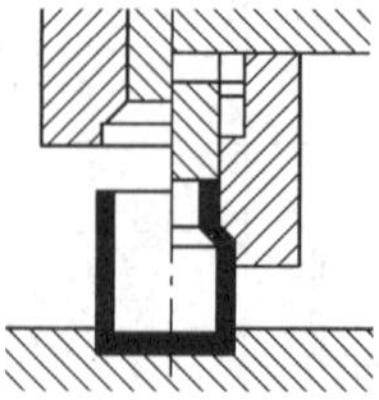	将空心件或管状毛坯的口部缩小尺寸，即从径向方向从外向内压缩以实现口部直径的缩小

功能类别	工序名称	工序图示	冲模名称	冲模简图	工序性质及变形特点
成型	扩口		扩口模	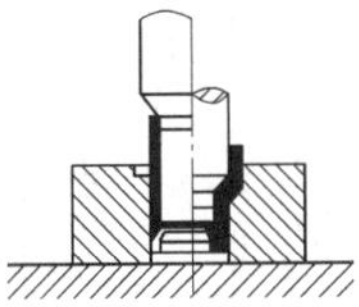	将空心件或管状毛坯的口部由径向、从内向外拉伸，把口部直径扩大
	胀形	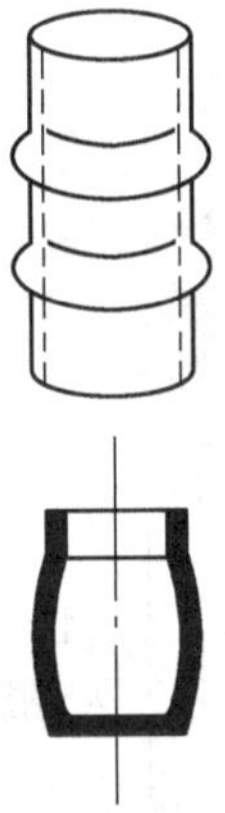	胀形模	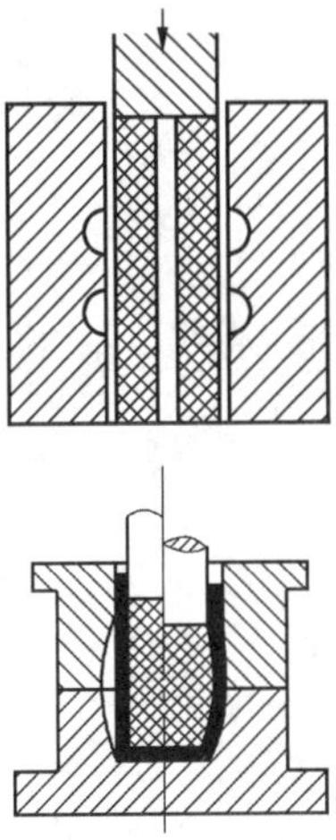	使空心件或管件从内向外的径向方向拉伸扩张成所需形状
	旋压	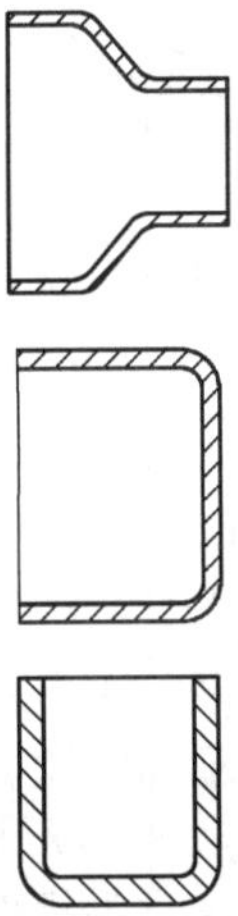	旋压模	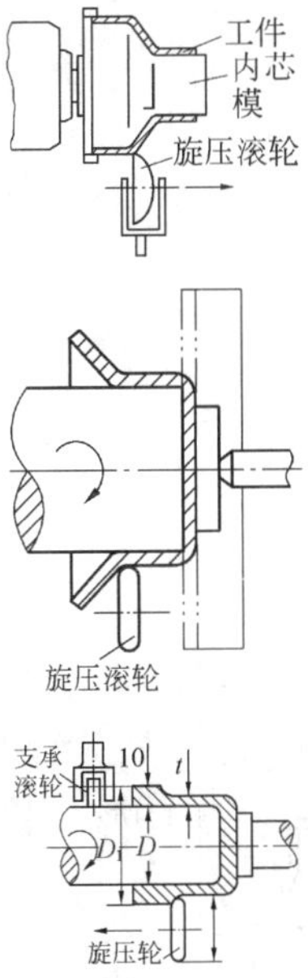 工件内芯模 旋压滚轮 旋压滚轮 支承滚轮 旋压轮	利用成型旋压滚轮、支承滚轮、卡盘、尾顶针与旋压芯模、内芯模等配合运动，使筒形件变成各种形状（腰鼓形、喇叭形、波纹形等）的工件。有变薄旋压和不变薄旋压两种

7

续表

功能类别	工序名称	工序图示	冲模名称	冲模简图	工序性质及变形特点
成型	校平		校平模	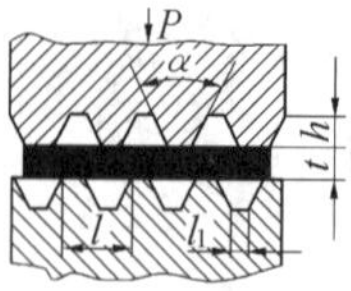 $\alpha = 60° \sim 90°$ $h = (1 \sim 2)\ t$ $l = (0.6 \sim 2)\ t$ $l_1 \leqslant 0.5t$ 原钣料齿形校平模 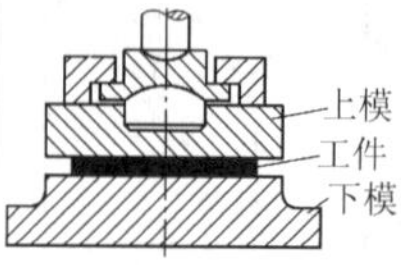 上模浮动式光面 校平模 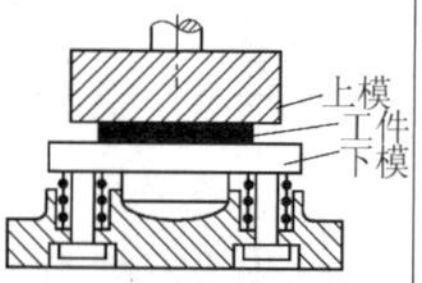 下模浮动式光面 校平模 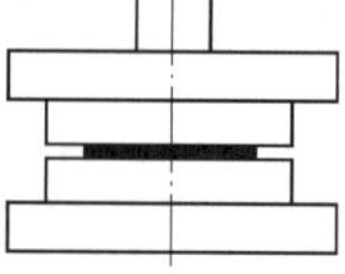 一般光面校平模	将毛坯或工件平面校平，达到图纸的平直度要求
	整形	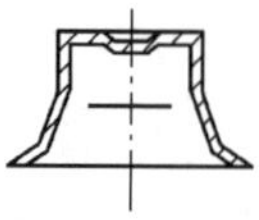	整形模、校形模	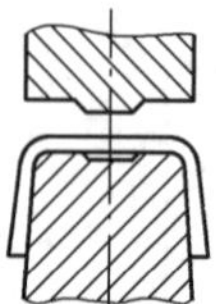	整理校正已成型的工件的形状和尺寸不太准确的部分，以达到图纸要求的形状和尺寸

8

功能类别	工序名称	工序图示	冲模名称	冲模简图	工序性质及变形特点
立体成型	压印	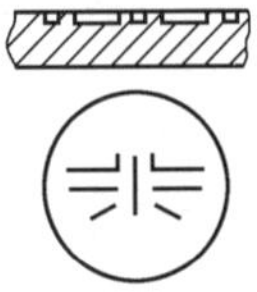	压印模	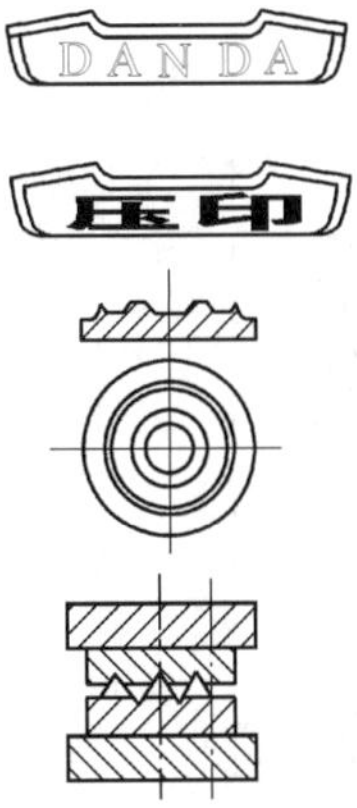	采用把工件上局部金属挤压移动的方法，在工件表面压出花纹、文字、图案、符号等。工件厚度有小部分不改变和全部改变两种
	冷挤压	正挤压件的各种断面 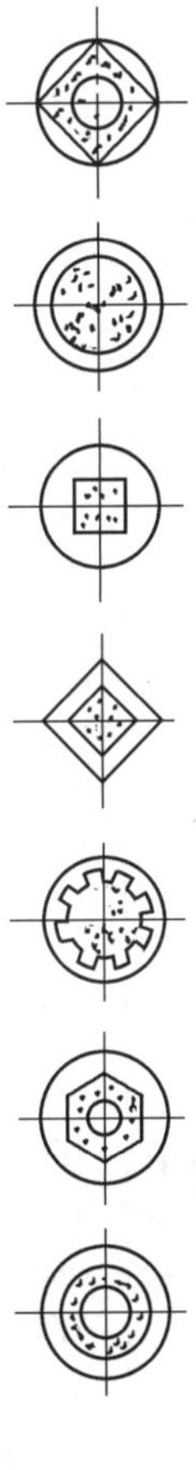 	正挤压模	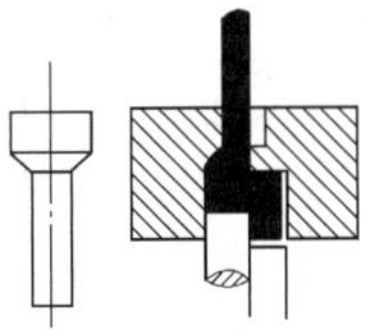 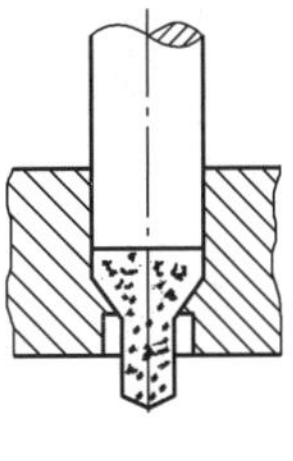 挤压实心件 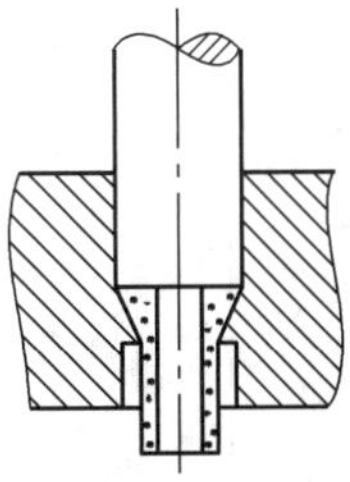 挤压空心件	在凹模型腔内，利用凸模把一部分金属强行挤压到凹模孔内向下流动。金属流动的方向与凸模挤压运动方向一致，坯料被挤薄而形成与凸、凹模间隙一样的工件

功能类别	工序名称	工序图示	冲模名称	冲模简图	工序性质及变形特点
立体成型	冷挤压	反挤压件的各种断面 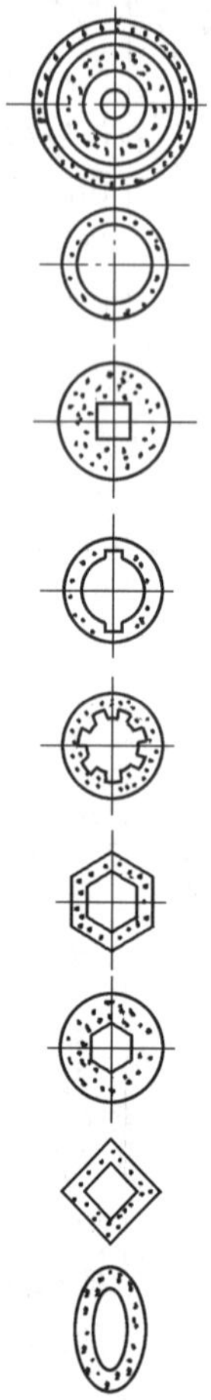	反挤压模	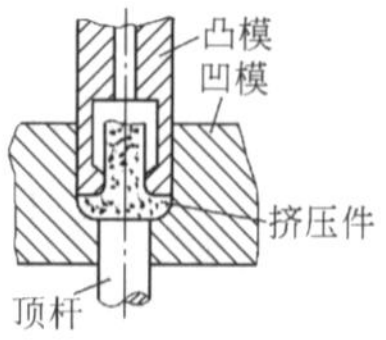 反挤压模（挤压实心件）凸模 凹模 挤压件 顶杆 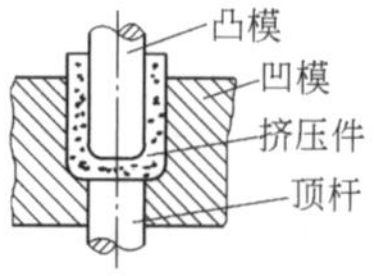 反挤压模（挤压杯形件）凸模 凹模 挤压件 顶杆	挤压时金属流动方向与凸模运动方向相反
		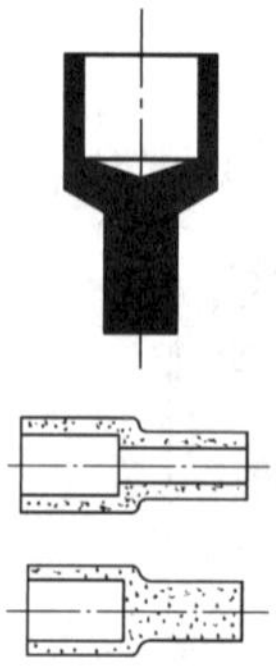	复合挤压模	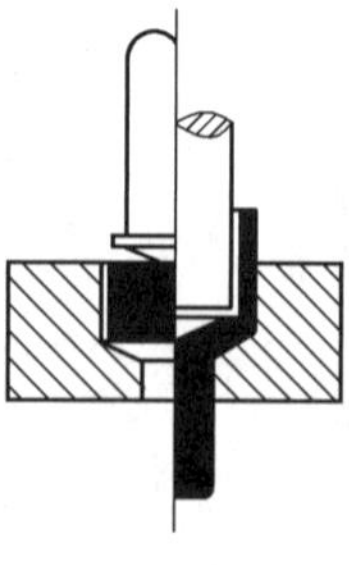	把正挤压与反挤压两种挤压方式同时应用。挤压时坯料的一部分金属的流动方向与凸模运动方向一致，而另一部分金属的流动方向则与凸模的运动方向相反

功能类别	工序名称	工序图示	冲模名称	冲模简图	工序性质及变形特点
立体成型	冷挤压		复合挤压模	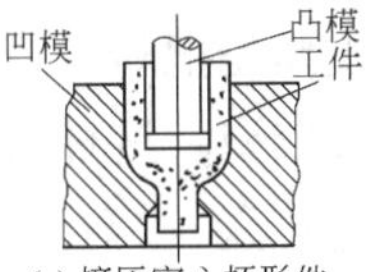 (a) 挤压实心杯形件 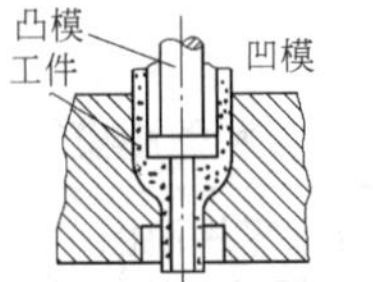 (b) 挤压空心杯形件	把正挤压与反挤压两种挤压方式同时应用。挤压时坯料的一部分金属的流动方向与凸模运动方向一致，而另一部分金属的流动方向则与凸模的运动方向相反
		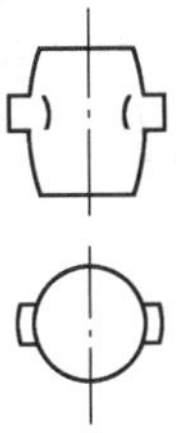	径向挤压模（离心挤压模和向心挤压模）	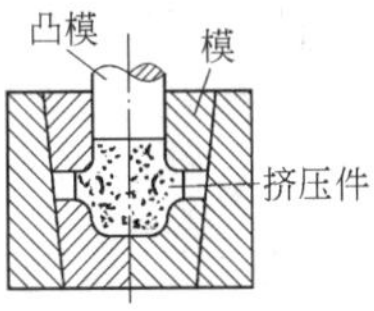	挤压时金属流动方向与挤压凸模运动方向互相垂直，金属在凸模压力作用下向预先设计的径向室间流动成型。向外流动者叫离心挤压，相反，向内流动者叫向心挤压
		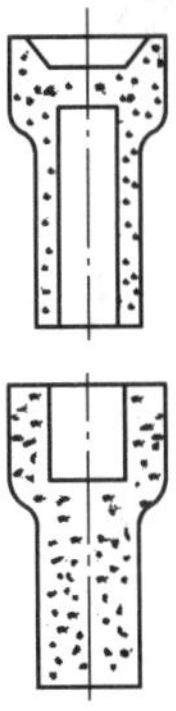	轴向与径向复合挤压模	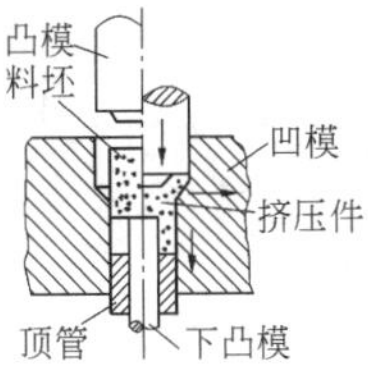	轴向挤压与径向挤压巧妙结合使用，使坯料的一部分金属流动方向与凸模运动方向一致（挤长），而另一部分金属流动方向则与凸模的运动方向相垂直，使坯料在直径方向变大
		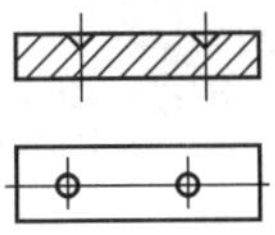	冲孔冲模、冲中心孔模	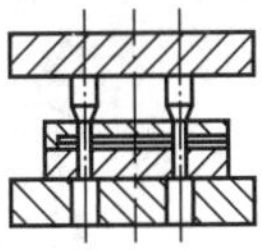	采用前端为120°的凸模（冲头），在工件表面画线交点冲压出浅窝，以备以后钻孔时钻头易对准不偏移 这是冲头使部分金属下压

11

2. 型腔模的定义（概念）、功能及成型特点

（1）型腔模的定义（概念）

型腔模是借助机械设备或工具，把液态或黏流状的金属或非金属材料浇入或压入有一定的温度的模具内成型，或预先把粉状或软化状态的金属或非金属材料放入模具内，然后给予一定压力和温度使其成型。这种由于材料流变充满模具型腔而成型零件或产品的模具就叫做型腔模。

（2）型腔模的功能及成型特点

表1-2　　　　　　　　　　　　各种型腔模的功能及成型特点

类别	模具名称	模具功能	成型零件简图	模具结构图	成型特点
铸造模	砂模砂型	铸造钢、铁及非铁金属铸件	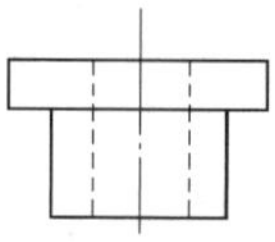	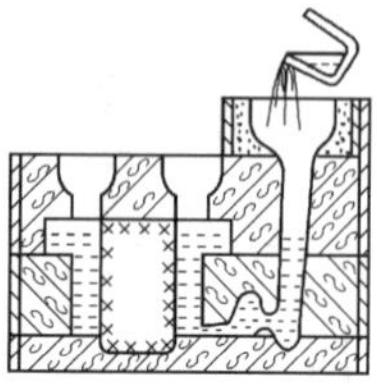	借助工具把熔化的金属液浇入砂模内，使金属液充满型腔，凝固冷却成型铸件。砂模为一次性使用的模具
	壳型壳体模			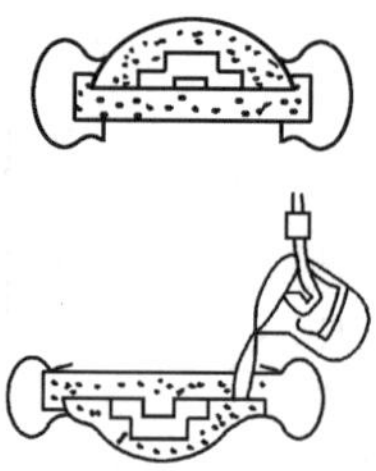	把熔化的金属液浇入壳型内让金属液流变充型，凝固冷却后便成型铸件
	金属模金属型	铸造铁及非铁金属材料的铸件		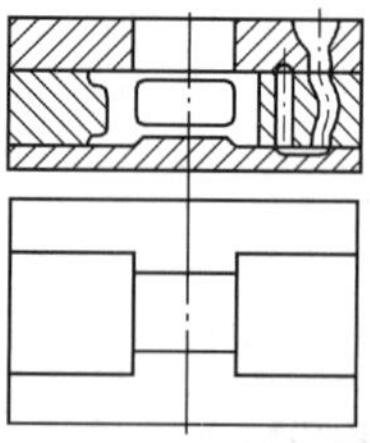 多面分型的金属铸模	浇注充型与砂型、壳型铸造相同。不同的是铸型的热学性质不一样，金属模的热传导率比前两者大，故铸件凝固冷却快、组织致密、力学性能好且模具可多次重复使用

12

类别	模具名称	模具功能	成型零件简图	模具结构图	成型特点
铸造模	压铸模 压铸型	铸造铝、镁、铜及其合金和低熔点合金铸件		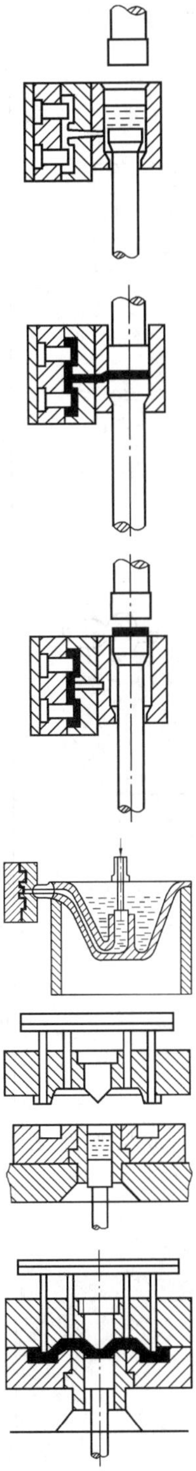	将熔化的金属液舀入压铸机的料筒内，然后压铸机的压注冲头高速运动将金属液高速高压地压入压铸模型腔内流变充型而凝固成型铸件或产品。其特点是铸件质地紧密、气密性好、无或少气泡、力学性能好、尺寸精度高、加工余量极少甚至不需加工即可成为零件或产品。生产效率高，适合大批量生产。其缺点是不适合生产外形内构复杂的大尺寸的铸件，压铸钢、铁铸件比较困难

续表

类别	模具名称	模具功能	成型零件简图	模具结构图	成型特点
铸造模	压铸模 压铸型	铸造铝、镁、铜及其合金和低熔点合金铸件	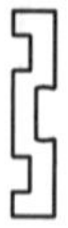	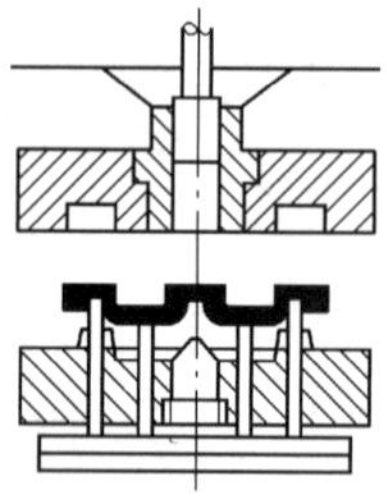	将熔化的金属液舀入压铸机的料筒内，然后压铸机的压注冲头高速运动将金属液高速高压地压入压铸模型腔内流变充型而凝固成型铸件或产品。其特点是铸件质地紧密、气密性好，无或少气泡、力学性能好、尺寸精度高、加工余量极少甚至不需加工即可成为零件或产品。生产效率高，适合大批量生产。其缺点是不适合生产外形内构复杂的大尺寸的铸件，也不宜压铸钢、铁铸件
	石膏模 石膏型	铸造铝、镁、铜及其合金、不锈钢，低熔点合金的形状结构复杂，尺寸和形位精度高的表面光洁度高的铸件	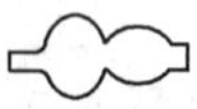	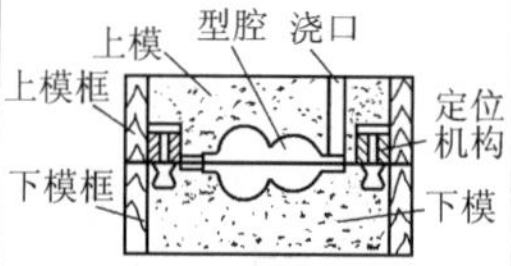 石膏模（型）结构	石膏模制作工艺简单，制作时间短，成本低，能铸造外形内构极为复杂、表面有细微结构、尺寸精度和表面光洁程度很高、用其他加工方法很难成型或无法成型的左列材料的大小尺寸铸件 铸件成本低，成型周期短并可节省大量金属材料
	陶瓷模 陶瓷型	铸造钢铁或非金属铸件	成型零件见右图（f）	陶瓷铸造模制模和浇注铸件的过程： 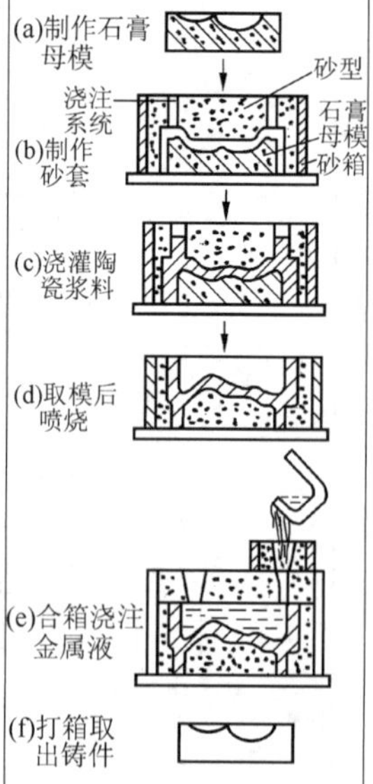	生产周期短，所铸铸件精度和表面质量好，可减少大量切削加工，可利用废模具、废金属重熔重铸，从而可节省大量贵重材料。使用的设备简单，因所铸铸件精度和表面光洁度好，因而铸件的成本大为降低

类别	模具名称	模具功能	成型零件简图	模具结构图	成型特点
铸造模	压蜡模 压型	压制熔模精密铸造工艺过渡模——蜡模（型）			在模具上自由浇注成型或把模具移到压蜡机上压制成型。所用蜡料为糊状或黏流状
	挤压铸造模、液体冲压模、液体模、锻模	挤压铸件或制品			介于铸造和锻造之间的一种成型工艺。它是用挤压冲头或借助旋转时的离心力而使金属液在模具内充型凝固成型并伴有少量塑性变形，以获得铸件或产品的一种金属加工方法。所得铸件或产品结晶致密、枝晶少、晶粒细小、缩孔和疏松等缺陷极少，因而性能好 由于没有浇注系统，可节省材料和能耗，且可节省大量工时，降低成本 适合多种材料的铸造。但仅适用形状简单的铸件或产品
	离心铸造模	铸造各种长管形铸件、成型铸件		立式离心铸造模的成型过程：	把液态金属浇入高速旋转的离心铸模（型）内，金属液便在离心力的作用下充型结晶、凝固成型铸件或产品。离心铸模可用金属模，也可用非金属材料如耐火砂、石膏等制作的模具。采用离心铸造生产铸件或产品不需要浇注系统、补缩冒口。空心圆筒形件，也不需要安装型芯，这样就节省了材料和工时。所得铸件结晶细密、力学性能、气密性能好，最适合圆管形件、双金属轴套或轴瓦及高度不大的成型件的铸造 其缺点是内表面熔渣多、质量差、事先要留较大的加工余量

15

类别	模具名称	模具功能	成型零件简图	模具结构图	成型特点
锻压模	胎模	锻造单个或少量锻件	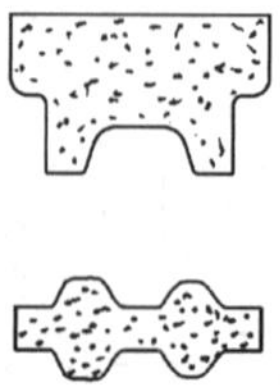	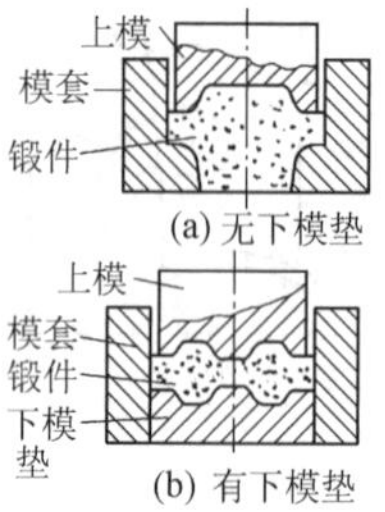 闭式胎模锻造示意 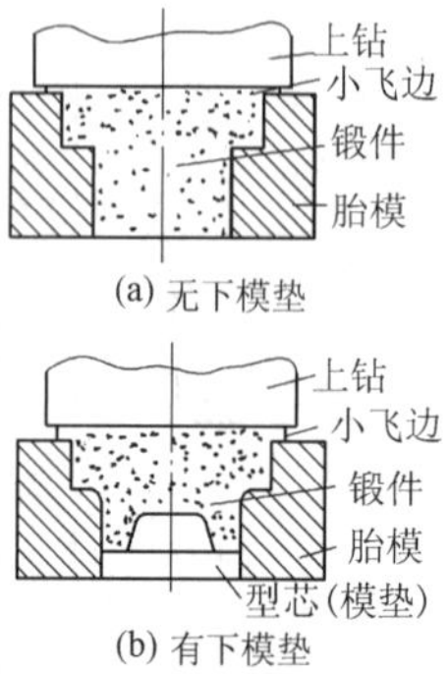 (a) 无下模垫 (b) 有下模垫 开式胎模工作示意 (a) 无下模垫 (b) 有下模垫	将用自由锻锻打的坯料放入胎模内终锻成形,胎模不固定在锻造设备上,随时拿上拿下。适合形状较自由锻造的复杂、精度要求不高的单件或小批量锻件的生产
	锤锻模、模锻锤用锻模	锻造大批量锻件	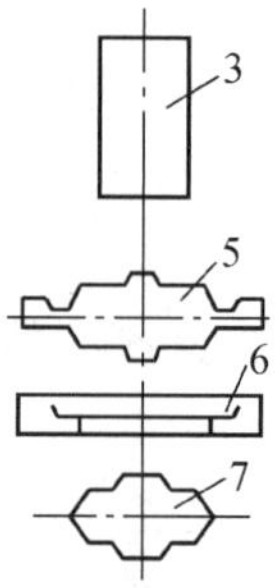	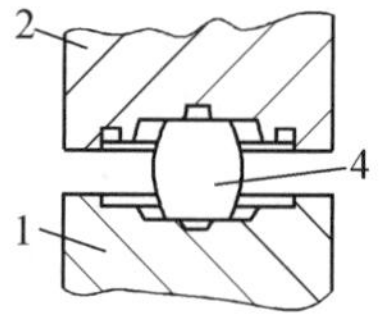 1—下模 2—上模 3—坯料 4—模锻中的坯料 5—带有飞边的锻件 6—切下的飞边 7—完成的锻件 单模膛锤锻模工作示意	将金属坯料加热后放在模具的模腔内,利用锻锤的压力使材料产生塑性变形、流动而充满模膛成型锻件。此法比自由锻成型准确而且标准,材料浪费少,热毛坯受模腔限制变形量大,组织致密、力学性能好
	压力机用锻模	锻造大批量锻件		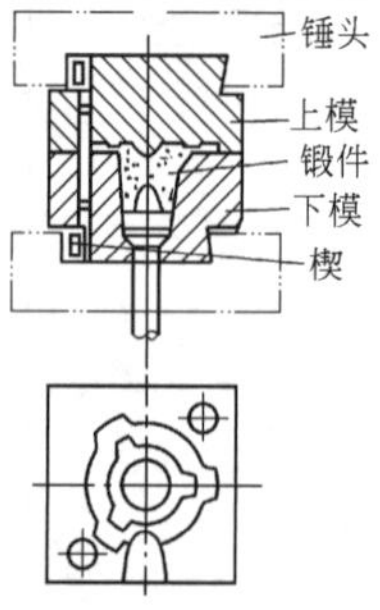 整体式锤锻模	成型特点同上,但压力机作用力大,故适合锻造的锻件体积、尺寸也大,模膛的个数也可多

16

类别	模具名称	模具功能	成型零件简图	模具结构图	成型特点
锻压模	压力机用锻模	锻造大批量锻件		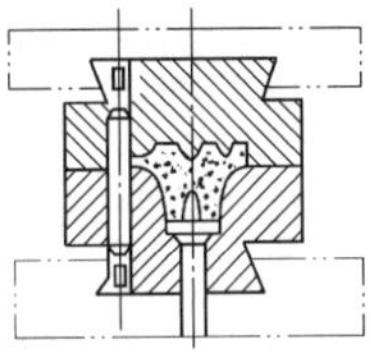 整体式压力机用锻模	成型特点同上,但压力机作用力大,故适合锻造的锻件体积、尺寸也大,模膛的个数也可多
	热挤压模	挤压铝、镁、铜及其合金型材	 简单断面棒材 异形断面棒材 标准型材 简单实心型材 半空心型材 薄壁型材 舌比大的型材 管材 简单空心型材 多孔空心型材 外翅片空心型材 内翅片空心型材 大腔空心型材	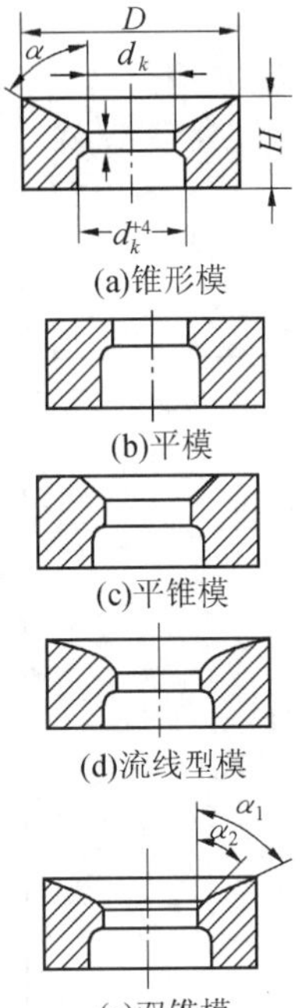 (a)锥形模 (b)平模 (c)平锥模 (d)流线型模 (e)双锥模 挤压模模孔压缩区断面形状 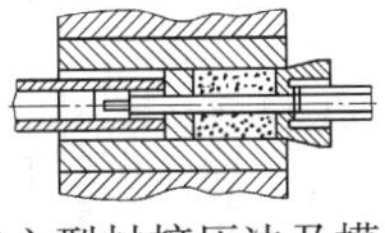 空心型材挤压法及模具 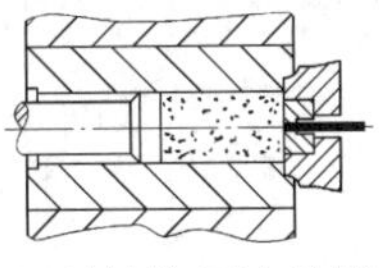 实心型材挤压法及模具	通过挤压轴对装于盛锭筒内已预热的挤压坯料施力,让其强行通过挤压模内孔而挤出成断面为模具型孔状的长型材 此法生产效率高,适合各种轻合金的不同断面形状型材的大量生产,所得型材尺寸准确、质地均匀、力学性能好

17

类别	模具名称	模具功能	成型零件简图	模具结构图	成型特点
塑料模	塑料注射模、注塑模	为热塑性塑料件的主要成型方法用模具，也可用于热固性塑料的成型		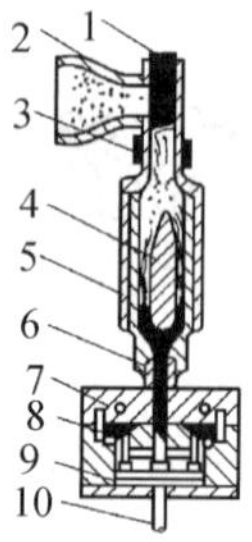 2—1 3 4 5 6 7 8 9 10 1—柱塞 2—料斗 3—冷却套 4—分流梭 5—加热器 6—喷嘴 7—固定模板 8—塑料件 9—活动模板 10—顶出杆 注射机和注射模剖面图	将粉、粒状塑料放入注塑机的料筒内加热塑化成黏流状，然后用柱塞或螺杆以高速高压推动塑料流体注入模具腔内成型塑件 这种方法成型的时间短、成型效率高，且能成型外形内构很复杂、尺寸精度高、表面光洁度好的塑料件，也很容易实现自动化生产。还可成型镶嵌金属或非金属件的塑料件。其缺点是注塑机费用高，模具设计制造周期长，复杂精密模具的费用高
	压塑模、塑料压缩模、塑料压制模	为热固性塑料件主要成型方法用模，常用于酚醛塑料、氨基塑料、不饱和聚酯塑料、聚酰亚胺等塑料件的成型	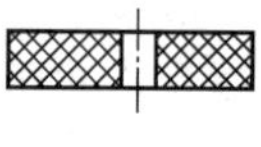	压塑件成型过程： 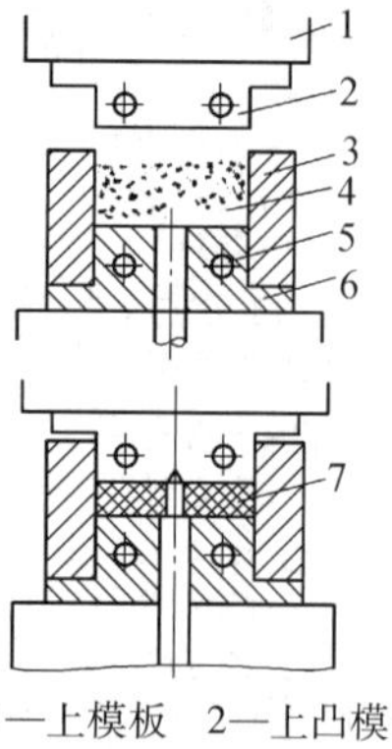 1 2 3 4 5 6 7 1—上模板 2—上凸模 3—凹模 4—塑料 5—加热管 6—下凸模 7—成型塑料件	将塑料直接加在敞开的模具型腔中，在模具闭合后，塑料在热和压力作用下成为黏流态并充型，然后由于其化学或物理变化而硬化定型 该法使用的设备和模具都比注塑法简单，很适合流动性差的塑料和大尺寸塑件的成型。塑件的收缩率小、变形小，各项性能均匀。但生产效率低，劳动强度大；不易实现自动化；有粉尘飞扬，劳动条件差；塑件精度差，不适合圆壁制品和带有深孔和形状复杂塑件的成型；模具要加热，对模具材料的要求也高。此种模具也可成型热塑性塑料件

类别	模具名称	模具功能	成型零件简图	模具结构图	成型特点
塑料模	热塑性塑料挤出成型模、挤塑口模、成型机头	加工各种截面的塑料管材、棒材、线缆包覆层、薄膜、单丝、板材、片材、塑料网等。不但为成型热塑性塑料型材的主要成型方法，也可成型部分热固性塑料型材	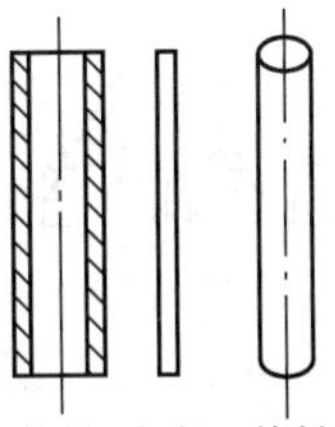 管材 片(板)材 棒材	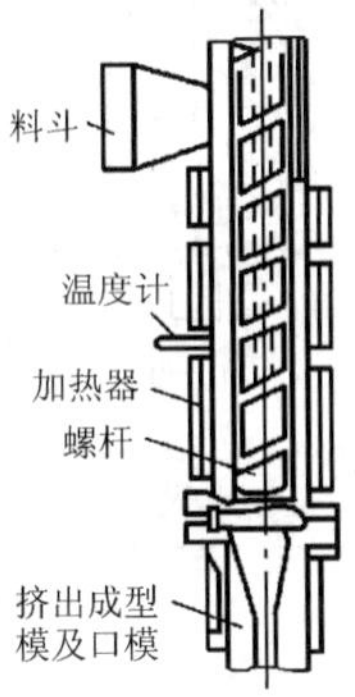 料斗 温度计 加热器 螺杆 挤出成型模及口模 塑料挤出成型模及挤塑示意图	将粉料或粒料装入加热料斗经加热成塑化黏流状态，在螺杆的推压下使其通过特殊形状的挤出机头和口模，便成型与挤压口模截面一样的连续塑料型材 其特点是生产效率高，容易实现自动化；能成型多种截面的连续型材；塑料通过机头运动可得到进一步塑化并在较大成型压力下使制品密实、强度提高 缺点是模具复杂、设备昂贵，只适合大批量生产
	塑料压注模、挤塑模、塑料压铸（铸压）模、塑料传递模	压制形状复杂或带有精细易碎镶嵌件或通孔的各种热固性塑料件，如三聚氰胺甲醛、环氧树脂等塑件成型		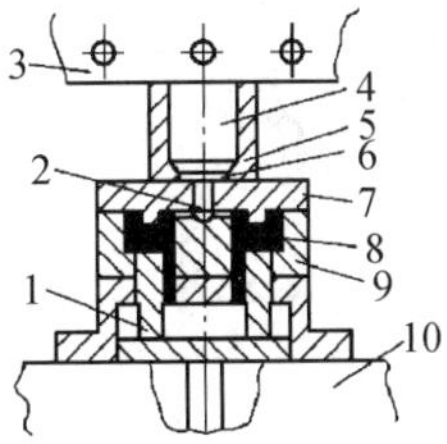 3—顶杆 2—浇道系统 3—上电热板 4—柱塞 5—加料室 6—塑料粉 7—凸模 8—塑料件 9—凹模 10—下电热板 塑料压铸模结构	将粉、粒状塑料或其预压料块装入加料室使其受热熔融成黏流状态，然后在柱塞压力作用下，使其通过浇注系统进入闭合的模具型腔并充满，经化学反应后固化定型，脱模后即得塑件 此法成型时间短、生产效率高、塑件性能均匀、尺寸准确、质量较高，但不易压制带长纤维填料的塑件且塑料损耗也较多

类别	模具名称	模具功能	成型零件简图	模具结构图	成型特点
塑料模	注射吹塑中空成型模	注射吹制小型塑料件	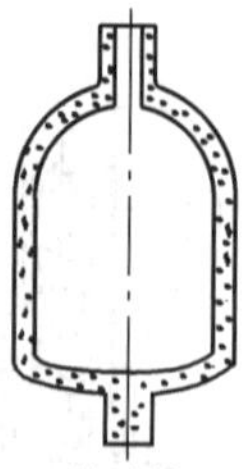 挤吹件	注射-吹塑成型过程及模具： 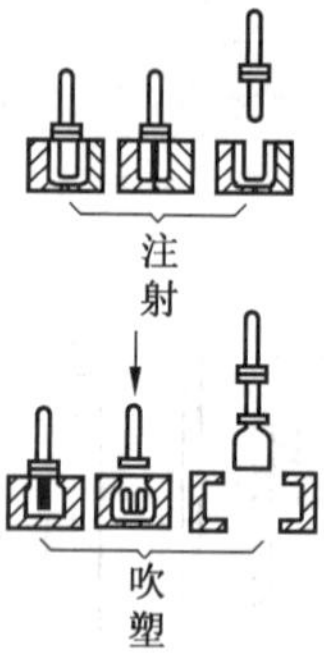 注射 吹塑	先向模具内注射塑料型坯，然后把型坯移入中空吹塑模具中进行吹塑，使其成为外形为模具内腔形状，经冷却定型即得到塑件 此法所得塑件均匀、强度高、生产效率高
	挤出吹塑中空成型模	吹制各种中空塑料件的主要方法	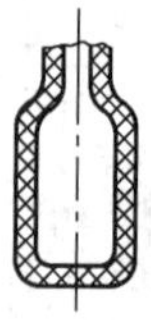	挤出吹塑过程及模具： 挤出机 模具 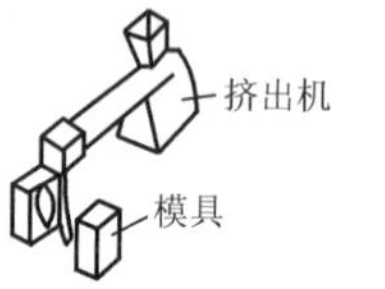 (a)挤出吹塑机 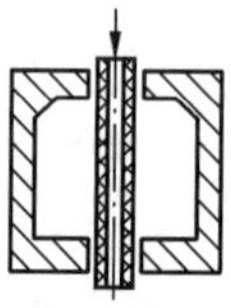 (b)挤出管状型坯 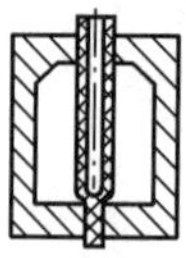 (c)合模 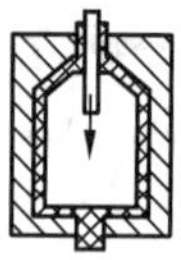 (d)通入压缩空气吹鼓成型 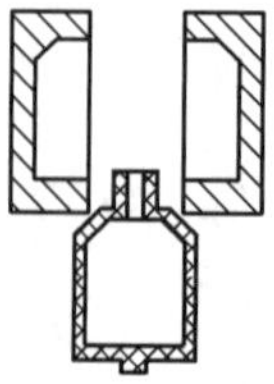 (e)开模取出塑件	先用挤出机挤出塑料型坯到对开的吹塑模型腔内，然后闭合模具并向型坯内的管内通入压缩空气，使其吹胀并贴附在模具型腔内壁而冷却成型 该法的特点是模具与设备简单，但塑件壁厚不均匀，且表面有模具接合缝痕，适合表面和壁厚要求不高的油壶等中空容器的制品

20

类别	模具名称	模具功能	成型零件简图	模具结构图	成型特点
橡胶成型模	橡胶注射模、注胶模	成型各种橡胶件	橡胶件	橡胶注射模结构示意： 定模板 动模板	与注射塑料件原理相同，所不同的是要在模具内保持规定的硫化温度和时间才能成型 用该法生产的橡胶件尺寸和形位准确、质地密实、弹性好，而且生产率高、质量好、成本低
	橡胶挤出模	挤出各种断面形状的橡胶长条（线）型材	橡胶挤出口模截面与挤出半成品截面示意： 口模截面 挤出品截面	模具结构与塑料挤出模基本相同（略）	挤出原理与塑料挤出成型原理相同 此法的特点是适合自动化大规模生产。挤出品截面均匀、质量好、成本低、生产效率高
	橡胶压缩模、橡胶压制模、压模、压胶模	压制密封圈、密封垫等机械电器上的橡胶零件		橡胶压缩模： 1 2 3 4 5 6 1—上模板　2—导柱 3—型腔板　4—型芯 5—下模固定板　6—下模底板	将预先压延好的胶料按所需形状尺寸下料，并将其直接装入模具型腔内，合模后装在液压机上按规定的压力、温度压制，胶料在受热受压下呈黏流状态流变充型保持预定时间硫化后取出来，即得成型的橡胶件 该法的特点是成型件尺寸、形位准确、组织致密、性能好

类别	模具名称	模具功能	成型零件简图	模具结构图	成型特点
橡胶成型模	橡胶压注模、橡胶传递模、挤胶模	压制各种形状结构复杂、尺寸和形位精度要求高并带有金属镶嵌件（如有内螺纹的柱、块等）的橡胶件	带镶嵌件的橡胶件： 镶嵌件 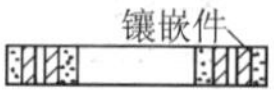	橡胶压注模： 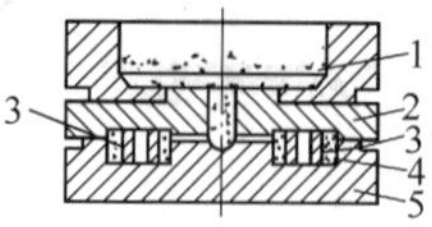 1—加料室　2—上模 3—金属嵌件　4—橡胶件 5—下模	将塑炼过的橡胶预先装入模具的专用或通用外加料室内，通过液压机按规定压力，把胶料由模具的浇注系统挤入型腔内充型并保持规定的硫化温度和时间而成型橡胶件 此法的特点与橡胶压缩模一样，另外它可生产直接装胶有困难及带有各种形状镶嵌件的橡胶制品
玻璃成型模	玻璃压制模	压制各种空心或实心的玻璃制品，如水杯、透镜、玻璃砖等		玻璃压模的工作示意： 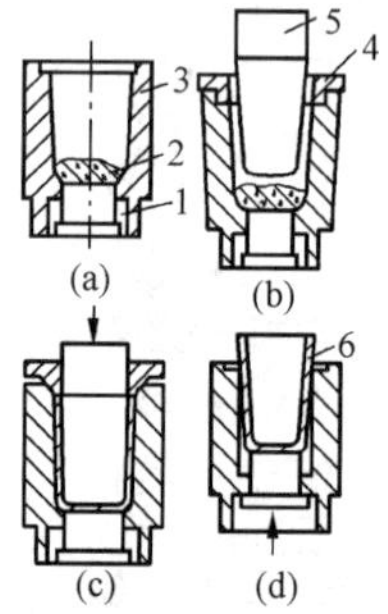 (a) (b) (c) (d) 1—顶杆　2—玻璃熔料 3—凹模　4—模环 5—凸模　6—玻璃制件	将黏流状态的玻璃熔体放在预热过的凹模中，然后使凸模下降，使此玻璃熔体充满凸、凹模的型腔（间隙内）成型玻璃制品
陶瓷模	陶瓷压制模	用于各种陶瓷制品的冷成型		干压瓷模： 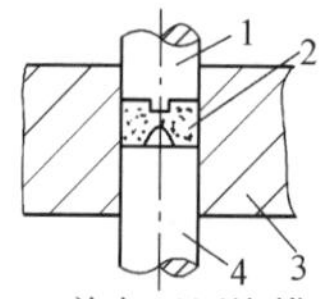 (a) 单向干压瓷模 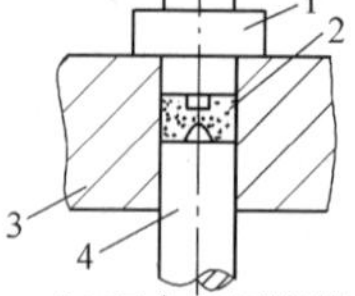 (b) 双向干压瓷模 1—上凸模　2—瓷料 3—凹模　4—下凸模	把湿度为 8%～14% 的粉状瓷料放入金属模具内，图（a）中的凹模和下凸模不动，上凸模向下运动而压制成型，或如图（b）下凸模不动，而上凸模向下并带动凹模一起即上、下凸模同时压制成型 该法成型压力大，成型件尺寸形状准确，但不适合外形内构复杂的陶瓷制品成型

续表

类别	模具名称	模具功能	成型零件简图	模具结构图	成型特点
陶瓷模	热压铸瓷模	成型各种形状复杂、机械强度和电绝缘性能都较好的尺寸和形位精度较高的陶瓷件	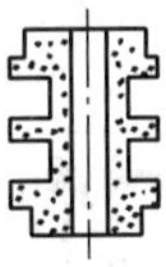 电绝缘瓷骨架	骨架热压铸瓷模： 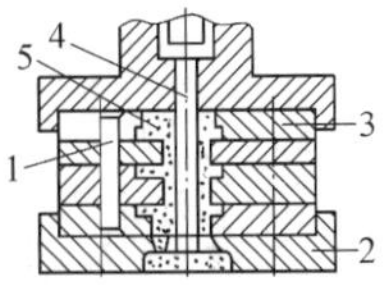 1—铆钉 2—浇口板 3—凹模拼块 4—型芯 5—陶瓷制件	把瓷料加入作为溶剂的石蜡中加热变成糊状流体，然后将它装入热压铸机的保温室料桶中，在热压铸机柱塞作用下，瓷料通过模具的浇注系统充满模具型腔，等凝固后开模取出瓷件再烧结 该法因瓷料流动性好，所需成型力不大，烧结时收缩小、变形小
粉末冶金模	粉末冶金成型压模	压制各种粉末冶金制品坯料		粉末冶金成型单向压制模工作过程及模具： 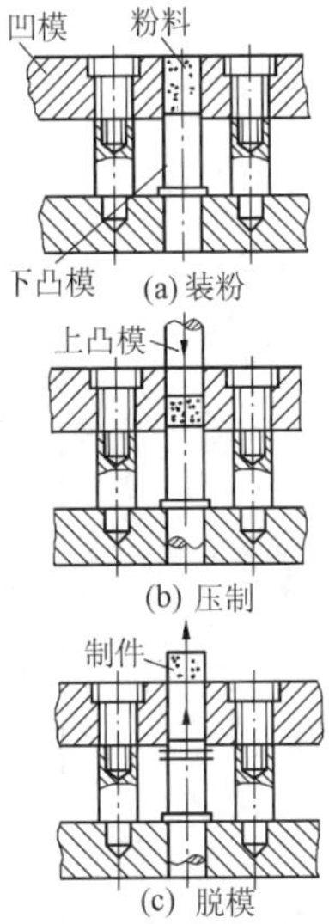 (a) 装粉 (b) 压制 (c) 脱模	靠手工或机械把预先装于模具内的金属粉末压制成所需形状、尺寸的粉末冶金坯料 用此法生产零件或材料组织致密、力学性能好，节约大量金属材料，减少切削加工量，提高劳动生产率，降低成本，综合经济效益好
	粉末冶金整形模	对尺寸精度要求较高的粉末冶金件作整形	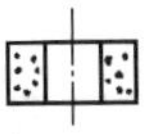	手动全整形模（轴套类零件用）： 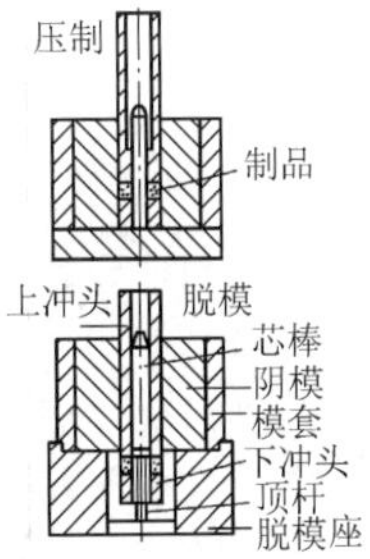	整形后粉末冶金坯件的尺寸精度得到提高，表面粗糙度降低，力学性能提高

类别	模具名称	模具功能	成型零件简图	模具结构图	成型特点
塑料板成型模	真空吸塑成型模、塑料板真空拉深成型模、吸塑拉深成型模	热成型各种包装盒、冰箱冷冻/冷藏室内胆、车辆内装饰等壳体塑料件。使用很广泛		阴模真空吸塑模: 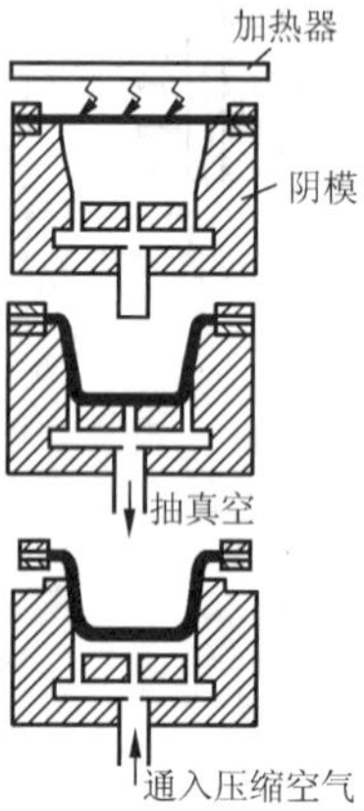 加热器 阴模 抽真空 通入压缩空气	先把预置在模具上方的塑料板加热软化，然后升高模具或把已加热的塑料板下降靠贴模具，再用真空泵把模具与塑料板间的空气抽掉，形成负压，并借助塑料板上面的大气压力使塑料板包覆在模具型面上而成型。再从模具下面通入压缩空气，把收缩包覆在阴模或阳模型面上的吸塑件吹脱出来 该法设备简单、成型塑件快、投资省，但塑件壁厚不太均匀
	气动成型模、气压拉深成型模	广泛用于真空吸塑成型的各种塑料件，如快餐盒、器皿、杯子、果品容器等		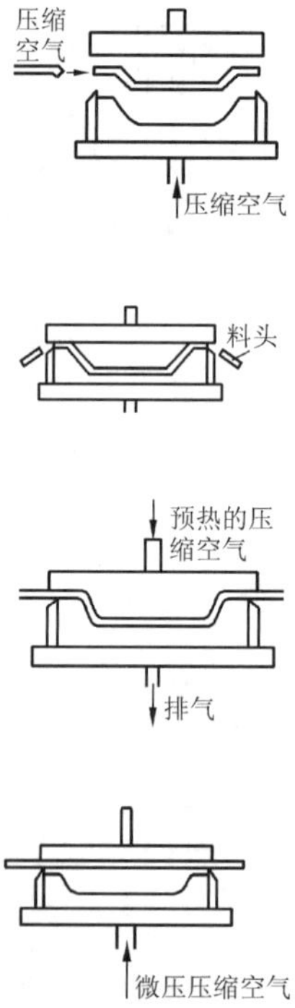 压缩空气 压缩空气 料头 预热的压缩空气 排气 微压压缩空气	这是借助压缩空气的压力将已加热软化的塑料板压入并包覆在模具型腔面而形成塑料件 该法的优点是模具设备和成型工艺简单，成本低，适用面广

续表

类别	模具名称	模具功能	成型零件简图	模具结构图	成型特点
塑料板成型模	塑料薄材模压拉深成型模、对模拉深成型模、对型拉深成型模	成型各种复杂型面和表面有微细结构的壳体状塑料件		对模成型模工作过程：	这是靠两个（一对）彼此对合（咬合）的阴、阳模（凹、凸模）把已加热的塑料板材压合成型。滞留在板材与阴、阳模之间的空气从阴、阳模自身的排气孔排出 该法复制成型性能和尺寸准确，可复制出形状结构很复杂的异型面和表面有图案、文字、标记等细微结构，而且不需抽真空的设备

五、模具设计制造的特点

模具设计、制造与一般的机械（器）的设计、制造虽有共性，但也有它的个性，即有与一般机械（器）的不同的特点：

1）模具设计是集机械设计制造、电加工、铸造、锻造、热处理、表面处理、塑料化工、力学、物理、电子计算机等多学科的综合性技术。其内涵极为丰富，内容千变万化，而且有较大的风险性。

2）模具不是机器，但又具有机器的许多功能和作用，因而能生产出各种零件或产品，所以模具的结构设计比一般机械设备复杂、困难并且技术要求高，所用的材料档次高，价格也贵。

3）模具制造是集机械加工、电加工、锻造、铸造、热处理、表面处理及强化、液压及机械传动等技术知识的精华和模具加工师傅的手工技艺相结合的技术。由于其制造精度和难度比一般机械设备高，因而其风险也比一般机械设备制造大很多，造价也比较高，生产周期一般也比较长。

4）模具是复杂的难加工的多品种零部件的单件生产，涉及热、冷加工和电加工、手工加工等多种加工技术，要动用高、精、尖设备和使用的工装品种数量也多，要求操作者的文化程度、技术水平高和技术知识面广，要求所使用的设备、工装、仪器的精度高、灵敏度高。

5）模具设计、制造是人才和资金密集的行业，也是经营管理很复杂、难度大的行业。

6）由于一副模具最后要由模具钳工来组装、修配、调整、试模并得出鉴定性结论，所以模具钳工在模具制造全过程中的作用是关键，因此对模具钳工的技术水平、知识面、文化程度和组织管理能力的要求也很高。

第二章 模具种类、结构、特点及应用

一、铸造模（型）

（一）重力铸造模

重力铸造是指在大气压力下把金属液浇入铸型，让金属液自由地充满型腔并结晶凝固冷却成为铸件的一种铸造方法。这种工艺所用模具（铸型）就叫做重力铸造模（型）。

1. 普通砂型铸造模

又称砂型、砂模。这是一种古老的铸模（型），其一般结构形式如图2-1所示。有干模和潮（湿）模之分。目前仍为世界各国铸造钢、铸铁、铝、铜及其合金和低熔点合金等铸件的主要模具，占世界铸件总产量的90%左右。这种铸型是用耐火砂和黏结剂（膨润土之类的耐火泥）混搅均匀后的造型砂和模型、砂箱按一定的工艺制作的，属型腔模的一种。主要由上砂型、下砂型、型腔、型芯、浇注系统、出气孔等组成。砂箱由铸铁、铝合金等铸造。

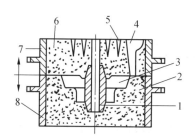

1—型芯　2—下砂型　3—型腔
4—浇口　5—排气孔
6—上砂型　7—上砂箱　8—下砂箱
图2-1　普通砂型铸造模

这种铸模可铸造任何金属和任何尺寸、形状的铸件，成本低，适应面广，工艺比较简单，但铸件精度和表面粗糙度较差。

2. 负压造型铸造模

又称真空造型铸造模、真空薄膜造型模、减压造型铸造模、V形造型铸模。借助真空吸力将加热呈塑性状态的塑料薄膜覆盖在模型（样）和模板上，向特制的砂箱内填入无黏结剂的干砂，再用塑料薄膜将砂箱顶面密封抽真空，由于砂型内外压力差，使砂粒充满模型表面及内外各角落缝隙并变得密实和具有一定的硬度，然后解除真空，分型取出模型（样）便制得砂型，再把另制的型芯装入，合型后即制得可浇注金属液的铸型（见图2-2）。

与砂型的比较，有铸件的尺寸精度高、表面粗糙度低、铸件合格率高、成本低等优点。

3. 金属铸造模

又称金属型、金属模、硬模、永久型铸造模等。这种铸造模用金属材料（钢、铸铁、铜合金或低熔点合金等）制作，有整体式、垂直分型式、水平分型式和多面分型式等，与它配用形成铸件内孔或槽穴的型芯如图2-3所示。图中，（a）为金属质的整

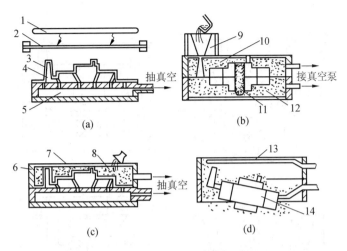

（a）在模型上覆膜成型　　（b）向砂箱内填砂并密封顶面抽真空紧实

（c）装入泥芯　　（d）解除砂型的真空，打箱落砂并取出铸造件

1—发热元件　2—塑料薄膜　3—加热后成型的塑料薄膜

4—模型（样）　5—抽气箱　6—砂箱　7—密封塑料　8—型砂

9—浇口杯　10—上砂型　11—型芯　12—下砂型　13—抽真空器　14—铸件

图2-2　真空负压造型铸造模（型）的制作过程示意

体铸模，以形成铸模的型腔。内孔用泥芯形成，型腔上设置有多个出气孔兼冒口，起排气和补缩作用，采用滤网过滤金属液，使铸件质量提高。凝固冷却后用顶杆机构把铸件从金属型中顶出。

此模具结构简单，但加工内腔稍困难，所铸铸件外表面无分型印痕，适合圆筒形铸件的铸造。

图2-3（b）为水平分型式铸造模，模体由上下两部分组成，下半型固定在工作平台上，上半型做开合运动，里面可以配装各种型芯和抽芯、顶出机构。其结构简单，砂芯安放方便，但不便于设置浇冒口，且排气条件差，操作时劳动强度较大，适用于铸造手轮或圆盘形铸件。

图2-3（c）为垂直分型式铸造模，模具由左右两半型组成，可把两半型同时打开或合拢，也可一边固定不动而只动另一半型。其结构简单，操作方便，也可配装型芯和顶出机构，设置冒口也较方便，且容易实现机械化，适合铸造结构简单、型芯阻力小的铸件。

图2-3（d）为多面分型式铸造模，它由4个以上的型体组成，也可安装各种型芯，具有垂直、水平多个分型面、便于分型取出铸件和设置浇冒口及排气系统，适合各种形状结构复杂、有内通道的铸件。

金属模铸造因其热传导率大，金属液浇入后结晶冷却快，使铸件结晶细密（特别是表面一层），内部气孔、缩孔、疏松等缺陷少，且其表面光滑、内部冶金质量好，从而使铸件的力学性能高，气密性能好，并且铸造生产率高，铸件的成本低，被广泛用于

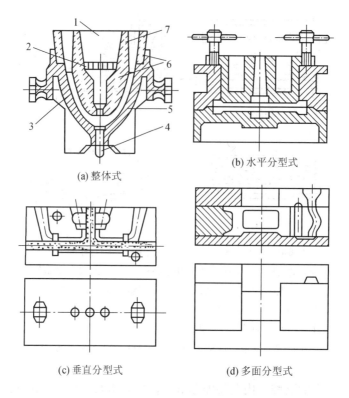

(a) 整体式   (b) 水平分型式

(c) 垂直分型式   (d) 多面分型式

1—浇口杯　2—过滤网　3—型腔　4—推杆
5—金属型　6—型芯　7—冒口

图 2-3　金属型的几种结构形式

大批量铸件的生产，也用于各种模具零件的铸造。

4. 壳型铸造模

又称壳体铸造模、薄壳铸造模。壳型铸造模有两种：一种是树脂砂壳型铸造模，另一种是多层陶瓷壳型（体）铸造模。

（1）树脂砂壳型铸造模

这是 20 世纪 50 年代国外研发的一种新的铸造模，它是用树脂作为黏结剂与造型砂混合后制作的铸造壳体。由于树脂砂的强度很高，铸型厚度仅 10 mm 左右，且具有很高的尺寸精度和很低的表面粗糙度，所以又常把此法称为壳型精密铸造或薄壳精密铸造。其形状结构及其制作工艺如图 2-4 所示。它既适合大批量铸件的流水线生产（几分钟即可制作一副壳型），也适合单件和小批量铸件的生产（所使用的设备很简单，只需混砂机、烧烤箱即可）。树脂砂壳型铸造模的特点：既可以铸造钢、铁零件，又适合铸造非铁金属铸件；其铸件的精度高（比陶瓷型、熔模多层壳体稍差），IT10～IT13 级，铸件的表面粗糙度约 Ra 3.2 μm；可铸造数百千克以下的铸件，而且由于其质量很轻，便于操作和搬运，使劳动强度大为降低。其缺点是作为黏结剂的酚醛树脂价格较高。

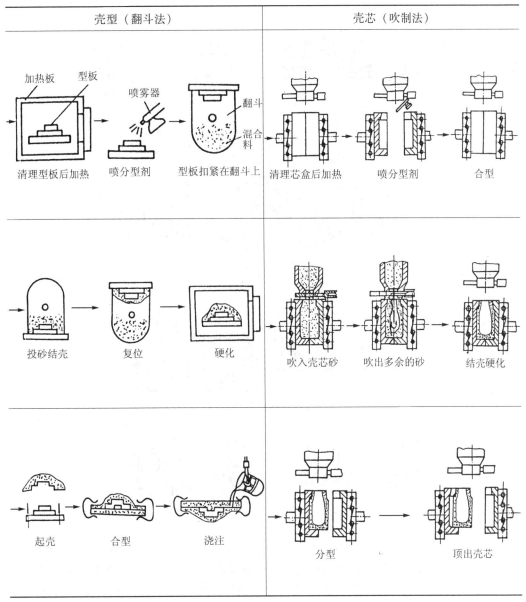

壳型（翻斗法）	壳芯（吹制法）
清理型板后加热　喷分型剂　型板扣紧在翻斗上	清理芯盒后加热　喷分型剂　合型
投砂结壳　复位　硬化	吹入壳芯砂　吹出多余的砂　结壳硬化
起壳　合型　浇注	分型　顶出壳芯

图 2-4　树脂砂壳型铸造模及其制造工艺过程

制作这种壳型铸造模需要使用母模（母型、模样）和形成薄壳形状的金属模。

（2）多层陶瓷壳型（体）铸造模

简称多层壳型（体）铸造模。这是现代熔模精密铸造用的模具（铸型），它是用水玻璃或水解硅酸乙酯液（或硅溶胶的水溶液）与耐火砂（粉）调和的浆料，重复 1～10 次涂敷在和铸件形状一样的蜡模表面上硬化固结成壳体，然后熔化流失蜡模形成型腔并具有很高强度和耐火度的型壳。其结构形式和制作过程如图 2-5 所示。

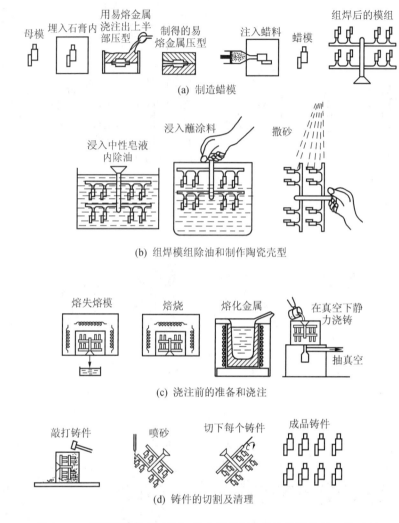

（a）制造蜡模

（b）组焊模组除油和制作陶瓷壳型

（c）浇注前的准备和浇注

（d）铸件的切割及清理

图2-5 多层陶瓷壳型（体）铸造模的制作及浇注铸件的工艺过程

由于其铸造精度很高，表面粗糙度低，所以又称多层陶瓷壳体（型）精密铸造。

多层壳型的特点：耐火度、强度高和透气性好，可以铸造任何种类品牌的金属铸件，特别适合高熔点、高硬度难加工铸件和用其他任何方法难成型或根本无法成型的异形复杂铸件。该技术已成为当代军事工业和民用工业中一种最先进的铸造技术。

5. 消失模型铸造模

又称消失模铸型、实型铸造模（FM法模）、汽化铸造模、无型腔铸模。

如图2-6，消失模铸造是采用泡沫塑料模取代木模作为造型用模型，即把与铸件一样的泡沫塑料模型（样）放入砂箱内，然后加入造型砂制造出砂型（模），之后在不取出泡沫塑料模型的情况下向砂型内浇入金属液，使泡沫塑料模型燃烧气化，并在浇入金属液的同时，从砂箱底下抽真空，把泡沫塑料燃烧气化的气体抽走，让金属液充满此燃烧气化后形成的空间（型腔），凝固冷却后即获得所需铸件。

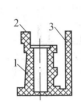 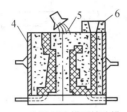 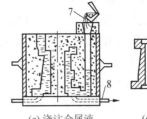

(a)制作泡沫塑料模型及浇冒口　(b)制作消失模型铸造模　(c)浇注金属液　(d)铸件

1—铸件模型　2—冒口模型　3—浇口模型　4—砂箱
5—造型砂　6—浇口杯　7—金属液　8—抽真空管

图2-6　消失模型铸造模制造及铸造过程

制作消失模型及浇注系统、冒口、排气孔模型的泡沫塑料有聚氯乙烯、聚苯乙烯、酚醛、聚氨酯、聚甲基丙烯酸酯等。其中以聚苯乙烯塑料用得最多，原因是此塑料有发气量低（仅为105cm³/g）、残留物量少（仅为0.0015%）、密度小、气化迅速、价格适中等特点。

制作这种模型的方法有两种：①简单铸件用刀具加工和胶黏接（结）；②复杂铸件采用铝合金或低熔点合金模具发泡成型。

用此种模具铸造的铸件与前述砂型铸造相比有下述优点：

1）没有型腔和分型面，使铸造工艺产生重大变革，不但使制作铸型的工艺变得十分简单省事，造型效率提高2~3倍，成本降低，还可避免合箱、下芯中冲损坏铸型、掉砂、造成错位甚至使铸件报废等弊端，从而使铸件合格率提高，产生效率高。

2）由于突破了分型、起模、合箱（型）的铸造工艺界限，泡沫塑料模可按任何外形内构和尺寸大小的铸件要求来设计制作，从而极大地扩大了机械电器等产品所需铸件的设计自由度，扩大了铸造工艺的铸造能力。

3）泡沫塑料模型（包括浇注系统、冒口、排气孔模型）的制作比传统的木模简单容易很多，而且成本低，加工周期短很多，这对要快速抢占市场的产品极为有利。

4）造型材料废弃少，型砂可多次重复使用，混砂、砂处理、造型、清理等设备的投资大为减少，生产效率高，劳动环境得到改善。

6. 陶瓷铸造模

有半永久性陶瓷铸造模和一次性陶瓷铸造模两种。陶瓷型铸造是把耐火材料和黏结剂配制的陶瓷浆料浇灌到母模（模型、模样）上砂箱内，在催化剂的作用下，陶瓷浆料缩聚硬化而形成陶瓷之后，经过拔（取）模、喷烧、熔烧等工序，即获得耐火度高、尺寸精度较高、表面粗糙度较低的陶瓷铸造模（简称陶瓷铸型），合箱后再向其中浇入金属液，经凝固冷却和打箱清理便获得铸件的铸造方法。

半永久性陶瓷铸造模是一种能重复若干次浇注的陶瓷模，如传统的铸造铁锅的陶瓷模（型），其形状结构图略，这种陶瓷铸造模仅适合铸造外形简单、平直无槽穴等复杂形体的铸件。

一次性陶瓷铸造模是指只浇注一次，便受到损坏的陶瓷模（型）。它有两种形式：整体陶瓷型和薄壳陶瓷型（又称节约型陶瓷型）。前者的制作过程如图2-7所示，后者的制作过程见图2-8。这两者的不同点是：前者全部用硅酸乙酯水解液与氧化铝粉等耐火材料配制的浆料浇灌制作铸型；后者则是为了少用昂贵的硅酸乙酯、降低成本而先用价格很便宜的水玻璃酯化液与石英粉的混合浆料制作铸型的背衬体，然后在此背衬体上浇灌一薄层耐火浆料，形成浇注金属液的型面层。

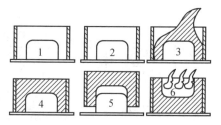

1—母模　2—涂刷脱模剂　3—灌浆
4—结胶硬化　5—起模　6—喷浇
图2-7　整体陶瓷型制作工艺示意

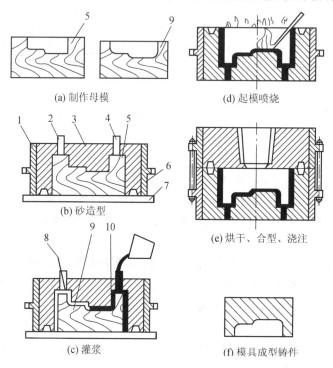

(a) 制作母模　　　　　　(d) 起模喷烧

(b) 砂造型

(e) 烘干、合型、浇注

(c) 灌浆　　　　　　　　(f) 模具成型铸件

1—砂箱　2—排气孔木模　3—水玻璃砂　4—排气孔木模
5—粗母模　6—定位销　7—平板　8—通气孔　9—精母模　10—陶瓷浆层
图2-8　薄壳陶瓷型浇注工艺过程示意

陶瓷型铸造的最大特点是可以铸造重型、厚大的精密铸件（如锻造模、高温合金、铸铁件铸造模等）。目前国外最大的已达4~6 t，而由于其耐火度、低温和高温下的强度都高，尺寸和化学性能稳定，不但可浇注任何金属的铸件，而且尺寸精度高（IT11~IT13级）、表面粗糙度低（可达 Ra 3.2~6.3 μm），所以被称为陶瓷型精密铸造。被国外广泛用于高熔点、高硬度、难加工的外形内构复杂、尺寸精度高、表面粗糙度低的模具或机械零件的铸造。

陶瓷型铸造的缺点是硅酸乙酯和刚玉粉的价格较高，操作工序较长，要求工人的技术水平较高。

这种铸造所涉及的模具还有母模、型芯模。

7. 石膏铸造模

这既是一种古老的铸造模，又是一种现代铸造模，是20多年来国内外在古老的石膏铸造的基础上开发出来的崭新的石膏铸造模（石膏铸型）。按形成型腔的方法分为拔模石膏型铸造模、熔模石膏型铸造模两种。按所用石膏的不同特性又分为普通石膏型铸造模和发泡石膏型铸造模两种。拔模石膏型铸造模的制作及浇注铸件的工艺过程如图2-9所示，熔模石膏型铸造模的制作及浇注铸件的工艺过程如图2-10所示。

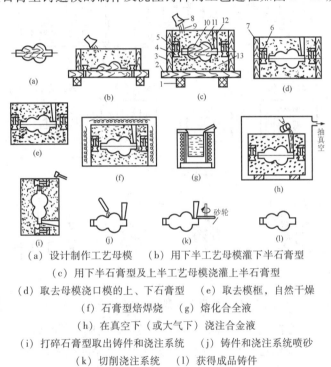

（a）设计制作工艺母模　（b）用下半工艺母模灌下半石膏型

（c）用下半石膏型及上半工艺母模浇灌上半石膏型

（d）取去母模浇口模的上、下石膏型　（e）取去模框，自然干燥

（f）石膏型焙焊烧　（g）熔化合全液

（h）在真空下（或大气下）浇注合金液

（i）打碎石膏型取出铸件和浇注系统　（j）铸件和浇注系统喷砂

（k）切削浇注系统　（l）获得成品铸件

1—垫脚　2—模板　3—下模框　4—定位销位　5—定位销套

6—盖板　7—上模框　8—石膏　9—石膏混合浆料　10—母模

11—上半石膏型　12—浇口模　13—下半石膏型

图2-9　拔模石膏型精密铸造的工艺过程

石膏型铸造采用铸造专用的α（或β）熟石膏粉和耐火填料、促凝剂、缓凝剂、增强剂等添加料混合均匀，再与水拌和成浆浇灌到预先制作的与铸件形状一样的母模（模型、模样）或蜡模表面和型箱内，待其硬化后取出母模或熔失蜡模，制得石膏铸型，经烘干、焙烧后浇注合金液便获得光滑精密的铸件。因这种石膏混合浆料流动性、成型性好，线膨胀系数小，复印（映）性能好，并具有较高的耐火度和化学稳定性，可制造出带多个型芯的极为复杂的铸型，从而铸造出用其他方法很难加工甚至根本无法加工的薄壁、大型、外形内构极为复杂和精度很高、表面有精细光洁结构的铝、铜、锌等合金和金、银及部分不锈钢铸件。其壁厚可小到 0.5 ～ 1 mm，表面粗糙度一般约 $Ra3.2\mu m$，尺寸精度误差可达 ±（0.05 ～ 0.10）mm。石膏资源丰富，价格便宜，对人

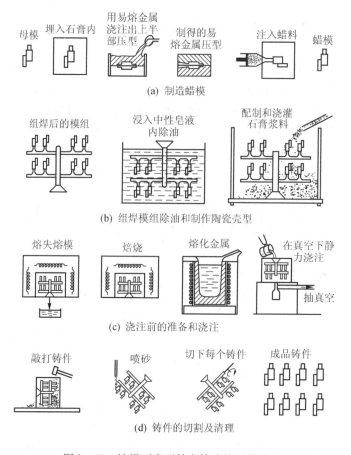

(a) 制造蜡模

(b) 组焊模组除油和制作陶瓷壳型

(c) 浇注前的准备和浇注

(d) 铸件的切割及清理

图2－10　熔模石膏型精密铸造的工艺过程

体和环境无危害，其制作工艺较简单且质量轻、劳动强度低。其缺点是石膏的热导率很小，铸件的结晶凝固慢，铸型的透气性差，因而易使铸件产生结晶粗大和形成针孔等缺陷。

（1）熔模石膏型铸造模

这是20多年前由美国在古老的石膏型铸造技术基础上，融合现代熔模精铸技术研发的一种先进的铸造模具及铸造技术。由于熔模既可用一个压蜡模（压型）压制出来，又可把由多个压蜡模压出的分体蜡模热焊或黏接（结）成为一个外形的内构极为复杂并附装有多个可形成复杂内通道或槽穴、孔洞的型芯的整体蜡模，这就为铸造用其他方法很难成型或无法成型的任何复杂铸件找到了一个好、快、省的铸造方法，也为金银首饰、古玩文物、雕塑等艺术品的生产或复制提供了更先进的快速的低成本的工艺。

（2）拔模石膏型铸造模

是通过人力或机械的方法把石膏型中的母模拔取出来，形成浇注金属液的型腔的模具（铸型）。用普通石膏粉和耐火填料等与水拌和的石膏混合浆料浇灌的石膏型铸造模叫做普通石膏型铸造模，主要用作浇注形状结构比较简单的模具零件（如塑料、橡胶成型用模具、铸造模具、冷冲模零件）和其他铸件。用发泡石膏粉（在普通石膏粉中加入发泡剂所得到的一种石膏粉）与耐火填料等与水拌和的石膏混合浆料浇灌的石膏型铸造模叫做发泡石膏型铸造模，这种铸造模的透气性和散热能力得到改善，可防止铸件产生针孔和使结晶晶粒细化。这种铸造模主要用于整体叶轮、框架等结构较精细并难以排气的铸件和精密复杂的模具零件铸造。

8. 实型负压铸造模

这是把实型（F法）、负压（V法）和磁型（M法）铸造的特点结合而发展成的以泡沫聚苯乙烯为母模，以铁丸（或干砂）为造型材料经密封后抽真空，在负压条件下浇注合金液获得铸件的方法。其模具结构和工作原理如图2-11所示。

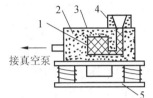

接真空泵

1—泡沫塑料实型　2—可调真空砂型
3—塑料薄膜　4—浇口杯　5—电磁振动工作台
图2-11　实型负压铸造模工作原理

此模具铸造件的特点是：不起模，没有分型面，铸件表而平整光洁，造型工序简化，因采用振动造型，使劳动强度大为降低。由于采用铁砂造型，使合金液散热结晶冷却快且组织致密，疏松、缩孔、气孔等缺陷很少，力学性能高，但对某些合金会有增碳的问题。

这种铸造模适合尺寸精度和表面光滑程度要求不太高，形状结构不很复杂的大型、整体薄壁铸件的铸造。

9. 悬浮铸造模

这是20世纪60年代苏联研发的新型铸造模，旨在于控制铸件凝固过程，减少或消除铸件疏松等缺陷，细化晶粒，提高力学性能。其原理是用铁粉、铁丸、钢丸、碎切屑等微小粒子作悬浮剂，在浇注时加入到金属液中，使其与液流一起充填铸型型腔，把以前浇注到型腔中的过热金属液改变为含有固态悬浮微粒的悬浮金属液，因此悬浮剂具有内冷铁的激冷作用而起微型冷铁作用，同时因其活性表面很大并均匀分布于金属液中，与金属液产生一系列的复杂的热物理化学作用，因而使金属液结晶细化，并控制其凝固、孕育和合金化过程。此模具的形状结构如图2-12。

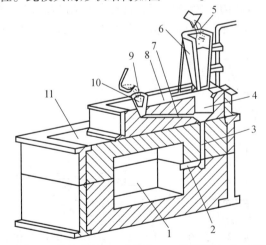

1—型腔　2—浇注系统　3—直浇道　4—悬浮剂杯　5—悬浮剂
6—悬浮剂漏斗　7—金属液导引流道　8—悬浮浇注系统模
9—金属液　10—金属液浇口杯　11—铸型
图2-12　悬浮铸造模的结构及浇注示意

10. 连续和半连续铸造模

连续铸造是将金属液连续浇入特制水冷金属模（又称结晶器）中，以形成一定形状尺寸的铸件不断自结晶而从另一端拉出。其拉出长度根据需要而定。当拉出的铸件长度达到所需长度即中断金属液的浇注的这种连续铸造叫半连续铸造法。

连续铸管模及连续铸造工艺见图 2-13。铁水 1 经流管 2 下落盛嘴 3，再流入外结晶器 6 与内结晶器 5 之间的间隙（此间隙正好是所铸管子的壁厚）中，铁水便在其中快速结晶凝固成具有一定强度的外壳，此时管壁中心面呈半凝固状态。当结晶器开始振动时，引管装置 9 和铸管机升降盘 10 借助传动设备向下运动，引拉成型的铸铁管 7 以一定的速度从结晶器底部不断往下拉，当拉到所需长度时便停止浇注铁水，取下已铸好的铸铁管，进行第二次循环。

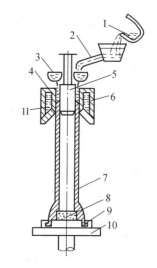

1—浇包和铁水 2—流管
3—盛嘴 4—未结晶金属液
5—内结晶器 6—外结晶器
7—成型的铸铁管 8—承口芯
9—引管装置 10—铸管机升降盘
11—循环冷却水
图 2-13 连续铸管模

此铸造法与一般铸造法相比，冷却速度快，结晶晶粒细，铸管的力学性能和气密性能好，易于实现机械化自动化，生产率高，劳动强度低，节约金属材料和能源消耗，成本低（与轧制管相比）并可与连轧工艺配套，适合铸造钢、铸铁、铜、铝及其合金的管类、铸锭、铸坯的铸造。

连续铸坯铸材（型材）模的外形结构见图 2-14。与图 2-13 所示的原理基本相同，在结晶器的另一端装有引锭 6，形成结晶器的底，当金属液流入结晶器一定时间（或体积）时便开动拉坯机构，使铸坯随引锭往下拉出结晶器，图 2-14 所示是靠上面引拔辊作逆时针方向旋转，而下面的引拔辊作顺时针方向旋转并夹持铸坯使之连续往右

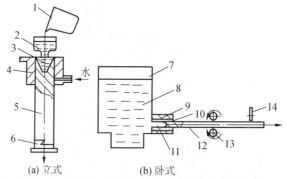

(a) 立式　　　　　(b) 卧式
1—浇包 2—浇口杯（中间浇包） 3、11—尚未结晶的金属液
4、9—结晶器（铸造模） 5、12—铸坯 6—引锭 7—保温炉
8—金属液 10—石墨工作套 13—引拔辊 14—切割机
图 2-14 连续铸坯铸材（型材）模及工作过程示意

移动。

（二）非重力铸造模

所谓非重力铸造，是指不依靠浇注金属液体本身的重力充型，而人为地给其以压力（机械的或气动的），使之在此压力下充型并结晶、凝固成型获得铸件的铸造方法。

1. 普通压铸模（又称压铸型）

（1）压铸的概念及其优点和缺点

普通压铸是将金属液舀入压铸机的压室内，通过压射冲头（又称活塞）的高速运动，使金属液在高压作用下通过模具的浇注系统极迅速地充满型腔，并在此压力作用下快速结晶凝固成型而形成铸件的铸造方法。常用的压铸比压每厘米³达数百至数千牛顿，而金属液的流速达 5～50 m/s。

压铸法的优点：

1）能铸造出形状较复杂、轮廓清晰、薄壁深腔的金属铸件（或不加工直接作为零件）。

2）压铸件尺寸精度高，表面粗糙度低且两者标准一致，因而其互换性、通用性能好。

3）材料的利用率高，消耗少，因其尺寸精度高，表面粗糙度低，大多数压铸件只需经过极少量的机械加工即可装配到产品上使用。其加工余量很少，动用的机加设备少，有的压铸件甚至无须加工即可直接装配使用。

4）可以将其他材料的零件嵌铸在压铸件上，从而扩大零件的设计自由度。这不但可满足使用要求，扩大产品的用途，又减少了加工和装配工序，使制造工艺简化。

5）由于压铸模热传导率大，使压铸件的结晶晶粒细密，具有较高的强度和硬度及耐磨性、耐腐蚀性、气密性。

6）压铸工艺多为机械化自动化操作，生产周期极短，生产效率高，可实现大批量自动化生产。

压铸法的缺点：

1）压铸机和压铸模的费用较昂贵，压铸模的设计加工周期长，因而不适合小批量生产。

2）由于金属液在高速高压下充填型腔，快速结晶，致使型腔中的气体来不及排出裹入铸件内，可能使铸件产生气孔、氧化夹杂等缺陷。

3）受压铸机锁模力的限制，不能压铸大尺寸铸件；受压铸模结构的限制，也不能压铸外形内构很复杂的铸件。

4）所压铸的合金种类也受限制，目前主要用来压铸熔点较低的锌合金、铝合金及镁合金。很少用于压铸钢、铁及结晶范围宽的非铁金属铸件。

（2）压铸模的结构组成

压铸法使用的压铸模，由定（静）模和动模两部分组成，或者说由模体和模架两部分组成。定模（即模体部分）固定在压铸机的固定模板（座）上，与压铸机的压射部分连接，由流道将压铸机的压室与模具型腔连通对正，也是压铸模的型腔的一部分。动模（即模架部分）则固定在压铸机的移动模板上并随移动模板移动，完成开模与合模的动作，其上有构成铸件几何形状的另一部分型腔。

压铸模结构的主要组成部分及其功能如表 2-1，压铸模各组成部分的作用见表 2-2。

表 2-1　　　　　　　　　　　　压铸模结构的主要组成及功能

零件类别		零件名称	功　能
压铸模	定模部分	定模板	固定型腔
		定模套	
		定模	型腔成型零件
		浇口套	
		定模芯	
	动模部分	动模板	固定动模型腔
		动模支承板	
		动模套	
		动模垫板	
		动模	
		芯子	
		分流器	
	导向零件	导柱	对动模、全模部分影响，使其处于准确位置
		导套	
	抽芯机构	斜楔块	加工侧孔及侧凸、侧凹时成型及复位零件
		斜导柱	
	开模或卸料零件	推料固定板	开模及顶出铸件
		推杆垫板	
		推料杆	
		反推杆	
	坚固零件	紧固螺钉	连接紧固各类零件构成模具整体以保证模具刚性强度
		销钉	

表 2-2　　　　　　　　　　　　　压铸模各组成部分的作用

组成部分名称	所起的作用
定模	固定在压铸机压室一边的定模板上，是金属液开始进入模具的部分，是压铸模型腔的主要部分（即定模镶块）。这部分由直浇道直接与机器的喷嘴或压室相连接
动模	固定在压铸机的动模板上做开合运动，与定模部分开、合，一般抽芯和顶出机构全部在这部分
成型部分（亦称型腔及芯子部分）	形成压铸件几何形状（外形轮廓和内部形状）的部分
抽芯机构	模具的侧面（平行分型面或与分型面有一定夹角）的芯子是形成铸件内孔或槽穴的活动机构，在顶出铸件前完成抽芯动作，以不影响铸件的顶出
顶出机构	开模后，把铸件从模具中顶出的机构，一般随动模的开启过程完成铸件的顶出。这套机构设置在动模中
浇注系统	引导金属液按一定方向进入模具型腔的流路系统，连接成型部分与压室。它直拉影响金属液进入型腔的速度、压力、排气、排渣
排气系统	把型腔内的空气、金属及涂料中挥发出的气体迅速排出模具外，防止其裹入金属液造成铸件气孔等缺陷的通道
冷却系统	平衡模具温度，使它在规程要求的温度下工作，防止铸件出现缺陷。在特殊情况下，可在压铸模上设计加工水冷却装置（系统），以保证铸件质量和延长模具寿命

（3）压铸模的基本结构形式

根据压铸模所配用的压铸机的压室特征的不同，压铸模有下列 4 种结构形式：

1）热压室压铸机用压铸模。如图 2-15 所示，铸铁或钢板焊接的坩埚，置于电子自动控温的炉膛内，熔化的合金液装在坩埚 1 内，压室主体的浇壶 5 沉浸在金属液内。浇壶 5 内带有鹅颈形通道 7，其出口称为鹅颈嘴。嘴的高度比坩埚内最高金属液面高度稍高，防止金属液在未压铸时自动流入模具的浇注系统内而凝固。压射冲头上升时，将金属液通过进料孔 2 吸入料筒内。

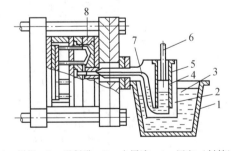

1—坩埚　2—进料孔　3—金属液　4—压室（料筒）
5—浇壶　6—压射冲头　7—鹅颈形通道　8—压铸模
图 2-15　热压室压铸机用压铸模及压铸示意

这种压铸法的优点：不需要向压室单独供应金属液，压注动作可自动进行，因而生产效率高，可实现自动化；金属液由坩埚内液面下直接进入压铸模的型腔内，所以吸气和带入的氧化夹渣物少；温度波动范围小；浇注系统所消耗的金属液比其他类型的压铸机少。由于压室和压射活塞长期浸泡在高温的金属液内，这就要求其材质耐高温并有高温强度，这样费用自然高，而且使用寿命短，还可能给金属液增大含铁量。

2）立式冷压室压铸机用压铸模。立式冷压室压铸机用模具的结构和压铸过程如图2‑16所示。压铸机的压室与熔化保温炉分开，它从保温炉中专门舀取定量（此量稍多于所压铸的铸件质量）金属液放入压室后再进行压铸。压室的中心线是垂直的，压射冲头分为上冲头［又叫压射冲头（活塞）］和下冲头（又叫反射冲头），均在压室内作上下移动。金属液3浇入压室时，反射冲头已上升，堵住了喷嘴8的进口，这样可使金属液不至于自动流入型腔。当压射冲头向下移动接触金属液时，反射冲头便同步向下移动一段距离，打开喷嘴8的进口，反射冲头快速下压，金属液便被高速挤射入型腔。当型腔充满后，压射冲头保压一段时间后（液态金属结晶凝固后）便向上提升（退回），同时反射冲头又上升并切断余料将其顶出压室，待余料取出后又降到原位，之后便可开模取出压铸件。

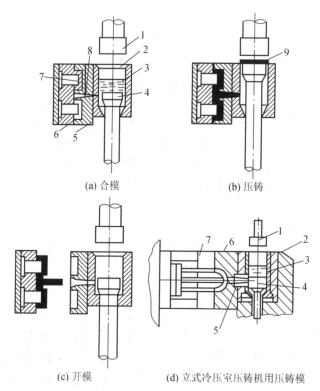

(a) 合模   (b) 压铸

(c) 开模   (d) 立式冷压室压铸机用压铸模

(a) ~ (c)：1—压射冲头（活塞） 2—压室 3—金属液 4—反射冲头
5—定模 6—动模 7—型腔 8—喷嘴 9—余料
(d)：1—上冲头 2—压室 3—金属液 4—下冲头
5—喷嘴（浇注套） 6—定模 7—动模
图2‑16 立式冷压室压铸机用压铸模及压铸过程

40

3）卧式冷压室压铸机用压铸模。卧式冷压室压铸机用压铸模及压铸过程如图 2 - 17 所示。这种压铸机的压室是呈水平的，压射冲头 5 做水平移动，金属液 4 未注入前，压射冲头处在压室的尾部［即只进入压室一小段，如图 2 - 17（a）］，当金属液浇入压室后，压射冲头便向左压射，推动金属液通过模具的横浇道再流入型腔。充满型腔后，压射冲头仍顶住凝固的金属保压一段时间，使内部金属液在压力下结晶凝固而成为铸件，之后即可开模，把铸件连同浇注系统一起顶出。

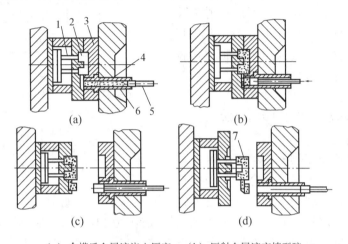

（a）合模后金属液浇入压室　（b）压射金属液充填型腔
（c）开模，冲头送回余料　（d）顶出铸件，冲头复位
1—顶杆　2—动模　3—定模　4—金属液
5—压射冲头　6—压室　7—压铸件
图 2 - 17　卧式冷压室压铸机用压铸模及压铸示意

4）全立式冷压室压铸机用压铸模。①压射冲头上压式全立式冷压室压铸机用压铸模，此种压铸模及其压铸过程如图 2 - 18。金属液 5 浇入压室后便闭合模具，压射冲头 7 即上升压金属液 5 使它经过分流锥 2、模浇道及内浇口进入型腔，并充满型腔，然后动模与定模分开，这时压射冲头继续上升，通过模具的顶出机构即可顶出铸件，同时压射冲头退回原位。②压射冲头下压式全立式冷压室压铸机用压铸模，这种

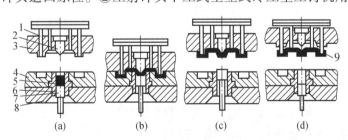

（a）定模与动模分开浇入金属液　（b）合模 - 压射
（c）开模 - 冲头上升　（d）顶出铸件 - 冲头复位
1—顶杆　2—分流锥　3—动模　4—定模　5—金属液
6—压室　7—压射冲头　8—垫板　9—压铸件
图 2 - 18　全立式冷压室压铸机用压铸模及压铸过程示意

模具和压铸过程如图2-19。在模具闭合的状态下，把金属液浇入压室2内，此时中心顶杆9在弹簧的作用下堵住了横浇道，使金属液不能自行流入横浇道。当压射冲头下压时，迫使中心顶杆9后退（下移）敞开横浇道口，金属液便在压射冲头的高压下快速流入模浇道及模具型腔内并使型腔充满。保压时间到后即可开模，开模后冲头即自动复位，通过顶出机构顶出铸件和浇注系统废料，同时中心顶杆9在弹簧8的作用下复位。

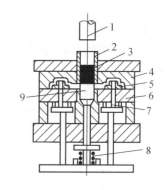

1—压射冲头　2—压室　3—金属液
4—型腔板　5—型芯　6—型芯固定板
7—顶杆　8—弹簧　9—中心顶杆
图2-19　压射冲头下压式全立式冷压室
压铸机用压铸模及压铸过程

压铸模图样及介绍参见表1-2。

2. 低压铸造模

低压铸造是20世纪国内外应用较多的一种先进铸造技术，它是介于重力铸造与压力铸造之间，利用压缩空气的压力将金属液从装于熔池中央的升液管中上升到装在熔炉顶上的模具（铸型）中，并保持一定压力和时间，使其凝结而获得铸件的一种铸造方法。由于作用在液面上的压力较低（一般≤0.25 MPa），比前述压力铸造的压力低很多，因而被称为低压铸造。其铸造过程如图2-20所示，铸造方法的优点是：

1）金属液是自下而上平稳充型，大大减少了重力铸造时金属液对型腔壁和型芯的冲刷及飞溅、涡流，因而混入的氧化夹渣（杂）物和气体大大减少，从而使铸件的冶金质量有较大的提高。

2）由于是在压力下结晶凝固，并很容易实现顺序凝固，很有利于补缩，因而铸件的致密性好，有利于铸造要求耐压性、气密性和力学性能高的铸件（比自由浇注提高约10%）。

3）可简化浇注系统并缩小其尺寸，提高金属材料的利用率和铸件的工艺出品率。

4）熔池和浇注充型都在封闭状态下，使金属液的流动性大大提高，这对铸造投影面积大、薄壁（最小壁厚可达2~5 mm）、外形内构复杂精细的铸件极为有利，并可使尺寸精度得到提高。

5）与压铸相比，它不需要昂贵的模具钢和压铸设备。

低压铸造方法的缺点是需要低压铸造机和掌握此技术的熟练技术工人，且生产效率较低，铸件的尺寸精度比压铸件、熔模铸件差。

低压铸造所使用的模具既可用金属型（模），也可用砂型、壳型、熔模石膏型，铸件质量从几十克至数百千克。具体采用哪类模具，要根据所铸铸件的形状复杂程度、尺寸大小及精度要求和低压铸造设备类型来选定。

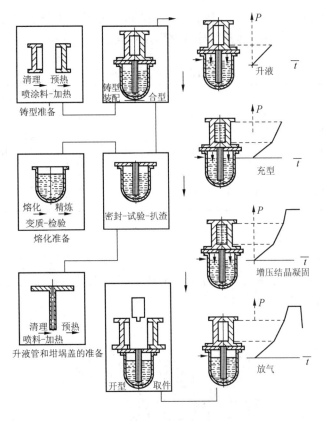

图 2-20　低压铸造工艺过程

图 2-21 为美国开发的一种新型低压铸造模。这是为解决汽车发动机铝合金汽缸盖产生缩孔等缺陷而精心设计的一副低压铸造模。模具各部分零件采用不同热导率的材料的目的是使模具的热传导率从上面开始朝浇口（长液管）方向逐渐减小，从而使铸件的结晶凝固按自上而下的顺序进行，同时为强化温度梯度，还在合金液充满型腔后，再向冷却装置的孔道通入冷却水，加速金属液的结晶凝固。

采用这种模具和铸造方法所获得的铸件晶粒细小、组织致密、力学性能高、耐磨性能好、使用寿命长，其铸造周期缩短为原来的 1/3 或更短，使综合成本大为降低。

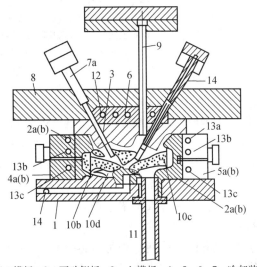

1—模板　2—可动侧板　3—上模板　4、5、6、7—冷却装置
8—模板安装板　9—顶杆　10—砂芯　11—升液管
12、13a、13b、13c、14—孔道
图 2-21　新型低压铸造金属模（美国）

低压铸造方法和模具适合汽车缸体、阀门叶轮、齿轮、曲轴、调整钢工具及圆筒类铸件的铸造。表2-3为该模具各部分的材质及热导率。

表2-3　　　　　　　　　　　模具各部分的材质及热导率

部位名称	材　质	热导率［W/（m·℃）］
下模板	JIS SKD61	33.49
可动侧模板	Be-Cu 合金	188.41
上模板	Cr-Cu 合金	322.38
冷却装置	Cu 合金	376.81

3. 真空吸铸模（CLA法）

真空吸铸为美国G. D. Chandley等人发明，它是一种反重力铸造法，用抽真空的办法把模具（铸型）型腔中的气体抽走，形成负压，然后再把金属液浇入此型腔而获得铸件。其原理如图2-22所示。

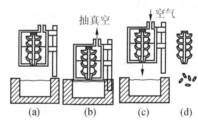

（a）型壳放入密闭室
（b）密闭室下降到熔池抽真空吸入金属液
（c）密闭室上升解除密闭多余金属液回流
（d）取出铸件型壳，去除型壳切除浇注系统得到铸件

图2-22　CLA法工艺原理

这种铸造方法的优点：

1）由于金属液的浇注温度可比重力铸造低100~150℃，浇注时模具（铸型）温度也可比重力铸造低50℃左右，并在负压状态下成型铸件，这就使铸件晶粒细密而均匀；合金纯净，力学性能好。而且由于可调整充型压力和速度，故可在很大范围内获得不同类型和尺寸的晶粒，保证充满薄壁截面和消灭裂纹。

2）材料利用率（收得率）极高，比一般熔模壳型铸造高45%~65%，铸件合格率可达94%~98%。

3）每副模具（铸型）内可铸铸件数比一般熔模铸造法高1~2倍，因而制壳成本大为降低、熔化合金的量减少，综合成本下降10%~60%。

4）可铸造其他铸造方法不能铸造的极薄（1.5~2mm）的投影面大的铸件。

所用模具可以是多层陶瓷壳型、金属型、石膏型、树脂砂壳型、陶瓷型等。具体采用何类模具，须考虑所铸铸件的形状结构复杂程度、尺寸大小、精密度和表面粗糙度要求及材质等。

图 2－23 为真空吸铸法所用设备示意图。

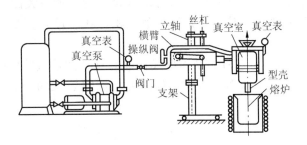

图 2－23　CLA 法装置示意

4．差压铸造模（又称反压铸造模、压差铸造模）

差压铸造是 20 世纪 60 年代国外开发的一种新的铸造方法，是低压铸造和在压力下结晶凝固两种工艺的结合，其工艺原理如图 2－24 所示。模具（铸型）6 放在上压力筒（缸）5 中，熔化金属的坩埚放在下压力筒（缸）8 中，上、下压力筒以中隔板 9 隔开，升液管使模具与保温（熔化）炉相通，通过向压力筒（缸）内增压或减压使金属液通过升液管上流充满型腔获得铸件。

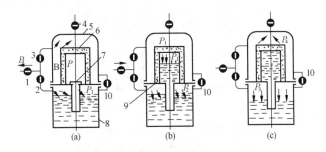

（a）充气　（b）增压法充型　（c）减压法充型
1、2、3、4—阀门　5—上压力筒　6—模具　7—升液管
8—下压力筒　9—中隔板　10—互通阀
图 2－24　差压铸造模及铸造工艺过程示意

差压铸造法所用模具有金属模、石墨模、砂模（型）、多层陶瓷壳体模、陶瓷型、石膏型等。

国外针对金属模由于温度梯度引起热疲劳而使寿命缩短的致命缺陷采取了下述对策：①使用耐高温的材料；②在型腔表面喷涂耐高温的涂料以减缓热冲击；③选用合理的模具结构和铸造工艺；④选用热传导率高的材料（如铝、铜的合金等），在模具的设计冷却系统通水冷却。

5．挤压铸造模（又称流体冲压模、液体模锻模）

挤压铸造是一种介于锻造和铸造之间的成型方法。它是将一定量的金属液直接浇注到金属模腔内，随后在机械静压力的作用下，使处于熔融或半熔融状态的金属液发生流动、凝固并伴有少量塑性变形而成为铸件或制品的一种金属加工方法。它的特点是枝晶少、晶粒细、组织致密，几乎无气孔和疏松，力学性能好，不需要浇注系统，材料利用率高，出品率高，适合多种合金的薄壁、大面积、形状结构比较简单的铸件或制品的铸造。其缺点是铸件的结构形状、尺寸精度、表面粗糙度都受限制。

挤压铸造模根据挤压铸造机的结构形式目前有柱塞式挤压铸造模（如图 2－25）、直接加压式挤压铸造模、间接加压式挤压铸造模（如图 2－26）、旋转加压式挤压铸造模（如图 2－27）。

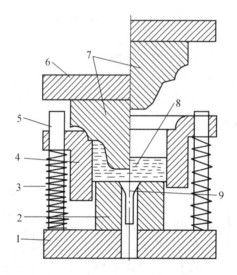

1—下模板　2—锥形环　3—弹簧　4—下模
5—导柱　6—上模板　7—挤压冲头　8—合金液　9—顶杆
图 2－25　柱塞式挤压铸造模及其工作示意

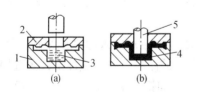

1—上模　2—凹模　3—金属液
4—铸件　5—挤压凸模
图 2－26　间接加压式挤压铸造模工作示意

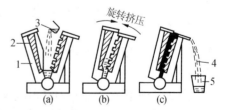

（a）浇入金属液　（b）旋转挤压
（c）成型铸件并排出多余金属液
1—挤压铸造机　2—上模具　3—浇包和金属液
4—多余金属液　5—容器
图 2－27　旋转加压式挤压铸造模工作示意

6．离心铸造模

离心铸造是将金属液浇入在离心机上的铸造模具（铸型）中，然后开动离心机旋转，使金属液在离心力的作用下充填模具型腔并结晶凝固获得铸件的铸造方法。模具在离心铸造机上可绕垂直轴旋转（如图 2 - 28），也可绕水平轴旋转（如图 2 - 29）。离心铸造可以配用金属模（型），也可以配用砂模（型）、壳体模壳（型）、石膏模（型）、陶瓷模（型）等模具（型），它既可以铸造空心铸件（如管类铸件），又可铸造机器电器上的各种铸件。铸造空心旋转体铸件，不需要浇注系统和型芯，也无需设计补

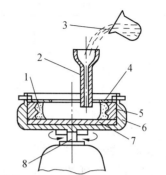

1—铸件 2—浇口杯 3—金属液 4—盖板
5—模具 6—外壳 7—底板 8—转轴
图 2 - 28　立式离心铸造模铸造示意

缩冒口，工艺简单，节省金属材料，质量好，成本低，所以多用来浇注双金属衬套或轴瓦（如铜背衬轴瓦），但表层金属杂质浮渣多，常用增大加工余量的办法来保证质量。

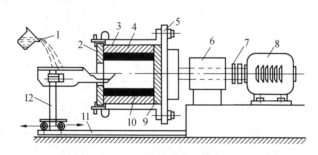

1—金属液 2—前盖 3—衬套 4—铸造模 5—后盖 6—轴承
7—联轴节 8—电动机 9—底板 10—铸件 11—导轨 12—小车
图 2 - 29　卧式离心铸造模铸造过程示意

立式离心铸造模因受离心力的作用铸件内表面呈抛物线状。离心机转速越低，铸件高度越大，直径越小，上下壁的厚度差也越大，所以离心铸造仅适用铸造高度不大的环类、筒形件。

卧式离心铸造模，由于沿轴向各段铸造成型条件基本相同，因而铸件壁厚沿轴向和径向都比较均匀，适合铸造较长的套类、管类铸件。

7．精铸压蜡模（蜡模压型、压型）

精铸压蜡模虽然不是直接浇注铸件的铸造模，但却是熔模精密铸造中很重要的复杂精密的工艺模，即用它来压制和所铸铸件形状尺寸一样的过渡性蜡质模型（蜡模、蜡样）。由于熔模精密铸造是当今世界上能铸造任何复杂精密铸件的先进的铸造技术，所以压制其所用的蜡模（因在浇注前要将它熔失故又称熔模）压型，也就更复杂精密，多用高档的模具钢、特种铜合金来制作，只有形状简单、单件或小批量铸件才使用石膏、环氧树脂、低熔点合金来制造，这种模具的结构有如表 2 - 4 所列类型。

表 2-4　　　　　　　　　　熔模精铸压型结构类型

类型	特　　点	应用场合	图　　例
简单开合型	这类压型有对开、三开、四开等多种形式，主要特点是分型面简单，结构一般不复杂，制造容易，操作方便	一般中小型铸件均能采用，在熔模铸造生产中广泛应用	
框架型	结构较复杂，分型多样形式。分型时一般能使熔模留于型中，可避免熔模变形，放置型芯亦较方便	适用于带缘板的叶片类铸件	
轮辐型	压型常为辐射方向分型，由多块扇形块组成型腔，制造时等分精度要求严格，但结构上容易保证活块同心度，操作方便	适用于叶轮转子等具有相等或不等圆心角结构的铸件	卸去盖板视图

48

类型	特 点	应用场合	图 例
活块组合型	将多块活块组装于型体中，使不同方向的分型面集合于一体，简化压型结构，制造方便	用于多方向分型的铸件，如凸轮轴和曲轴等	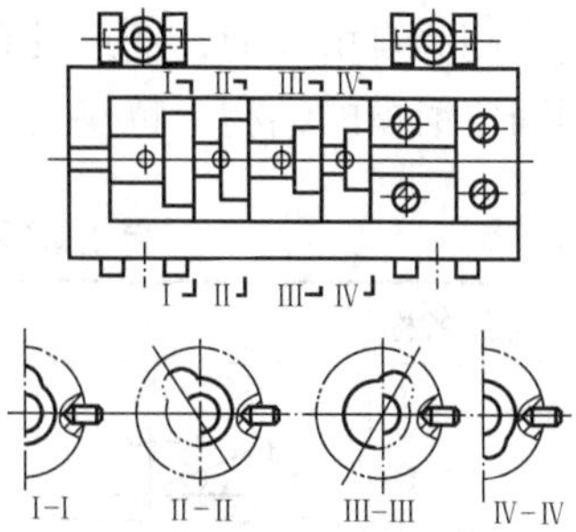 I—I　II—II　III—III　IV—IV
积木型	压型多层次分型，结构复杂，拼装麻烦，但对铸件结构复杂的压型加工方便，便于取出熔模及清理型腔	某些复杂结构铸件	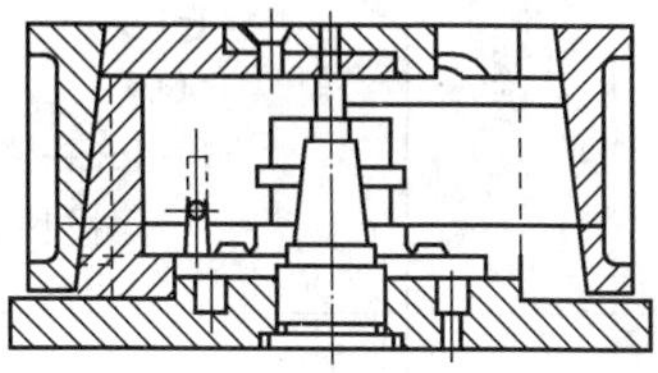 型腔由 22 个活块嵌块组成
ET-35型压蜡机专用型	对高精度的精密铸件，采用半自动压蜡机压制熔模，能实现恒温、恒压、定速和定时的稳定参数，有利于熔模精度的保证。其压型的主要特点： 1. 刚性好，结构坚实，但较重 2. 利用压型上的斜块，借助压蜡机合模力，压紧压型 3. 压蜡机有侧注、底注等形式，压型上进蜡口需相适应 4. 出模、清理及压型加工均方便	用于高精度的精密铸件，如无斜量叶片等	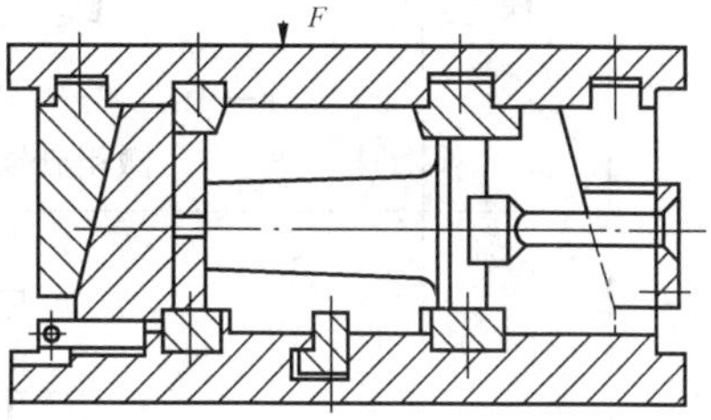 F 为机器合模施力方向

二、锻压（造）模

锻压模俗称锻造模，简称锻模、镦锻模。锻造是把加热到一定温度的金属坯料用人工或机器对其进行锤击（锻打）辗轧，使之成为一定尺寸、形状的机械零件毛坯或制品的金属加工方法。它所用的模具叫做锻压模。

（一）自由锻锤用固定锻模（固定在锤头或砧座上）

自由锻造是指采用工具直接在锻造设备（如空气锤、水压机等）的上、下砧铁之间进行锻造。金属坯料在锻造过程中，只有上下表面与上、下砧铁或其他辅助工具接触，其余则为自由表面，变形没有受到限制，俗称为自由锻造（简称自由锻）。自由锻造所用固定锻模的结构、特点及应用见表2-5。

表2-5　　　　　　　　　　自由锻锤用固定锻模的结构、特点及应用

项目号	模具名称	简　图	特点及应用
1	拔长砧铁模	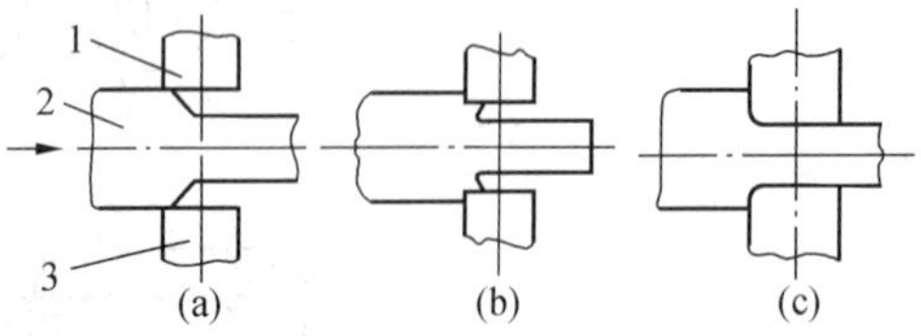 （a）　　　（b）　　　（c） 1—上砧铁模　2—工件　3—下砧铁模 拔长砧铁模工作示意	上下砧铁模分别固定在锤头和砧座上，坯料从右向左推进进行锻打，使其截面变小，将其拔长 多用此模具锻造长轴线的毛坯如光轴、台阶轴、曲轴、拉杆、连杆等锻件
2	镦粗砧铁模	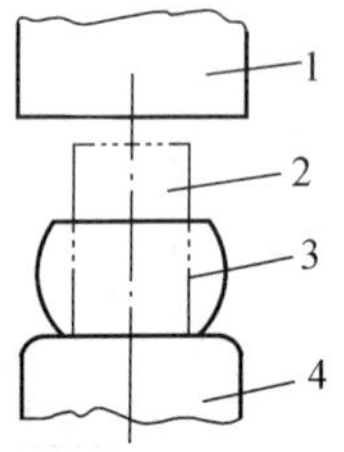 1—上砧　2—坯料　3—锻件　4—下砧 镦粗砧铁模工作示意	用上砧、下砧代替模具，把长坯料逐步镦粗（截面变大、高度变小）。多用来锻造盘类锻件，如齿轮、圆盘凸缘等
3	扩孔砧铁模	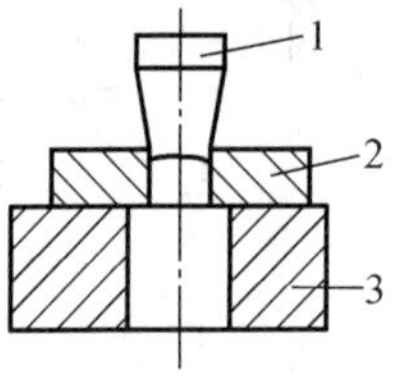 1—扩孔冲头　2—坯料　3—漏盘 采用冲头的扩孔砧铁模工作示意 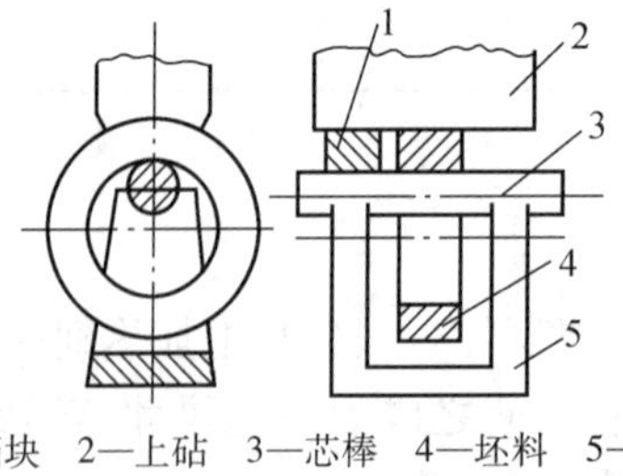 1—挡块　2—上砧　3—芯棒　4—坯料　5—马架 采用芯棒扩孔的砧铁模工作示意	采用冲头的扩孔砧铁模的模具由扩孔冲头与漏盘构成。其作用是减小坯料的壁厚，扩大其内径或外径，或只扩大内径，以锻造环形锻件，如轴承环、套圈等。其冲头可一人用夹钳夹住，另一人或机器锻打 采用芯棒扩孔砧铁模是将已冲好孔的坯料套在芯棒上，芯棒支承在马架上，边转动坯料边围绕圆周进行锤打，每锤击1~2次，必旋转送进坯料，多次锤击，其壁厚则减薄，内外径不断扩大

项目号	模具名称	简　图	特点及应用
4	弯曲砧铁模	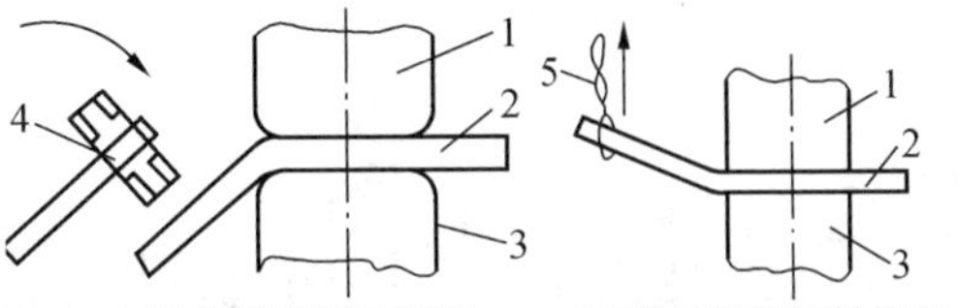 (a) 用大锤把坯料打弯　(b) 用吊车把坯料拉弯 1—上砧铁　2—坯料　3—下砧铁　4—大锤　5—吊车 弯曲砧铁模工作示意（用大锤或吊车）	用上、下砧铁把坯料压紧，用大锤锤弯，或用吊车把坯料一端往上吊弯
		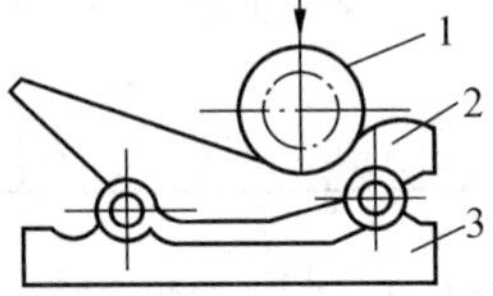 1—压头　2—弯曲件　3—支架座 弯曲砧铁模工作示意（在支架上弯曲）	把要弯的坯料放在支架上，用压头压在其上，再用锻锤或大锤对压头施压，使坯料弯曲
		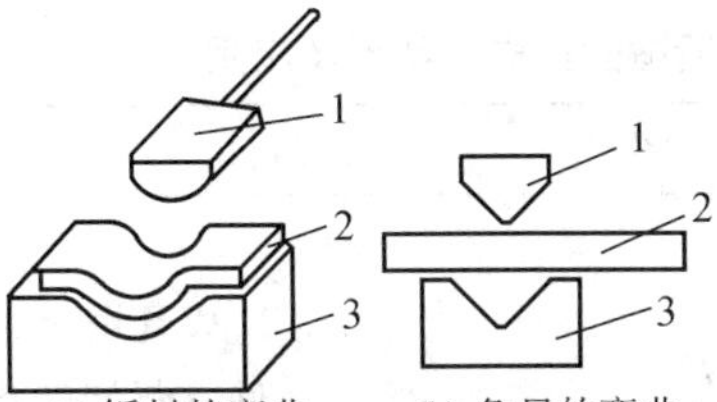 (a) 钣料的弯曲　(b) 角尺的弯曲 1—凸模　2—坯料　3—胎模 弯曲砧铁模工作示意（在胎模中弯曲）	把要弯曲的坯件放在胎模内，用锻锤或大锤对凸模施压，而使坯件弯曲。此种弯曲比前两种都准确。原因是胎模在设计加工时已考虑了要弯曲锻件的形状要求和不同金属变形时的变形特点（包括回弹量） 以上两种模具适合尺寸精度要求不很严格的锻件，后一种适合尺寸精度要求较严的锻件
5	扭转砧铁模	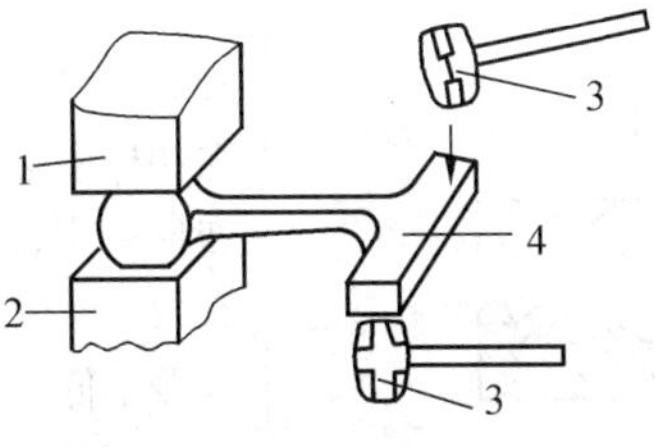 1、2—上、下砧铁　3—大锤　4—锻件 扭转砧铁模工作示意	这是把坯料的一头用上、下砧铁压住，而在另一头的两边用大锤向相反方向锤击，使其在中间扭转一定角度

续表

项目号	模具名称	简　图	特点及应用
6	位错砧铁模（位移砧铁模）	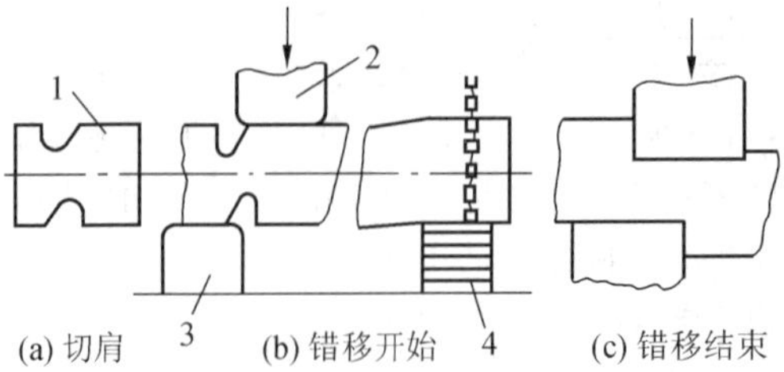 (a) 切肩　　(b) 错移开始　　(c) 错移结束 1—坯料　2—上砧铁　3—下砧铁　4—垫块 位错砧铁模在水压机上工作的示意	利用上下砧铁侧面错开，将两头垫起的坯料的一部分相对另一部分从上下砧铁错开处压断，但两部分的轴线仍保持平行

（二）自由锻锤（如蒸汽、空气锻锤）用不固定锻模（锤锻模）

这是一种比自由锻造又先进一步的锻造方法用模。这种锻造是通过锤击上下模的模腔（框），使坯件变形成为一定形状尺寸的锻件的锻造方法。其结构种类、特点及应用如表2-6。

表2-6　　　　　　　　　　　自由锻锤的结构、特点及应用

项目号	模具名称	简　图	特点及应用
1	摔模	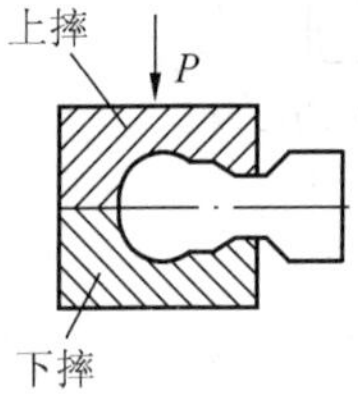 上摔 P 下摔	模具由上、下摔组成，锻造时锻件不断旋转地进行锻压，因而没有飞边毛刺，锻件组织致密，力学性能好。但操作时间较长，生产效率低，劳动强度大 适用于受力大的圆轴杆叉类锻件
2	扣模	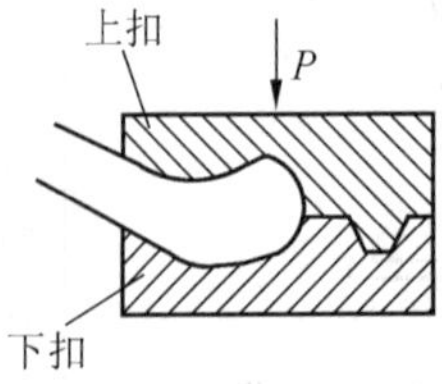 上扣 P 下扣	模具由上、下扣或仅有下扣（上扣为锤砧）组成，锻造时锻件不断在扣模中翻转，使其周围产生变形。变形量大，操作时间长，锻件的组织致密，力学性能好，表面光滑，但效率低 适用于叉类、杆类受力大且要求耐磨的锻件

52

项目号	模具名称	简　图	特点及应用
3	弯模	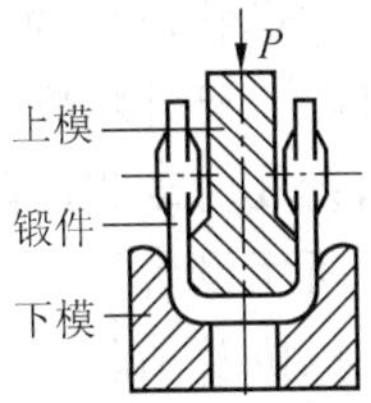	弯模也由上、下模组成。上、下模调正后，把歪料放置到中间，两边调对称，即可准确地弯曲杆类、板类锻件
4	套模	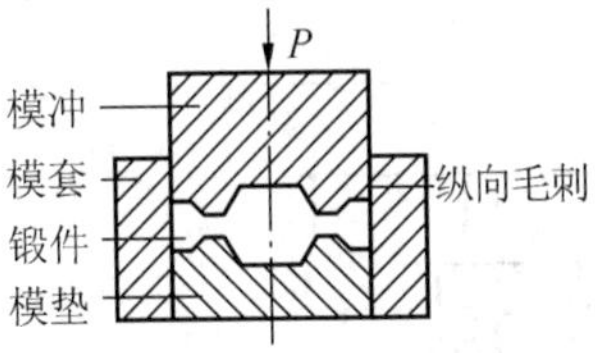	模具由模冲、模套和模垫组成。锻件在调对好的模冲与模套形成的封闭的模腔内受压成型。锻件在各方向上都受到塑性变形压力，锻后没有飞边 这是一种无飞边的闭式模，因而锻件组织致密均匀，力学性能好 主要用于圆盘、齿轮、轮毂等受力大且要求强度高的锻件
5	垫模	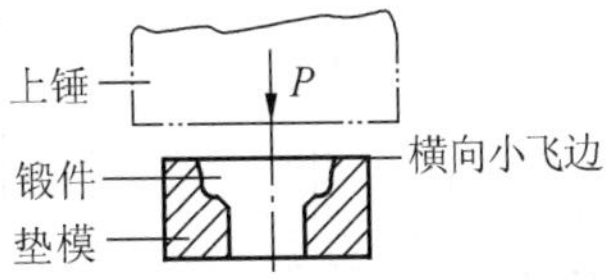	没有上模（砧），只有下模。锻造时，上锤不断抬起，多次锤打坯件，使坯件在模型腔内成型。此法金属冷却慢、生产效率低 主要用于圆盘、法兰盘、短轴类锻件
6	合模	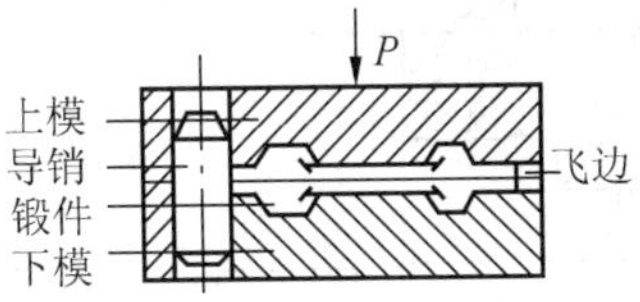	模具由上、下模及导向机构组成。锻造时，由上、下模联合多次压打坯料而使其在上、下模的模腔变形成型。之后锻件在上、下模的分型面处有飞边毛刺，所以此模具为有飞边的开式模具。其特点是通用性强、生产效率高，寿命比较长 主要适用于叉类、圆盘、小型齿轮类锻件
7	漏模	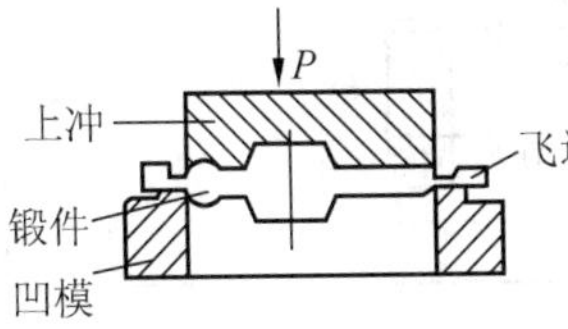	模具由冲头、凹模及定位导向机构组成。上冲头相当于凸模，起冲切作用。主要用于锻件飞边毛刺的切除、冲连孔等工序

（三）模锻锤（如蒸汽、空气锻锤）用锻模（锤锻模）

模型锻造统称模锻。它是把金属坯料加热后放在锻模的模膛内，再用外力通过模膛给坯料施加压力，使之塑性变形，从而获得一定形状尺寸的锻件的金属加工方法。它和自由锻相比有如下特点：①能制造形状比较复杂、尺寸精度较高、表面粗糙度较小的锻件；②锻件内部质量较好，力学性能得到提高；③劳动强度降低；④生产效率高。其缺点是锻模设计制造较复杂、周期长、成本高，所用设备较贵且耗能较大，所以仅适用于中小型形状结构不很复杂的锻件，如汽车、拖拉机及国防工业上用的曲轴、连杆、齿轮毛坯等。这类模具的结构、特点及应用见表2-7。

表2-7　　　　　　　　　　　模锻锤的结构、特点及应用

项目号	模具名称	简　图	特点及应用
1	整体式锻模	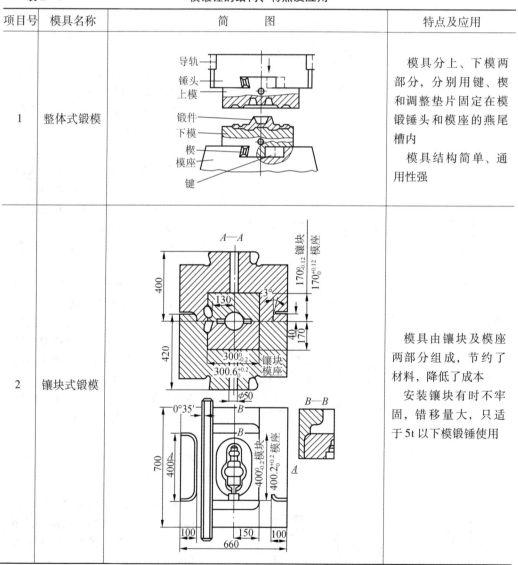	模具分上、下模两部分，分别用键、楔和调整垫片固定在模锻锤头和模座的燕尾槽内 模具结构简单、通用性强
2	镶块式锻模		模具由镶块及模座两部分组成，节约了材料，降低了成本 安装镶块有时不牢固，错移量大，只适于5t以下模锻锤使用

（四）摩擦压力机用锻模

摩擦压力机锻造是一种下模固定不动，上模固定在压力机的垫板上，沿压力机导轨往复上下移动来冲压坯料，使之成为锻件的锻造方法。这种锻模的结构类型见表2-8。

表2-8 摩擦压力机用锻模结构

项目号	锻模名称		简 图	模具要点
1	开式锻模	整体式	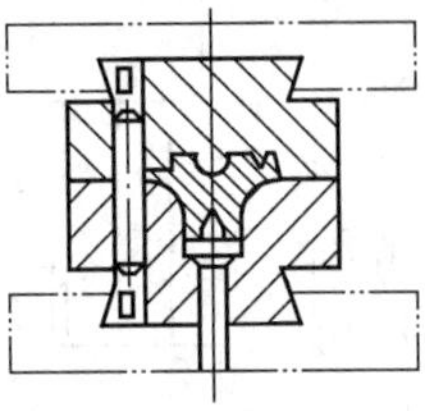	模具通过燕尾槽固定在模座上，用导销定位。一般用于较大制品模锻
		压圈紧固式	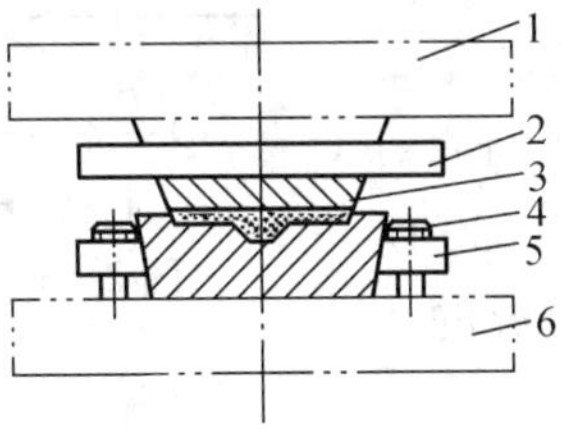	模具上、下模用压圈3和压圈5通过螺钉紧固在上、下垫板1和6上。用于需要顶出杆的锻模
		螺钉紧固式	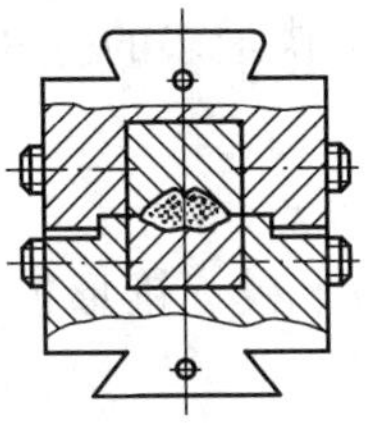	模具用螺钉紧固镶块，但易于松动。多用于小型模锻
2	闭式锻模	整体式	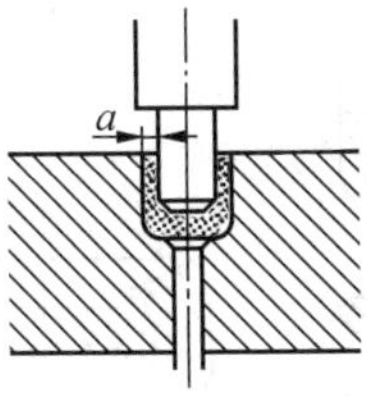	凸、凹模应有一定的间隙
		拼分式	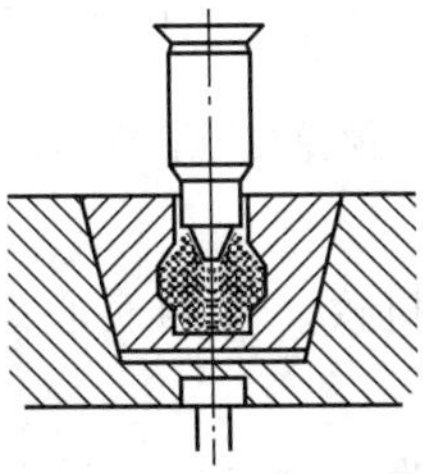	模具由两块凹模和凸模组成。生产时，两半凹模接合面应紧密接触，表面粗糙度 < $Ra0.4$，凹模与模套采用锥度配合，凹模底面与模套底面要有一定间隙

（五）其他锻压模

1．挤压模（又称锻挤模、挤锻模、镦挤模、挤镦模）

挤压成型是一种特殊的锻造成型方法。它是把金属坯料放在挤压模的挤压筒内，用强大的压力，使金属沿凸、凹模间的间隙流动而被挤出变形，从而使厚大坯料变成薄壁空心件或横断面小的半成品的压力加工方法。有冷挤压和热挤压两种方法。

（1）温热挤压模

温热挤压是在高于室温而低于或等于热锻造温度范围内进行的挤压加工方法。对于钢铁材料，一般是指处于金属不完全冷变形也不完全热变形的温度（室温至900℃范围内）区内。这种挤压工艺的特点是，不仅可使冷挤压变形困难的材料成型容易，挤压力可以降低，而且可提高金属材料的变型程度，减少工序次数，缩短生产周期，也改善了金属的塑性流动，从而为制作工艺复杂的非对称形状的挤压件发挥突出作用。图2-30所示为用单独的电加热器预热凹模并保温的一种温热挤压模。

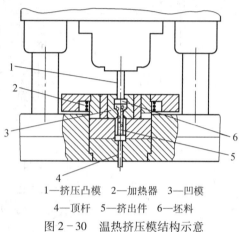

1—挤压凸模　2—加热器　3—凹模
4—顶杆　5—挤出件　6—坯料
图2-30　温热挤压模结构示意

（2）热挤压模

这是近30年来国内外应用和发展得最快最多的一种挤压模。多用于铝、铜及其合金的挤压制品的挤压。

型材挤压模的不同分类方法：

1）按模孔压缩区断面形状，可分为平模、锥形模、平锥模、流线型模和双锥模等，如图2-31。

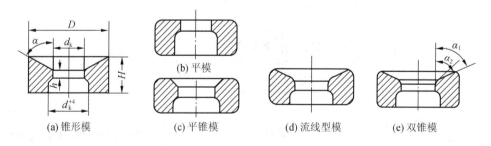

(a) 锥形模　　(b) 平模　　(c) 平锥模　　(d) 流线型模　　(e) 双锥模

图2-31　挤压模模孔压缩断面形状

2）按挤压的产品品种，可分为棒材模、普通实心型材模、壁板模、变断面型材模、管材模和空心型材模等。

3）按挤压方法和工艺特点，可分为热挤压模、冷挤压模、静液挤压模、反挤压模、连续挤压模、水冷模、宽展模等。

4）按模具结构，可分为整体模、分瓣模、可卸模、活动模、舌形组合模、平面分流组合模、嵌合模、插架模、前置模、保护模等。

几种典型的常用的挤压模的结构、特点及应用见表2-9。

表2-9 几种主要的型材挤压模的结构特点及应用

项目号	名称	简图	特点及应用
1	舌形模	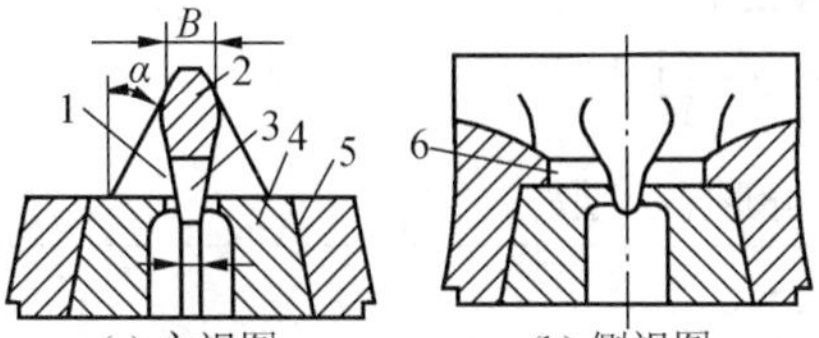 (a) 主视图　　(b) 侧视图 1—支承柱　2—模桥（分流器） 3—组合针　4—模子内套 5—模子外套　6—焊合室 桥式舌形模结构 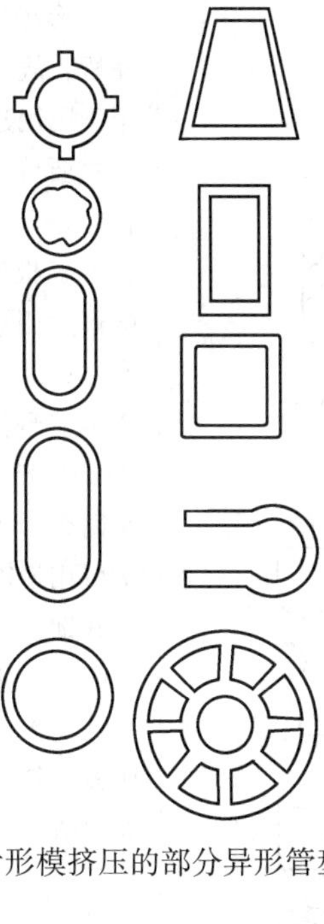 用舌形模挤压的部分异形管型材	舌形模是在挤压机上生产各种空心型材的主要模具形式。其特点是将组合针（舌头）放在模具孔中与模孔组合成一整体。因为组合针像舌头，故得名。用热配合组装 可挤压出各种异形管材、异形空心型材。其挤压原理：实心的加热了的铸锭在强大的挤压力作用下被模具的模桥分成几股金属流，流入焊合室，在高温、高压、高真空条件下，重新焊合并经模孔与组合针形成的间隙中流出而形成所需断面形状和尺寸的空心制品 优点是：①比穿针法生产的制品尺寸更精确、壁厚更均匀；②管材的内外表面质量好，不产生起皮、分层、气泡之类缺陷；③可生产最小直径达2.5 mm的管材和空心型材；④可挤出断面形状极复杂的管材和空心型材；⑤比平面组合模的挤压力低12%左右 缺点是制品有焊缝、挤压力要求高、修模清理困难等

项目号	名称	简　图	特点及应用
1	舌形模	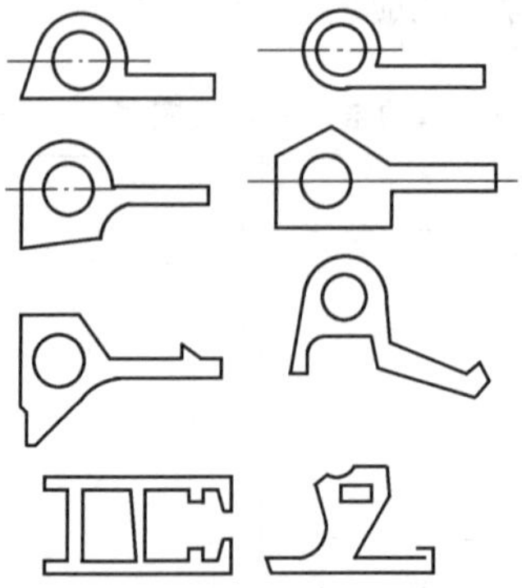 用舌形模挤压的部分异形空心型材	
2	平面分流模	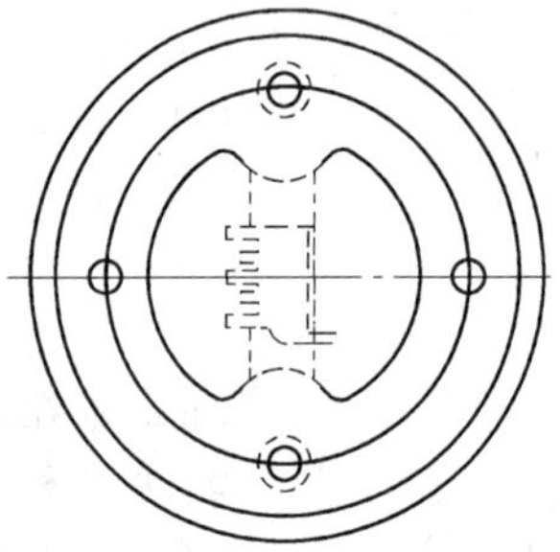 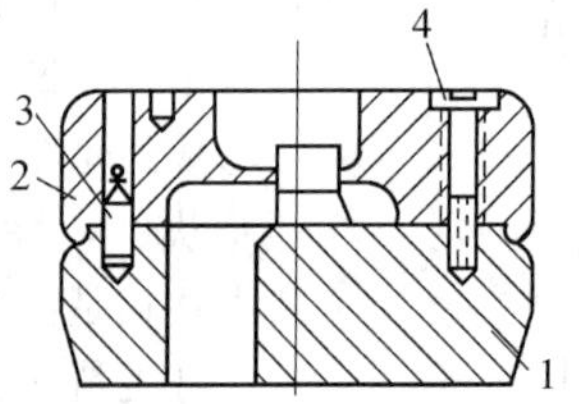 1—阳（上）模　2—阴（下）模 3—定位销　4—联结螺钉 平面分流模的一般结构 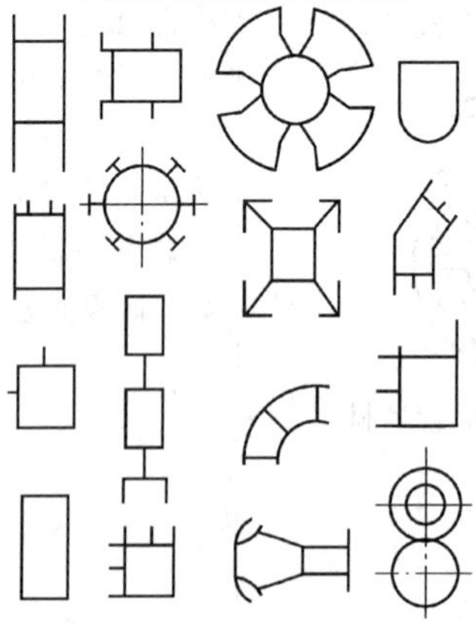 用平面分流组合模挤压的产品断面图示例	在舌形模的基础上发展起来的桥式舌形模的变种，即把突桥改成平面桥，故又称平刀式舌形模，广泛用于民用建材的挤压 主要优点是：①可挤压双孔或多孔复杂的空心型材或管材，可同时生产多根空心制品；②可挤压悬臂梁很大用平面模很难挤压的半空心型材；③可拆换、易加工、成本低；④可实现连续挤压，并裁切成任意长度的产品；⑤易于分离残料，操作简便；⑥可改变分流孔的数目；⑦可用带锥度的分离孔 其缺点是制品焊缝较多，影响制品的组织和力学性能；对模具的加工精度要求高；与舌形模、平面模比较，其变形阻力大，要求挤压力大30%左右，残料分离不干净

项目号	名称	简　　图	特点及应用
3	阶段变断面型材模	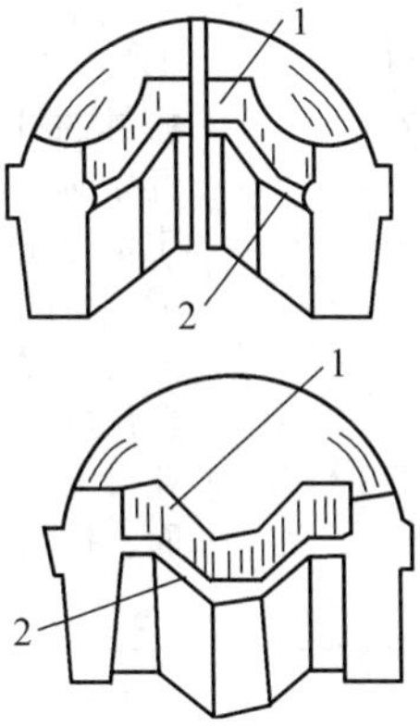 1—过渡区　2—模孔 阶段变断面型材挤压模立体剖视图 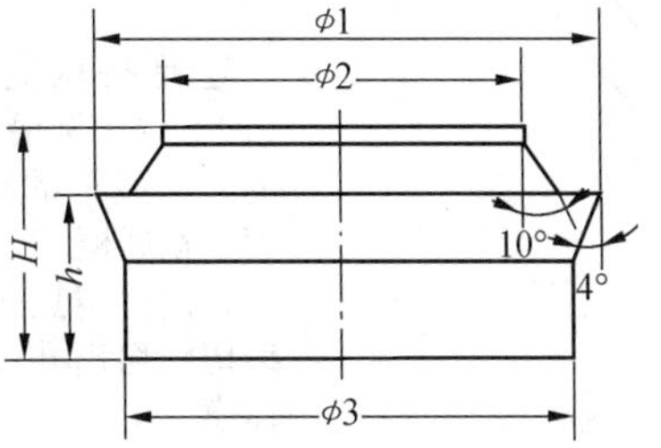 (a) 挤压基本型材部分的型材模 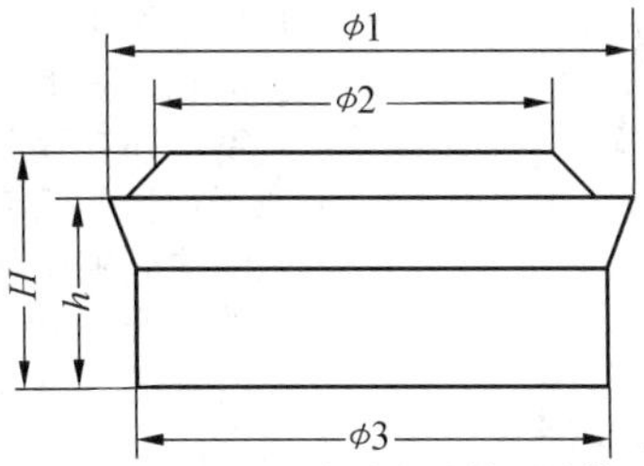 (b) 挤压尾端大头部分的尾端模 阶段变断面型材挤压模的外形	为挤压阶段变断面型材而设计的一种挤压模。所谓阶段变断面型材，是指沿型材长度上断面形状和尺寸发生阶段式变化的一种特殊型材。它有工字形、丁字形、槽形、Z字形和其他异形断面等类型。由于阶段变断面型材一般由基本型材、过渡区和尾部断面很大的所谓大头三部分组成，挤压模具用两套分瓣模分步挤压出基本型材部分和大头部分 　　其特点是型材和过渡区设计成一套模具，而大头部分设计成另一套模具，以适应此种型材的挤压特点 　　这种模具结构复杂、加工难度大

项目号	名称	简　图	特点及应用
4	逐渐变断面型材挤压模	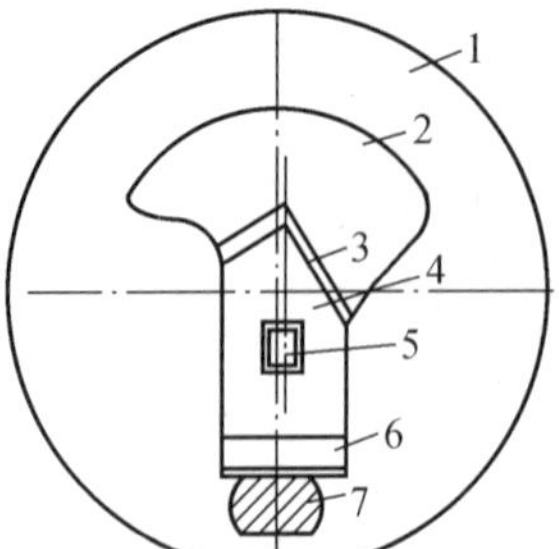 1—压型嘴　2—固定模　3—模孔　4—可动模 5—固定销　6—可动模座　7—仿形尺 逐渐变断面型材挤压用工 模具相对位置剖视图	这是为挤压在一定区域范围内断面尺寸逐步均匀变化的丁字形、槽形、角形型材而设计的挤压模。采用上升法挤压此类型材时，主要挤压用工模具为固定销、可动模和仿形尺，后两者是关键工模具。可动模具的升降由仿形尺来实现。挤压开始时，可动模处于最下端，与固定销组成最大模孔尺寸（此模孔即为型材的断面尺寸），当仿形尺的斜面与可动模接触时，可动模则沿仿形尺的斜面上升，从而逐步改变模孔尺寸。由大截面逐步过渡到小截面，挤出一根断面逐步变化的型材
5	扁宽带角壁板型材模	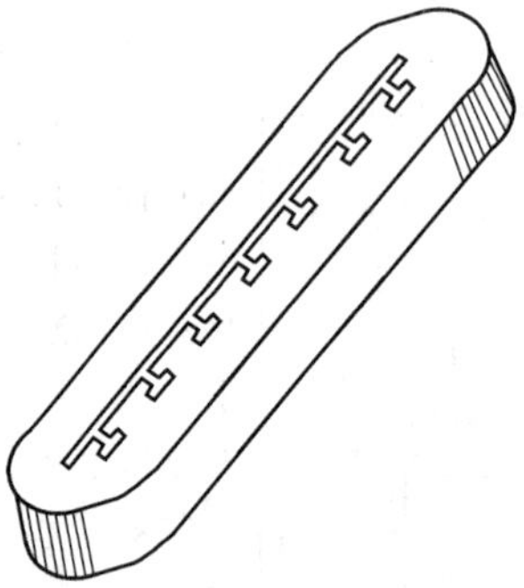 伸入挤压筒内的扁模 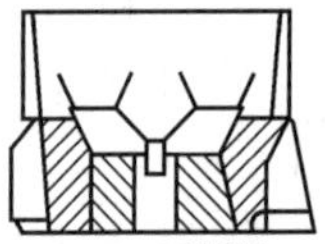 (a) 一舌模法 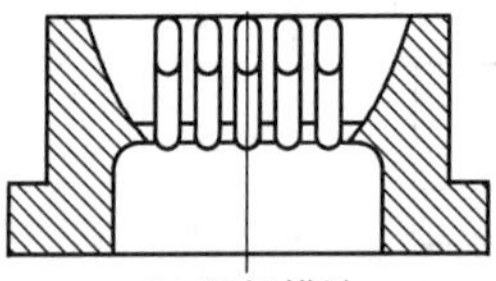 (b) 叉架模法 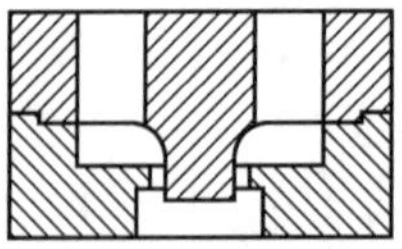 (c) 平面分流组合模法 空心壁板挤压模结构	这是挤压宽度很宽、厚度很薄（即宽厚比例很大）并带有纵向筋条的特殊型材的挤压模。有扁模、圆模、宽展模、分流组合模等种类 　扁模为用热作模具钢 H13 等采用线切割切出孔型并磨光工作带的整体模 　图示 3 种空心壁板挤压模都是在挤压力作用下迫使金属流经舌桥和分流孔，被劈成两股或多股流入焊合室，并在高温、高压、高真空状态下重新焊合起来，从舌心与模子之间的缝隙中流出形成所需形状尺寸的空心壁板型材，其中的平面分流组合模是挤压多孔空心壁板的有效方法，用它可挤出不同材料不同宽度形状复杂内外表面光滑的多孔空心壁板型材

项目号	名称	简　　图	特点及应用
6	宽展挤压模	1—压型嘴　2—后环　3—中环 4—前环　5—型材模　6—宽展模　7—挤压筒 8—铸锭　9—压挤垫　10—压挤轴 宽展模挤压原理 $L \times 725$ 壁板断面 $L \times 725$ 宽展模	宽展挤压是在圆挤压筒工作端加设一个宽展模，其作用是使圆铸锭产生预变形，使其厚度变薄，宽度逐渐增加到挤压筒的直径，起到扁挤压筒的作用。以代替扁挤压筒生产比圆挤压筒直径宽 10% ~ 30% 的薄壁铝合金实心壁板或空心壁板型材

项目号	名称	简　　图	特点及应用
7	导流模	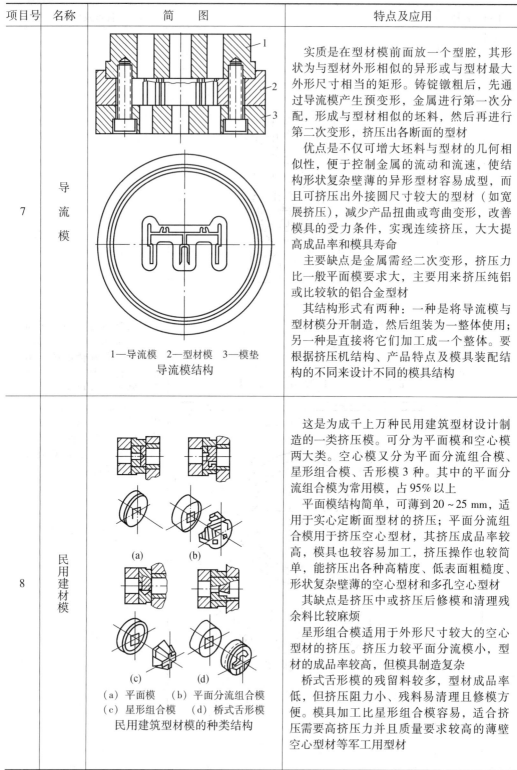 1—导流模　2—型材模　3—模垫 导流模结构	实质是在型材模前面放一个型腔，其形状为与型材外形相似的异形或与型材最大外形尺寸相当的矩形。铸锭镦粗后，先通过导流模产生预变形，金属进行第一次分配，形成与型材相似的坯料，然后再进行第二次变形，挤压出各断面的型材 　　优点是不仅可增大坯料与型材的几何相似性，便于控制金属的流动和流速，使结构形状复杂壁薄的异形型材容易成型，而且可挤压出外接圆尺寸较大的型材（如宽展挤压），减少产品扭曲或弯曲变形，改善模具的受力条件，实现连续挤压，大大提高成品率和模具寿命 　　主要缺点是金属需经二次变形，挤压力比一般平面模要求大，主要用来挤压纯铝或比较软的铝合金型材 　　其结构形式有两种：一种是将导流模与型材模分开制造，然后组装为一整体使用；另一种是直接将它们加工成一个整体。要根据挤压机结构、产品特点及模具装配结构的不同来设计不同的模具结构
8	民用建材模	（a）　　　　（b） （c）　　　　（d） （a）平面模　（b）平面分流组合模 （c）星形组合模　（d）桥式舌形模 民用建筑型材模的种类结构	这是为成千上万种民用建筑型材设计制造的一类挤压模。可分为平面模和空心模两大类。空心模又分为平面分流组合模、星形组合模、舌形模3种。其中的平面分流组合模为常用模，占95%以上 　　平面模结构简单，可薄到20～25 mm，适用于实心定断面型材的挤压；平面分流组合模用于挤压空心型材，其挤压成品率较高，模具也较容易加工，挤压操作也较简单，能挤压出各种高精度、低表面粗糙度、形状复杂壁薄的空心型材和多孔空心型材 　　其缺点是挤压中或挤压后修模和清理残余料比较麻烦 　　星形组合模适用于外形尺寸较大的空心型材的挤压。挤压力较平面分流模小，型材的成品率较高，但模具制造复杂 　　桥式舌形模的残留料较多，型材成品率低，但挤压阻力小、残料易清理且修模方便。模具加工比星形组合模容易，适合挤压需要高挤压力并且质量要求较高的薄壁空心型材等军工用型材

2. 辗压模

辗压是用旋转的模具（型辊）对加热的坯料进行辗压，使之变形成所需形状尺寸的工件的金属加工方法。它类似于轧制，通常都将其归类为锻造。有辗环模和摆动辗压模等种类。

（1）辗环模（又称辗扩模）

辗环即扩孔，是制造无接缝锻件的最好方法之一。它是旋转着的型辊对回转的坯料不断局部加压而使坯料成型为锻件。其工作过程示意如图 2－32 所示。这种模具锻造环形锻件有以下特点：①所需设备吨位小，加工范围大，可成型外径 10 mm、高度4 000 mm的用其他任何锻造法无法加工的核反应堆容器无缝加强环；②材料利用率高，比一般锻造可提高 10% 左右；③产品质量好；④劳动条件好；⑤生产成本低等。

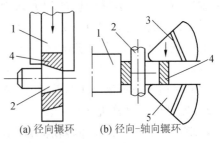

(a) 径向辗环　　(b) 径向-轴向辗环
1—辗压轮　2—芯辊　3—端面辊　4—工件　5—端面辊
图 2－32　辗环模工作示意

这类模具可辗压的环形零件断面如图 2－33 所示。

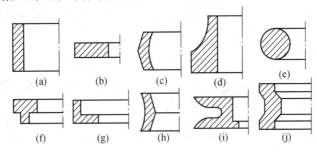

图 2－33　辗环模辗压的环形锻件截面形状

（2）摆动辗压模（又称摆辗模）

摆辗模是由一个顶角为 180°－2γ 的锥体模具的锥面局部对工件加压，并在工件端面滚动或滚动加滑动，而另一个模具带动工件移动来完成进给的压力的加工方法。模具的工作过程和摆辗原理如图 2－34。其工作过程是：①锥体模既绕自轴旋转，又绕另一模具的轴线摆动，其中任一模具沿设备轴线进给平动，如图 2－34（a）；②两副模具各

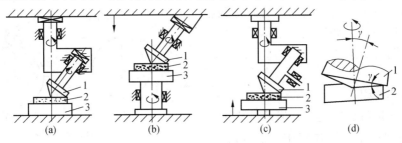

1—锥体模　2—工件　3—下模　γ—摆辗角
图 2－34　摆辗模的工作过程及工作原理

绕自轴旋转，同时其中任一模具沿设备轴线进给平动，如图2-34（b）；③锥体模作摇摆运动，其中任一模具沿设备轴线进给平动，如图2-34（c）。

用此模具加工锻件的特点是：①由于是局部加压连续成型，因而很省力，摆辗同样的工件，摆辗压力仅为一般锻造压力的1/5~1/20；②由于没有冲击力而是静压力，而且力很小，设备振动小，锻件刚度大，所得锻件尺寸精度高，表面粗糙度低；③节省原材料，可实现少切削和无切削加工，而且冷辗压工件垂直，尺寸精度可达0.025 mm，粗糙度可达 Ra 0.4~0.8 mm；④因无振动，所以噪声很小，劳动环境好，劳动强度低，易实现机械化、自动化；⑤设备简单，制造周期短，占地面积小，投资少。

此模具适合薄圆盘等薄的圆形锻件的锻造。

3. 轧制模（又称辊轧模）

轧制是使金属坯料在回转轧辊的孔隙中靠摩擦力的作用使其连续进入并受压变形而往前运动成为所需形状尺寸的工件的压力加工方法。其所用的坯料主要是钢锭，少数为铜、铝锭或其合金锭，所加工的产品如图2-35所示。

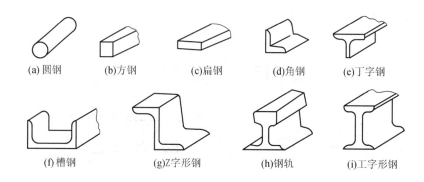

(a) 圆钢　　(b) 方钢　　(c) 扁钢　　(d) 角钢　　(e) 丁字钢

(f) 槽钢　　(g) Z字形钢　　(h) 钢轨　　(i) 工字形钢

图2-35　轧制模轧制的各种型钢

（1）纵轧模

纵轧是在轧制过程中，两轧辊旋转方向相反，工件不旋转，仅作直线运动，但截面积不断减小，长度增加，从而得到各种形状的原材料，如钢板、型钢等。纵轧模轧制的钢材的工作示意如图2-36（a）所示。

（2）横轧模

横轧则是与纵轧类似，但两轧辊的旋转方向相同；在轧制过程中，工件旋转，如图2-36（b）所示。

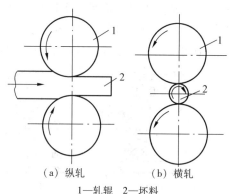

（a）纵轧　　（b）横轧

1—轧辊　2—坯料

图2-36　纵轧模与横轧模工作示意

（3）楔横轧模

楔横轧是在轧辊的辊表面上加工有楔形凸棱，又是采用类似于前述横轧形式，因而得名。其所轧制的部分产品形状如图2－37所示。

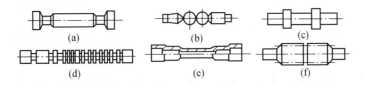

图2－37　部分楔横轧模轧制的产品

其特点是轧制时，轧件轴线与轧辊轴线平行，轧件与轧辊作相反方向旋转。此模具适合轧制高径比 $\dfrac{H}{D} \geqslant 1$ 的回转件。它所锻造的产品质量好，尺寸形状精度高，材料利用率高，振动小噪声低，劳动强度低，劳动条件好，易于实现机械化，模具寿命长，生产成本低。

楔横轧模有辊式楔横轧模、单辊弧形板楔横轧模和板式楔横轧模3种：

1）辊式楔横轧模，有二辊式和三辊式两种，其结构形式如图2－38和图2－39所示。其中三辊式楔横轧模的3个轧辊在轧制线周围互成120°位置上，三轧辊轴线相互平行，并与轧制线的距离相等。其特点是消除了二辊式需要导板及导板易轧伤轧件的毛病，三根轧辊从互为120°的3个方向压缩轧件，改善了应力状态，使轧件质量好，轧制过程稳定。另外三轧辊加大了极限楔展角，因而可使轧辊直径小一些。

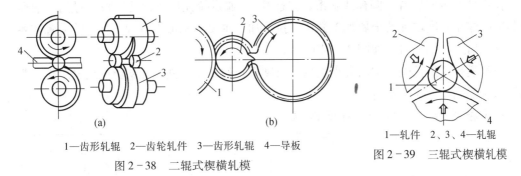

1—齿形轧辊　2—齿轮轧件　3—齿形轧辊　4—导板
图2－38　二辊式楔横轧模

1—轧件　2、3、4—轧辊
图2－39　三辊式楔横轧模

2）单辊弧形板楔横轧模，其结构如图2－40所示。弧形板相当于半径为负值的轧辊，更换弧形板可轧制多种直径的棒材。

3）板式楔横轧模，其结构如图2－41所示。板相当于半径为无穷大的轧辊，改变轧极之间的距离则可轧制多种直径的棒料。这种轧制法就是搓轧法。

4. 螺旋轧模（又称斜轧模）

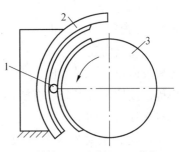

1—轧件　2—弧形板　3—轧辊
图2－40　单辊弧形板楔横轧模

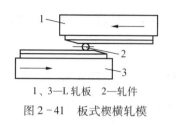

1、3—L轧板　2—轧件

图2-41　板式楔横轧模

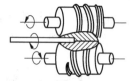

图2-42　防滑钉斜轧模

螺旋轧模是用轧辊轴线相互交叉，工作时各轧辊绕自轴旋转，由轧辊与轧件的接触摩擦力带动轧件旋转的轧制金属件的方法。由于辊轴线不平行并相互交叉，故又称为斜轧。其结构形式如图2-42所示。

螺旋轧模按轧辊数目分为二辊式、三辊式、四辊式等，按轧辊形状分为辊式、盘式、菌式等。用这种模具轧制的部分产品如图2-43所示。

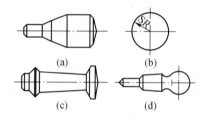

图2-43　用螺旋轧模轧制的产品

图2-44　用拉拔模生产的制品

5. 拉拔模

拉拔是把金属坯料（圆棒或扁条、方条等），通过拉拔模的模孔拉拔穿过的一端而使其截面缩小长度增加的金属加工方法。拉拔加工主要用来加工各种线材、薄壁管和各种特殊几何形状的型材，如图2-44所示。

拉丝模是拉拔铁丝、钢丝等小直径、长度很长的钢丝、铁丝、铜丝等线材用模，其结构形状如图2-45所示。

拉拔模按模具材料分，有钢铁模（碳钢模、合金钢模、生铁模、合金铸铁模等）、金刚石模（天然或人造金刚石模）、硬质合金模（钨钴类或钢结硬质合金模）、陶瓷模（刚玉陶瓷模、碳化硅陶瓷模、氧化锆陶瓷模等）；按结构分，有整体模（圆形模、异形模）、拼装模和组合模等；按拉拔特点分，有滑动接触模、滚动接触模等。图2-45所示天然金刚石拉丝模模孔主要分3个区域：导入区（包括入口角及预变形角）、拉拔区（包

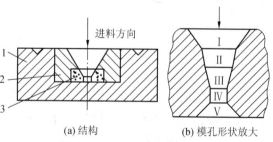

（a）结构　　　（b）模孔形状放大

1—外套　2—小外套　3—金刚石矿石口模
Ⅰ—入口角　Ⅱ—预变形角　Ⅲ—工作角
Ⅳ—定径带　Ⅴ—出口喇叭角

图2-45　天然金刚石拉丝模结构形状

括工作角、定径带)、出口区(包括出口喇叭角)。图2-46所示为借用油泵打入带有一定压力的润滑油的保证拉拔时处于润滑状态的润湿式拉丝模。

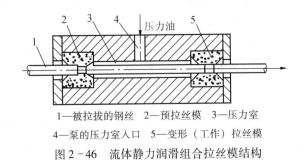

1—被拉拔的钢丝　2—预拉丝模　3—压力室
4—泵的压力室入口　5—变形(工作)拉丝模
图2-46　流体静力润滑组合拉丝模结构

三、冷冲模

(一)冷冲压工序及其变形特点
冷冲压基本工序及其变形特点见表1-1。

(二)冷冲模的结构、特点及应用
冷冲模是在室温下把金属或非金属钣料放在其上,通过压力机(冲床)对其施压,使其发生分离或变形而加工成所需形状、尺寸的工件或材料的一种模具。

1. 冲裁模
(1)冲裁模的分类

在冲压生产中,用于将钣料相互分离的冷冲模称为冲裁模,也有人称它为冲切模。冲裁模有多种形式,其分类方法也不同,表2-10为不同分类法的冲裁模的名称及冲裁特点。

表2-10　　　　　　　冲裁模的分类及冲裁特点

序号	分类方法	模具名称	冲裁特点
I	按工序性质分类	落料模	沿封闭轮廓将零件与钣料分离,冲下来的钣料部分为所需零件,零件形状多与凸模形状一致
		冲孔模	沿封闭的轮廓将钣料与废料分离,冲下来的部分为废料,废料形状与凸模端面形状一致
		切边模	将冲压的工序件的多余边料冲切掉,冲切下来的边料为废料
		切口模	沿敞开的轮廓将制件或工序件冲出缺口,但不完全分离,没有废料
		整修模	切除工序件的粗糙不平的边缘,获得光滑平整垂直的零件断面或边缘

续表

序号	分类方法	模具名称	冲 裁 特 点
Ⅱ	按工序组合情况分	单工序模	在一副模具中只完成一个冲裁工序的冲模。其结构一般比较简单，公差配合要求一般
		连续模	在一副模具的不同位置上连续完成两个或两个以上的冲裁工序，最后将冲压件与钣料分离的冲模。其结构比较复杂，公差配合要求比较严
		复合模	在一副模具的同一位置上，完成几个不同的冲裁工序的冲模，其公差配合要求比较严
Ⅲ	按上下模导向情况分	导板模	用导板来保证冲裁时凸、凹模的位置对正及配合精度，其结构比较简单，加工也比较容易
		导柱导套模	上、下模分别安装有导套、导柱（英国和意大利等国则反过来为导柱、导套），依靠其配合精度来保证凸、凹模的准确位置

（2）冲裁变形过程

冲裁时由凸、凹模相互配合组成上下刀刃，将放在凹模上的钣料借助压力机（冲床）的压力使凸模逐步下降而使钣料发生变形，直至全部分离，完成冲裁。其变形过程分为 3 个阶段，各阶段的名称、变形状态及特点如表 2-11 所列。

表 2-11　　　　　　　　　冲裁变形过程及状态

序号	变形阶段	图　示	材料变形特点及状态
1	弹性变形阶段		冲裁开始时，凸模接触钣料后对钣料施压，使材料产生弹性压缩变形，同时由于凸、凹模间有间隙，凸模稍压入钣料上面，钣料便开始挤入凹模洞口使钣料产生弹性拉伸和弯曲变形，凹模上的钣料便向上翘曲，但此阶段钣料的内应力尚未超过材料的屈服极限
2	塑性变形阶段		当凸模继续下行给钣料加压，钣料在凸、凹模刃口附近由于受到作用力 P_1、P_2（图 2-47）而产生剪切应力，产生剪切变形，当凸模再下行给钣料施压到钣料内部应力达到屈服条件时，剪切变形区开始宏观剪切滑移变形，同时伴有纤维的弯曲和拉伸，当材料不能承受更大变形时，在刃口附近的材料首先产生微裂，至此，塑性变形阶段便告结束

序号	变形阶段	图　示	材料变形特点及状态
3	断裂分离		当凸模再继续下压，凸、凹模刃口附近出现微小裂纹时，则沿最大剪切应力方向向钣料内部扩展为裂缝；当钣料上面和下面的裂缝接合后，则使钣料完全断裂而分离

（3）冲裁过程中钣料受力分析

图 2-47 为无压紧装置冲裁时钣料的受力情况。

图中：

P_1，P_2 为凸模与凹模对钣料的垂直作用力；

F_1，F_2 为凸模与凹模对钣料的侧压力；

μP_1，μP_2 为凸模与凹模端面对钣料的摩擦力；

μF_1，μF_2 为凸模与凹模横侧面对钣料的摩擦力。

由于凸、凹模之间有间隙 Z，使作用力 P_1 和 P_2 不在一条直线上，故形成弯矩 $M = P_1\dfrac{Z}{Z}$，使凸、凹模刃口附近的钣料产生变形

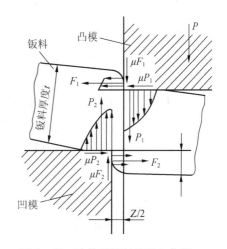

图 2-47　冲裁时钣料的受力分析

（其实质为原子间的距离产生变化），侧压力 F_1 和 F_2 也不在一条直线上，两者的距离随凸模切入材料的深度 h 的变化而变化，即为（$t-h$），同样会产生力矩与弯矩 M_1 并时刻保持平衡。侧压力 F_1 和 F_2 会使钣料产生径向压应力，而凸、凹模对钣料的摩擦力数值较小，对钣料的冲裁变形过程的影响较小。

（4）冲裁模结构的组成及其作用

冲裁模结构的组成零件及其作用见表 2-12。

表 2‑12 冲裁模结构的组成零件及其作用

组成零件种类及性质			名称	作用及特点
模具基本结构组成	工艺零件	工作零件	凸模 凹模 凸凹模 刀口镶块	为冲裁模的核心零件，由它们完成钣料的分离，要求其尺寸精度、材料的档次高
		定位零件	定位销（板） 挡料销（板） 导正销 导料板 定位侧刃 侧压器	确定钣料（坯件）在冲裁中的准确位置，保证冲裁后冲裁件尺寸精度
		压料、卸料及出料或出件零件	压边圈 卸料板 顶出器 顶销 推（打）杆 推板 废料刀	使冲件从钣料分离后，把冲件从冲床中卸出来，而拉伸模的压边圈则起顶住余料，防止失稳滑移起皱的作用
	辅助零件	导向零件	导柱 导套 导板 导块	保证上、下模的位置准确，防止滑移错位，确保冲压件的精度和防止损坏模具
		支承及支持零件	上、下模板 模柄 固定板 垫板 限位器	安装连接固定工作零件及其他零件，使之成为一副完整的模具，保证冲压中受力后的强度及刚度
		紧固零件	螺钉、螺帽 圆柱销	起连接紧固和组合作用
		缓冲或生力零件	弹簧	起连接定位、固定防错位作用
			橡皮	起卸、退料和出件或复位（生力）的作用

（5）单工序冲裁模

单工序冲裁模分无导向和有导向两种。

1）单工序无导向冲裁模。单工序无导向冲裁模的结构如图 2‑48 所示。这种模具多为简单形状冲件（如圆形、椭圆形、猪腰形等）的冲裁模，其特点是结构简单。由于没有设计导向机构，预先调整对准凸、凹模的位置和间隙再固紧，凸、凹模通过螺钉、圆柱销分别固定在凸模固定板及上、下模板（座）上，坯料由固定挡料销定位，

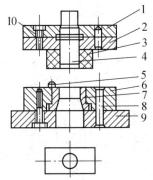

1—上模板　2—凸模固定板　3—橡皮
4—凸模　5—固定挡料销　6—凹模套　7—凹模
8—圆柱销　9—下模板　10—内六角螺钉

图 2-48　单工序无导向冲裁模

卸料由黏接（或螺钉压固）在凸模固定板底面的弹性体（橡皮或弹簧）靠其弹性力推出。其缺点是凸、凹模的间隙一是靠预先调对好的间隙和位置定位，二是靠压力机（冲床）的滑轨导向定位，故不易保证其精确的间隙，而且安装模具时调对间隙和位置很麻烦，导致冲件精度低，而且也不安全。但因加工容易且造价低，故对单件和小批量冲件仍较合适。

2）单工序有导向冲裁模。其结构如图 2-49 所示。模具的上模通过模柄 12 夹固在冲床滑块孔内并锁紧，可随滑块上下移动完成冲裁工作。下模固定在冲床台面上。条料送进时靠导料销 4 导正定位。冲裁时，凸模下行，卸料板 16 先压住条料，此时橡皮 15 被压缩，当凸模进入凹模完成冲裁时，冲件即由下模板 1 底下的漏料孔漏下，凸模 7 回升时，依靠已压缩的橡皮 15 的回弹力将套卡在凸模 7 周围的废料顶出。

（6）连续冲裁模

连续冲裁模的结构形式见图 2-50。其工作过程是：将条料向左送进弹性销 18，然后脚踩冲床开关，冲床滑块便带动冲孔凸模 9、10 及侧刃 16 下行冲出两

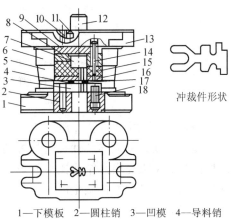

冲裁件形状

1—下模板　2—圆柱销　3—凹模　4—导料销
5—导柱　6—导套　7—凸模　8—凸模固定板
9—凸模垫板　10—圆柱销　11—内六角螺钉
12—模柄　13—上模板　14—卸料螺钉　15—橡皮
16—卸料板　17—挡料销　18—内六角螺钉

图 2-49　单工序有导向冲裁模

孔和冲出步距缺口，然后滑块带动凸模 9、10 及侧刃 16 上升。同时，条料被卸料板 11 上的压缩了的橡胶回弹而卸下，然后将条料再往左送进一个步距（此步距的长度已由侧刃 16 冲出），并由步距缺口和弹性销 18 定位，第二次踩冲床开关，冲床滑块第二次带动凸模 9、10 及侧刃 16 在重复上述冲孔动作的同时，落料凸模 8 也将冲件从条料上

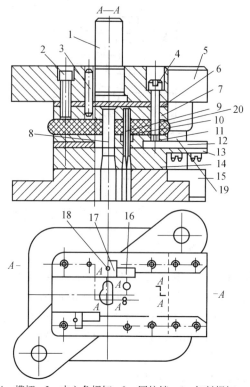

1—模柄　2—内六角螺钉　3—圆柱销　4—卸料螺钉

5—上模板　6—凸模垫板　7—凸模固定板　8—凸模

9—凸模　10—凸模　11—卸料板　12—导料板

13—垫板　14—凹模　15—下模板　16—侧刃

17—挡块　18—弹性销　19、20—导柱导套

图2-50　连续冲裁模

落料（即分离），分离出的已冲压完工的工件则从凹模14下面和下模板15的孔中滑落。如此循环不断，完成连续冲孔落料等动作，不断冲压出冲件。

此种模具的特点是模具结构比较简单，加工也不复杂，成本不高，操作简单，且生产效率高，便于自动化大批量生产。

（7）复合模

所谓复合模，是指在同一副模具上集中了可以完成两种或两种以上冲压功能的模具。图2-51所示为集中了落料和冲孔两个冲压功能的复合模。整副模具通过模柄10把上模紧固在冲床的滑块孔内并锁紧，冲孔凸模12和落料凹模14安装在上模板上，故称为倒装式复合模。凸凹模1和卸料螺钉2、橡皮3安装在下模座上，上、下模采用导柱、导套5、7导向，打杆11装在上模部分，并从模柄10中穿过。当冲床滑块带动模具上模部分下行与放在凸凹模1上平面并由挡料销6和活动导料销15定位的钣料接触时，橡皮3便被压缩。当滑块再继续下行时，冲孔凸模12和落料凹模14便把钣料冲孔和落料（分离），完成工件的冲裁。当滑块回升，橡皮3因卸压而回弹复位，卸料板16便把已落料的条料托起，之后再送进条料，进行第二次冲裁。

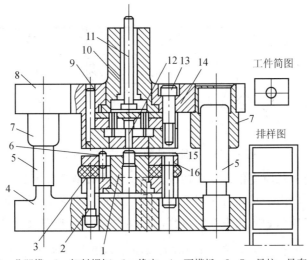

1—凸凹模　2—卸料螺钉　3—橡皮　4—下模板　5、7—导柱、导套
6—挡料销　8—上模板　9—圆柱销　10—模柄　11—打杆　12—凸模
13—内六角螺钉　14—凹模　15—活动导料销　16—卸料板

图 2-51　冲孔落料复合模

此模具的特点：①结构比较简单，加工不复杂，成本不高。②采用了不同直径的导柱导套，以防模具装反，并可在一个工件上把落料冲孔两道工序一次完成。同时保证了凸、凹模间的间隙精度。③上模装有刚性推件装置，下模装有弹性卸料装置。

2. 弯曲模

弯曲模是将钣料型材或管料弯曲成一定角度、一定曲率和形状的冲压方法。由于弯曲成型所用工模具和设备不同，故有压弯、折弯、拉弯及滚弯等不同弯曲方法，弯曲属于变形工序。弯曲使用的模具称为弯曲模。

（1）弯曲工艺过程及钣料受力分析

钣料弯曲工艺变形过程分两个阶段：弹性变形阶段和塑性变形阶段。

弹性变形阶段（如图 2-52 和图 2-53）：通过在钣料毛坯侧壁上划出坐标网格，从观察变形后的弯曲件的情况可知：弯曲开始时，在外加力矩 M 的作用下，钣料产生弹性变形，弯曲的主要变形区是弯曲件的圆角部分，直边部分则可认为没有变形。在弯曲区内，钣料的外层纤维受拉而伸长，而内层纤维则受压而缩短，中间有一层纤维在弯曲变形前后长度不变，称为中性层。

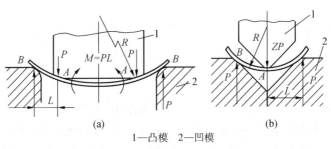

(a)　　　　　　　　　　(b)
1—凸模　2—凹模

图 2-52　钣料在弯曲变形过程中受力情况

73

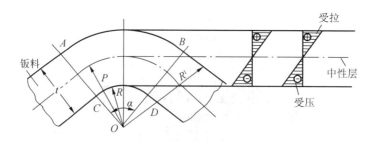

图 2-53 弹性弯曲的应力应变分布情况

在此阶段，应力和应变仅发生在切线方向，其分布情况如图 2-53 所示，由外区拉应力过渡到内区压应力，其间有一层纤维上的切向应力为零，所以把此层称为中性层，而且在此阶段，中性层和应变中性层重合，且在钣料厚度的中央（即 1/2 处），即 $P = R + \frac{t}{2}$，在钣料圆角部分的内外表面的应力与应变为最大。弹性弯曲的条件为

$$|\sigma_{max}| \leqslant \sigma_s$$

即

$$\frac{E}{1 + 2\dfrac{R}{t}} \leqslant \sigma_s \text{ 或 } \frac{R}{t} \geqslant \frac{1}{2}\left(\frac{E}{\sigma_s} - 1\right) \tag{2-1}$$

式中　R——弯曲件的内表面圆角半径；

　　　t——弯曲件厚度；

　　　E——弯曲材料的弹性模数；

　　　σ_s——弯曲材料的屈服极限。

$\dfrac{R}{t}$ 是钣料的相对弯曲半径，常用于表示弯曲件的变形程度。$\dfrac{R}{t}$ 值越小，弯曲变形程度则越大。当 $\dfrac{R}{t}$ 减小到一定数值 r_s $\left[r_s = \dfrac{1}{2}\left(\dfrac{E}{\sigma_s} - 1\right)\right]$ 时，钣料的内外表面首先屈服，开始塑性变形。

塑性变形阶段：随着相对弯曲半径 $\dfrac{R}{t}$ 的进一步减少，钣料的弯曲变形呈现下列 3 种类型：

1）$r_s > \dfrac{R}{t} > \dfrac{1}{3}r_s$。

为线性弹-塑性弯曲，其特点是在弯曲件剖面内除了有塑性变形外，弹性变形区在剖面中占大部分。

2）$\dfrac{1}{3}r_s > \dfrac{R}{t} > 3 \sim 5$。

为线性纯塑性弯曲，其特点是塑性变形区由剖面内外层逐渐向中间层扩展。

在上述两种弯曲中，钣料的断面形状和厚度都无明显变化，即说明在厚度和宽度方向应力应变很微，可忽略不计，仅在切向产生较大应力和应变，所以弯曲的应力应变状

74

态可视为线性的，如图 2－54 所示。

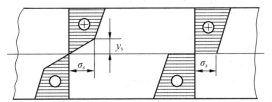

线性弹-塑性弯曲时的应力分布　　线性纯塑弯曲时的应力分布

图 2－54　弹-塑性弯曲、纯塑性弯曲的应力分布情况

3）$\dfrac{R}{t} < 3 \sim 5$。

为纯塑性弯曲，其特点是变形区内的应力应变状态是立体状态。

（2）弯曲回弹

弯曲变形结束后，当工件不受外力作用时，由于中性层附近纯弹性变形以及内、外区总变形中弹性变形部分的恢复，纯弯曲件的弯曲中心角 α 和弯曲半径 ρ 变得与模具尺寸不一致的现象，称为回弹。回弹后中心角变小，弯曲半径 ρ 变大，如图 2－55 所示。

弹性回弹受下列因素影响：

1）材料机械性能。材料的屈服极限 σ_s 和塑性模数 D 大，则卸载时弯曲件的回弹量也大，而材料的弹性模数 E 大，弯曲件回弹小。

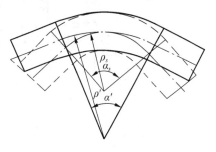

图 2－55　弯曲件的回弹现象

2）相对弯曲半径 $\dfrac{\rho_0}{t}$。卸载时弯曲件的弯曲回弹随相对弯曲半径 $\dfrac{\rho_0}{t}$ 的减小而减小。

3）弯曲中心角 α。回弹角 $\Delta\alpha$ 随 α_0 的增大而增大。

（3）弯曲模的种类及其结构

弯曲模分简单弯曲模、复合式弯曲模、特殊结构弯曲模 3 种。

1）简单弯曲模。

弯曲时先将钣料放入定位板 6 ［图 2－56（b）］或定位螺钉中间 ［图 2－56（a）］，通过模柄紧固在冲床滑块孔内的凸模 4 随冲床下行，压钣料沿凹模 7 弯曲成型。同时顶料（件）杆 11 也向下运动并压缩弹簧 10，当冲床滑块回升，顶

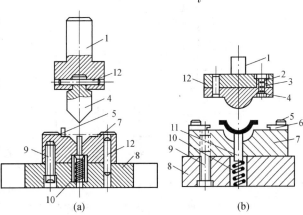

(a)　　　　　　　　(b)

1—模柄　2、9—内六角螺钉　3—凸模固定板　4—凸模
5—定位螺钉　6—定位板　7—凹模　8—下模板
10—弹簧　11—顶料（件）杆　12—圆柱销

图 2－56　简单弯曲模

料（件）杆在压缩弹簧作用下将已弯曲成型的工件顶出凹模，完成弯曲过程。

此模具没有导柱、导套，结构简单，容易制造，成本低，适合尺寸精度要求不严、形状简单的弯曲件的弯曲成型。

2）复合式弯曲模。

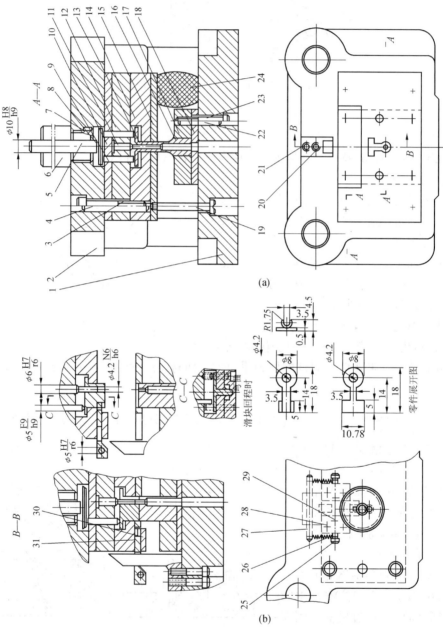

1—下模板　2—上模板　3、23—内六角螺钉　4、22、28—圆柱销　5—打杆
6—模柄　7—销钉　8—打板　9—顶杆　10、18—垫板　11—凸模　12、17—固定板
13—托芯凸模　14—凹模　15—卸料板　16—凸凹模　19—卸料螺钉　20—斜楔块
21、27—圆柱销　24—橡皮　25—螺钉　26—拉簧　29—定位销　30—滑块　31—弯曲凹模

图 2-57　复合式弯曲模

图 2-57 所示的是一副落料冲孔和弯曲复合式弯曲模。冲压前,先把条料放在卸料板 15 上,当冲床滑块带动上模下行接触钣料之后,凹模 14 和凸模 11 与凸凹模 16 相互作用,完成冲孔、落料工序。冲压的坯件,在托芯凸模 13 和凸凹模 16 之间,当冲床滑块带动上模再继续下行时,弯曲凹模 31 在斜楔的作用下,离开托芯凸模 13 向模具后侧移动。当冲床带动上模回升时,弯曲凹模 31 在斜楔块 20 的作用下又向模具中心移动,恰好接触坯件并与托芯凸模 13 相互作用,把坯件弯曲成型,并退出模具外。

复合式弯曲模的特点是结构比较复杂,加工也比较困难,凸模、凹模、凸凹模三者的相互配合精度要求也比较高,导致制造成本较高,但此模具可在一次冲程情况下完成图示零件的落料、冲孔和弯曲 3 个冲压动作,可说是设计巧妙,构思独特,因而使其所冲压的零件的精度、冲压效率高,零件的综合成本低,很适合大批量生产。

3)特殊结构弯曲模。

这是针对各种特殊弯曲形状的弯曲件或为解决某些合金钢材质的钣材的弯曲件弯曲后回弹难以解决的问题而专门设计的一类弯曲模。表 2-13 列举了国内外一些特殊结构形状的弯曲模,可供读者参考。

表 2-13   特殊结构形状的弯曲模

模具名称	模具结构简图	模具工作原理特点及适用范围
带折页凸模的弯曲模	 1—下模板　2—螺钉　3—支座　4—轴 5—压板　6—垫块　7—上模板 8—定位板　9—紧固螺钉　10—支承弹簧 11—耳座　12—锁紧螺母 13—支承块　14—折页凸模　15—凸模 16—导轮	保证在一次冲程中得到各弯曲臂之间 90°的∩形弯曲件。其最大特点是设计了由支承块 13 进行导向调节的折页凸模 14 和固定凸模 15 的有向内 5°~7°的结构。此角度比弯曲件最大可能回弹角大,这样便可通过调节支承块 13 的倾斜度来选择最佳弯曲角度,从而保证获得符合图纸要求的弯曲件。在上模板 7 上固定着带耳座 11 的垫块 6,在耳座 11 上又固定折页凸模 14 的轴。在下模板上安装有凸模 15。压板 5、支承弹簧 10、紧固螺钉 9 及两只带轴 4 的支座 3 和可调支承块 13,两只带球头支点和锁紧螺母 12 的螺栓穿过支座 3 弯曲前,钣料放在凸模 15 的定位板 8 中,当压力机下行时,压板 5 便压紧坯料,然后折页凸模 14 沿支承块 13 滑动,实现对坯料的弯曲

模具名称	模具结构简图	模具工作原理特点及适用范围
带折页凹模的弯曲模	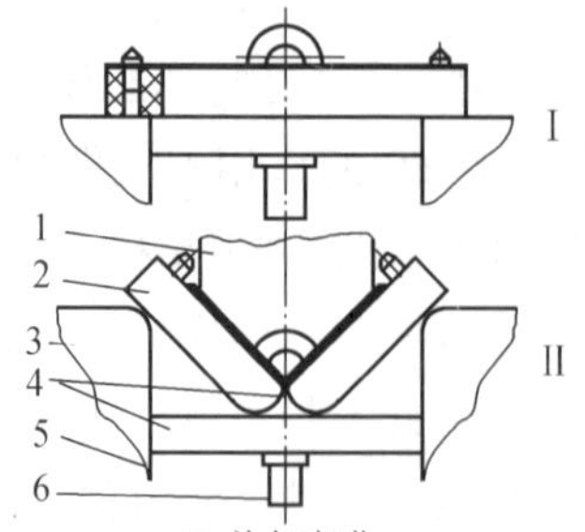 (a) 单角弯曲 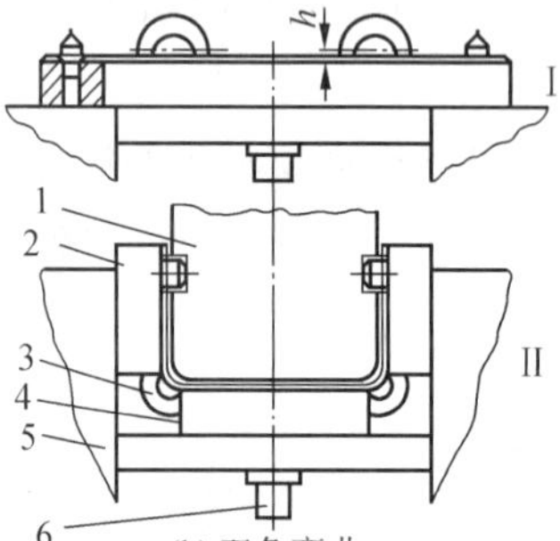 (b) 双角弯曲 1—凸模　2、5—凹模　3—凹模绕轴 4—下顶板　6—顶棒 Ⅰ—模具开始工作状态 Ⅱ—弯曲后的模具状态	特点：克服了一般弯曲模不能实现门型弯曲件两侧面符合图纸的高度（两边一样高并有同轴孔，或一边高一边矮）并擦伤弯曲处内表面或外表面及有回弹等缺陷 工作原理：分段凹模2在下顶板4和安装在压力机缓冲装置上的顶棒6的作用下，使凹模处于展平状态，坯料由外形或孔定位。当压力机下行时，在凸模1的作用下分段凹模绕轴3旋转，与凹模5一起紧压坯料并对钣料进行无滑移（包贴不动）的弯曲，整个弯曲过程中，凸模1与凹模5对坯料表面的接触始终保持不变 带折页凹模弯曲精度高的原因是因此精度是由折页凹模在规定数值中的位移来保证的，其外形或孔的定位器始终压住坯料并随坯料运动直到弯曲结束。对图（a）所示单角90°弯曲的轴位移和图（b）所示的双角弯曲的轴位移均可通过经验公式准确地算出
带滚柱凹模的弯曲模	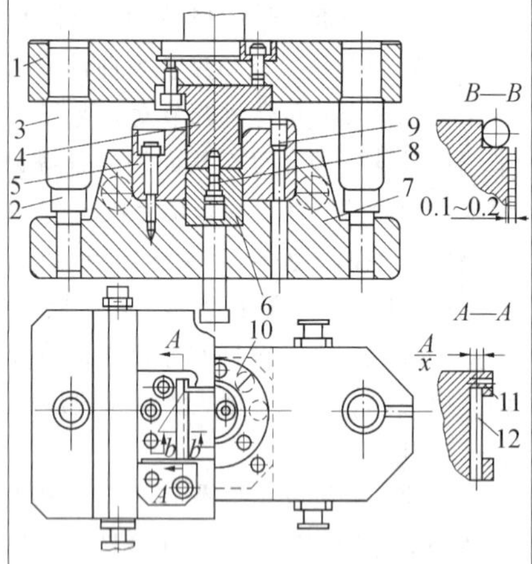 1—上模板　2、3—导柱、导套　4—凸模 5—凹模座　6—顶件器　7—下模座 8、9—定位器　10—模板 11—螺钉　12—滚柱	为防止一般弯曲模弯曲硬的强度大的合金钢或高温钢板材时把弯曲处内外表面刮伤或划伤和保护表面涂有涂覆层的弯曲件而设计的另一种弯曲模 滚柱12按动配合公差嵌入，用螺钉固定在凹模中可自动转动，滚柱用弹簧钢制造淬火到HRC58～62。 这种可进行 U 形弯曲件弯曲的模具由上模板1、导柱2、导套3、凸模4、凹模座5、顶件器6、下模座7、定位器8和9、模板10、螺钉11和位于凹模圆角部位的滚柱12组成

模具名称	模具结构简图	模具工作原理特点及适用范围
螺旋弯曲模	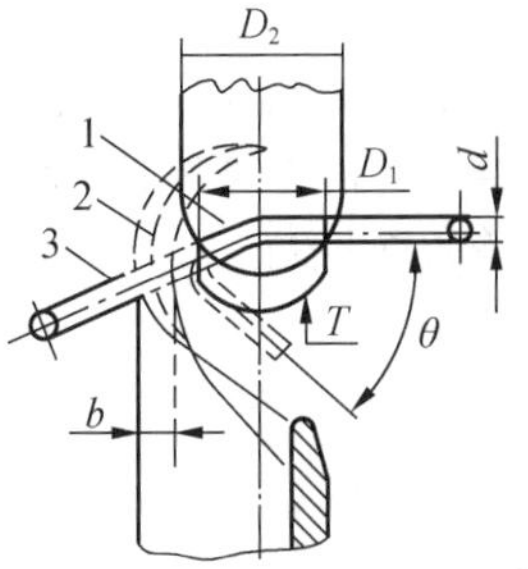 1—凸模　2—凹模　3—线材 螺旋模的弯曲	由直径 D_2 的凸模 1 和凹模 2 组成，凸模的工作部分直径 D_1 等于弯曲零件的直径，在凸模上开设有圆柱体槽，作嵌入引导弯曲线材之用。槽的深度 T 等于弯曲的线材的直径 当压力机滑块带动凸模 1 下降，嵌插在凸模 1 槽内的线材 3 便沿凹模工作部分运动，被弯曲成凸模工作部分直径 D_1，被弯曲的零件从凹模孔中下落到压力机工作台面上 此运动是垂直位移（凸模 1）和线材尾端围绕凸模工作部位直径 D_1 旋转叠加而成。非弯曲尾部棒料通常位于芯棒的切线方向，在摩擦力的垂直分量的作用下，弯曲过程将线材压向凸模工作部分的台阶，其结果是使弯曲件通常位于与圆柱体轴线正交的平面中
凸轮式弯曲模	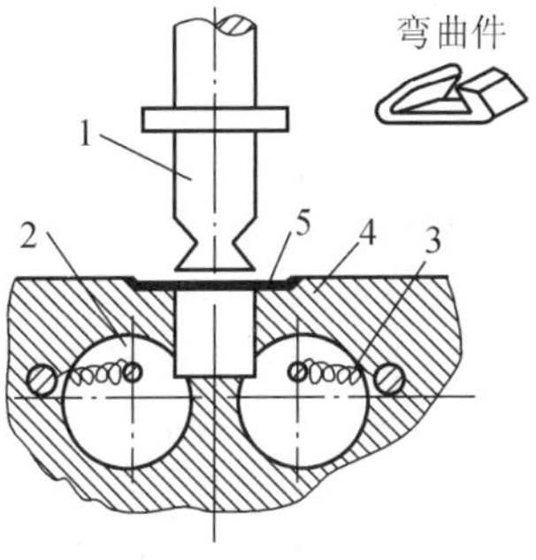 1—凸模　2—凹模　3—拉簧 4—模套　5—板坯	凸模 1 下行把板坯 5 向下压入模套的槽中，再往下行，两个滚动的凹模 2 在模套中都向外转动使坯件弯曲成型，当凸模上升时，凹模已不受力，便由拉簧 3 拉复位
斜楔式弯曲模	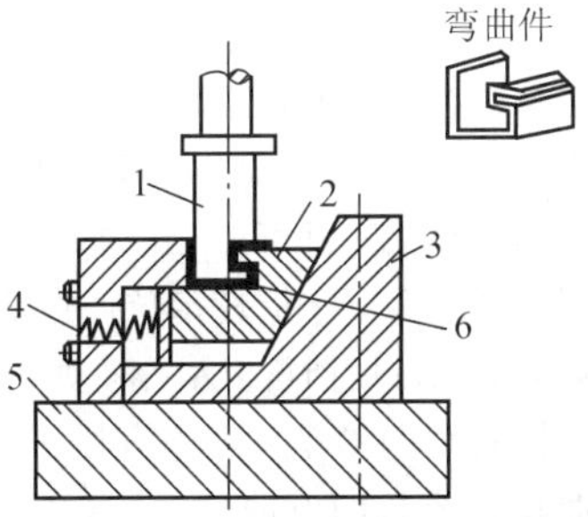 1—凸模　2—斜楔　3—凹模 4—弹簧　5—下模座　6—工件	工作前，斜楔 2 的上平面与凹模 3 的上平面齐平，此时板坯放在它们的上平面，弹簧 4 未被压缩。当凸模 1 下行接触板坯后，板坯和斜楔便沿凹模斜面向下运动，同时压缩弹簧 4，使板坯弯曲成型，如图示弯曲件 凸模回升，斜楔 2 便在弹簧 4 的作用下复位，之后再从侧面取出冲件

模具名称	模具结构简图	模具工作原理特点及适用范围
摆动式弯曲模	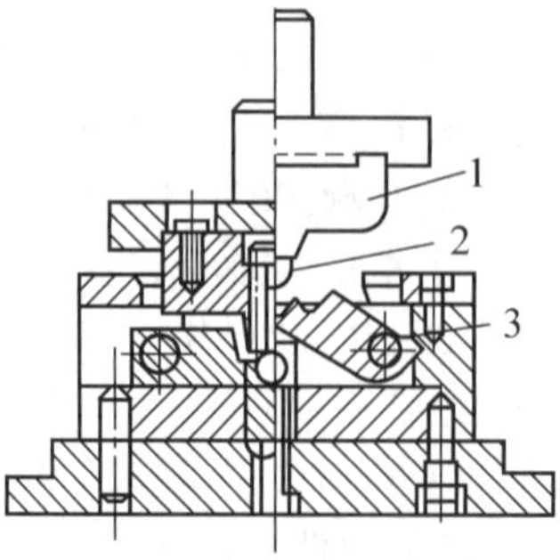 1—凸模　2—凹模拼块　3—轴	当凸模 1 下降时，凹模拼块 2 可做铰链升降动作，即绕轴转动直线落下，完成弯曲成型。凹模靠弹簧的拉力复位
转轮式弯曲模	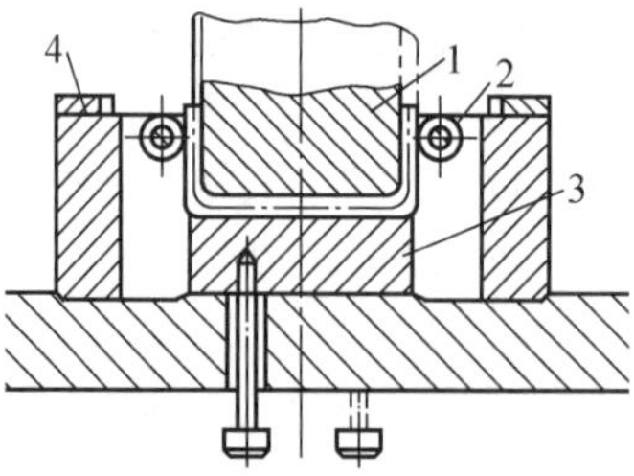 1—凸模　2—转轮 3—凹模　4—定位块	凸模 1 下降压迫棒坯沿转轮向下移动，转轮发生转动把棒坯弯曲成所需形状和尺寸的弯曲杆件
通用（调节式）弯曲模	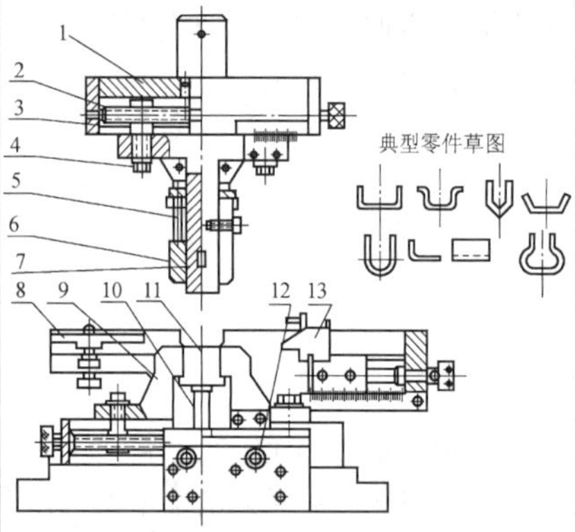 典型零件草图 1—模座　2—螺杆　3—T 型螺母 4—螺母　5—螺钉　6—压板 7—凸模　8—导板　9—凹模 10—顶杆　11—顶板 12—锁紧螺钉　13—挡料板 调节式弯曲模	可通过更换不同组合形式的凹模来弯曲图示的弯曲件，在需要更换下模组件时，取出顶板 11 和顶杆 10，松开两锁紧螺钉 12，便可从下模座上横向取出整个凹模组件及可调节挡料板 13 和导板 8，固定在上模座上的凸模 7 也可根据需要更换。当装上新的凹模组件，凸、凹模要对间隙和位置，需要调节凸模 7 时，则要先松开螺母 4，转动螺杆 2、T 形螺母 3，带动凸模 7 左右移动，在凸、凹模调对好间隙后，要再把螺母 4 拧紧，凸模 7 两边的压板仅为弯曲 ∪ 形零件用，其他形状零件都不用。如对别的零件弯曲有碍，则可拆下。板坯定位通过旋转安装于模座右边的螺母使挡料板左右移动来实现的 该模具结构简单，加工方便，成本不高，可弯曲多种形状的弯曲件，且弯曲件质量较好，生产效率也高

3. 拉深模

拉深是把板坯通过拉深模加工成各种形状的开口空心零件的冲压方法。这种模具称为拉深模，又称拉伸模、引伸模、延伸模。用拉深的方法可把平面板坯冲压成圆筒形、盒形、锥形、球形等多种形状复杂的空心件。

（1）拉深变形过程

如图 2-58，把直径为 D、厚度为 t 的圆形钣料用拉深模拉深，变成下方外径为 d 的开口圆筒形拉深件（工件）。显然，在此拉深过程中，凸模直径以外的钣料即周围凸缘部分的钣料因产生塑性流动而转移（流动）成了筒壁，从而使筒壁高度 $h > \frac{1}{2}(D-d)$，拉深件筒壁厚度增加，其变化情况如图 2-59 所示。通过拉深件在圆板毛坯表面上画出许多等间距的同心圆和等分度的直径方向的辐射线，拉深后观察分析这些同心圆和辐射线组成的网络的变化可知：在筒形件底部（即凸模压住的圆形面）的网格基本上保持了原来的形状，而在拉深件筒壁部分的网格则发生了很大的变化，原来的同心圆变成了水平圆筒线且间距增大，越靠近筒壁上部，增大量越多，而原来的径向辐射线变成了筒壁上的垂直平行线。

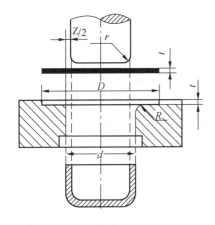 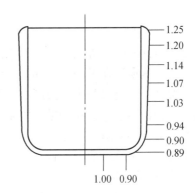

图 2-58　拉深过程示意　　　　　　　图 2-59　拉深件壁厚变化情况

这一拉深过程可概括为：在拉深过程中，圆板坯料在受凸模作用力后，因金属内部的相互作用，使各金属小单元体间产生了内应力，即在径向产生了拉应力 σ_r，在切向产生了压应力 σ_0，在拉深应力和压缩应力共同作用下，凸缘区的钣料发生塑性变形而不断地拉入凹模孔内，成为圆筒形零件。

（2）拉深过程中变形材料的受力分析

在拉深过程中，圆板坯料各部分的受力情况如图 2-60 所示。凸模的作用力 P 通过筒壁传递到凸缘的内边缘（即凹模的圆角入口处），将凸缘变形区的材料向凹模口方向拉入。此外压边圈对凸缘部分施加压边力 Q。凸模的作用力 P 在筒壁上产生的拉应力 σ_P，用以克服拉深中的各种阻力：

1）凸缘材料的变形抗力 $\sigma_{r\max}$，它是抵抗拉应力 σ_P 的主要阻力；

2）压边力 Q 在凸缘表面所产生的摩擦力 μ_Q；

3）凸缘材料流过凹模圆角时产生的摩擦阻力 F；

4）凸缘材料流过凹模圆角时，由于材料弯曲变形而引起的弯曲阻力（产生弯矩 M）。

图 2-60 中圆板坯料在拉深变形中凸缘部分、凹模圆角部分、筒壁部分、凸模圆角部分、筒底部分受力情况是不一样的，引起应力和应变情况也各异，其中凸缘区受力最大、塑性变形大。

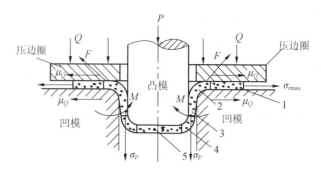

1—凸缘部分　2—凹模圆角部分　3—筒壁部分
4—凸模圆角部分　5—筒底部分
图 2-60　拉深坯料各部分受力分析

（3）拉深模的分类

拉深模有几种分类方法：按拉深次序，可分为首次拉深模、中间多次拉深模、末次拉深模；按模具所适用的机床，可分为单动冲床用普通拉深模、双动冲床用双动拉深模；按压边装置，可分为带压边圈的拉深模和不带压边圈的拉深模；按模具复杂程度，可分为简单拉深模、连续拉深模、复杂拉深模。

（4）拉深模的结构、特点

拉深模有如下几种典型结构：

1）单动压力机用带有弹性压边圈的浅盒形首次拉深模。

浅盒形零件既可正向拉深成型，也可反向拉深成型。图 2-61 为浅盒形件正向拉深模的结构。

图 2-61（a）为一副倒装式首次拉深模，板坯放在定位板（压边圈兼作定位板和卸料板），当上模下行时，首先由压边圈 7 和凹模 5 将板坯压住。随着上模再继续下行、凸模 8 把板坯逐渐拉入凹模 5 的模孔内进行拉深成型。当上模回升时，借助压边圈 7 和推板 6 将拉深件顶出。

这种模具的特点是：①压边圈装在下模上，拉深零件的深度可比图 2-61（b）深，因为不受上模下平面到压力机滑块下平面间距离的限制；②压边圈作定位板和卸料板，既起防止拉深件起皱作用又起定位和卸料的作用，而且结构简单，加工省时省料，因而模具成本低，模具拆装修理省事。

图 2-61（b）为正装式首次拉深模，板坯放在凹模 2 的上平面由坯料定位钉 3 定位，当压力机带动凸模 6 下行时，压边圈 5 与凹模 2 便把板坯压住，凸模再下行时，便把板坯拉入凹模 2 内成型。

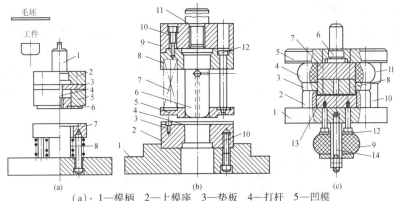

（a）：1—模柄　2—上模座　3—垫板　4—打杆　5—凹模
6—推板　7—压边圈（定位板卸料板）　8—凸模
（b）：1—下模板　2—凹模　3—坯料定位钉　4—坯料　5—压边圈　6—凸模
7—弹簧　8—凸模固定板　9—上模板　10—内六角螺钉　11—模柄　12—导正螺钉
（c）：1—下模板　2—凹模　3—压边圈　4、9—橡皮　5—上模板　6—模柄
7—凸模固定板　8—凸模　10、11—导柱、导套　12—下垫板　13—垫板　14—缓冲器
图 2-61　带弹性压边圈的首次拉深模的 3 种结构

这种模具的特点是：①压边圈装在上模上；②由于弹性元件装在上模上，故凸模的有效工作长度减少；③适宜于拉深深度不大的拉深件。

图 2-61（c）为一副正装式带下缓冲器的拉深模，拉深时把板坯放在凹模 2 上。当凸模下降时，便把板坯放在凹模 2 中拉深，此时缓冲器 14 的垫板 13 随板坯一起下行并使橡皮受压收缩，凸模继续下降，把板坯全部压入凹模中拉深成型。当凸模回升时，缓冲器 14 的下垫板 12 借助橡皮卸压后的复原弹力把拉深件弹出凹模。而上面橡皮 4 的反弹力又使压边圈 3 下行，把包在凸模 8 周围的拉深件刮下。

此模具的特点是：①压边圈和弹性元件均装在上模上，结构简单；②拉深时，凸模与橡皮缓冲器的上垫板始终压住板坯作柔性拉深，使拉深件质量好；③缓冲器安装在压力机工作台面下，使装拆模具很不方便，效率低，也使模具结构变得复杂。

2）双动压力机用带压边圈的首次拉深模。

此模具的结构如图 2-62，下模由定位板 3、凹模 4、凹模固定板 6 和下模座 7 组成。上模的压边圈 2 和上模座 1 固定在外滑块上，凸模 5 通过凸模固定杆固定在内滑块上。工作时，外滑块首先下降将板坯适当压紧，接着内滑块下降进行拉深。上模回升时，内滑块带动凸模首先升起，压边圈滞后（这种配合动作由双动压力机本身保证），拉深零件留在凹模内，压力机带动下模座 7 将零件从凹模内顶出。

此模具的特点是：外滑块用作压边（或冲裁兼压边），内滑块进行拉深，适用于各种大型零件的首次拉深。

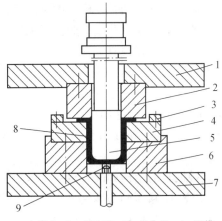

1—上模座　2—压边圈　3—定位板　4—凹模
5—凸模　6—凹模固定板　7—下模座
8—拉深件　9—顶杆
图 2-62　双动压力机用带压边圈的首次拉深模

3）单动压力机用无压边装置的首次拉深模。

这种模具的典型结构如图2-63所示，图中（a）所示模具由凸模4及凹模5组成。工作时，板坯放在坯料定位板6内，当凸模下降时便把板坯压入凹模5内产生塑性变形而拉深成拉深件。板坯要一直压到退件环8以下，以便在凸模回升时借助于退件环的作用而把拉深件从凸模上刮下。为了排气，凸模上开有一个 $\phi3$ mm 的小孔。凹模下部也加工有较大气孔，防止拉深件紧贴在凸模上难以卸下来。

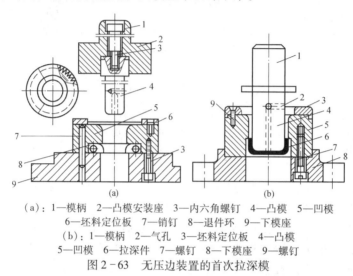

（a）：1—模柄 2—凸模安装座 3—内六角螺钉 4—凸模 5—凹模
　　 6—坯料定位板 7—销钉 8—退件环 9—下模座
（b）：1—模柄 2—气孔 3—坯料定位板 4—凸模
　　 5—凹模 6—拉深件 7—螺钉 8—下模座 9—螺钉
图2-63 无压边装置的首次拉深模

此模具的优点是既无导向装置，也无压边装置，结构简单，加工周期短且不复杂，成本低。缺点是拉深的工件质量较差，适合拉深厚度 >2 mm 的浅筒形拉深件。

图2-63（b）所示模具结构比图2-63（a）的较为简单，也没有导向装置、压边装置和退件装置，其制造周期更短，成本更低。工作时，把板坯放在坯料定位板3内，当凸模下行时，坯料被压入凹模内成型。凸模回升时，便把包紧在凸模上的拉深件带出凹模，然后用人工从凸模上脱刮下来。

此模具与上述模具一样，因无压边圈和导向装置，故拉深出来的工件质量较差。仅适用于尺寸精度和壁厚均匀度要求不高的厚度 >2 mm 的筒形制品的拉深成型。

4）单动压力机用有压边装置的首次拉深模。

这种模具的结构如图2-64所示。压边圈7、压簧6和螺钉5装在模具的上模部分。拉深时，先把板坯放在定位板8内，凸模下行后，压边圈首先把板坯压紧在凹模9上缘平面上，以防拉深时板坯起皱。当凸模

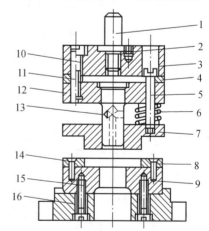

1—模柄 2—螺钉 3—上模板 4—上垫板
5—螺钉 6—压簧 7—压边圈 8—定位板 9—凹模
10、14、15—螺钉 11—销钉 12—凸模固定板
13—凸模 16—下模座
图2-64 单动压力机用有压边装置的首次拉深模

84

下降时，便可把板坯压入凹模内腔中拉深成型。由于材料的回弹作用，拉深件容易卡在凹模中，所以在一个行程中，凸模应把拉深件从凹模中推出。

此模具结构简单，操作方便。适于拉深深度比图2-61所示模具深的盒形件。

5）后续（二次及二次以上）拉深模。

后续拉深模也有单动压力机用和双动拉深机用两种。

单动压力机用后续拉深模有带压边圈的和不带压边圈的两种形式。

无压边装置的后续拉深模的结构如图2-65所示。该模具有两个稍不同尺寸的拉深凹模，即有一个首次拉深凹模和一个后续拉深凹模，它们共用一个拉深凸模。拉深时无压边装置，坯料依靠其已拉深到一定尺寸的外形定位，拉深后的工件依靠凹模的脱料颈自行卸下。

该模具结构很简单，加工容易、快捷，拉深效率较高，适合直径缩小量不大的拉深件的拉深。

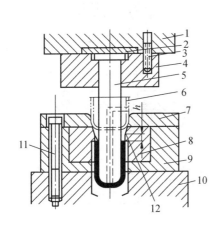

1—上模板　2—垫板　3—螺钉　4—凸模固定板
5—凸模　6—首次拉深件　7—首次拉深凹模
8—后续拉深凹模　9—凹模固定板
10—模座　11—螺钉　12—脱料颈
图2-65　无压边装置的后续拉深模结构

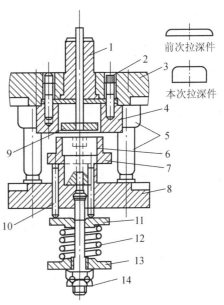

1—模柄　2—螺钉　3—上模板
4—凹模　5—导套、导柱　6—凸模　7—压边圈
8—下模板　9—推件板　10—顶杆
11、13—顶板　12—弹簧　14—螺帽
图2-66　有压边装置的后续拉深模结构

有（带）压边装置的后续拉深模的结构如图2-66所示。拉深前把坯料套在压边圈上，依靠其首次拉深后的外形定位，拉深到位后，压边圈即把拉深件从凹模中推出。

此模具适用于首次拉深后的各次拉深。

双动压力机用后续拉深模的结构如图2-67所示。它是一副带刮板的拉深模，其结构与图2-62所示首次拉深模相似。上模座的压边圈固定在外滑块上，凸模固定在内滑块上。该模具所用坯料为筒形半成品，为保证此筒形坯料定位准确不偏斜，要把定位板 4 设计得厚一些。拉深时，外滑块首先下降，将坯料适当压紧，接着内滑块下降进行拉深成型。上模回升时，内滑块带动凸模首先升起。下模上可安装一对刮板将拉深件从凸模上刮下来，然后从凹模下面的漏孔中取出拉深件。

这种拉深模多用于大型复杂曲面形状拉深件的拉深。

6）不变薄和变薄拉深模。

不变薄拉深模是利用拉深把平板坯料拉压成空心件或对空心件作进一步的拉深变形，在拉深过程中，坯料的厚度基本不变的普通拉深模。前面介绍的模具结构均属于不变薄拉深模。

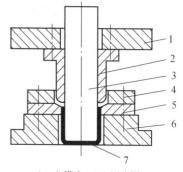

1—上模座　2—压边圈
3—凸模　4—定位板　5—凹模
6—下模座　7—二次拉深件
图 2-67　双动压力机用后续拉深模结构

变薄拉深模是利用材料的塑性变形，使工件底部材料厚度不变而直壁部分的材料厚度显著变薄。这种拉深适合加工高度较高，壁薄而底厚的空心件（如子弹壳、雷管套、高压容器、高压锅等）。利用这种方法可显著提高材料的利用率。它有单层凹模变薄拉深模和多层凹模变薄拉深模两种结构形式：①单层凹模变薄拉深模结构如图 2-68 所示。该模具采用通用模架，下模采用紧固圈 6 把凹模 8、定位圈 7 紧固在下模座 10 内，凸模 4 也以紧固环 3 及锥面套 16 紧固在上模固定板 2 上。只要松开紧固圈和紧固环，便可随时更换不同尺寸的凸、凹模和定位圈，实现不同工序的变薄拉深，拆装方便快捷。该模也无导向装置，调试安装好模具后，靠压力机本身的导向精度来保证凸、凹模的间隙精度。为使调对模具和装模快速方便，可采用校模圈 5 来对模。调对好上下模的间隙、位置后应把校模圈取下放置一旁，

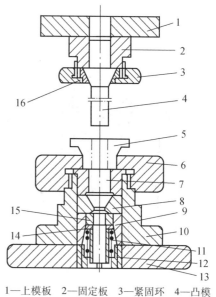

1—上模板　2—固定板　3—紧固环　4—凸模
5—校模圈　6—紧固圈　7—定位圈　8—凹模
9—锥形套　10—下模座　11—弹簧　12—螺塞
13—下模板　14—导件套　15—刮件环　16—锥面套
图 2-68　单层凹模变薄拉深模结构

之后便可进行拉深。也可用定位圈代替校模圈来调对模具。如在定位圈处也装上凹模，便可在一次行程中完成两次变薄拉深。拉深件由刮件环 15 自凸模上刮下，从下面取出来。该模具的特点是结构简单，加工期短，成本不高，拉深操作方便，且拉深件质量较好。适合生产批量不大的较深拉深件的拉深成型。②多层凹模变薄拉深模的结构如图 2-69 所示。该模具的上、下模均要用通用模套 3 和 11。为能快速更换凸模 6、上凹模 9 和下凹模 10，设计了螺纹压套 5、8 紧固。在紧固凸模的结构中还设计了一个带有 6 条

槽子的锥套4，以使凸模定位准确并紧固牢靠。工件经过第一个凹模作第一次变薄拉深后，再经过第二个凹模作进一步的变薄拉深，就可获得比单层凹模变薄拉深更大的变形程度。该模具的特点是结构简单、加工期短、成本较低、使用方便，可获得变薄程度更大的拉深件。适合生产批量较大、深度较深、形状较简单的拉深件的拉深。

7）连续拉深模。

连续拉深工艺主要用于小零件的大量生产，拉深直径一般≤50 mm，材料厚度大多为 0.5～2.0 mm。

在带料上连续拉深采用两种方法：一是在没有切口或切槽的整体带料上拉深，二是在有切口或切槽的带料上拉深。后一种方法应用比较普遍。由于在带料上依次进行多次拉深，因而这种方法生产效率高，但模具结构复杂，并且在拉深过程中不能进行中间退火，这就要求带料的塑性要好。其模具结构的基本形式与一般的单工序拉深模基本相同，只是把多道拉深集中到一副模具之上。带料的排样如图2-70所示。连续拉深模的结构如图2-71所示。

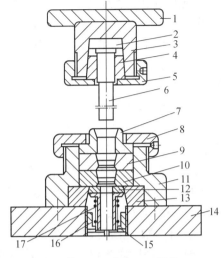

1—上模座　2—垫块　3—模套
4—锥套　5—螺纹压套　6—凸模
7—定位圈　8—螺纹压套　9—上凹模　10—下凹模
11—模套　12—刮件环　13—锥套　14—下模座
15—导件套　16—螺塞　17—弹簧
图2-69　多层凹模变薄拉深模结构

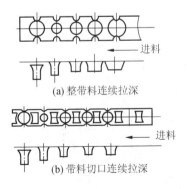

(a) 整带料连续拉深

(b) 带料切口连续拉深

图2-70　带料连续拉深的排样

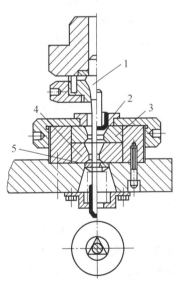

1—凸模　2—校准圈　3—锥形凹模1
4—锥形凹模2　5—活动卸料圈
图2-71　连续拉深模的结构

该模具共用一个凸模 1，坯料连续通过两个锥形凹模 3、4 便完成两次拉深成型。凹模设计成锥形，省去了压边装置。活动卸料圈 5 是靠三段圆弧与拉深件接触而卸料的，采用紧固环、紧固圈紧固及螺钉连接，拆卸很方便。

该模具适合在行程较长的压力机上连续多次拉深筒形件。

8）复合拉深模。

复合拉深模是指除有拉深功能外，还兼有落料或冲孔、弯曲等功能的模具。图 2 - 72 为有落料拉深两功能的复合拉深模。其工作过程是先由凸凹模 6 和凹模 15 相互作用完成板坯的落料，之后凸模 3 继续下降时，已落料的板坯首先被压边圈 16 压紧，同时凸模 3 与凸凹模 6 相互作用，将板坯压入凸凹模 6 内孔进行拉深成型。当上模回升时，推板 14 因缓冲器压簧复原，而把冲件推出模具之外，下模也在缓冲零件作用下复位。

此模具适合冲压塑性较好、厚度 < 2 mm 的拉深深度不大的冲压件。

4. 成型模

将已完成冲裁、弯曲或拉深等工序加工的坯件（又称工件）利用模具对其作进一步的加工变形成所需尺寸形状零件的冲压方法称为成型，所用的模具称为成型模。

冷冲压生产中常用的成型方法有翻边（孔）、拉延、局部成型、缩口、胀形、校平等。各类成型模具的结构、特点及适用范围如下：

（1）内孔翻边模

典型结构如图 2 - 73 所示。凹模 3 固定在上模板 2 上，凸模 9 固定在凸模固定板 10 上，翻边时，凹模 3 下行，通过凸、凹模的相互作用即把已冲孔的坯件的孔周围翻出垂直边。之后，凹模上行，利用顶出器 5 和弹簧 4、7 的作用，就可把已翻边的工件卸出。

内孔翻边模也有与此相反方向设计的，即凸模在上模、凹模在下模的结构形式。此

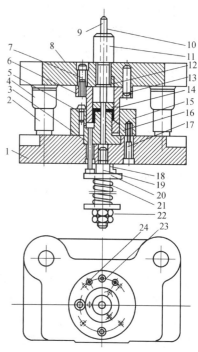

1—下模板 2—导柱 3—凸模 4—导套
5—定位钉 6—凸凹模 7—内六角螺钉
8—上模板 9—销孔 10—推杆 11—模柄
12—销钉 13—销钉 14—推板 15—凹模
16—压边圈 17—内六角螺钉 18—缓冲螺钉
19—缓冲螺钉 20—缓冲模板 21—压簧
22—锁紧螺母 23—销钉 24—螺钉
图 2 - 72　复合拉深模结构

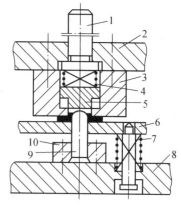

1—模柄 2—上模板 3—凹模 4、7—弹簧 5—顶出器
6—承料板 8—下模座 9—凸模 10—凸模固定板
图 2 - 73　内孔翻边模结构

模具的特点是弹性卸件装置既起卸件作用，又起压边作用，坯件采用内孔定位，定位准确。

此模具适合圆孔的翻边，各种内孔翻边的翻边形式如图2-74所示。

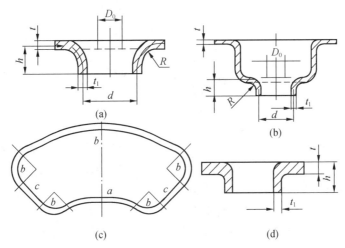

（a）材料平整未变形部分翻边　（b）在拉深件上翻边　（c）异形孔翻边　（d）变薄翻边

图2-74　内孔翻边的形式

（2）外缘翻边模

外缘翻边一般是指将坯料的外缘翻成深度不大的弯曲边的冲压工序。实现此动作的模具称为外缘翻边模。图2-75为外缘翻边模的一种结构形式，它是内孔和外缘同时翻边的复合模，其凸模1与凸凹模3相互作用完成内孔翻边，而凸凹模3又作为凸模1与凹模2作用再完成外缘翻边，经过翻边后的零件，在上模回升后，由缓冲器4的回弹复原力推动卸件器5把零件卸下来。

该模具结构简单，可同时完成内孔和外缘的翻边，很实用而且可靠，适合既有内孔翻边又有外缘翻边的半成品的翻边。

对有不同方向翻边的零件，可采用各种橡皮翻边模分出翻边成型的方法。各种橡皮翻边模及其翻边方法见图2-76。

外缘翻边的一般形式如图2-77所示。

（3）缩口模（缩颈模）

将预选拉深好的圆筒形零件或管形零件的口部直径缩小的一种模具。缩口和扩口为相对应的两种成型工艺。

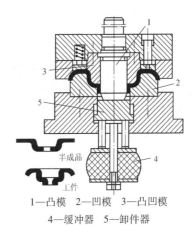

1—凸模　2—凹模　3—凸凹模
4—缓冲器　5—卸件器
图2-75　内孔和外缘同时翻边模

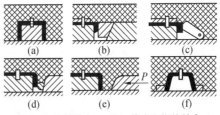

（a）全部用橡皮　（b）橡皮和楔块结合
（c）用橡皮和带铰链的压板　（d）用橡皮和圆棒
（e）用橡皮和活动侧压模　（f）用橡皮和圆环
图2-76　几种橡皮翻边模的结构示意图

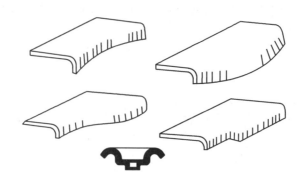

图 2-77　外缘翻边的一般形式

缩口模有多种结构形式，如心柱缩口模、无心柱缩口模、旋压缩口模、外支承成型缩口模、内外支承缩口模、衬套缩口模、局部加热缩口模、管子缩口模、通用缩口模等。本书只介绍通用缩口模和管子缩口模。

图 2-78 为在液压机上使用的通用缩口模的结构。缩口时，先将筒形坯件通过导正圈 4 插入凹模 3 的上台阶，然后使凹模 3 伸入筒形坯件中，完成缩口。当凸模回升离开工件时，即可从凹模内取出已缩口的工件。

此模具只要更换凸模 6、凹模 3、导正圈 4，即可对不同孔径的筒形件进行缩口。导正圈 4 起导正定位作用，其厚度应尽可能厚一些。凸模 6 加工成台阶形式是为了使小头易对正伸入筒形坯件内孔，起导向定位作用，大直径则起挤压成型作用。为使缩口后工件外壁光滑并易于从凹模中卸出，凹模 3 型面应有较低的表面粗糙度。

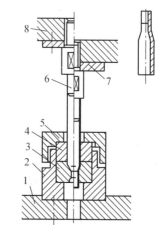

1—下模板　2—凹模套　3—凹模　4—导正圈
5—紧固套　6—凸模　7—垫板　8—上模板
图 2-78　通用缩口模

该模具结构简单，可通用，缩口质量好且可靠，但要在液压机上使用，故其应用范围受到一定限制。

图 2-79 为管子缩口模，这是针对管状零件缩口而设计的模具。它先把一定长度和直径、壁厚的管坯装入凹模内，然后凸模和带锥度的成型圈下降，一起压缩管坯使口径缩小，高度缩短而成型。

（4）胀形模（又称凸肚模、扩径模、扩口模）

这是从已拉深成型的空心件或管材的内部施加径向压力，使其局部直径扩成一定形状的冲压方法。它所用的模具称为胀形模。常见的胀形件有壶嘴、带轮、波纹管等。

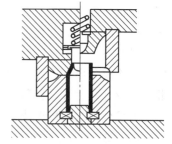

图 2-79　管子缩口模

胀形模的工作原理：利用分块（瓣）式活动凸模或橡皮（聚氨酯橡皮或天然橡皮）或液体或气体，把压力机的轴向压力转化为工件胀形的径向压力。胀形模分为两类：刚性胀形模和软性胀形模。前者是用金属材料，后者是用橡皮、液体或气体来取代金属材料制造成型零件。

1）刚性胀形模。刚性胀形模的结构如图2-80所示。图2-80（a）为常用胀形模，胀形时，凸模8的小直径段首先进入筒形坯件孔内，当上模继续下压时，坯件就在上下凹模2、3内缩短成型。下凹模既起定位作用，又起成型作用。

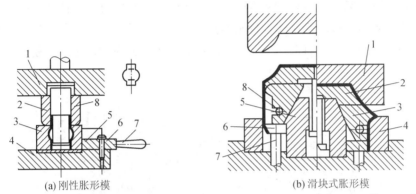

（a）刚性胀形模   （b）滑块式胀形模

（a）：1—上模板 2—上凹模 3—下凹模 4—下模板 5—压紧导块 6—螺钉 7—手柄 8—凸模

（b）：1—上凹模 2—凸模 3—滑块胀形模 4—下凹模 5—型芯 6、7—顶件器 8—弹性圈

图2-80 两种刚性胀形模的结构

图2-80（b）为滑块式胀形模，采用整体凹模（上凹模1和下凹模4）和分瓣（块）式（又称滑块式）凸模。当上模下压时，由型芯5将滑块分开，实现挤压成型。胀形件质量取决于凸模分瓣数目，分瓣越多，质量越好。胀形后利用弹性圈（拉簧）使凸模2在顶杆上抬卸件时，自动沿锥面向中间收缩，以便取出工件。

刚性胀形模的结构，一般都比软性胀形模复杂很多，加工周期也长，成本高，所以仅适用于形状结构简单，尺寸精度、表面质量要求不高的工件。

2）软性胀形模。软性胀形模分介质胀形模和橡皮胀形模两种。

①介质胀形模。这是利用水或油或气体作传递压力的介质来实现胀形的模具。图2-81为两种介质胀形模的结构示意图。图2-81（a）是通过凸模直接压介质（水或油）而使筒形坯料胀变成凸肚形零件，图2-81（b）为用橡皮囊与介质（水或油）结

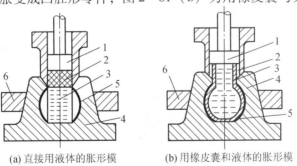

（a）直接用液体的胀形模   （b）用橡皮囊和液体的胀形模

1—凸模 2—橡皮（橡皮囊） 3—介质（水或油）
4—凹模 5—工件 6—紧固环

图2-81 两种介质胀形模的结构

合，使筒形坯料变成凸肚形零件。这类模具结构都很简单，加工简便，加工期短，成本低，而胀出的工件的质量都比较好，故多被采用。

②橡皮胀形模。这是利用弹性体橡皮（聚氨酯橡胶最好，新的天然橡胶次之）来实现胀形的一类模具。其基本结构如图2－82所示。胀形时，先把筒（管）形坯料放入凹模内，当凸模下行，直接压在筒（管）内已塞入的橡胶即可使此坯料变形成所需凸肚形工件。近年来，随着聚氨酯橡胶性能的改善、价格的降低及国产货的应市，我国模具行业使用聚氨酯橡胶来制作各种胀形模日益增多，特别是那些外形复杂、难于用硬模或介质模成型的且表面有商标、文字、图纹和要求很光滑的成型件更是多被采用。

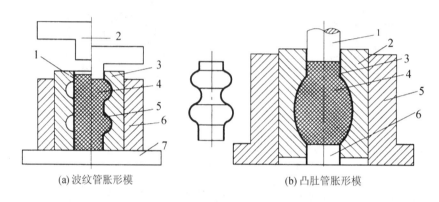

(a) 波纹管胀形模   (b) 凸肚管胀形模

(a)：1—管坯　2—压头　3—凹模　4—聚氨酯橡胶　5—成型后的管件　6—模套　7—模座板
(b)：1—压头　2—凹模　3—成型后的凸肚管件　4—聚氨酯橡胶　5—模套　6—垫块

图2－82　聚氨酯橡胶胀形模

由于采用软性胀形模坯料变形缓慢均匀，且介质或橡皮始终紧贴坯件表面，受力面（点）大且基本垂直于坯料壁，又无滑移擦伤，所以很容易保证工件准确成型并获得良好的表面质量，这对形状结构复杂（如多个弧面相交或有凸、凹沟槽等）、尺寸精度和表面质量都要求高的零件成型极为有利。

3）胀形极限。值得注意的是，筒形或管形坯料的胀形也有一定的极限，此极限称为胀形极限，它是指胀形后凸肚胀大的量与胀形前筒或管直径之比的最大允许值。此极限随材料塑性韧性的好坏而异，一般低碳钢筒（管）的胀形极限≤30%，铜合金、铝合金筒（管）可适当放大，>30%时，可用一般胀形模分几次胀形，每次胀形后要对筒（管）工序件作退火处理。

胀形极限的示意图见图2－83。

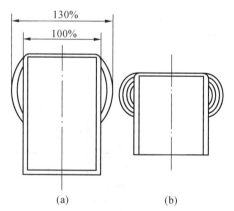

(a)　　　　　　　(b)

(a) 直径胀大 < 30% 时可一次胀出
(b) 直径胀大 > 30% 时要分几次胀出

图2－83　胀形极限

（5）卷边模（又称卷缘模、卷形模）

卷边可以认为是一种特殊形式的圆圈弯曲。这是用卷边模将条料端部或空心件的上口边缘卷曲成接近封闭圆形的一种冲压工艺。图2-84（a）为一种卷边（缘）模的结构形式，图2-84（b）为已翻边的筒形坯料，图2-84（c）为经过卷边的空心件。

用此卷边模卷边时，先把已翻边的筒形工件放入凹模3中，当压力机滑块下行时，此工件便在凸模2和凹模3圆弧面上完成卷边；当压力机滑块回升时，顶杆7、顶圈6便把工件从凹模3中顶出。

此模具结构简单，价格低廉，实用可靠。

（6）起伏成型模

起伏成型是把平板坯料加工成局部凸起或凹陷，如压制凹坑，加强筋痕、起伏形的花纹、图案及标记（如图2-85）

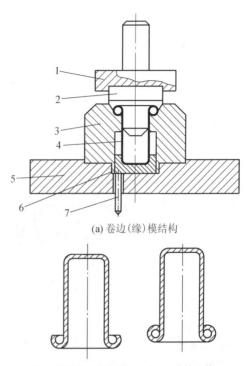

(a) 卷边(缘)模结构

(b) 已翻边的筒形坯料　　(c) 已卷的工件

1—上模固定板　2—凸模　3—凹模　4—工件
5—下模板　6—顶圈　7—顶杆
图2-84　卷边模的结构、坯件及卷边工件

等的一种工艺。其主要的目的是提高零件的刚性，或使零件美观，或做广告宣传。它所使用的模具称为起伏成型模。其结构形式见表1-1。它既可用钢模、橡胶模，也可采用液压成型。

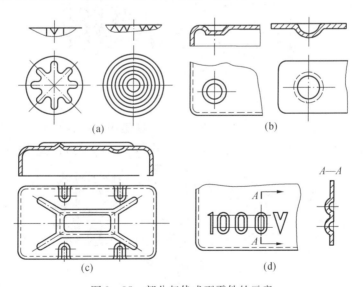

(a)

(b)

(c)

(d)

图2-85　部分起伏成型零件的示意

93

（7）校平模

校平是把拱弯、翘曲的平板零件压平。校平通常用来校正冲裁件的穹曲变形等缺陷。校平模有 3 种：光面模、细齿模、粗齿模。

1）光面模。用于钣料厚度薄且表面不允许有压痕的工件的校平，其结构如图 2 - 86 所示。

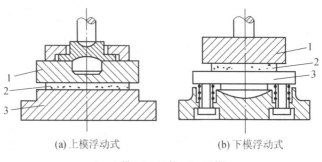

(a) 上模浮动式   (b) 下模浮动式

1—上模　2—工件　3—下模

图 2 - 86　光面校平模结构示意

为了使校平不受压力机滑块导向误差（滑块下平面与压力机工作台面不平行以及滑块的燕尾槽磨损等）的影响，一般多把校平模做成浮动式，以保证校平效果。对于用高强度板材加工的零件，其校平效果可能差一些，此时应适当延长校平时间。

2）细齿模。细齿模的结构如图 2 - 87 所示。此模具是用于对钣料厚度较厚且表面允许有压痕的工件的校平。齿形在平面上呈正方形或菱形并把齿尖磨钝，上、下模的齿尖相互错开。

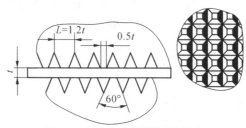

图 2 - 87　细齿校平模结构示意

3）粗齿模。粗齿模的结构如图 2 - 88 所示。这是用于材料较薄、表面不允许有压痕的铝、铜及其合金等较软的工件的校平。其齿顶要有一定的高度，可参看表 1 - 1 的

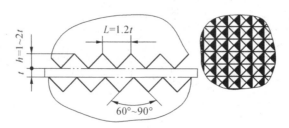

图 2 - 88　粗齿校平模结构示意

内容。

（8）压印成型模

这是在工件上压制出文字、图案用的模具。其结构形状如图2-89。制品在凸模1的压力作用下，在凹模型腔内挤压成型。压印深度在模具装配时调整压杆5与压杆6密合后，使凸模1与凹模3上下相距1 mm左右。见表1-1。

（9）搓丝模

这是用来搓制M6以下螺杆及螺钉的模具，模具由两个搓丝板组成。其结构如图2-90所示。搓丝时，先调整好两个搓丝板的间隙，以保证有良好的导向和产品质量。之后，把坯料放入在上、下搓丝板空隙内，当上模下行时，即与下搓丝板相互作用而搓成螺杆或螺钉。

（10）复合成型模

复合成型模是指模具既有成型功能又兼有落料或拉深或冲孔等功能的模具。

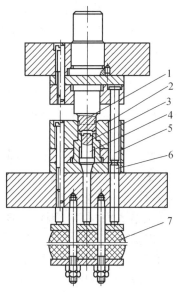

1—凸模　2—凹模板　3—凹模
4—凹模垫　5、6—压杆　7—缓冲器
图2-89　压印成型模结构

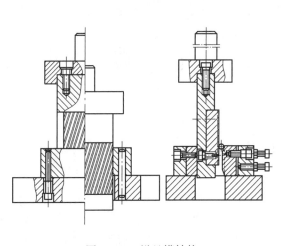

图2-90　搓丝模结构

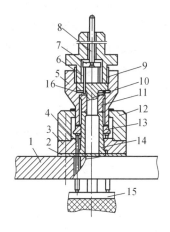

1—下模板　2—凸模垫板
3—凸凹模固定板　4—顶杆　5—凸凹模
6—顶杆　7—打板　8—打杆　9—上模板
10—凸模　11—内套　12—凹模　13—卸料块
14—凸凹模　15—缓冲器　16—垫片
图2-91　复合成型模结构

图2-91所示的为有翻边兼有落料、冲孔、拉深功能的模具结构示意图。模具的凸凹模14与凹模12均固定在凸凹模固定板3上，这样可保证工件的同心度。凸模10压合在凸凹模5内，凸凹模则固定在上模板9上。当上模下行时，凸凹模5和凹模12相

95

互作用即完成落料工序，若凸凹模 5 随上模继续下行，把板坯往下推到凸凹模 14 即进行拉深，拉深到一定程度时，凸模 10 冲孔，并由凸凹模 14 翻边成型。上模回升，顺便把制件卸出。卸料块 13 通过缓冲器 15 的弹力作用，给零件拉深以足够的压力。翻孔、翻边高度由垫片 16 予以调整控制。

5. 冷挤压模

冷挤压是在室温下，把预先放入模具内的金属坯料借助压力机的压力使金属坯料沿凸凹模的间隙流动而被挤出变形成所需形状尺寸和精度的零件的金属加工方法。所用的模具称为冷挤压模。

采用冷挤压来加工零件（或制品）有下述优点：

1）提高工效，因为在压力机的一次行程中即可完成复杂的工序加工，获得形状比较复杂的零件或制品。

2）大大节省原材料。因可实现无切屑或少切屑加工，其材料利用率可达 90% ~ 100%，一般情况下也至少可达 70% 以上。

3）可使零件或制品的机械性能和致密性获得提高，因为材料经过冷挤压后产生了冷作硬化，提高了机械性能。由于原材料经过冷挤压，组织更细密，这又使其气密性得到提高。

4）提高了零件或制品的精度，使尺寸精度可达 3 ~ 4 级，公差范围可控制在 0.015 mm 以内。

5）降低了零件或制品的表面粗糙度，使其表面粗糙度值达 Ra 0.8 ~ 0.4 μm，个别可 <0.2 ~ 0.1 μm。

6）可挤压出用其他方法难以加工的、形状比较复杂的薄壁零件。

冷挤压模的分类及挤压的产品形状见表 1 - 2。下面介绍正挤压模、反挤压模、复合挤压模、径向挤压模及轴向与径向复合挤压（镦挤）模的结构特点及应用。

（1）正挤压模

图 2 - 92 为电机转子叶片正挤压模的结构图。镶拼结构的凹模 24 安装在预应力套 23 内，凹模下面设计有导向套 8 及橡皮顶件装置，以保证挤出的细长心轴（φ4 mm）不致弯曲变形。上模装有定高套 9，以控制模具的闭合高

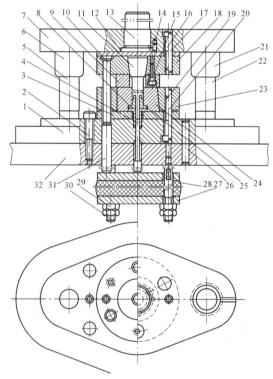

1—下模座 2、15、16、19—内六角螺钉 3—垫板 4—顶杆
5、22—导柱 6、21—导套 7—上模座 8—导向套 9—定高套
10—压杆 11—凸模 12—垫板 13—模柄 14、17、20—柱销
18—凸模固定板 23—预应力套 24—凹模 25—凹模镶块
27—垫圈 28—橡皮 29—螺母 30—螺杆 31—推杆 32—下垫板
图 2 - 92 电机转子叶片正挤压模结构

度。挤压时，由压杆 10 通过推杆 31 将橡皮压缩，使之不影响金属流动。

此模具适合挤压实心件或空心件。

（2）反挤压模

反挤压模的结构如图 2－93 所示。这是挤压铝管罩的挤压模。该模具的凸模 17 固定在凸模固定板 21 上，凸模与上模板之间设计有淬硬钢垫板 20，凹模 24 外面设计有加强外套 7，凹模下面与下模座 5 之间也设计有淬硬钢垫板。上下模都设计有卸件、顶件装置，以便挤压后零件或制品能顺利出模。

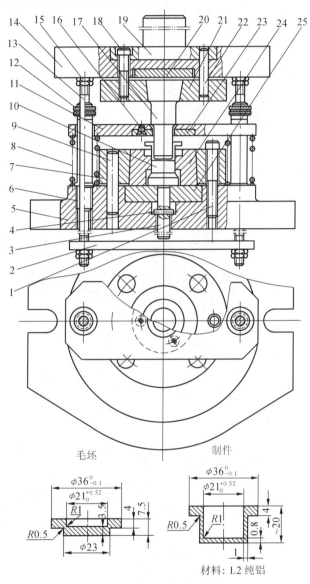

1—内六角螺钉　2—顶件板　3—顶件杆　4—横销　5—下模座　6—导向套　7—外套　8—弹簧
9、22—圆柱销　10—模芯　11—卸料板　12—特种螺母　13—螺杆　14—上模座　15—螺母　16—埋头螺钉
17—凸模　18—螺钉　19—模柄　20、25—垫板　21—凸模固定板　23—卸件块　24—凹模
图 2－93　铝管罩反挤压模结构

97

此模具适合挤压表1-2所列零件，特别适合挤压底部厚度大于壁厚的零件或制品。

（3）复合挤压模

在冷挤压工艺中，除了单纯的正挤压和反挤压工艺外，也经常采用正挤压和反挤压复合或其他复合变形的方法，如拉深、缩口等复合变形方法。在挤压时一部分金属的流动方向与凸模的运动方向一致，而另一部分金属的流动方向与凸模的运动方向相反，从而获得各种断面形状的挤压件，图2-94为一副同时具有正反挤压功能的复合挤压模。该模具由上下模两部分组成，由导套和导柱导向，挤压时先把坯料放在凹模9上。当上模下行时，凸模36接触坯料并进行挤压，使其向上下两个方向流动，当坯料下面接触

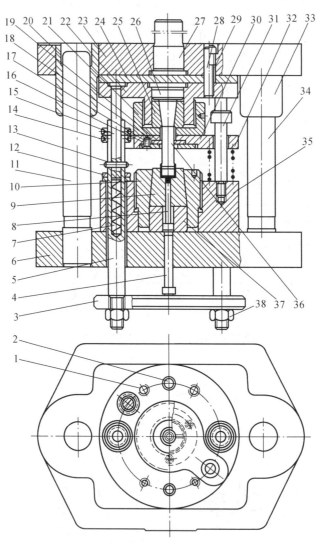

1、16、29、31—螺钉　2、28—圆柱销　3—托板　4、8—顶杆　5—拉杆套　6—下模板　7、32—弹簧
9—凹模　10—定位套　11、34—导柱　12、14、38—螺母　13—轴销　15—拉杆　17—压板　18—钢丝圈
19—卸件块　20、33—导套　21—螺纹套　22—固定板　23—上模板　24—垫板　25—紧套
26—垫块　27—模柄　30—卸件器　35—螺纹环　36—凸模　37—垫块

图2-94　复合挤压模

到顶杆 8 时，凹模被金属充满，此时金属便反向向上流动。当上模回升时，上模的拉杆15、轴销 13 拉动拉杆套 5、托板 3，将顶杆 4、8 向上提起，从而把挤压件从凹模内顶出。如挤压件在凸模 36 上，则卸件块 19 会在凸模回升时把挤压件从凸模上刮下来。

复合挤压模适合挤压出断面为圆形、方形、齿形、花瓣等形状的工程受力件，特别是铝、铜及其合金的挤压件。

（4）径向挤压模

图 2–95 为径向挤压模结构示意图。凹模采用 YG20 等牌号的硬质合金制造，并用镶套镶嵌在凹模座上，以增加预应力，保证牢固。因为在挤压时金属的流动方向与凸模的运动方向垂直，亦即在凸模的径向方向流动，因而得名。

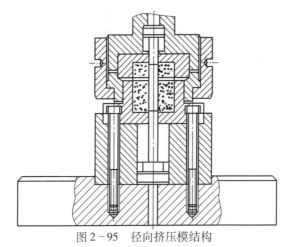

图 2–95　径向挤压模结构

该模具结构简单、可靠，适合各牌号碳钢、低合金钢制零件的挤压成型。

（5）轴向与径向复合挤压模（又称镦挤模、镦挤压模）

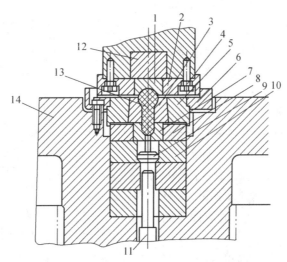

1—凸凹模　2—凸凹模套圈　3—上凹模　4—螺钉　5、8—凹模套圈　6—模套　7—下凹模
9—顶杆　10—垫板　11—顶杆　12—凸模垫板　13—挤压件　14—凹模座

图 2–96　轴向与径向复合挤压模结构

模具结构如图2-96所示,凹模采用上下分体结构3、7,并分别用凹模套圈5、8按紧配合套住施以预应力,再用模套6套住装于凹模座14内,凸凹模1也与凸凹模套圈2紧配合施以预应力。挤压时,先把坯料放在上凹模口,当凸凹模下行时便挤压坯料,使坯料的一部分金属沿凸凹模运动方向流动,而使另一部分金属沿与凸凹模垂直的方向流动,最后挤压成型。凸凹模1与凸凹模套圈2的下面应留有挤压时多余金属流出形成飞边的空隙。

该模具适合挤压带有台阶、法兰的碳钢、合金钢、铝、铜及其合金零件。

6. 覆盖件冷冲模

覆盖件冷冲模主要用于飞机、车辆(汽车、火车、游览车等)、船舶、拖拉机的外壳以及内罩和骨架件的压制。这些零件的特点是都呈大型非数字空间曲面,一般都尺寸大、材料薄,要求表面光洁、美观、刚性好,并且结构形状复杂奇异,其中汽车、飞机的覆盖件冲模最为复杂且工艺独特。这类模具的结构与制造方法又与生产批量密切相关。一般大量生产时,全部采用钢质模具;成批生产时,采用塑料冲模;单件、小批量生产时,则采用锌基合金等低熔点合金等简易模具。这类模具成型特点是以拉延为主并由落料、剪切、拉深、修边、冲孔等一个或多个工序结合而成。而拉延工序最为关键,它直接影响到产品质量、材料利用率和制造成本。

覆盖件的拉延特点是:①要使用双动或三动压力机,而不能使用普通拉深用的单动冲床;②要用类比或通过多次试验方法来确定拉延工艺,最后一次拉延成型,而不能像普通拉深件那样用拉深系数来计算拉深件,并且可多次拉深成型;③依靠钣料的局部变薄伸长来成型零件,是拉延弯曲或翻边等局部成型工序的组合;④拉延时压力较大(有时甚至超过变形力),必须采用双动或三动压力机压边,不像普通拉深那样压边力小,采用压边圈即可。

覆盖件拉延模的结构示意如图2-97所示。该模具主要由四大件组成,即凸模1、凹模2、压料圈3和固定座4组成。凸模1通过固定座安装在双动压力机的内滑块上;压料圈3安装在双动压力机的外滑块上,凹模2则安装在双动压力机的工作台面上,凸模和凹模与压料圈之间都分别设计有导向板导向,压料圈与凹模间采用导柱、导套导向。拉延时,先把板坯放在凹模上面并定好位,然后开动压力机使压力机外滑块下降,带动压料圈压紧板坯外周,然后内滑块下降,对板坯作拉延成型,当内、外滑块回升时,便可从凹模内取出拉延件。

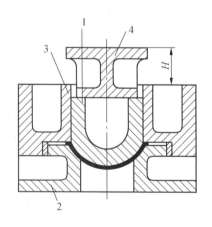

1—凸模 2—凹模 3—压料圈 4—固定座
图2-97 汽车覆盖件拉延模结构示意

此模具的特点是结构简单,凸、凹模均为高强铸铁铸件,用靠模铣或坐标铣加工,压料圈采用铸钢并把压料表面淬硬,机械加工量小,不用电加工,因而加工周期短,成本低,适合各种覆盖件的拉延成型。

四、塑料模（塑料成型模）

塑料模可分为塑料注射成型模、热塑性塑料挤出模、中空吹塑模、真空及气动成型模、压塑模、铸压模、铸塑模、泡沫塑料成型模、塑料涂覆成型模几大类。根据有关专家预测，随着我国经济高速发展，到 2010 年，我国塑料件年需求量将达到 1 600 万 t，因而各类各种塑料模具的数量必将大量增加。

（一）塑料注射成型模

塑料注射成型模（或称塑料注射模、注塑模）是塑料模中使用面最广，使用量最多，品种也最多的一类塑模。随着塑料作为工程结构材料的问世，全世界采用注塑模成型的塑料件已占塑料件总量的 20%～30%，而且有日益发展的趋势。到 2010 年，我国注塑件的年需求量预计将达到 360 万 t 以上，因而注塑模的品种和数量也将大有发展。

根据所收集的国内外资料，迄今注塑模的品种已有 26 种之多，由于篇幅所限，本书只重点介绍一般热塑性塑料注塑模、热塑性塑料热流道注射模、一般热固性塑料注射模、热固性塑料冷流道注塑模。其余的注塑模只列表图示，供读者了解和参考。

1. 注塑件的注射成型过程

注塑成型是热塑性塑料的主要成型方法，几乎所有热塑性塑料均可采用此法成型，它能一次性地成型外形内构很复杂、尺寸精确、表面光滑、带有金属或非金属镶嵌件的塑料零件或制品。其花色品种为其他任何成型方法所不可比拟的，已广泛应用于国民经济和人们日常生活各个方面。

注射成型过程是将粒状或粉状塑料从注射机（图 2－98）的料斗送进加热的料筒，经加热熔化呈黏稠的流体状态，再由柱塞或螺杆推动通过喷嘴和模具的浇注系统注入模腔中，并在受压条件下冷却凝固成所需形状尺寸的塑料件。由此可知，合理的成型工艺（温度、压力和时间）、先进优质的模具、高效的注塑设备是获得优质注塑件的 3 个必不可少的条件。

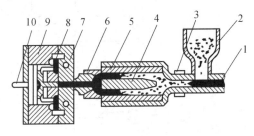

1—柱塞　2—料斗　3—冷却套
4—分流梭　5—加热器　6—喷嘴　7—固定模板
8—注塑件　9—活动模板　10—顶件杆
图 2－98　注射机和注塑模的冲面

注塑成型过程包括预塑计量、注射充型以及冷却定型等阶段。预塑计量过程是高分子固体粒（粉）料经加热压实混合，从玻璃态转化为黏流态的塑化并同时完成计量程序的过程；注射充型过程是把计量室中预塑好的塑料熔体注射到模具型腔中去的过程；冷却定型过程是指浇口"冻封"开始到注塑件脱模为止的过程。

2. 塑料注射模的结构、特点及应用

（1）一般热塑性塑料注射模

指成型热塑性塑料最常用的注射模，它是一种最基本的注射模。其他类型的注射模都是在此基础上发展起来的。根据分型面的状况，又分为单分型面模（二板式模）、多分型面模（三板式模）或垂直分型面模及平行分型面模及平直分型面模、曲折分型面模、阶梯分型面模等种类；根据脱模机构状况，又可分为无抽芯模、有侧抽芯模及无定距和有定距分型拉紧机构模等；根据所使用的注射机种类，可分为卧式注射机用注射模、立式注射机用注射模、角式注射机用注射模等。

所有注塑模都可分为动模和定模两大部分。定模部分安装在注射机的固定模板上，而动模部分则安装在注射机的移动模板上。定模部分和动模部分闭合后构成型腔（供塑料熔体充满后冷却固化成塑料件）和浇注系统（塑料熔体射入的流路），当塑料熔体冷却固化后，打开模具（即定模与动模分开）即可取出注塑件。

一般热塑性塑料注射模的种类见表 2-14。

表 2-14　　　　　　　　　　　一般热塑性塑料注射模的种类

序号	模具名称	图　　示	结 构 特 点
1	单分型面注射模	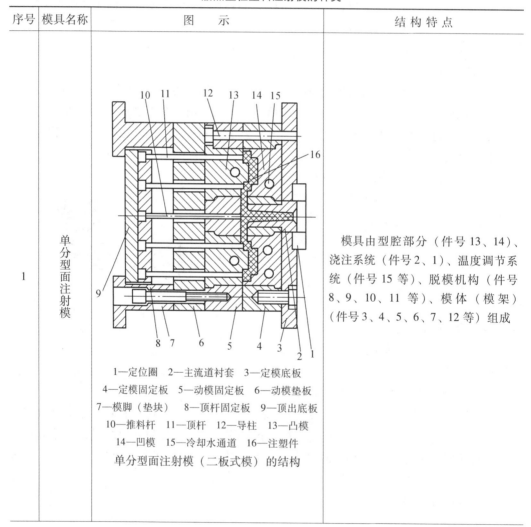 1—定位圈　2—主流道衬套　3—定模底板 4—定模固定板　5—动模固定板　6—动模垫板 7—模脚（垫块）　8—顶杆固定板　9—顶出底板 10—推料杆　11—顶杆　12—导柱　13—凸模 14—凹模　15—冷却水通道　16—注塑件 单分型面注射模（二板式模）的结构	模具由型腔部分（件号 13、14）、浇注系统（件号 2、1）、温度调节系统（件号 15 等）、脱模机构（件号 8、9、10、11 等）、模体（模架）（件号 3、4、5、6、7、12 等）组成

序号	模具名称	图　示	结　构　特　点
2	双分型面注射模（三板式注射模、点浇口型注射模，俗称双开模）	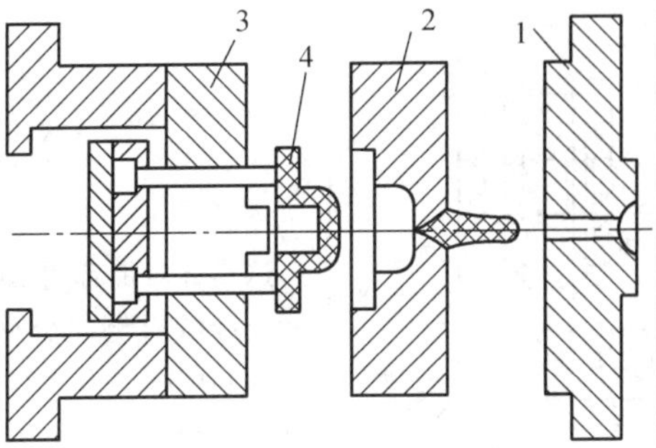 1—定模　2—活动板（型胶板） 3—动模　4—注塑件 双分型面注射模（三板式模）的结构	它与单分型面注射模比较，只是在定模与动模之间增加了一块活动板（称浇注板或中间板）。其作用是在开模时，活动板与定模板作定距离分型，以便取出凝固的浇注系统塑料
3	带有活动镶块的注射模	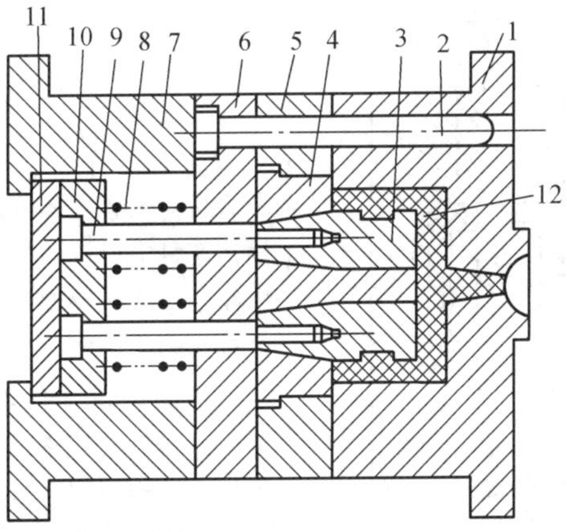 1—定模板　2—导柱　3—活动镶块　4—型芯 5—动模板　6—动模垫板　7—模脚（垫板） 8—弹簧　9—顶杆　10—顶杆固定板 11—顶杆垫板　12—注塑件 带有活动镶块的注射模结构	这是为带有侧孔或螺纹孔的注塑件，需在模具上设计有活动型芯或螺纹型芯或对拼组合式凹模等特殊要求而设计的一种模具。它是注塑件内侧带有两个凸台采用活动镶块 3 成型，开模后注塑件和浇注系统废塑料同时留在活动镶块上，当定模与动模分开至一定距离后，顶杆垫板 11 碰到注塑机的顶杆 9，推动其使活动镶块 3 沿型芯 4 斜面向右移动，这时活动镶块 3 和注塑件便一起脱离型芯 4，完成脱离动模的动作，然后便可取出注塑件

序号	模具名称	图　　示	结　构　特　点
4	带有侧向分型抽芯的注射模〔又称哈蚨（half）式注塑模〕	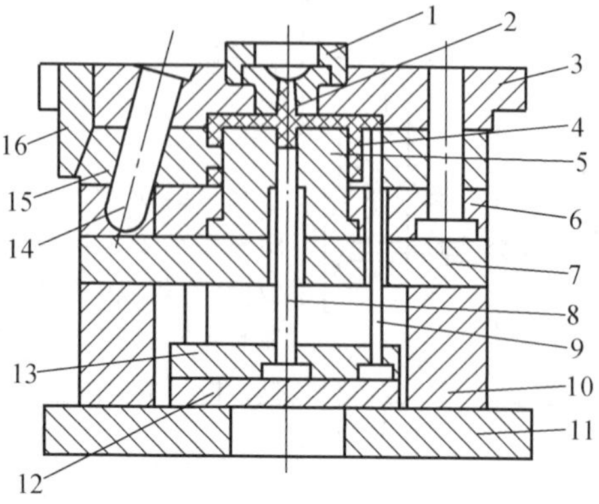 1—定位环　2—浇口套　3—定模板　4—注塑件 5—型芯　6—动模固定板　7—支承板　8—撞料杆 9—顶杆　10—垫块　11—动模座板　12—顶出板 13—顶杆固定板　14—斜导柱　15—滑块　16—锁紧楔 带有侧向分型抽芯机构的注射模	这是针对带有侧凸或侧凹的注塑件而设计的有侧向分型抽芯机构的模具，利用开模力使斜导柱带动滑块向外滑移而抽出型芯，而与注塑件分开
5	自动卸螺纹的注射模	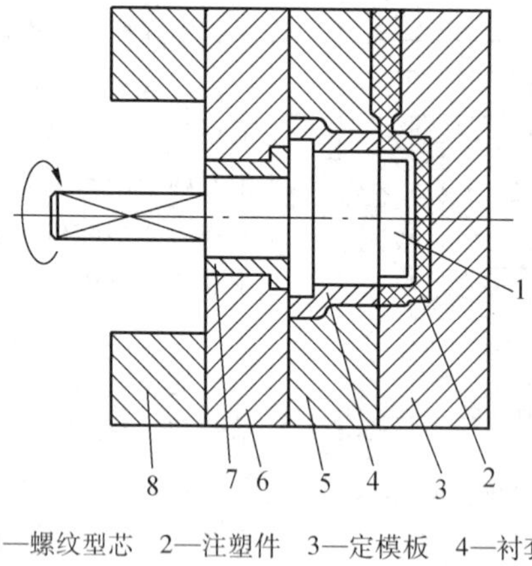 1—螺纹型芯　2—注塑件　3—定模板　4—衬套 5—动模板　6—动模垫板　7—衬套　8—模脚（垫块） 自动卸螺纹的注射模结构	这是对带有内螺纹或外螺纹的注塑件在模具上设计的形成螺纹的可转动螺纹型芯或螺纹型环，利用注射机的往复运动或旋转运动或在模具上装设专门的原动机（如电机、液压马达等）及传动装置来带动螺纹型芯或螺纹型环转动而使注塑件能够脱出的模具。其螺纹型芯由直角式注射机上开合模的丝杆带动旋转，使其与注塑件分离

序号	模具名称	图 示	结 构 特 点
6	定模带顶出装置的注射模	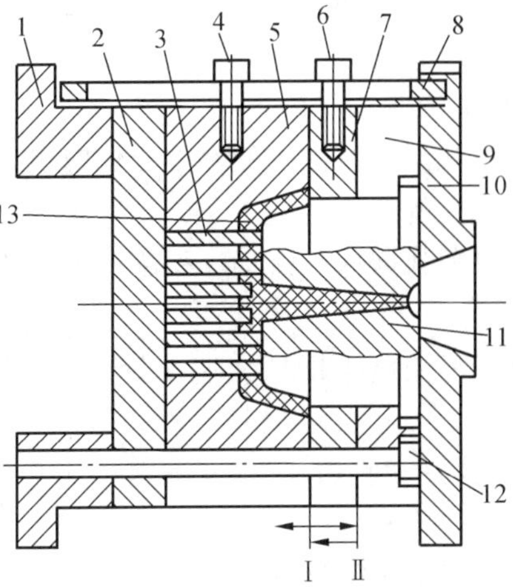 1—模脚 2—动模垫板 3—成型镶块 4—螺钉 5—动模 6—螺钉 7—脱模板 8—拉板 9—定模板 10—定模底板 11—型芯 12—导柱 13—注塑件 定模带顶出装置的注射模结构	这是针对由于注塑件有特殊要求或形状限制，开模后注塑件会留在定模一侧故不能使用前述开模后注塑件留在动模一侧，顶出机构也设计在动模一侧的结构而设计。对于这种结构，要在定模一侧设置顶出机构。开模时由拉板或杠杆等来带动顶出机构顶出注塑件。它是在定模一侧设计脱模板7，开模时由设置在动模一侧的拉板8带动，将注塑件从定模型芯11上强行脱出
7	角式注射机用注射模	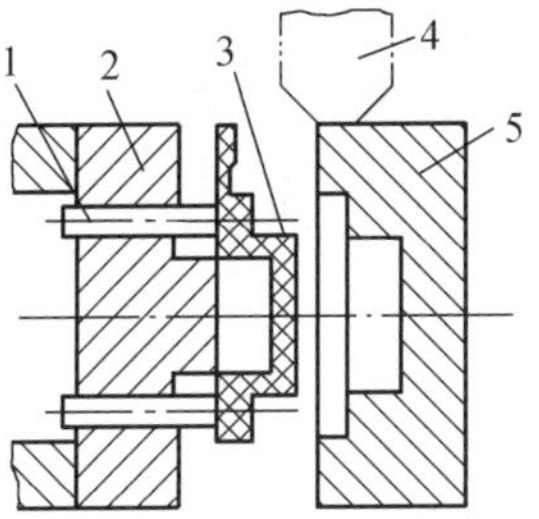 1—顶杆 2—动模 3—注塑件 4—注射机 5—定模 角式注射机用注射模结构	这是针对角式注射机的特点而设计的注射模

（2）热塑性塑料热流道注射模（或称热塑性塑料无流道注射模、无流道注射模）

1）热流道模（无流道模）的概念及其经济技术意义。

这是适应快速自动化成型工艺的发展和特大型注塑件（如大型包装用塑料条、板、箱等）成型工艺要求而发展起来的一种热塑性塑料注射模。之所以称为热流道，是指成型过程中采取内部或外部保温的办法使浇注系统的塑料始终保持熔融状态，注塑件脱模后，没有流道凝固塑料。之所以又称为无流道，是指模具的进料流道系统比前述注射模简单得多，基本取消了流道，仅有使熔融塑料经喷嘴进入型腔的粗而短的注塑口，靠塑料本身的热量使注料口的塑料保持熔融状态，注料口的冷料（又称料把）不随注塑件一同脱模。

热流道模具有节省材料、能源与人工，节约切除冷料的回收费用，缩短注射总周期，有利于快速注射成型，缩短成型周期，减少进料系统的总压力损失，充分利用注射力，改善注塑件质量等优点。但模具结构复杂，要求严格的温度控制，否则易使塑料分解或烧焦，而且制造成本较高（一般高10%~20%），不适合小批量生产和一般注塑件的生产。

2）使用热流道模对成型塑料应具备的要求：

①塑料的熔融温度范围应较宽，在此温度范围内的黏度变化应很小，在较低温度下具有良好流动性，在较高温度下具有优良的热稳定性。

②对压力要敏感，不加注射压力时塑料熔体不流动，而施加很低的注射压力即可流动。

③热变形温度应较高，塑件在此较高温度下即可快速冷凝，以便尽快顶出注塑件，缩短成型周期。

④比热要小，使塑料既易熔融，又易冷凝。

⑤导热性能要好，以便充型后能很快冷凝。

具备以上条件可使用热流道模具成型的热塑性塑料有聚乙烯、聚丙烯、聚苯乙烯等，在改变模具结构条件下，也可用聚氯乙烯、ABS、聚甲醛、聚碳酸等塑料。

热塑性塑料用热流道注射模的结构形式如表2-15所列。

表2-15　　　　　热塑性塑料用热流道注射模的结构、特点及应用

序号	名称		结构图例	特点及应用
1	延伸式喷嘴模	构成型腔底部一部分的延伸式喷嘴模	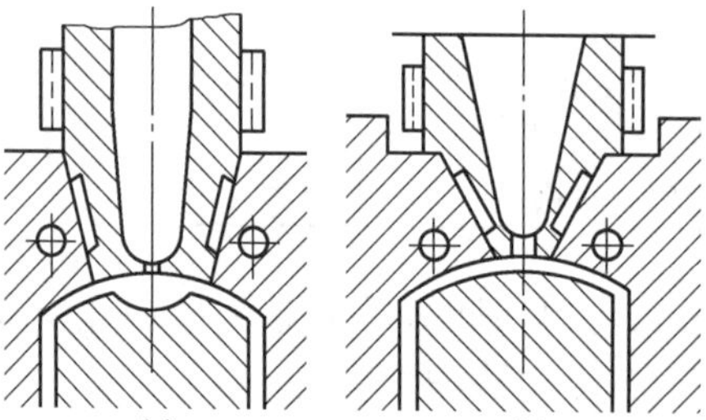 (a)　　　　　(b)	所谓延伸喷嘴，不像普通注塑模成型那样，注塑机喷嘴与模具的主流道衬套接触，而是把喷嘴加长代替模具中的主流道衬套直接延伸到与型腔接触，构成型腔的一部分或延伸到浇口处

序号	名称	结 构 图 例	特点及应用
1	延伸式喷嘴模	**延伸到浇口处的延伸喷嘴模** (a) 锥形喷嘴 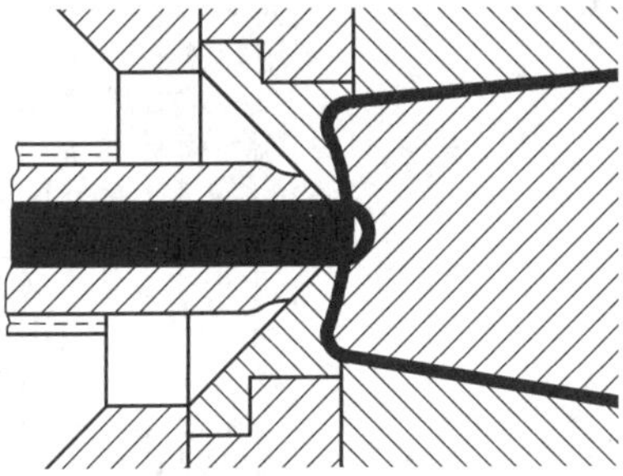 (b) 球形喷嘴 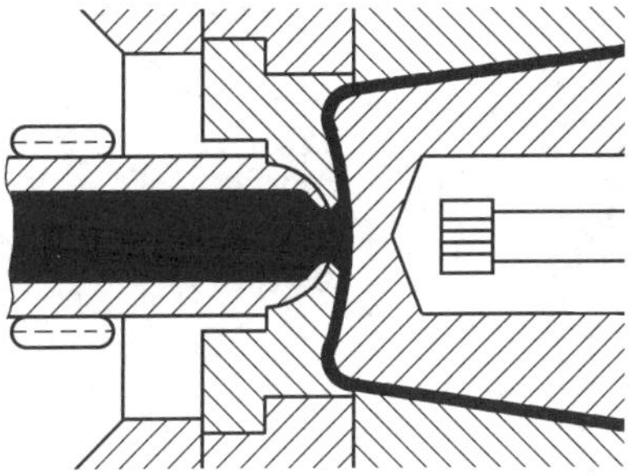 (c) 凸台球形喷嘴	把喷嘴前端一段长度设计成锥形侧面，加工出凹槽，以减少与模具的接触和向模具的传热。喷嘴前端不突出到型腔而延伸到浇口处与型腔之间隔着浇口 图（a）所示喷嘴前端为90°锥度，并在接触模具的两侧面加工出凹槽，目的是减少向模具传热 图（b）所示喷嘴前端为球形，也是减少向模具传热 图（c）是图（b）的改型
		前端呈绝热间隙的延伸式喷嘴模 (a) 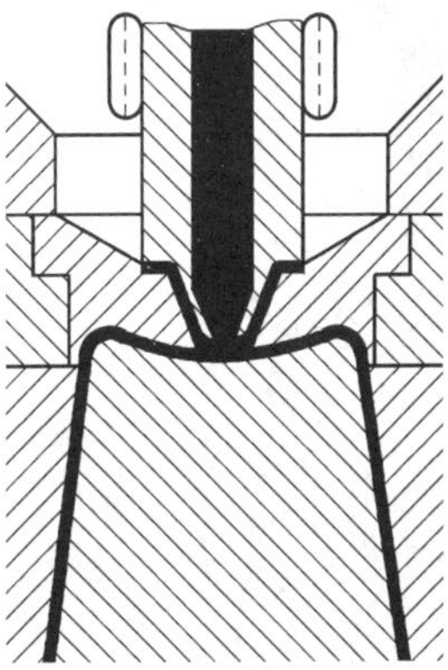 (b)	喷嘴凸出部分承受全部压力，前端的球面或锥面部分不直接接触模具，而有 0.2~0.4 mm 的间隙由熔融塑料所充填，借助塑料的绝热作用加上凸台部分装设的绝热垫，减少了喷嘴向模具的传热 延伸式喷嘴都设有加热圈，温度容易调节，但因喷嘴与型腔模板的接触，容易向模具传热使喷嘴中的熔融塑料降温凝固，因此设计时应尽可能减少与模具的接触面积，并且每次注射后应使喷嘴与模具脱开 延伸式喷嘴模适用于一切点浇口成型的注塑件，但仅适用于一模腔

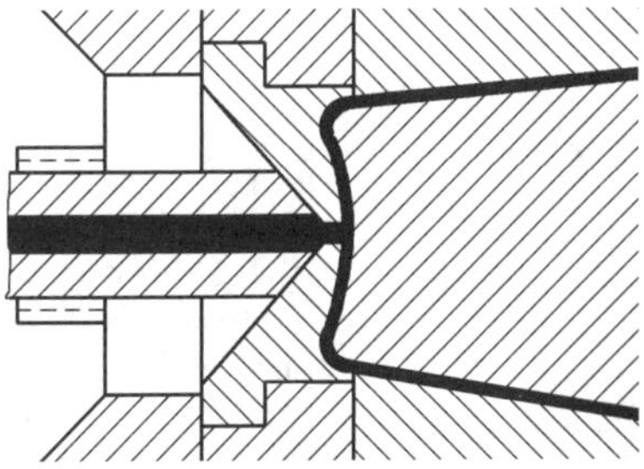

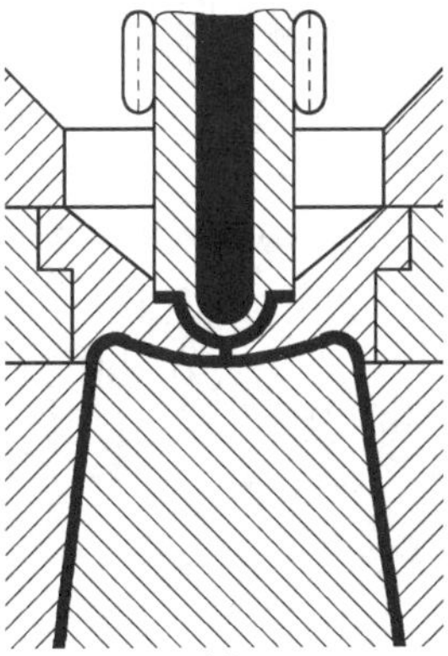

107

序号	名称		结 构 图 例	特点及应用
2	绝热流道注射模	井坑式喷嘴模具	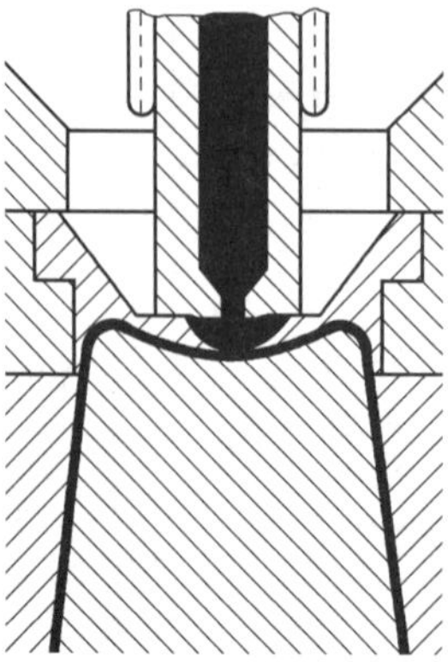 (a) 半圆形井坑 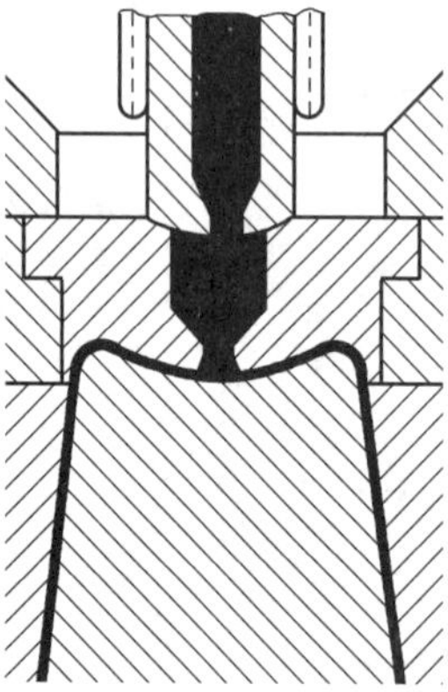 (b) 圆锥形井坑 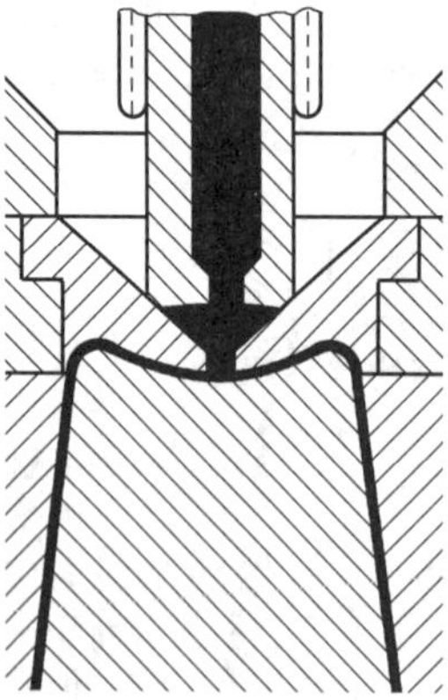 (c) 三角形井坑 贮料井坑在主流道杯（型腔镶块）上的井坑式喷嘴	这是把模具的主流道杯和主流道都设计得粗大，使在整个注射过程中，靠近模壁部分的塑料由于散热而形成冷凝硬壳层，起绝热作用。而流道中心部位的塑料则始终保持熔融状态，从而使熔融塑料顺利地通过并进入型腔，满足连续注射的要求。它有井坑式、喷嘴式和多腔绝热式 井坑式喷嘴是在注塑机的喷嘴前端与模具的浇口之间设置多种形状的空间，此空间称为贮料井坑，以积存熔融状态的塑料，这些积存的塑料与模具接触的外层冷却凝固起绝热作用，使中心部位的塑料保持熔融状态，注射时，熔融塑料通过该积存部，经浇口注入模具的型腔，使贮料井内的塑料不断更新与加热，始终保持熔融状态 图示为贮料井开设在主流道杯（型腔镶块）上的3种形状不同的井坑式喷嘴 图（a）所示的贮料井为半圆形；图（b）所示贮料井前端呈90°圆锥形；图（c）所示贮料井克服了前两图的缺点，综合了它们的优点

序号	名称	结 构 图 例	特点及应用
2	绝热流道注射模	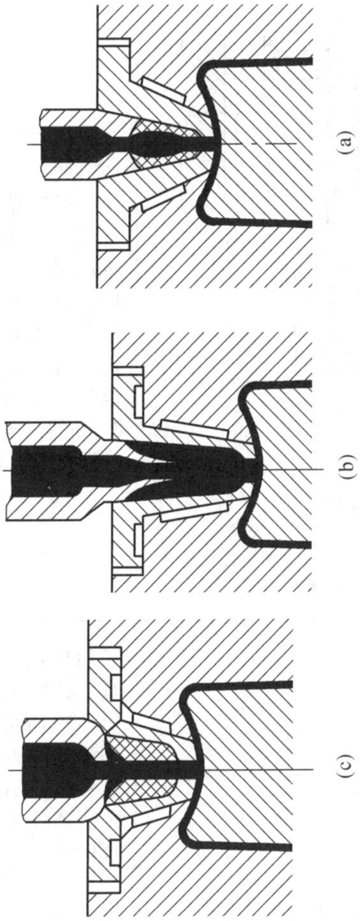 **井坑式喷嘴模具** （a） （b） （c） 贮料井在井式衬套上的井坑式喷嘴	图示是贮料井开设在井式衬套上的井坑式喷嘴，其结构与上面3种基本相同，只是以井式衬套代替了主流道杯（型腔镶块）且喷嘴前端伸入贮料井内一定长度，目的是避免塑料冻结
	多腔绝热流道注射模	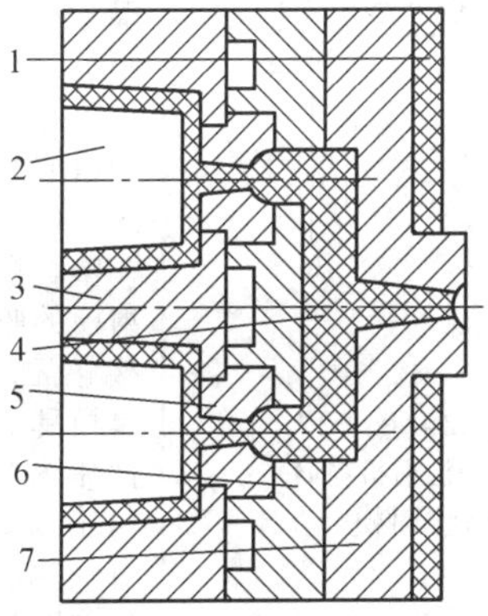 1—绝热层 2—型芯 3—定模型腔板 4—浇注系统 5—浇口衬套 6—浇道板 7—定模底板	此模具的特点是把模具的主流道设计得相当粗大，其断面常为圆形，并设置了流道板，开设了粗大的分流道。常用分流道的直径为 16～30 mm，视成型周期和注塑件大小而定，目的是适应多腔注射之需

109

序号	名称	结构图例	特点及应用
2	绝热流道注射模 点浇口绝热流道注射模	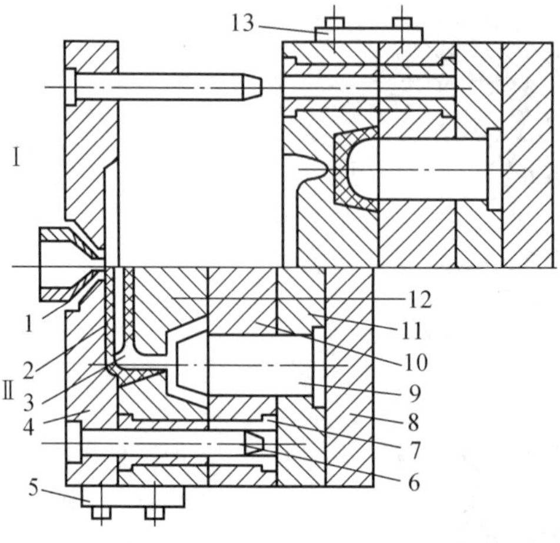 1—主流道衬套　2—凝固的塑料　3—熔融塑料 4—定模底板　5—流道使用的锁链　6—导柱 7—导套　8—动模垫板　9—型芯　10—脱模板 11—型芯固定板　12—定模型腔板　13—流道开启的锁链 Ⅰ—清理流道状况　Ⅱ—闭模操作状况	绝热流道模与延伸式喷嘴模、加热式热流道模相比，容易在原普通注塑模基础上稍加改变就可实现无流道化；与加热式流道模相比，结构简单、造价低。缺点是由于依靠外层冻结塑料的绝热作用，使整个流道仍易冻结，而使用辅助加热，也只能注射成型周期为 2～3 min 的注塑件，不适用精度要求严格的注塑件
3	加热式热流道注射模 延伸式喷嘴的加热式流道注射模	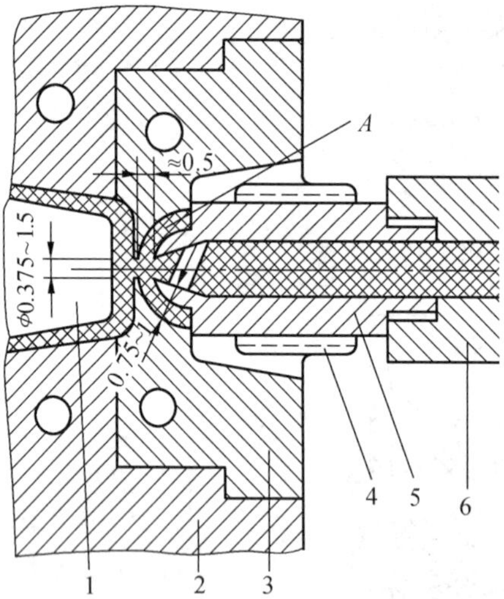 1—型芯　2—定模　3—浇口衬套 4—加热圈　5—延伸式喷嘴　6—注射机料筒 塑料层绝热的延伸式喷嘴注射模	加热式热流道注射模是在模具上设置加热装置和控温装置，对浇道内的塑料加热控温，保证浇道内的塑料处于熔融状态。这种模具有延伸式喷嘴的加热式流道注射模和热浇道板注射模两种； 　左图为延伸式喷嘴的加热式流道注射模结构。这可克服井式喷嘴的井坑中塑料易冷凝、浇口易堵塞的缺点，将井式喷嘴中的井坑去掉，将注射机的喷嘴延长并直接与模具的浇口部分接触。采用点浇口进料有塑料层绝热和空气绝热两种形式 　塑料层绝热的延伸式喷嘴注射模的喷嘴与模具之间有环形接触面，它既起密封作用，又是模具的承接面（见图中A）。此喷嘴与井坑式喷嘴相比，浇口不易堵塞，应用广。但由于有绝热间隙存在，不宜用于热稳定性差的容易分解的塑料

序号	名称	结 构 图 例	特点及应用
3	加热式热流道注射模	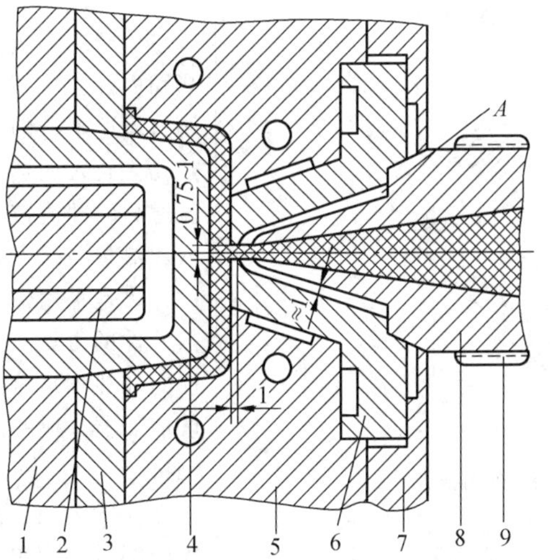 **空气绝热的延伸式喷嘴注射模** 1—型芯固定板　2—型芯冷却管　3—脱模板 4—型芯　5—定模型腔板　6—浇口衬套 7—定模座板　8—延伸式喷嘴　9—加热圈	空气绝热的延伸式喷嘴注射模的喷嘴与模具之间、浇注套与型腔板之间，除了定位接触部分外，都留出约 1 mm 的间隙，因此间隙充满空气，可起绝热作用。此外，为防止喷嘴顶破、顶变形前端很薄的浇口衬套的型腔壁，在喷嘴与浇口衬套连接处设计有较宽的环形连接面来承力
		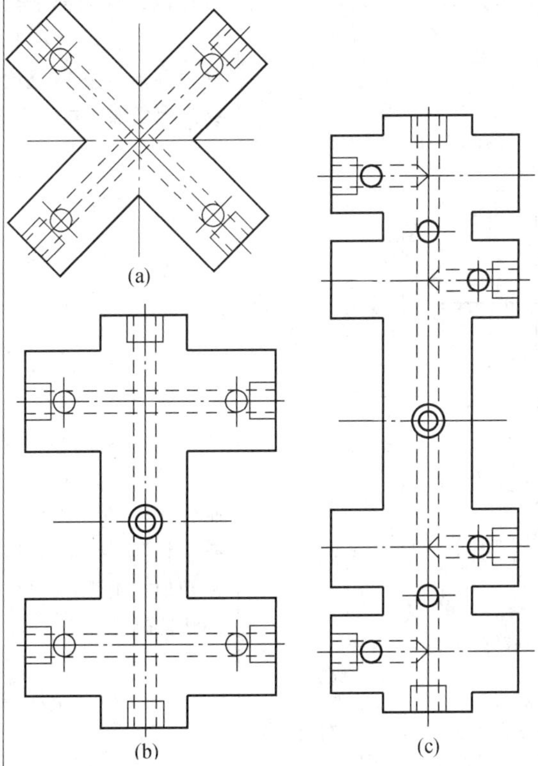 **热流道板式多腔注射模** (a)　(b)　(c) 热流道板结构形状	延伸式喷嘴的加热式热流道注射模可看作单腔式热流道模，而热流道板模具则是多腔热流道模。热流道板模具是对流道板采取加热方法，使其中的塑料始终保持熔融状态并使其温度与喷嘴中塑料的温度大致相同。其浇注系统设计在流道板内并装设了加热元件和测温控温装置，流道通过流道喷嘴向各个型腔延伸，浇口位于流道喷嘴之前 热流道板模具适用于现有可注塑成型的所有热塑性塑料 热流道板的结构形式如左图所示。图（a）所示的 X 型用于周转箱一类箱形塑料件和小型塑料件，容易进行流道平衡和测温控制；图（b）所示的 H 型多用于较大的塑料件；图（c）所示的双 H 型用于更大的塑料件

序号	名称		结构图例	特点及应用
3	加热式热流道注射模	热流道板式多腔注射模	铝浇注加热器 浇口位置 (a) 铝浇注外加热器 加热棒　钢管　热流道板 活塞环 型腔 (b) 内部加热 流道板的外加热和内加热 1 2 3 4 5 6 14 13 12 11 10 9 8 7 1—支架　2—定位螺钉　3—压紧螺钉 4—流道密封钢球　5—定位螺钉　6—定模底板 7—加热器安装孔　8—热流道板　9—胀圈 10—热流道喷嘴（Be-Cu 合金制）　11—浇口衬套 12—浇口板　13—定模型腔板　14—型芯 多腔点浇口热流道板注射模（半绝热式）	左图所示为热流道板的外加热和内加热方式。外加热多采用与流道平行的方向上开设加热孔，插入加热棒的方式或在流道侧面即流道板侧面开孔插入加热板或采用加热圈。更好的方法是采用带金属浇注的加热元件的方式。常用的是铝浇注的加热器或浇注铜、铜合金的加热器，板的流道部分采用钢材 外加热为间接加热。优点是无局部过热现象，流道也易加工，加热装置简单易制。缺点是热损失大，效率低 内加热是将加热元件设置在流道内，从内部加热。此方式热损失大，可用小容量加热元件得到所需塑料温度。缺点是易产生局部过热，使塑料分解 多腔点浇口热流道板注射模的流道部分用加热器（装在加热器安装孔7内），浇口衬套用导热性好、强度高的铍铜合金制作，以利于传热。喷嘴前端有塑料隔热层，与延伸式喷嘴模相似，喷嘴与型腔外壁有一环状接触面

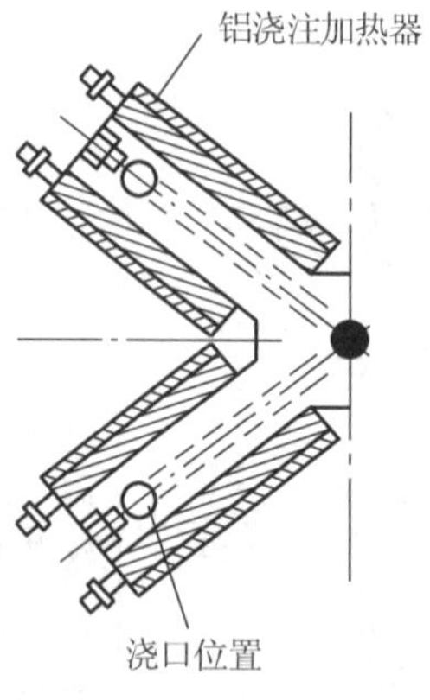

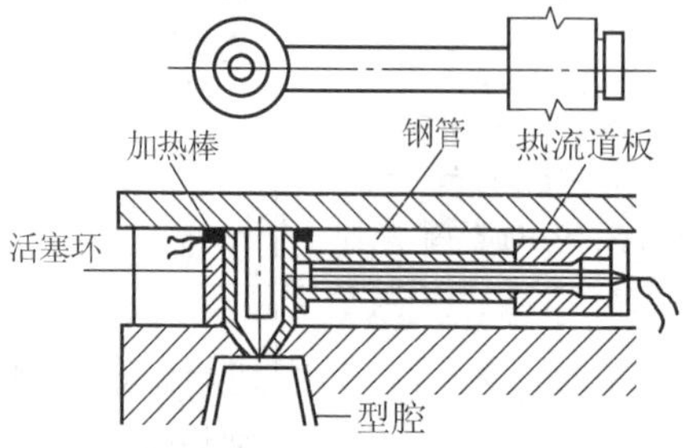

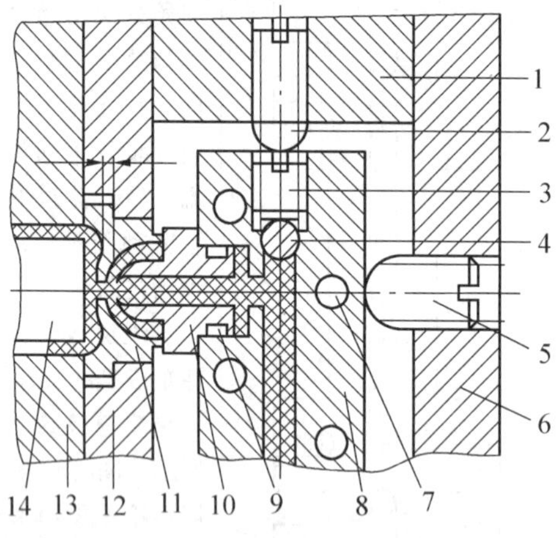

序号	名称	结 构 图 例	特点及应用
3	加热式热流道注射模 热流道板式多腔注射模	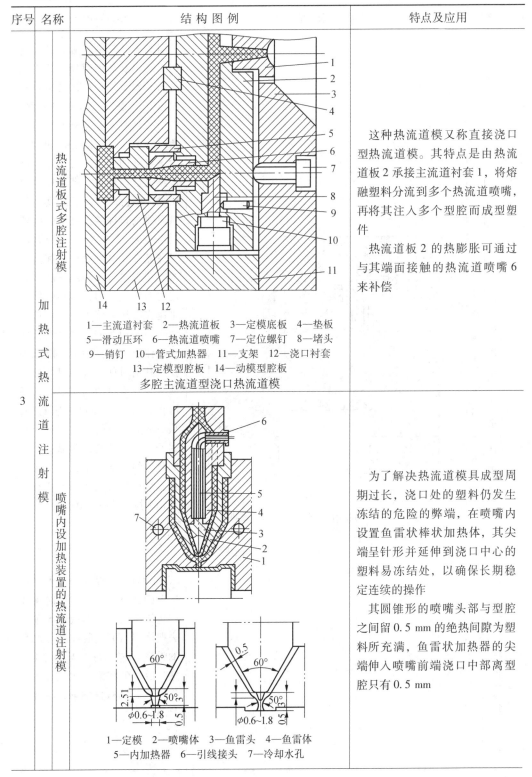 1—主流道衬套 2—热流道板 3—定模底板 4—垫板 5—滑动压环 6—热流道喷嘴 7—定位螺钉 8—堵头 9—销钉 10—管式加热器 11—支架 12—浇口衬套 13—定模型腔板 14—动模型腔板 多腔主流道型浇口热流道模	这种热流道模又称直接浇口型热流道模。其特点是由热流道板2承接主流道衬套1，将熔融塑料分流到多个热流道喷嘴，再将其注入多个型腔而成型塑件 热流道板2的热膨胀可通过与其端面接触的热流道喷嘴6来补偿
	喷嘴内设加热装置的热流道注射模	1—定模 2—喷嘴体 3—鱼雷头 4—鱼雷体 5—内加热器 6—引线接头 7—冷却水孔	为了解决热流道模具成型周期过长，浇口处的塑料仍发生冻结的危险的弊端，在喷嘴内设置鱼雷状棒状加热体，其尖端呈针形并延伸到浇口中心的塑料易冻结处，以确保长期稳定连续的操作 其圆锥形的喷嘴头部与型腔之间留0.5 mm的绝热间隙为塑料所充满，鱼雷状加热器的尖端伸入喷嘴前端浇口中部离型腔只有0.5 mm

113

序号	名称	结构图例	特点及应用
3	加热式热流道注射模 弹簧阀式浇口热流道模	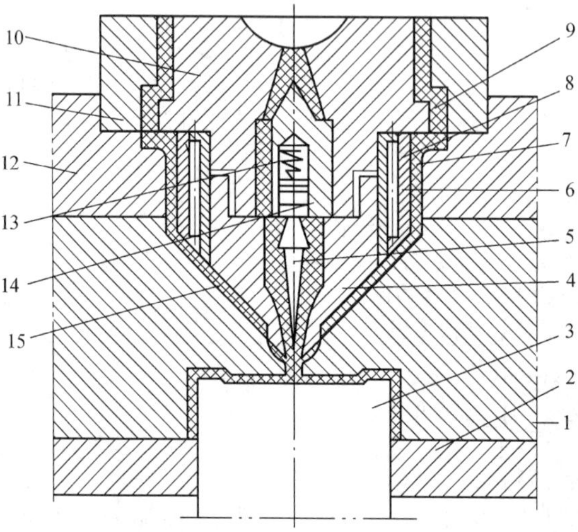 10 11 12 13 14 15 9 8 7 6 5 4 3 2 1 1—定模型腔板 2—推料板 3—成型型芯 4—喷嘴头 5—针形阀芯 6—滑架 7—绝热层 8—加热圈 9—绝热层 10—浇口套 11—定位环 12—定模板 13—弹簧 14—分流器 15—绝热层 单型腔弹簧针形阀式浇口热流道模	闭式浇口型热流道模又称封闭式浇口型热流道模。其优点是因设置了针形阀,当塑料的熔体黏度很低时可避免流涎,温度偏高时,又可减少拉丝现象。由于针阀的往复运动能减少浇口处的冻结,与一般点浇口热流道模相比,浇口尺寸可增大,不会产生由于温度难控制而使浇口冻结,也不会因塑料中夹杂有外来粒子而堵塞,可在浇口开启时对料筒和流道内的塑料进行预压缩,浇口开启向型腔注射时,塑料熔体又迅速膨胀压力降低,不仅可大大缩短充型时间,又可增大塑料熔体流程和注射量;能准确控制补料时间,借专门的机械或液压机构驱动的阀式浇口还可在高温下使浇口快速封闭,从而减少塑料的内应力和引起的开裂、翘曲变形等缺陷。针阀前端伸入浇口型腔齐平还可克服普通浇口在塑件上留有锥形物和拉毛的浇口痕迹 图示为国内设计的一种弹簧针形阀式浇口模,注射时熔体产生的高压使针形阀芯5顶上去把浇口打开。装在阀芯之后的弹簧13被压缩。当注射压力解除后,在弹簧13的复原力的作用下阀芯被推向前,将浇口封闭

序号	名称	结 构 图 例	特点及应用
3	加热式热流道注射模	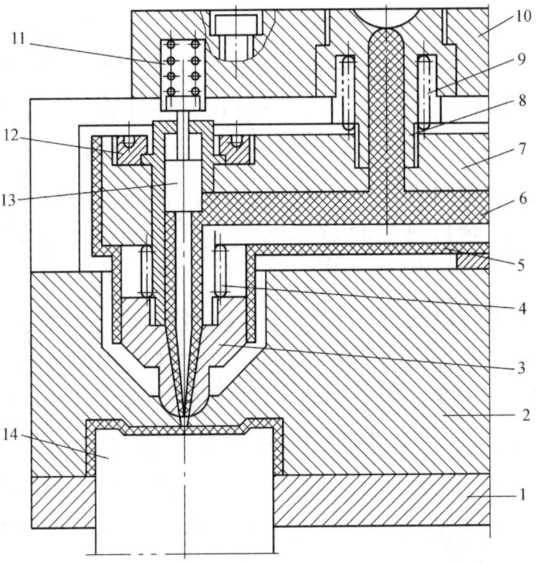 **多型腔弹簧针形阀式浇口热流道模** 1—推料板　2—定模型腔板　3—喷嘴 4—加热装置　5—绝热层　6—流道　7—流道板 8—注口套　9—加热装置　10—定模板　11—弹簧 12—锁母　13—针形阀　14—成型芯	多型腔弹簧针形阀式浇口热流道模的动作原理与单腔针形阀式浇口热流道模一样。针形阀13靠注射时塑料压力顶上去,靠弹簧压下来。为使塑料保持良好的熔融状态,喷嘴外部设置有加热装置和绝热层
		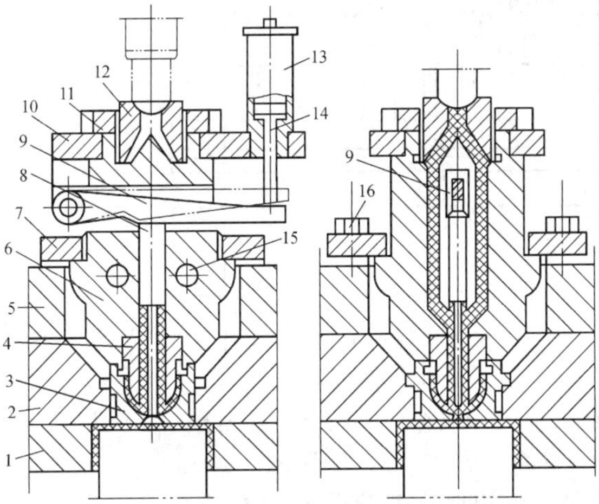 **液压杠杆阀式浇口热流道模** 1—定模型腔套　2—定模板　3—浇口衬套　4—喷嘴 5—定支板　6—喷嘴体　7—压板　8—阀芯　9—杠杆 10—支板　11—锁母　12—浇口套　13—油缸 14—活塞杠　15—加热孔　16—螺钉	阀芯8启闭往复运动靠模具上附加的液压机构来完成,阀芯8与杠杆9以铰链形式相连,杠杆9与左边支架上的轴相连接

3. 一般热固性塑料注射模

热固性塑料注射成型是将热固性塑料放入料筒内，通过对料筒的加热和螺杆旋转时的摩擦热对塑料进行加热，使塑料变成熔融黏流状，然后在螺杆的强大旋转压力下将此熔融塑料喷注入模具的浇口系统并充满型腔，在110℃±10℃和118～235 MPa（1 200～2 400 kg·f/cm²）的压力下进行化学反应并保压一段时间即固化成型。之后，打开模具即获得注塑件。对这种塑料注塑和设计模具时要注意：热固性塑料在注射机料筒中处于黏度最低的熔融状态；该塑料中含40%以上的填料，其黏度与摩擦阻力大，要在有适当压力的热固性塑料专用注射机上注塑；在固化反应中会产生缩合水和低分子气体，这就要求模具型腔设计有良好的排气机构，以防注塑件产生气泡、流痕等缺陷。

热固性塑料注射模的基本结构与热塑性塑料注射模基本相似，但由于热固性塑料有上述与热塑性塑料的不同特点，故在设计加工热固性塑料注射模时要注意：①热固性塑料注射模的分型面应尽量缩小；②型腔在分型面应尽可能对称分布；③型腔的投影中心要与注射机的锁紧力中心重合；④尽量减少型腔件的镶拼结构并有足够的硬度、刚度和耐热性能，以防在高温、高压时产生变形和多次使用时分型接合面磨损而发生溢料伤人事故，并要设计加热装置以完成塑料的固化成型。其一般结构形式如图2－99所示。

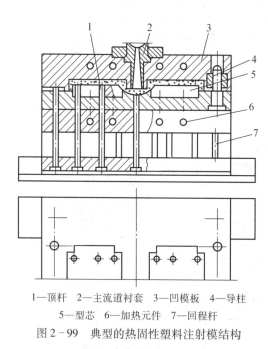

1—顶杆　2—主流道衬套　3—凹模板　4—导柱
5—型芯　6—加热元件　7—回程杆
图2－99　典型的热固性塑料注射模结构

4. 热固性塑料冷流道注射模（温流道注射模）

这种模具的成型方法和热塑性塑料的热流道注射模成型方法一样，都是为了在生产中节省凝料，提高模具生产效率而设计的。

所谓冷流道注射模，就是对全部或部分浇注系统内的温度用冷却介质严格控制，保证经流其内的塑料熔体不能达到胶联硬化的温度，以避免在浇注系统中产生凝料，使成型后的塑料件少带或完全不带浇注系统凝料。此种模具有完全冷流道式和部分冷流道式两种，它们的结构特点及应用见表2-16。

表2-16   热固性塑料冷流道注射模的结构及特点

序号	模具名称	结 构 图 示	特点及应用
1	完全冷流道式	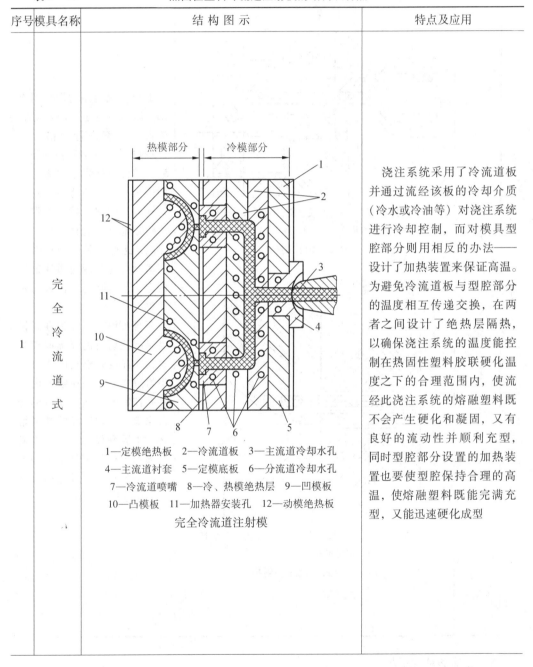 1—定模绝热板　2—冷流道板　3—主流道冷却水孔 4—主流道衬套　5—定模底板　6—分流道冷却水孔 7—冷流道喷嘴　8—冷、热模绝热层　9—凹模板 10—凸模板　11—加热器安装孔　12—动模绝热板 完全冷流道注射模	浇注系统采用了冷流道板并通过流经该板的冷却介质（冷水或冷油等）对浇注系统进行冷却控制，而对模具型腔部分则用相反的办法——设计了加热装置来保证高温。为避免冷流道板与型腔部分的温度相互传递交换，在两者之间设计了绝热层隔热，以确保浇注系统的温度能控制在热固性塑料胶联硬化温度之下的合理范围内，使流经此浇注系统的熔融塑料既不会产生硬化和凝固，又有良好的流动性并顺利充型，同时型腔部分设置的加热装置也要使型腔保持合理的高温，使熔融塑料既能完满充型，又能迅速硬化成型

序号	模具名称	结 构 图 示	特点及应用
2	部分冷流道式	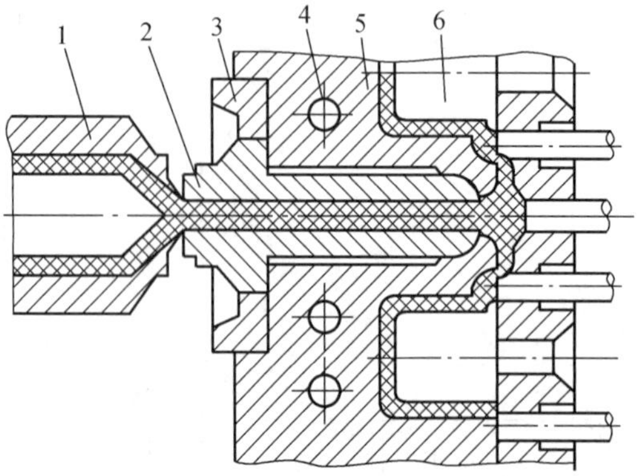 1—注射机喷嘴　2—可换式主流道衬套　3—定位环 4—冷却水道　5—定模型腔板　6—型芯 部分冷流道注射模 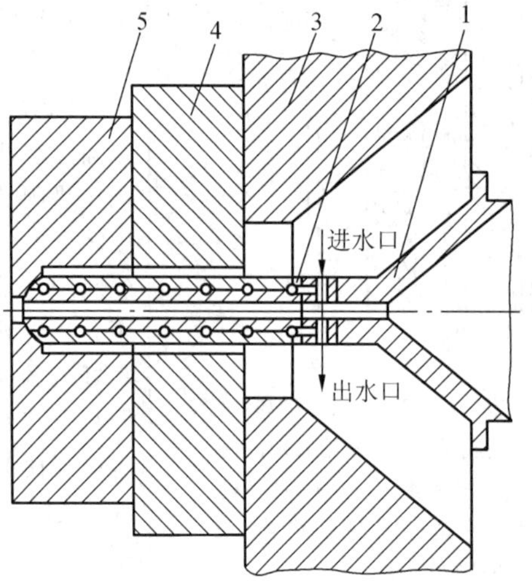 1—延伸喷嘴　2—冷却水道　3—注射机定模固定板 4—定模底板　5—定模板 延伸喷嘴式冷流道注射模	部分冷流道注射模只用冷却介质对主流道，而不对分流道的温度进行严格控制（见冷却水道4和定模型腔板5），其目的是防止主流道内的熔融塑料发生胶联硬化。这样成型的塑件就可能带有一些分流道的凝料（料疤）。显然，此种模具的原材料利用率没有完全冷流道注射模的高，但其模具结构较前者简单 　　延伸喷嘴式冷流道注射模就是把注射机的喷嘴向模具延长，直接向模具的浇口注射熔融塑料，并在喷嘴内设计有控制塑料熔体温度的冷却水道，以防流经的塑料熔体发生胶联硬化。并且为避免喷嘴与模具其他部分的温度发生传递，两者之间设计有间隙进行空气绝热

5. 其他塑料注射模

其他热塑性塑料注射模和热固性塑料注射模的结构、特点及应用见表 2-17。

表2－17　　其他热塑性、热固性塑料注射模的结构、特点及应用

序号	名称	图　示	特点及应用
1	热固性塑料注压模	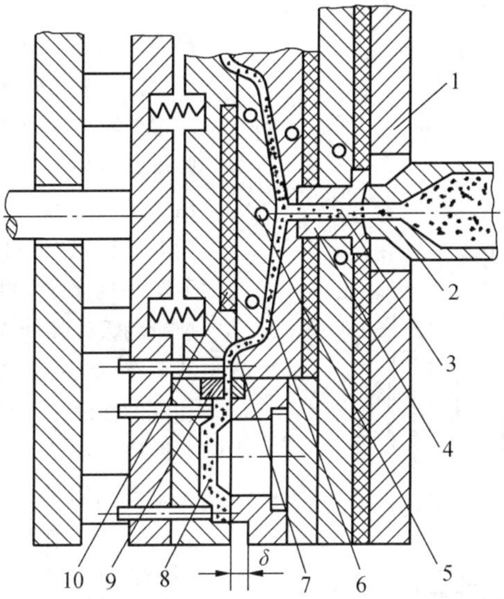 1—注射机定模固定板　2—喷嘴　3—主流道 4—主流道衬套　5—冷却水道　6—分流道　7—辅助流道 8—模腔（塑件）　9—流道切断器　10—冷、热模绝热层 冷流道注压模结构示意	适合热固性塑料成型的一种综合了注塑和压缩两种成型工艺优点的成型技术。因在模具中设计冷流道，则又称为冷流道注压成型模。采用注压成型有下列优点： 1. 由于注压成型时可在模具未合拢条件下充型，故可以很低的注射压力，从而减缓塑料对注射机和模具的磨损，并简化模具的排气结构 2. 注塑件比普通注塑件的密度大、尺寸稳定、力学性能好 3. 由于最后通过压缩形成制品，故可消除浇口附近应力，且不留浇口疤痕，表观质量好 4. 成型时硬化定型温度高，制品硬化强度均匀，刚性好，最适合生产厚壁制品而不出现缩陷等 5. 如再采用冷流道，其合格率比普通注射成型高30%～50% 6. 生产成本低，成型时间最短 图示为注压成型两个阶段的状态图，第一阶段为注射充型，在此阶段模腔闭合，但分型面不合拢且留有一定的压缩间隙，成型塑料在此机筒内塑化后经螺杆注射充填模腔；第二阶段为压缩成型阶段，在此阶段严密合拢模具分型面，再使塑件保压和硬化定型，最后开模取出塑件

序号	名称	图 示	特点及应用
2	叠层式注射模	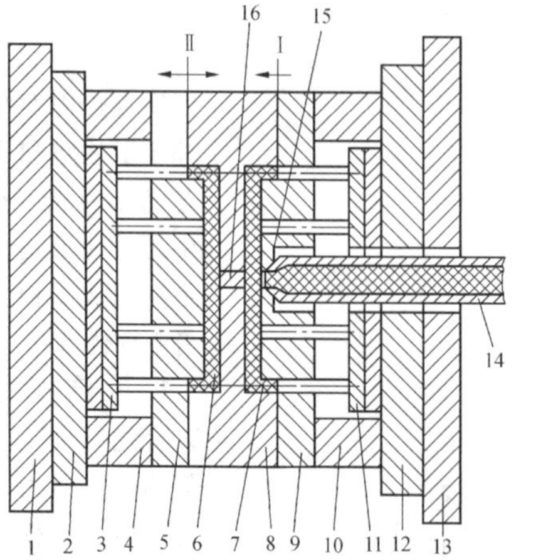 1—注射机动模安装板 2—动模底板 3—注塑件 B 的顶出机构 4—垫块 5—注塑件 B 的型芯板 6—注塑件 B 7—注塑件 A 8—型腔板（中间流道板） 9—注塑件 A 的型芯板 10—垫块 11—注塑件 A 的顶出机构 12—定模底板 13—注射机定模安装板 14—延伸式喷嘴 15—注塑件 A 的浇口 16—注塑件 B 的浇口 叠层式注射模 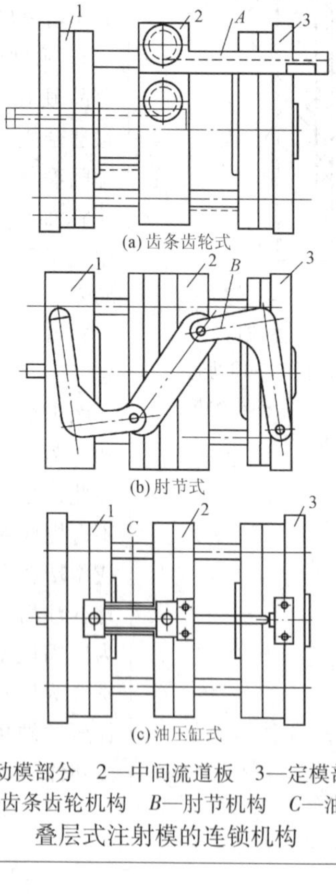 (a) 齿条齿轮式 (b) 肘节式 (c) 油压缸式 1—动模部分 2—中间流道板 3—定模部分 A—齿条齿轮机构 B—肘节机构 C—油缸 叠层式注射模的连锁机构	为充分利用锁模力与安装模具的工作台面积成正比，与安装注射模的闭合高度也较大的特点来注射成型（如磁带盒等扁平形投影面积虽大但所需锁模力却很小）的注塑件而开发的特种结构的模具 这种模具有两层的多个型腔，脱模时可以从两个分型面处脱出注塑件。其优点是：①可利用大吨位锁模力的注射机来注射矮小扁平的塑料件；②可使产量翻番，降低成本和快产出；③可在同一副模具中成型与之相配的塑件，以实现精密配合 两层式叠成模有 3 个主要部分，即两边的外层，一部分固定在定模工作台上，另一部分固定在动模工作台上，还有一中间部分即位于模具中间的流道板。在两侧各形成一副完整的单层注射模，即有两个分型面和两套顶出机构，可用机械、液压、气压等动力实现顶出。动模、中间流道板和定模之间设置连锁机构，实现两副模具的动作协调统一

序号	名称	图　　示	特点及应用
3	BMC注射模	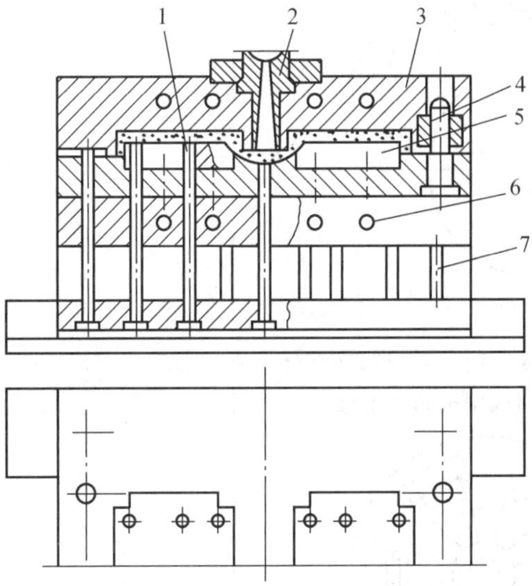 1—顶杆　2—主流道衬套　3—凹模板　4—导柱 5—型芯　6—加热元件　7—回程杆 典型的热固性塑料注射模结构	将不饱和聚酯、苯乙烯树脂、矿物填料、着色剂和 10% ~ 30%（质量比）的玻璃纤维增强材料等组成的块状塑料（命名为 BMC，属增强热固性塑料）通过液压活塞压入塑化料筒内，在螺杆旋转作用下输送和塑化，然后注射成型。其注塑件具有很高的电阻值、耐湿性和优良的力学性能，且收缩率也很小，被广泛用在电子工业和家电方面要求有上述性能的厚截面塑料件的注塑成型。模具结构与一般热固性塑料注射模相同。注射成型时，模具要加热到 150℃ ± 10℃，料筒一般用循环液体介质加热，控制温度在 50℃ ± 10℃，注射压力为 150 MPa，注射时间为 2 ~ 3 s，注射机螺杆转速为 30 ~ 60 r/min
4	单色多模注射成型注射模	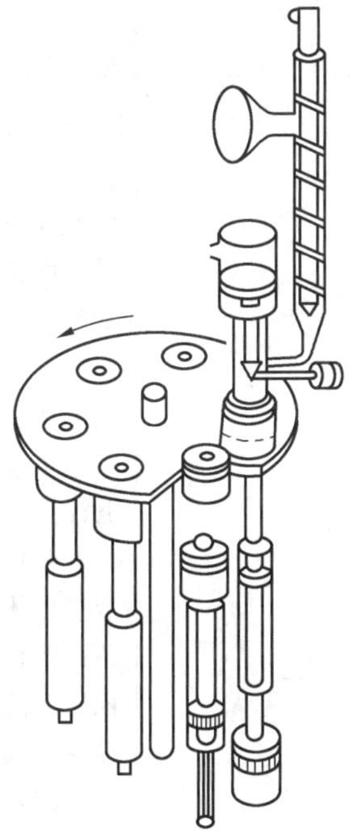 水平旋转式单色多模注射成型机示意	在一台注射机上装有多副注射模（故称多模）和单一注射装置（单色塑料），通过模具的运动或注射装置的运转，依次对多副模具进行充型并成型 　　单色多模注射机是一种多工位注射机，其注射结构、字模结构与一般卧式注射机类似，但合模装置采用转盘式结构（水平旋转、垂直旋转、直线运动），旋转台上可安装多副模具，可以随旋转台的定时而间断旋转，每转到一工位，都正好与注射机的喷嘴对正并接受注塑，之后转一角度离开喷嘴进行冷却固化，然后再转一个角度，开模取出塑件

序号	名称	图　　示	特点及应用
4	单色多模注射成型注射模	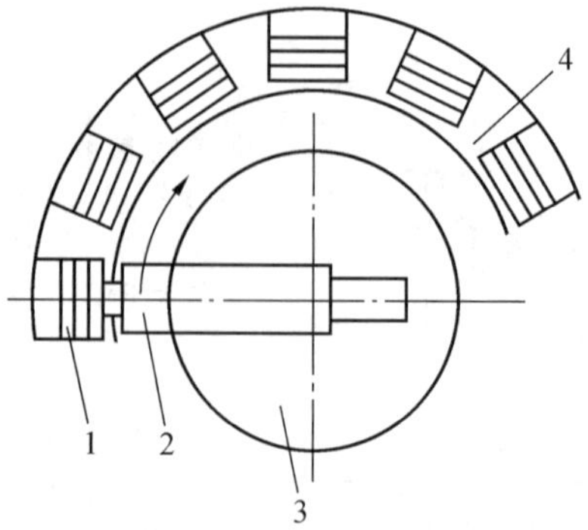 1—模具　2—注射头　3—回转工作台　4—模具安装台 注射头旋转式多模注射成型机结构示意 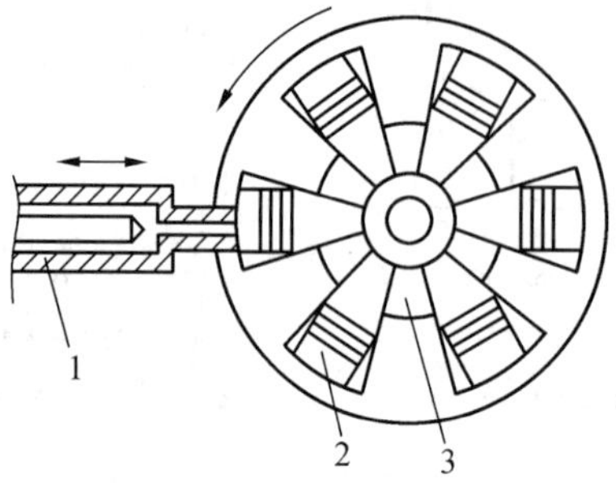 1—注射装置　2—模具　3—回转台 多模位立式旋转装置结构示意	
5	多（混）色注射模（共注射模）		为了提高注塑件的实用性和美观，许多注塑件（如电话机的数字按钮、卡式磁带盒等）需由两色塑料成型或三色塑料成型，这就开发了多色多模的清色（分层）注射模、多色单模的清色（分层）注射模以及多色单模的混色注射模这 3 种共注射模 　　双色成型一般是第一次首先成型本体，第二次再成型镶体，不同颜色的塑料熔体之间的界面结合情况受熔体温度及性质、模具温度、注射压力、保压时间等因素的影响

序号	名称	图　　示	特点及应用
5	多（混）色注射模（共注射模）	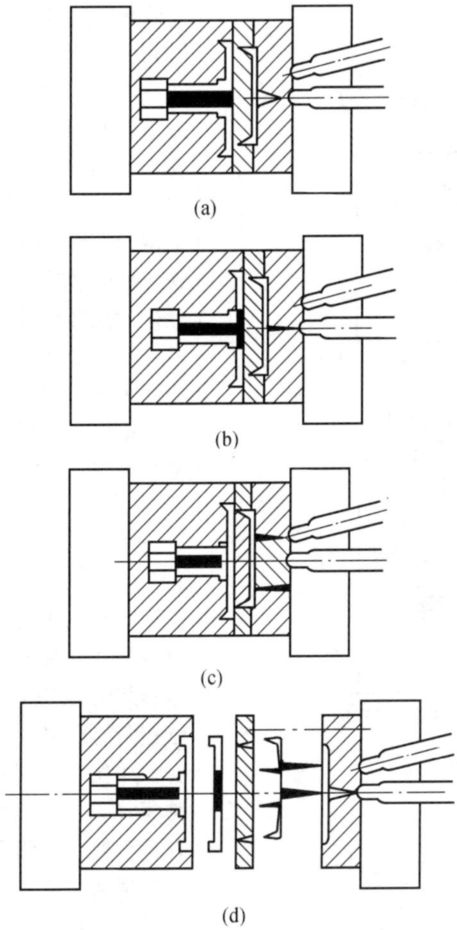 (a) (b) (c) (d) 型芯后退式双色注射模 常用塑料的结合性能 表见下	使用具有两个或两个以上注射系统的注射机，将不同颜色品种或同品种不同颜色的塑料熔体同时或先后注射入一个或几个模具的成型方法 　　共注射成型方法有旋转型芯法、旋转卸料板法、型芯后退法、型腔后退法和型腔滑动法等形式 　　型芯后退式双色注射模的结构和成型过程如图所示。卡式磁带盒的注射成型模具及成型过程，模具有两个进口，分别由注射机的两只喷嘴注入不同颜色的塑料熔体，不同颜色的塑料熔体分别设置浇道和浇口，用它将塑料熔体注入各自的型腔，由模具中固定的型腔和型芯成型塑件本体部分，由活动型芯成型镶体部分 　　图（a）是活动型芯由气缸将其顶升至上升位置的合模状态；图（b）是第一次注射成型卡式磁带盒的本体，这时由于活动型芯处在上升位置，因而窗孔部分形成一方孔，待本体部分固化后，活动型芯在气缸的作用下后退；图（c）表示由另一只喷嘴注入透明塑料熔体，成型卡式磁盒的透明窗孔；图（d）表示已分开模具，要取出卡式磁带盒的状态 　　在进行双色成型时，通常是用不同颜色的同一种塑料。因为这样本体镶体的结合强度较高，不易产生分离。若用不同品种的塑料进行双色注射，则首先要做结合性试验，必要时要在本体上设计凹槽（坑）以增加结合强度。常用塑料的结合性能见左表

常用塑料的结合性能

	PP	PS	ABS	AS	POM	PC	其他
PP	好	差	中				
PS	差	好					
ABS	差		好	好	中	好	
AS			好	好	好		
POM	差		中		差		
PC			好				

序号	名称	图　　示	特点及应用
5	多（混）色注射模（共注射模）	旋转型芯式双色注射模 1—二次成型件（热圈性硅橡胶）　2—二次成型芯 3—一次成型型芯　4—型腔 5—一次成型件（热塑性工程塑料） 滑动型芯式双色注射模	旋转型芯式双色注射模的原理是模具有两个独立的成型系统，但两只型芯的位置可以通过旋转互换。当一只型芯成型塑件本体固化后开模，由注射机上专门设置的模具旋转台将成型塑件的本体的凸模带动初次成型的塑件本体旋转到成型镶体的型腔位置，合模后再接着进行第二次注射，固化后开模即可得双色塑件。电话机的数字按钮就是用此种方法进行双色注塑成型的 滑动型芯式双色注射模是用来成型较大塑件的模具，它是成型外层为30%的玻璃纤维增强塑料，内层为热固性硅橡胶弹性体结合的塑料件。因型芯体积大，不易在注射机中旋转，所以在模具一侧安装了传动装置，带动一次性型芯和二次性型芯的滑动 首次由一次型芯注射30%的玻璃纤维增强塑料外层，此时模温为70 ℃，当玻璃纤维增强塑料外层固化后开模，由传动装置把一次型芯拖（滑）出工作位置，再把二次型芯拖（滑）入工作位置并再次合模，由注塑机的另一注射喷嘴注入热固性硅橡胶成型内层，待固化后即可开模取出双色不同塑性结合的注塑件

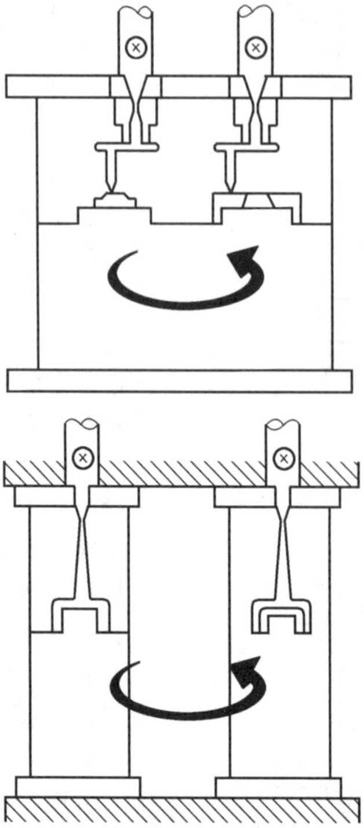

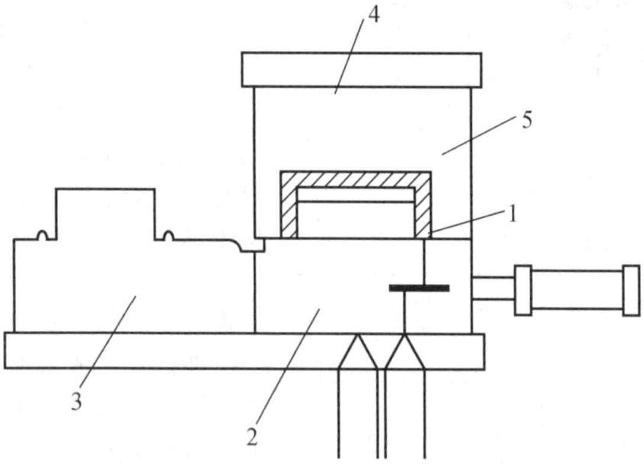

序号	名称	图　　示	特点及应用
5	多（混）色注射模（共注射模）	 卸件板旋转式双色注射模 (a) 栅极形 (b) 迷宫形 1—喷嘴体　2—喷嘴头　3—多孔板 滑动型芯式双色注射模	这是一种适用于在塑料件本体两面均包覆另一色（或另一件）塑料镶（嵌）体的双色塑件的双色注射模。它先把本体成型在卸件板上，待固化后开模，然后使卸件板带动塑件本体一起旋转至第二型腔位闭模，再由注射机的另一注射喷嘴注入另一色（种）塑料成型镶（嵌）体，最后开模、脱模，获得双色结合的塑件 在运用这种结构时，要根据塑件具体形状设计推顶机构，使成型后的双色塑件能顺利可靠地从卸料板上脱下来 混色单模的混色注射成型是在一台注射机上装有一副注射模和多套注射装置，多套注射装置按比例同时注入不同颜色的塑料熔体之后，在混色喷嘴中进行混合，再注入型腔中成型的方法 混色注射模具的结构与通用注射模的结构基本相同，它是用一副模具获得混色的注塑件，之所以能得到混色的注塑件，同双层注射模（双色单模）一样，并不是靠模具而是利用混色喷嘴的多种颜色和品种的熔融塑料混合均匀后再注入模具型腔中成型的 这种混色喷嘴的结构如图所示。它是为提高柱塞混色效果而设计的专用喷嘴。图（a）在流道中设置了多孔板，图（b）是将流道加工成弯曲形状，限制塑料流动，使其产生高度剪切的混合作用，实现颜色和塑料的均匀混合的目的

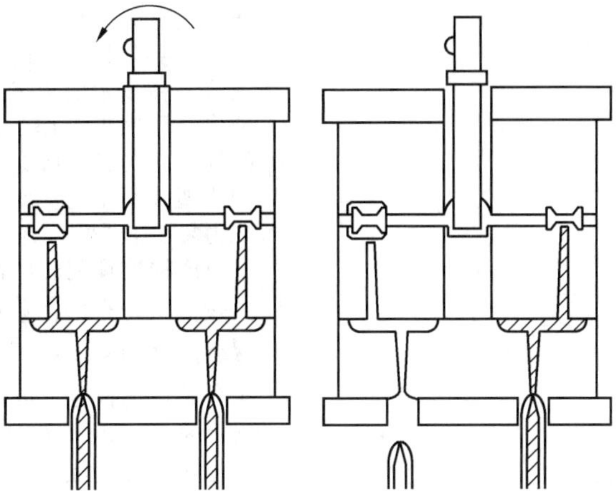

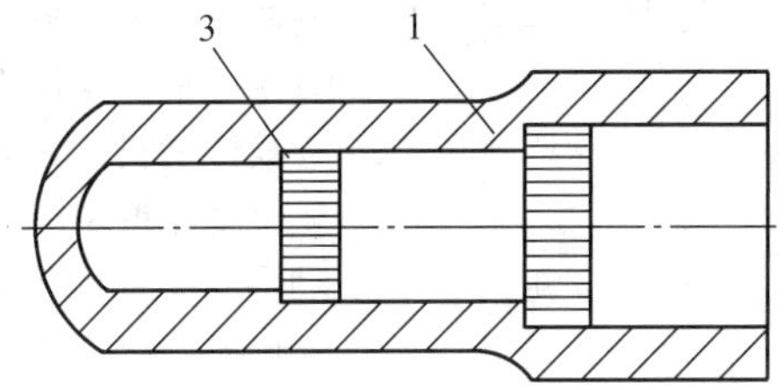

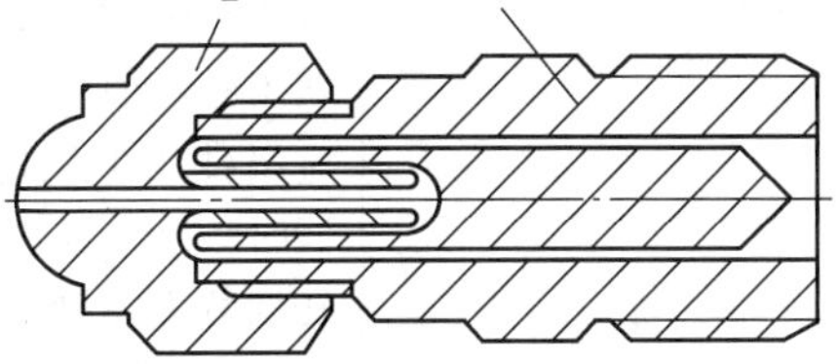

序号	名称	图 示	特点及应用
6	装配注塑模	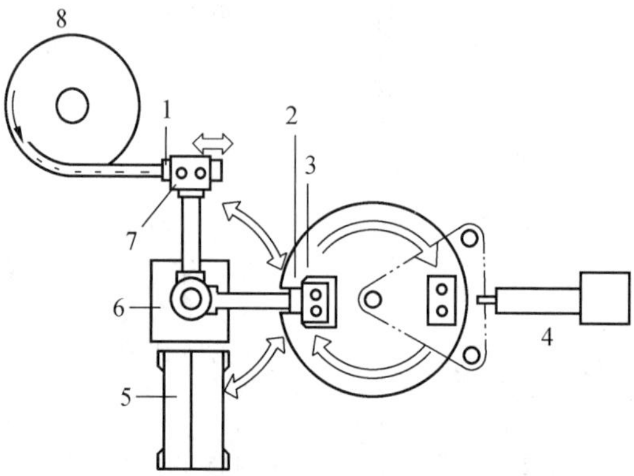 1—金属件自动排列装置　2—浇道废料取出装置 3—注塑件取出装置　4—带工作台的旋转式注射机 5—塑料浇道废料收集箱　6—转位装置 7—金属件插入检验　8—供金属件箱 二工位装配注塑成型装置	由原来在模具中放入金属嵌件（如螺栓、螺母、圆管等）成型塑料件的基础上发展起来。为解决许多塑料件要安装在金属底板上时耗费大量人力、时间长、装配质量不稳定的弊端，在前一种技术的启发下，开发地将金属底板等作为嵌件，在模具中一次成型所有塑件的装配注塑成型工艺。所用模具称之为装配注塑模 　　与这种模具配套的注射装置一般由带转台的注射机、待镶嵌金属件的自动排列装置、安装金属件的齿盘、取出流道废料卡盘、取出注塑件的卡盘、转台装置及塑件和浇道废料的收集箱等部分组成。图示为此种全自动装置的两种结构形式。左图的二工位装配注塑成型装置主要是一台带旋转工作台的立式注射机。其工作过程是由供金属件箱8不断向金属件自动排列装置供应金属件，当金属件插入检验7确认其已就位后，便由带有呈90°两臂的转位装置6将金属件放入位于旋转工作台一侧的下模中。此后旋转工作台回转180°，使已放入金属件的下模进入成型位置，同时将已完成注塑成型的下模转到放金属件的位置，这时注射机进入闭模及注塑成型过程。之后从成型位置转出的下模由旋转装置取出塑件及浇道废料，同时又放入金属件。当上述两动作完成后，旋转工作台又进入下一个工作循环

序号	名称	图　　示	特点及应用

6　装配注塑模

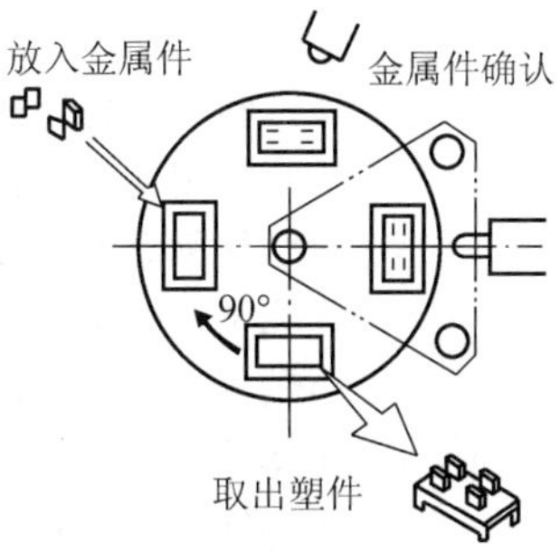

四工位装配注塑成型装置

四工位装配注塑成型装置的工作原理如图所示。使用此装置需要 1 个上模和 4 个同样的下模相配合，此 4 个同样的下模分别在 4 个工位上旋转

当处于成型位置的下模完成注塑成型后即顺时针方向旋转 90°到取件位置，由机械手取出已成型的塑件及浇道废料，再旋转 90°，由放置金属件的机械手放入金属件，之后则进入确认金属件检查确认工位，若出现异常现象则立即停机，防止损坏模具，当注塑成型工位开模后，取出塑件

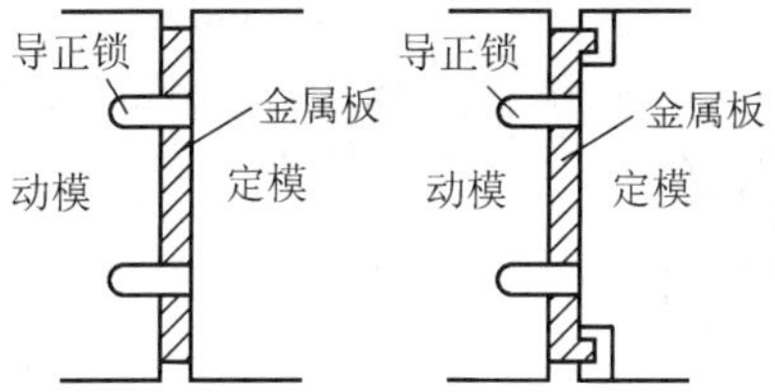

(a) 叠层式

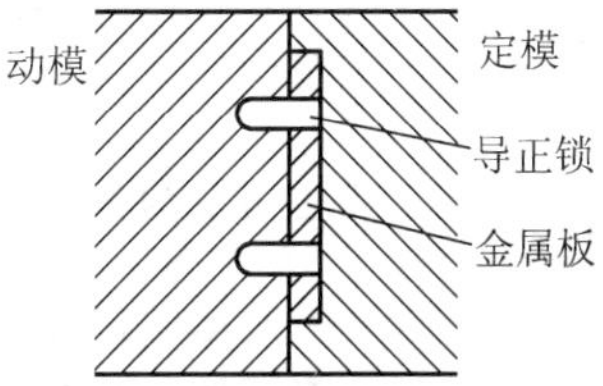

(b) 型腔式

装配注塑模的结构形式

装配注塑模的结构与一般注射模相同，其主要特点是夹持金属件的方式。在装配注射成型中，大多数情况是在金属板上注射成型许多塑件，因而金属件的尺寸比较大，这就是装配注塑成型与一般有镶嵌件的塑件不同之处。通常在模具中旋转金属件的方式有两种：一是叠层式，如图 (a) 所示，它是把金属板夹在带导正锁的动模、定模之间，不必把金属板包容在模具中，此方式适用于需成型的塑件位于金属板的中部。其优点是成型时没有泄漏熔融塑料的危险，还可缩小模具的外廓尺寸。如接近金属件边缘也有塑件要成型时，从保证型腔强度出发，就必须采用图 (b) 所示的型腔式结构，即把金属件全部包容在模具型腔中，这样模具尺寸也就相应增大

另外，设计加工时还要考虑一个上模和多个下模对合的导正措施，除使用导柱、导套外，通常还采用精密定位装置来保证模具的闭合精度

序号	名称	图　示	特点及应用
7	低压注塑模	模具结构与一般注塑模相同	为克服一般注射成型的充型过程中形成残余应力在注塑件出模后释放出来造成注塑件翘曲、变形，严重损坏注塑件尺寸和形位精度的弊端，把此变形控制在最小范围内，以成型塑件所需最低的充填压力进行充型且使充型压力恒定来获得塑料件的方法，称为低压注塑成型 　低压注塑成型所需设备有独特的减压控制系统。它是可进行 4 种方式组合的油压室的低压注塑机。低压注塑模的结构与一般注塑模的结构相同
8	气体注塑模（气体辅助注塑模）	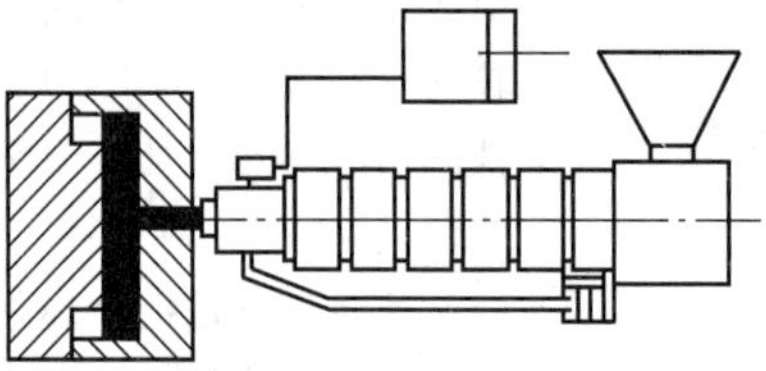 (a) 向模具型腔内注入塑料熔体 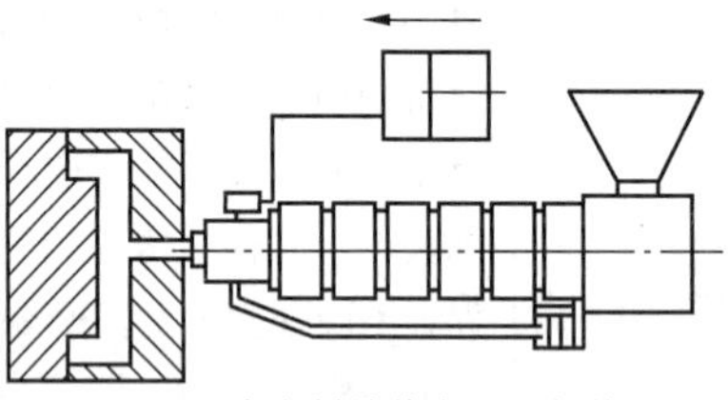 (b) 向塑料熔体内注入气体 气体辅助注射成型原理	气体注塑成型也称为气体辅助注射成型，其基本原理如图所示。首先将熔融塑料注入模具型腔内，接着将经过滤的干燥的压缩空气或氮气等惰性气体注入塑料熔体内部，使塑料熔体在一定压力的气体推动下与型腔表面紧密贴合，等塑料熔体冷却固化后使气体被密封在塑件内形成中空塑件（又称为气体夹心塑件），最后开模即可取出塑件 　从成型过程和特点可知：气体注射成型又可认为是一种双色单模的共注射模型的变型，也可认为是中空吹塑成型的变型 　气体辅助注射成型设备与一般注塑成型设备的主要不同处：①注射机喷嘴要能两用，既能注射塑料熔体，又能注射气体；②要添加一套压缩空气或惰性气体注入的流道和控制机构，其气体和内压系统如图示

128

序号	名称	图 示	特点及应用
8	气体注塑模（气体辅助注塑模）	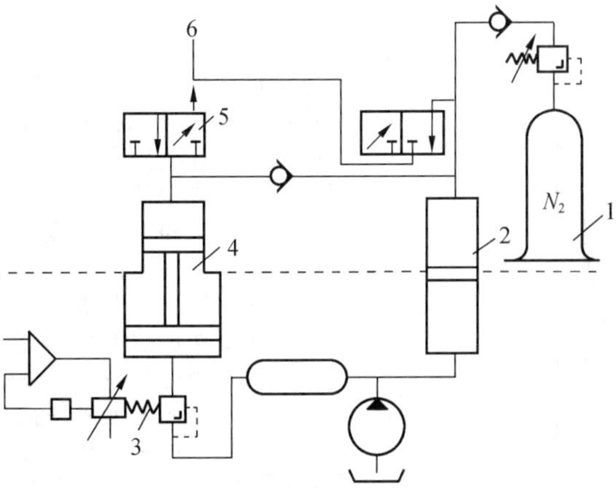 气体注塑用气体和油压系统 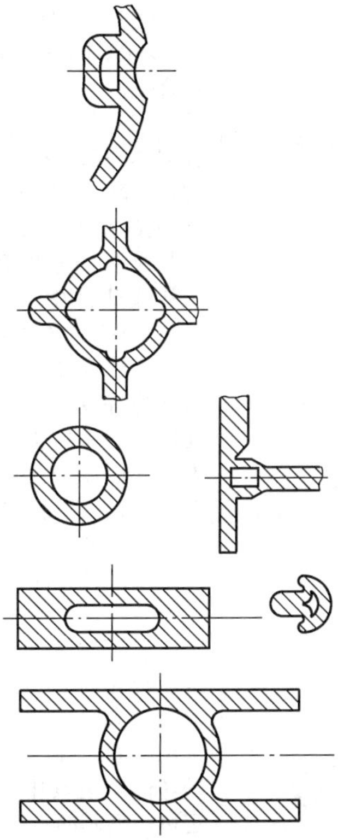 一般气体辅助注射成型件的截面形状 模具结构与一般注塑模的结构基本相同，但型腔表面质量、形位精度比一般注塑模要高	此种成型方法的技术关键，是决定塑件中空气体夹心方位、大小、充入的气体的参数（压力、流量和体积）、模具结构和影响气体夹心的工艺参数（注射速度、塑料熔体温度、模具温度、注射压力、保压时间等） 这种成型方法之所以在汽车、建材、日用品工业等领域日益受到青睐和有诱人的发展前景，是因为它是具有诸多优点： 1. 在塑件厚壁处，肋、凸台等壁厚相差大的部位不会像一般注塑成型那样出现缩陷，表面平整光滑，大大提高了塑件质量。它可成型的塑件截面如图所示 2. 注射机所需的锁模力很小，为一般注塑成型的 1/5～1/10，这样便可使用锁模小的价廉的注塑机，降低了设备成本 3. 因成型时注射压力低，使塑件的残余应力极小，因而塑件不会出现翘曲和应力碎裂，可大幅度降低废品率 4. 可减少塑料用量（特别是大尺寸的厚大塑件更为明显），因而可使塑件适应工业产品轻型化的要求 5. 由于成型时所需冷却时间短，缩短了生产周期，提高了塑件的生产效率 6. 可成型各种外形内构十分复杂的塑件 7. 有利于提高模具寿命 气体辅助注塑模的结构与一般注塑模的结构基本相同，因此种成型方法可逼真地把型面状况复映（制）到塑件表面，故对成型表面带有装饰花纹、文字、图案的塑件极为有利。这就要求模具型腔的表面质量要好，否则除上述需要的微细表面结构外，其他加工不好的缺陷也会同时复映（制）到塑件表面上，影响塑件表面质量

序号	名称	图　示	特点及应用
9	型芯注塑模	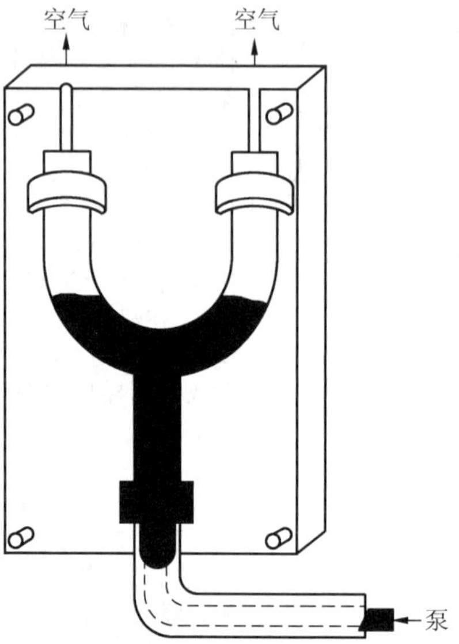 　铸造低熔点合金型芯的模具 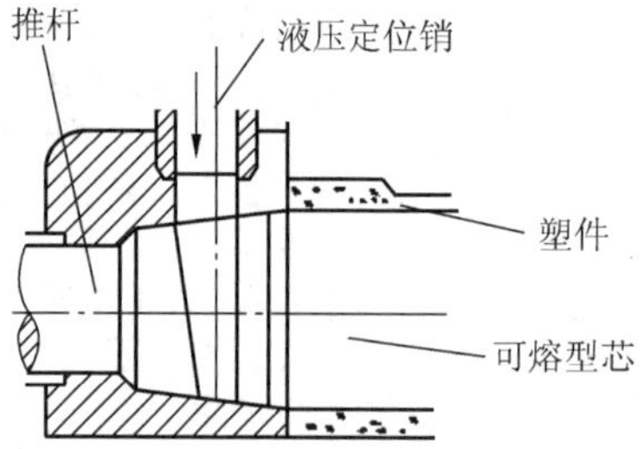　　A 放大 　　可熔型芯的固定方法	以往对一些有三维空间尺寸形状的弯管件，因无法用侧抽芯机构抽芯，采取了将其分成两半块成型，然后再拼合起来制造塑件。这种方法密封性差，尺寸精度和形位精度不高，生产工艺落后，成本高，生产效率低。为解决这一弊端，把失蜡铸造工艺原理引入塑件注塑工艺中。其流程是： 设计制作型芯模→熔化低熔点合金→浇注型芯→修整型芯并把它装入模具内→注塑成型→从注塑件中熔失型芯并回收低熔点合金→获得弯曲、变截面、开叉的管状注塑件 上述工艺中的型芯材料常用熔点为 $70 \sim 240℃$ 的 $Sn-Bi$ 或 $Sn-Pb$ 等低熔点合金。可用电阻炉、电炉、喷灯等设备熔化低熔点合金。浇注低熔点合金型芯的铸造模如图所示。可用石墨、陶瓷、耐火泥、钢材等材料制造。通常用图示从底部充型的模具来铸造，控制模具温度约 $60℃$ 从注塑件中熔失低熔点合金型芯，可在 $150℃$ 左右的油槽中进行，采用油作为传热介质来熔失型芯的时间长会引起塑件变形或出现较大的收缩，为此可采用感应加热圈与油同时加热的方法（因感应加热可使型芯先从内向外熔化），然后用加热油熔失残留在塑件内表面和旮旯里的低熔点合金。使用水溶性甘醇油冲洗塑件易冲洗干净 型芯在注塑模型腔中的固定方法如图所示。为使型芯固定在注塑模中不被注塑时注射压力作用产生弯曲、变形和位移，在设计型芯注塑模时，要考虑能固定型芯且脱模时又能顺利地随塑件从模具中脱出的结构。图中固定可熔型芯的锥体部分有一横向锥孔，型芯插入定位孔中后，由液压装置将锥形定位销伸入横向锥孔中便可把型芯牢固地固定

序号	名称	图　　示	特点及应用
10	磁场定向注塑模	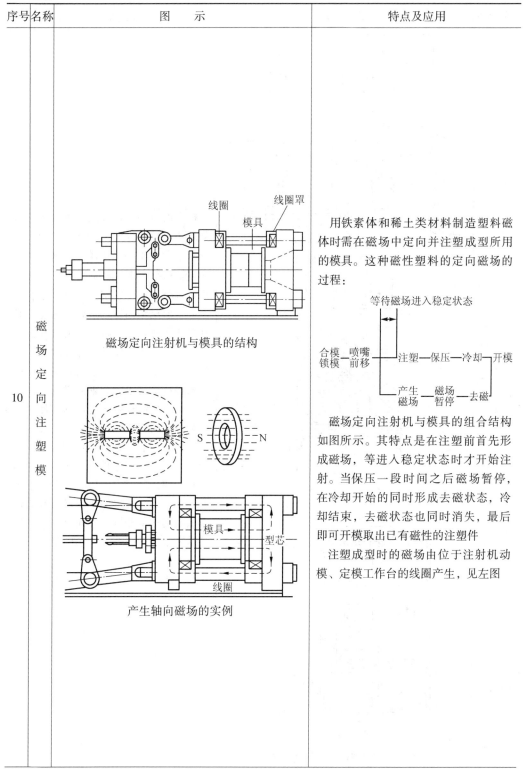磁场定向注射机与模具的结构 产生轴向磁场的实例	用铁素体和稀土类材料制造塑料磁体时需在磁场中定向并注塑成型所用的模具。这种磁性塑料的定向磁场的过程： 等待磁场进入稳定状态 合模锁模—喷嘴前移—注塑—保压—冷却—开模 产生磁场—磁场暂停—去磁 磁场定向注射机与模具的组合结构如图所示。其特点是在注塑前首先形成磁场，等进入稳定状态时才开始注射。当保压一段时间之后磁场暂停，在冷却开始的同时形成去磁状态，冷却结束，去磁状态也同时消失，最后即可开模取出已有磁性的注塑件 注塑成型时的磁场由位于注射机动模、定模工作台的线圈产生，见左图

序号	名称	图　　示	特点及应用
10	磁场定向注塑模	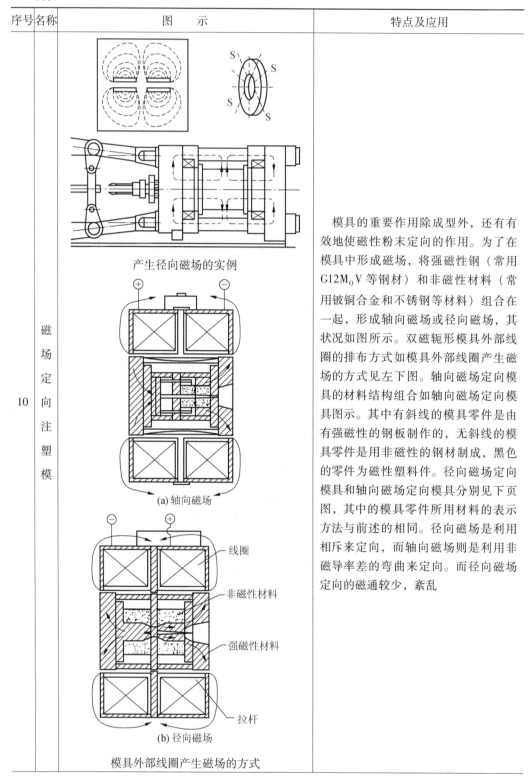 产生径向磁场的实例 (a) 轴向磁场 (b) 径向磁场 模具外部线圈产生磁场的方式 线圈　非磁性材料　强磁性材料　拉杆	模具的重要作用除成型外，还有有效地使磁性粉末定向的作用。为了在模具中形成磁场，将强磁性钢（常用 $G12M_0V$ 等钢材）和非磁性材料（常用铍铜合金和不锈钢等材料）组合在一起，形成轴向磁场或径向磁场，其状况如图所示。双磁轭形模具外部线圈的排布方式如模具外部线圈产生磁场的方式见左下图。轴向磁场定向模具的材料结构组合如轴向磁场定向模具图示。其中有斜线的模具零件是由有强磁性的钢板制作的，无斜线的模具零件是用非磁性的钢材制成，黑色的零件为磁性塑料件。径向磁场定向模具和轴向磁场定向模具分别见下页图，其中的模具零件所用材料的表示方法与前述的相同。径向磁场是利用相斥来定向，而轴向磁场则是利用非磁导率差的弯曲来定向。而径向磁场定向的磁通较少，紊乱

序号	名称	图　示	特点及应用
10	磁场定向注塑模	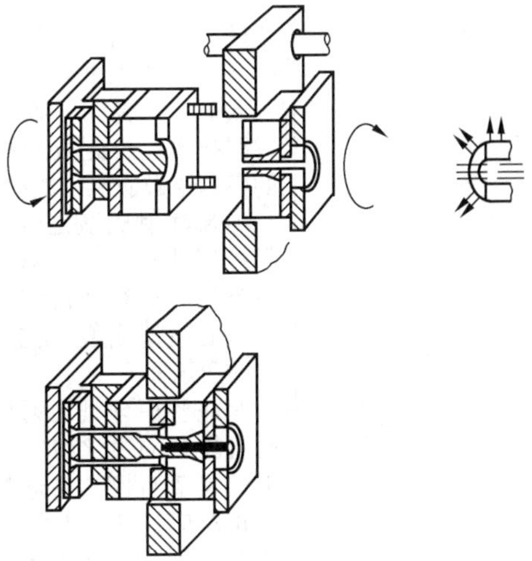 径向磁场定向模具（一） 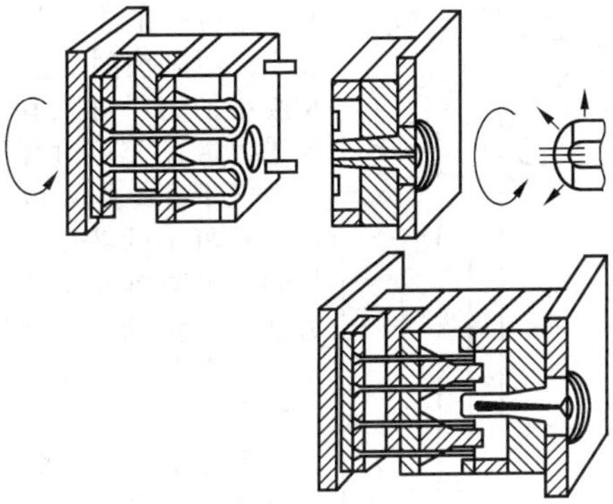 径向磁场定向模具（二） 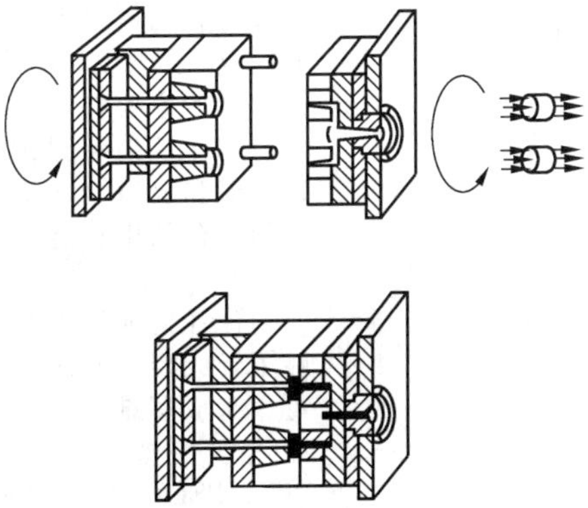 轴向磁场定向模具	

序号	名称	图　示	特点及应用
11	逆流注塑模	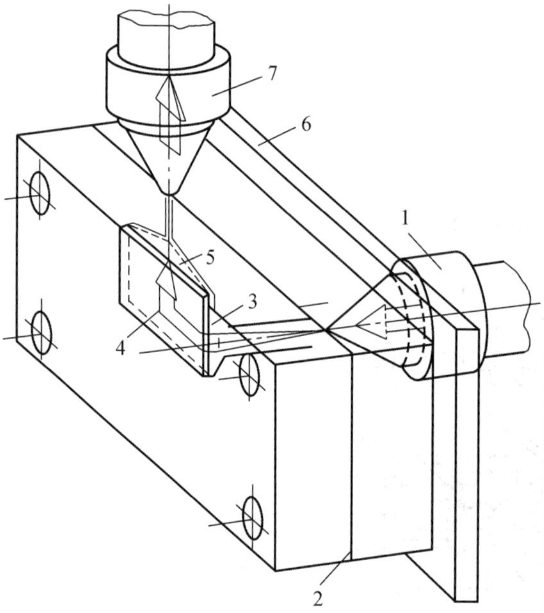 1—主注射装置　2—分型面　3—薄膜浇口 4—流过型腔的熔料　5—流出熔料的薄膜浇口 6—定模座板　7—副注射装置 成型板形塑件的逆流注塑模	液晶聚合物是国外近年开发的一种代替轻金属合金的新的可注塑成型的材料。为使液晶聚合物的纤维在成型时取向，以承受巨大载荷，又专门开发了逆流注射成型技术。与此成型技术配套用的模具叫做逆流注塑模 　　逆流注射成型是由具有适当电子控制装置的多个喷嘴注射机与模具结合进行逆流注射成型的一种新的注塑成型工艺。组合装置如图所示 　　其注塑原理是注射机上的相互垂直排布的主注射装置1和副注射装置7与模具的进料口与出料品相对应，模具上除开设有进料道及进料薄膜浇口3外，还开设了流出熔料的薄膜浇口5，注射时，熔料由主注射装置1注入型腔中。而副注射装置7倒转，使型腔中的熔料进入其中。此熔料流进型腔的充填过程处于限定的压力之下。此压力可利用作用于两个螺杆上的液压差精确地加以控制。用调换方向和压力数据的方法可使流动的熔料适合特殊要求——形成特定取向和使纤维排列整齐 　　充型之后，每个螺杆的轴向运动停止，对主副螺杆所施加的压力产生保压，以消除塑件的收缩。冷却固化后脱模即得具有纤维取向的液晶聚合物注塑件 　　模具的主要特点：每一型腔都具有与主注射装置相配合的进料口浇道和浇口，以及与副注射装置相配合的出料浇口、浇道和出料口 　　逆流注射成型工艺的优点不仅能用于成型工业液晶聚合物，还可用于成型难加工的高温和高性能热塑性塑料（如 PEC、PPS、PEK、PEEK、PA1、PE 等） 　　采用此法所得注塑件在航空航天及其他领域有巨大的应用潜力和前景

序号	名称	图　示	特点及应用
12	注塑压缩模	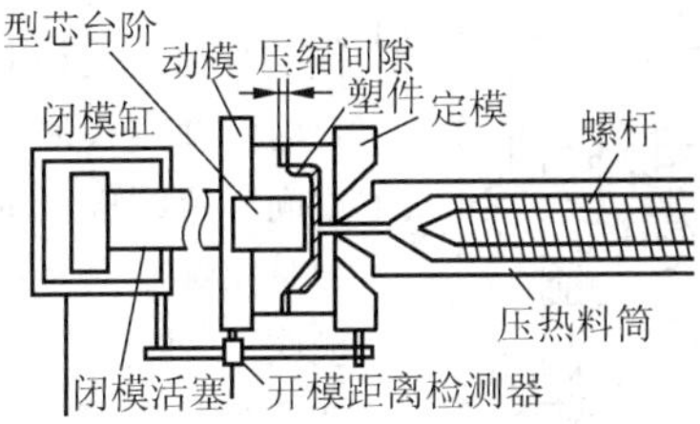 注塑–压缩成型工艺基本原理 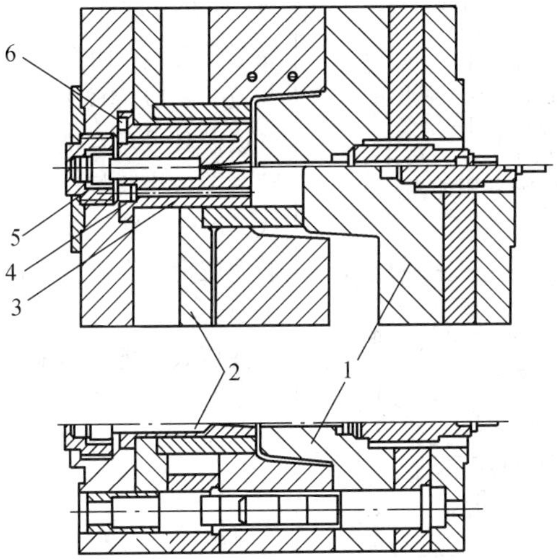 1—型芯　2—定模可动辅助型芯　3—测杆 4—压力传感器　5—加热进料套　6—热电偶 注塑–压缩模结构	塑料光学透镜等塑料件不仅要求精度高，还要防止因分子取向和残余应力等原因而使透光度失真（如激光打印机的光学扫描系统中多面反射镜的两平面平行度要求 2 μm，平面度要求 0.5 μm，孔与平面的垂直度要求 3 μm，孔的圆度要求 5 μm，表面粗糙度 $Ra < 0.02$ μm，反射率达86%），而用一般的注塑成型的方法很难达到要求，为此开发了注塑–压缩成型技术及其配套用模具 注塑–压缩成型时模具先初次闭模。初次闭模并不将动模、定模完全闭合，而保留一定的压缩间隙（这就是与一般注塑成型之不同处），随后由料筒向型腔里注入熔融塑料。由于注塑–压缩的型芯部分设计有台阶，虽然模具尚未完全闭合，但可保证进入型腔中的熔料不会泄漏出来。这是注塑–压缩模的关键之处。注塑完毕后，由专设的闭模活塞对模具进行第二次闭模，使它完全闭合。在模具的完全闭合过程的同时对模腔内的熔料进行压缩，塑料固化后必须用专用闭模活塞将模具的压缩力消失，才可开模和顶出塑件，所以注塑–压缩成型的注塑机必须增设一个专用的二次闭模合塞气缸 注塑–压缩模的结构如图所示。注塑–压缩时，模具从加热进料套 5 进料，由定模可动辅助型芯 2 与型芯 1 接触形成注射的密封盛料腔。在对模具进行第二次闭合时，型芯 1 将定模可动辅助型芯往上推，同时使熔料开始向整个型腔充型，最后压缩成所需形状尺寸的塑件 测杆 3 和压力传感器 4 用于测定型腔内的压力状况，热电偶 6 用来实施严格的温度控制 在第一次闭模后所留的压缩间隙的大小按不同结构的模具而异，由注射熔料所需空间来确定

序号	名称	图　示	特点及应用
12	注塑压缩模	1—动模座板　2—垫块　3、4、8—浮动板　5、6—模板　7—螺钉　9—垫块　10—定模底板　11—楔销　12—楔阀　13、22—盖　14—蝶形弹簧　15、19—压缩凸模　16—O形圈　17—套管　18—镜件　20—镶件　21—套管　23—调节螺钉　24—板　25—支承环　26、27—推板 **两型腔光学透镜机械式注塑-压缩模** 　1—动模座板　2、3、4—浮动板　5—热电隅　6、7—模板　8—定模座板　9—螺纹轮　10—螺纹轴　11、12、17—压缩凸模　13—镶件　14—套管　15—定中心件　16—镶件　18—推管　19、20—推板　21—压缩凸模　22—支承板 **六型腔光学透镜液压式注塑-压缩模**	注塑-压缩模有机械式注塑-压缩模和液压式注塑-压缩模两种 　机械注塑-压缩模是一种由模具中设置的蝶形弹簧及楔阀来形成压缩过程的模具。可在一般注塑机上实现注射压缩成型。其工作过程是：当模具以低压首次闭合时，在定模底板10和浮动板8之间保留约0.2 mm的间隙（此间隙是由蝶形弹簧14通过楔销11和楔阀12作用于定模座板形成的）。在此条件下开始注射入熔料，这时蝶形弹簧14将模板5、6的分型面完全闭合，防止熔料泄漏。充型结束后，注射机进行第二次闭模，使模具原有的0.2 mm的间隙完全闭合，在闭合过程中由压缩凸模15、19完成压缩过程 　该模具采用点浇口、用推杆推顶透镜边缘脱模，通过分型面排气，用压电装置在浇道中测量型腔内压力，作为测量信号和控制参数 　液压式注塑-压缩模初次闭合时，在浮动板2、3之间有间隙0.2 mm，在注射入熔料后，由注射机的专用液压装置将模具完全闭合以完成压缩过程 　该模具也采用点浇口，由推管18推出塑件，也在分型面排气。压缩凸模的深度可通过螺纹轴10和螺纹轮9进行细节，调节螺纹时要注意它能承受100 MPa的注射压力。该模具的定中心件15是关键件，加工时应保证其同轴度达0.010～0.015 mm

序号	名称	图　示	特点及应用
13	结构发泡注射模	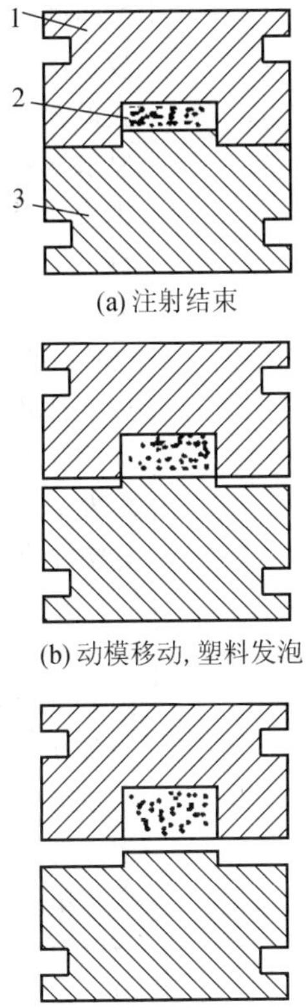 (a) 注射结束 (b) 动模移动, 塑料发泡 (c) 开模 1—定模　2—塑件　3—动模 简单的二次开模结构发泡成型法	把结构发泡塑料注入模腔，在模腔中发泡胀大而成为表层致密内部呈微孔泡沫结构的塑件的一种注塑方法 结构发泡塑料又称低发泡塑料、硬发泡体或合成木材。结构发泡塑件是指发泡倍数 1～2 倍，在塑料中加入发泡剂，采用特殊要求的注塑机、模具和成型工艺所成型的塑件。它使用的塑料主要有聚苯乙烯、ABS、聚乙烯和聚丙烯等 结构发泡塑料件的优点： 1. 表面平整无凹陷和翘曲等变形，无内应力 2. 具有较好的刚度和强度，外观近似于木材，但比木材潮湿，成型简便 3. 密度小，比一般塑件可减少 15%～50% 的质量 被广泛应用在家具、汽车、电器的零部件、仪表（器）外壳、建材、工艺美术品框架、乐器和包装材料等 其缺点是颜色不鲜艳，表面不光滑亮丽，故需在外表进行涂漆等表面处理 结构发泡塑料件成型主要取决于成型工艺（注射速度、压力、熔体温度、模腔温度、模具结构等）、发泡剂的性质、发泡剂在熔体中的发散度、气泡的尺寸和其增长速度等因素 结构发泡注射模有高压法结构发泡注射模和低压法结构发泡注射模、双组分（夹芯）注射法结构发泡注射模 3 种形式

序号	名称	图　示	特点及应用
13	结构发泡注射模	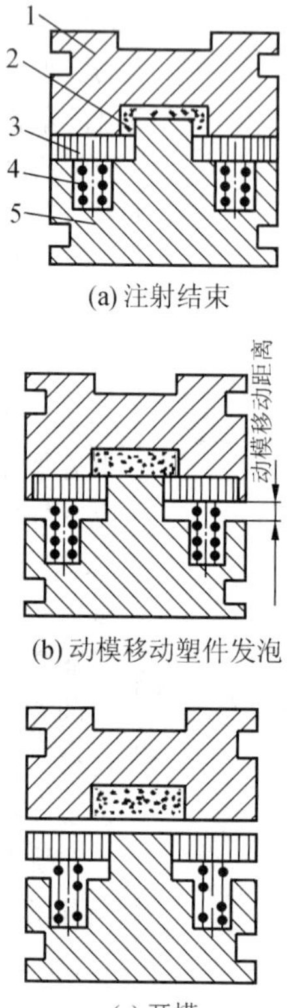 (a) 注射结束 (b) 动模移动塑件发泡 (c) 开模 1—定模　2—塑件　3—活动板　4—弹簧　5—动模 二次开模法成型过程	高压法结构发泡注射模又有木纹化模塑法结构发泡注射模和二次开模法结构发泡注射模两种。前者的发泡率很低，仅为 1.1% ~ 1.2%，用一般注射机将它稍加改进即可，但模具设计和成型工艺技术比较复杂，掌握不好就不能获得有良好木质纹的塑件；后者要求注射机设有二次移动模板的机构，当熔融塑料注满型腔后，瞬时移动模板，模具开模一小段距离，使芯层发泡，得到低发泡塑件，发泡率可调节。如图所示成型法模具由动模、定模组成，动模随注射机移动一段距离使塑料发泡。由于是型芯的移动，故在塑件的侧面留有线状条纹 　　二次开模法成型的结构增加了一块板，发泡时使分型面不分开，因而清除了上述塑件侧面留下的线条纹，获得光滑的表面 　　双组分（夹芯）注射法结构发泡注射模与采用前述高压法、低压法单组分发泡注射比较，后者虽可节省 20% ~ 30% 的塑料，但对大型塑件其成本仍很高，而采用前者成型塑件因可在塑件的内芯掺入填料、废料、低碳酸钙等，故可使成本大为降低 　　这种成型法又可使用相继注射法双组分结构发泡注射模和同心流道注射法双组分结构发泡注射模。这两种模具的结构及其工作过程分述如下

序号	名称	图　　示	特点及应用

（a）　　　　　　　　　（b）

（c）　　　　　　　　　（d）

（e）　　　　　　　　　（f）

（a）预塑闭模　（b）注射表层料 A

（c）注射芯层料 B，将表层料 A 推向模壁

（d）充满模腔　（e）再注表层料 A，挤净浇道中的芯层料 B

（f）关闭分配喷嘴，移模发泡

1—表层料 A 注射料筒　2—芯层料 B 注射料筒　3—分配喷嘴

相继注射法双组分结构发泡注射模工作过程示意

（a）　　　　　　　　　（b）

（c）　　　　　　　　　（d）

（e）

（a）准备注射　（b）注射表层　（c）注射过渡层

（d）注射芯层　（e）准备下次注射

1—表层料 A 注射装置　2—芯层料 B 注射装置　3—B 料的热流道

4—IC 合点　5—浇口　6—模具　7—A 料的热流道

同心流道注射法双组分结构发泡注射模工作过程示意

序号 13　名称：结构发泡注射模

特点及应用：

相继注射法双组分结构发泡模：

图（a）表示分配喷嘴关闭，两个注射装置进行预塑计量，模具闭合，准备注射；图（b）表示分配喷嘴接通注射装置 1，并注入表层塑料 A；图（c）、（d）表示分配喷嘴 3 关闭，接通注射装置 2，注入芯层料 B，并控制好温度、注射速度等条件，将表层料 A 推向模腔的边缘，形成均匀的较薄的表层；图（e）表示模具在保压下，再注入一定数量的表层料 A，挤净浇口处的芯层料 B；图（f）表示模腔充满后，关闭分配喷嘴，保压数秒后进行移模发泡，使芯层料 B 成为泡沫结构

同芯流道注射法双组分结构发泡注射模：

图（a）表示模具闭合后等待注射，图（b）表示注入表层料 A。当注射装置 1 注射表层料到模腔时，会有少量表层料 A 到注射装置 2 的热流道中去，这样就排除在注射表层料时而带进泡沫芯层料 B 的可能；图（c）表示当注射装置 1 快要注射完表层料而慢慢降速时，注射装置 2 加速注射，这就排除了两种料在接替时产生的短暂停留，防止了塑件表面因料流交换而形成痕迹；图（d）表示当两种料完成接替后，注射装置 1 即关闭，以防泡沫芯层料进入注射装置 1 的流道中；图（e）表示当芯层料注射完，最后再把少量的表层料注射入主浇口及注射装置 2 的热流道中，准备下次注射

序号	名称	图　示	特点及应用
14	液态注射成型模	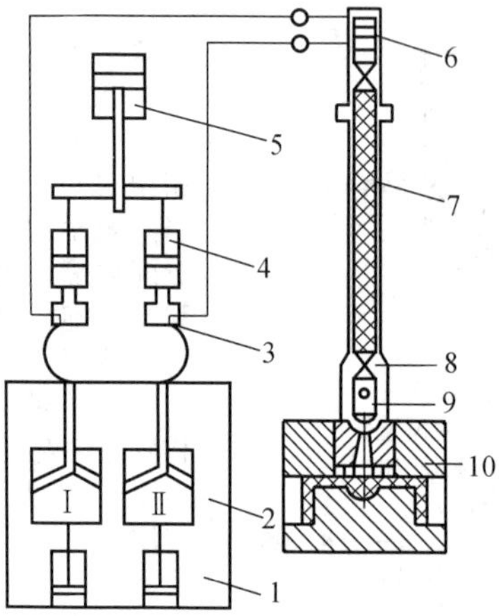 1—原料加压筒　2—原料罐　3—入口/出口阀 4—定量输出泵　5—注射缸　6—预混合器 7—静态混合器　8—冷却水　9—油压控制注料嘴 10—成型模 Ⅰ—主料　Ⅱ—固化剂 液态注射成型设备工作原理示意	先将配制塑料的原料（树脂和固化剂）液体从储料容器中泵入混合头的混合室中进行混合，然后再注射到模具型腔中并经加热而固化成型。它可认为是一种广义的混色注射成型。所用树脂属热塑性塑料性质（如环氧树脂、低黏度的硅橡胶等） 液态注射成型有下列优点： 1. 成型压力小，模腔压力每平方厘米仅几十至几百牛顿 2. 混合料的黏度低、流动性好、充型能力好，容易渗入封装件的狭小缝隙和角落中 3. 在液态注射机上不需要专用的塑化驱动装置 4. 容易着色、混合和加入填料 　其缺点是由于原料的黏度低，故在运输和生产过程易混入空气而产生气泡，使用时需要脱气；作为原料主体的树脂和固化剂，在使用时才进行混合，当操作中断和结束时，要及时清洗接触混合液料的混合搅拌器的部件和装置、器皿，否则容易固化结瘤，此外要求固化速度和注射周期相匹配，要求原料不会在混合和固化中产生气体和水分等有害副产物 　其成型设备和模具组合系统如图所示。设备主要部分由供料、定量及注射部分、混合及喷嘴部分组成。供料部分由原料罐和原料加压筒等组成。在原料罐内装有加压板，在压缩空气或油泵作用下向加压筒中的液体施压，使主料和固化剂经入口阀输送到定量注射装置。定量注射装置由两个往复式定量输出泵和注射缸组成。主料和固化剂进入定量泵后，经出口阀和单向阀泵送到预混合器6内，然后在注射缸5的作用下，推动螺杆或柱塞将混合液料加压，并经过预混合器、静态混合器和开关式喷嘴注入模具型腔，混合装置由料筒和静态混合器组成。然后使模具加热进行固化成型 　其模具结构与一般热固性塑料注射模基本相同。它也是一种热固性塑料注射模

序号	名称	图 示	特点及应用
15	反应注射成型模	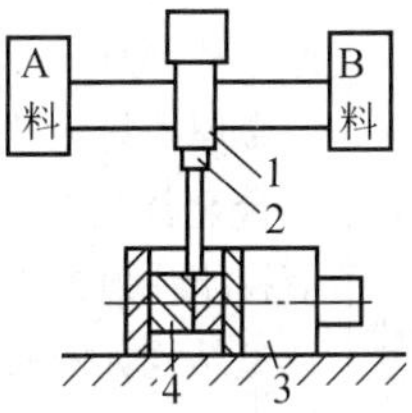 1—注射器　2—混合头　3—合模装置　4—模具 反应注射成型示意	反应注射成型也可以认为是一种广义的混色注射成型，其成型过程是先将储罐内能相互起化学反应的不同原料按配比经过计量泵送到混合头内，各组分的料在混合头内的流动过程中进行充分的混合，然后将其在 10 ~ 20 MPa的压力下注入模具内进行化学反应并受热而固化成型 要求这种注射机的流量及混合比率要准确，能快速加热或冷却原料。其成型原理如图所示 反应注射成型模属于热性塑料注塑模。其结构与一般热固性塑料注射成型模相同，不同的是型腔件要选用能防腐蚀的材料，或对其表面作防腐强化处理，并要考虑充分排气的问题 此成型法适合成型发泡制品和增强制品。目前国内外应用领域非常广泛，如汽车驾驶盘、坐垫、头部靠垫、手臂靠垫、阻流板缓冲器、防震垫、遮光板、卡车车身、冷藏库等的夹芯板；用于成型电视机、扩音器、计算机、控制台外壳等；成型家具、仿木制品以及管道、冷藏器、热水锅炉、冰箱等的隔热材料；汽车厢内壁、地板、仪表面板等的玻璃纤维增强聚氨酯发泡材料

续表

序号	名称	图　示	特点及应用

16　简易注塑模（经济型注射模）

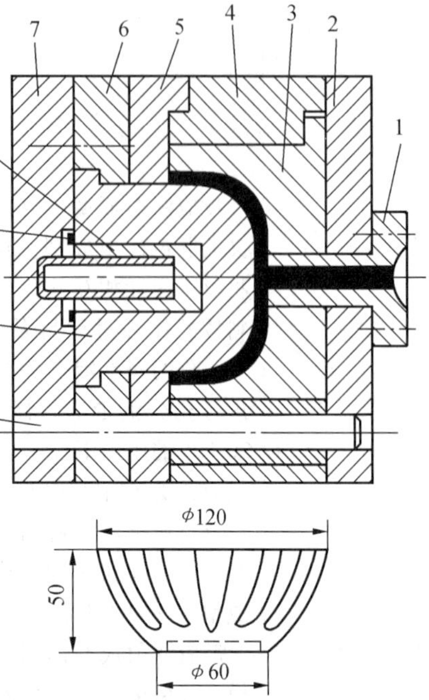

1—浇口套　2—定模板　3—锌基合金型腔　4—固定框
5—动模型板　6—型芯加固环　7—动模板
8—型芯定位套　9—滑动环　10—成型型芯　11—导柱
锌基合金注射模及塑件

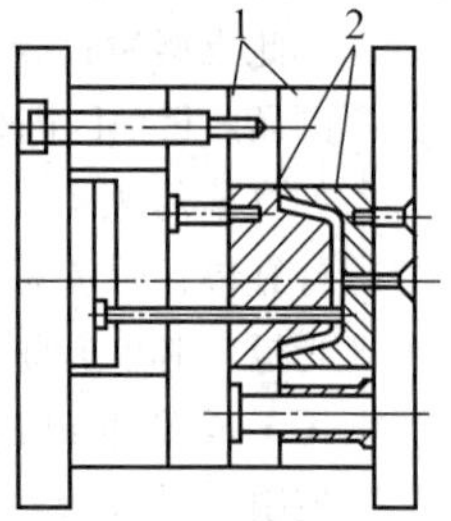

1—钢模板　2—铝合金型腔、型芯
用铝合金做型腔和型芯件的注射模

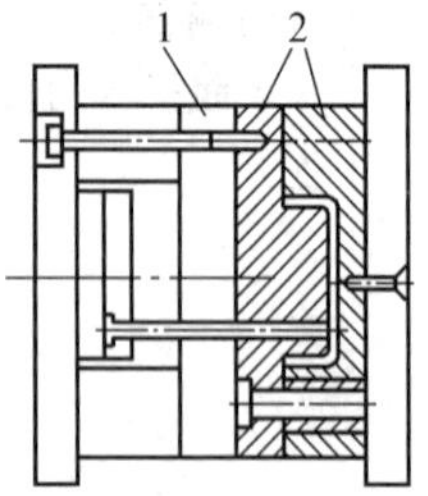

1—钢模板　2—铝合金动模板、定模板
用铝合金做动模板、定模板的注射模

所谓简易模具，是相对于适应大批量零件生产要求及高精度要求，用传统的方法来设计制造的常规钢质模具而言的一类模具。换言之，是为适应新产品试制、老产品改型中单件或小批量生产需要，在成型原理、模具结构、模具材料、加工方法等方面摆脱前述常规钢质模具的传统设计制造方法摸索出来的、设计制造工艺比较简单、容易起步，不使用高档加工设备，设计制造周期短，成本相对较低且有一定使用寿命的模具。国外称其为快速经济模具

金属简易注塑模有锌基合金注射模、铝合金注射模、铍铜合金注射模、环氧树脂注射模以及电铸型腔注射模等。典型结构如图所示

锌基合金注塑模只是用锌基合金制作形成模具型腔和型芯的零件，而其余零件与传统的钢模一样。其优点是可用于铸造复杂型面的型腔或型芯件，这对大型注射模来说优势特别显著。国外大力推广

铝合金注射模是利用铝合金导热性好、成型快、容易加工、加工费省、加工期短（既可用传统的机械加工方法，又可采用铸造法制造）、复映（制）性好、表面刻蚀和表面处理（镀铬、阳极化等）等性能优于钢模的优点来制作型腔件或型芯件、动模板、定模板的简易模具

142

序号	名称	图　示	特点及应用
16	简易注塑模（经济型注射模）	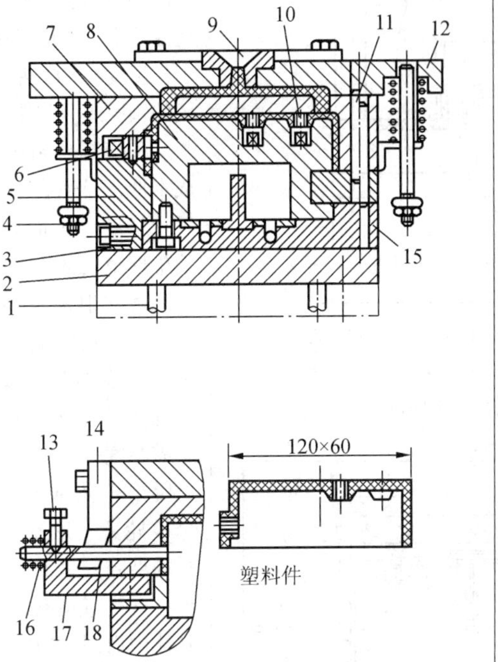 　1—顶杆　2—下模板　3—动模固定板 4—限位螺栓及螺母　5—镶块　6—侧螺纹型芯 7—铍铜合金凹模　8—铍铜合金凸模（型芯）　9—注射口 10—内螺纹成型芯　11—小导柱　12—定模板　13—螺钉 14—斜楔　15—推料板　16—弹簧　17—支板　18—侧型芯 铍铜合金注射模结构示意	铍铜合金注射模具有与钢差不多的强度，其导热性能好（热传导率为钢材的3倍），塑件冷却成型快，模具生产效率高，塑件质量好（不出现缩陷、斑纹等），铸造工艺性、复映（印）性能好，能铸造出形状复杂、尺寸精度高、表面有图案等微细结构的型腔或型芯件的模具。因其防腐性能好，故可注塑有腐蚀性的塑件；电镀性能好，可以镀铬、镀镍；对热冲击的敏感性比钢小很多，因而连续工作的时间和使用寿命长；焊接性能好，损坏处可补焊修复；机械加工性能好，制模周期短、成本低，被广泛用于铸造型腔件、型芯件、热流道部件、冷却座等零件

序号	名称	图　示	特点及应用
16	简易注塑模（经济型注射模）	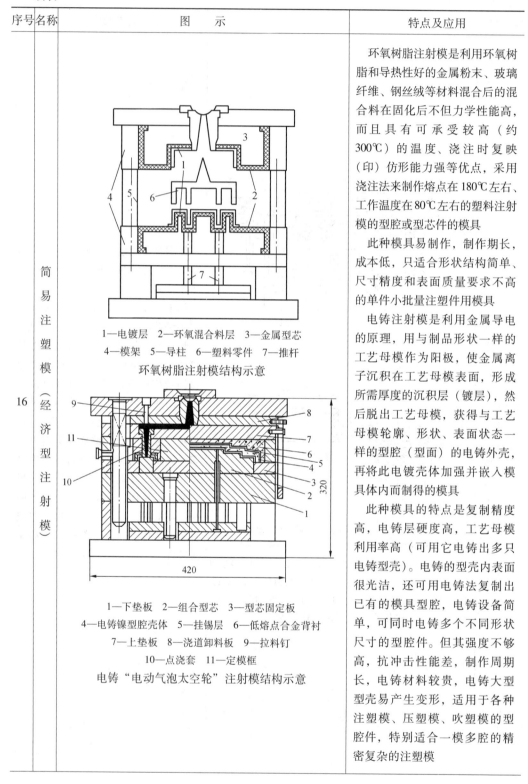 1—电镀层　2—环氧混合料层　3—金属型芯 4—模架　5—导柱　6—塑料零件　7—推杆 环氧树脂注射模结构示意 1—下垫板　2—组合型芯　3—型芯固定板 4—电铸镍型腔壳体　5—挂锡层　6—低熔点合金背衬 7—上垫板　8—浇道卸料板　9—拉料钉 10—点浇套　11—定模框 电铸"电动气泡太空轮"注射模结构示意	环氧树脂注射模是利用环氧树脂和导热性好的金属粉末、玻璃纤维、钢丝绒等材料混合后的混合料在固化后不但力学性能高，而且具有可承受较高（约300℃）的温度、浇注时复映（印）仿形能力强等优点，采用浇注法来制作熔点在180℃左右、工作温度在80℃左右的塑料注射模的型腔或型芯件的模具 　此种模具易制作，制作期长，成本低，只适合形状结构简单、尺寸精度和表面质量要求不高的单件小批量注塑件用模具 　电铸注射模是利用金属导电的原理，用与制品形状一样的工艺母模作为阳极，使金属离子沉积在工艺母模表面，形成所需厚度的沉积层（镀层），然后脱出工艺母模，获得与工艺母模轮廓、形状、表面状态一样的型腔（型面）的电铸外壳，再将此电镀壳体加强并嵌入模具体内而制得的模具 　此种模具的特点是复制精度高，电铸层硬度高，工艺母模利用率高（可用它电铸出多只电铸型壳）。电铸的型壳内表面很光洁，还可用电铸法复制出已有的模具型腔，电铸设备简单，可同时电铸多个不同形状尺寸的型腔件。但其强度不够高，抗冲击性能差，制作周期长，电铸材料较贵，电铸大型型壳易产生变形，适用于各种注塑模、压塑模、吹塑模的型腔件，特别适合一模多腔的精密复杂的注塑模

144

序号	名称	图　　示	特点及应用
17	精密注塑模		精密注塑成型所用的模具称为精密注塑模具，它是精密注塑成型 3 个重要因素（模具、成型工艺、注塑机）中最关键的因素 　　此种模具的结构与一般注塑模的结构基本相同，其特别之处在于确保成型精密塑件，为此在设计制造模具中应采取下列措施： 　　1. 模具的流道系统设计要通过优化设计软件进行分析设计，以达到最佳的流动充型；温度调节系统的设计要通过辅助优化分析软件进行设计，以实现最佳的冷却定型 　　2. 模具的结构设计要更加合理可靠、运动灵活 　　3. 模具的设计和制造精度应达到精密级，并要充分考虑不同塑料特性和收缩率的波动因素对塑件精度的影响 　　4. 模具的型面要达到镜面 　　5. 模具材料要视注塑件的精密程度和塑料特性选用合适的合金钢或其他特种材料，并选用合适的热处理或表面强化 　　6. 要有合适的精度保持期和足够的强度、刚度及使用寿命 　　此外，要严格控制影响塑件质量的其他因素，如塑料品种和收缩率的稳定性；塑件的结构设计和尺寸；注射机的选用和工艺参数的控制等

(二) 热塑性塑料挤出模

塑料挤出成型模，或称成型机头、挤出机头、挤出口模、挤塑口模，是用加热或其他方法使塑料成为流态，再在一定压力作用下通过模具而制造出连续的长条状型材的加工方法。可加工几乎所有热塑性塑料和部分热固性塑料的管材、棒材、电缆包覆层、单丝、薄膜、板材、片材、塑料网、各种断面形状的异形材。制品的断面形状、尺寸，由挤出模型腔所决定。

挤出成型模的作用是：①使塑料的螺旋运动变为直线运动；②使塑料通过机头进一步塑化；③产生必要的成型压力，保证制品密实；④成型所需断面形状的制品。

挤出模分3类：①挤出模内料流方向与挤出机螺杆轴向一致的叫直向机头，如图2-100所示；②机头内料流方向与挤出机螺杆轴向成某一角度的机头叫横向机头，如图2-101所示；③机头内料流方向与挤出机螺杆轴向平行但不在一条直线上，这种机头叫傍侧式机头，如图2-102所示。另外，按机头内料流压力大小又分低压机头、中压机头、高压机头。其压力为4 MPa的叫低机头；压力为4~10 MPa的叫中压机头；压力在10 MPa以上的叫高压机头。

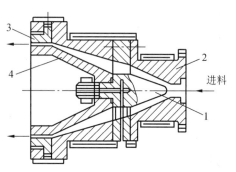

1—分流器 2—机头体 3—口模 4—芯棒

图2-100 直向机头（直机头）

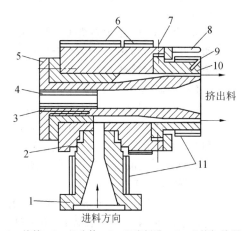

1—接管 2—机头体 3—温度插孔 4—芯棒加热器
5—芯棒 6—加热器 7—调节螺钉 8—导柱
9—温度计插孔 10—口模 11—加热器

图2-101 横向机头（弯机头）

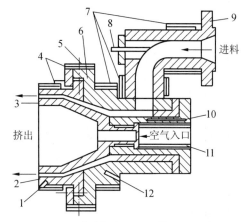

1、12—温度计插孔 2—口模 3—芯棒
4、7—加热器 5—调节螺钉 6—机头体 8—测温孔
9—机头 10—高温插孔 11—芯棒加热器

图2-102 旁侧式机头

根据挤出后成型的制件的断面，又可分为多种机头，其种类、结构特点及应用列于表2-18。

表 2 - 18　挤出机头的种类、结构特点及应用

序号	名称	结 构 图 示	特点及应用
1	管材挤出机头	 1—多孔板　2—分流器　3—机筒 4—分流器支架　5—过渡套筒　6—端盖 7—芯棒　8—口模　9—电热圈 管材挤出机头	口模和芯棒是机头的成型部分，口模成型塑件的外表面，芯棒成型塑件的内表面，口模和芯棒决定塑件的截面形状，故是模具的核心部件，多孔板和过滤网的作用是把塑料由螺旋运动变为直线运动并阻止未塑化的塑料及杂质进入机头并增加阻力，使塑件更密实。分流器（常称鱼雷体）的作用是使塑料熔体通过其后变成薄环状，以进一步加热和塑化，分流支架的作用是支持分流器及芯棒，使料流分束，搅拌均匀
2	棒材挤出机头	 1—口模　2—分流梭　3—机夹 4—分流器　5—挤出机　6—螺杆　7—粗滤板 棒材挤出机头	模具结构与管材挤出机头类似，所不同的是用分流梭取代管材挤出机头中的芯棒。其口模头部加工有阳螺纹，作用是便于和水冷定经套相连接

序号	名称	结 构 图 示	特点及应用
3	吹塑薄膜挤出机机头	平挤上吹法机头	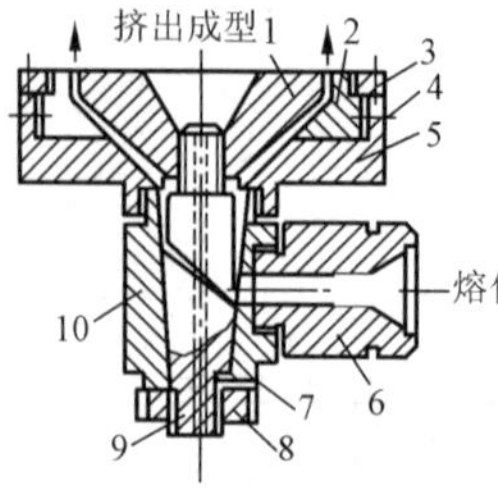 1—芯棒 2—口模 3—压紧圈 4—调节螺钉 5—上模体 6—机颈 7—定位销 8—螺母芯棒轴 9—芯棒轴 10—下模体 芯棒式机头	熔融塑料自多孔板挤出,通过机颈到达芯棒轴,被分成两股沿芯棒分流线流动,然后在芯棒尖处又重新汇合,之后塑料熔体沿机头环状间隙挤出,成为圆管坯。芯棒中通入压缩空气把管坯吹胀
		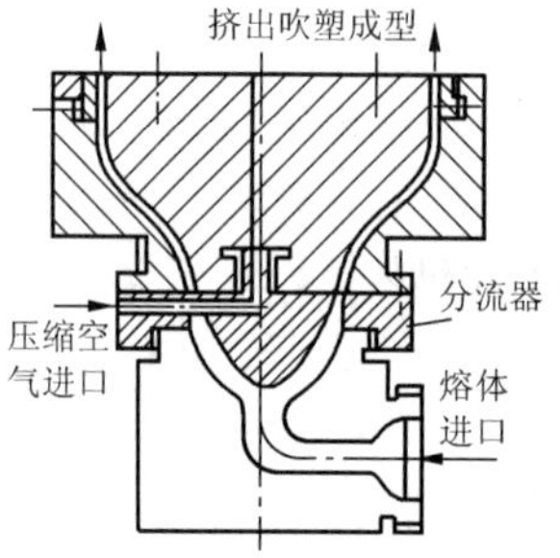 中心进料机头("十"字形机头)	结构与管材挤出机头类似,分流器支架的分流筋在保证可承受塑料熔体推力作用而不变形的条件下,其分流筋数量尽可能少,宽度和长度也可尽量小,以防止塑料熔体通过分流支架时易形成明显的结合线
		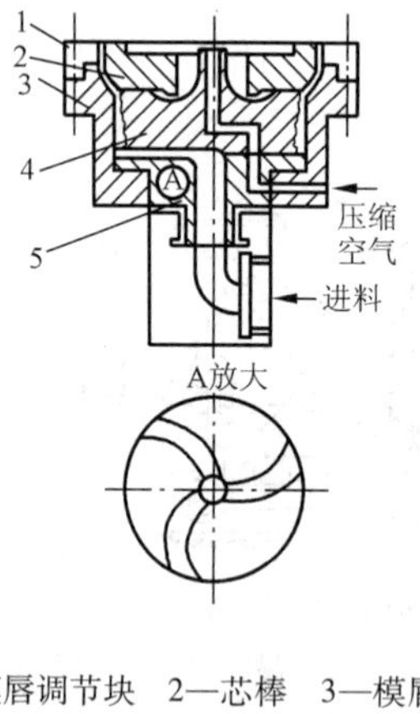 1—模唇调节块 2—芯棒 3—模唇座 4—螺旋式芯棒 5—斜槽进料体 螺旋式机头	其工作过程是:塑料熔体从机头中进入,经过3个斜槽(图中A处放大图是分流槽的末端接螺纹流道的起点),分别进入三头螺纹的流道,三部分料流在定型区前汇合,塑料熔体从定型区挤出吹胀 机头的特点是出料均匀、厚度易控制,但结构复杂、拐弯多,模具加工也较困难。适合加工聚乙烯、聚丙烯等类熔体黏度小且不易分解的塑料。对聚氯乙烯适用

148

序号	名称		结 构 图 示	特点及应用
3	吹塑薄膜挤出机头	平挤上吹法机头	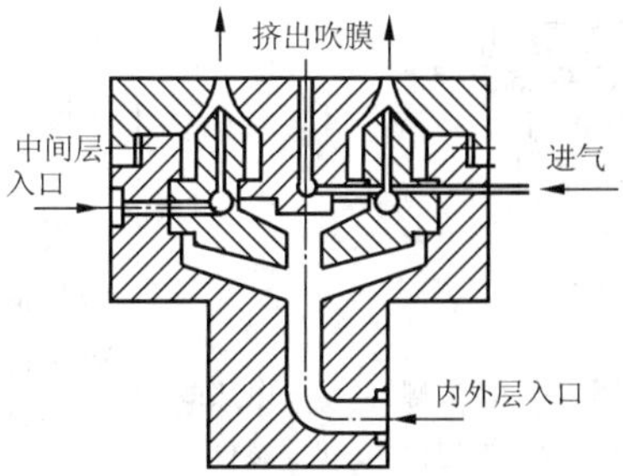 (a) 三层吹膜机头 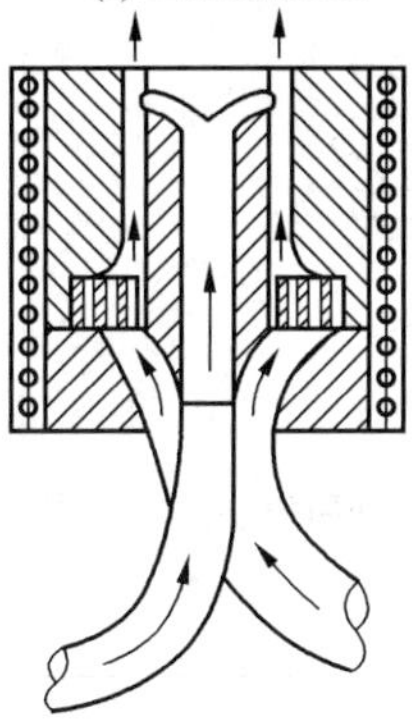 (b) 内接合双层薄膜机头 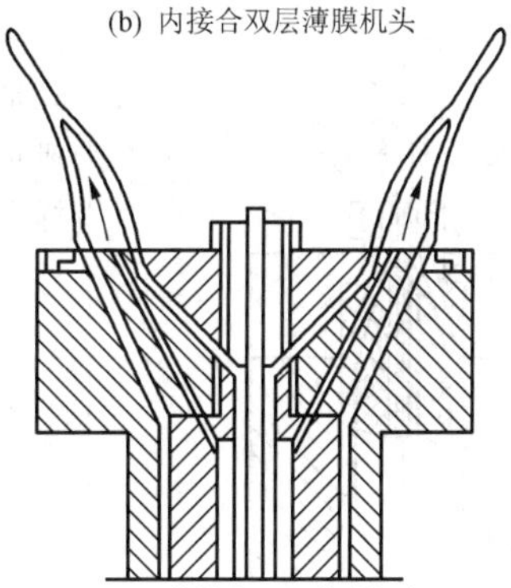 (c) 外接合双层薄膜机头 多层薄膜吹塑机头（共挤出吹塑薄膜复合机头）	这是吹制多层薄膜或复合薄膜的吹塑挤出模具。因为多层复合薄膜能使几种塑料取长补短，具有较理想的物理性能，以弥补单层薄膜性能上的不足。此种挤出工艺是采用出模供料，使几种塑料同时进入同一个挤出机头挤出而成型一整体薄膜。此法就是共挤出法 图（a）为吹塑两层或三层复合薄膜的挤出模具结构；图（b）为典型的内接合双层薄膜的挤出模具结构；图（c）为典型的外接合双层薄膜的挤出模具结构
		平挤下吹法机头	模具结构类似平挤上吹法机头	模具结构与平挤上吹法机头基本相同，机头和辅机结构都比较简单

序号	名称	结 构 图 示	特点及应用
4	电线电缆挤出（包覆）成型机头	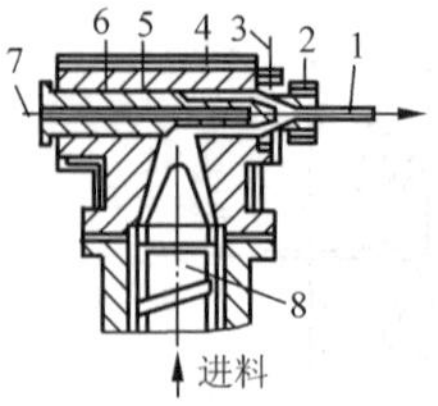 挤压式包覆机头（十字形机头） 1—包覆制品　2—电热圈　3—调节螺钉　4—电热圈 5—机头体　6—导向棒　7—被包覆物　8—螺杆 挤压式包覆机头 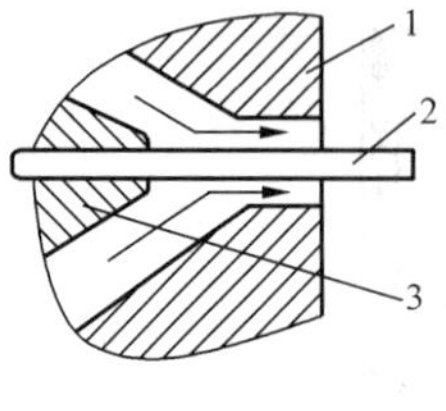 1—口模　2—芯线　3—导向棒 口模处放大	此机头是转角式，即被包覆物进料方向与挤出机呈一定的角度（通常为90°），有时为减少塑料熔体的阻力，也有把角度设计成 30°~45°。挤出时，塑料通过挤出机的多孔板进入机头体中，转过90°迂回到芯线导向棒。此棒的一端要与机头内孔严密配合，不得漏料，塑料流向一端运动，其作用与芯棒式吹塑模机头中芯棒的作用一样。塑料熔体从一侧流向另一侧，汇合成一个封闭的塑料熔体环再朝口模流动，经口模成型段包覆在芯线上，由于芯线连续不断地通过芯线导向棒，便被连续不断挤来的塑料熔体包覆挤出形成包覆层
		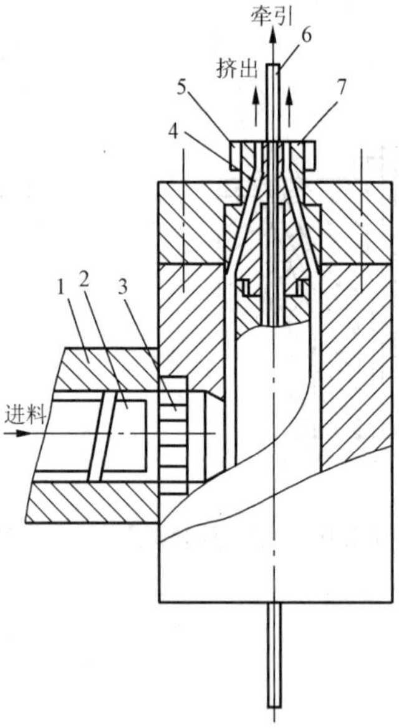 套管式包覆机头 1—挤出机筒　2—螺杆　3—多孔板 4—芯线导向桥　5—电热圈　6—芯线　7—口模 套管式包覆机头	此机头也是转角式，结构与挤压式包覆机头类似，不同的只是此机头是将塑料熔体挤压成管后包覆芯线，不像前者那样在口模内进行，而是在口模外进行，多靠挤成塑料管的热收缩牢牢包住芯线，有时也借助于抽真空降低温度，使塑料更紧密牢固地包覆在芯线上 　　塑料熔体通过挤出机的多孔板进入机头体内，然后流向芯线导向棒，其熔体流路内腔像桃子形，它的顶部相当于塑料管挤出机头的芯棒，成型管材的内表面，口模成型管材的外表面，挤出的塑料管与芯线导向棒同心，挤出口模后马上包覆在芯线上。同样，由于芯线是连续不断地通过导向棒，这就使线缆包覆也能连续不断地进行

150

序号	名称	结 构 图 示	特点及应用
5	板材和片材挤出机头	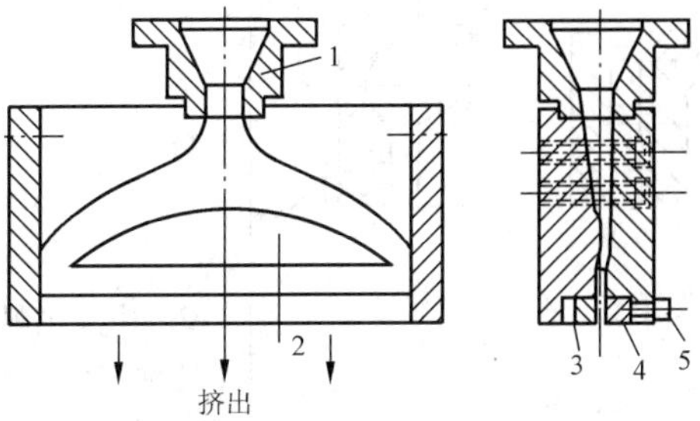 带阻流器的鱼尾机头 1—进料管 2—阻流器 3—模唇 4—模唇调节块 5—厚度调节螺钉 带阻流器的鱼尾机头 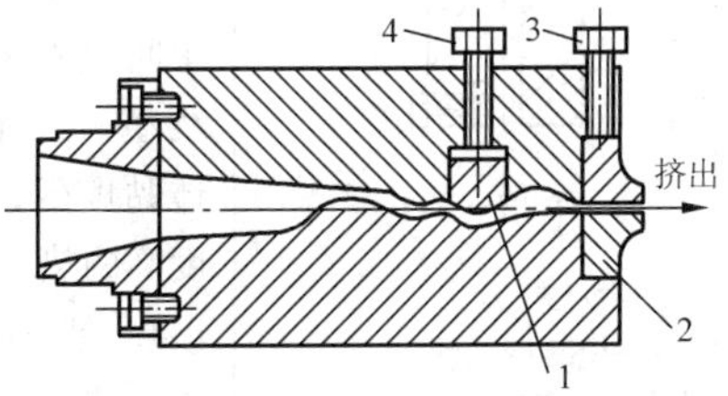 1—阻塞棒 2—模唇 3—厚度调节螺钉 4—阻塞棒调节螺钉 带阻塞棒的鱼尾机头	因其型腔像鱼尾形,故俗称鱼尾机头。塑料熔体从机头中部进入,因此处为颈口,故其压力和流速均比两头大,加之机头两头热量散失大,使机头中部温度偏高,两端偏低,因而使塑料熔体的黏度在中间偏低,两头偏高,导致机头中间出料多,两头出料少,使塑件厚度不均匀 为克服此缺陷,常在机头型腔内装设阻流器或阻力调节装置,以增大塑料熔体在型腔中部的阻力,使熔体沿机头全宽方向的流速均匀一致。也可采用图示的阻塞棒的结构 阻塞棒是一条横在料流通道内可以上下移动的具有挠曲性的金属棒,它用螺栓进行调节,旋转螺栓即可移动其位置,以改变流道各处的截面积,使熔体阻力增大或减小
	支管机头	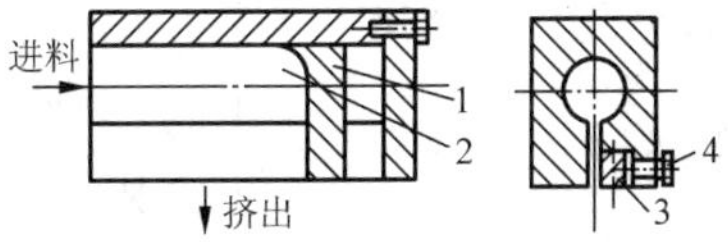 1—幅宽调节块 2—支管 3—模唇调节块 4—厚度调节螺钉 一端供料的直支管型机头	支管机头由一个带有纵向切口的管形型腔构成,它对塑料熔体起稳压和分配作用,使它能均匀地挤压宽幅制品。它有下述4种形式 1. 一头供料的直支管型机头(简称"Ⅰ"型支管机头)。由图可知,其机头与挤出机平行,所以简称"Ⅰ"型支管机头。成型时塑料熔体从一头进入到另一端遇到封闭壁而向下沿管的直开口挤出,得板材或片材

序号	名称		结 构 图 示	特点及应用
5	板材和片材挤出机头	支管机头	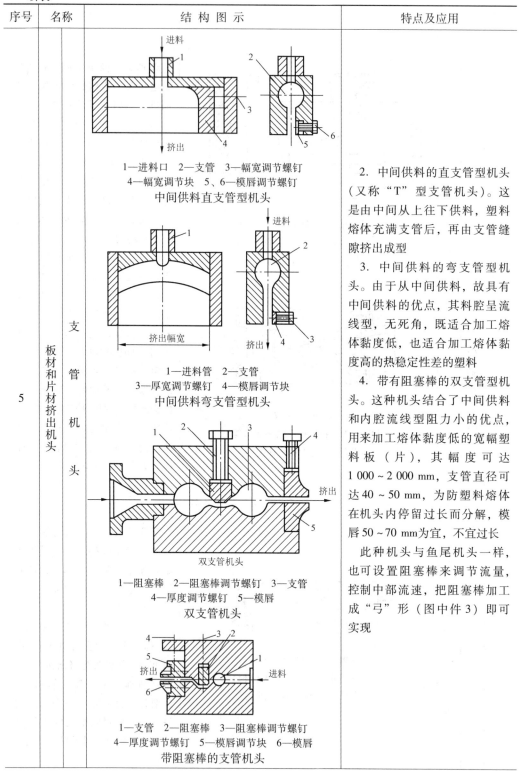进料 挤出 1—进料口 2—支管 3—幅宽调节螺钉 4—幅宽调节块 5、6—模唇调节螺钉 中间供料直支管型机头 进料 挤出幅宽 挤出 1—进料管 2—支管 3—厚宽调节螺钉 4—模唇调节块 中间供料弯支管型机头 挤出 双支管机头 1—阻塞棒 2—阻塞棒调节螺钉 3—支管 4—厚度调节螺钉 5—模唇 双支管机头 挤出 进料 1—支管 2—阻塞棒 3—阻塞棒调节螺钉 4—厚度调节螺钉 5—模唇调节块 6—模唇 带阻塞棒的支管机头	2.中间供料的直支管型机头（又称"T"型支管机头）。这是由中间从上往下供料，塑料熔体充满支管后，再由支管缝隙挤出成型 3.中间供料的弯支管型机头。由于从中间供料，故具有中间供料的优点，其料腔呈流线型，无死角，既适合加工熔体黏度低，也适合加工熔体黏度高的热稳定性差的塑料 4.带有阻塞棒的双支管型机头。这种机头结合了中间供料和内腔流线型阻力小的优点，用来加工熔体黏度低的宽幅塑料板（片），其幅度可达1 000～2 000 mm，支管直径可达40～50 mm，为防塑料熔体在机头内停留过长而分解，模唇50～70 mm为宜，不宜过长 此种机头与鱼尾机头一样，也可设置阻塞棒来调节流量，控制中部流速，把阻塞棒加工成"弓"形（图中件3）即可实现

序号	名称	结 构 图 示	特点及应用
5	板材和片材挤出机头	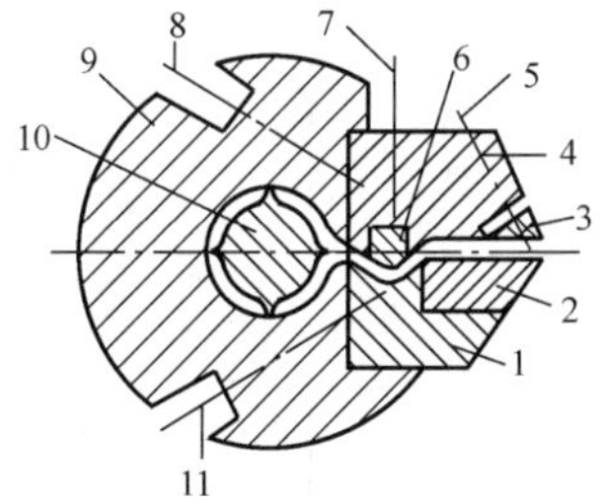 1—下模唇座　2—下模唇　3—模唇调节块 4—上模唇　5—厚度调节螺钉　6—阻塞棒 7—阻塞棒调节螺钉　8—上模唇固定螺钉 9—机头体　10—分配螺杆　11—下模唇固定螺钉 带分配螺杆的片材机头 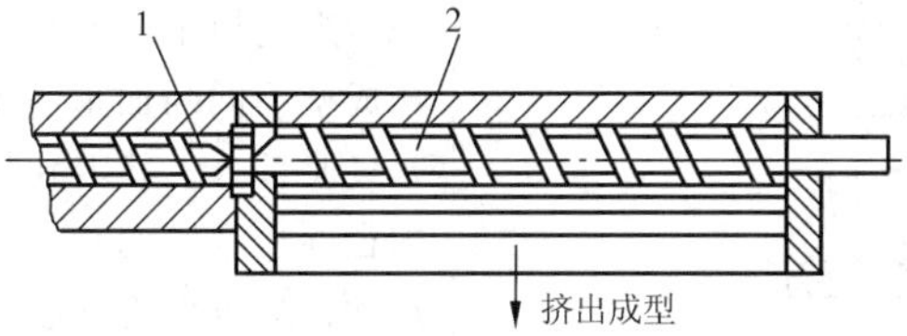 1—螺钉　2—螺杆机头 一头进料的螺杆机头 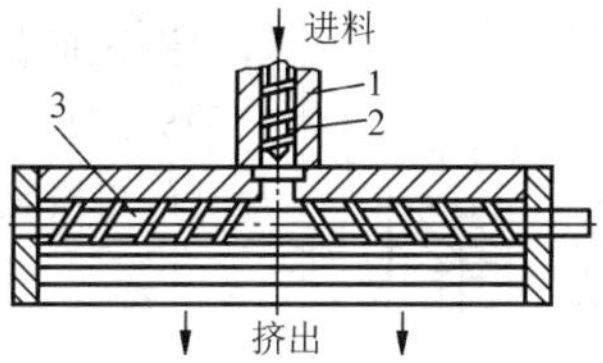 1—进料筒　2—螺杆　3—螺杆机头 中间进料的螺杆机头	在支管型机头内的支管里插入一根分配螺杆10，再通过分配螺杆的转动，迫使塑料熔体沿机头幅宽均匀地挤出而获得厚度均匀的制品。图为机头截面图。它有一头进料和中间进料两种形式：一头进料的机头和中间进料的机头
	衣架形机头	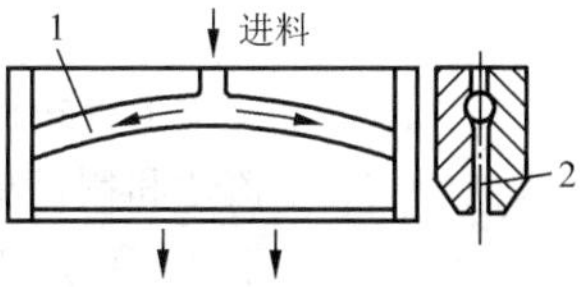 1—扇形支管　2—口模 直支管衣架机头	因其熔体流路像衣架形而得名。衣架形类似前述鱼尾形，故衣架形机头综合了鱼尾形机头和直支管形机头的优点，即既有一个直支管，又一个扇形型腔，而且其鱼尾扇形扩角非常大，支管直径小，因而缩短了塑料熔体在机头内停留的时间，并提高制件厚度的均匀性

序号	名称	结 构 图 示	特点及应用
6	异型材挤出成型机头	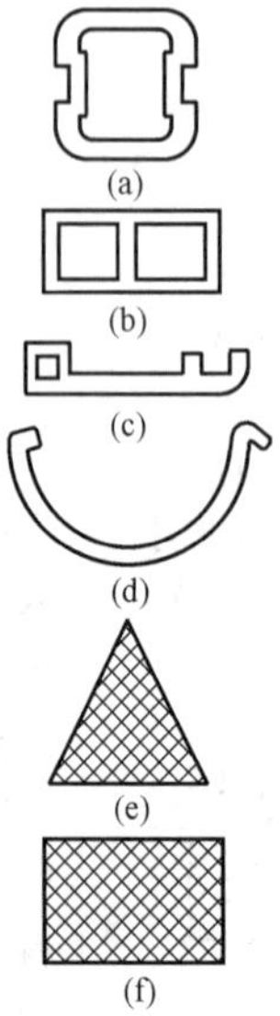 板式（非流线型）机头 (a) (b) (c) (d) (e) (f) (a)、(b) 封闭中空　(c) 半封闭 (d) 开式　(e)、(f) 实心 **异型材料断面形状** 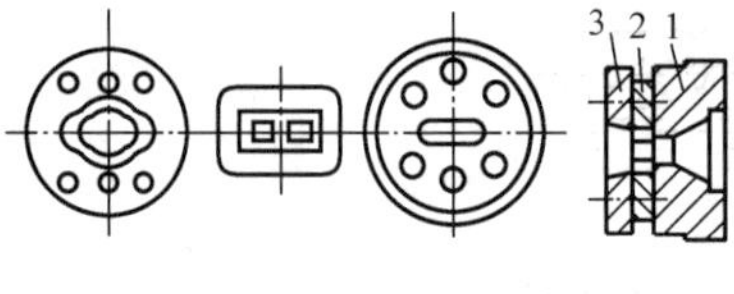 3 2 1 1—机颈座　2—口模板　3—夹持板 **板式机头**	这是除圆管、棒材、板/片材、薄膜等挤出制品之外的其他各种断面形状的塑料制品的挤出成型模具。它可挤出成型的异型材断面形状，如图所示 　　图（d）所示是挤压成带状制品的状态，当更换中间的口模板时，便可挤压成型不同断面形状的制品。机颈座是过渡部分，其内孔尺寸由挤出机的内径逐步过渡到与口模板型孔接近的尺寸，为防止机颈座内孔与口模板成型孔接合处直径不一（即机颈座内孔比口模板型孔尺寸大），接合不圆滑，在口模板入口一侧形成若干平面死角和停滞区而使熔体进行分解，要设计几种标准尺寸的机颈座，以便与不同尺寸的口模圆滑接合
	流线型机头		由于板式机头很难控制熔体各点的流速和制品壁厚，当需要不停车、长期运转或加工热敏性塑料时，需要采用复杂昂贵的流线型机头 　　流线型机头的结构有分段式流线型（整体流线型由多块型面为流线的板拼合成）和整体式流线型（流线型型腔件是一块整板构成）两种

序号	名称	结 构 图 示	特点及应用
7	其他挤出机头 单丝挤出成型机头	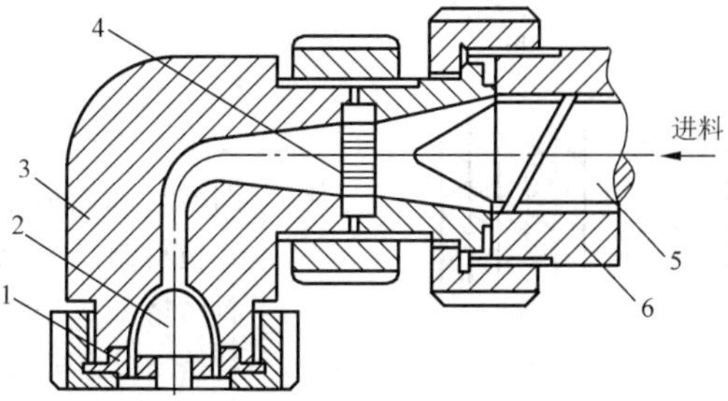 1—出丝孔板　2—分流器　3—机头体 4—多孔板　5—螺杆　6—机筒 单丝挤出成型机头	塑料的单丝成型是塑料熔体通过挤出机头上的小孔挤出，冷却定型之后再高倍热拉伸定型后卷筒。挤出后未经拉伸的单丝，其分子定向程度低，强度差。经过高倍热拉伸后的单丝，其分子定型程度大大增强，强度也大为提高 　　图示的单丝挤出机头为直角机头，挤出时塑料熔体从螺杆挤过多孔板 4 进入机头内，由出丝孔板 1 挤出成型 　　出丝孔板上的小孔在同一圆周上均布，孔数通常为 6 孔、18 孔、24 孔，还有用 48 孔或更多孔的。孔径经常为 $\phi0.8$ mm、$\phi0.9$ mm、$\phi1.0$ mm 3 种
	塑料造粒机	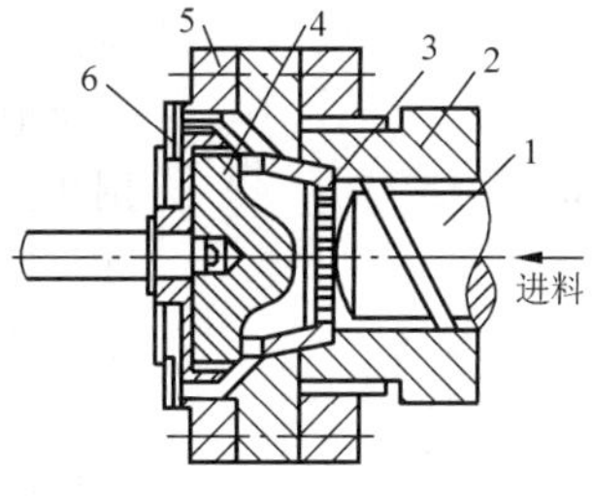 热切粒的机头结构和热切粒装置 1—螺杆　2—机筒　3—多孔板 4—分流器　5—出条孔板　6—切刀 热切粒的机头结构和热切粒装置示意	塑料造粒有两种方法：热切粒法和冷切粒法。热切粒法采用特殊形状的旋转切刀，不断剪切由造粒机条孔板挤出的塑料条，随着旋转切刀转速的不同，即可得到不同长度的塑料粒子；冷却法则是在挤出的塑料条冷却后再进行切粒 　　图为适用于热切粒的机头结构和热切粒装置组合，机头体内腔的两个斜面形成一个喇叭形流道，在出料条孔板上同一圆周均匀钻有 $\phi3.7$ mm 的小孔23 个，刀架头上装有 3 把旋转切刀，由螺杆 1 通过链条带动刀架头和切刀转动进行切粒 　　此机头及装置适用软、硬聚氯乙烯塑料的造粒

续表

序号	名称	结 构 图 示	特点及应用
7	塑料网挤出成型机头	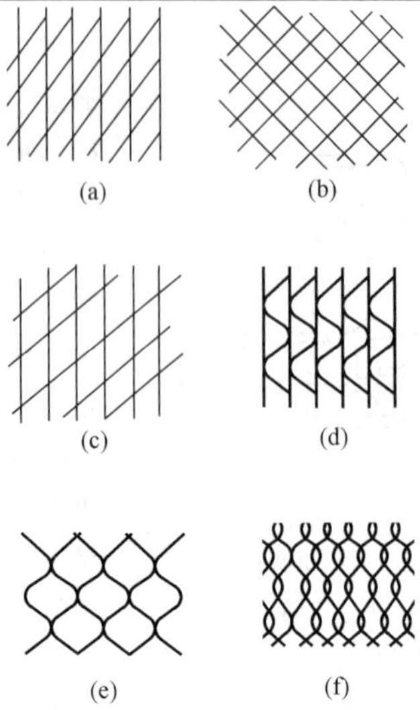 (a) (b) (c) (d) (e) (f) 常见塑料网型	用于纱窗等用途的塑料网的网型有如图所示类型。这些网状塑料制品的成型采用片状塑料网挤出成型机头和圆筒状塑料挤出成型机头
	片状塑料网挤出机头	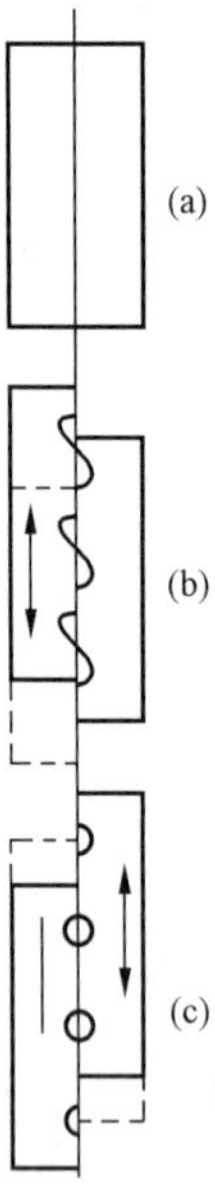 (a) (b) (c) 片状塑料网挤出机头示意	片状塑料网挤出机头由上下两个模唇块组成。在上下模唇分别加工有半圆孔，相互密合，上下模唇（块）都可以单独地或分别地作方向相反的往复运动。当上下模唇产生相对位移时，上下模唇的半圆孔就会有规律地间断的相合，形成完整圆孔，相互分开后又形成半圆孔。当塑料熔体通过此相合的半圆孔时，即形成一段短的圆形线条，但当此半圆不相合时，则形成两条半圆形线条。半圆形线条形成网的网眼，而圆形线条则形成网的"结节"。图（b）为上模唇不动、下模唇做往复运动。图（c）为上下模唇都做相对往复运动。由于往复运动的方向、速度、挤出速度等不同，便可以形成图所示的多种网型

序号	名称	结 构 图 示	特点及应用
7	塑料网挤出成型机头 / 圆筒形塑料网挤出机头	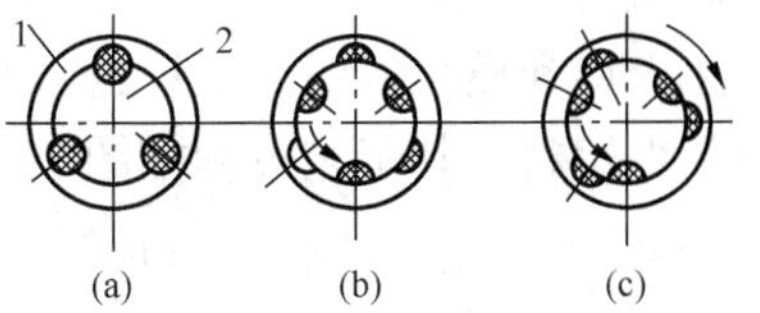 (a) (b) (c) 1—口模 2—芯棒 圆筒形塑料网挤出机头及成型过程示意	圆筒形塑料网挤出机头由芯棒2和口模1组成。在口模和芯棒的密合面分别加工有半圆形的孔，使塑料熔体只能从型孔中挤出成丝。当芯棒与口模产生相对旋转运动时〔图（b）〕，若芯棒不动，口模回转或芯棒与口模都回转〔图（c）〕，那么芯棒和口模分别挤出的半圆丝就会有规律地、间断地相合而形成网结。若改变芯棒与口模的回转方向、速度和挤出速度，便可得到多种形状尺寸的网型制品
	共挤出机头	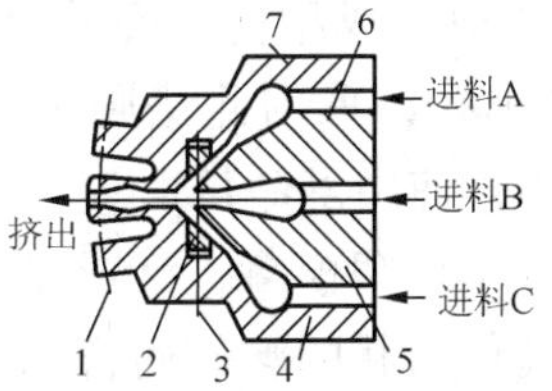 进料A 进料B 进料C 挤出 1—模唇调节螺钉 2—阻流块 3—阻流块调节螺钉 4—下模体 5—下模芯 6—上模芯 7—上模体 三层共挤出板/片材机头	为适应共挤出板/片材需要而开发的一种挤出成型模。它可一次挤出三层复合板/片材，其流道由直歧管组成
8	两级式挤出机用机头	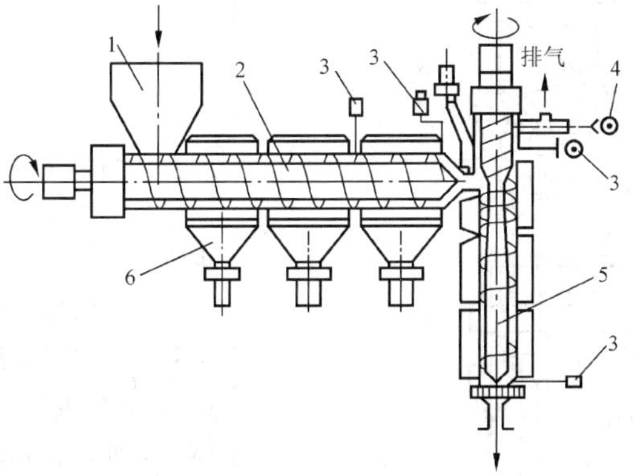 排气 1—料斗 2———级螺杆 3—压力表 4—真空泵 5—二级螺杆 6—冷却风机 两级式挤出机结构	两级式挤出机是由两台单挤出机串联起来的挤出机。这是国外克服单螺杆挤出机难于顾及或满足在同一根螺杆上加料段、压缩熔融段和均化计量段不同的工艺要求的矛盾而研发的一种组合型两级挤出全新工艺。如图示，第一级螺杆的主要作用是输送物料和物料炼塑，经过第一级后，塑料已达到熔融状态；第二级螺杆的作用是将第一级输送来的物料进一步塑化、均化并完成挤出成型 其机头结构则与其他机头结构一样

（三）热固性塑料传递模

热固性塑料传递模又称挤塑模、塑料压注模、塑料压铸模、塑料铸压模。

传递成型是热固性塑料的加工成型方法之一。

其工艺与热塑性塑料的注射成型类似，差别只是塑料在模具中的料腔内受热熔化，而不是在注射机料筒内塑化。其成型过程是：将压塑粉或预压料片加入到闭合的铸压模上的料腔内，使其受热熔化，并在与料腔相配合的压柱（相当注射机的冲头）的压力作用下使熔融的塑料通过料腔底部的注入口和模具的浇注系统进入并充满模具型腔，同时发生化学反应而固化成型，脱模即获得塑料。其工艺过程如图2－103：

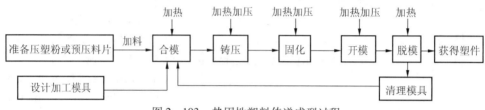

图2－103　热固性塑料传递成型过程

这种成型方法的优点是：①分型面处的飞边薄且易于清除；②塑料能在模具内快而均匀地热透和硬化，因而成型周期短；③适合成型薄、高并有嵌件的复杂结构的塑料件；④当不能用压制法成型的塑件侧壁小孔，采用此法则可避免侧芯的弯曲和变形；⑤所得塑件尺寸精度高；⑥模具的磨损小，使用寿命长；⑦生产效率高。

这种成型方法的缺点是：①所耗塑料比压塑模多；②成型时的压力比压塑成型大；③模具结构比压塑模复杂（指成型同一几何形状的塑件而言），因而模具费用高。传递模的种类、结构、特点及应用见表2－19。

表2－19　　　　　　　　　传递模种类、结构、特点及应用

序号	名　称		结　构　图　示	特点及应用
1	普通传递模	固定式罐式传递模（组合式传递模、三板式传递模）	1—顶出板　2—型腔板　3—凸模 4—限制块　5—浮动板　6—加料室　7—压柱 装在下压式压机上的罐式传递模	在加料室的下方有主流道通向型腔，在罐式多腔模中，由主流道再经分流道浇口通向各个型腔。由加料室和浇注系统、型腔（由凸模/型芯和凹模组成）、脱模机构、加热系统、模体（导向机构和模架等）组成

序号	名称	结构图示	特点及应用
1	普通传递模	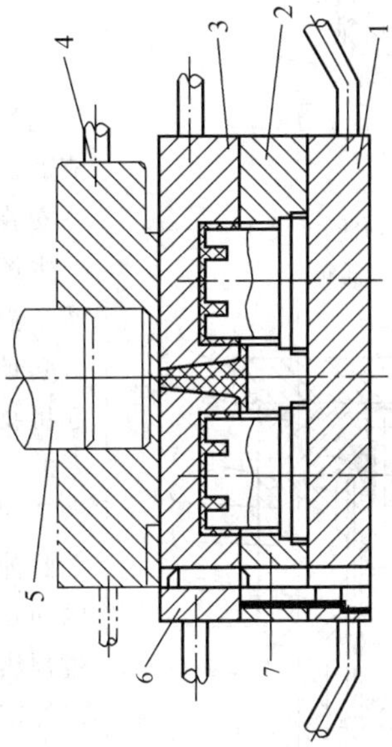 **移动式传递模（料腔式传递模）** 1—下模板　2—固定板　3—模套 4—料腔　5—压柱　6—导柱　7—成型芯 移动式罐式传递模	移动式传递模上面装有一个加料腔，闭模后将定量物料放入料腔4内塑化，利用压机的配合，使压柱5将塑化好的物料以高速挤入模具型腔内，待冷却硬化定型后即可用手工把塑件取出 移动式传递模又称料腔式铸压模，其结构如图所示
		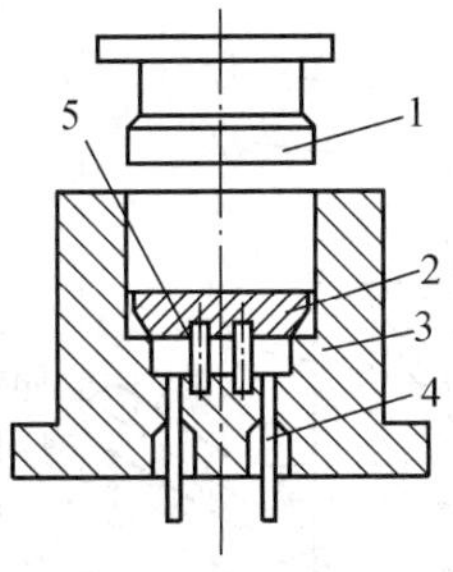 **活板式传递模** 1—压柱　2—活板　3—凹模　4—顶杆　5—嵌件 活板式传递模	此模具通过活板把加料室与型腔分开，即活板以上为加料室，以下为模具型腔。浇口流道开设在活板的边缘。其结构简单，适合在普通压机上进行压注，用于手工操作、压制中小型特别是那些嵌件两头都伸出制件表面的塑料件。如图所示嵌件的一端固定在凹模的孔中，另一端固定在活板上，当塑件在型腔内硬化定型后，通过顶杆把塑件和活板一起顶出即可获得塑件。为提高生产率，可多制两块活板轮流使用

序号	名　称	结　构　图　示	特点及应用
1	普通传递模	柱塞式传递模	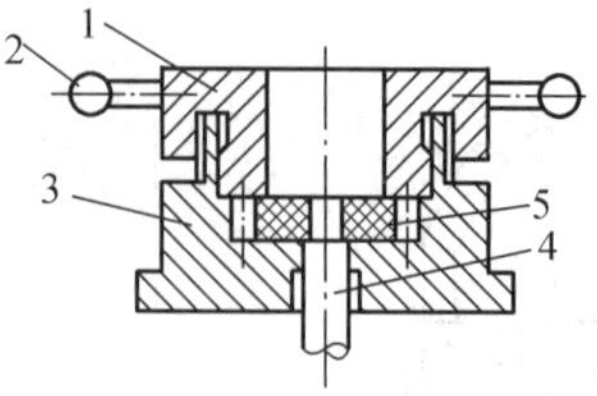 1—压室　2—手柄　3—凹模　4—顶杆（型芯）　5—塑件 单型腔柱塞式传递模 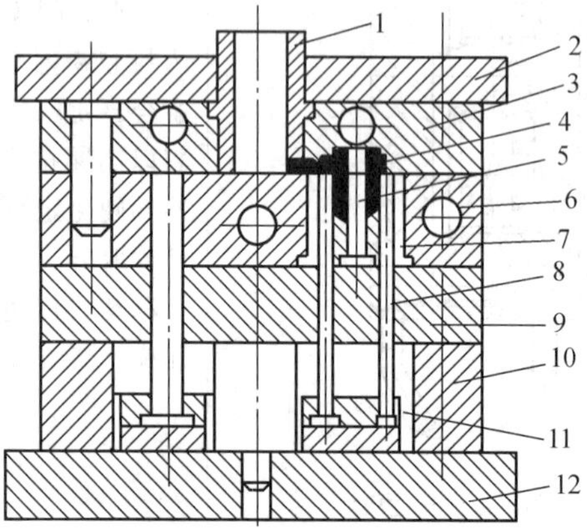 1—加料室　2—上模底板　3—上模固定板 4—塑件　5—型芯　6—下模固定板　7—镶块 8—顶杆　9—下模支承板　10—垫块 11—顶出板　12—下模底板 多型腔柱塞式传递模	此种模具多无主流道，因主流道已扩大为柱形的加料室。它安装在特殊的专用压机上进行生产。此种特殊专用压机有两个液压操作缸，其中一个主缸起锁模作用，另一个辅助缸起将物料推入型腔的作用。前者的压力要比后者大很多，目的是避免溢流事故 此种结构的模具因无主流道的加热作用，因而最好采用经过预热的原料来传递成型 柱塞式传递有单型腔和多型腔两种形式，如图示。由图可知，多型腔柱塞式传递模的进料流道比单型腔柱塞式传递模的更短
2	塑封挤塑模（封装挤塑模）	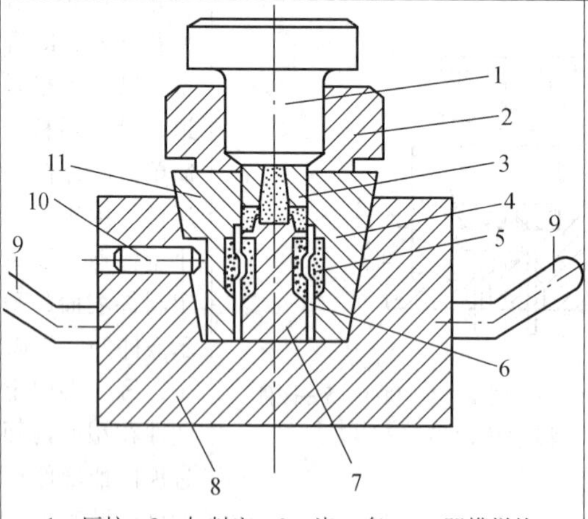 1—压柱　2—加料室　3—浇口套　4—凹模拼块 5—塑件　6—嵌件（待封装件）　7—型芯 8—模磁　9—手柄　10—导钉　11—凹模拼块 移动式封装挤塑模	所谓塑封，是用熔融的黏稠状态的塑料在模具内把金属或非金属的嵌件包容封装起来。塑封挤塑的过程是把待塑封的上述嵌件先装入模内，当熔融的塑料被挤压进模具型腔后，便在嵌件周围环绕充型，硬化后便达到封装（包固）的作用 此种模具实质是一种有嵌件的挤塑模。与一般挤塑模的分别仅仅是装入的嵌件是作为塑件的一个补充部分 封装挤塑成型是类似于前面介绍的装配注射成型的一种封装挤塑成型方法 此种模具有移动式和固定式两种

（四）压塑模

压塑成型是把塑料直接加装在敞开的模具型腔里，再将模具闭合，之后塑料在热和压力的作用下变为熔融流动状态，并充满模具型腔，由于其化学和物理变化而硬化定型获得塑件的方法。它是热固性塑料的主要成型方法之一，也可用于热塑性塑料的成型。其工艺流程如图 2-104：

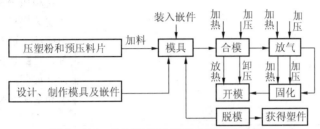

图 2-104　热固性塑料压塑成型工艺过程

压塑成型的优点是：①工艺成熟可靠，已积累了丰富的经验；②比注射成型所用的设备和模具简单，因而上马快、投资省，塑件的成本低；③特别适用于黏性大、流动性差的塑料的成型，而且容易成型大型塑件；④与热固性塑料注射和传递成型相比，塑件的收缩率、变形小，各向性能均匀。

压塑成型的缺点：①生产周期比注射和传递成型法长，生产率低，尤其是厚壁塑件生产周期更长；②不易实现自动化，劳动强度大（特别是移动式压塑模）；③由于模具要加热，常有原料粉尘飞扬，因而劳动条件较差；④塑件常有较大飞边，因而塑件的尺寸精度较差；⑤形状结构复杂的薄壁的塑件难以成型；⑥因模具要承受高温、高压的作用，因而对模具材质要求高且大多还要经过热处理或化学热处理强化；⑦压塑中模具所受振动冲击大，易磨损变形，因而模具寿命较短，一般为 20 万～30 万次。

压塑模的主要种类、结构、特点及应用见表 2-20。

表 2-20　　　　　　　　　压塑模的种类、结构、特点及应用

序号	名　称	结　构　图　示	特　点　及　应　用
1	一般压塑模	溢料式压塑模（敞开式压塑模） 1—上模　2—下模　3—塑件　4—顶出杆 A—下模深度　B—合模面宽　C—分型线 溢料式压塑模	溢料式压塑模没有加料室，模具型腔的高度基本上就是塑件的高度。由于凸模与凹模无配合部分，故压制时多余的塑料容易溢出。合模时，原料压缩过程中挤压面仅产生有限阻力，合模到终点时挤压面才完全密合。因而塑件的密度较低，力学性能也不够好，尤其是模具闭合太快会使溢料增多，既造成原料浪费，又使塑件密度下降。反之，如合模太慢，又

序号	名　称	结　构　图　示	特点及应用
1	一般压塑模	溢料式压塑模（敞开式压塑模）	会使挤压面固化快，使塑件飞边增厚 　这种压塑模制造成本低，便于安装嵌件，但不适于压制布质或纤维填充体积疏松的压塑件，而且上下模全靠导柱定位，无其他配合面，故不宜压制薄壁和厚度要求很均匀的塑料件
		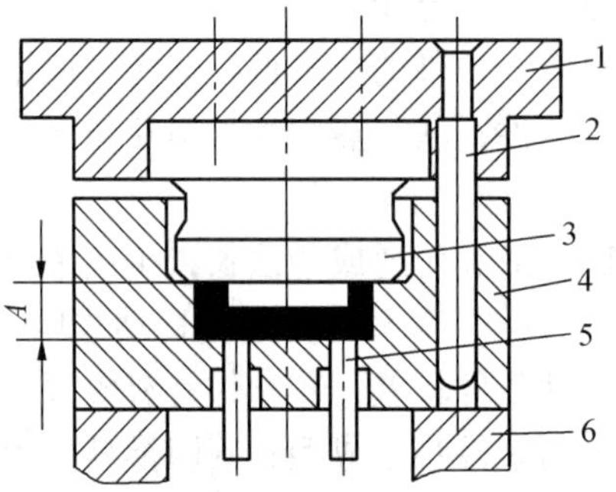 半溢料式压塑模（半密闭式压塑模） 1—上模板　2—导柱　3—压柱（型芯） 4—凹模　5—顶杆　6—垫块 半溢料式压塑模 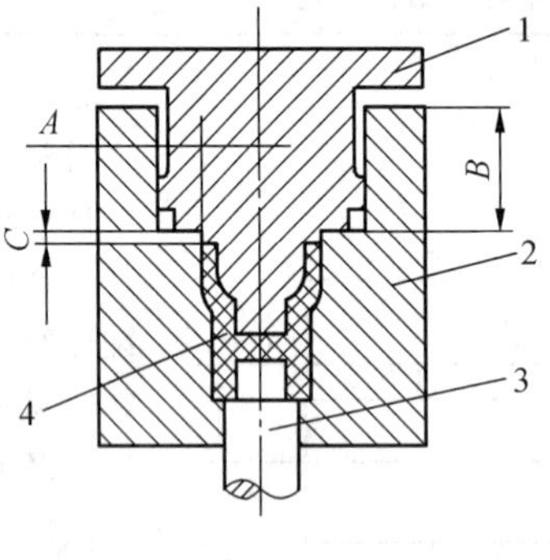 1—上模　2—下模　3—顶出杆　4—塑件 A—合模面宽　B—料腔深度　C—全压部分 半溢（闭）式压塑模	半溢料式压塑模是在型腔上方设计一个断面尺寸比压塑件尺寸大的加料室，而凸模（型芯）与加料室为动配合，加料室与型腔的分界处有环形挤压面，型芯 3 下压到与挤压面接触时为止，塑件便压塑成型。多余的熔融塑料通过配合间隙或在型芯 3 上开设的专门溢料槽排出。溢料速度可通过溢料槽的个数和其间隙大小来调节，以保证压塑件的充型完满和其致密度 　用此种模具生产的压塑件，致密度比溢料式的高，操作方便，加料也只需按体积计量，可压制较深的和断面厚薄相结合的塑料件，产生的垂直飞边也易清除，而且每模所压塑件的深度尺寸也基本一致

序号	名称		结 构 图 示	特点及应用
1	一般压塑模	不溢式压塑模（全闭式压塑模、正压模、全压式压塑模）	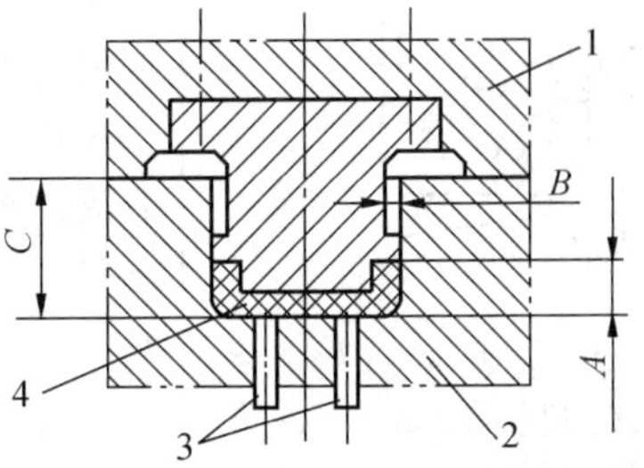 1—上模 2—下模 3—顶出杆 4—塑件 A—下模深度 B—间隙 C—装料空间 全闭式压塑模	不溢式压塑模的结构类似活塞与气缸的结构，由于无合模面，所以全部压力作用于塑料上，使塑件密实、力学强度高。由于凸模（型芯）与凹模配合紧密，因而塑件飞边很少且是垂直方向，使清除也很方便 　　此模具的主要缺点是凸模与凹模反复摩擦，易擦伤密合面 　　用于压制布质充填塑料、比较深的塑件以及形状结构复杂、壁薄、塑料流动性特别差、单位比压高、比容大的塑料件
		带加料板的压塑模	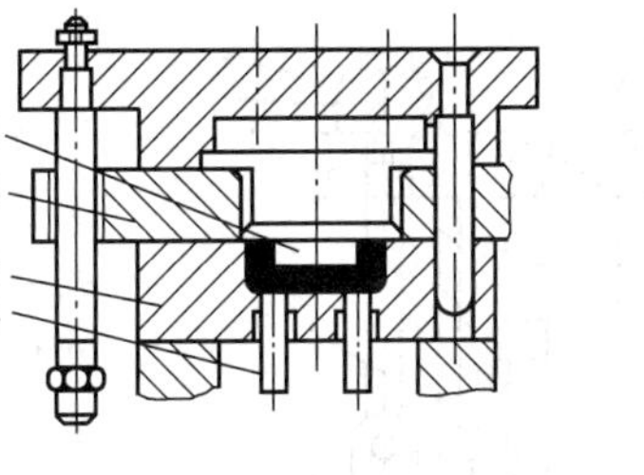 1—凸模 2—加料板 3—凹模板 4—顶杆 带加料板的压塑模	此模具结构介于溢料式压塑模与半溢料式压塑模之间，故兼有这两种结构的优点。它主要由凸模、凹模和加料板组成，悬挂在凸模与型腔之间，它与凹模结合构成加料室 　　该模具比溢料式压塑模优越之处是可采用高压缩率的材料，因而塑件的密度较大；比半溢料式压塑模优越之处是开模后型腔浅，便于安放镶嵌件和取出塑件，也容易清除塑件上的废料边

序号	名 称		结 构 图 示	特点及应用
1	一般压塑模	共用装料室的多型腔压塑模	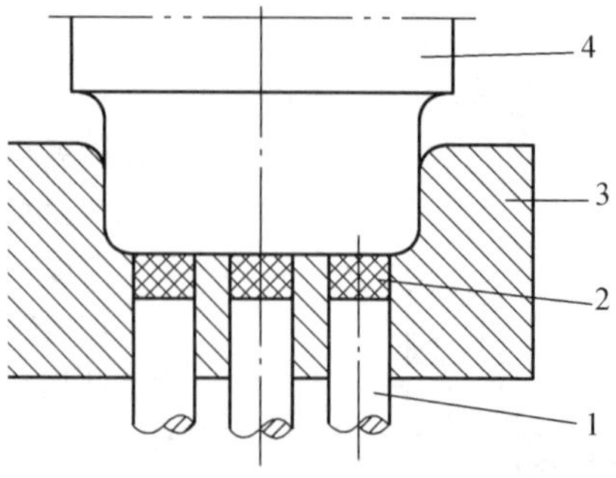 1—顶料杆 2—塑件 3—下模 4—上模 共用装料室的多型腔压塑模	此种压塑模共用一个装料室，一次可压制多个不同质量或不同形状的塑件的模具 此模具结构简单、加工方便且周期短，适用于流动性好的塑料
		单独装料室的多型腔压塑模	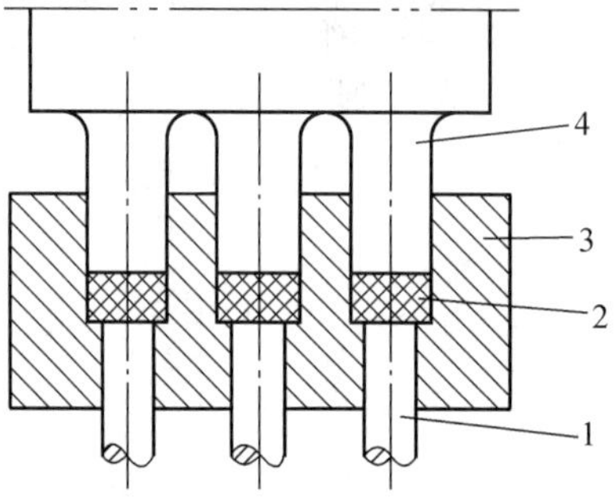 1—顶料杆 2—塑件 3—下模 4—上模 单独装料室的多型腔压塑模	特点是根据不同质量的塑件在单个加料室加料，同时将多个塑件压塑成型。其缺点是模具加工比共用一个加料室的困难，且加工周期长，加料也比较麻烦、费时
2	泡沫塑料压塑模	简易手工操作压塑模（无加热板和蒸汽室的泡沫塑料压塑模）	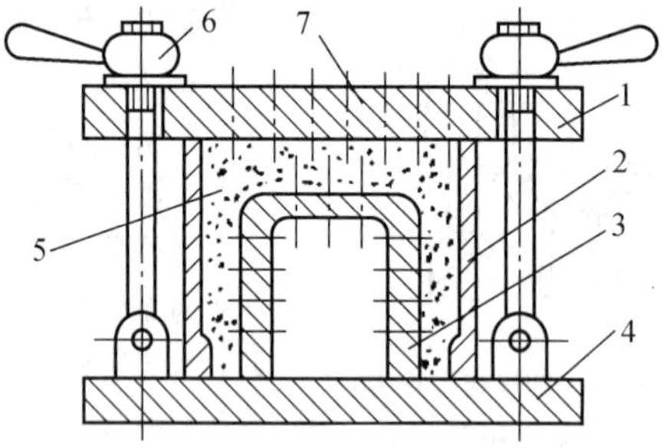 1—盖板 2—围框 3—凸模（型芯） 4—底板 5—塑件 6—螺钉 7—通气孔 简易手工压塑模	该模具本身设有蒸汽室，预先把待发泡的塑料加入模具型腔里，在盖板上设有充填口，同时也开设有通气孔7。型芯上也开设有通气孔，加料后把模具移到箱式发泡机内加热，蒸汽通过上述气孔进入型腔内使塑料受热而膨胀发泡熔合成型，即获得塑件

序号	名　称		结　构　图　示	特点及应用
2	泡沫塑料压塑模	通用蒸汽室压塑模	 1—壳体　2—上气室　3—凹模　4—气孔 5—塑件　6—凸模　7—密封圈　8—下气室 通用蒸汽室压塑模	结构与简易手工操作压塑模差不多，不同的是在台式成型机上装有通用的蒸汽室
		匣式蒸汽室压塑模	 1—壳体　2—上气室　3—气孔　4—凹模　5—凸模（型芯） 6—模板　7—密封垫　8—塑件　9—下气室 匣式蒸汽室压塑模	与通用蒸汽室压塑模一样，都带蒸汽室。因台式蒸汽室外形像匣形，因而得名 此模具的成型塑件的周期较长，因而生产率低，仅适合小批量生产
		随形蒸汽室式压塑模	 1—凹模　2—上气室　3—上气室　4—壳体 5—承压垫　6—底板　7—下气室　8—凸模　9—塑件 随形蒸汽室式压塑模	所谓随形蒸汽室，是指其蒸汽室的几何形状与泡沫压塑件的几何形状一致，其目的是充分利用蒸汽热能和节约蒸汽，并且使塑件冷却也很均匀，生产率也比较高。但模具形状结构比较复杂，加工较难且周期长，成本高，故只适合那些外形内构很复杂奇异且生产量比较大的塑料件

序号	名　称	结　构　图　示	特点及应用
2	泡沫塑料压塑模 加热板式压塑模	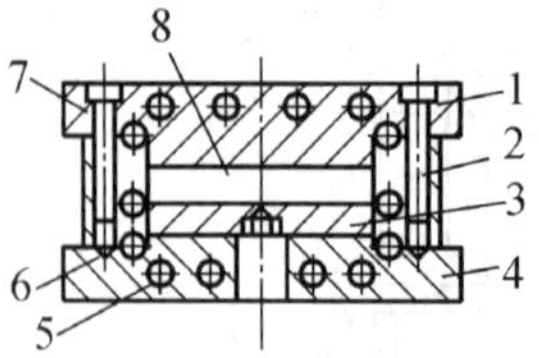 1—上加热板　2—侧加热板　3—底板　4—下加热板 5　加热孔　6—密封圈　7—导柱　8—型腔 加热板式压塑模	这种压塑模有两种形式：移动式和固定式。图示为钻有通蒸汽孔和冷却水孔的固定式压塑模结构。移动式的则靠上下加热板内通入的蒸汽来加热塑料并使其发泡成型 此种模具适用于压制硬泡沫塑料平板
3	热塑性塑料压塑模	模具结构与热固性塑料压塑模基本相同	常用来压制聚氯乙烯塑料鞋及鞋底等塑料件（品）
4	聚四氟乙烯冷压锭模	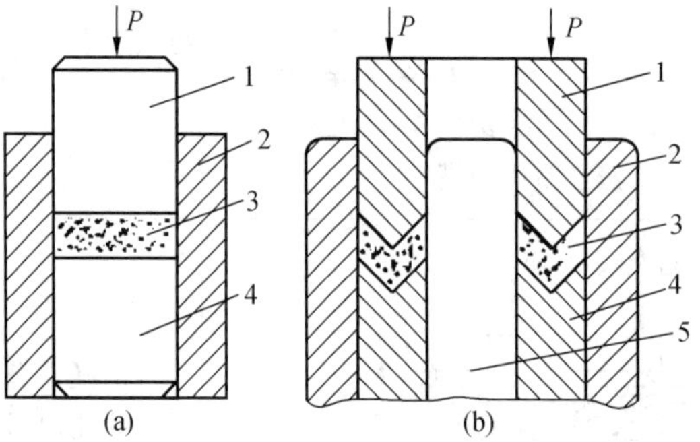 1—上凸模　2—凹模 3—聚四氟乙烯料　4—下凸模　5—型芯	由于聚四氟乙烯在415 ℃时仍具有极高的黏度，因而采用一般的注射、挤出、传递成型的方法都不能使它充型，所以一般都把它预先冷压成坯件，然后烧结成型或再进行机械加工成产品零件或制品 图（a）为压制平板或圆饼的压锭模，图（b）为压制密封环的压锭模

（五）中空吹塑模

中空吹塑成型与前面介绍的胀型工艺类似，只不过加工的对象不是金属钣料，而是半熔融状态的塑料。其成型工艺是把半熔融状态（糊状）的预定型的塑料型坯（属于成型）置于模具内，然后闭合模具，借助压缩空气把此塑料型坯吹胀并贴紧模腔内壁（属于成型），然后冷却，获得一定形状的中空制品。其成型工艺原理如图2-105所示。其所用模具叫中空吹塑模。

这种工艺和模具主要适合加工各类包装容器、玩具、盛装液体的容器（桶、壶、

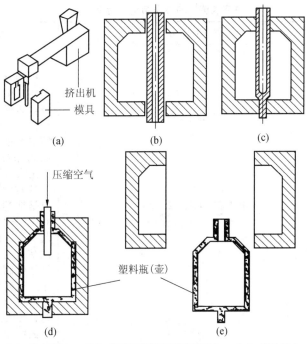

（a）挤出型坯　　（b）将型坯挤压到模具型腔内　　（c）模具闭合

（d）向模具型腔内通入压缩空气使塑料膨胀紧贴型腔壁成型

（e）经保压冷却定型后放气开模、脱模获得吹塑件

图 2-105　中空吹塑成型原理示意

瓶、缸、罐等）等中空制品。适合吹塑成型的塑料有：高压聚乙烯、低压聚乙烯、纤维塑料、聚苯乙烯、聚丙乙烯、聚碳酸酯等，目前用得多的是聚乙烯和聚氯乙烯。聚乙烯无毒且容易加工，聚氯乙烯透明度和印刷性能好且价廉。

中空吹塑模的典型结构如图 2-106 所示。由图可知，中空吹塑模由动模部分、定模部分、切口部分、导向部分、夹坯口、余料槽、排气孔、温度调节系统、脱模机构等部分组成。

中空吹塑成型是塑料成型方法中一种重要的应用和数量多的成型方法。采用此法成型的制品质量轻，强度、透明度好。随着人民生活水平的日益提高，文化艺术、休闲娱乐事业等的发展，食品、家电中的包装容器、玩具等方面的中空吹塑制品将大量增加，因此，此种模具也必将相应大增。国内外各种中空吹塑模的种类结构、特点及应用情况见表 2-21。

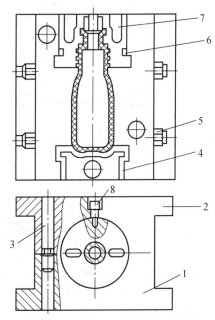

1—动模　2—定模　3—导柱　4—下切口
5—冷却水管接头　6—上切口　7—余料槽　8—螺钉

图 2-106　中空吹塑模结构

167

序号	模具名称	结 构 图 示	特点及应用
1	挤出中空吹塑成型模	模具结构见图2‑106	把熔融塑料用挤出机挤成型坯，并使其沿型管流入中空吹塑模模腔内，然后再闭合模具，并从型管内通入压缩空气把型坯吹胀并紧贴模腔内壁冷却成型，再开模，取出吹塑料 这种模具和成型方法的特点是把塑料挤出成型（坯）和中空吹塑成型（件）结合起来。其优点是设备和模具的结构简单，可较容易和经济地吹制出各种形状奇特的中空塑料制品。但缺点是由于挤压出的型坯壁厚不易均匀，导致最后吹出的塑料制品的壁厚也不易均匀
2	注射‑中空吹塑成型模	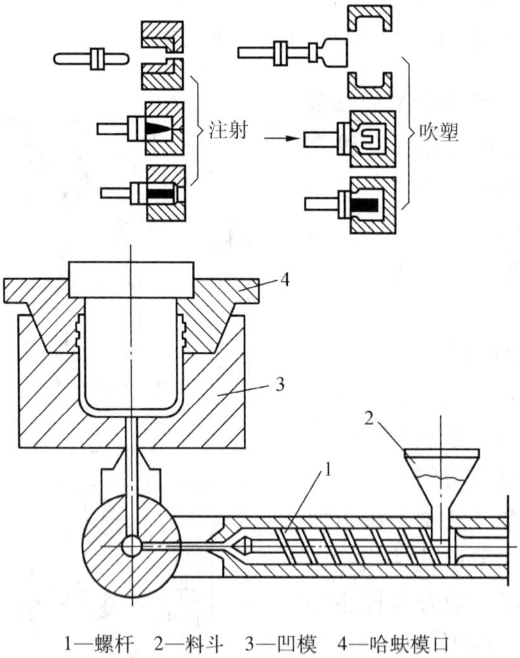 1—螺杆　2—料斗　3—凹模　4—哈蚨模口 型坯注射及中空吹塑成型	注射‑中空吹塑成型原理与挤出‑中空吹塑成型类似，不同的是它是用注射机而不是用挤出机在模具中制成型坯，然后把此热的型坯移入中空吹塑模中进行中空吹塑成型 优点是塑件壁厚均匀，且没有模具拼合飞边，因而不要后加工，塑件强度、生产率高。但模具与设备的投资大，仅适合大批量生产的小型塑料件

序号	模具名称	结 构 图 示	特点及应用
3	注射-延伸中空吹塑成型模	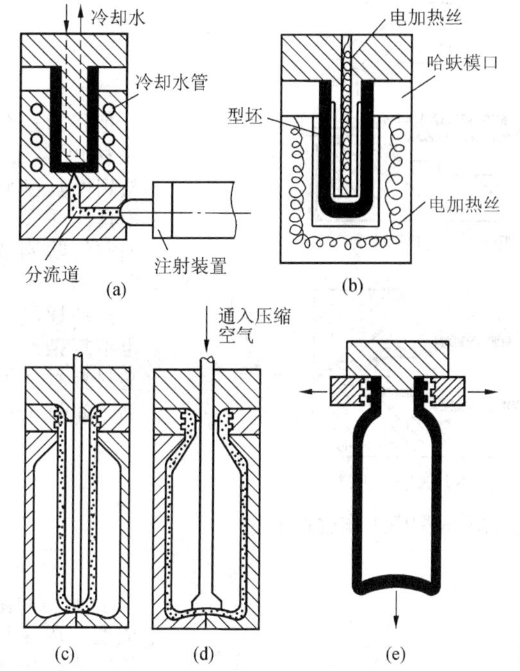 （a）将熔融塑料吹入模具成型有底型坯　（b）型坯加热 （c）延伸有底型坯　（d）吹塑成型 （e）打开哈蚨模口取出吹塑件 注射-延伸中空吹塑成型原理及模具 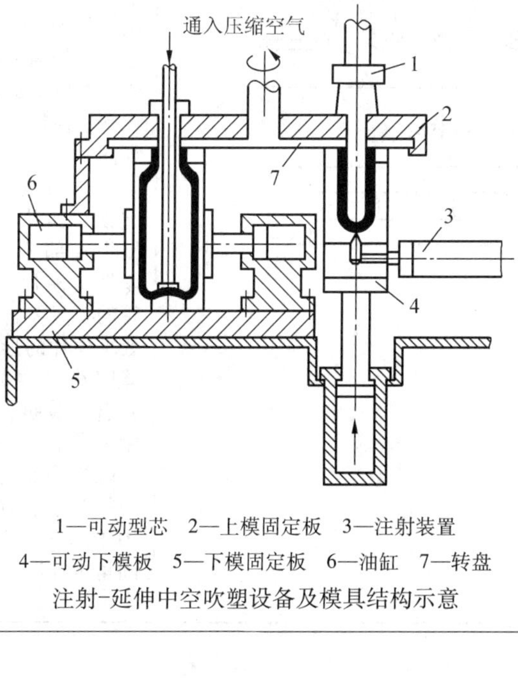 1—可动型芯　2—上模固定板　3—注射装置 4—可动下模板　5—下模固定板　6—油缸　7—转盘 注射-延伸中空吹塑设备及模具结构示意	注射-延伸中空吹塑成型是在注射-中空吹塑成型基础上增加有底的型坯延伸工序。其成型过程如图 　　这种成型设备和模具的结构如图所示。注塑吹塑机在一个转盘上设计有 4 个工位，每个工位要转动 90°。图示工位是注射有底型坯第一工位和延伸吹塑第三工位的状态 　　这种成型方法由于各个工位同时动作，因此生产率高，这种延伸中空吹塑制品的原理和双向拉伸薄膜的原理相同

序号	模具名称	结 构 图 示	特点及应用
4	片材中空吹塑成型模（双片吹塑成型模）	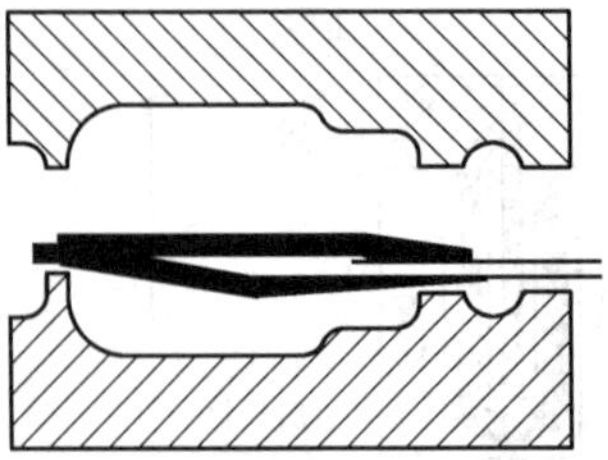 (a) 把已加热的片材放入模具内 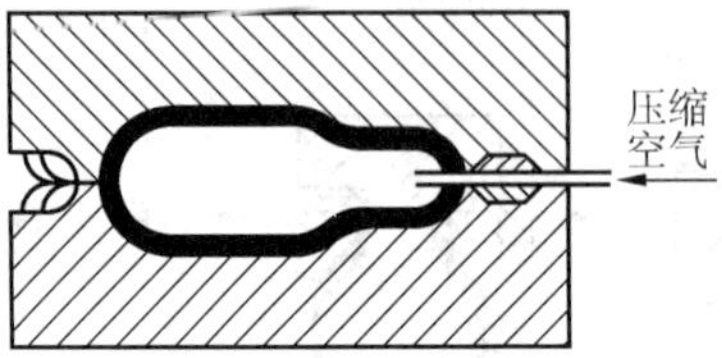 (b) 闭模后通入压缩空气吹塑 片材中空吹塑成型模工作过程示意	把经过压延或挤出成型的片材再度加热，使之软化，放到模具型腔内，然后闭合模具，再从片材之间通入压缩空气吹制成中空制品，如图（a） 此种模具结构简单，加工也不复杂，适合那些可利用塑料板材成型的中空塑料制品，如图（b）
5	环形塑料波纹管吹胀模	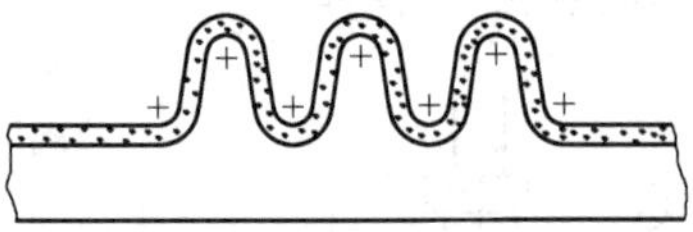 塑料波纹管 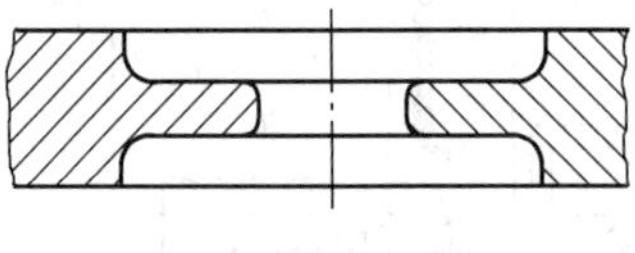 模片	多采用间隙式吹胀成型法成型。在成型前，先要采用挤压或模压等成型工艺制成所需直径、厚度的塑料管。成型时，把管坯加热后放入吹胀成型的模具内，边给管坯轴向施加机械压力，使管坯压缩位移，边从管坯内通入压缩空气，给管坯施加内胀力，使管坯胀贴模具波纹管型腔壁而成型 塑料波纹管形状（剖面图）如图示 塑料波纹管成型模主要由端模、模片、定位销、密封接头4部分组成。其中核心零件是模片，它是形成波纹管的模具零件，其剖面如图，要求模片的形状尺寸精度高，缝隙小（≤0.1～0.15mm），开合、装拆、取件方便，锁紧可靠牢固，不出现飞边 端模为整体非开合件，其内径等于管坯外径，有5°～10°的锥角，以保证密封。其圆角半径尺寸与模片相同

（六）真空及气动热成型模

真空和气动成型统称热成型。它是把塑料板材与凹模之间的空气全部抽走，形成真空负压，把加热过的板材吸入模具或用压缩空气压入模具使之紧贴型腔壁而成型塑料件的方法。

真空和气动成型在方法上略有差别，但原理基本相似，有时单用真空吸附，有时单用气动压附，有时采用二者联合来制作大型薄壁塑件。这种成型方法可避免采用注射法生产大型薄壁塑件需要昂贵的费用及加工周期长的模具和造价高的大型注塑机以及塑件成本高等弊端，而且所得塑件比注射法的壁厚均匀，质量好。

常见真空、气动热成型过程：

1）将热塑性塑料板放置在真空成型模具之上方的夹紧框上并夹紧。

2）推出电加热器对塑料板辐射加热，使塑料板软化。

3）开动真空泵，把模具型腔内抽成真空，形成负压吸附塑料板，或用压缩空气从塑料板上方将其强行压入模具型腔内，使塑料紧贴模具型腔壁而冷却成型。

4）待塑件冷却定型后，停止抽真空或停止吹压缩空气。

5）从模具底下通入压缩空气，使已成型的塑件从模具型腔中脱出，经修整后即获得吸塑件（或压塑件）。

这种成型方法的特点是：①能在短时内高效地加工大尺寸薄壁制件；②所用设备和模具简单、投资少，制件成本低；③不宜加工不同壁厚和带镶嵌件的制件。

真空及气动成型模具按成型方法分类见表2-22。

表2-22　　　　　　　　真空及气动成型模具的品种结构及应用

序号	名称品种	结　构　图　示	特点及应用
1	反面真空吸塑成型模（阴模真空成型模）	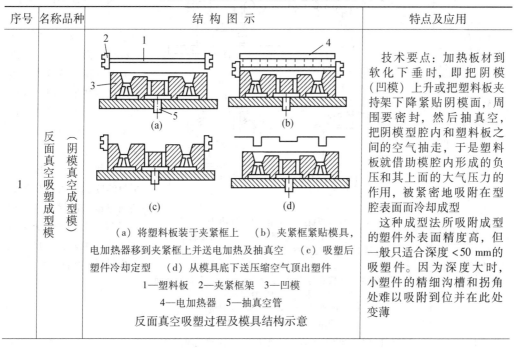 （a）将塑料板装于夹紧框上　（b）夹紧框紧贴模具，电加热器移到夹紧框上并送电加热及抽真空　（c）吸塑后塑件冷却定型　（d）从模具底下送压缩空气顶出塑件 1—塑料板　2—夹紧框架　3—凹模 4—电加热器　5—抽真空管 反面真空吸塑过程及模具结构示意	技术要点：加热板材到软化下垂时，即把阴模（凹模）上升或把塑料板夹持架下降紧贴阴模面，周围要密封，然后抽真空，把阴模型腔内和塑料板之间的空气抽走，于是塑料板就借助模腔内形成的负压和其上面的大气压力的作用，被紧密地吸附在型腔表面而冷却成型 这种成型法所吸附成型的塑件外表面精度高，但一般只适合深度＜50 mm的吸塑件。因为深度大时，小塑件的精细沟槽和拐角处难以吸附到位并在此处变薄

序号	名称品种	结 构 图 示	特点及应用
2	柱塞助推反面成型模（柱塞下推阴模成型模、助压模塞阴模成型模）	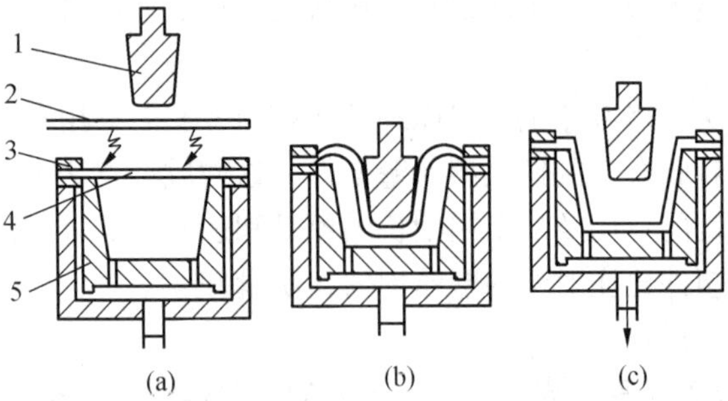 （a）柱塞就位塑料板加热　（b）柱塞下压塑料板 （c）抽真空塑件成型 1—柱塞　2—加热器　3—夹持器　4—塑料板料　5—凹模 柱塞助推反面成型过程及模具结构示意	这是把柱塞助压和真空吸塑并用的成型方法用模具 柱塞下压有使塑料板预先延伸的作用 采用此方法成型的塑件壁厚均匀，适合壳体深度比较深的塑件的成型 其缺点是塑件上残留有柱塞的压印痕迹
3	带有气体缓冲装置的反面成型模（气胀阴模真空回吸成型模）	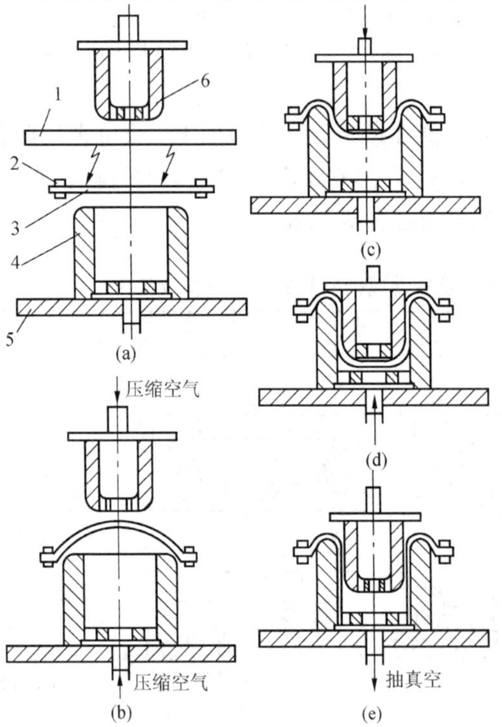 压缩空气 压缩空气　抽真空 （a）柱塞板材夹持架就位并加热板材 （b）阴模上升（或板材、柱塞下降）与板材接触密封 并从上下通入压缩空气 （c）柱塞下压并吹入热空气 （d）柱塞再继续下降并停止吹压缩空气板材被覆贴型腔表面 （e）柱塞提起，塑件冷却成型 1—电加热器　2—夹持架　3—塑料板坯 4—阴模　5—模板　6—柱塞 带有气体缓冲装置的真空吸塑成型过程及模具结构	这是结合使用柱塞助压和压缩空气施压的成型方法成型塑件用模具 其成型过程如图示。它是在塑料板加热后，从阴模下面通入压缩空气，把塑料板坯向上吹鼓，同时从上面下移的柱塞内吹入已加热的压缩空气，在柱塞逐渐下降把板坯压入阴模型腔内的同时停止吹压缩空气，并从阴模下面抽真空，利用柱塞的助压和型腔的内负压力把板坯紧紧地包覆在阴模型腔表面并冷却成型。此种成型方法适合深度较深、尺寸大和板料厚的塑件成型

序号	名称品种	结 构 图 示	特点及应用
4	反面气动成型模（吹胀成型模）	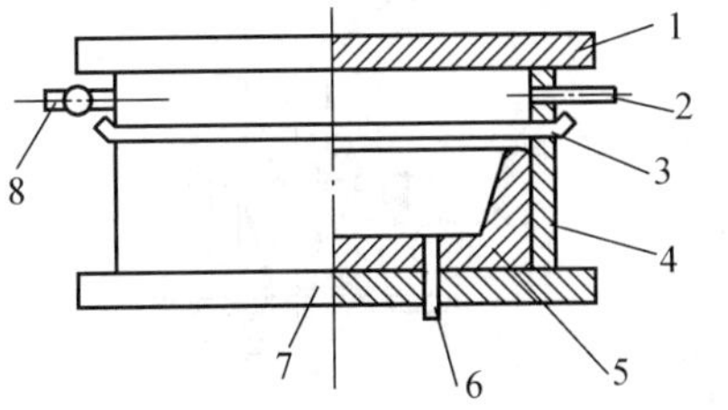 1—上盖 2—气管接头 3—塑料板 4—模套 5—凹模 6—排气孔 7—下模板 8—排气阀 反面气动成型过程及模具	由气管接头 2 内通入压力为 0.3～0.6MPa 的压缩空气，把已加热的塑料板强行压入凹模 5 的型腔内，使之紧密包覆型腔表面而冷却成型，然后卸去上盖，并从排气孔 6 内通入压缩空气，把塑件顶起 这种成型方法适合成型尺寸、深度较深的塑件
5	模压真空成型模 凸模不带通气孔的模压真空成型模	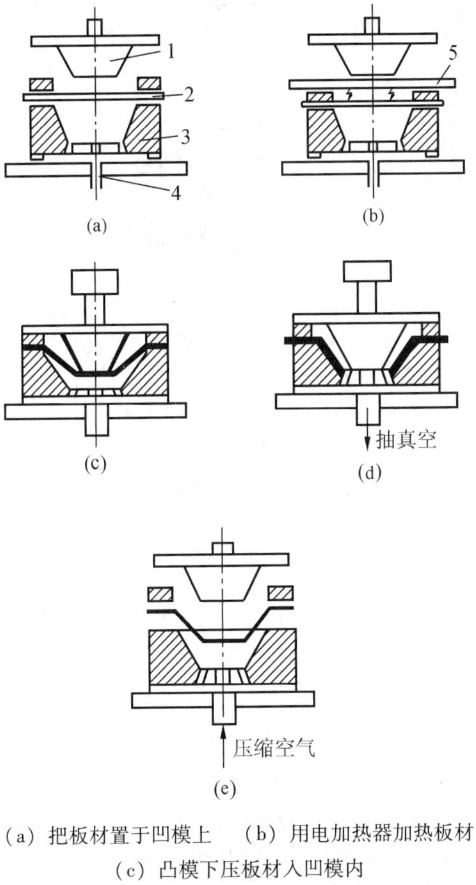 （a）把板材置于凹模上 （b）用电加热器加热板材 （c）凸模下压板材入凹模内 （d）凹模抽真空将板材吸附凸模成型 （e）从凹模下面通入压缩空气顶出塑件 1—凸模 2—板材 3—凹模 4—气管 5—电加热器 凸模不带通气孔的模压真空成型模	这是在反面真空吸塑成型法的基础上发展起来的一种凸模不带通气孔的成型法用模 这种成型方法是凸模助压与真空吸塑并用的方法，适合生产壳体深度大、板料厚、尺寸大的塑料件 成型时，先将板材夹紧在夹持框上并用电加热器 5 加热板材，通过气管 4 抽气，然后凸模下降，将加热软化的塑料板材 2 压入凹模型腔内，使板材贴紧凹模型腔面而冷却成型。然后从气管 4 通入压缩空气将塑件顶出凹模

序号	名称品种	结 构 图 示	特点及应用
5	模压真空成型模	凸模带通气孔的模压真空成型模	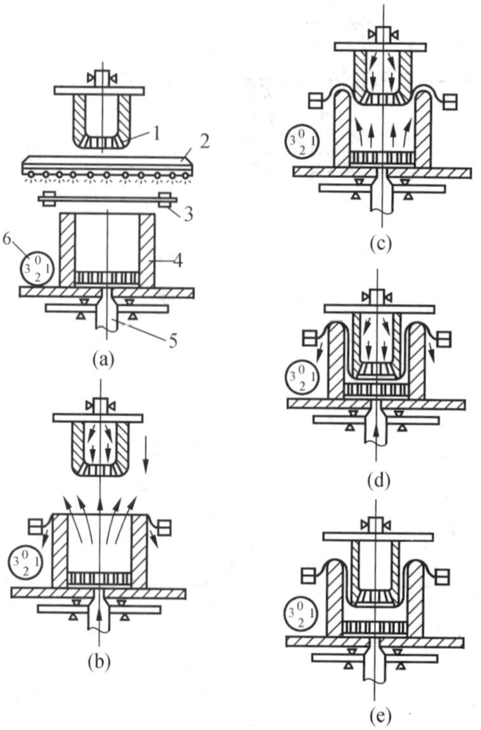 1—凸模　2—加热装置　3—板材　4—凹模　5—气管　6—压力表 模压真空成型（凸模带通气孔）	主要用于较深塑件的成型。成型时，将板材 3 夹紧在夹持框上，并用加热装置 2 对板材进行加热，通过气管 5 往凹模 4 内吹入压缩空气，在压缩空气的作用下，使板材张紧［如图（b）］，凸模 1 下降，同时通过小孔送入热的压缩空气，使板材压向凹模［如图（c）］，凸模继续下降到图中（d）所示状态，然后凸模回升，再从气管 5 通入压缩空气把塑件顶出凹模获得塑件
6	正面真空吸塑成型模	阳模真空吸塑成型模、覆盖真空成型模、扣覆真空成型模	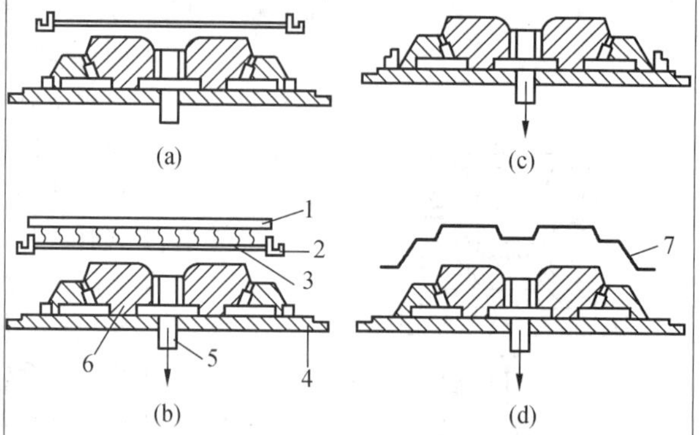 （a）把塑料板夹持在模具上方的夹持架上 （b）塑料板在模具上方被加热并从气管抽真空吸塑 （c）塑料板被吸附在凸模上冷却成型 （d）从模具底下送入压缩空气顶出吸塑件 1—电加热器　2—夹持架　3—塑料板　4—下模板 5—气管　6—凸模　7—吸塑件 正面真空吸塑过程及模具结构示意	把塑料板预先夹紧在凸模上方并加热板材，然后顶起凸模或把塑料板下降，使两者四周贴紧密合。然后从凸模底下抽真空，把塑料板与凸模之间的空气抽走形成负压，并借助塑料板上方的大气压力，把塑料板吸附并包覆在凸模型面上冷却成型，最后卸走夹持架，解除真空，并从凸模底下气管接头通入压缩空气把吸塑件顶起 适合凸起形状的薄壁塑件，如电冰箱内胆等深度 >50 mm 的形状复杂、要求尺寸较为精确的吸塑件的成型

序号	名称品种	结 构 图 示	特点及应用
7	阴、阳模先后抽真空成型模（阳模真空回吸成型模）	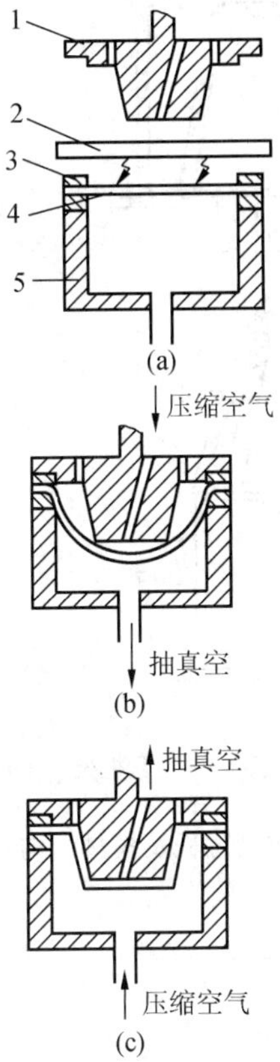 1 2 3 4 5 （a） ↓压缩空气 抽真空↓ （b） ↑抽真空 压缩空气↑ （c） （a）塑料板加热、阳模吹空气、阴模抽真空 （b）塑料板被吸覆在阴模模腔内，阳模下压 （c）阴模通压缩空气、阳模抽真空使塑料板吸附在阳模 　　外表面成型 1—阳模　2—加热器　3—夹持架　4—塑料板　5—阴模 阴、阳模先后抽真空吸塑成型过程及模具结构	把已加热的塑料板先用阳模吹气，结合阴模抽真空，把塑料板吹鼓，并用阳模外缘与阴模外缘对合，把塑料板压紧使周围密合，然后再阳模抽真空，同时从阴模底下往上吹入压缩空气，使塑料板紧紧包覆在阳模表面冷却成型 　由于成型前塑料板已被吹鼓延伸，因此所得塑件壁厚均匀，加上阴、阳模先后抽气和抽真空并用，作用力大，很适合形状复杂、深腔的大尺寸壳体塑件的成型

续表

序号	名称品种	结 构 图 示	特点及应用
8	气动预先张紧的正面成型模	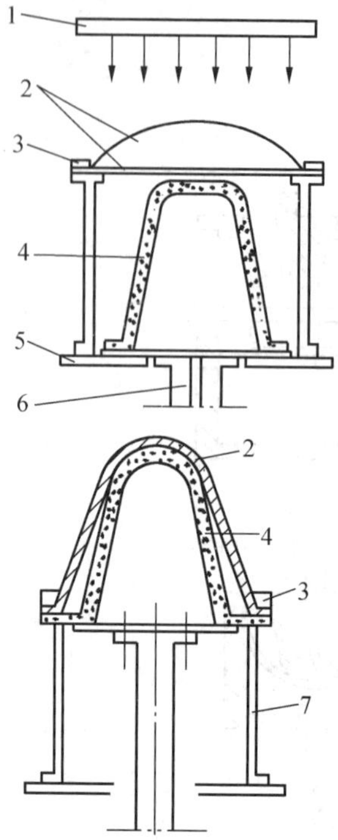 1—加热器　2—塑料板　3—夹紧框架 4—凸模　5—下板　6—气管　7—支架 气动预先张紧的正面成型过程及模具结构	气动预先张紧的正面成型法与前面阴、阳模先后吹气抽真空成型法类似，都是在成型之前把加热的塑料板先张紧（吹鼓） 　　当板材被加热到软化温度时，通过气管6吹入热的压缩空气使板材预先张紧。此压缩空气的压力和温度应可调整，以防板材被过度张紧而报废，当板材被适度张紧后，使凸模4上升，对已张紧的板材实行机械预紧，接着从气管内把凸模内的空气抽走，板材便在大气压力作用下回吸并紧紧覆贴在凸模型面上而冷却成型。此法成型的塑件应力分布和壁厚都较均匀，适合成型那些壳体深度大、形状复杂的大尺寸的吸塑件
9	带有气体缓冲装置的正面成型模（气胀阳模真空回吸成型模）	成型过程及所用模具、设备见本表序号3	这种成型法的过程和所用设备、模具与带有气体缓冲装置的阴模成型类似，不同的是把其柱塞换成阳模，把图（e）的阴模（柱塞）不升起而是进行抽真空回吸，使塑料板包覆在阳模上并冷却成型。阳模上没有冷却系统

176

序号	名称品种	结 构 图 示	特点及应用
10	吹气真空成型模 （推气真空回吸成型模）	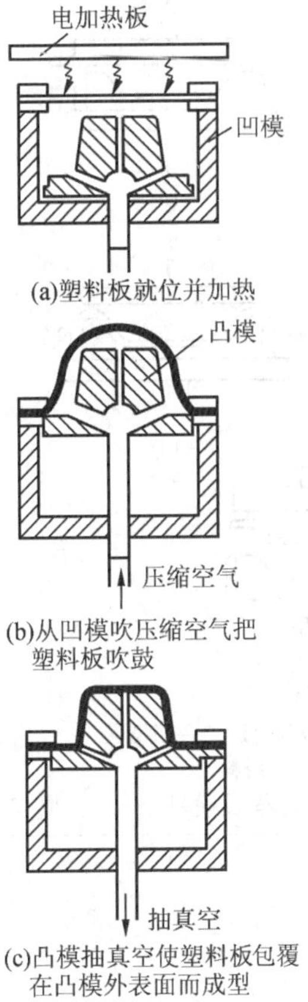 电加热板 凹模 (a)塑料板就位并加热 凸模 压缩空气 (b)从凹模吹压缩空气把塑料板吹鼓 抽真空 (c)凸模抽真空使塑料板包覆在凸模外表面而成型	这种成型法与序号7所述阴、阳模先后抽真空成型法类似，所以也适合塑件壁厚要求均匀的深腔、大尺寸厚壁吸塑件
11	真空发泡成型模	模具结构与真空成型模相似	这是将发泡的塑料片材放入真空成型模内，通过加热片材和模具抽真空，把已发泡的塑料片材吸入模具型腔而制得快餐食具、器皿、杯子、果品容器及包装用品等泡沫塑件

177

序号	名称品种	结 构 图 示	特点及应用
12	塑料薄板的气压拉深成型模	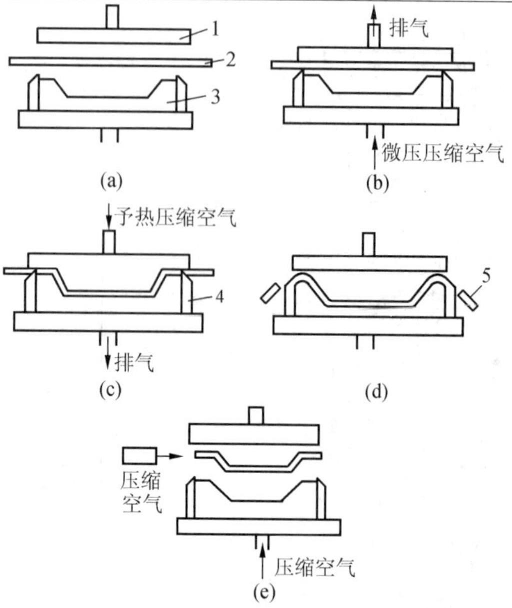 **阴模气压成型模** (a)　(b) (c)　(d) (e) 排气　微压压缩空气 予热压缩空气　排气 压缩空气　压缩空气 1—电加热板　2—塑料板　3—凹模 4—切刀　5—余料 凹模气压成型过程及模具	借助压缩空气的压力把加热软化的塑料板压入模具型腔而冷却成型。图（a）为开模状态，电加热器和塑料板已就位于模具上方。图（b）为将电加热器和塑料板与模具接触密合（电加热器及塑料板下降或模具上升），从模具底下送入压缩空气，并从电加热器上抽气。图（c）表示从模具底下抽气并从电加热器吹入预热的压缩空气，使塑料板下塌被吸入模具型腔表面。图（d）表示电加热器再稍下降，由模具两边的切刀把多余的板料切除。图（e）表示将加热板上升并从模具底下吹入压缩空气，把塑件从模具内顶起，同时从侧面吹入压缩空气，使塑件冷却
		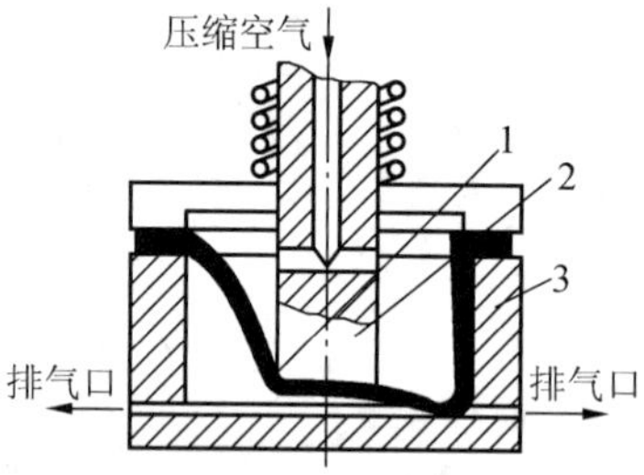 **带有柱塞的阴模压缩空气成型模（助压阴模压缩空气成型模）** 压缩空气 排气口　排气口 1—塑件　2—柱塞　3—型腔 柱塞助压的凹模气动成型模	利用压机的柱塞（相当凸模）下压已加热的塑料板到阴模型腔内，当柱塞法兰缘与阴模接触密合后，柱塞把塑料板拉深预成型（如图左半部分所示形状），然后再从柱塞内吹0.8 MPa的压缩空气，使塑料板吹胀并紧紧贴合到阴模型腔壁而成型（如图右半部分所示形状） 这种成型方法和模具适合壳体深、壁厚、尺寸大的塑件的成型

续表

序号	名称品种	结 构 图 示	特点及应用
12	塑料薄板的气压拉深成型模 / 阳模气压成型模	模具结构参看阴模气压成型模	成型原理、模具结构与阴模气压成型类似，只是模具型腔方向与阴模气压成型模相反，适合的塑件也差不多

（七）其他塑件（或制品）成型模

其他塑件（或制品）成型模还有很多种类，限于篇幅，选择常用的列于表 2-23。

表 2-23　　　其他常用塑件（或制品）成型模的种类、结构、特点及应用

序号	种类或名称	结 构 图 示	特点及应用
1	塑料薄材模压成型（对模拉深成型模，对型拉深成型模）	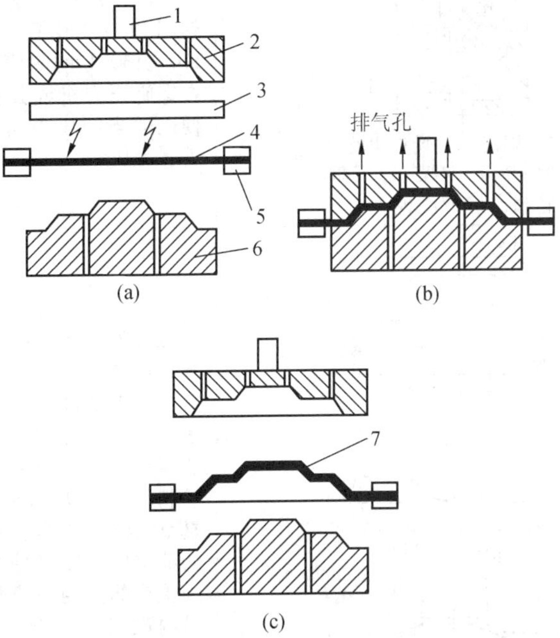 排气孔 （a）加热坯料　（b）对模拉深成型　（c）脱出塑件 1—压柱柱塞　2—阴模　3—加热器 4—塑料片材坯料　5—夹持器　6—阳模　7—塑件 塑料板模压拉伸成型工艺过程	这是直接采用两个相互咬合（吻合）的阴（凹）模和阳（凸）模把加热的塑料板压成所需形状塑件用的模具。由图可知，这是先把塑料板材坯料夹持在夹持器移到阴、阳模之间对好位置，再把加热器 3 移到塑料板材坯料上方对塑料坯料加热，当塑料坯料中间软化下垂时，移走加热器，使阴模 2 下降或使阳模 6 上升，直到阴、阳模合拢，在合拢过程中自动把模具型腔和塑料坯料之间的空气从阴、阳模的排气孔挤出，于是阴、阳模便把此塑料片材坯料模压成塑料件，经稍作冷却后分开阴、阳模，脱出塑料件，经整修即得所需塑件（或制品）

续表

序号	种类或名称	结 构 图 示	特点及应用
2	塑料管材扩口模	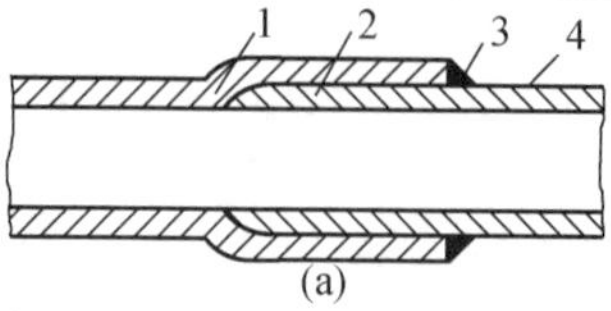 1—管材承口 2—黏接剂 3—焊缝 4—插口 管材承插连接形式 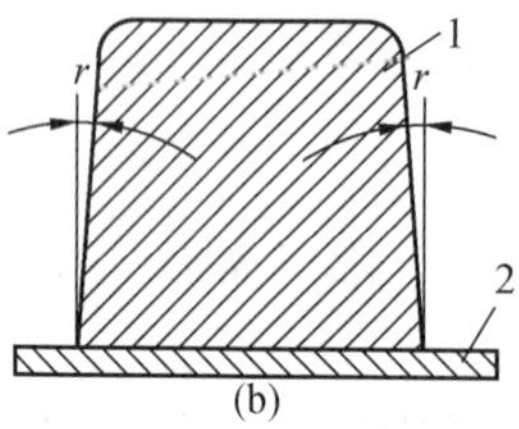 1—凸模 2—支座板 扩口模	塑料管连接多采用插接法，其连接结构形式如图（a）。承接口的扩口一般采用热胀法。管材扩口模的凸模用金属材料车制，直径比管径大 0.2～0.4 mm，外圆应有锥度，并要将其固定在支座板上，如图（b）。成型时，先将凸模预热到100 ℃左右（对聚氯乙烯管可直接将管材一端浸入140 ℃的油浴中，对聚丙烯管则要采用170 ℃的油浴），等管材加热变软后，立即取出并套在凸模上，同时不断旋转冷却直到尺寸规格符合要求。当达到所需形状尺寸后，即在插接口一段内壁和插口段外壁涂上黏结剂，之后将其相互插入连接，并在两管连接处的管口施以塑料焊焊牢
3	塑料异形管成型模	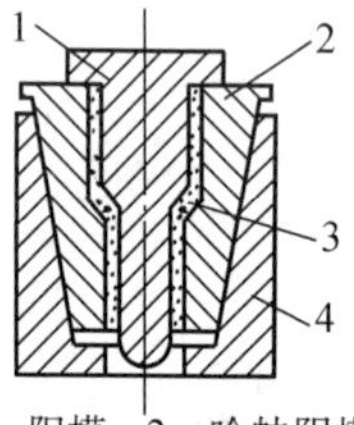 热冲压法成型模 1—阳模 2—哈蚨阴模 3—坯料 4—夹模座（模套） 塑料管材凸肚成型模工作示意	热冲压法成型是先把塑料管坯加热到120～130 ℃，再置已加热至110～130 ℃的阴模内。之后，阳模在螺旋压力机或其他压力机作用下便以适当的压力向下冲压，使塑料管胀大成型
		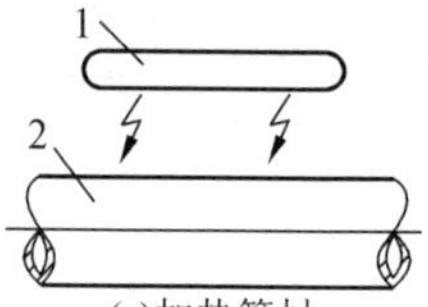 真空法成型模 (a)加热管材 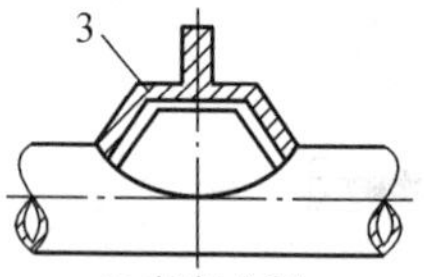 (b)真空成型 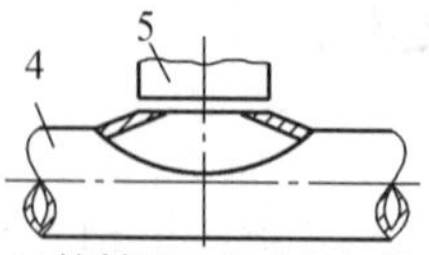 (c)管材引出部分的切除 1—电加热器 2—管坯 3—模具 4—塑料件 5—切除余料 真空法成型模工作示意	这是为制作塑料三通管而先得到开孔管件的开口处的成型方法用模具。其成型过程如图所示：将管件想要开孔的部位用电热器或红外加热器加热到一定温度（如硬聚氯乙烯制品为 110～130 ℃），之后将抽真空的模具 3 紧扣在此管材已加热的部位上，接着抽真空，于是管材的受热部分便被模具吸入型腔向阴模内鼓（凸）起，待成型冷却后，取下模具3，从管材鼓（凸）起部位切去一部分，便得到开孔管件 采用焊接或黏接法即可用此开口部位与支管连接制得塑料三通管

180

序号	种类或名称		结 构 图 示	特点及应用
4	塑料层压模（层合模、叠层模、叠压模）	高压层合模	平铺层合模	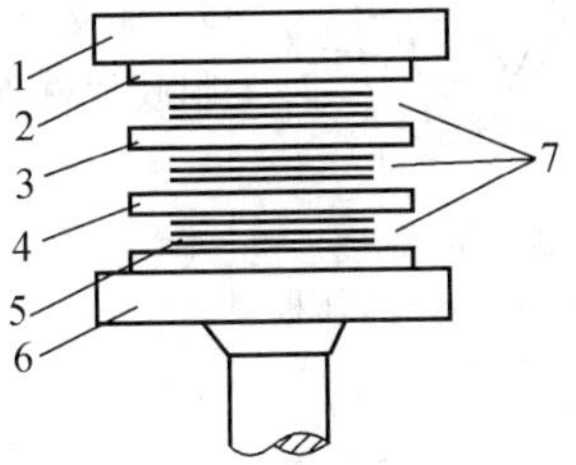 1—上工作台　2~5—镜面研磨平板 6—下工作台　7—附胶片材 多级式层合模工作示意	塑料层压是指把纸张、棉布、玻璃丝织布、石棉纸等板片状材料经浸或涂敷树脂黏结剂后（即称为附胶片材），再经层叠、加热、加压而制得高密度坚实的板、管、棒等形状的制品的加工方法。塑料层压按层合方式不同，可分为平面层合和卷绕层合（辊压）。前者用于平板的层合，后者用于管或棒材的层合。根据层压时所施压力的大小，又可分为高压层合模和低压层合模 　高压层合是把浸渍有某种树脂并经干燥的上述材质的板材裁切成所需尺寸规格并按所需层压厚度重叠起来夹在研磨成镜面的不锈钢或电镀钢板中间，用多级式压缩成型机加热并加压到 4.9 MPa 以上（通常为 10 ~ 30 MPa）使树脂发生固化而制得层压板的一种成型方法。它有平铺层合、对拼层合、卷绕辊压层合、板材的连续压合等多种成型方法 　平铺层合是用经研磨的校平的金属平板（不锈钢板或电镀的碳钢板）作为压合平铺叠合的附胶片材的模具，在压机上通过同时加温加压使叠层固化而制得板状层合板
			对模（型）层合模	这是把数层附胶片材先叠在一起，然后采用本表序号 1 图示的对模拉深成型模来成型各种非平板状的层合制品或零件

序号	种类或名称		结 构 图 示	特点及应用
4	塑料层压模（层合模、叠层模、叠压模）	高压压层合模	卷绕辊压层合模 1—大压辊　2—管芯　3—后支承辊　4—前支承辊 5—导向辊　6—张力辊　7—胶布卷　8—加压板 卷绕辊压模工作示意	这是把附胶片材搭在管芯2的圆表面，随其旋转进入辊1、2、3、4之间的间隙内，在大压辊1和后支承辊3、前支承辊4的强力旋压下把多层附胶片材压合成层压管材
			板材的连续层压模 1—玻璃布　2—玻璃毡　3—树脂浸槽 4—挤液辊　5—滑槽　6—玻璃纸　7—通道 8—加压辊（模）　9—烘房　10—卷取辊 玻璃布/毡板材连续生产模工作示意	这是把玻璃纤维布、玻璃纤维毡及玻璃纸连续压合成可卷绕的板材的成型方法。其成型过程如图示。玻璃布1和玻璃毡2被牵引往右拉，经过聚酯槽后便在表面浸沾有黏结剂聚酯液，再经过挤液辊，把所浸沾的聚酯刮得薄而均厚，然后与玻璃纸6会合并相互粘连，经通道7后两个加压辊（模）8间被压合，再经烘房9加热，便热合成有绕性的层合玻璃纤维板卷绕在卷取辊10上

序号	种类或名称			结　构　图　示	特点及应用
4	塑料层压模（层合模、叠层模、叠压模）	低压层合模			低压层合是用橡皮袋等弹性施压物与刚性模具配合作用来层压上述材质的制品及层压人造或纸基壁纸等制品的加工方法。它与高压层合相比，层压的制品在外观和强度上稍差，但不需要高档设备，且可制作大尺寸的制品，对增强材料的损伤小，适用于固化时不产生挥发性副产物的不饱和树脂等制品的成型
			真空层合模	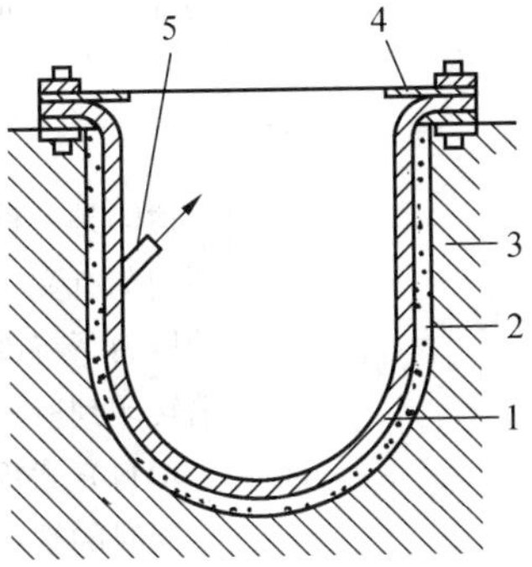 1—橡皮囊　2—层合物　3—阴模 4—盖板夹具　5—抽真空管 真空层合模工作示意	图示为层合柔性板料的模具和其他器物的组合图。其成型过程是：先用夹具将要层合的附胶片材铺贴在阴模内壁，然后套入橡皮囊，并用盖板夹具与阴模夹牢固并密封，再开动真空泵从抽真空管5中把橡皮囊与阴模之间的空气抽走，形成负压，这时要层合的附胶片材由于受到橡皮囊内大气压力而把其强行压覆在阴模型腔内壁，然后将此成型装置移入加热室内，附胶片材便按阴模内腔壁的形状固化成型，脱模后即制得壳形层合制品 成型前，为防止橡皮囊与层压制品粘连在一起难以脱模，可在其中间粘贴一层玻璃纸。此种成型法适合成型深腔制件
			气压层合模	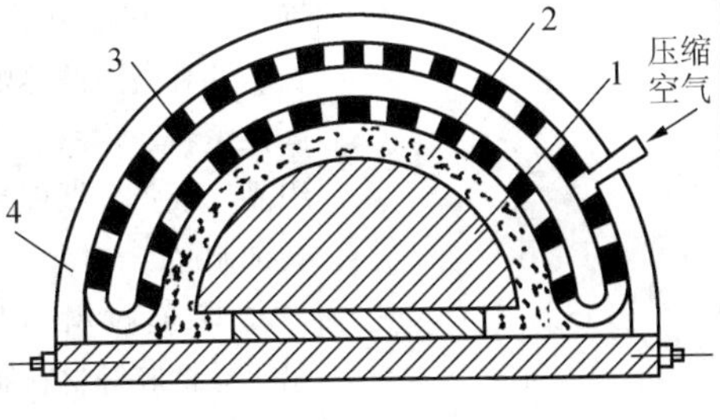 1—阳模　2—层合物　3—橡皮囊　4—扣罩 气压层合模工作示意	先把附胶片材放入阳模表面叠铺好，然后放入橡皮囊，再扣上扣罩并紧密封，然后从橡皮囊的抽气管中通入 0.4~0.5 MPa的压缩空气，橡皮囊便把附胶片材沿接触面均匀地压贴在阳模型面上，经加热固化，便成型所需制件

序号	种类或名称			结 构 图 示	特点及应用
4	塑料层压模（层合模、叠层模、叠压模）	低压层合模	橡皮柱塞柔性热压器式层合模	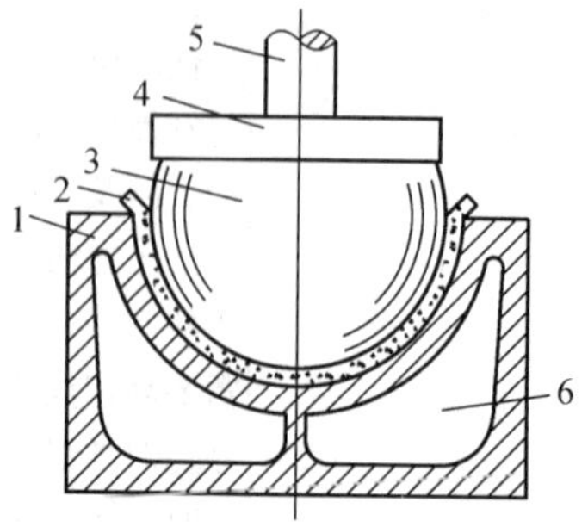 1—阴模　2—层压制品　3—橡皮柱塞 4—压机压板　5—压机柱塞　6—蒸汽通道 橡皮柱塞柔性热压器式层合模工作示意	用柔性橡皮柱塞代替上述皮囊来对层合叠铺片材进行施压层合成型的方法。其工艺是首先把树脂等黏结剂涂刷在玻璃纤维布等要层合的片材上，再在其上铺贴一层玻璃纸等薄片材料，将它们放置在阴模上，开动压力机，即可使橡皮柱塞缓慢下行，把层合叠铺片材压入阴模型腔内，并各点均匀施以 0.35～0.7 MPa 的压力，使层合叠铺片材紧紧贴覆在阴模型面上。接着受到进入阴模夹套内的蒸汽的加热固化而成型层合制品
5	塑料烫印模				烫印是一种特殊的层合工艺，它是利用刻有文字或图案的热模具在一定的压力下将烫印材料上的薄层彩色铝箔转印到所需装饰的基体材料（通常为塑料）表面的加工方法 　现时的塑料烫印是从传统的烫金工艺（把类似图章的紫铜模具加热后施压，将烫印箔表面的电化铝薄膜印入并贴合在所要装饰制品的表面）基础发展起来的，它已大大超出烫金的传统的狭义概念，已由字模烫印发展到挠性大面积烫印，已成为当今装饰塑料制品的一种既漂亮又简单经济的装饰工艺。它能获得款式多、持久性长、外观亮丽的热塑性塑料及部分热固性塑料、木材、书面布、皮革、纺织品、纸张、纸板及涂漆金属等多种装饰制品 　烫印模材料可用黄铜、钢、锌、铅、硅橡胶等材料制作 　烫印方法有平板式、辊压式、多面连续式等形式，分别介绍如下

184

序号	种类或名称	结 构 图 示	特点及应用
5	塑料烫印模	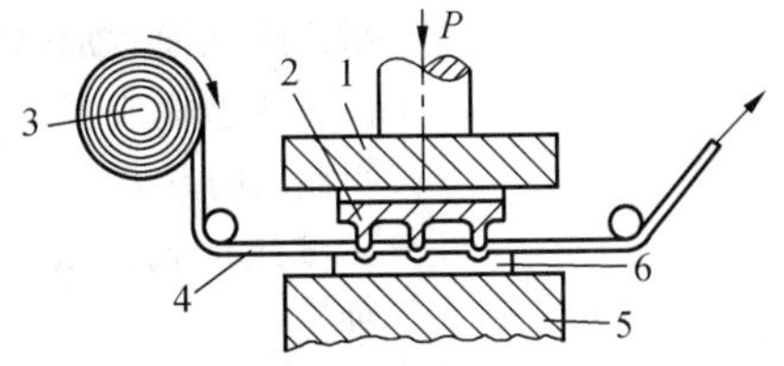 **平板式烫印模（升降式烫印模、压下式烫印模）** 1—加热管　2—加热的铜凸模　3—烫印箔卷 4—烫印箔　5—下模座　6—塑料制品 平板式烫印模	用加热的金属平板或刻有图文的金属热印模在烫印材料——烫印箔上沿垂直方向加压，将烫印箔压烫在制品表面
		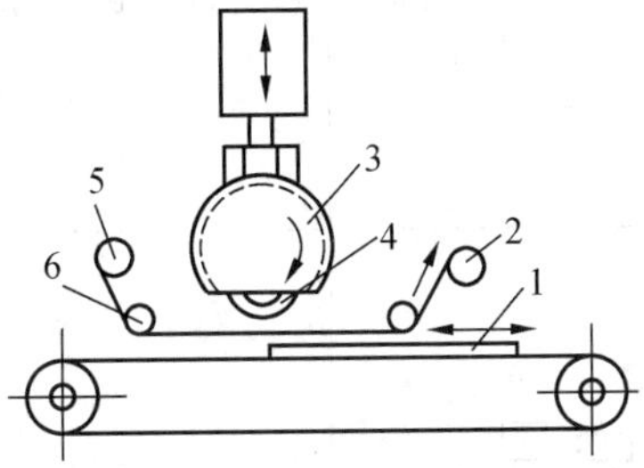 **辊压式烫印模** 1—制品　2—收卷架　3—弧形加热器 4—硅铜橡胶辊筒　5—箔卷架　6—张紧轮 辊压式烫印模工作示意	用以一定速度转动且经红外线加热的硅铜橡胶辊筒，在压力作用下把箔膜烫印在由液压驱动的作往复式运动的工作台上的制品表面
		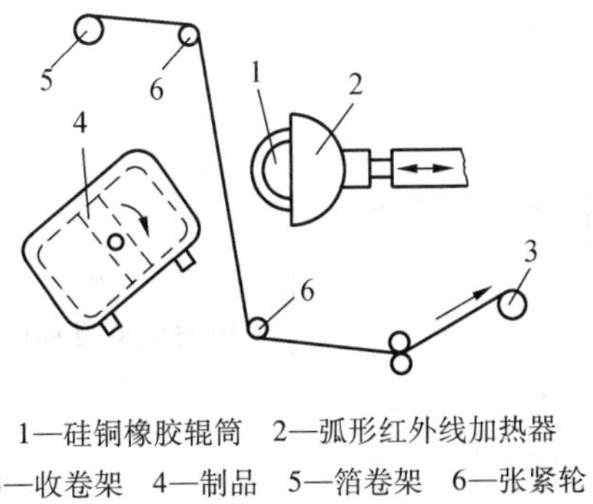 **多面连续式烫印模** 1—硅铜橡胶辊筒　2—弧形红外线加热器 3—收卷架　4—制品　5—箔卷架　6—张紧轮 多面连续式烫印模工作示意	利用电脑和液压伺服机构按电视机、空调等塑料外壳的形状、尺寸，使烫印辊筒前进或后退，并保持恒定的压力在这些产品的三面或四面进行自动烫印。该动作是设备上装有箔膜导向器和自动化的箔膜张紧系统的作用，可防烫印箔弯曲或折皱，如在同一转盘上装多个产品，则可进行连续生产

185

序号	种类或名称	结 构 图 示	特点及应用
6	塑料片材波纹成型模		塑料片材波纹成型是将此片（板）材连续地通过加热器加热，再经过波纹成型模成型，冷却后切断即获得制品的方法 波纹形式有纵波、横波和斜波3种
	纵波成型模	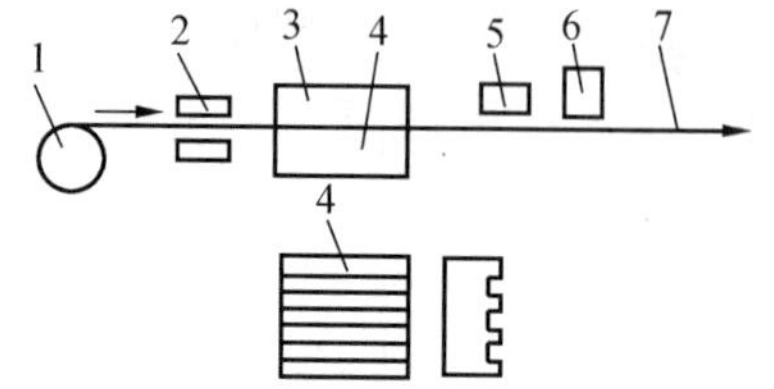 1—片材卷　2—加热器　3—上模　4—下模 5—冷却装置　6—切割装置　7—制件 纵波成型模工作示意	卷绕在片材卷上的塑料片材随牵引机构把片材往右牵引，通过上下成型模即成型成波纹片（板）材，经冷却切断即成为所需波纹制品
	横波成型模	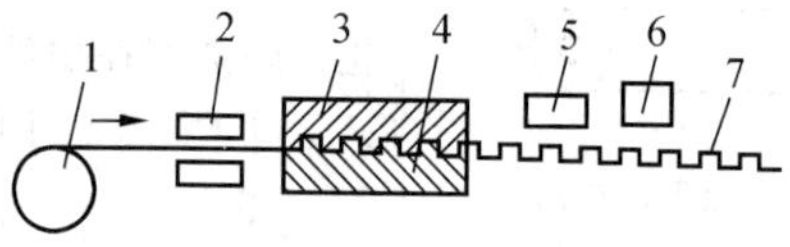 1—片材卷　2—加热器　3—上模　4—下模 5—冷却装置　6—切割装置　7—制件 横波成型模工作示意	横波成型同纵波成型类似
	斜波成型模	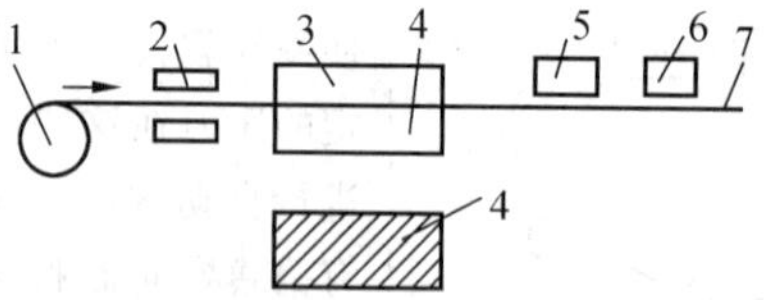 1—片材卷　2—加热器　3—上成型模 4—下成型模　5—冷却装置 6—切割装置　7—制件 斜波成型模工作示意	斜波成型过程可参考纵波成型

序号	种类或名称	结 构 图 示	特点及应用
7	蜂窝塑料成型模 / 蜂窝塑料模压成型模	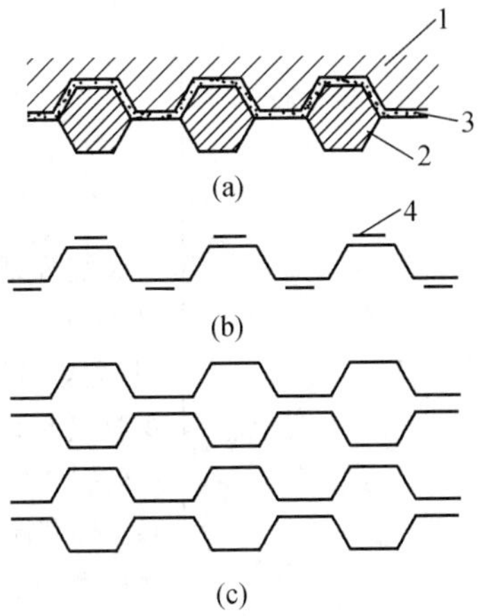 1—模板　2—模芯　3—玻璃布　4—胶 蜂窝塑料模压成型过程	蜂窝塑料具有良好的隔音、绝热性能和受力合理、节约原料的特点，是建筑、航空、交通、娱乐场所、学校等所需的重要夹芯结构材料。其生产方法和用模有下列两种： 蜂窝塑料的模压成型过程如图所示。图（a）表示先把玻璃纤维布放在表面加工有蜂窝形槽的模板 1 和模芯 2 之间热压成波纹片状玻璃布 3；图（b）表示在已压成的波纹玻璃纤维布的波峰上涂（刷）环氧树脂或乙烯醇缩醛胶液；图（c）表示把多块已压成波纹的玻璃纤维布的相邻峰顶黏结起来，经固化成型获得蜂窝状塑料芯材
	蜂窝塑料牵引成型模	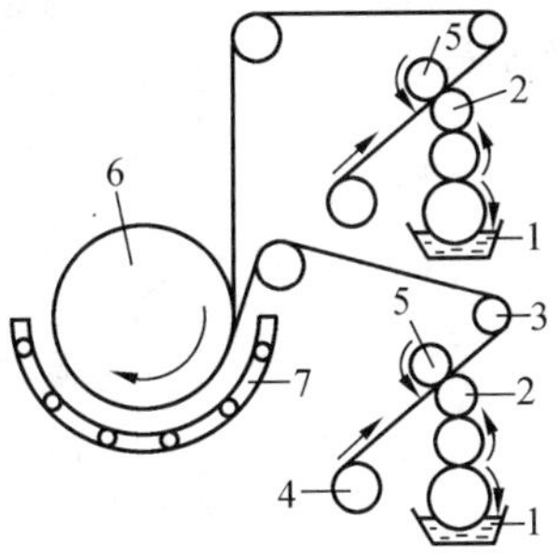 1—树脂浸渍槽　2—涂料辊　3—导向辊 4—底材卷绕辊　5—压紧辊 6—干燥卷绕辊　7—加热设备 蜂窝塑料牵引成型示意	成型原理：上下两组涂料辊 2 因其表面加工成矩齿形凹槽，其长度为辊的长，亦即比要涂胶的片装底材的宽度略宽，并且上面两组涂料辊的矩齿形凹槽的间距相错半个间距。当上下张紧的长条片材同时向左运动时，浸胶槽内的滚轮黏附的胶液由于各组接触的涂料辊的旋转，把胶液传涂到片状底材表面，当干燥卷绕辊（图中箭头方向）卷绕时，两片状底材贴紧并按已涂胶的间距黏附（贴）在一起，经加热固化，获得蜂窝塑料的原料坯，之后再把此坯料放在加工有漏孔的托板上拉伸，最后放在浸胶槽中沾浸树脂胶，经烘箱固化，即获得蜂窝状塑料夹芯材

序号	种类或名称	结 构 图 示	特点及应用
8	缠绕成型模	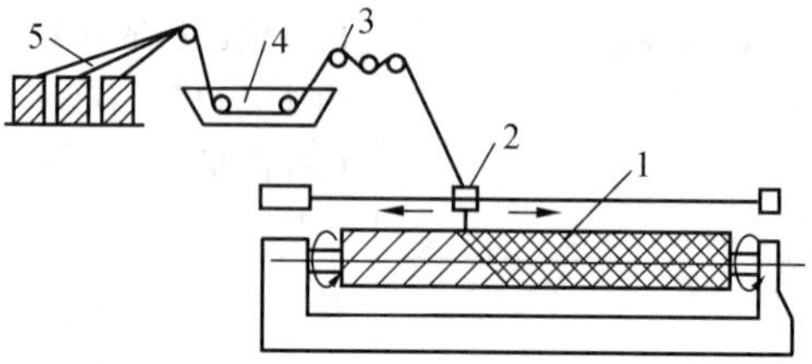 1—芯模 2—绕丝嘴 3—张紧轮 4—树脂浸槽 5—长纤维 纤维缠绕成型模工作示意	缠绕成型是把表面浸渍有胶黏剂（树脂等）的增强纤维（尼龙等塑料丝、璃璃丝等）或织物（棉织物、化纤织物、玻璃丝织物等）在某一定形状的转动的芯模上作有规律的缠绕，然后经加热固化而制得制品的方法。此法的机械化、自动化程度高，纤维折损少，制品强度高，成本低，质量标准稳定 适用制造外形为圆柱形、球形等回转体件，如耐压容器、化学管道、大型储罐和航空航天、舰船用耐蚀、耐高温件等 分湿法缠绕和干法缠绕两种。干法缠绕是指在缠绕前，增强纤维或织物经浸渍树脂并要干燥；湿法缠绕是指增强纤维或织物经浸渍树脂后即可进行缠绕 芯模有可卸式和不可卸式两种。前者可用石膏、橡皮、木材等材料制作，用完后将其破坏掉或放气后取出（如橡胶），或用多个金属零件拼合再用紧固件连接，用后分解取出；后者多用金属材料（铸铁、钢、铝或铜及其合金）制作

序号	种类或名称	结 构 图 示	特 点 及 应 用
9	拉挤缠绕成型模	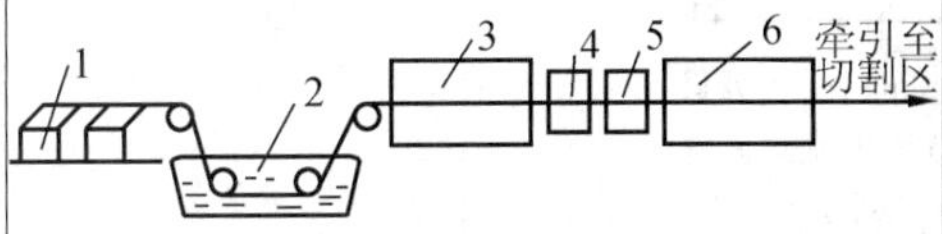 **拉挤模** 1—粗纱　2—树脂浴槽　3—预反应炉 4—固化模具　5—固化模具　6—固化通道 拉挤模工作示意	拉挤成型是将纤维增强材料（玻璃纤维、粗纱等）浸渍树脂胶并预反应成型，放入热的模具内固化，再牵引拉伸，最后切割成规定长度 此法成型的优点是： 1. 在拉挤方向上可获得高强度的性能 2. 可获得长尺寸制品并可大量生产 3. 制品表面光滑，尺寸精度高，标准化和通用化程度大 4. 工作环境好、异味少，固化树脂液暴露很少 5. 成型模具简单、成本低
		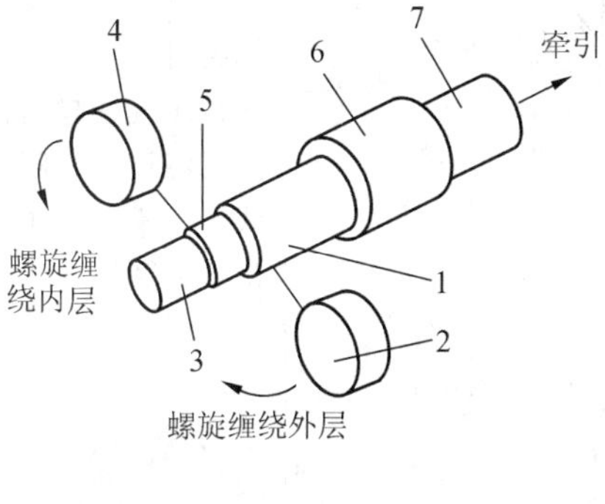 **拉挤缠绕成型模** 1—单向外层　2、4—纤维卷　3—芯模 5—单向内层　6—加热拉挤模　7—管子 拉挤缠绕工作示意	把拉挤成型和前述缠绕成型并用的一种方法。其目的是使所得制品既有纵向纤维增强材料，又有环绕层的径向增强材料 此成型法适合航空航天、舰船、石化行业要求多向强度、耐高温、耐腐蚀的制品成型

序号	种类或名称	结 构 图 示	特点及应用
10	塑料浇注模（铸塑模）	重力浇注模	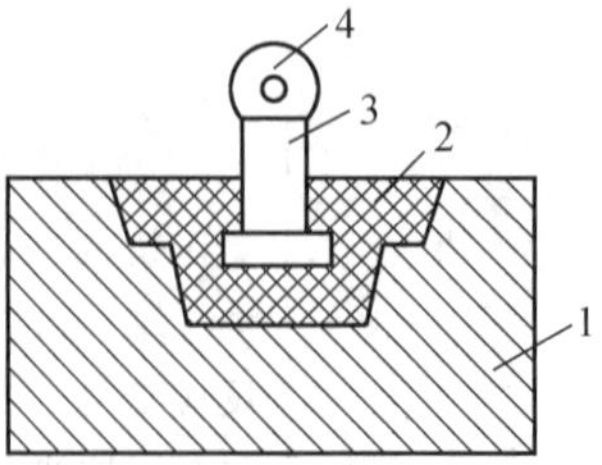 1—阴模　2—制品　3—嵌件 4—固定嵌件及拔出制品圆环 敞开式浇注模 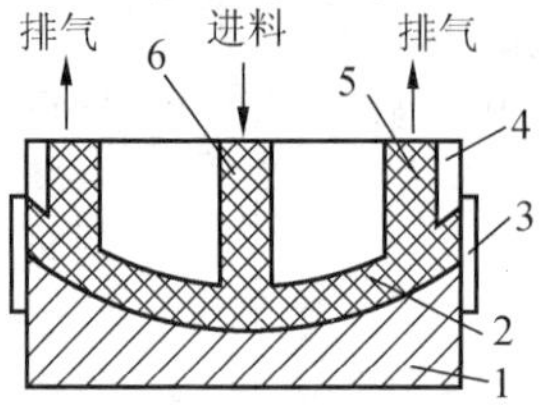 排气　进料　排气 1—阴模　2—环氧树脂制件 3—密封板　4—基体　5—排气口　6—浇口 水平式浇注模 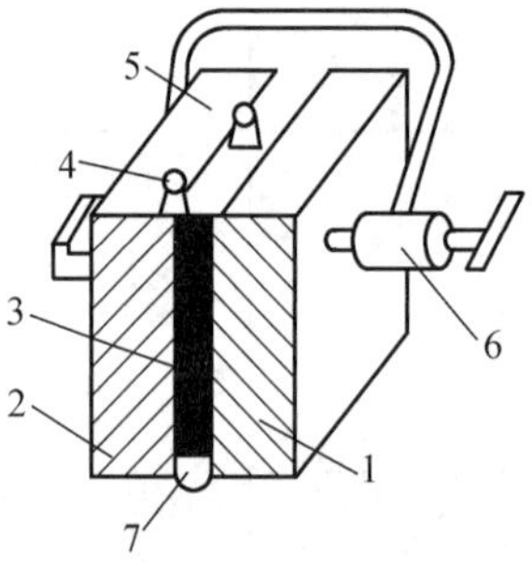 1—瓣模　2—瓣模　3—塑件　4—排气口 5—浇注口　6—G 形夹　7—密封物 侧立式浇注模 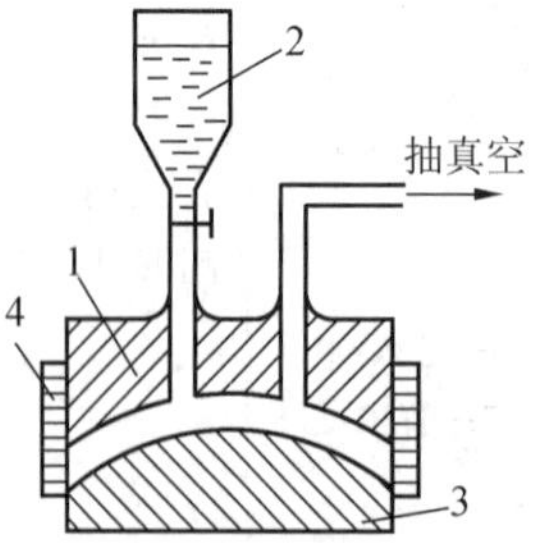 抽真空 1—阴模或塑件基体　2—浇注环氧树脂用容器 3—阳模　4—密封板 真空浇注模	像金属铸造那样，把调配后黏度很低即流动性很好的环氧树脂、聚酰胺、聚甲基丙烯酸甲酯、不饱和聚酯树脂和酚醛树脂等塑料液浇入静止不动的模具型腔内，使其靠自重及大气压力完成聚合或缩聚反应（即固化），形成与模具型腔一样的制品 此种模具因成型压力低，要求模具的强度不高，只需考虑承受聚合物温度和较大的收缩量，因而模具材料很广泛，既可用石膏、型砂、水泥、陶土、硅橡胶、塑料、玻璃等非金属材料，也可用铸铁、钢材、铝或铜及其合金、低熔点合金等金属材料 常压浇注模有敞开式浇注模、水平式浇注模、侧立式浇注模及倾斜式浇注模等。非常压浇注模有真空浇注模等

序号	种类或名称	结 构 图 示	特点及应用
10	塑料浇注模（铸塑模） 离心浇注模	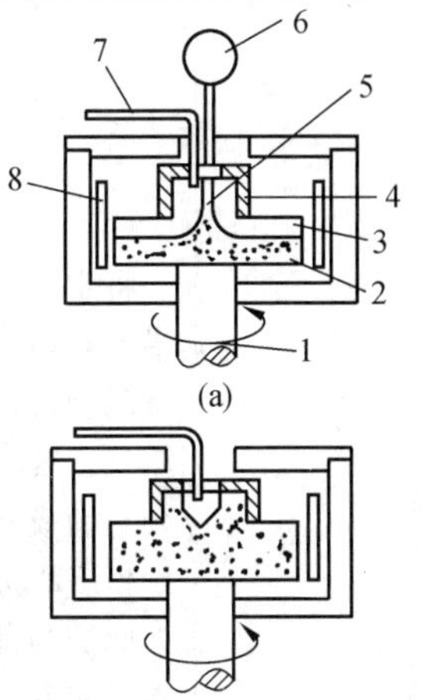 1—转动轴　2—塑料　3—模具 4—绝热层　5—贮备塑料　6—挤出机 7—惰性气入口　8—红外线灯（或电阻丝） **立式离心浇注模工作示意** 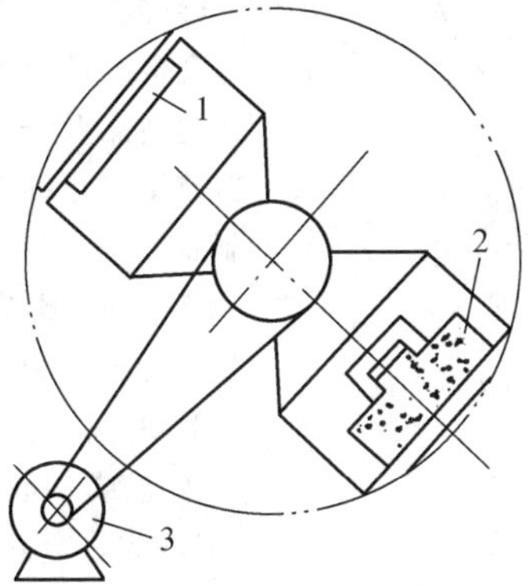 1—平衡重体或另一模具 2—带有塑料的模具　3—电动机 **紧压机示意** 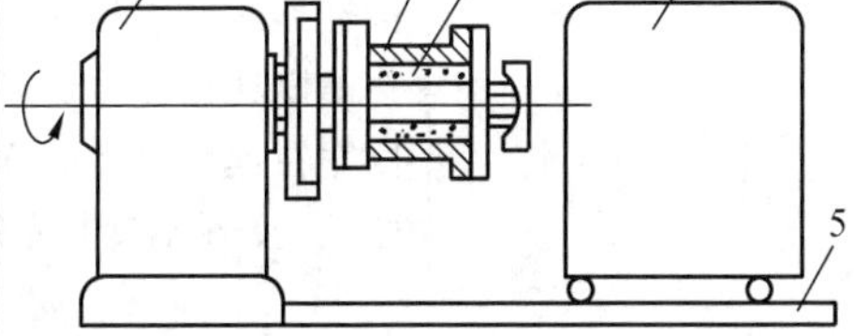 1—减速机构　2—模具　3—塑料 4—可移动的烘箱　5—轨道 **水平式离心浇注模工作示意**	将液态塑料浇入可进行旋转的模具中，由于离心力的作用，迫使液态塑料充满模具型腔并完成聚合或缩聚（即固化）成型 离心浇注所用液态塑料应为黏度小、稳定性好的热塑性塑料，如聚酰胺、聚乙烯、己内酰胺等聚合物 离心铸造的特点：适合生产薄壁或厚壁的大尺寸制品；塑件表面光滑，内部组织致密无缩孔，应力低或无应力；比重力铸造精度高，加工余量少；制品的力学性能比重力铸造高 适合铸造轴套、齿轮坯件、滑轮、转子、管材等旋转体塑件 离心浇注模多用耐热铸铁、钢材制作

191

序号	种类或名称	结 构 图 示	特点及应用
10	塑料浇注模（铸塑模） 旋转铸造模、滚塑模、旋转（回转）成型模	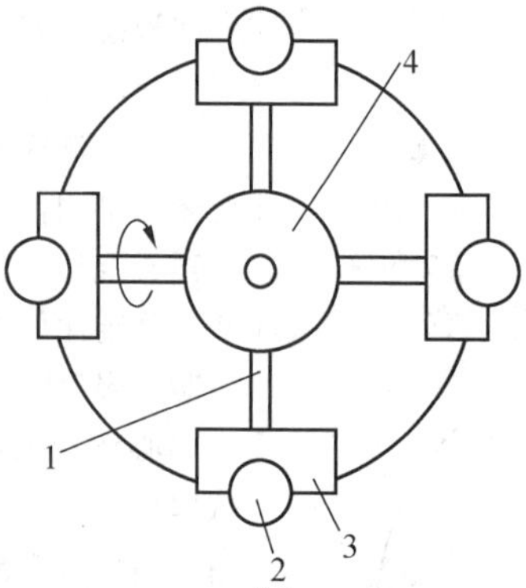 1—主轴　2—模具　3—次轴　4—浇注机 糊状塑料的旋转浇注模工作示意	将定量的糊状塑料加入模具中，借助对模具的加热和纵向、横向的滚动旋转，使塑料在模具中熔融并塑化，然后在自身重力作用下，均匀布满模具型腔表面，冷却固化和脱模后即获得中空形塑件 此法与前述离心铸造类似，不同点是前者主要靠塑料自重边滚动边流布并黏附在旋转模具的型腔内壁，而后者主要是靠离心力的作用，在高转速下塑料流体产生离心力布满并黏附在模具型腔内壁 旋转浇注的转速低且设备简单，适合生产批量大的大型中空的回转体类制品及壳体、结构体，也可铸造兼具有几种不同塑料优势的夹层制品 所铸制品比挤出吹塑的厚度均匀，几乎无内应力，不易产生变形、凹陷等缺陷，废品很少 液态或糊状塑料成型过程如图（a），先将定量的塑料加入到型腔可封闭的模具中，再将此合拢的模具固定在能使其顺着两根正交的（或几根相垂直的）轴同时旋转的浇注机上，当模具旋转时，即用热空气或红外线对它加热，模具内的塑料边随模具旋转边受热均匀地流布并附贴在模具型腔表面，逐渐达到完全塑化，最后冷却固化成型

序号	种类或名称	结　构　图　示	特点及应用
10	塑料浇注模（铸塑模）	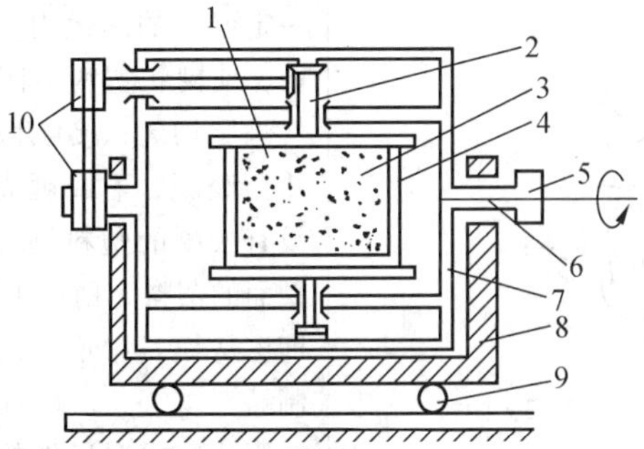 **粉状塑料旋转成型模** 1—模架　2—次轴　3—粉状塑料 4—模具　5—联轴器　6—主轴　7—框架 8—支承架　9—滚轮　10—皮带轮 粉状塑料旋转铸造模工作示意	粉状塑料旋转成型如图（b）所示，它是先将粉状塑料聚乙烯等装入模具4中，然后闭合模具并将它固定在模具架上，再将整个支承架8推入电加热的烘箱中，使联轴器5与传动机构啮合，模具即在烘箱内同时作垂直和水平方向的旋转，粉状塑料边随模具作两个方向旋转，边受烘箱加热（烘箱温度控制在230℃左右）而熔融成黏流状并借助自身重力流满模具型腔而成型。之后，从烘箱中推出支架，使塑件在转动下自然冷却或喷水（或吹风），即可开模取出塑件
		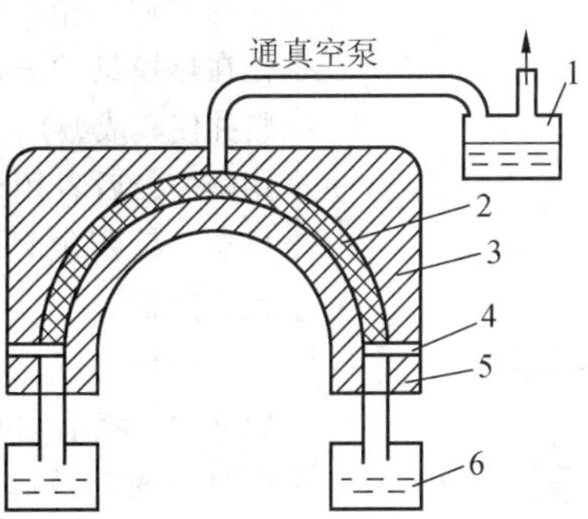 通真空泵 **吸铸模（吸注模）** 1—收集槽　2—塑件　3—凹模 4—密封件　5—凸模　6—熔融塑料槽 吸铸模工作示意	吸铸成型与真空吸铸类似，其成型过程是先把凸、凹模表面涂刷分型剂，再把玻璃纤维布均匀铺贴在凸模5的表面，然后合上凹模3并密封，开动真空泵，将液体树脂（多用聚酯树脂）吸入凸、凹模所构成的型腔内，将玻璃纤维布敷盖满，再经固化、脱模，即获得吸铸成型的塑料制件 此法适合成型大型、要求容易搬动的（即质量要小的）、耐腐蚀的制品，如油罐、油槽、游艇及环保、游乐场所的大型制品
	浇注发泡成型模	模具结构与一般浇注模相同	在液态热固性树脂（如聚氨酯、环氧树脂等）中添加催化剂、发泡剂、气泡调节剂后，在施工现场将上述混合料浇注到模具中后发泡，获得发泡体并固化成型，脱模后即获得车辆、船舶、肉食冷藏车(库)、液体保鲜器具等产品上的绝热、吸音材料

序号	种类或名称	结 构 图 示	特点及应用
11	涂覆成型模	搪塑模（流凝模）	如同制造搪瓷制品一样，把糊状塑料（塑料溶胶）舀入预先加热到一定温度的阴模内，并同时转动阴模，使糊状塑料沿阴模型面流动并使流层均匀，接触型面的塑料因吸热会胶凝，形成硬壳层。之后，把没有胶凝的塑料倒出，再将附黏在型面的塑料壳稍作烘熔，再经冷却，即可从模具中取出，得到空心塑料制品
		1—糊状塑料 2—浇注桶 3—阴模 搪塑模工作示意	用此法成型塑件的特点是设备投资很小，生产周期短，产出快，工艺简单并可通过多次搪塑来增加制品的厚度。其缺点是制品的厚度和质量的准确性、一致性差
			模具材料可用铝、铜及其合金、陶瓷、玻璃等
		浸蘸成型模（浸涂成型模）	与上述搪塑成型有类似之处（均是在热模具的表面获得薄层糊状塑料并使其成型）。不同之处是，前者用阴模，后者用阳模；前者是浸入后蘸一薄层塑料，后者是塑料液倒入、流布
		1—阳模 2—糊状塑料 3—容器 浸蘸模工作示意	其成型过程是将阳模浸入糊状塑料液中，然后将模具慢慢提起，使模具表面粘敷薄层糊状塑料，通过稍加热，然后冷却即可从阳模上剥下中空的塑料制品。浸蘸一次塑化溶胶能得到的制品厚度为 $0.02 \sim 0.5$ mm。如需较大厚度，则可通过多次浸蘸、预热模具和提高糊状塑料的温度来实现
			此法所用设备很简单，模具也易加工，工艺简单，制品的成本低，并可流水作业，适合柔性管子、工业手套、泵用隔膜、玩具等制品的生产
			所用模具材料同搪塑模

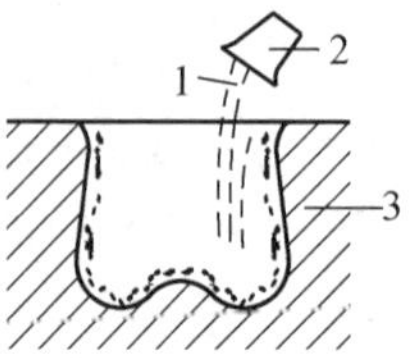

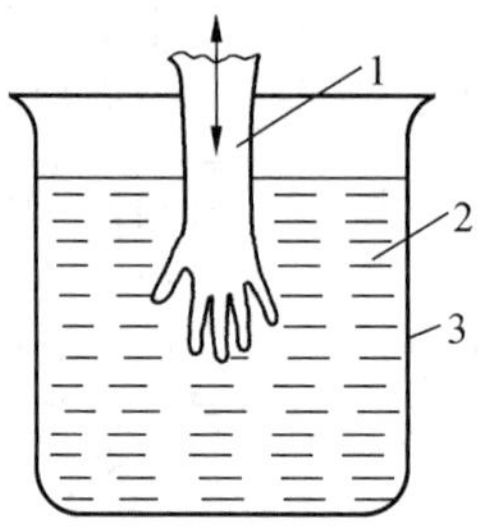

序号	种类或名称	结 构 图 示	特点及应用
11	涂覆成型模	 **Engel（恩格尔）法塑料粉末涂覆成型模** 1—粉末　2—制品　3—模具 Engel（恩格尔）法塑料粉末涂覆成型模工作示意	先在模具内装填粉末状塑料，再把模具加热一定时间和温度后，把未熔融的多余塑料粉末倒出，而已呈熔融状态的塑料粉末则黏附在模具型腔表面。再对其加热，使之完全熔融，最后冷却脱模即得塑件 可用易制、廉价的模具批量成型搬运箱、大桶等大型塑料制品
		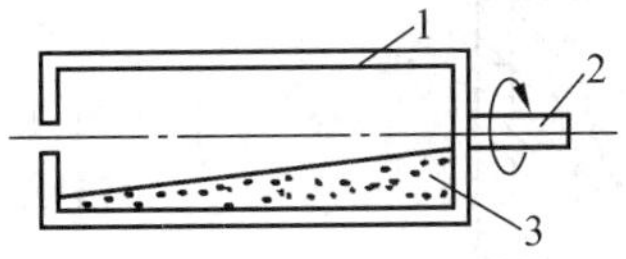 **Haessler（海斯勒）法塑料粉末涂覆成型模** 1—模具　2—转台　3—塑料粉末 Haessler（海斯勒）法塑料粉末涂覆成型模工作示意	在预先加热的模具中加入粉末状塑料，再对模具加热，然后通过旋转模具使附于模具型面上未熔融的多余塑料粉末流出，再次对模具加热，使塑料粉末完全熔融，最后经冷却固化脱模，即可取出塑件 此法适合成型中空的圆筒形塑件

序号	种类或名称	结 构 图 示	特点及应用
11	Hayashi（林氏）法塑料粉末浸涂成型模	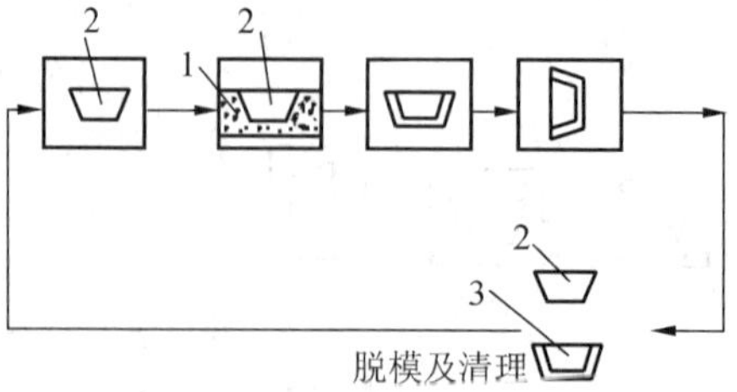 脱模及清理 1—塑料粉末　2—模具　3—塑件 Hayashi（林氏）法塑料粉末浸涂成型模工作示意	把预热好的模具放在流动浸渍槽中的塑料粉末中浸浴，使之在模具外形面黏附塑料粉末，再把模具连同黏附的粉末进行加热，使之完全熔融，经冷却固化脱模后，即得到塑件 适合线壳型塑料件的成型
	涂覆成型模 手敷法成型模	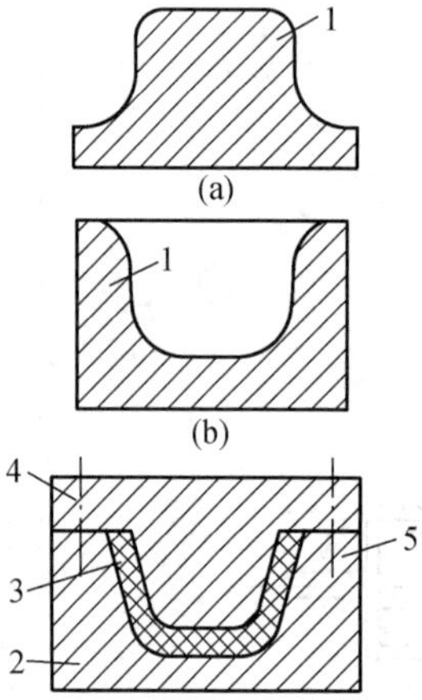 （a）阳模　（b）阴模　（c）对模 1—型面　2—凹模　3—塑件　4—凸模　5—定位销 手敷模结构示意	先在模具型面上涂分型（模）剂，把裁剪好的附胶片用树脂黏接剂粘贴压实在此型面上，如此交替重复操作，每贴一层都要铺平压实无折皱、凸起，并排出空气，直到所需厚度，即可进行加热硬化，固化后即可脱模，经修整可获得塑件（即玻璃钢制品） 所用模具有阴模、阳模、对模3种。所用材料很广泛，既可用优质木材、水泥、石膏、玻璃钢，也可用各种金属材料 涂敷黏结剂主要是不饱和聚酯和环氧树脂，骨架增强材料多用玻璃纤维布、玻璃纤维毡、无捻粗纱布等 优点是对设备要求不高，工艺简单，制品的成本低，可生产的制品广泛 适合车辆、船舶、环保、游乐产品壳体、遮阳遮雨棚等产品的成型

序号	种类或名称	结 构 图 示	特点及应用
11	涂覆成型模	喷射涂覆成型模（喷附成型模）	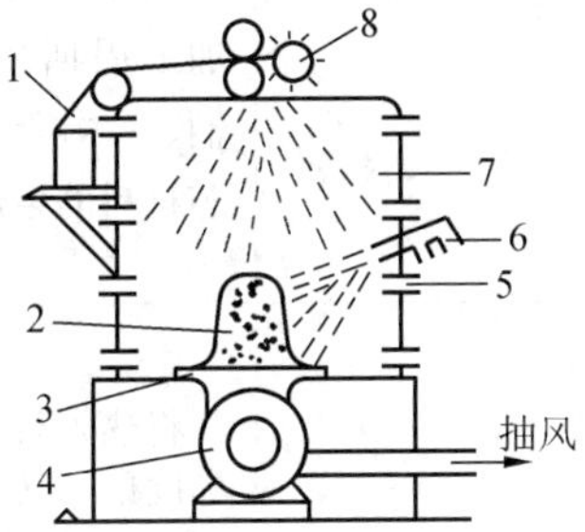 1—毛纱　2—网状钢模　3—转台 4—排风机　5—控制风门　6—树脂喷射器 7—箱室　8—毛纱切割装置 **箱室法喷射涂覆过程** 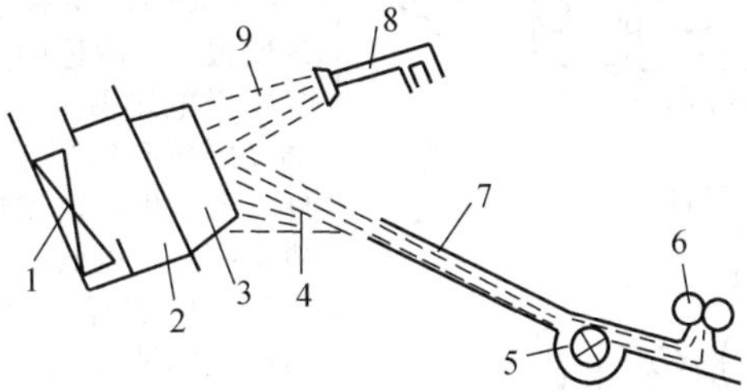 1—风扇　2—转台　3—网状钢模 4—短毛纱股坯　5—鼓风机　6—毛纱切割器软管 7—软管　8—树脂喷枪　9—树脂 **手工法喷涂模工作示意**	喷射涂覆成型是前述手工涂敷（糊）法的机械化形式。它是用压缩空气把短纤维和树脂同时喷射到模具型面，直到此黏附厚度达所需厚度后即停止喷射。然后对型面上所喷射黏附的混合料层进行滚轧，以赶走空气并压平其表面，再在室温或加热条件下使此黏附层固化，再脱模以获得塑件。对于表面形位精度要求较高的塑件，还可把经过上述喷涂后所得雏形坯件套在已加热的阳模上，往其表面倒上聚酯树脂，再罩上阴模开机，使阴、阳模压合并加热固化 　与前述手敷法模具相同 　喷射涂敷成型设备和工艺简单，制品成本低，适合浴盆、船艇壳体、车辆覆盖件、浴房隔间、家具、游乐、环保等制品及各种容器、贮罐等尺寸精度和表面光洁程度要求不高的制品的生产。而阴、阳模具热压合法，则适合飞机和高档车辆的各种罩、盖等壳体件的生产 　喷涂有箱室法和手工法两种 　箱室法喷涂成型是把毛纱剪成3~5 cm长的股坯放入箱室，对箱室抽真空，短纤维便随空气流动而下落并沉积于网状钢模型面上，此时喷射器便向此纤维层上喷射树脂溶液或乳化液（占制品质量的5%），待达到一定厚度时即停止喷射并取出烘干，即得塑件雏形物（坯件） 　手工法喷涂成型是一手持树脂喷枪，另一手持输送短切毛纱股坯的软管，使两种物料同时喷射并均匀涂敷于转动的网状钢模型面上，经烘干固化得塑件雏形物（坯件）

续表

序号	种类或名称	结 构 图 示	特点及应用
11	涂覆成型模 / 喷涂发泡成型模	模具结构与喷射涂覆成型模基本相同	在聚氨酯、环氧树脂等液体热固性树脂中添加催化剂、发泡剂、气泡调节剂后，在现场将此混合物用喷枪喷涂到模具型面上发泡，得到一层发泡体，脱模后即得塑料制品 此成型法设备和工艺均较简单，加工周期短，适合船舶（艇）、车辆、冷藏等需绝热和消音设备的夹芯材料的生产
	流涎成型模（流涎铸塑模）	溶剂气体回收　进料 3　4　5　6　7　8　9 2 1　(a)环形钢带式 11　进料 10 干燥 12 (b)大直径转鼓式 1—加热器　2、6—旋转辊筒　3—环形钢带 4—流涎薄膜　5、11—流涎机头口模　7—干燥器 8—冷却辊　9—卷取辊 10—大直径转鼓　12—张紧轮 流涎成型模工作示意	将热塑性或热固性塑料配成一定黏度的溶液，然后以一定的速度流布在连续回转的不锈钢带表面，通过加热脱除溶剂并使塑料固化，再从不锈钢带上剥下，获得塑料薄膜 此成型法可视为浇注成型。其成型模具即为回转的不锈钢带。此法生产的塑料薄膜厚度小（最薄可达 $5\sim10\,\mu m$）、厚薄均匀，带入的机械杂质很少，故透明度高，内应力小，多用于电影胶片、录像带、安全玻璃夹层薄膜等要求光学性能好的塑件。但其生产速度慢，所耗溶剂多、成本高、强度低 流涎成型有环形钢带式和大直径转鼓式两种（见图）。环形钢带式模成型时［图（a）］，环形钢带由两个旋转辊筒将其张紧，并以带动。塑料溶液通过安装于钢带上方的流涎机头口模流布并黏附在围绕辊筒旋转的环形钢带的工作表面，经刮刀和逆辊作用将其均匀涂布，再进入辊筒下方的加热段加热而使溶剂挥发从而形成塑料薄膜，同时逐渐从钢上剥离，通过干燥器7进一步干燥后被卷取辊卷绕成卷 大直径转鼓式成型［图（b）］的成型原理与上述环形钢带式成型的一样，不同的只是把成型钢带改为表面镀银的大直径转鼓（筒）而已

序号	种类或名称	结 构 图 示	特点及应用
11	涂覆成型模	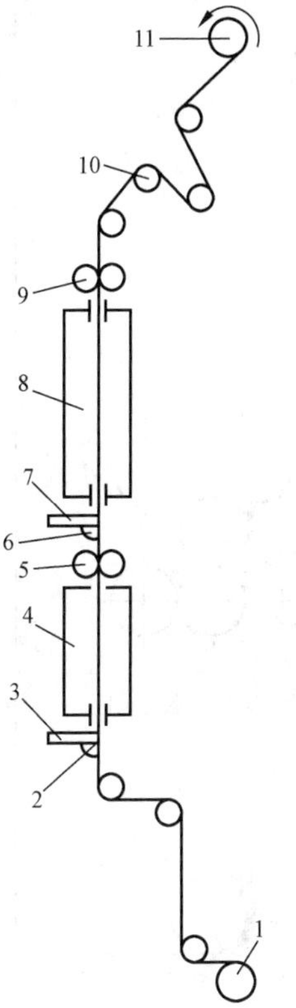 工件涂覆 11 10 9 8 7 6 5 4 3 2 1 1—布基　2—塑性溶胶（底胶）　3—刮刀 4—烘箱　5—压光辊　6—塑性溶胶（面胶） 7—刮刀　8—烘箱　9—压花辊　10—冷却辊 11—人造革成品 **直接涂覆模的工作示意**	是把塑料溶液涂布（敷、糊）在各种材质的制件表面的加工方法 塑料涂层制品是仿皮革制品的一类。把聚氯乙烯树脂、增塑剂、稳定剂及其他助剂组成的混合物涂覆在布基上称为涂层布（常称人造革），把它涂覆在纸基上则称为涂层纸（壁纸）。前者具有外观鲜靓、质地软、强度好、耐磨耐折、耐酸耐碱等优良性能，在工农业、国防及人民日常生活中广为使用。其缺点是透气性、吸湿性差 制作聚氯乙烯人造革的方法有压延法、层合法和涂覆（层）法3种 工件涂覆是以工件、涂覆设备等作模具，把熔融塑料溶胶涂覆（敷）在工件上。有直接涂覆和间接涂覆2种形式 直接涂覆的过程如图所示。这是把聚氯乙烯溶胶直接涂覆在经过预处理的布基上。它以辊筒和刮刀作为模具 间接涂覆是把塑料胶用刮刀或逆辊先涂覆到一个循环转的载体上（不锈钢带、金属网等），通过预热烘箱而使其在半凝胶状态下再与布基黏合。它以刮刀和逆辊等作为模具

序号	种类或名称	结 构 图 示	特点及应用
12	塑料压延模（辊筒）	I 形辊筒 F 形辊筒 Z 形辊筒 (a) 薄膜用　(b) 双面贴胶革用 S 形辊筒 (a) 双面贴胶革用 (b) 薄膜用	这是将熔融塑化的热塑性塑料通过挤出机或辊压机预成型为条状料或带状料，并乘热用输送装置供给压延机两个以上平行的向相反方向旋转的辊筒（即模具）的间隙，使其挤压伸展成一定厚度和表面光洁的连续片状或板状制品的成型方法 用这种类似于金属轧制的加工方法可生产塑料薄膜（厚度<0.3 mm）、塑料板（片）材（厚度>0.3 mm）、人造革和其他涂层制品

序号	种类或名称	结 构 图 示	特点及应用
12	塑料压延模（辊筒）	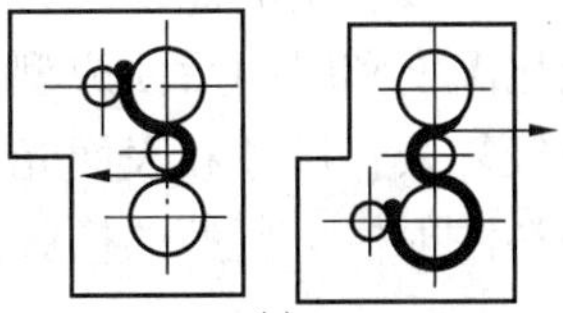 （a） 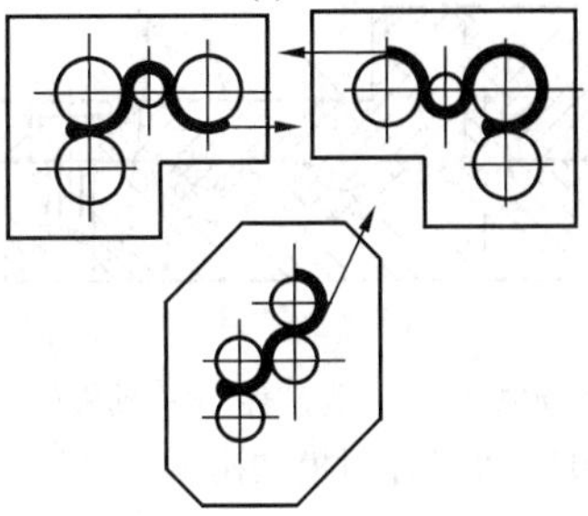 （b） 异径辊筒 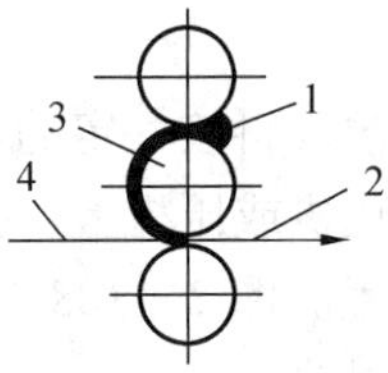 3 1 4 2 1—塑料 2—涂层制品 3—辊筒 4—布或纸 Ⅰ 三辊压延法 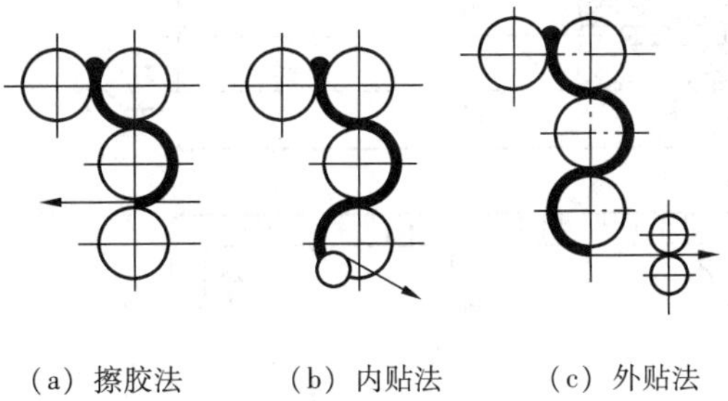 （a）擦胶法　（b）内贴法　（c）外贴法 Ⅱ 四辊压延法 生产人造革的压延辊筒	压延的特点是产品质量好、厚度均匀，可实现自动化连续生产，生产效率高，产品变化多 　可用来压延的塑料有聚氯乙烯、ABS、聚乙烯醇、纤维素、改性聚苯乙烯、聚乙烯等 　塑料压延模（即辊筒）按排列方式不同有Ⅰ形、F形、L形、T形、△形、Z形、S形等（见图）；按辊筒直径大小，可分为等径辊和异径辊（见异径辊筒）；按压延用途又可分为薄膜压延辊筒、片材压延辊筒和人造革压延辊筒

五、橡胶模

橡胶成型模有橡胶注射模、橡胶挤出模、橡胶压缩模、橡胶传递模及橡胶压延模5种。

（一）橡胶注射模

橡胶注射成型是先把橡胶料压延成长条，然后通过注射机的专用装置将其传递到橡胶注射机的料筒里，经注射机的螺杆推动，按一定的注射压力使橡胶通过喷嘴和浇注系统注射到模具的型腔内，经过规定的硫化温度和时间后便成型成橡胶制品。此过程类似热塑性塑料的注射成型，适合形状结构较复杂，尺寸和表面光洁程度要求较高的橡胶件的成型。其模具结构也类似于热塑性塑料注射模。典型的橡胶注射模如图 2-107。

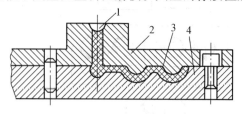

1—注射口　2—定模板　3—橡胶件　4—动模板

图 2-107　橡胶注射模结构示意

这种模具的结构较为复杂，要求密封性好，一般用钢材，也可用铝、铜及其合金制造。

（二）橡胶压缩模

橡胶压缩成型是将混炼后并压延过的橡胶料按一定的尺寸大小和规格下料，装入模具型腔内，合模后随模具一起移到蒸汽硫化机或压机上，按规定的硫化温度、时间、压力进行硫化处理而成为橡胶制品的加工过程。图 2-108 为压制电镀表密封橡胶垫的模具结构图。此模具每次可压制 8 个橡胶密封垫。

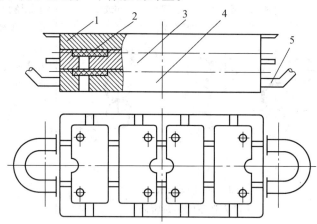

1—上模盖板　2—型芯　3—中模板　4—下模板　5—手把

图 2-108　电镀表密封垫压缩模

此种模具结构成型工艺都比较简单，适合形状结构简单的非空心的厚实橡胶件的成型。

（三）橡胶挤出模

橡胶管、橡胶棒等橡胶制品是像塑料管、塑料棒那样挤出成型的。其成型原理和过

202

程是通过挤出机的加热和混炼使原料变成均匀的黏性流体（即把原料塑性化），然后通过挤出机的挤出机构（料筒和螺杆）的作用，使熔融橡胶料以一定的压力和速度连续不断地通过挤出机头（即挤出模）获得一定形状并在往前走的过程中，对其进行冷却定型，获得固态的橡胶制品。

挤出机头就是挤出模。它决定着挤出的半成品的形状和尺寸，对挤出工艺有很大的影响。挤出机头有直机头和角机头两种。直机头的挤出口的中心线与挤出机螺杆的轴线重合，即机头挤出的橡胶料流方向与挤出机螺杆的轴线一致；角机头挤出口的中心线则与挤出机螺杆的轴线成一定的角度。

橡胶挤出模的结构可参考塑料挤出机头的结构，如图2-109所示。

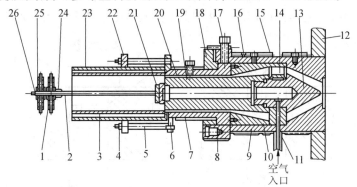

1—气堵环　2—气堵拉杆　3—冷却水套　4—螺母　5—拉杆
6—法兰　7—加热装置　8—内六角螺钉　9—机体　10—流道套
11—气门　12—铰链板　13—分流锥　14—键　15—分流锥支架
16—加热装置　17—调节螺钉　18—压环　19—芯棒　20—口模
21—连接件　22—耳架　23—外套　24—锁母　25—套　26—螺母

图2-109　挤出机头的结构形式

（四）橡胶传递模

橡胶制品的传递成型是把混炼过的橡胶料装入模具的专用或通用的外加料室内，然后通过液压机按规定的压力将橡胶料由模具的浇注系统压入模具的型腔内，经按规定的压力、温度保温保压，即完成硫化成型，脱模后即可得制品。

此种成型工艺和模具适合结构比较简单的厚实的橡胶件的生产。模具结构如图2-110所示。

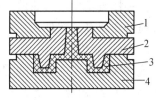

1—加料室　2—上模
3—橡胶件　4—下模

图2-110　橡胶传递模

此种模具有上、下两半分型和上、中、下三块分型的形式。多用钢材制造，也可用铝及铝合金或铜及铜合金制作。

六、陶瓷成型模

陶瓷成型模有陶瓷压制模、热压铸瓷模两种。

（一）陶瓷压制模（陶瓷冷压模）

陶瓷压制成型是将含有一定水分的粉状陶瓷料放入金属模具内冷压成型，然后将其烧结定型，冷却后即得制品。

陶瓷压制模有干压瓷模和湿压瓷模两种。

1. 干压瓷模

这种模具所用瓷料的湿度为 8% ~ 14%，由于瓷料的湿度小，因而其流动性只适合压制形状简单的瓷件。由于成型压力大（$2\,450 \times 10^4 \sim 3\,430 \times 10^4$ N/m^2），故瓷件的组织致密，烧结后产生的变形和收缩小、精度高、机械强度大、电绝缘性能好。它又有单向和双向干压瓷模两种结构形式。如图 2-111 所示。图中（a）所示是在加料室中加满瓷料，凹模不动、下凸模不动，上凸模向下压瓷料到一定位置即压制成瓷件；图中（b）所示是在加料室中加满瓷料，然后上凸模向下压，同时其凸缘带动凹模也向下压，与不动的下凸模起相对压制的作用，亦即上下凸模从上下两个方向对瓷料进行压制。

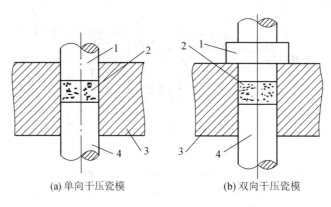

(a) 单向干压瓷模　　　　　　　(b) 双向干压瓷模

1—上凸模　2—瓷料　3—凹模　4—下凸模
图 2-111　干压瓷模

此种模具结构也较简单、容易制作、成本低，适合压制形状比较简单、尺寸精度和表面质量要求高的瓷件。

2. 湿压瓷模

这种模具所用的瓷料的湿度为 20% ~ 30%（稀释剂为水和煤油），故其流动性好，可压制形状结构比较复杂精细的瓷件。其缺点是成型压力小（$686 \times 10^4 \sim 784 \times 10^4$ N/m^2），瓷件组织较疏松，机械强度较低，电绝缘性能差，烧结时易产生变形且收缩大导致瓷件尺寸精度低。

湿压瓷模的结构如图 2-112 所示。它有一个下凸模并带有型芯的湿压瓷模。压制时，凹模、下凸模不动，上凸模向下加压，使瓷料成型。压制完成后，由下凸模向上顶出瓷件。

此种模具适合压制形状结构复杂精细、尺寸精度和表面质量要求高的瓷件。

（二）热压铸瓷模

陶瓷热压铸是把瓷料加入作为溶剂的石蜡中，加热变为糊状的流体，再装入热压机的保温桶中，在热压机柱塞的作用下，使瓷料通过模具的浇注系统充满模具型腔，等凝固后再打开模具，取出瓷件。

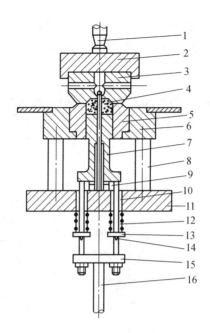

1—冲头把　2—凸模固定板　3—上凸模　4—型芯　5—凹模　6—凹模套

7—下凸模　8—支持柱　9—支持钉　10、16—下顶杆　11—底板　12—弹簧

13—弹簧托板　14—销钉　15—顶杆固定板

图 2－112　湿压瓷模

此种成型法的特点是瓷料的流动性好，所需成型压力小，烧结后变形较小，收缩也不大，故适合成型形状结构复杂、精细、机械强度及电绝缘性都要求较高且尺寸精度高的瓷件。

模具结构如图 2－113 所示，它为镶拼式结构，采用销钉定位和螺钉把成型部分 4 块型腔件紧固。型腔设计成对开式组合结构，开模脱件均很方便；采用半环形的削浇口，成型后打开模具即可用刀片将其削去。

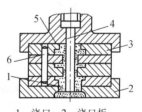

1—浇口　2—浇口板

3—凹模拼块　4—型芯

5—瓷件　6—销钉

图 2－113　热压铸瓷模结构

模具材料要采用镍铬钒耐磨铸铁、耐磨钢制造，或在碳钢基体的型面堆焊高硬度、高耐磨、热传导性好的合金钢（如上焊 60A 焊条，其成分为 9% W，4.5% Cr，2% Mo，0.5% V，0.4% C）、铬钨钢结（基）硬质合金或合金铸铁等。

（三）其他无定形陶土类制品成型模

其他无定形材料均可通过上述模具成型，制成各种相应的制品，这些模具所用材料更广泛，除上述金属材料外，还可用优质木材、竹材及水泥、陶土、石膏等。

七、玻璃制品成型模

玻璃压制成型是将玻璃熔融料放入模具中施以压力而使此熔融料充满模具型腔而固化成型的方法。采用此方法可生产出多种空心的或实心的玻璃制品，如杯、瓶、透镜、平板等。玻璃制品有透明、密封性好、晶莹剔透、美观等特点，广泛用于军事、民用工业、人们生活及文化艺术品中。玻璃制品的模具及其特点、应用等情况综合于表2－24中。

表2－24　　　　　　各种玻璃制品成型模品种、结构、特点及应用

序号	品种名称		结 构 图 示	特点及应用
1	玻璃拉制成型模	玻璃管接制模A、水平拉制模	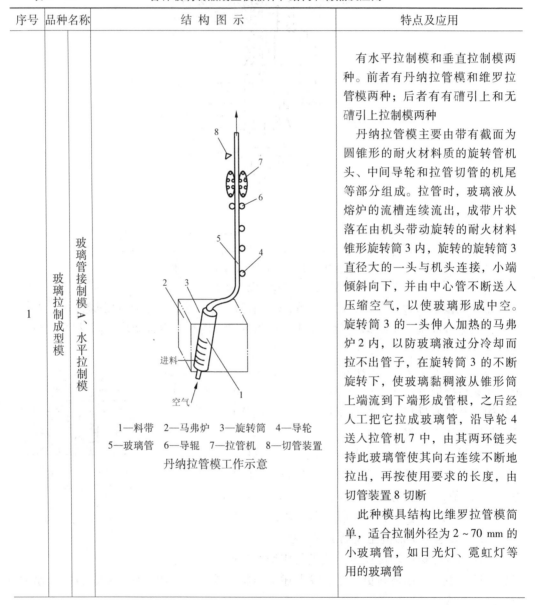 1—料带　2—马弗炉　3—旋转筒　4—导轮 5—玻璃管　6—导辊　7—拉管机　8—切管装置 丹纳拉管模工作示意	有水平拉制模和垂直拉制模两种。前者有丹纳拉管模和维罗拉管模两种；后者有有碯引上和无碯引上拉制模两种 　丹纳拉管模主要由带有截面为圆锥形的耐火材料质的旋转管机头、中间导轮和拉管切管的机尾等部分组成。拉管时，玻璃液从熔炉的流槽连续流出，成带片状落在由机头带动旋转的耐火材料锥形旋转筒3内，旋转的旋转筒3直径大的一头与机头连接，小端倾斜向下，并由中心管不断送入压缩空气，以使玻璃形成中空。旋转筒3的一头伸入加热的马弗炉2内，以防玻璃液过分冷却而拉不出管子，在旋转筒3的不断旋转下，使玻璃黏稠液从锥形筒上端流到下端形成管根，之后经人工把它拉成玻璃管，沿导轮4送入拉管机7中，由其两环链夹持此玻璃管使其向右连续不断地拉出，再按使用要求的长度，由切管装置8切断 　此种模具结构比维罗拉管模简单，适合拉制外径为2～70 mm的小玻璃管，如日光灯、霓虹灯等用的玻璃管

序号	品种名称	结 构 图 示	特点及应用
1	玻璃拉制成型模	玻璃管拉制模A、水平拉制模 1—料碗　2—玻璃液　3—芯管　4—转筒 5—料盆　6—玻璃管　7—导轮　8—导辊 9—拉管机　10—截管器 维罗拉管模工作示意	维罗拉管模拉管原理与丹纳拉管模基本相同,结构亦相似,不同的只是机头形状与滴料供料类似。拉管时,从炉池中流下的玻璃液流入料盆5,在耐火材料转筒4的不断搅动下,使玻璃液从料盆中心漏孔下流,而从漏孔的中心上面空心耐火材料芯管3中镶嵌的耐热钢管中不断送进压缩空气,以形成中空玻璃管,当此形成的管子伸长到一定长度后,由人工将它引放到导轮7上,通过导辊8的旋转力将它送入拉管机9的两组环链,由环链夹持玻璃管连续不断地向右拉出,再按所需长度切断 此种模具适合拉制比丹纳模直径大的玻璃管
		玻璃管拉制模B、垂直拉制模 1—玻璃液　2—玻璃管　3—礁子砖　4—芯管 玻璃管有礁引上拉制模工作示意 1—作业室　2—玻璃管　3—玻璃液　4—成型嘴 玻璃管无礁引上拉制模工作示意	玻璃管垂直拉制模有有礁引和无礁引上两种形式 玻璃管有礁引上拉制模由引上机和礁子砖组成。拉管时,把礁子砖3浸入玻璃液中,使其中心孔的上边稍低于玻璃液面,玻璃液1从礁子砖中心孔向上溢出,这时从设在礁子砖3中心孔的下面的芯管4中吹入压缩空气,使溢出的玻璃液形成管根,同时采用"抓手",把从礁子砖内拉出的玻璃管根送入引上机内,调节引上机速度,拉制不同壁厚、直径的玻璃管。之后按所需长度切取 此种拉管模可拉制直径为2～20 mm的厚壁工业用玻璃管 无礁引上拉制模拉管时是在作业室中央部位设置耐火材质的成型嘴4,并在其中镶嵌耐热钢管,用于从中通入压缩空气,形成中空玻璃管。作业室的周围设置有燃烧喷嘴,使玻璃均匀加热 拉管时,将"抓手"对准成型嘴4,送入作业室,并使"抓手"浸入玻璃液内,提出玻璃管经过环形冷却器送入拉管机连续不断地拉制出玻璃管,之后,按所需长度切断

序号	品种名称		结 构 图 示	特点及应用
1	玻璃拉制成型模	平板玻璃拉制模	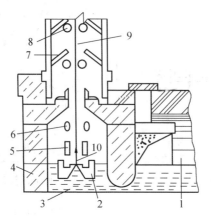 1—通路 2—碴子砖 3—玻璃液 4—池墙 5—主冷却器 6—辅冷却器 7—鱼鳞板 8—石棉辊 9—原板 10—板根 玻璃板有碴引上拉制模工作示意 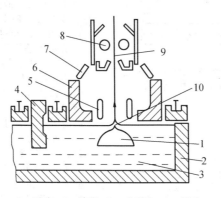 1—引砖 2—端墙 3—玻璃液 4—桥砖 5—冷却器 6—L型砖 7—八字形水包 8—石棉辊 9—原板 10—板根 玻璃板无碴引上拉制模工作示意	平板玻璃拉制模有水平拉制模和垂直拉制模两种。前者与玻璃管水平拉制模类似，后者也有有碴引上和无碴引上两种型式 有碴引上拉制模的结构主要由池墙4、碴子砖2、主冷却器5、辅冷却器6、鱼鳞板7、石棉辊8和原板9等组成 拉制时，玻璃液经通路1流入引上室，通过压入玻璃液内一定深度的碴子砖2的下孔上升并溢出碴子砖口，形成条带式的板根10。此板根处的玻璃液在引上机的石棉辊8的拉引下继续上升，并经过冷却水包5和6及周围冷却液的急速冷却，硬化成玻璃原板，再进入引上机膛退火，便获得玻璃平板 无碴引上拉制模的结构主要由引砖1、端墙2、桥砖4、L型砖6、冷却器5、八字形水包7、石棉辊8、原板9、板根10等组成。桥砖4与端墙2之间部分为引上室，桥砖4浸入玻璃液中200～250 mm，用此浸入的深浅程度来调节流往板根10的玻璃液的高矮，同时它还能排除池炉内气流对引上室内气流的干扰。引砖1是无碴法成型的重要构件，它压入玻璃液中约80 mm，有挡热、分流和稳定板根等作用。L型砖6底面距玻璃液面200～250 mm，也起隔热作用，并使板面横向的温度均匀，八字形水包7起降低原板9及进入机膛气流温度的作用 通路的玻璃液经桥砖进入引上室，在引力作用下，表层玻璃液在引砖上部汇合，并引出液面形成板根，在冷却器5的强制冷却作用下硬化，再将它牵引到引上机的两石棉辊8中夹住，连续往上拉引进入机膛退火，再按一定长度切断，便获得平板玻璃制品

序号	品种名称		结 构 图 示	特点及应用
2	玻璃浇注成型模		模具结构与塑料铸塑模基本相同	玻璃浇注成型分为普通浇注和离心浇注两种。普通浇注就是把熔融的玻璃液浇入模具内或平板上，待其冷却后取出退火并作适当的加工即可获得制件。离心浇注是将熔融的玻璃液浇入离心机上的模具内，在离心机的高速旋转下，利用离心力的作用把玻璃液紧贴模具型腔壁，待其冷却硬化，即获得壁厚均匀的制件 　　此法最适合制作厚壁、大尺寸的空心筒形件
3	玻璃烧结成型模		模具结构与金属末冶金成型模基本相同	玻璃烧结成型是把配制好的玻璃粉末放入钢制模具内，在大吨位的压力机上压成型坯，再将此型坯在高温下烧结成型。也可把玻璃粉调和成浆料浇注到模具内或利用泡沫剂制造泡沫玻璃等方法来成型玻璃制件
4	玻璃压制模	模压玻璃模	玻璃压制模的结构及工作示意图见表 1－2	把熔融玻璃液舀入已预热的带锥度的凹模内，然后再用与凹模配套吻合的凸模从上面向玻璃液施压，使玻璃液往上涨并充满凹凸模之间的间隙，同时被冷却固化成型 　　运用此法可生产各种带有脱模斜度的实心的或空心的玻璃制件，如玻璃砖、透镜、水杯等 　　此种模具常用镍铬钒铸铁、5Cr2W8、5CrNiMO 合金钢等高耐磨材料制作。其型面粗糙度应约 $Ra\ 0.4\ \mu m$

序号	品种名称		结　构　图　示	特点及应用
5	玻璃吹制成型模	手工玻璃吹制模	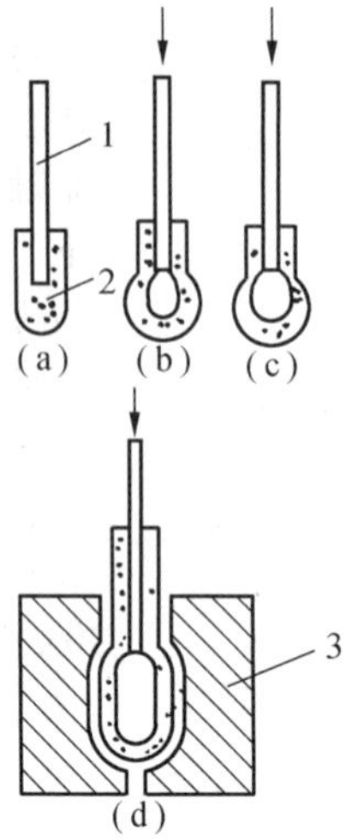 （a）用金属管从玻璃溶池内蘸玻璃液 （b）用嘴吹胀玻璃液　（c）再吹大玻璃液 （d）将已吹鼓的玻璃液移入模具内吹胀成型 1—金属吹管　2—玻璃熔料　3—模具 手工玻璃吹制模	玻璃手工嘴吹成型是最古老的生产实心、空心玻璃件和艺术品的方法。它是用金属管在玻璃熔池内蘸熔融玻璃液，同时不断用嘴吹气，使熔融玻璃鼓胀，根据工人的技巧经验在空气中成型或放入模具中成型成各种中空的玻璃制件 　　此法灵活性很大，全凭工人的技巧成型 　　模具可用耐热耐磨铸铁或合金钢制作
		连续机械式玻璃吹制模	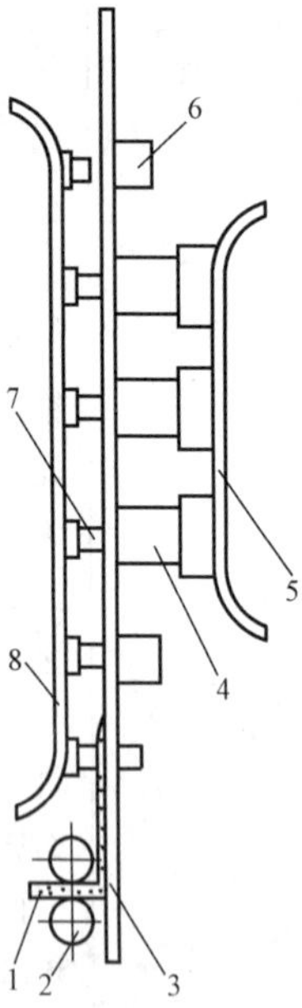 1—熔融玻璃液　2—滚筒　3、5、8—传送带 4—模具　6—玻璃制件　7—吹嘴 连续机械式玻璃吹制模	把玻璃熔液舀入两滚筒2中间，通过滚筒2的导向旋转把玻璃液压成扁平形，并由传送带3使其往右移动，在吹嘴7之下，把玻璃液同时吹入吹嘴7下的多个模具4内成型

序号	品种名称		结 构 图 示	特点及应用
5	玻璃吹制模	玻璃压-吹模	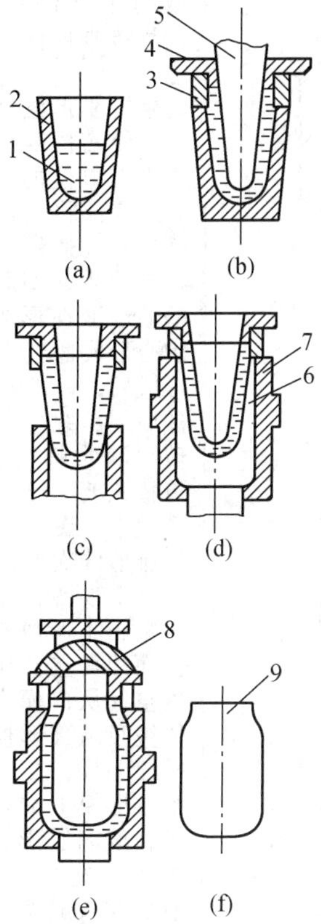 （a）把玻璃熔液舀入粗凹模　（b）压制制件雏形 （c）提出雏形件　（d）将雏形件放入成型模中 （e）在成型模吹制成制件　（f）脱模后所得制件 1—玻璃溶液　2—粗凹模　3—模环　4—压环 5—粗凸模　6—料包　7—精凹模 8—气帽　9—玻璃制件 玻璃压-吹模工作示意图	把玻璃熔液舀入粗凹模 2 内，用图（b）所示与凸模配合的方法，先压制成制件口部和雏形，再取出来放在精制凹模内吹气，使之吹胀成型 　这种方法适合厚壁、外形复杂的大型空心件的成型

续表

序号	品种名称		结　构　图　示	特点及应用
5	玻璃吹制模	玻璃吹吹模	 （a）落料扑气　（b）倒吹气 （c）翻转移入成型模　（d）吹制成型 1—扑气头　2—玻璃熔液　3—凹模 4—口模　5—顶芯子　6—成型模　7—吹气 8—闷头　9—锥形模 翻转锥形法玻璃吹-吹模工作示意	这是与压-吹模类似的成型方法。只是把压-吹模中的压制模改为粗吹模，即先在带有口模的粗凹模中吹出制件口部形状和其余部分的雏形，再取出来放在成型模中吹制成制件。它有 3 种方法：①翻转雏形法；②真空吸料法；③转吹法 翻转雏形法如图，它是先将雏形模倒立，使滴料供料机送来的熔融玻璃液滴落带有口模的雏形模内，然后用压缩空气从底部将玻璃液向下吹制成制品的口部形状（通称扑气）。因口模 4 中心有一特制的活动型芯（叫顶芯子 5）使吹下的玻璃液在形成口部的同时，也在口部中心形成适当的凹口 [图（a）]。当口模形成后，口模中心的顶芯子即自动下落，然后用压缩空气对准凹模口倒吹气，把玻璃液吹鼓（胀）成雏形 [图（b）]，再将此玻璃雏形取出并翻转朝上移入成型模中 [图（c）]，从上面通入压缩空气把雏形件吹制成制件 真空吸料法吹-吹模成型是把带有口模的敞底雏形模浸入熔融的玻璃液中，从上面抽真空，利用真空抽吸作用，把模内空气从口模中抽排出去，这时玻璃液便被吸满雏形模和口模，之后，将雏形模往上提，在离开玻璃液面的同时用刀沿雏形模下端切断玻璃液，再打开雏形模，玻璃雏形便自由地悬夹于口模中，再从口模中吹气并加热，使雏形拉长，然后放入成型模中，用压缩空气吹制成制品 此法适合吹制大型空心的厚壁的玻璃制品，如玻璃瓶、壶等 转吹模成型是在吹制时料泡不停地旋转，以滴料机滴入或真空吸头供给玻璃熔融液，当玻璃液滴落在垂直向上的旋转吹制头上时，即借口钳的闭合把料滴夹住，由顶芯子的上下运动使其形成气穴，并扑气形成小泡，不停旋转的旋转头由垂直向上的位置慢慢游动变为垂直向下。由于料泡的再加热，在其本身的重力作用下，便使料泡伸长，经吹气成为制件雏形，然后再用冰冷却的衬有碳材的模具开型腔中吹成制品。之后口钳便自动张开，制品落下退火 适合用来吹制薄壁的灯泡、器皿、保温瓶胆等制品

212

续表

序号	品种名称	结构图示	特点及应用
6	玻璃压延模 间歇式压延模	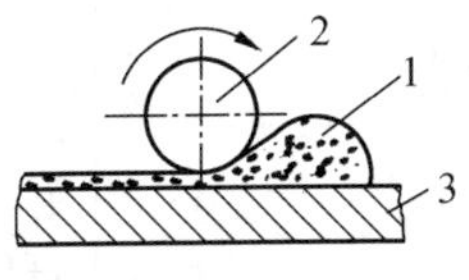 1—玻璃液　2—辗压辊　3—平台 平台式压延模工作示意 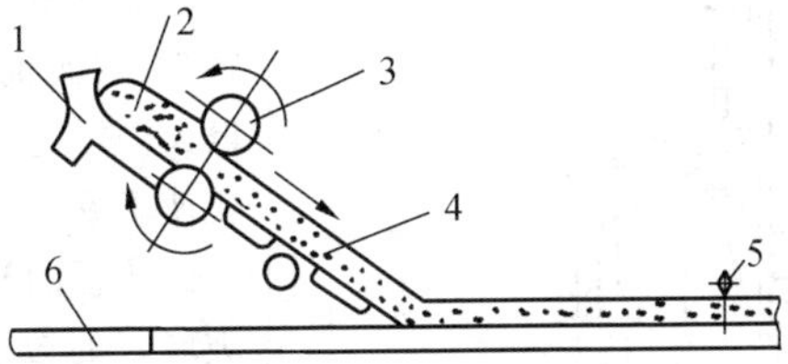 1—接料器　2—玻璃液　3—成型辊 4—玻璃板　5—切割器　6—接板台 辊间压延模工作示意 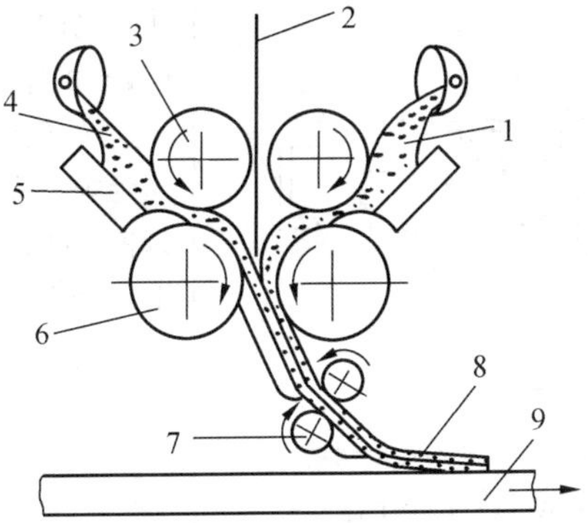 1、4—玻璃液　2—金属丝网　3—喂料辊 5—喂料托板　6—压延辊　7—导向辊 8—夹丝玻璃制件　9—输送平台 夹丝玻璃辊间压延模工作示意	用压延法生产平板玻璃的历史已很久远，被广泛用于建筑、装饰和防护等方面。现可生产建筑用压花玻璃（单面压有几何图案、花卉、图形等）和防护（防火、防盗、安全防护）夹层玻璃（中间夹有 0.4～0.53 mm 的钢丝网或平行钢丝）、橱窗和安全防护用磨光玻璃、屋面和围护用异形的玻璃及艺术着色玻璃等 压延玻璃的生产方法有间隙式和连续式两种。现多用后种 间歇式压延模有平台压延模和辊间压延模两种。 平台压延模是将熔融的玻璃液从坩埚或料勺中浇在预热的铸铁平板上，经轧辊的旋转和压力，将其轧压成压花玻璃或平板玻璃。调节辗压辊 2 与铸铁平台 3 之间的间隙，即可轧制出不同厚度的玻璃板。压花玻璃是在轧辊表面加工出花纹图案或文字所轧压出来的 辊间压延模是用坩埚或料勺把熔融玻璃液浇在玻璃液接料器 1 上，接料器 1 将玻璃液喂给一对异向旋转的成型辊 3 之间。成型辊 3 将玻璃液轧制成玻璃板 4，并下滑到下面的多节接板台 6 上。由于接板台的右移速度与成型轧辊一致，于是将此玻璃板连续右移，之后在接板台上由已按所需长度调固好的切割器 5 切断，再送往退火炉中退火，即得玻璃平板制品 夹丝玻璃辊间压延模原理与上述辊间压延模相同，只是在辊轧时先在两喂料辊 3 之间插喂入金属网或其他材质的网，使两边的玻璃液把此网包轧在中间

序号	品种名称	结　构　图　示	特点及应用
6	玻璃压延模	连续式压延模	

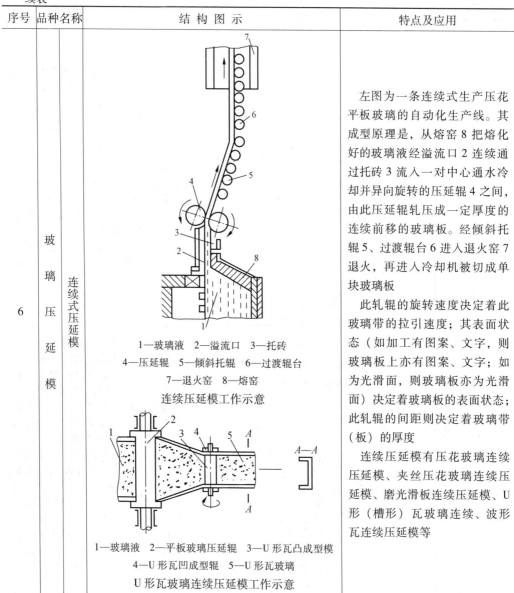

1—玻璃液　2—溢流口　3—托砖
4—压延辊　5—倾斜托辊　6—过渡辊台
7—退火窑　8—熔窑
连续压延模工作示意

1—玻璃液　2—平板玻璃压延辊　3—U形瓦凸成型模
4—U形瓦凹成型辊　5—U形瓦玻璃
U形瓦玻璃连续压延模工作示意

左图为一条连续式生产压花平板玻璃的自动化生产线。其成型原理是，从熔窑 8 把熔化好的玻璃液经溢流口 2 连续通过托砖 3 流入一对中心通水冷却并异向旋转的压延辊 4 之间，由此压延辊轧压成一定厚度的连续前移的玻璃板。经倾斜托辊 5、过渡辊台 6 进入退火窑 7 退火，再进入冷却机被切成单块玻璃板

此轧辊的旋转速度决定着此玻璃带的拉引速度；其表面状态（如加工有图案、文字，则玻璃板上亦有图案、文字；如为光滑面，则玻璃板亦为光滑面）决定着玻璃板的表面状态；此轧辊的间距则决定着玻璃带（板）的厚度

连续压延模有压花玻璃连续压延模、夹丝压花玻璃连续压延模、磨光滑板连续压延模、U形（槽形）瓦玻璃连续、波形瓦连续压延模等

八、粉末冶金成型模

粉末冶金是一门专门研究制造各种金属粉末和以各种金属粉末为原料压制成型、烧结及相应的后处理来制造各种金属材料或制品的科学技术。用此种科技制得的金属材料或制品具有优良的组织和性能，可节省大量的金属材料，加工高硬度难切削的合金或非金属材料并减少切削加工量，大大提高劳动生产率、降低生产成本，具有显著的技术经济效益。

压制这种金属材料或制品的模具称为粉末冶金成型模。综合国内外资料，将粉末冶金成型模的种类、结构、特点及应用情况列于表 2－25 中。

表2-25　　　　　　　　　粉末冶金成型模的种类名称、结构、特点及应用

序号	名　称	结　构　图　示	特点及应用
1	单向压模	 （a）装粉　（b）压制　（c）脱模 1—粉料　2—上凸模　3—凹模 4—模套　5—制件　6—垫脚　7—顶件杆 实体粉末冶金件单向压制成型示意	压制时，先将模具装于压力机台面上，凹模固定不动，上凸模固定在压力机滑块上，下凸模固定在压垫上，对正位置后开动压力机，上凸模下行，即把粉料压实到一定厚度而成型，然后由下凸模把制件向上顶出，所压制件厚度由上、下凸模长度来调整 　此模具结构简单，造价低，只适用于外形简单的实体型制件
2	双向压模	 （a）装粉　（b）压制　（c）脱模 1—粉料　2—上凸模　3—凹模　4—凹模套 5—制件　6—下凸模　7—垫脚 实体粉末冶金件双向压制成型示意	压制时，装模与单向压制基本一样，但要注意模具的下凸模要对正双动压力机的顶杆。压制是由压力机的滑块带动上凸模向下，顶杆把下凸模向上顶，从上下两个方向压实粉料而成型

215

序号	名 称	结 构 图 示	特点及应用
3	手动压制模	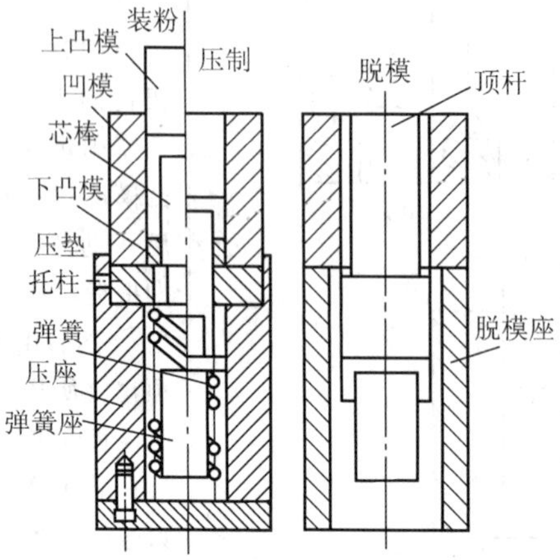 手动盲孔零件压制模	装粉时，芯棒通过托柱被弹簧托起。压制时，芯棒则在粉末所受压力作用下强迫向下并带动套内粉末向下移动，当托柱达弹簧座时，端台部分即被压实成型
4	直齿类零件双向手动压制模	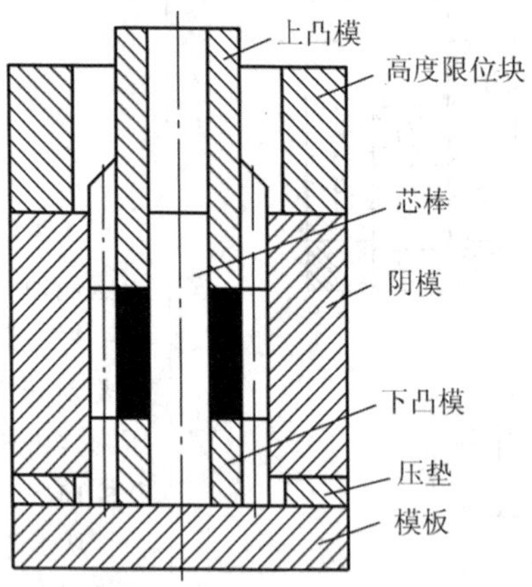	在图示位置装粉，使下凸模得到粉重压力。装粉毕，再给粉体施以预压力，以阴模不落下且压制过程阴模能自由浮动为准，然后去掉压垫，上凸模与下凸模同时参与压制，使粉体被压实而成型。再将模具放在脱模座上，用上凸模向下压，使成型体脱出

序号	名　称	结 构 图 示	特点及应用
5	轴类零件单向机动压制模	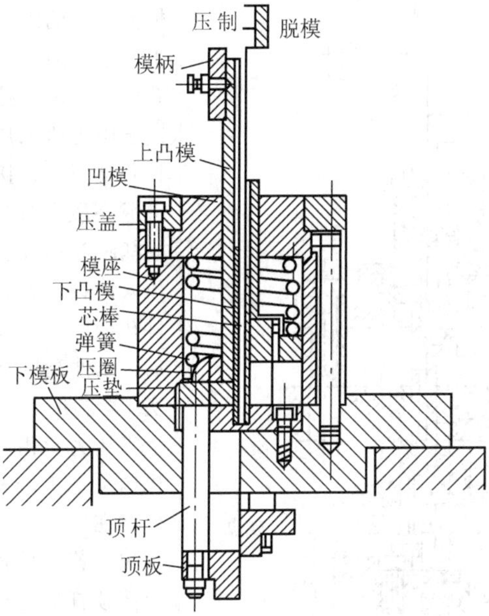 压制　脱模 模柄 上凸模 凹模 压盖 模座 下凸模 芯棒 弹簧 下模板　压圈 压垫 顶杆 顶板	压制时，把模具固定在压力机工作台面上，上凸模固定在压力机滑块上，芯棒固定在下模板上，下凸模固定在压垫上，落模顶板自由地落在顶出机构上，压制压力由压垫传到下模板，压制完后，脱模由顶出机构的顶板、顶杆由下向上顶出压坯，下模靠自重和弹簧复位 　　此模具的特点是压制压力大，成型快。缺点是装粉高度不可调 　　适合轴、柱状粉冶金件的压制成型
6	轴类零件全整形手动模	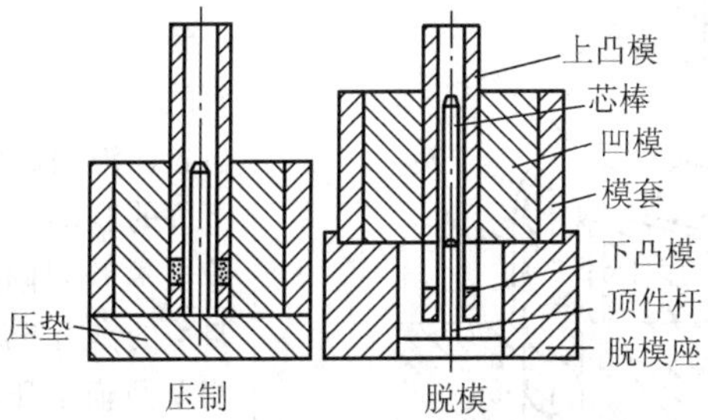 上凸模 芯棒 凹模 模套 下凸模 顶件杆 脱模座 压垫 压制　　脱模	压制时，把模具装在压力机工作台面上。其行程由压力机控制，不需要限位块。适用于高度小、精度要求较高的粉末冶金件的压制

217

序号	名称	结构图示	特点及应用
7	轴类件全整形机动压模	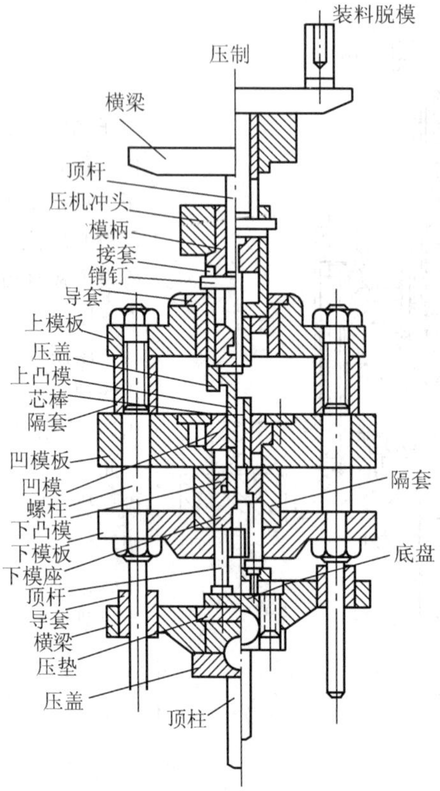	压制时，先把模具装于压力机工作台上，其芯棒连接在模柄上，模柄固定在压力机滑块上，芯棒随滑块下行串入压件孔内，固定在接套上的上凸模由于压力机未压入凹模孔内而被阻挡下行，接套相对模柄向上退一段空程。其上端面碰到模柄法兰后强迫上凸模将压件压入凹模，此时芯棒已穿入压件孔内，当下模座碰到下模板后，压件高度方向受到压力而实现全整形 当压力机滑块回升时，顶出机构须把下凸模往上顶，若压件留在凹模内，则下凸模将其顶出；若压件被芯棒套上，则上部顶杆通过模梁、顶杆和销钉阻挡接套上行，而芯棒随模柄上升，上凸模相对芯棒向下移而刮（顶）出压件 此模具结构较复杂，适合轴套类压件的整形
8	轴套类零件径向整形机动模	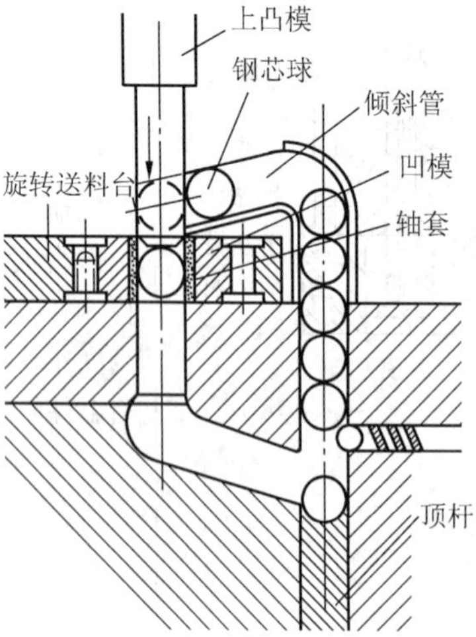	整形时，旋转工作台把装配好的轴套件带到芯棒下的整形位置，淬硬的钢芯球靠压力机下部的联动顶出机构沿垂直的管道提升到倾斜管道一端，在自重的作用下滚进轴套的上方，当上凸模下压时，强制钢芯球通过装于凹模内的轴套件内孔而进行整形，钢芯球脱出轴套后再下溜到垂直的管道内 旋转送料台旋转一个角度后，又整形下一个轴套件

第三章　模具与其所用设备的关系

众所周知，要生产出合格的零件（或制品），必须有性能优良的机械设备和模具等工装的合理配合，二者相互依存和影响，缺一不可。

各类模具（型）只有与其相配套的机械设备合理配用才能实现其功能并生产出优质零件（工序件或制品），故模具所配用的设备性能、安装使用方法，对模具所生产的零件（工序件或制品）的质量关系重大，只有掌握这些技术，才能顺利地生产出合格的零件或制品。

第一节　铸造模与铸造设备的关系

铸造设备包括金属或合金的熔化设备和浇注设备。模具（型）不同，它所使用的熔化和浇注设备也不同。

一、铸造设备的规格及技术参数

1. 冲天炉

冲天炉用于铸铁的熔炼。按能源种类，可分焦炭炉、煤粉炉、重油炉、天然气及其他高热值的可燃气体炉；按供风状态，可分为冷风冲天炉和热风冲天炉；按结构特点，可分为多种形式。1722 年发明的热风冲天炉至今仍为主导炉型。我国多用焦炭冲天炉。

2. 电阻熔炼炉

电阻熔炼炉有电阻坩埚炉（包括红外辐射式）、镁合金电阻坩埚炉。前者用于熔化铝、锌、铅、镉、锡合金及巴氏合金；后者则专门用于熔化镁合金。

3. 燃油、燃气炉

这种炉子以重油、煤油、柴油及液化气、天然气、高炉煤气、煤矿瓦斯气为燃料，用于熔化铝、铜及其合金和低熔点合金。

4. 感应熔炼炉

有无芯和有芯两种以及中频、高频两类。用于熔化铝、铜及低熔点合金和钢铁合金。

5. 真空感应炉

常用作熔化含气量很低的贵重、高温合金。

6. 铸造机

（1）垂直分型的金属模用铸造机

垂直分型的金属模铸造机的结构如图 3-1。该机采用全液压驱动，水平三开型加垂直抽芯结构。采用 PLC 控制，适合汽车离合器壳体等铝合金铸件的铸造。其技术规格见表 3-1。

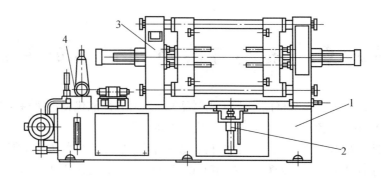

1—底座 2—抽芯机械 3—开合模机械 4—液压系统

图 3-1 J317 垂直分型的金属模铸造机结构示意

表 3-1　　　　　　　　J317、J315 型金属模铸造机技术规格

型　号 规　格	J317	J315
型板尺寸（$L \times b$, mm）	500×300	780×540
开模力（kN）	45	90
金属模最小厚度（mm）	295	400
下抽芯力（kN）	56	78
下抽芯行程（mm）	100	200
外形尺寸（$L \times b \times h$, mm）	3 800×1 460×1 150	3 940×1 250×1 525
铸机质量（kg）	2 600	4 000
生产厂家	济南铸锻机械研究所	

（2）倾转式垂直分型的金属模用铸造机

这种机除了可进行开合型（模）运动外，还可使铸模实现 3 种倾转，以实现倾转浇注，取出铸件清理和浸涂、冷却等动作。其结构如图 3-2 所示，技术规格见表 3-2。

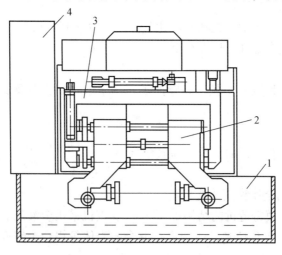

1—涂料箱 2—开合模机械 3—倾转支架 4—电器

图 3-2 J334 型倾转式垂直分型的金属模铸造机结构

220

J334 金属模铸造机技术规格

名称	数据	名称	数据
模板尺寸（mm）	$\phi440$	侧倾转角（°）	90
动定模板最大间距（mm）	480	机器总功率（kW）	8
动模板最大行程（mm）	280	机器总质量（kg）	2 500
前倾转角（°）	90	外形尺寸（$l \times b \times h$，mm）	2 300 × 1 600 × 1 700
生产厂家	济南铸锻机械研究所		

（3）水平分型可倾式金属模用铸造机

这种机为液压驱动、水平分型、侧面双抽芯和下顶出，具有倾转浇注功能和模具自冷却系统。可满足连续稳定大批量生产。其主要技术规格：模板尺寸800 mm×800 mm，最大开模距离1 500 mm，倾转角30°。由济南铸锻机械研究所开发生产，有J348 等型号。

（4）压铸机

压铸机有冷室压铸机、热室压铸机和专用压铸机3 类。冷室压铸机分卧式、立式、全立式3 种；热室压铸机分普通型、卧式和专用于镁合金压铸的3 种；专用压铸机指专门用于像电机转子等一类零件的压铸机。冷室、热室压铸机结构如图3－3 和图3－4。

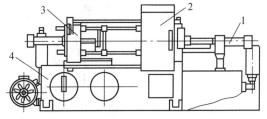

1—压射部件 2—护门 3—合型部件 4—床身

图3－3 J113A 卧式冷室压铸机

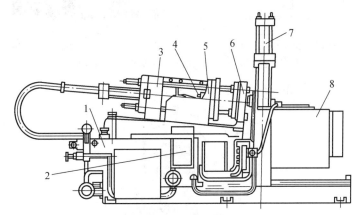

1—机身 2—操作箱 3—合模机构 4—顶出杆
5—防护门 6—静型板 7—压射杆 8—底座

图3－4 热室压铸机结构示意

（5）低压及差压铸造机

1）低压铸造机。通常按模具分模（型）面的位置和开合模的运动方向分为立式低压铸造机和卧式低压铸造机两大类。按合模（型）机构与保温炉的相互连接与分离方式又可分为平移式、平移加旋转式、倾斜式和保温炉移动式等多种，目前世界上各工业发达国家用得较多的是立式低压铸造机。国产J462 低压铸造机的外形和结构如图3－5 所示。

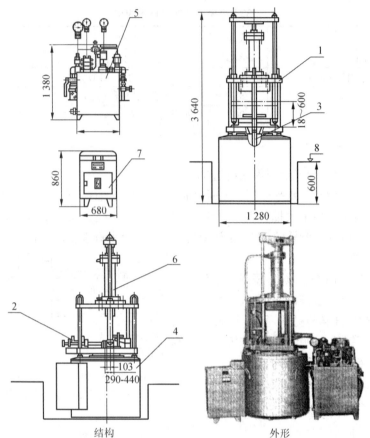

1—合型机架 2—侧合型缸 3—浇注系统 4—保温炉 5—液压站 6—提升缸总成 7—电器控制箱

图 3-5 国产 J462 型低压铸造机结构和外形

2) 差压铸造机结构如图 3-6 所示。

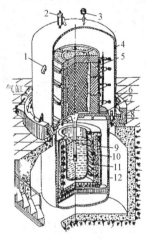

1—吊耳 2—安全阀 3—压力表 4—上压力筒 5—铸型 6—卡环

7—中隔板 8—定位销 9—升液管 10—电阻炉 11—坩埚 12—下压力筒

图 3-6 差压铸造机结构剖示

222

3）保加利亚四立柱式差压铸造机的结构如图3-7所示。

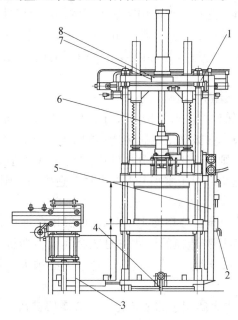

1—主机　2—冷却系统　3—机械手　4—尾托
5—方立柱　6—防松螺母　7—主机滑动板　8—合型缸
图3-7　四立柱式差压铸造机

（6）离心铸造机

按铸模旋转轴线的定向位置可分为卧式和立式两种，如图3-8和图3-9所示。

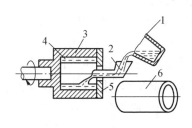

1—浇包　2—浇注槽　3—铸模（型）
4—合金液　5—端盖　6—铸件
图3-8　卧式离心铸造机

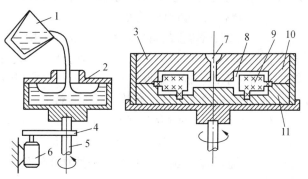

1—浇包　2—铸模　3—金属液　4—带轮　5—主轴　6—电动机
7—浇注系统　8—型腔　9—型芯　10—上模　11—下模
图3-9　立式离心铸造机示意

二、铸造模具与铸造设备的关系

1. 普通砂型铸造模（砂模、砂型）与铸造设备

223

砂模可以铸造铸铁件、铸钢件、铝、铜及其合金、低熔点合金铸件以及其他金属或合金的铸件或制品、器具。它是人类使用得最古老的铸造金属件的型腔模，要根据所铸造的金属或合金的种类、性能、特点、熔化和浇注温度、铸件的尺寸精度、表面质量、力学性能、耐压耐磨性能、铸造批量等因素，选用相适应、相配套的熔炼炉和铸造设备。

2. 金属铸造模（金属型）与铸造设备

1）根据所要铸造的铸件的内形外构、尺寸大小、对外表和内部的技术要求，结合金属型铸造机类型及其技术参数确定金属铸造模的结构形式。两者应相互协调配套。如金属铸造模是垂直分型，则应选用垂直分型的卧式金属模铸造机。只要对充型有困难，则要考虑选用倾转式铸造机；对于水平分型的金属铸造模，原则上应先用立式金属模铸造机。

2）根据铸件及浇冒口等在分型面上的投影面积和在垂直方向上的高度，计算出必须的合模力，再结合金属铸造模的尺寸去对照金属模铸造机的技术规格，最后确定相配套的金属模用铸造机，即金属模铸造机的合模力必须大于铸造时模具的实际合模力。

3）计算金属铸造模中金属型芯的抽芯力；按金属模被铸件包容的面积与形状计算开模力，然后对照金属模铸造机的多项技术规格，从中选定相适应配套的金属模铸造机，即金属模铸造机的抽芯力和开模力必须保证能抽出型芯和进行开模。

4）考虑金属模铸造机的结构和控制功能，看是否能适应铸造中所预定要实现的自动化或机械化的条件。

5）熔炼炉熔炼出来的合金液的纯净度及温度应达到金属铸造模及配用的金属模铸造机类型的铸型的铸造要求，浇注出合格的铸件。

3. 压铸模与压铸机的关系

1）要根据压铸件的材质特性、形状、结构复杂程度、尺寸大小和技术要求等综合考虑，选用合适的压铸类型。如压铸件为铅、锡、锌、镁低熔点合金，应选用热压室压铸机，而对于铝、铜等熔点较高的合金，则应选用冷压室压铸机。

2）压铸机的各项技术参数、精度等性能应能满足压铸生产要求并符合相关标准。

3）计算出与压铸模配用的压铸机所需的锁模力。所谓锁模力（也称合模力），是指在压铸铸件过程中，保证模具不从分型面分开造成合金液溢出伤人或使压铸件尺寸不合格而要把模具锁紧的力。这是用来选择压铸机的一种传统的也是主要的方法。可按下式计算出压铸机的锁模力：

$$F_{锁} \geqslant K(F_{主} + F_{分}) \tag{3-1}$$

式中　$F_{锁}$——压铸时压铸机应有的锁模力；

K——安全系数（一般取 $K = 1.2 \sim 1.3$）；

$F_{主}$——主胀型力，铸件及浇注系统、溢流排气系统在分型面上的投影面积乘以压射比压（kN）；

$F_{分}$——分胀型长，作用在滑块锁紧面上的法向分力引起的胀型力之和（kN）。

由此式可知，要计算出锁模力，必须先确定压射比压，再计算出 $F_{主}$ 和 $F_{分}$。

224

①压射比压的确定。压射比压，是指压铸时合金液受压射冲头作用，将其压入模具内，单位面积上对金属液的充型压力和压紧压力。它是确保铸件质量的重要工艺参数之一，可用下式计算：

$$P = \frac{P_{射}}{0.758D^2} \tag{3-2}$$

式中　$P_{射}$——压铸机的压射力（kN），是压铸机的规定值；

　　　D——压室直径（mm）。

在计算锁模力时，一般按合金种类及铸件特征从表3-3中选择。

表3-3　　　　　　　　　　　常用压射比压 P 的参考值　　　　　　　　　　（MPa）

铸件类型	铝合金	镁合金	锌合金	铜合金
普通铸件	40~50	40~80	15~20	30~40
结构件	50~70	50~70	20~30	40~50
耐压件	80~100	80~100	25~40	80~100
镀铬件	—	—	22~30	—

②计算胀型力。主胀型力可根据公式及图3-10获得。

$$F_{主} = \frac{AP}{10} \tag{3-3}$$

式中　$F_{主}$——主胀型力（kN）；

　　　A——铸件在压分型面上的投影面积。如为多腔模，则为各腔投影面积之和，一般另加30%作为浇注系统、溢流槽、排气系统的投影面积。

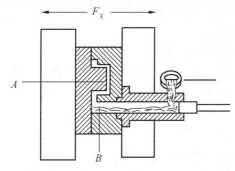

图3-10　计算主胀型力

可按图3-11和公式（3-4）计算各种抽芯情况下的分胀型力：

a. 斜销抽芯斜滑块抽芯时分胀型长的计算按公式（3-4）进行：

$$F_{分} = \sum \left[\frac{A_{芯} \times P}{10} \times \tan\alpha \right] \tag{3-4}$$

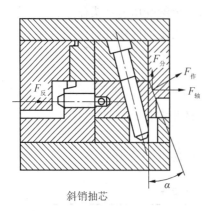

斜销抽芯

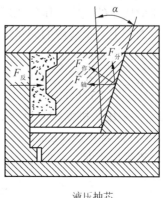

液压抽芯

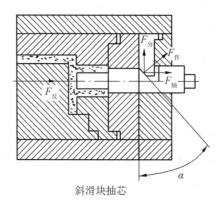

斜滑块抽芯

图 3-11　计算法向分胀型力

式中　$F_分$——由法向力引起的胀型力，为各个型芯所产生的法向分力之和（kN）；

$A_芯$——侧向活动型芯成型端面的投影面积（cm^2）；

P——比压（MPa）；

α——楔紧块的楔紧角（°）。

（如侧向活动型芯成型端面面积不大，则分胀型力可忽略不计）

b. 液压抽芯时分胀型力的计算，按公式（3-5）进行：

$$F_分 = \sum \left[\frac{A_芯 \cdot P}{10} \tan\alpha - F_插 \right] \tag{3-5}$$

式中　$F_插$——液压抽芯器的插芯能力（kN）。

如液压抽芯器未注明插芯力，可按公式（3-6）计算。

$$F_插 = 0.0785 D_插 P_管 \tag{3-6}$$

式中　$D_插$——液压抽芯器压缸的直径（cm）；

$P_管$——压铸机管道压力（MPa）。

选定了比压并计算出主胀型力、分胀型力后，便可把数值代入公式（3-1），求得锁模力。

4）实际压力中心（即模具上型腔）偏离锁模中心时锁模力的计算。

226

$$P_{锁} \geqslant 1.25 P_{反}(L_1 + L_0) \tag{3-7}$$

或 $$P_{锁} \leqslant 1.25 P_{反} L_2 \tag{3-8}$$

式中　$P_{反}$——反向压力；

　　　L_0——型腔反压力合力作用中心至压铸机压力中心的距离（mm）；

　　　L_1——模具边缘至压铸机压力中心的距离（mm）；

　　　L_2——模具边缘至型腔反压力作用中心的距离（mm）。

5）压室容量的计算。在压铸机初步选定，压射比压和压室尺寸也初定之后，就要核算其容量能否满足每次金属液浇注量的要求，即

$$G_{室} > G_{浇} \tag{3-9}$$

式中　$G_{室}$——压室容量（kg）；

　　　$G_{浇}$——每次压注时浇注的金属的重量（kg），即为铸件、浇注系统、溢排系统质量之和。

$$G_{室} = \frac{\frac{\pi}{4} \cdot D_{室}^2 \cdot L \cdot P \cdot K}{1\,000} \tag{3-10}$$

式中　$D_{室}$——压室直径（cm^2）；

　　　L——压室长度，包括浇口套长度（cm）；

　　　P——液态金属密度（g/mm^3），见表 3-4；

　　　K——压室充满度，一般为 60%~80%。

表 3-4　　　　　　　　　　　　液态金属的密度

合金种类	铝合金	镁合金	铜合金	锌合金	铅合金	锡合金
ρ（g/cm^3）	2.4	1.65	7.5	6.4	8~10	6.6~7.3

6）模具厚度与动模座板行程的核算。为确保锁紧模具和开模后能顺利地取出铸件，必须进行这两项核算。

①模具厚度的核算。虽然压铸机的合模机构有一定的调整范围来调整所设计的模具的厚度，但调整范围不得超过说明书所给定的最大和最小模具厚度。由于压铸合模时分型面必须贴紧的原则，所设计的模具厚度不得小于说明书中给出的最小厚度，也不得大于给出的最大厚度，因此设计模具时应按公式（3-11）核算其厚度。

$$H_{min} + 10\ mm \leqslant H_{设} \leqslant H_{max} - 10\ mm \tag{3-11}$$

式中　H_{min}——说明书中所给出的模具最小厚度（mm）；

　　　$H_{设}$——设计的模具厚度（mm）；

　　　H_{max}——说明书中所给出的模具最大厚度（mm）。

②动模座板行程的核算。动模座板行程实际就是压铸机开模后模具分型面之间的最大距离。设计模具时，应根据铸件形状、浇注系统和模具的形状结构进行核算，看此距离是否能顺利地取出铸件，即应满足公式（3-12）的要求。

$$L_{取} \leqslant L_{行} \tag{3-12}$$

式中　$L_{取}$——开模后分型面之间能取出铸件的最小距离（mm）；

　　　$L_{行}$——动模座板行程（mm）。

7）压铸机的选择。根据以上计算的结果，并按理论开模力和推件力应小于所选压铸机最大开模力和推件力、模具外形尺寸和伸出模体外构件（如滚压-抽芯机构等）的最大尺寸应不与压铸机碰撞、理论计算的锁模力一定要小于压铸机公称锁模力的原则，综合考虑选定压铸机。

4．其他铸造模具与铸造设备的关系

（1）低压与差压铸造模

根据铸件的形状结构特点，先选择低压铸造机的机型，再依据铸件的结构、尺寸、分型条件和浇冒口布置等因素选择低压铸造机的主要参数（一次加入保温炉的合金液量），再核算合模力、开模力、模板尺寸和拉杆距离。

（2）离心铸造机

根据铸件形状结构特征选择离心铸造机的机型。一般原则：长径比<1 的筒形和异形铸件选用立式离心铸造机为宜，而长径比>1 的铸件则必须选用卧式离心铸造机，根据铸件的结构、尺寸为主来考虑模具的安装尺寸与离心铸造机的转速是否可满足要求。对易产生偏析和对内表面有特殊要求的铸件，则应权衡其利弊，一般不宜用离心铸造机。

（3）树脂砂壳型

可根据浇注的金属种类和铸件形状、尺寸和技术要求等情况综合考虑，选用前述的相适应的熔化、铸造设备。

多层陶瓷壳型，要根据熔模铸件的形状结构特征及生产批量等情况，选用中频感应熔炼炉、高频感应翻转电炉、真空炉及电阻坩埚炉等相配套的熔炼铸造设备。

（4）压蜡模

可根据熔模铸件的形状结构特征、材质特性、尺寸和技术要求及所用模料种类选用机械化生产线或成套设备或高效自动化单机；反之，则要选用单机或用手工。

（5）石膏铸造模

要根据所铸合金品种、铸件质量、结构形状复杂程度、尺寸大小和技术要求等情况综合考虑，选用与之相适应相配套的熔炼炉和浇注设备。

第二节　锻造模与锻压设备的关系

一、锻造模所用锻压设备种类及应用

各种锻造模所使用的锻压设备种类及应用见表 3-5。

表 3-5　　　　　　　　　　　锻模所使用的锻造设备种类及应用

锻模名称	设备名称	动作原理	功能	适用范围
胎模固定模切边模	空气锤（自由锻锤）	由电动机驱动，以空气作为介质带动锤头做上下运动进行锤锻	完成悬锤压锤、轻打、重打、单打及连续锤击，使用比较灵活	用于小批量的胎模锻和固定模锻，也可作为摩擦压力机或其他模锻设备的制坯用
	蒸汽-空气自由锻锤	用 0.6~0.9 MPa（6~9 atm）的蒸汽或压缩空气来驱动锤头	完成定锤、悬锤、压锤、轻击、重击等动作	用于小批量的胎模锻和固定模锻，也可作为摩擦压力机或其他模锻设备的制坯用
锤锻模	蒸汽-空气模锻锤	以蒸汽或压缩空气来驱动锤头	完成单打或连锤的整个锻打全过程，操作灵活，生产率高，锻件质量比自由锻好	适合大批量锻件的生产
摩擦压力机锻模	摩擦压力机锻锤	由电动机驱动摩擦盘旋转，带动滑块上下运动锤击加热的锻坯	单打或连续锤击，生产率高，锤击力大，锻件组织致密，力学性能好	适合中小批量较大尺寸锻件的锻造

二、锻模与锻造设备的关系

1. 锤锻模的安装与紧固

模锻时，上下锻模分别用键块、楔子及调整垫片固定在模锻锤锤间和模座的燕尾槽内（图 3-12），以防止松动并有利于调整，安装也很方便。

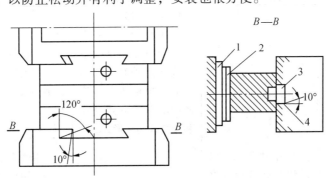

1—楔子　2—长垫片　3—垫片　4—键块

图 3-12　锻模的连接与紧固

2. 在自由锻锤上固定锻模

把胎模安装在自由锻锤上的方法与锤锻模的安装紧固方法相同，只是应注意：

1）适当选用吨位大一些的设备或加大砧的质量，以防止砧座跳动量过大。

2）尽量减少导轨的间隙。

3）提高下模的操作标高，以增加锤头在导轨中的配合长度。

4）尽可能排除制造锻模时产生的错移因素，如锻模上最好采用一个模膛，而模膛中心尽可能与锤杆中心重合。

5）在锻模上设计导向机构，以增大锻模在锻造中的稳定性和位置精度，提高模锻件的尺寸精度和表面质量。

3. 在摩擦压力机上安装锻模

在摩擦压力机上使用的锻模，其上下模座应用 T 形螺钉和压板安装于底面的工作台面上，并在锻模中设计有下顶出机构，以便于锻件的顶出。其安装位置和方法如图 3-13 所示。安装时一定要安装牢固，严防锻造时模具产生位移和松动。

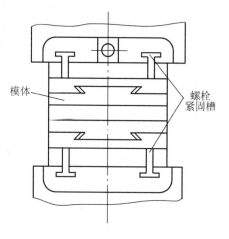

图 3-13　摩擦压力机的锻模安装

模体　螺栓紧固槽

第三节　冷冲模与冲压设备的关系

一、各种冲模所用设备的种类及应用

各种冲模所配用的冲压设备种类及应用见表 3-6。

表 3-6　　　　　　　　　　各种冲模所配用的冲压设备及应用

类型	设备名称	动作原理	结构特点	主要用途及配用的模具
剪板机	剪板机	有机械、液压传动两种。机械传动靠电机驱动，液压传动靠油压压力驱动	机械传动分上传动和下传动两种。靠脚踏或按钮操纵进行单次或连续剪切。液压传动剪板机按上刀架的运动形式分摆动式和往复式两种形式	剪切钣料，为冲模工作时准备条料或坯料，以及为其他用途剪切钣料
	剪切冲型机	又称振动剪，它以短行程和高行程数次进行直线及曲线剪切	—	利用模具可进行折边、冲槽、压筋、切口、成型、翻边、仿形冲裁等操作

230

续表

类型	设备名称	动作原量	结构特点	主要用途及配用的模具
机械压力机（俗称冲床或压力机）	开式压力机	以电驱动电动机，通过皮带轮及齿轮带动曲轴转动，经连杆使滑块在两侧导轨内做上下往复运动而实现冲压	床身为 C 型，工作台三面敞开，便于操作和进料、退料	冲孔、落料、浅拉深和成型及其模具
	闭式压力机	闭式压力机动作原理与开式压力机相同。按连杆数目可分为单点式、双点式及上传动、下传动形式	床身由横梁、左右立柱和底座组成，用螺栓拉紧，刚性好，冲压的坯料尺寸大，多属于大型压力机	可冲孔、落料、切边、弯曲、拉深、成型等。配用有这些功能的模具
	闭式拉延机	1. 双动拉延机有两个上滑块。拉延用的内滑块由曲轴、连杆带动，外滑块由凸轮和杠杆机构传动 2. 三动拉延机与双动拉延机的动作原理相同，只是在底座中增设了一个与上滑块运动相反方向的下滑块	—	可进行大尺寸钣金件的拉延、翻边。配用大型覆盖件 配用拉延-成型模对各种拉延成型件进行拉延-成型
	多工位自动压力机	在一台压力机上，能按一定顺序自动完成落料、冲孔	结构与闭式双点压力机相似，但装有自动上下料及工位间传动机构	实现多工位自动冲裁，使用多工位自动冲模
	冲模回转头压力机	这是利用数控装置控制的自动冲压设备	在回转头上装有多副冲模，模具简单，操纵灵活、便捷	可进行冲孔及其他冲压工序，如批量大及多品种生产的电子工业的各种控制板及底板等 配用冲孔及其他冲压模

231

类型	设备名称	动作原量	结构特点	主要用途及配用的模具
机械压力机（俗称冲床或压力机）	高速压力机	由电机驱动的附设有送料和出件、排废料系统，一般不需人操作的冲裁次数≥300次/min的高速冲床	分上传动式和下传动式两种形式	自动冲孔、落料送料和出件、排废料。配用高速冲模
	精密冲裁压力机	动作原理与一般冲床基本相同，只是滑块的行程次数比一般冲床高，机床加工精密	除主滑块外，设有压边和反压边装置，其压力可分别调整。四柱框架结构，附设自动机构	配用精冲模进行精密冲裁，获得精密冲压件
	螺旋压力机	与曲轴压力机一样具有增力机构和飞轮，用螺纹传动，以增力及改变动作方式	没有固定的上下止点，但结构简单	可进行校平、压印、切边、切断、弯曲等工艺操作。配用上述模具
液压冲压机	水压机、油压机	利用水及油的静压力传递原理进行工作，使滑块上下往复运动而带动模具开、合，实现冲压或冷挤压	工作压力大小与机床行程有关，其特点是冲压工作比前述机械压力机平稳	可进行复杂零件的拉深、压延、变（成）形及冷挤压。配用冷挤压模、拉深模、拉延-成型模等模具

二、压力机的规格及技术参数

压力机的技术参数及名词解释见表3-7。

表3-7   压力机的技术参数及名词解释

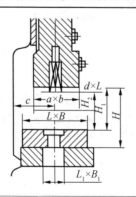

项号	主要技术参数	说　　明
1	公 称 压 力（kN）	曲柄压力机的公称压力，是指滑块离下死点前某一特定距离（公称压力行程）或曲柄旋转到某一特定角度（公称压力角）时滑块上所容许的最大压力 公称压力是压力机的主要技术参数。目前我国生产的压力机的公称压力有40，63，80，100，160，250，400，630，800，1 000，1 250、1 600等
2	滑块行程 S	滑块从上死点到下死点所经过的距离（路程）称为滑块行程。滑块行程的大小决定了此压力机的封闭高度和配用的模具的开启高度
3	最大封闭高度 H	封闭高度是指滑块在死点时，滑块底平面到工作台上平面的距离。当封闭高度调节装置将滑块调整到上极限位置时，封闭高度达到最大值，此值就是此压力机的最大封闭高度。模具的闭合高度应小于此最大封闭高度，否则模具装不进去
4	最小装模高度 H_1	指滑块在下死点时，滑块底平面到垫板上平面的距离。当封闭高度调节装置调节到最下极限位置时，滑块底平面到垫板上平面的距离，即是最小装模高度
5	滑块行程次数 n	滑块每分钟上下往复行走的次数称为滑块行程次数。压力机行程次数的大小，决定着冲压生产效率的高低
6	工作垫板面积 $L \times B$ 滑块底面积 $a \times b$	如本表中图所示，它决定着上模板和下模板的安装尺寸的大小
7	工作台中间孔的尺寸 $L_1 \times B_1$	用于冲压中排除废料和安装气垫顶出装置或弹顶装置
8	导（立）柱间距离	决定着模具及冲压板坯的最大尺寸
9	模柄孔径	确定冲模模柄的尺寸大小

三、冲模与所用冲压设备的关系

按照冲模的类型和精度等级、冲压件的生产批量和材质特性，合理选用冲压设备，并在冲压生产中注意保持两者的动态关系，对于确保冲压件的质量、模具寿命、模具和设备的安全以及冲压生产效率都具有极重要的意义。所以在选配冲压设备、安装模具和冲压生产时应密切注意下述关系。

1）压力机良好的精度是延长模具寿命、保证冲件精度和冲压作业在良好的状态下进行的先决条件，所以压力机的精度应稍高于模具的精度，并应定期检查和修整，以确保此精度。表 3 - 8 为日本工业标准（JIS）规定的曲轴压力机（＜50 t）的精度标准。

表 3 - 8 曲轴压力机所用模具、模架的精度等级 （mm）

曲轴压力机精度检验 JISB6402				模架精度检验		
检验项目	测量方法图示	等级	容许值（测长 100）	检查项目	测量方法图示	容许值（测长 100）
工作台上平面及滑块下平面的平行度		特级 1 级 2 级 3 级	0.006 5 0.013 0.024 5 0.046	上模座及下模座平行度		0.005
工作台上平面及滑块下平面的平行度		特级 1 级 2 级 3 级	0.013 0.026 0.049 0.092	模架组装后的平行度		0.015
滑块上下运动对工作台上平面的垂直度		特级 1 级 2 级 3 级	0.013 0.026 0.049 0.092	下模座对导柱的垂直度		0.015

由表可见，模具精度低于压力机的特级精度，比 1 级精度稍高，若模具安装于＜1 级精度的压力机上冲零件，则很难保证所冲压的零件达到模具的原有精度。

2）随着冲压次数的增加、冲压时间的延长，压力机的精度会不断下降，即使模具仍安装在原有特级精度的压力机上，经过一段时间，所冲压的零件还会降低到 3 级精度。所以为了保持压力机的初始精度，要定期对压力机进行精度检测和修理、校正，以保持理想状态。

3）由于压力机滑块的导准力比模架的导柱、导套配合的导准力大得多，模架的补偿作用很小，因此即使是把精度很高的模具安装在精度差的压力机上，也会在不久的时间内把模具的精度降下来。这样就浪费了模架，损坏了模具，是不允许的。

4）一般的模架都受压力机的静态和动态精度的影响，会使模架失去原有的精度。带浮动模柄的模架则不会受此影响，可获得稍低于模具精度的高精度的冲压件（图 3 - 14），可见，高精度的模具就没有必要配用价格昂贵的高精度压力机了，而使用图 3 - 14（c）所示无模柄结构的模具，则其导准精度就与压力机的滑块完全没有关系，还可缩短准备时间。

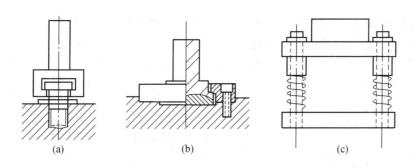

（a）、（b）浮动模柄结构　　（c）无模柄结构

图 3-14　两种浮动模柄和无模柄结构

压力机的静态精度的 4 个衡量标准：①滑块下平面与工作台上平面的平面度良好；②滑块下平面与工作台上平面的平行度良好；③滑块上下运动对工作台上平面的垂直度良好；④安装模柄的孔和滑块下平面的垂直度良好。

表 3-9 为日本工业标准 JISB60402 机械压力机精度检查试验方法的说明和要求。

表 3-9　　　日本工业标准 JISB60402 机械压力机精度检查试验方法和要求　　　（mm）

检测项目	测量方法示意	容许值			
			压力机容量 t		
		等级	< 50	50~250	> 250
工作台平面及滑块下平面的平面度		特级	$0.005 + \dfrac{0.015}{1\,000}L$	$0.0075 + \dfrac{0.02}{1\,000}L$	$0.01 + \dfrac{0.025}{1\,000}L$
		1 级	$0.01 + \dfrac{0.03}{1\,000}L$	$0.015 + \dfrac{0.04}{1\,000}L$	$0.02 + \dfrac{0.05}{1\,000}L$
		2 级	$0.02 + \dfrac{0.045}{1\,000}L$	$0.03 + \dfrac{0.06}{1\,000}L$	$0.04 + \dfrac{0.075}{1\,000}L$
		3 级	$0.04 + \dfrac{0.06}{1\,000}L$	$0.06 + \dfrac{0.08}{1\,000}L$	$0.08 + \dfrac{0.1}{1\,000}L$

5）选择调整好模具的闭合高度。模具的闭合高度 h 是指冲模开始冲压时，上模板上平面与下模板底平面之间的垂直距离，如图 3-15 所示。

在选用冲压设备时，h 和压力机的关系是：

$$H_{\max} - 5 \geqslant h \geqslant H_{\min} + 10 \text{ mm} \quad (3-13)$$

式中　h——冲模的闭合高度（mm）；

$H_{\max}$——压力机的最大闭合高（mm）；

$H_{\min}$——压力机的最小闭合高（mm）。

当多副模联合安装在同一台压力机工作台上工作时，则各副冲模的闭合高度应相同。

6）如何选配合适的冲压设备。选择冲压设

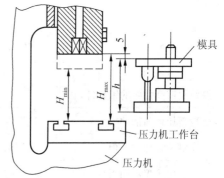

图 3-15　冷冲模的闭合度及与压力机的安装关系

235

备，一是要根据模具的工艺力（工艺力包括冲压力和卸料力、推件力、顶件力等附加力，而冲压力又包括冲裁力、压弯力、拉深力、成型力等）、闭合高度、压力中心的位置尺寸选用不同规格的压力机，如表 3-10；二是要根据冲模的大小、冲件生产批量、冲压工艺类别等项目内容，选用不同类型的冲压设备。冲压设备类型选择的原则如表 3-11。

表 3-10　　　　　　　　　　　　冲压设备技术规格及选用原则

冲压设备技术规格项目	选 用 原 则
公称压力	冲压设备的公称压力应为设计模具计算的冲压力的 1.2~1.3 倍
功率	应保证能产生上述公称压力完成冲压加工的总功率
最大装模高度	最大装模高度应大于冲模的闭合高度，其差值应比送入板坯厚度大 5mm 以上
工作台面及滑块平面尺寸	应保证冲模安装牢固和正常冲压，应用千分表检测此两平面之间的平行度是否在允许的范围内。漏料孔的尺寸应能使冲件或废料通过，并保证模具有一定强度
行程次数	应能满足最高生产效率
结构	根据冲压工作类别及冲压的零件性质，应备有特殊装置的工夹具，如缓冲器、顶出装置、送料及卸料装置等
安全防护及操作方便性能	应符合冲压设备的安全防护设计要求，便于操作

表 3-11　　　　　　　　　　　　冲压设备类型的选择原则

项 目 内 容	选用冲压设备的原则
中小型冲裁拉深弯曲模	选用单柱、开式压力机
大中型冲模	选用双柱、四柱压力机
冲件生产批量大的自动冲压模	选用高速压力机或多工位自动压力机
生产批量小、材料厚的大尺寸冲压件	选用液压机
校平、弯曲、整形模冲压厚钣料或高强度的钢板件	选用大吨位、双柱、四柱或钢板焊接结构的弓形压力机
冷挤压模和精冲模	选用专用冷挤压机及精冲专用压力机
车辆覆盖件拉延模	选用双动或三动压力机
多孔电子仪器用钣件	选用带冲模回转头的压力机

236

7）有关冲模选用中工艺力和压力中心的确定

①冲模工艺力。冲模工艺力指冲模在冲压工作中所需的冲压力（包括冲裁力、弯曲力、拉深力、成型力）和附加力（卸料力、推件力、顶件力）的总和。工艺力的确定是正确有效地选用冲压设备和辅助设备的基本依据，也是设计模具时要考虑的。只有考虑并计算这些力并确定好压力中心，才能使模具性能好、质量高、价格低、生产率高、寿命长，才能使选配的冲压设备合理，并实现高效率的安全冲压，这些力的计算和压力中心的确定方法见表 3-12 至表 3-20。

表 3-12　　　　　　　　　　　　落料、冲孔模工艺力的计算

序号	工艺力类型	定　义	计　算　公　式
1	冲裁力（N）	在冲裁过程中，通过冲模及钣料分离所需的最小压力	$P = 1.3Klt\tau$
2	推件力（N）	在落料及冲孔时，由于材料的弹性变形，使冲下的工件或废料发生弹性变形而卡在凹模内或套（箍）在凸模上，把此冲件或废料推出凹模或刮出凸模所需的力	$P_{推} = n \cdot K_{推} P$
3	顶件力（N）	从凹模中，沿与凸模运动方向的相反方向，将冲件或废料顶出所需的力	$P_{顶} = K_{顶} \cdot P$
4	卸料力（N）	落料时，条料从凸模中卸下或冲孔时工件从凸模上卸下所需要的力	$P_{卸} = K_{卸} \cdot P$

注：式中　P——冲裁力（N）；

　　　　K——修正系数（平切口：$K=1$，斜切口：$\alpha \geqslant 4°$ 时 $K=0.7$）；

　　　　L——冲裁件周长（mm）；

　　　　t——材料厚度（mm）；

　　　　τ——材料的抗剪强度（MPa），见表 3-13；

　　　　n——同时卡在凹模内的工件及废料件数；

　　　　$K_{推}$——推件力系数，见表 3-14；

　　　　$K_{顶}$——顶件力系数，见表 3-14；

　　　　$K_{卸}$——卸件力系数，见表 3-14。

表 3-13　　　　　　　　　　　　材料的抗剪强度

材料名称	抗剪强度 τ（MPa）	材料名称	抗剪强度 τ（MPa）
矽（硅）钢片 D21、D44	19	$L_2 L_3$	8
Q235A	31~38	LF_2	13~16
08F	22~31	LY12	28~31
10	26~34	T_1　T_2　T_3	16~24

续表

材料名称	抗剪强度 τ（MPa）	材料名称	抗剪强度 τ（MPa）
35	40～52	H62	30～42
45	44～56	H68	24～60
T7A～T10A	60	HB659—1	30～40
65Mn	60	QA17	52～56
1Cr18Ni9Ti	46～52	QA12～19	36～48

表 3－14　　　　　　　　　　$K_{推}$，$K_{顶}$，$K_{卸}$ 值

材质及料厚（mm）		$K_{推}$	$K_{顶}$	$K_{卸}$
冲压用钢板、钢带	≤	0.10	0.10	0.065～0.075
	>0.1～0.5	0.063	0.08	0.045～0.065
	>0.5～2.5	0.055	0.06	0.04～0.05
	>2.5～6.5	0.045	0.05	0.03～0.04
	>6.5	0.025	0.03	0.02～0.03
铝、铝合金板		0.03～0.07		0.025～0.08
紫铜、黄铜板		0.03～0.09		0.02～0.06

表 3－15　　　　　　　　　　精密冲裁工艺力的计算

项目号	名称	计 算 公 式	符 号 说 明
1	冲裁力（N）	$P = 0.9LT\sigma_0$	σ_0——材料的拉强度 L——剪切周长总和（mm） t——材料厚度（mm）
2	压边力（N）	$P_1 = （0.3～0.6）P$	—
3	卸料力（N）	$P_3 = （0.1～0.15）P$	—
4	推件力（N）	$P_4 = （0.1～0.15）P$	—
5	顶件力（N）	$P_2 = FQ$	F——精冲面积（mm^2） Q——单位分压力（一般取 $Q = 7～20$ MPa）

表 3-16 弯曲压弯力的计算

项目号	压弯性质	简 图	压弯力计算公式
1	单角自由压弯	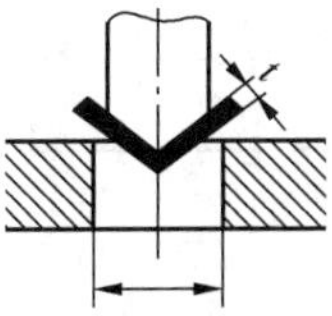	$P = 0.6\dfrac{t^2 B\sigma_b}{t+r}$
2	双角自由压弯	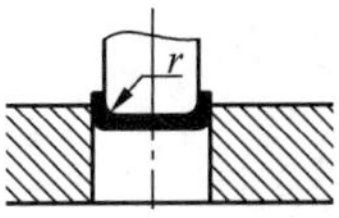	$P = 0.7\dfrac{t^2 B\sigma_b}{t+r}$
3	单角校正压弯	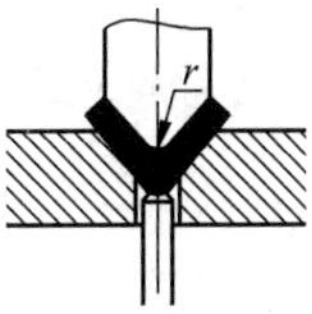	$P = gF$
4	双角校正压弯	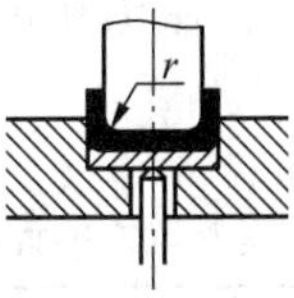	$P = gF$

注：式中　P——压弯力（N）；

　　　　　　B——钣料宽度（mm）；

　　　　　　F——压弯件被校正部分投影面积（mm^2）；

　　　　　　g——单位校正压力（MPa），见表 3-17；

　　　　　　t——钣料厚度（mm）；

　　　　　　r——弯曲件内侧弯曲半径（mm）。

表 3-17 单位校正压力 g （10MPa）

材料	钣料厚度（mm）			
	<1	1~3	3~6	6~10
铝	1.5~2.0	2~3	3~4	4~5
黄铜	2.0~3.0	3~4	4~6	6~8
10~20 钢	3.0~4.0	4~6	6~8	8~10
25~35 钢	4.0~5.0	5~7	7~10	10~12

表 3-18 拉延力的计算

分类	制 品 状 况	计 算 公 式
拉延力	圆形件	$P_1 = K_1 \cdot \pi \cdot d \cdot t\sigma_b$
	复杂形状制品	$P_1 = K_1 \cdot \pi \cdot l \cdot t\sigma_b$

分　类	制 品 状 况	计 算 公 式
压边力	圆形件	$Q = K_2 \cdot \dfrac{\pi}{2} [D^2 - (d + 2r_a)^2]g$
	复杂形状制品	$Q = K_2 \cdot F \cdot g$

注：式中　t——钣料厚度（mm）；

$\qquad$ d——拉深凹模直径（mm）；

$\qquad$ L——拉深凹模固长（mm）；

$\qquad$ σ_b——材料强度极限（MPa）；

$\qquad$ K_1——系数，取 $0.6 \sim 1.1$；

$\qquad$ D——拉料直径（mm）；

$\qquad$ r_a——凹模圆角半径（mm）；

$\qquad$ g——单位压边力（MPa），钢取 2.5，黄铜取 2.0，铜取 1.5，铝取 1.0；

$\qquad$ F——压边面积（mm²）；

$\qquad$ K_2——系数，取 $1.1 \sim 1.4$。

应注意的是在选择拉深用压力机时，压力机的公称压力应大于拉深力和压边力之和。

表 3-19　　　　　　　　　　成型模成型力的计算

成 型 工 序	计 算 公 式
翻孔	$P = (1.5 \sim 2.0) \sigma_b \cdot \pi (d_1 - d_2) t$
压印	$P = K \cdot L + \sigma_b$
胀形	$P = 1.15D \cdot \sigma_b \cdot \dfrac{2t}{D}$

注：式中　d_1——翻孔后的直径（mm）；

$\qquad$ d_2——翻孔前的直径（mm）；

$\qquad$ t——材料厚度（mm）；

$\qquad$ σ_b——材料抗拉强度（MPa）；

$\qquad$ K——系数，取 $0.7 \sim 1$（筋深且窄时取大值）；

$\qquad$ L——筋的周边长度（mm）；

$\qquad$ D——工件最小直径（mm）；

$\qquad$ P——成型力（N）。

②冷挤压模挤压力的计算。冷挤压模的冷挤压力可按下式计算：

$$P = K \cdot P \cdot F_凸 \tag{3-14}$$

式中　P——总挤压力（N）；

$\qquad$ $F_凸$——凸模工作部分的投影面积（mm²）；

$\qquad$ P——单位挤压力，钢取 $2\,500 \sim 3\,000$ MPa；

$\qquad$ K——安全系数，一般取 1.3。

选择挤压机吨位时应满足下列公式：

$$P_机 > P$$

式中 $P_机$——压力机的公称压力（N）；

P——总挤压力（N）。

③压力中心的确定。所谓压力中心，是指冲模在冲压工作时所受合力的作用点。确定压力中心的意义在于使模具的压力中心与压力机滑块中心线重合，以保证冲压时的安全性。防止压坏模具和出事故。

压力中心的确定方法见表3-20。

表3-20　　　　　　　　　　　　　压力中心的确定方法

制品形状	简　　图	压力中心确定方法
制品的形状比较规则	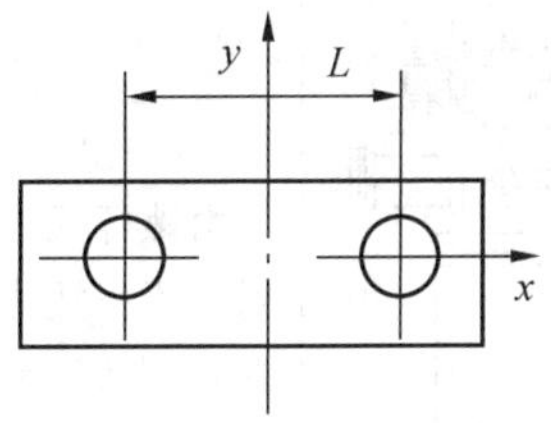	压力中心与制品的对称中心重合
多孔冲压	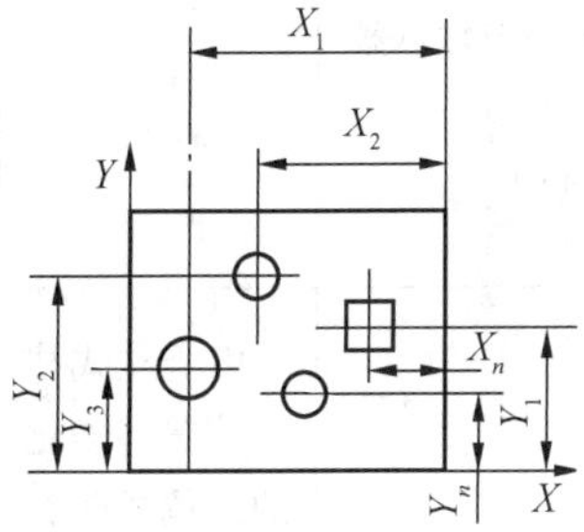	$$X_0 = \frac{P_1 X_1 + P_2 X_2 + \cdots + P_n X_n}{P_1 + P_2 + \cdots + P_n}$$ $$Y_0 = \frac{P_1 Y_1 + P_2 Y_2 + \cdots + P_n Y_n}{P_1 + P_2 + \cdots + P_n}$$
不规则形状冲压	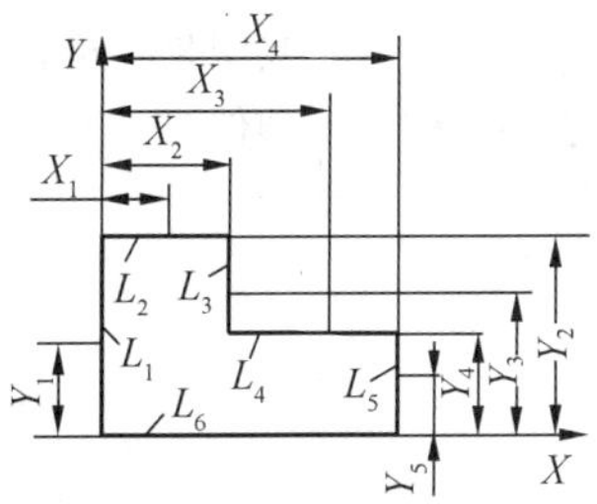	$$X_0 = \frac{L_1 X_1 + L_2 X_2 + \cdots + L_n X_n}{L_1 + L_2 + \cdots + L_n}$$ $$Y_0 = \frac{L_1 Y_1 + L_2 Y_2 + \cdots + L_n Y_n}{L_1 + L_2 + \cdots + L_n Y_n}$$ $X_1 Y_1$ 为一条线段的中心坐标

第四节　塑料模与塑料成型机的关系

一、各种塑料模所使用的设备及应用

各种塑料模所配用的设备及应用见表3-21。

塑料模名称	所用设备名称	动作原理	功能	适用范围
注射（塑）模	立式注射（塑）机	由注塞式注射装置将熔融（塑化）的塑料稠流体高压注射入模具型腔内成型	塑化塑料并注射成型塑料件	适合加工中、小型塑料件及分两次进行双色件的注射成型
	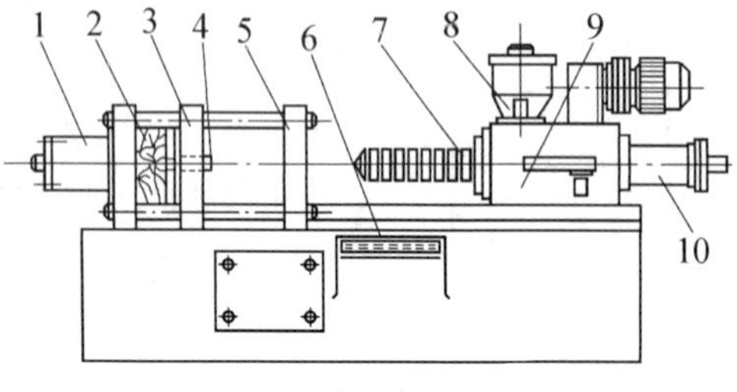 　1—锁模油缸　2—锁模机构　3—动模板　4—顶杆　5—定模板　6—控制台　7—料筒及加热器　8—料斗　9—定量供应装置　10—注射缸　热固料注射机（卧式注射机）	由螺杆式注射装置将塑化的黏稠状塑料流体注射到模具型腔内成型	塑化塑料并注射成型塑料件	适合大批量的大、中型的热固性塑料件的注射成型
	直角式注射机	由竖立式柱塞装置将塑化的黏稠式塑料流体注射到模具型腔内成型塑件	塑化塑料并注射成型塑料件	适合注塑成型小塑料件及中心部分不允许留有浇口痕迹的特殊塑料件
压缩模铸压模（传递模）	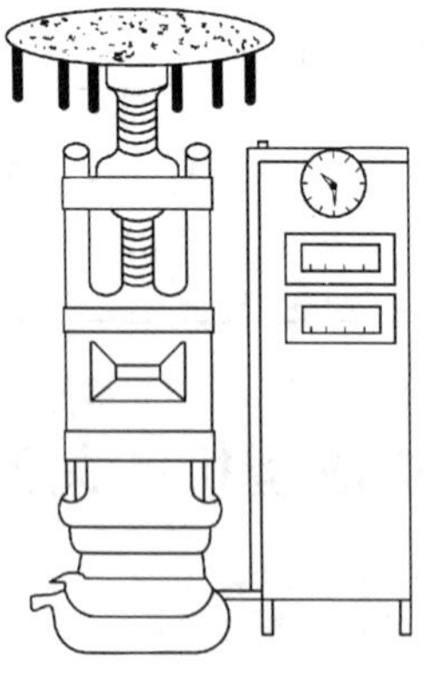 　手动操作的螺杆式压机	靠人工扳转上面转盘，带动螺杆旋转并下行来压铸塑料成型	塑化塑料并压注成型	适合外形结构简单、尺寸精度要求不太高、小批量或单件塑料件的生产

塑料模名称	所用设备名称	动作原理	功能	适用范围
压缩模铸压模（传递模）	立式上压式液压机	靠液压系统使带动柱塞对用电加热器加热软化的塑料施压，使其在模具型腔中充型并成型塑料件	对塑料进行自动加热，使其塑化并压塑成型塑料件	适合大、中、小型塑料件的压制。适合挤压模挤塑各类塑料制品
	立式下压式液压机	靠液压系统使带动柱塞对用电加热器加热软化的塑料施压，使其在模具型腔中充型并成型塑料件	对塑料进行自动加热，使其塑化并压塑成型塑料件	适合大、中、小型塑料件的压制。适合挤压模挤塑各类塑料制品
挤出模	1—冷却用鼓风机 2—机体 3—底座 4—减速器 5—外壳 6—冷却水管 7—料斗 8—机筒 9—螺杆 10—手柄 11—机头连接卡箍 挤出机	利用挤压部件（机筒和螺杆）的作用使熔融的塑料流体以一定的压力和速度通过挤出模（挤出机头）而获得一定断面形状的塑料制品	加热混炼塑料使之成为熔融的黏稠流体并使其从模具中挤出成为各种塑料制品	适合各种塑料管材、板材、棒材、薄膜、线缆包覆层及塑料粒子的挤出成型

塑料模名称	所用设备名称	动作原理	功能	适用范围
中空吹塑模	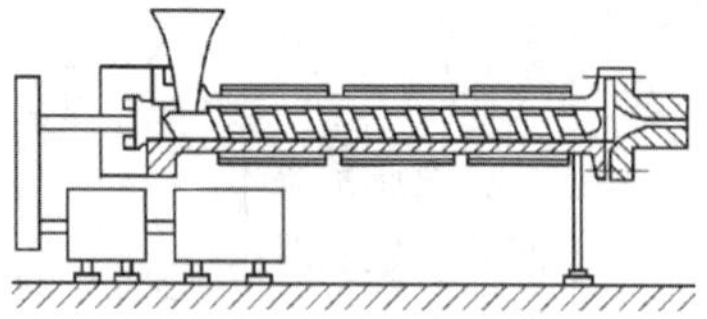 1—电机　2—变速箱　3—传动机　4—止推轴承 5—料斗　6—冷却系统　7—加热器　8—螺杆 9—料筒　10—过滤板及滤网　11—机头口模 单螺杆吹塑成型挤压机 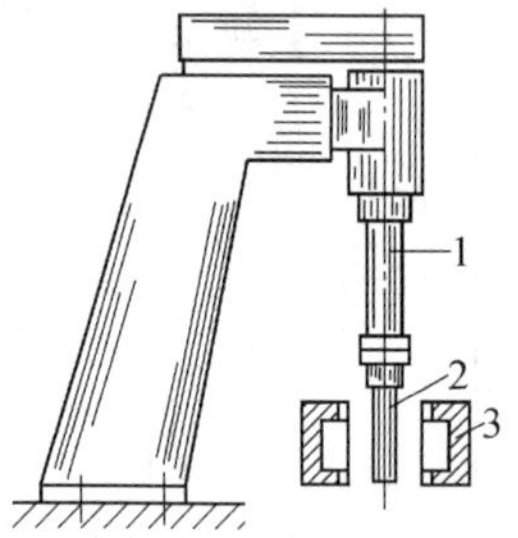 1—挤压筒　2—型坯　3—模具 立式挤压机	由气体挤出管状塑料熔坯（型坯），然后由模具夹住此熔坯，再从管状熔坯中通入压缩空气把熔坯吹胀并紧贴模腔壁并保压冷却成型而获得中空的塑料制品	加热熔化塑料、挤出塑料坯并吹胀熔坯贴覆模腔而成型中空塑件	适合包装容器和各种中空容器以及塑料薄膜
真空及气动成型模	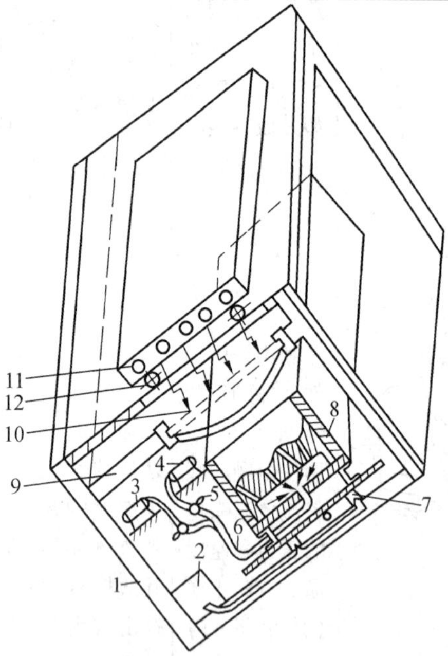 1—机架　2—油压站　3—真空泵　4—空气压缩机 5—气阀　6—抽/进气管　7—作动筒　8—真空吸塑模 9—塑料板夹持框　10—塑料板 11—电加热器　12—滚轮 真空及气动成型机和模具结构示意	把塑料板放在凹模（或凸模）的上方并将其加热软化，然后下降板材或上升模具，同时抽走它们之间的空气，使软化的板材吸入模具内并紧贴型面和保压冷却成型塑料制品	加热软化塑料板并抽真空，利用真空吸力或外加气体压力而使塑料板成型大尺寸的塑料制品	适合大尺寸的薄壁塑料制品的生产，以取代并简化采用注射法制造此类塑件，从而大幅度降低成本，大大加快产出期

续表

续表

塑料模名称	所用设备名称	动作原理	功能	适用范围
泡沫塑料模	 小型泡沫全自动成型机	把按一定配比配制的聚苯乙烯泡沫塑料原料放入模具内，然后加发泡剂升温、加压，进行预发泡，再冷却即获得泡沫塑料制品	进行塑料的发泡及泡沫塑料制品的成型	适合各种绝热、隔音及需要缓冲、减震、防潮的零件制品用塑料件的生产
	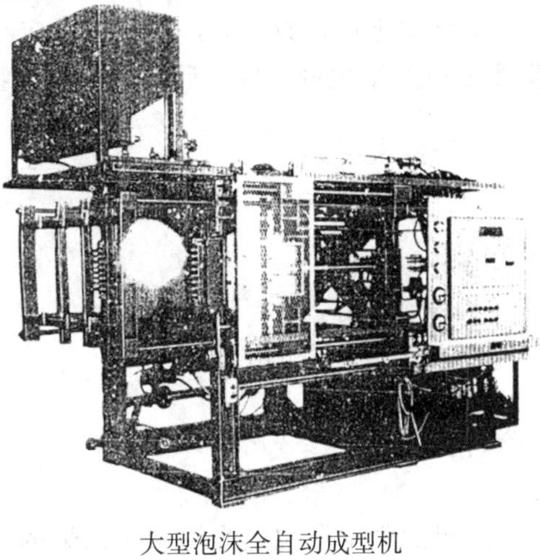 大型泡沫全自动成型机			适合要求的各种大尺寸泡沫塑料制品的生产

二、塑料模与塑料成型设备的关系

（一）注射模与注射（塑）机的关系

模具设计、加工人员必须了解和熟悉所使用的注射机的各项技术规格及其工作特性和注射模与注射机之间的相互关系，才能设计、加工好模具并最终注射出合格的注塑件。

1. 注射量与塑件质量的关系

注射量指注射机每次注射到模具里的塑料流体的最大体积或质量。它与要成型的塑件质量有关，两者如不相适应，则会影响注塑件的质量和产量。如注射量小于塑件质量，就会造成塑件缺肉、内部组织疏松、机械强度下降等缺陷而报废；反之，就会造成原料和电能的浪费，并使注射机利用率降低。因此，为保证正常的生产，塑件的质量

（包括浇注系统、冷料和飞边等质量）应小于注射机的注射量（通常注射机的实际注射量按最大的注射量的82%计算，以留有余量）。注射机的最大注射量（S）与塑件质量（$\sum_G$）的关系可表示为

$$0.85S \geqslant nd\sum_V \qquad (3-15)$$

$$0.85S \geqslant S\sum_G \qquad (3-16)$$

式中　S——注射机的最大注射量（g）；

　　　n——模具的型腔数；

　　　$\sum_V$——塑件及流道、浇口冷料和飞边料的体积总和（cm³）；

　　　d——所用塑料的密度（g/cm³）；

　　　$\sum_G$——塑件及流道、浇口冷料和飞边料的质量总和（g）；

　　　0.85——最大射出系数。

使用公式时，要注意的是注射机的额定（最大注射）量是按聚苯乙烯标定的，当使用其他塑料时应进行换算。

2. 塑化量与型腔数的关系

塑化量是注射机每小时能塑化（加热熔化均化塑料原料并进行化学反应）达到注射温度的塑料质量，以 kg/h 表示。根据注塑机的塑化量，可以计算能充满多腔模具的最多型腔数 N。其计算公式如下：

$$N = \frac{0.85M \times T - R}{3\,600\,W} \qquad (3-17)$$

式中　N——可注射模具的最多型腔数；

　　　M——额定塑化量（g/h）；

　　　T——注射周期（s）；

　　　R——浇道、浇口及飞边（冷料）总质量（g）；

　　　W——每型腔中的塑化的塑料质量（g）；

　　　0.85——额定塑化量的利用系数。

在使用此公式时，同样要注意的是注射机的额定塑化量是用聚苯乙烯的密度标定的，当使用其他塑料时，要按下式进行换算

$$M_B = M_A \frac{C_A}{C_B} \times \frac{t_A}{t_B} \qquad (3-18)$$

$$M_B = M_A \times \frac{Q_A}{Q_B} \qquad (3-19)$$

式中　M_A—以聚苯乙烯标定的塑化量（kg/h）；

　　　M_B——用其他塑料的塑化量（kg/h）；

　　　C_A——聚苯乙烯的比热 [1.34 J/（g·℃）]；

　　　C_B——其他塑料的比热 [J/（g·℃）]；

　　　t_A——聚苯乙烯的成型温度（℃）；

　　　t_B——其他塑料的成型温度（℃）；

Q_A——聚苯乙烯的总热容（$0.27\ \text{kJ/g}$ 或 $0.29\ \text{kJ/cm}^3$）；

Q_B——其他塑料的总热容（J/g 或 J/cm^3）。

3. 锁模力与注塑面积和型腔数的关系

在注射时注入模具型腔内熔融塑料的压力（模型压力）能使模具分开，其合力的大小与塑件和流道等的总投影面积成正比。为了使注射时模具不致分离，塑件不产生飞边和尺寸变大，就要用一定的锁模力把模具锁牢固，但由于注射力因有料筒、喷嘴和进料系统中的摩擦损失，使型腔内产生的压力通常只有注射力的 $20\% \sim 40\%$，所以锁模力和塑件总投影面积与注射压力之间有下列关系：

$$\text{锁模力} = \text{塑件总投影面积} \times (0.2 \sim 0.4)\ \text{注射压力}$$
$$= \text{塑件总投影面积} \times \text{模腔压力}$$

由此关系式可知，当选定注塑机后，锁模力就决定了塑件在分型面上的最大投影面（又称注射面积），在多腔模具的情况下，也就决定了该模具的最多模腔数，因为

$$F = Nfc + Rf，\text{所以}\ N = \frac{R - Rf}{f\,c} \tag{3-20}$$

式中　N——最多型腔数；

　　　F——额定锁模力（N）；

　　　R——模具的进料系统总投影面积（cm^2）；

　　　c——型腔投影面积（cm^2）；

　　　f——单位投影面积计算的锁模力（N/cm^2）。

4. 注射机动压板行程和间距与模具闭合高度（模具最大厚度）的关系

对于某一型号的注射机，其动压板的最大行程和动、定压板间的间距是一既定的尺寸，它决定着所能安装的模具的闭合高度即模具闭合的厚度。注射模的闭合厚度必须符合下式的要求

$$H_\text{小} \leqslant H \leqslant H_\text{大} \tag{3-21}$$

式中　$H_\text{小}$——注射模允许装入模具的最小厚度；

　　　H——注射模的实际闭合厚（高）度；

　　　$H_\text{大}$——注射机允许的最大装模厚度。

直角立式注射机的行程与模具的关系见表 3 - 22。

表 3 - 22　　　　　　直角立式注射机的行程与模具的关系

模具开距 $l = H_1 + H_2$（$5 \sim 10$ mm）　　　　　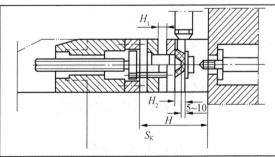
注射机行程　$S_\text{K} \geqslant H + l$
$S_\text{K} \geqslant H + H_1 + H_2 +$（$5 \sim 10$ mm）
式中　H——模具闭合厚度，mm；
H_1——脱模距离，mm；
H_2——制件高度，mm；
S_K——注射机行程，mm

注：直角式注射机的最小闭模间距一般无限制，故模具厚度尽可能取小值。

247

5. 注射机的压板尺寸和拉杆间距与模具的关系

注射模外形最大尺寸取决于注射机压板尺寸和拉杆间距，所以注射模的最长边不应小于压板尺寸，最短边应小于拉杆间距。定压板上的定位孔也应和定模上的定位盘准确配合，动、定模板上紧固螺栓的孔也应与注射机压板上的标准螺钉孔一致。

6. 注射机顶出装置与注射模顶出机构的关系

注射机的顶出装置通常有中心顶出栓顶出、两侧顶杆顶出和液压顶栓顶出 3 种方式。注射模上的顶出机构必须与其相适应，此外注射机的喷嘴头与注射模注口套形状尺寸间也要对应配合。

7. 注射模型式与注射机型式的关系

1）卧式和立式注射机开模行程与模具的关系可用下式计算：

$$S \geq H_1 + H_2 + (5 \sim 10 \text{ mm}) \tag{3-22}$$

式中　S——开模行程（mm）；

　　　H_1——脱模距离（mm）；

　　　H_2——塑件高度（mm）。

2）点状浇料口模具与注射机开模行程的关系可用下式表示：

$$S \geq H_1 + H_2 + \alpha + (5 \sim 10 \text{ mm})$$

式中　S——定模板与浇口套分离距离（取出浇口的长度，mm）；

　　　H_1——脱模距离（mm）；

　　　H_2——塑件高度（mm）。

3）注射模与直角式注射机闭合高度、行程的关系可用下式表示：

$$H_{\text{大}} \leq S_{\text{K}} - H_1 + H_2 + (5 \sim 10 \text{ mm})$$

式中　$H_{\text{大}}$——注射机最大闭合距离（mm）；

　　　S_{K}——注射机最大开合行程（mm）。

（二）压缩模、铸压模与液压机的关系

液压机的主要技术参数有主活塞直径、最大总压力、开模力、脱模力、压板尺寸、工作行程和最高工作液压等，这些技术参数决定着液压机所能压制的塑件的大小、厚度以及所能达到的最大模塑压力，因而也就关系到压缩模、铸压模的结构及尺寸。

1. 液压机最大总压力的计算

液压机最大总压力按下式计算：

$$P_1 = \frac{\pi D^2}{4} \times \frac{0.01q}{1\,000} \times 10^{-3} \tag{3-23}$$

式中　P_1——最大总压力（N）；

　　　D——主活塞直径（cm）；

　　　q——最大工作液压（MPa）。

而液压机的有效总压力（即压塑件的总压力）P_2 常取最大总压力的 80% ~ 90%，即

$$P_2 = P_1 \times (0.8 \sim 0.9) \tag{3-24}$$

当确定了塑件结构、尺寸和模具的型腔数之后，则所需要的总压力可按下式计算

$$P_3 = 0.01q°Fn \times 10^{-6} \qquad (3-25)$$

式中　P_3——所需的压塑总压力（N）；

　　　$q°$——模腔内的单位压力（见表3-23）；

　　　F——型腔在分型面上的投影面积，cm^2；

　　　n——型腔数。

表 3-23　　　　压制时模腔内的单位成型压力 $q°$ 的经验值（MPa）

序号	简　图	塑件的特征	粉状酚醛塑料		布基填料的酚醛塑料	氨基塑料	酚醛石棉塑料
			不预热	预热			
1		扁平、厚壁塑料件	12.26 ~ 17.16	9.81 ~ 14.71	2.94 ~ 39.23	12.26 ~ 17.16	44.13
2		高 20~40mm，厚 4~6mm	12.26 ~ 17.16	9.81 ~ 14.71	34.32 ~ 44.13	12.26 ~ 17.16	44.13
3		高 20~40 mm，壁厚 2~4 mm	12.26 ~ 17.16	9.81 ~ 14.71	39.23 ~ 40.03	12.26 ~ 17.16	44.13
4		高 40~60 mm，壁厚 4~6 mm	17.16 ~ 22.06	12.28 ~ 15.40	49.03 ~ 68.65	17.16 ~ 22.06	53.94
5		高 40~60 mm，壁厚 2~4 mm	22.06 ~ 26.97	14.71 ~ 49.61	58.84 ~ 78.45	22.06 ~ 26.97	53.49
6		高 >40 mm，壁厚 4~6 mm	30~35		45~50	30~35	—

序号	简　图	塑件的特征	粉状酚醛塑料		布基填料的酚醛塑料	氨基塑料	酚醛石棉塑料
			不预热	预热			
7		高度不大，有侧凹	15 ~ 20		40 ~ 60	12.5 ~ 17.5	45 ~ 50
8		高 40 ~ 60 mm，壁厚约 5 mm	17.5 ~ 22.5	60 ~ 80	22.5	27.2	45 ~ 50
9		零件结构比较复杂	约 49		—	58.8	
10		高度较大并带侧凹的形状较复杂的零件	24.5 ~ 29.4		78.4 ~ 98	24.5 ~ 29.4	
11		高度不大有侧凹的零件	14.7 ~ 19.6		39.2 ~ 58.8	24.5 ~ 29.4	
12		高 >40 mm，壁厚 4 ~ 6 mm	19.6 ~ 24.5		—	24.5 ~ 29.4	
13		高 <40 mm，壁厚 2 ~ 4 mm	19.6 ~ 24.5		—	24.5 ~ 29.4	
14		高 60 ~ 100 mm 壁厚 4 ~ 6 mm	20 ~ 25	—	—	25 ~ 30	50 ~ 55
		壁厚 2 ~ 4 mm	25 ~ 30	—	—	27.5 ~ 35	50 ~ 55

续表

序号	简 图	塑件的特征	粉状酚醛塑料		布基填料的酚醛塑料	氨基塑料	酚醛石棉塑料
			不预热	预热			
15		高度较大有侧凹	25~30		80~100	25~30	50~55

若已有模具要选择压力机时，可按式（3-25）计算出压塑所需之总压力 P_3；若塑件、压力机也已定，要确定型腔数，则可令式（3-25）中 $P_3 = P_2$。

2. 液压机的开模力的确定

液压机开模力的大小与成型压力成正比，此力还关系到模具与压力机连接螺钉的大小与数量，开模力可按下式计算：

$$P_4 = P_1 \times (0.1 \sim 0.2) \tag{3-26}$$

3. 固定模具用螺钉的数量及大小

固定模具用螺钉的大小及螺钉数 n_1 需按开模力确定和校验，即用下式计算

$$n_1 = \frac{1\,000 \times P_4}{Q} \tag{3-27}$$

式中　n_1——螺钉个数；

P_4——液压机的开模压力（N）；

Q——每个螺钉所能承受的负荷（N）。其值由其不同材质而异，可查表3-24。

表3-24　　　　　　　　　　螺钉负荷（N）

螺钉规格	材料：45 $\sigma_b = 4.90\text{MPa}$	材料：T10A $\sigma_b = 9.8\text{MPa}$	备　注
M5	1 323.90	2 598.76	
M6	1 814.23	3 628.46	
M8	2 432.33	6 766.59	
M10	5 393.66	10 787.32	
M12	7 943.39	15 788.71	对于成型压力 >500 kN 的大型模具，连接螺钉用的材料可用 T10A、T10，但不应经淬火处理
M14	2 0787.32	21 770.76	
M16	15 200.31	30 302.55	
M18	18 240.37	6 480.74	
M20	23 634.03	47 268.05	
M22	29 714.15	59 428.30	
M24	34 127.14	68 156.22	

4. 塑件脱模力的计算和校核

脱模力可按式（3-28）计算。

$$P_5 = F \cdot f \tag{3-28}$$

式中　P_5——塑件脱模力（N）；

　　　F——塑件的总侧面积（m^2）；

　　　f——塑件与金属的结合力（Pa）。

一般木质纤维和矿物填料取 0.49 MPa；玻璃纤维矿物填料取 0.49 MPa；玻璃纤维取 1.47 MPa。

5. 压力机的闭合高度与模具的闭合高度之间的关系的校核

压力机滑块的行程和滑块与工作台台面之间的最大和最小间距，直接关系到能否完全开模取出塑件，因此在模具设计、加工或已有模具要选用压力机时，都要考虑并计算这些参数。在设计模具时，可按式（3-29）进行计算。

$$h_{max} \leqslant H_{max} - h' - h'' - (10 \sim 20 \text{ mm}) \tag{3-29}$$

$$h_{min} \geqslant H_{min} + (10 \sim 15 \text{ mm}) \tag{3-30}$$

式中　h_{max}——模具最大闭合高度（mm）；

　　　h_{min}——模具最小闭合高度（mm）；

　　　H_{max}——压力机滑块与工作台台面的最大间距（mm）；

　　　H_{min}——压力机滑块与工作台台面的最小间距（mm）；

　　　h''——塑件的最大高度（mm）；

　　　h'——凸模的高度（mm）。

当不能满足式（3-30）即 $h_{min} \leqslant H_{min} + （10 \sim 15$ mm）时，则应在压力机的滑块与工作台台面之间加垫板；对于利用开模力完成侧面抽芯或侧面分型的模具以及利用开模力脱出螺纹型芯等模具，所需的开模距离可能还要长一些，遇到此类情况，就要根据此具体情况来考虑。

6. 压力机工作台的结构及尺寸与模具的关系

模具的宽度应小于压力机立柱或框架之间的距离，使模具能顺利地通过或取出；压力机工作台应开设有 T 形槽，此 T 形槽要沿对角线交叉开设或平行开设；模具的下模座应设计有宽 10 ~ 15 mm、高 15 ~ 20 mm 的可装放压板的凸缘台阶；模具的外形尺寸应比滑块和工作台台面尺寸小，并要设计有压板的安装空间。

7. 压力机顶出机构与模具推出装置的关系

在设计、加工模具时，应对压力机的顶出机构及连接模具的推出机构的有关尺寸进行计算和校核。模具所需的推出行程应小于压力机的顶出行程；压力机的顶出行程必须保证高于塑件型腔表面 10 mm，以便能顺利取出塑件。可按式（3-31）进行计算：

$$l = h + h_1 + (10 \sim 15 \text{ mm}) \leqslant L \tag{3-31}$$

式中　l——塑件要推出的行程（高度，mm）；

　　　h——塑件的最大高度（mm）；

　　　h_1——塑件离加料腔上平面的高度（距离，mm）；

　　　L——压力机顶出杆的最大行程（mm）。

它们相互之间的关系可见图 3－16 所示。

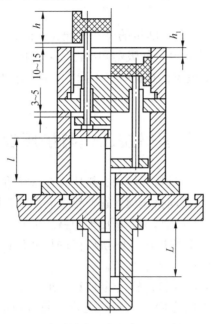

图 3－16　塑件推出行程与压力机顶出行程的关系

（三）挤出成型机头与挤出的关系

挤出成型机头安装在挤出机的尾部，其与挤出机的关系应注意：

1）要根据塑料制品的形状、尺寸、壁厚及塑料品种，选择相适应的挤出机。

2）应按挤出机的尾部的机间连接卡箍等构件的连接尺寸、形状严格设计和加工挤出机头，并校核其强度，确保其在挤出时能承受挤出压力。

3）必须按成型塑件的厚度和要求以及成型工艺特点，正确选用和设计机头的结构形式。若挤出硬聚氯乙烯管材，则应选用直角机头，且机头芯棒要开设压缩空气导入孔；若挤出聚烯烃塑料，则要选用螺旋芯棒。

4）机头的结构应紧凑，以便于安装与拆装。

5）机头内的流道应具有一定的压缩比（分流器支架出口和流道的断面积与机头出料口模流通面面积之比），以保证挤出的塑料制品密实并消除分流器支架造成的结合缝。

6）机头的选材应能承受高温塑料和有腐蚀性塑料的数次通过的磨损和腐蚀。

（四）真空及气动成型模与其所使用的设备的关系

直空及气动成型模安装在真空及气动成型机内，它与成型机的关系是：

1）模具外形尺寸必须按成型机允许的尺寸设计、加工，一般长、宽应略小于塑料板夹持框的内框尺寸，防止大于塑料板夹持框内框尺寸而使模具外廓顶住此夹持框而使模具上平面不能与塑料板接触，造成密封不好，导致吸塑失败并报废塑料板；模具的高度应比模具安装板与塑料板夹持框之间距离小 10～20 mm。

2）模具型腔的吸塑面积和吸塑深度应在吸塑机最大真空压力的允许范围内，防止吸塑不成功而报废塑料板，所以在设计、加工模具时应按所用吸塑机所能产生的最大负压力进行计算和校核。

3）抽、进气管的尺寸应与吸塑机的尺寸相配套，模具型腔面的抽、进气管直径和数量要通过试模后确定，直达到最佳吸塑和出件效果为止。

4）模具周围侧板与底板应密封良好，不漏气，确保抽真空时不进气、吸塑时效果好。

第五节　铝型材挤压模与挤压设备的关系

铝型材挤压模安装在挤压机挤压筒内，挤压筒在盛锭筒之前，加热的铝锭通过盛锭筒后的挤压轴的挤压力将其推向挤压模，迫使铝锭的部分金属挤入模具型孔，并从模具后面挤出形成各种断面形状的铝型材。挤压模与挤压机的关系：

1）挤压模的外廓尺寸应按挤压机的挤压筒的尺寸设计、加工，并保证配套吻合，其间隙精度可按滑动配合精度设计、加工。

2）挤压模在长时间高温（挤压镁合金铸锭，加热温度为 350~450 ℃，铝合金铸锭为 400~450 ℃，再加上挤压中的摩擦热变形功热效应的升温，使模具工作温度达550 ℃以上）、高压（如挤压力为125 MN时，其比压为 903~249 MPa）、激冷激热（模具工作和非工作时间温差达200 ℃以上，而在使用水冷模挤压时更高）、承受反复循环应力（工作时达到最大，非工作时为零，有时受拉，有时受压等）、偏心载荷和冲击载荷、高温高压下的摩擦作用和局部应力集中作用的十分恶劣的条件下工作，所以在制造模具时，要认真考虑能承受这些恶劣条件的模具材料、热处理表面处理工艺、模具结构、加工工艺。其中模具材料和模具结构有极为关键的作用。为此应选用具有高力学性能、高耐热能力，在高温下有高稳定性、高耐磨、耐腐蚀性能，有良好的渗透性能、氮化性能及高导热性能且其膨胀系数小的材料，与挤压机技术规格、参数相配套的模具结构。

3）挤压模具的尺寸、结构和所要挤压的型材（制品）的形状、材料性能、生产批量要与所选用的挤压机的挤压力及结构相适应、相配套。

第四章　模具用材料和模具用材料的热处理及表面强化

第一节　模具常用钢材、铸铁

一、压铸模等金属铸造模常用钢材

1）压铸模等金属铸造模常用钢材的种类和化学成分见表4-1。

表4-1　　　　压铸模等金属铸造模常用的钢材种类和化学成分

钢材牌号	化　学　成　分											适合模具
	C	Si	Mn	P	S	Cr	W	Mo	V	Al	Ni	
45	0.42 ~ 0.50	0.11 ~ 0.37	0.50 ~ 0.80	≤0.040	≤0.040	≤0.25					≤0.25	金属铸模（型）压铸模
T8A	0.75 ~ 0.84	0.15 ~ 0.35	0.15 ~ 0.30	≤0.030	≤0.020							
T10A	0.95 ~ 1.04	0.15 ~ 0.30	0.15 ~ 0.30	≤0.030	≤0.020							
CrWMn	0.90 ~ 1.05	≤0.40	0.80 ~ 1.10	≤0.030	≤0.030	0.9 ~ 1.2	1.20 ~ 1.60					
4CrW2Si	0.35 ~ 0.44	0.80 ~ 1.00	0.20 ~ 0.40	≤0.030	≤0.030	0.50 ~ 0.80	2.00 ~ 2.50					
5CrNiMo	0.50 ~ 0.60	≤0.40	0.50 ~ 0.80	≤0.030	≤0.030	0.50 ~ 0.80	—				1.40 ~ 1.80	
5CrMoMn	0.52	0.54	1.42	≤0.30	≤0.30	0.88		0.31				
3Cr2W8V	0.030 ~ 0.40	≤0.40	≤0.40			2.20 ~ 2.70	7.50 ~ 9.00	≤1.50	0.20 ~ 0.50			压铸模
*4Cr3Mo3W2V（HM1）	0.32 ~ 0.42	0.60 ~ 0.90	≤0.65			2.80 ~ 3.30	1.20 ~ 1.80	2.50 ~ 3.00	0.80 ~ 1.20			
*4Cr3Mo3SiV	0.35 ~ 0.45	0.80 ~ 1.20	0.25 ~ 0.70	≤0.030	≤0.030	3.00 ~ 3.75	—	2.00 ~ 3.00	0.25 ~ 0.75			
4Cr5MoVSi（美H11钢）	0.32 ~ 0.42	0.80 ~ 1.20	0.20 ~ 0.50	≤0.030	≤0.030	4.75 ~ 5.50	—	1.10 ~ 1.75	0.80 ~ 1.70			

续表

钢材牌号	化 学 成 分											适合模具
	C	Si	Mn	P	S	Cr	W	Mo	V	Al	Ni	
4Cr5Mo V1Si （美H13钢）	0.32~ 0.42	0.80~ 1.20	0.20~ 0.50	≤0.030	≤0.030	4.75~ 5.50		1.10~ 1.75	0.30~ 0.50			压铸模
*4Cr5 W2VSi	0.32~ 0.42	0.80~ 1.20	0.20~ 0.50	≤0.030	≤0.030	4.75~ 5.50	1.10~ 1.75		0.80~ 1.2			压铸模、热挤压模
*7Mn15 Cr2Al2 V2WMo	0.65~ 0.75	≤0.80	14.5~ 16.5		≤0.030	2.00~ 2.50	0.50~ 0.80	0.50~ 0.80	1.50~ 2.00	2.30~ 3.30		压铸模、热挤压模、特高热强热挤压模
QR090钢 （瑞典 uddeholn 钢）	0.40	0.30	0.80			2.60		2.30	0.90			压铸模、热挤压模
CH75 4Cr13Ni	0.44、 0.4~ 0.42	1.00、 0.38~ 0.27	0.21~ 0.40	0.01、 0.029~ 0.031	0.04	3.00、 13.45~ 13.44		1.53	1.46		1.14~ 1.10	压铸模、显像管玻壳模

注：*为我国所研制的热模钢。

2）国内外压铸模等铸造模常用钢材牌号对照见表4-2。

表4-2　　　　　　　各国压铸模等金属铸造模常用钢材对照

中国 （GB）	美国 （AISI）	俄罗斯 （TDCT）	日本 （JIS）	德国 （DIN）	瑞典 （ASSAB）	奥地利 （BOHLER）	英国 （B.S）	法国 （NF）	澳大利亚
4Cr5MoV1Si	H13 H14 H19	4×5MΦ1C	SKD61	X40CrMoV51 1.2344	8407	3202	BH13	3541 Z40WCV5	
4CrMoVSi	H11	4×5MΦC	SKD6	X38CrMoV51		W300	BH11	Z38CDV8	
			SKD4				BH21		
3Cr2W8V （YB）	H21	3×2B8Φ	SKD5	X30WCrV95 1.2567	2730 （SIS）	W100	BH21A	3541 Z38WCV9	
4Cr3Mo3SiV	H10	3×3M3Φ	SKD7	X32CrMoV33 1.23441	HWT-11	W321	BH10	320	TH344 TH885
5CrNiMo	L6 6F2	5XHM	SKT4	55NiCrMoV6 1.2713	2550 （SIS）		PMLB/1 （ESC）	3381 55NCDV	

续表

中国 （GB）	美国 （AISI）	俄罗斯 （TDCT）	日本 （JIS）	德国 （DIN）	瑞典 （ASSAB）	奥地利 （BOHLER）	英国 （B.S）	法国 （NF）	澳大 利亚
4CrW2Si （YB）	S1	4ХВ2С		45WCrV7	2710		BS1		
T8A（YB）	W108	Y8A	SK6	C80W1				Y175	
T10A （YB）	W110	Y10A	SK4	Cl05W1	1880		BW1A	Y2105	
45	1045	45	S45C	C 45	1650 （SIS）	C45 （DNORM）	060A47	XC45	

3）压铸模等金属铸造模常用钢的选择见表4-3。

表4-3　　　　　压铸模等金属铸造模用钢的选择及热处理要求

零件名称		压 铸 合 金			热处理要求	
		锌铝锡合金	铝镁合金	铜合金	压 铸 锌、 铅、锡、铝、 镁合金	压铸铜合金
与金属液接触的零件	型腔镶块、型芯、滑块中的成型部位等成型零件	4Cr5MoV1Si 3CrW8V （3Cr2W8） 5CrNiMo 4CrW2Si 4CrSi 40CrNi 40CrV 5CrMnMo	4Cr5MoV1Si 3Cr2W8V （3Cr2W8） 4Cr5MoVSi 4Cr3Mo3SiV SKD61 SKD6　SKD5 8407　8402 QR0－90 H13	3Cr2W8V （3Cr2W8） 3Cr2W5Co5MoV 4Cr3Mo3W2V 4Cr3Mo3SiV 4Cr5MoV1Si SKD61 SKD6　SKD5 8407　8402 H13	HRC34～47 （4Cr5MoV1Si） HRC44～48 （3Cr2W8V）	HRC38～42
	浇道镶块浇口套，分流锥等浇注系统零件	4Cr5MoSiV1　3Cr2W8V（3Cr2W8） SKD61　SKD6　SKD5　8407　8402 QR0－90 H13 等		3Cr2W8V （3Cr2W8） 3Cr2W5Co5MoV 4Cr3Mo3W2V 4Cr3Mo3SiV 4Cr5MoV1Si SKD61　SKD6 SKD5　8407 8402　H13	HRC34～47 （4Cr5MoV1Si） HRC44～48 （3Cr2W8V）	HRC38～42

续表

零件名称		压铸合金			热处理要求	
		锌铝锡合金	铝镁合金	铜合金	压铸锌、铅、锡、铝、镁合金	压铸铜合金
滑动配合零件	导柱、导套（斜销、弯销等）	T8A　T10A			HRC50~55	
	推杆	4CrMoV1Si 3Gr2W8V （3Gr2W8） SKD61　SKD6　SKD5　8407　8402　H13			HRC45~50	
		T8A/T10A（不接触合金液的）			HRC50~55	
	复位杆	T8A/T10A			HRC50~55	
模架结构件	动模套板、定模套板、支承板、垫块动模底板、定模底板、推板推杆固定板	45			调质 HB220~250	
		A3 铸钢、高强铸铁				
	齿轮齿条、齿轴	45　Gr12				

注：1. 表中所列材料，国产先列者为优先选用（含对照表中的进口料）。

　　2. 压铸锌、铅、锡、铝、镁合金的成型零件经淬火后，根据需要可对成型面进行软氮化或氮化处理，氮化层深度为 0.008~0.15 mm，硬度 HV≥600。也可以进行其他表面强化处理。

二、锻造模常用钢材

1）锻模常用模具钢的种类及化学成分见表 4-4。

表 4-4　　　　　　　　　　　　锻模常用模具钢种类及化学成分

钢号	化学成分（%）											
	C	Si	Mn	Cr	W	Mo	V	Ni	Al	其他	P	S
＊4CrMnSiMoV	0.35~0.45	0.80~1.10	0.80~1.10	1.30~1.50		0.40~0.60	0.20~0.40				≤0.030	≤0.030
＊4Cr2NiMoV	0.41	0.35	0.40	2.1		0.55	0.21	1.2			≤0.030	≤0.030

续表

钢号	化学成分（%）											
	C	Si	Mn	Cr	W	Mo	V	Ni	Al	其他	P	S
*4Cr5W2VSi	0.32 ~ 0.42	0.80 ~ 1.20	≤0.40	4.5 ~ 5.5	1.60 ~ 2.40		0.60 ~ 1.00				≤ 0.030	≤ 0.030
40Cr	0.27 ~ 0.45	0.20 ~ 0.40	0.50 ~ 0.80	0.80 ~ 1.10							≤ 0.040	≤ 0.040
*4CrMo3SiV	0.35 ~ 0.40	0.80 ~ 1.20	0.25 ~ 0.70	3.00 ~ 3.75		2.00 ~ 3.00	0.25 ~ 0.75				≤ 0.030	≤ 0.030
3CrW8V（3Cr2W8）	0.30 ~ 0.40	≤0.40	≤0.40	2.2 ~ 2.7	7.5 ~ 9.0						≤ 0.030	≤ 0.030
*3CrMo3W2V	0.32 ~ 0.42	0.60 ~ 0.90	≤ 0.65	2.80 ~ 3.30	1.20 ~ 1.80	2.5 ~ 3.0	0.80 ~ 1.20				≤ 0.030	≤ 0.030
5CrMnMo	0.50 ~ 0.60	0.25 ~ 0.60	1.20 ~ 1.60	0.60 ~ 0.90		0.15 ~ 0.30					≤ 0.030	≤ 0.030
*5CrMiMo	0.50 ~ 0.60	≤ 0.40	0.50 ~ 0.80	0.50 ~ 0.80		0.15 ~ 0.30		1.40 ~ 1.80			≤ 0.030	≤ 0.030
*5CrNiMoVSi	0.40 ~ 0.53	0.60 ~ 0.90	0.40 ~ 0.60	1.20 ~ 2.00		0.80 ~ 1.20	0.03 ~ 0.05	0.80 ~ 1.20			≤ 0.030	≤ 0.030
*5Cr4W5Mo2V（RM2）	0.40 ~ 0.50	≤0.40	0.20 ~ 0.60	3.40 ~ 4.40	4.50 ~ 5.30	1.50 ~ 2.10	0.10 ~ 0.70				≤ 0.030	≤ 0.030
*5CrMo3SiMnVA（O12Al）	0.47 ~ 0.57	0.80 ~ 1.10	0.80 ~ 1.10	3.80 ~ 4.30		2.80 ~ 1.20		0.30 ~ 0.70			≤ 0.030	≤ 0.030
60Si2Mn	0.56 ~ 0.64	1.5 ~ 2.0	0.6 ~ 0.9	≤ 0.035				≤ 0.35			≤ 0.04	≤ 0.04
*8Cr3	0.25 ~ 0.85	≤ 0.40	≤ 0.40	3.2 ~ 3.8							≤ 0.030	≤ 0.030
M－4 瑞典锻模钢	0.15	0.75		1.30	2.5		0.20					

注：＊为我国研制的热模钢。

259

2）热变形模用钢的选择见表 4-5。

表 4-5　　　　　　　　　　　　　热变形模用钢的选择

名　称 \ 类别	小　型　模　具		中　型　模　具		大型模具
	简单	复杂	简单	复杂	
热锻模	5CrMnMo	5CrNiMo H11　H13	5CrMnMo	5CrNiMo　H11 H13　8407	5CrNiMo　H11 H13　8407 SKD61　SKD62
热切边模	5CrMnMo	5CrNiMo	5CrNiMo 5CrMnMo	5CrNiMo　H11 H13　8407 SKD61　5KD62	5CrMnMo　5CrNiMo H11　H13　8407 SKD61　SKD62
热冲击模	3Cr2W8V (3Cr2W8) W18Cr4V	5CrNiMo H11　H13	3Cr2W8V (3Cr2W8) W18Cr4VSKD62	5CrNiMo　H11 H13　8407 SKD61　SKD62	
热挤压模	5CrNiMo Cr2W8V (3Cr2W8)	H11　H13 3Cr2W8V (3Cr2W8)　8407	H11　H13 3Cr2W8V (3Cr2W8)　8407 SKD61　SKD62 3Cr2W8V	H11　H13 8407　SKD61 SKD62	H11　H13　3CrW8V 8407　SKD61　SKD62

3）冷镦模用钢的选择见表 4-6。

表 4-6　　　　　　　　　　　　　冷镦模用钢的选择

模具类型 \ 生产批量（件）	5 万～6 万	6 万～10 万	10 万～20 万
整体型	T10（小型） CrWMn　60Si2Mn	CWMn GG15	CrWMn　W6Mo5Cr4V2 GCr15　60Si2Mn
镶嵌型	Cr12MoV W6Mo5Cr4V2 SK31 XW-41	Cr12MoV　W6Mo5Cr4V2 GCr15　SK31 XW-41	5CrNiMo　5CrMnMo Cr12MoV　W6Mo5Cr4V2 SK31　XW-41

三、冷冲模常用钢材

1）冷冲模常用钢材的种类见表 4-7。

2）冷冲模主要工作零件常用钢种及特性见表 4-8。

冷作模具常用的钢及化学成分

表4－7

类别	钢号	化学成分（%）										
		C	Si	Mn	P	S	Cr	W	Mo	V	Al	其他
低耐磨	T10	0.95～1.40	0.15～0.30	0.15～0.30	≤0.030	≤0.030						
	9Mn2V	0.85～0.95	≤0.40	1.70～2.00						0.10～0.25		
	CrWMn	0.90～1.05	≤0.40	0.80～1.10			0.09～1.20	1.20～1.60				
	7CrSiMnMoV	0.65～0.76	0.85～1.50	0.65～1.05			0.90～1.20		0.20～0.50	0.15～0.30		
	8Cr2MnWMoVS	0.75～0.85	≤0.40	1.30～1.70		0.06～0.15	2.30～2.60	0.70～1.10	0.50～0.80	0.10～0.25		
高耐磨	Cr5MoV	0.95～1.05	≤0.05	≤1.00			4.75～5.50		0.90～1.40	0.15～0.50		
	Cr12MoV	1.45～1.70	≤0.40	≤0.40	≤0.030	≤0.030	11.00～12.50		0.40～0.60	0.15～0.30		
	Cr12Mo1V1	1.40～1.60	≤0.60	≤0.60			11.00～13.00		0.70～1.20	≤1.10		Co≤1.00
	Cr12	2.00～2.30	≤0.40	≤0.40			11.50～13.00					
	Cr15	0.95～1.05	0.15～0.35	0.20～0.40	≤0.027	≤0.020	1.3～1.65					Ni≤0.30
	Cr4W2MoV	1.12～1.25	0.40～0.70	≤0.40	≤0.030	≤0.030	3.50～4.0	1.90～2.60	0.80～1.20	0.80～1.10		
	W6Mo5Cr4V2	1.05～1.20	≤0.40	≤0.40			3.80～4.40	5.50～6.70	4.50～5.50	1.75～2.20		
	W6Mo5Cr4V2Al	1.05～1.20	≤0.60	≤0.40			3.80～4.40	5.50～6.75	4.50～5.50	1.75～2.20	0.80～1.20	
	W12Cr4Mo3V3N	1.10～1.25	≤0.60	≤0.50			3.60～4.20	11.00～12.50	2.50～3.50	2.50～3.10		N=0.04～0.10
	GT35	35% TiC, 3% Cr, 3% Mo, 0.90% C, 余量 Fe										
	TLMW50	50% WC, 1.25% Cr, 1.25% Mo, 0.08～1.00C, 余量 Fe										

续表

类别	钢号	化学成分（%）										
		C	Si	Mn	P	S	Cr	W	Mo	V	Al	其他
高韧性	5Cr-W2Si	0.45~0.55	0.50~0.80	≤0.40	≤0.030	≤0.030	1.00~1.20	2.00~2.50				
	6Cr3VSi	0.55~0.65	0.50~0.80	≤0.40	≤0.030	≤0.030	2.60~3.20			0.15~0.30		
	6Cr4W3Mo2VNb	0.60~0.70	≤0.40	≤0.40	≤0.030	≤0.030	3.80~4.40	2.50~3.50	1.80~2.50	1.20~1.80		Nb = 0.20~0.35
	6W6Mo5Cr4V	0.55~0.65	≤0.40	≤0.60	≤0.030	≤0.030	3.70~4.30	6.00~7.00	4.50~5.50	0.70~1.10		
	7Cr7Mo2V2Si	0.70~0.80	0.70~1.20	≤0.50	≤0.030	≤0.030	6.50~7.00		2.00~2.50	1.70~2.20		
	LD	0.70~0.80			≤0.030	≤0.030			2.00~3.00	10.70~2.20		Sr 0.7~1.3 Mr≤0.50

表 4-8 冷冲模主要工作零件常用钢种及其特性

钢	种	基 本 特 性	应 用
碳素工具钢	T7　T8 T10A　T12A	T10 钢在淬火加热时的过热敏性比 T8 小，且能获得细小晶粒、较高的硬度，淬火表面硬度为 HRC62 左右，具有一定的耐磨性能，但淬透性较差，淬火中变形大	以 T10 钢应用较多，适合用作尺寸不大、形状较简单、受负荷较轻的模具工作零件
低合金工具钢	9Mn2V MnCrWV CrWMn 9CrWMn GCr15	淬透性、耐磨性、淬火变形均比碳素工具钢好。CrWMn 钢为典型的低合金钢，它除易形成网状碳化物而使钢的韧性变坏外，基本具备了其余低合金工具钢的独特优点。严格控制锻造和热处理工艺则可改善钢的韧性	用于制造形状复杂、变形要求比较严格的各种中小型模具
高合金工具钢	Cr12	有高的淬透性、耐磨性，热处理变形小。但碳化物分布不均匀，导致强度降低。但合理的热处理工艺可改善碳化物的不均匀性	广泛用于制造承载大、冲次多、工件形状复杂的模具，其价格比较低
	Cr12MoV	碳化物分布不均匀性较 Cr12 有所改善，强度和韧性都比较好	
	Cr4W2MoV	具有很高的淬透性和较高的回火稳定性，淬火硬度稍低于 Cr12，热处理后有较好的综合机械性能，但热处理工艺较复杂，锻造易开裂，软化退火困难	用于制造形状复杂的冷冲、冷挤模，利用微变形特性，更有利于制作小尺寸的模具
	Cr2Mn2SiWMoV	属过共析钢，淬透性高，空冷淬火变形很小，与 Cr12 相比碳化物分布较均匀，易锻造，并耐磨，但软化退火困难	
高速钢	W18Cr4V W6Mo5Cr4V2 6W6Mo5Cr4V	在空冷下即能淬硬，有良好的淬透性。耐磨性、综合性能以 6W6Mo5Cr4V 最佳	用于制造冷挤压黑色金属的凸模以及小尺寸的模具零件
钢结硬质合金	GT35　TLMW50	以碳化钛或碳化钨为硬质相，铬钼钢为黏结相，是介于硬质合金与工具钢之间的新型模具材料。经退火软化后，可进行切削加工，淬火变形极小	用于制造形状复杂的模具，高速冲模中的主要工作零件、硅钢片等硬脆材料冲模的工作零件

3）国外一些工业发达国家冷冲模用钢的化学成分。

表 4-9　　　　　瑞典联合钢公司（ASSAB）高速工具钢的化学成分　　　　　（%）

成分＼钢号	C	Cr	Mo	Ni	V	W	Co	Si	Mn	淬火温度（℃）	回火温度（℃）	回火后的淬火硬度 HRC	供应状态硬度 HB
冷作模具钢													
K100	1.00							0.20	0.30				190
XW-41	1.55	12.0	0.80		0.80			0.30	0.30	1 020	300	60	210
DF-2	0.90	0.50			0.10	0.50			1.20	820	180~300	57~61	190
XW-10	1.00	5.50	1.10		2.00					440	180~300	54~62	220
XW-5	2.05	12.50		1.30		0.30		0.30	0.8	960	180~380	61~64	240
S-7	0.50	3.20	1.40					0.30	0.70				
635H	0.60	4.50	0.50		0.10					960	180~300	55~60	250~290
V-4(VAMADIS-4)	1.50	18.00	1.50		4.00			1.00	0.40	1 020	180~600	55~62	235
高速工具钢													
HSP-6	0.80	4.50	1.20	—	1.60	18.50	5.50			1 270~1 290	540~570	65~64	
M-4	0.50	1.30			0.20	2.50		0.75					220

表 4-10　　　　　　　　　　日本冷作模具钢的化学成分

钢号	C	Si	Mn	P≤	S≤	Cr	W	V	其他
SKS3	0.9~1.0	≤0.35	0.90~1.20			0.50~1.00	0.50~1.00	—	
SKS31	0.95~1.05	≤0.35	0.90~11.20			0.80~1.20	0.50~1.20	—	
SKS93	1.00~1.10	≤0.50		0.030	0.030	0.20~0.60	—	—	
SKS94	0.90~1.00	≤0.50	0.80~1.10				—		
SKS95	0.80~0.90	≤0.50							

续表

钢号	C	Si	Mn	P≤	S≤	Cr	W	V	其他
SKD1 (X210Cr12)	1.90~2.20	0.10~0.60	0.30~0.60				—	≤0.30	
SKD2 (X210CrW12)	2.00~2.30	0.10~0.40	0.30~0.60			11.0~13.0	0.60~0.80		—
SKD10 (X153CrMoV12)	1.45~1.60	0.10~0.60	0.20~0.60	0.030	0.030		—	0.70~1.00	Mo0.70~1.00
SKD11	1.40~1.60	≤0.40	≤0.60				—	0.20~0.80	Mo0.80~1.20
SKD12 (100CrMoV5)	0.95~1.05	0.10~0.40	0.40~0.80			4.80~5.50	—	0.15~0.35	Mo0.90~1.20

4）国内外冷冲压模钢钢号对照见表 4-11。

表 4-11　　　　　　　国内外常用冷冲压工模具钢钢号对照

中国 （GB、YB）	美国 AlSl	日本 JIS	德国 DIN	瑞典	澳大利亚
T10	D_3	SK3	C100W1 C100W2	K100	T0080
MnCrWV	01	SKS3	100MnCrW4	DF-2	T0510
Cr12MoV	D_2	SKD11	1.237 9	XW-41	T0379
Cr12	D_6			XW-5	
Cr3MoV	A_2			XW-10	
W6Mo5Cr4V2	M2	SKH9	S10-4-3-10 S6-52	HSP-30 HSP-41	
7Cr7Mo2V2Si	D2	SKD11		V-4 （VANADIS-4）	T0379
4Cr2CrSiV	S1		45WCrV7	M-4	
Cr5MoV			45WCrV77	635H	
Cr4W2MoV	S7	SKD12		S-7	

四、塑料模常用钢材

1）我国塑料成型模具常用钢材及其化学成分见表 4-12。

2）美国塑料模常用调质钢和折出硬化型钢 P-20 钢，其化学成分前者是：0.3% C，0.8% Mn，0.5% Si，1.7% Cr，0.4% Mo；后者是 0.2% C，0.3% Mn，0.3% Si，0.25% Cr，4.1% Ni，0.2% V，1.2% Al。

3）20 世纪 80 年代中期我国珠三角地区首先开始进口使用瑞典塑料模常用钢，其性能好，使用方便。化学成分、热处理制度特点及用途见表 4-13。

表 4－12　　中国塑料成型模具常用钢及其化学成分

化学成分（%）

类别	钢号	C	Si	Mn	P	S	Cr	W	Mo	V	Al	其他
渗碳型	20	0.17~0.24	0.17~0.37	0.35~0.65	≤0.040	≤0.040	≤0.25					Ni≤0.25
	20Cr	0.17~0.24	0.20~0.40	0.50~0.80	≤0.040	≤0.040	0.70~1.00					Ni≤0.025 Cu≤0.030
	12CrNi3	0.11~0.17	0.20~0.40	0.30~0.60			0.60~0.90					Ni=2.75~3.25
淬硬型	T7	0.65~0.75	≤0.35	≤0.40								
	9Mn2V	0.85~0.95	≤0.40	1.70~2.00	≤0.030					0.10~0.25		
	GCr15	0.95~1.05	0.15~0.35	0.20~0.40			1.30~1.65					
	7CrSiMnMoV	0.65~0.75	0.85~1.15	0.65~1.05			0.90~1.20		0.20~0.50	0.15~0.30		
	4Cr13	0.35~0.45	≤0.60	≤0.80	≤0.035	≤0.030	12.00~14.00					
	*0Cr16Ni4Cu3Nb（PRC）	≤0.07	<1.00	<1.00	≤0.030	≤0.030	15.0~17.0					Ni=3.0~5.0 Cu=2.5~3.5 Ni=0.2~0.4 Al=0.6~0.9
时效型	06Ni6CrMoVTiAl	≤0.06	≤0.60	≤0.60	≤0.030	≤0.030	1.30~1.60		0.90~1.20	0.08~0.16	0.60~0.90	Ti=0.90~1.30 Ni=5.50~6.50
	10Ni3MnCuAl（PMS 镜面塑模钢）	0.05~0.20	0.05~0.20		≤0.010	≤0.010			0.20~0.80		0.50~1.50	Ni=2.0~4.0 Cu=0.8~1.5
	25CrNi3MoAl	0.20~0.30	0.20~0.40	0.50~0.80			1.20~1.80		0.20~0.40		1.00~1.60	
	Cr12Mn5Ni4Mo3Al	≤0.09	≤0.80	4.40~5.30	≤0.030	≤0.030	11.00~12.00		2.70~3.30		0.50~1.00	Ni=3.70~4.30

续表

类别	钢号	化学成分（%）										
		C	Si	Mn	P	S	Cr	W	Mo	V	Al	其他
预硬型	*3Cr2NiMo（P4410）	0.36	0.40	0.85	≤0.015	≤0.020	1.85		0.35			Ni＝1.0
	3Cr2Mo	0.28~0.40	0.20~0.80	0.60~1.00	≤0.030	≤0.030	1.40~2.00		0.30~0.55			
	*5NiSCa	0.57		1.19	≤0.028	≤0.028	0.89		0.52	0.26		N＝1.03 Ca＝0.0036
	38CrMoAl	0.35~0.42	0.20~0.40	0.30~0.60	≤0.040	≤0.040	1.35~1.65		0.15~0.25		0.70~1.10	Cu≤0.030
	40Cr	0.37~0.45	0.20~0.40	0.50~0.80			0.80~1.10					
	*P20BSCa（PCY）	0.37	0.78			0.075	1.43					Ca＝0.007 Mo、V、B适量
	5CrNiMn MoVSCa	0.52~0.62	≤0.40	1.00~1.40	≤0.030	0.06~0.11	0.80~1.20		0.50~0.80	0.20~0.40		Ni＝1.00~1.40 Ca＝0.002~0.006
	8Cr2MnWMoVS	0.75~0.85	≤0.40	1.30~1.70	≤0.030	0.06~0.15	2.30~2.60	0.70~1.10	0.50~0.80	0.10~0.25		

注：1. 书中凡不加特别说明的，所谓化学成分，是指元素在钢中的质量分数。
　　2. 有 * 号者为我国新研制的塑料模具钢。

表4-13　瑞典联合钢公司塑料模胶木模常用钢的化学成分　　　　　　　　　　　　　　　　　　　　　　　　（%）

钢号	出厂硬度(HB)	化学成分									淬火温度(℃)	回火温度后的HRC			特点及用途
		C	Cr	Ni	W	Mo	V	Si	Mn	其他		100	300	570	
383	290~330	0.38	1.7			0.2	0.1				预加硬，无须淬火即可在模腔凸模施以火焰淬火，把硬度提高到HRC52左右				抛光性能好，耐蚀性好，适合塑料的成形模 PA、POM、RS、PE、PP、ABS等
618	290~320	0.32	1.6			0.24		0.45	0.8						
718	290~320	0.38	2.0	1.0		0.2	0.2		0.7						
168	240~340	0.33	1.67												
S-136H	290~330	0.38	13.6				0.3								为耐酸性好的模具钢，也是耐蚀钢。适合PVC、PP、EP、PMMA等塑料用模及食品机械构件
S-136	210	0.38	10.0			0.5	0.5	0.8	0.5		1025	54			
635	200	0.6	4.5			0.5	0.2				960	60	55		强韧性、高焊接性及淬透性，可火焰淬火到HRC56~60，适合作各类塑料模
ELMAX	240	1.7	17.0			1.0	3.0				1080	58	57	55	为粉冶钢，高耐磨、高硬度，适合表面要求高的各种塑料模
PORD AX89	145	为高硬度铝合金													为高硬度铝合金，适合中空吹塑、吸塑模

268

续表

钢号	出厂硬度（HB）	化学成分									淬火温度（℃）	回火温度后的 HRC			特点及用途
		C	Cr	Ni	W	Mo	V	Si	Mn	其他		100	300	570	
MM30	HRC26～32				Be 1.9		Co＋Ni 0.25				预加硬度不需进行回火处理及时效				为高硬度铍铜合金、导热、耐蚀、抛光、加工性能好，适合各种塑胶注射模、吹塑吸塑模
MM40	HRC36～42				Be 1.9		Co＋Ni 0.25								
PT18	HB1140				Be 0.9		Ni 18				预加硬度不要热处理				适合各种塑料的注射、吹塑、吸塑模
007	HB 290～330	0.33	1.9			1.2									适合一般塑料模
RAMAX	HB 200～340	0.33	16.7								预加硬，用火焰加热可达 HRC52				为易加工、高强度、耐蚀不锈钢，适合各种塑料模
S－7	HB200	0.5	3.2			1.4			0.7		940	59	54	48	高耐冲击，适合作各种塑料模和冷冲模及冲切工具

4）塑胶模用钢的选择见表 4 - 14。

表 4 - 14　　　　　　　　　塑料模胶木模用钢的选择

类别	小型		中型		大型	
	简单	复杂	简单	复杂	简单	复杂
胶木电器模	T7 ~ T10A	45　40Cr	9Mn2V CTr15	5CrWMn 5CrW2Si	CrWMn 9CrWMn	2CrNi3A
塑料模	T8A ~ T10A 45	40Cr　20Cr 9Mn2V Gr15 4Cr13 7CrSiMnMoV	CrWMn 9CrWMn Gr15 4Cr13 P20 S136	0Cr16Ni4Ci3Nb 25CrNi3MoAl 5CrWMn 5CrW2Si 718 S136 PMS	CrWMn 9CrWMn 5CrWMn 0Cr16Ni4Cu3Nb 25CrNi3MoA S136 P20 S - 7	0Cr16Ni4Cu3Nb 10Ni3MnCuAl 3Cr2NiMo 5NiSCa P20BSCa 718　618 S136 S - 7
橡胶模	45	40Cr	45	40Cr	45　40Cr 20Cr	GCr15 4Cr13　CrWMn
陶土模	10　20 T7 ~ T10A	CrWMn	CrWMn	9CrWMn	CrWMn	9CrWMn
石棉模	10　20 T7 ~ T10A	CrWMn	CrWMn	9CrWMn	CrWMn	GCr15
粉末冶金模	T7 ~ T10A 20Cr	CrWMn GCr15	CrWMn GCr15	40Cr 5CrMnMo 5CrNiMo	CrWMn 40Cr	5CrMnMo 5CrNiMo 60Si2Mn

五、型材挤压模常用钢材

1）我国型材挤压模具常用钢材的化学成分见表 4 - 15。

2）欧美等工业发达国家型材热挤压模用钢品种成分见表 4 - 1 和表 4 - 2。

六、冷挤压模常用钢材

过去我国多用 T10A、CrWMn、GSiCr、GCr15、Cr12、Cr12MoV、W18Cr4V、6W6Mo5Cr4V、W6Mo5CrV2 等钢种。近 10 年来，我国新研制的冷挤压模具用钢的牌号和化学成分见表4 -16。

270

表4-15

我国热挤压模具常用钢及化学成分

类别	钢号	化学成分（%）										
		C	Si	Mn	P	S	Cr	W	Mo	V	Al	其他
低耐热高韧性钢	5CrMnMo	0.50~0.60	0.25~0.60	1.20~1.60			0.60~0.90		0.15~0.30			
	5CrNiMo	0.50~0.60	≤0.40	0.50~0.80			0.50~0.80		0.15~0.30			Ni=1.40~1.80
	4CrMnSiMoV	0.35~0.45	0.80~1.10	0.80~1.10	≤0.030	≤0.030	1.30~1.50		0.40~0.60	0.20~0.40		
	5Cr2NiMoVSi	0.46~0.53	0.60~0.90	0.40~0.60			1.2~2.00		0.80~1.20	0.030~0.50		Ni=0.80~1.20
中耐热韧性钢	4Cr5MoSiV（H11）	0.33~0.43	0.80~1.20	0.20~0.50			4.75~5.50		1.10~1.60	0.30~0.60		
	4Cr5MoSiV1（H13）	0.32~0.45	0.80~1.20	0.20~0.50			4.75~5.50		1.10~1.75	0.80~1.20		
	4Cr5W2SiV	0.32~0.42	0.80~1.20	≤0.40			4.50~5.50	1.60~2.40		0.60~1.00		
	7Mn15Cr2Al2WMo	0.65~0.75	≤0.80	14.5~16.5			2~2.5	0.5~0.8	0.5~0.8	1.5~2.0	2.3~3.3	

类别	钢号	化学成分（%）										
		C	Si	Mn	P	S	Cr	W	Mo	V	Al	其他
高耐热韧性钢	3Cr2W8V	0.30~0.40	≤0.40	≤0.40			2.20~2.70	7.50~9.00		0.20~0.50		
	3Cr3Mo3W2V（HM1）	0.32~0.42	0.60~0.90	≤0.65	≤0.030		2.80~3.30	1.20~1.80	2.50~3.00	0.80~1.20		
	4Cr3Mo3SiV	0.35~0.45	0.80~1.20	0.25~0.70		≤0.030	3.00~3.75		2.00~3.00	0.25~0.75		
	4CrNiMoV	0.41	0.35	0.40			2.10		0.55	0.21		Ni 1.2
	5Cr4W5Mo2V（RM2）	0.40~0.50	≤0.40	0.20~0.60			3.40~4.40	4.50~5.30	1.50~2.10	0.70~1.10		
	CH75	0.45	1.00	0.21	0.01		≤3.0		1.53	1.46		
	5Cr4Mo3SiMnVAl（012Al）	0.47~0.57	0.80~1.10	≤0.030	≤0.030		3.80~4.30		0.80~1.20	0.30~0.70	0.30~0.70	
低耐热高耐磨钢	8Cr3	0.75~0.85	≤0.40	≤0.40			3.20~3.80					

272

成分 钢号	C	Cr	W	Mo	V	Ni	Co	Ti	Mn	Si	其他
18Ni	0.35					18.09	12.16	1.27			
LD 钢	0.7 ~0.8	6.5 ~7.5		2.0 ~3.0	1.7 ~2.2				≤0.5		Sr 0.7 ~1.3
GM 钢	0.86~ 0.94	5.6~ 6.4	2.8~ 3.2	2.0~ 2.5	1.7~ 2.2						
ER5 钢	0.95~ 1.1	7.0~ 8.0	0.8~ 1.2	1.4~ 1.8	2.2~ 2.7				0.3~ 0.6		
5Cr4Mo3 – SiMnVAl （012A 钢）	0.54	4.18		3.09	1.14				0.89	0.79	Al 0.4
4Cr3Mo4 – VTiNb （GR 钢）	0.37 ~0.47	2.5 ~3.5	4.35 ~4.5	2.0 ~3.0	1.0 ~1.4			0.1 ~0.2			Nb 0.1 ~0.2

表 4－16　　　　我国新研制的冷挤压模具钢的化学成分　　　　（％）

七、玻璃制品成型模常用钢材

我国常用的玻璃制品成型模钢有 3CrW8V、3Cr3Mo3V、3Cr3Mo3Co3V、4Cr13Ni、Cr25Ni20Si2 等耐热钢。其中，4Cr13Ni、Cr25Ni20Si2 有较高的耐冷热疲劳性能和物理力学性能，4Cr13Ni 的成分是 C = 0.4 ~ 0.42，Si = 0.27 ~ 0.38，Mo = 0.4，Cr13.44 ~ 13.45，Ni = 1.11 ~ 1.14，S = 0.01，P = 0.029 ~ 0.031。

八、模具用无磁模具钢

有些模具要在强磁场中工作，为此研发了无磁模具钢 7Mn15Cr2Al3V2WMn。它具有很低的磁导率，高强度高硬度，耐磨性能较好，可作为冷模具、热作模具和塑料模具而在强磁场下不产生磁感应。其化学成分是：C = 0.5% ~ 0.75%，Si ≤ 0.8%，Cr = 2.00% ~ 2.5%，W = 0.50% ~ 0.80%，V = 1.5% ~ 2.00%，Al = 2.3% ~ 3.3%，Mo = 0.50% ~ 0.80%。

九、模具常用铸钢和铸铁

模具常用铸钢和铸铁的品种和化学成分见表 4－17。

表 4-17　模具常用铸铁和铸钢的牌号和化学成分

类别	牌号或名称	化学成分（%）								
		C	Si	Mn	Mo	Ni	Cr	S	P	其他
灰铸铁	HT200	3.0~3.4	1.6~2.0	0.6~1.0	—	—	—	≤0.10	≤0.20	—
	HT250	2.9~3.3	1.4~1.8	0.8~1.2	—	—	—	≤0.10	≤0.20	—
	广州玻璃模具厂灰铸铁	2.9~3.2	2.0~2.2	0.6~0.9	—	—	—	≤0.25	≤0.12	—
球墨铸铁	QT500-7	—	—	—	—	—	—	—	—	—
	北京玻璃二厂球铸铁	2.9~3.2	4.0~4.4	0.44~0.71	0.05~0.07	—	0.49	≤0.03	≤0.08	Cu 1.0
合金铸铁	镍铬铸铁（一）	3.0~3.3	0.8~1.5	0.5~0.8	—	1.2~1.8	0.4~0.8	<0.05	<0.1	
	镍铬铸铁（二）	2.9~3.2	1.0~1.5	0.5~1.0	—	2.5~4.0	0.6~1.0	<0.05	<0.1	—
	镍铬铸铁（三）	3.0~3.3	1.6~2.2	0.6~1.0	—	1.6~2.0	0.8~1.1	<0.10	<0.3	Ti 0.08~0.15
	钼钒铸铁	3.0~3.2	1.8~2.2	0.5~0.8	0.9~1.1	—	—	≤0.05	≤0.015	
	高铬铸铁	3.0~3.2	0.6~1.0	0.7~1.2	0.8~1.0	—	16~18			
	钼铬铸铁（一）	3.0~3.3	1.8~2.2	0.6~0.9	0.9~1.1	—	0.3~0.4	≤0.12	≤0.20	—
	镍钼铸铁（二）	2.9~3.2	1.4~1.8	0.6~0.9	0.9~1.1	—	0.3~0.4	≤0.12	≤0.20	—
	低锡铸铁	3.0~3.2	1.8~2.2	0.55~0.71				0.0023~0.0026	≤0.1	Sn ≤0.8
	低铝铸铁									Al 2.5 稀土 0.6
	中硅稀土铸铁	3.0~3.2	4.17						<0.1	稀土 0.6
	中硅钼稀土铸铁	3.0~3.2	4.23							Mo 0.1 稀土 0.6

续表

类别	牌号或名称	化学成分（%）								
		C	Si	Mn	Mo	Ni	Cr	S	P	其他
合金铸铁	钼铬铸铁	3.2~3.4	2.2~2.4	0.5~0.8	0.25	—	0.3~0.4			Mg 0.04
	铜钼铸铁	3.8~4.05	1.8~2.0	0.5~0.8			—	≤0.07	≤0.1	Re 0.03 Cu 0.5
普通铸钢	ZG35	0.32~0.40	0.17~0.39	0.50~0.80						
	ZG40	0.37~0.45	0.17~0.37	0.50~0.80						
	ZG45	0.42~0.50								
	ZG270~500	0.40	0.5	0.9	0.20	0.30	0.35	0.04	0.04	Cu 0.30 V 0.05
	ZG310~570	0.50	0.6	0.9	0.20	0.30	0.35	0.04	0.04	Cu 0.30 V 0.05
合金铸钢	ZG45Mn2	0.40~0.49	0.17~0.37	1.40~1.80	—	—	—			—
	ZG50Cr3Mo	0.45~0.55	≤0.27	≤0.40	1.4~1.7	—	3.5~4.0			—
	ZG50CrMnMo	0.5~0.6	0.25~0.60	1.20~1.60	0.15~0.30	—	0.6~0.9	≤0.03	≤0.03	—
	ZG50CrNiMo			0.50~0.80	0.15~0.30	1.40~1.80	0.5~0.8			—
	ZG8Cr3	0.76~0.85	≤0.35	0.20~0.40	—	—	3.2~3.8			—
	ZG30Cr2W8	0.30~0.40		≤0.20~0.40	≤1.50	—	2.2~2.7			W 7.5~9.0
	ZG6CrMnMo CuTi	0.55~0.65	0.3~0.4	1.0~1.2	0.1~0.3	—	1.0~1.2	≤0.04	≤0.04	Cu 0.8~1.1 Ti 0.08~0.15

第二节 模具常用非铁金属材料

一、低熔点合金

1）低熔点合金的分类及其品种。

目前国内外已有的低熔点合金以铋、锡、铅、锌4种金属元素为基体，再加入其他一种或多种元素配制的二元或三元以上的合金。这些合金都可作为各类模具、模型、胎模或模具的基体材料。

2）压蜡模（压型）常用低熔点合金的成分和性能见表4-18。

表4-18　　　　　　　　　　国内压蜡模常用低熔点合金成分和性能

序号	合金名称	化学成分（%）				物理及机械性能			
		Pb	Sn	Bi	Sb	熔点（℃）	强度（kPa）	硬度HB	密度（g/cm³）
1	铋锡合金		42	58		138	560	22	8.7
2	Sn-Bi-Pb合金	30	35	35		140	—	—	9.1
3	Pb-Sn-Bi合金	70	15	15		140	—	—	10.1
4	Pb-Sn-Sb合金	56	33		11	315	560	—	9.1
5	铅锑合金	87			13	247	500	30	10.5

3）国外压蜡模常用低熔点合金的成分和性能见表4-19。

表4-19　　　　　　　　　　国外压蜡模常用低熔点合金成分性能

合金成分性能	Cerrotend	Cerrosate	Cerromat-rix	Cerrobase	Cerrotru	Cerrocast
铋（%）	50.0	42.5	48.0	55.5	58.0	40.0
铅（%）	26.7	37.7	28.5	44.5	—	—
锡（%）	13.3	11.3	14.5		42.0	60.0
镉（%）	10.0	8.5	—		—	—

续表

合金成分性能	Cerrotend	Cerrosate	Cerromat – rix	Cerrobase	Cerrotru	Cerrocast
其他	—	—	9.0 锑			
熔点（℃）	70	70~90	102~227	124	138	138~170
密度（kg/cm³）	9.4	9.47	9.5	10.5	8.74	8.26
破裂强度（MPa）	42	38	91.4	45	56.2	56.2
50mm 长的延伸率	200	220	1	60~70	200	200
硬度 HB	912	9	19	10.2	22	22

试棒尺寸 宽×厚×长	浇注后的时间	每 25.4 mm 长度的伸长或收缩量					
	1 min	+0.063 5	0.010 1	+0.203 2	–0.020 3	+0.017 7	–0.002 5
	30 min	+0.011 43	–0.022 9	+0.119 1	–0.025 0	+0.015 2	+0.002 5
12.7 mm×	1 h	+0.129 6	0.000 0	+0.122 0	–0.020 3	+0.015 2	–0.002 5
12.7 mm×	5 h	+0.129 6	+0.045 7	+0.124 4	+0.000 0	+0.012 7	–0.002 5
254 mm	24 h	+0.129 6	+0.055 8	+0.129 5	+0.020 3	+0.012 7	–0.002 5
	96 h	+0.134 9	+0.063 4	+0.139 6	+0.088 1	+0.012 7	–0.002 5
	500 h	+0.145 0	+0.063 4	+0.154 9	+0.055 9	+0.012 7	–0.002 5

4）冷冲模等模具常用的几种低熔点合金的成分和性能见表 4–20。

表4-20　冷冲模等模具常用的几种低熔点合金的成分和性能

金属及合金名称（牌号）	化学成分（%）				熔点（℃）	机械性能			密度（g/cm³）	开始结晶温度（℃）	最终结晶温度（℃）	浇注温度（℃）	冷凝时膨胀或收缩（%）	热膨胀系数（10^{-6}/℃）	热传导率
	铝 Al	铜 Cn	镁 Mg	锌 Zn		硬度 HB	抗拉强度 100 kPa	伸长率（%）							
锌					419.5	30~50	20~30	6.9	419	419	450~460			33	
Au-13-1	11~13	1.5~2.0	0.1	余量	373	110~125	250~280	1~2	6.1	400	373	480~430	-1 ~ -1.2		
Au-13-2	7~8	1.8~2.2	0.5	余量	378	110~125	200~250	0.3~0.5	6.2	395	378	415~425	-1 ~ -1.2		
Au-13-3	10~12	1.5~2.9	0.3	余量	378	110~125	270~300		6.4	440	378	-1			
Au-13-4	4	3.5	0.1	92.4	380	120~130	220~260	1.3~1.5	6.1			-0.859			
中国 ZMC	3.96	2.96	0.03	余量	380	120~130	240~130	2.5	6.7				1.1~1.2		
标准成分	3.9~4.2	2.85~3.35	0.03~0.08	余量	380										
ZAC（日本）	4.1	3.02	0.049	余量	380	100~115	240~290	1.2~3.4	6.7				1.1~1.2	26	0.24
Kirksite	3.95	3.09	0.043	余量	380	100	260	3.0	6.7				0.2~1.2	27	0.24

278

上表中标准成分锌合金的杂质容许量：Pb < 0.003%，Cd < 0.001%，Fe < 0.020%，Sn 微量。

5）超塑锌基合金模具材料

国内外模具用超塑锌基合金化学成分及其力学性能见表4－21和表4－22。

表4－21　　　　　　　国内外模具常用超塑合金的化学成分　　　　　　（％）

牌号	主要成分				
	Al	Cn	Mg	Pb	Zn
ZAS（日本）	3.9～4.3	2.85～3.35	0.03～0.06	—	余量
ZnAl22	20～24	0.4～1.0	0.01～0.04	—	余量
ZnAl22Cu1.5Mg0.02	21～22	0.45～0.55	0.015～0.03	—	余量
ZnAl4－1	3.5～3.4	0.73～1.25	0.03～0.08	—	余量
HPb59－1	余量	57.0～60.0	—	0.8～1.9	—

表4－22　　　　　　　国内外模具常用超塑合金的力学性能

合金牌号	在超塑温度时			超塑处理后		
	温度（℃）	σ_0（MPa）	δ（%）	σ_0（MPa）	δ（%）	硬度 HB
ZAS（日本）	250±10	9.5	≥2 000			
ZnAl22	250	2～8	>1 000	295～325	28～33	59～79
ZnAl22Cu 0.5－Mg 0.02	250±10	≤6	≥1 000	≥420	≥10	≥120
ZnAl4－1	240±10	5.5	≈2 000			
HPb59－1	620	23～49				

合金牌号	强化处理后			熔点（℃）	密度（g/cm³）	线膨胀系数（10⁻⁶/℃）	备注
	σ_0（MPa）	δ（%）	硬度 HB				
ZAS（日本）							
ZnAl22	329～422	7～11	84～110	420～500	5.4	0.027 3	
ZnAl22Cu 0.5－Mg 0.02							
ZnAl4－1							为铸造超塑合金
HPb59－1							

二、铝及铝合金

模具及工程机械常用变形铝及铝合金化学成分、机械性能见表4－23。

模具及工程机械常用铸造铝合金有 ZL101、ZL101A、ZL104、ZL107 等牌号。

表 4-23
模具及工程机械常用变形铝及铝合金的化学成分和机械性能

牌号	化学成分（%）													机械性能			
	Cu	Mg	Mn	Fe	Si	Zn	Ni	Cr	Ti	Be	Fe+Ni	杂质	Al	BH	ρ_b（MPa）	δ_{10}（%）	E（MPa）
LY11	1.8~4.8	0.4~0.8	0.4~0.8	0.7	0.7	0.3	0.1	—	0.15	—	0.7	0.1	余量	100	420	15	71 000
LY12	3.8~4.9	1.2~1.8	0.3~0.9	0.50	0.50	0.30	0.1	—	0.15	—	0.5	0.1	余量	42	180	18	71 000
LY16	6.0~7.0	0.05	0.4~0.8	0.30	0.30	0.1		—	1.0~0.2		Zr 0.20	0.1	余量	110	400	13	71 000
LY17	6.0~7.0	0.25~0.45	0.4~0.8	0.30	0.30	0.1	—	—	0.1~0.2		—	0.1	余量				
LD2	0.2~0.6	0.45~0.9	或Cr 0.15~0.35	0.50	0.5~1.2	0.2	—	—	0.15	—	—	0.1	余量	95	330	16	71 000
LD5	1.8~2.6	0.4~0.8	0.4~0.8	0.70	0.7~1.2	0.30	0.1	—	0.15	—	0.7	0.1	余量	105	420	13	71 000
LD6	1.8~2.6	0.4~0.8	0.4~0.8	0.70	0.7~1.2	0.30	0.1~0.2	0.02~0.1	0.02~0.1	—	0.7	0.1	余量		410	13	72 000
LD7	1.9~2.5	1.41~1.8	0.20	0.9~1.5	0.35	0.36	0.9~1.5	—	0.02~0.1	—	—	0.1	余量	120	440	12	71 000
LD8	1.9~2.5	1.41~1.8	0.20	1.0~1.6	0.5~1.2	0.30	0.90~1.5	—	0.15	—	—	0.1	余量	120	440	10	71 000
LD9	3.5~4.5	0.4~0.8	0.20	0.5~1.0	0.5~1.0	0.30	1.8~2.3	—	0.15	—	—	0.1	余量	115	440	13	71 000
LD10	3.9~4.8	0.4~0.8	0.4~1.0	0.7	0.6~1.2	0.30	0.10	—	0.15	—	—	0.1	余量	135	490	12	72 000
LC4	1.4~2.0	1.8~2.8	2.0~0.6	0.50	0.50	5.0~27.0	—	0.1~0.125	—	—	—	0.1	余量	150	600	12	74 000
LC9	1.2~2.0	2.0~3.0	0.15	0.50	0.50	5.1~6.1	—	0.16~0.30	—	—	—	0.1	余量				

三、铜合金

1. 压铸模用铜合金

压铸模用铜合金是指铜基的铬锆镁铜合金。通过在铜基体中加入少量 Cr、Zr、Mg 等合金元素，使其既能克服使用铜钨难熔合金工艺复杂、价格昂贵的缺点，又能提高模具的导热散热能力，提高产量，延长模具使用寿命。

这种铜合金的主要成分是：Cr = 0.25% ~ 0.6%，Zr = 0.11% ~ 0.25%，Mg = 0.03% ~ 0.1%，其余为 Cu。它的性能是：室温下 σ_b = 530 MPa，700 ℃高温下 σ_b = 167 MPa（瞬时）；在上述温度下的延伸率 δ_{10} 分别为 20% 和 40%。

这种模具材料的优点是：

1）导热性好，能把压铸件的热量迅速传递给模具的深度处，使模具表层的瞬时最高温度比热模钢大为降低（降低 30% 以上），大大提高了模具的应变能力，从而提高了模具承受压铸压力的能力。

2）热强度高，可防止模具变形和开裂。

3）热膨胀系数小，随温度变化的应变量小，所受应力也降低。

4）制模便捷，省工省时省设备，省刀具，省成本。因为既可用精铸法、陶瓷型法、挤压法在短期内获得模具，而且报废件还可重熔重铸。

5）由于压铸件冷却快，使压铸生产率得到提高，压铸件的结晶组织比钢模细密，质量得到提高。

6）无模具钢有相变发生的情况，从而不会引起应力和力学性能的下降。

7）模具修复简单、方便、快捷，可用冷挤压法、焊接法、电火花加工法等方法修复。

2. 拉深模用铜合金

这是根据拉拔表面要求光洁、韧性差的材料应与凹模（或凸模）材料组成典型的异名金属材料摩擦副，减少两者摩擦、降低拉深系数和次数、防止摩擦划伤的原理而开发的拉深模用材料。其成分配方：

1）Al = 4.7% ~ 5.3%，Ni = 2.5% ~ 3.2%，Fe = 1.85% ~ 2.5%，Si = 1.1% ~ 2.5%，Co≤1.0%，Zr≤0.2%，Cu = 余量。

2）Al = 12.0% ~ 13.5%，Fe = 4.5% ~ 5.5%，Si = 0.4% ~ 0.7%，Cr = 0.8% ~ 1.3%，Mn = 1.5% ~ 2.5%，Co≤1.0%，Zr≤0.2%，Cu = 余量。

3. 冷冲模用铜合金箔

这是用于凸、凹模对准间隙用的铜箔或薄的钢片，其厚度为 0.1 ~ 0.3mm。

4. 模具用铍铜合金

铍铜合金是 20 世纪英、美两国开发的焊接电极和模具材料。它与上述铜合金有所不同，虽然也是铜基合金，但加入的合金元素不是铬、锆、镁，而是铍（Be）、钴（Co）、镍（Ni）、硅（Si）、磷（P）等，有人还把其称为铍青铜。它最初是一种变形铜合金，后来作为铸造合金来浇注模具零件，被世界各国广泛使用。国外和我国研制的模具用铍铜合金的化学成分和性能见表 4-24、表 4-25 和表 4-26。

表4-24　　　　　　　　　　　　　　欧美模具用铍铜合金化学成分　　　　　　　　　　　　　　　（%）

材料牌号	高强度合金		高传热性合金
	BeA25	BeA275C	BeA11
化学成分（%）	Be 1.8~2.0 Co 0.2~0.35 Cu 余量	Be 2.5~2.75 Co 0.2~0.35 Cu 余量	Be 0.20~0.60 Ni 1.40~2.20 Cu 余量
抗拉强度（MPa）	1 160~1 330	1 200~1 300	700~900
0.2%耐力（MPa）	910~1 150	1 100~1 200	500~700
伸长率（%）	2~10	0.5~3	10~25
硬度 HRC	35~45	40~45	15~25
密度（g/cm³）	8.26	8.09	8.75
热膨胀系数（10^{-6}/℃）	17.0	17.0	17.6
热传导率 [41·qW/（m²·K）]	1.04~1.26	0.8~0.2	2.0~2.5
熔点	960	930	1 070
磁性	无	无	无

表4-25　　　　　　　　　　　　　　日本铍铜合金化学成分和机械性能

合金		化学成分（%）				机械性能				
		Be	Co	Si	Cu	硬度 HB	屈服强度 （MPa）	抗拉深度 （MPa）	伸长率 （%）	断面收缩率 （%）
20C	铸态 固溶处理+时效	1.90~2.15	0.35~0.65	0.2~0.35	余量	137~165	280~350	490~595	15~30	20~25
						352~426	805~1 085	1 050~1 255	1~3	<2
275C	铸态 固溶处理+时效	2.50~2.75	0.35~0.65	0.20~0.35	余量	150~185	350~420	630~735	15~25	18~25
						293~460	770~910	480~1 150	1	<1

表4-26　　　　　　　　　我国研制的模具用铍铜合金的化学成分及机械性能

化学成分（%）			处理状态	抗拉强度（MPa）
Be	Co	Cu		
2	0.5~1	余量	700~850 ℃淬火+350~400 ℃时效	985
0.5~1	2~3	余量	900~1 000 ℃淬火+400~490 ℃时效	755

（1）铍铜合金及铍铜合金模具的特点

铍铜合金及用铍铜合金制作的模具有以下特点：

1）具有与钢差不多的强度、硬度。

2）传热性能好，热传导率为钢铁材料的3倍，因而可使加工件很快冷却成型。模具的生产效率高，模具型腔各部分的温差很小（比钢模约降低30~40℃），从而可避免成型件薄壁处产生缩陷、表面斑纹等缺陷，提高成型件的质量。

3）铸造工艺性能特别好，可逼真地复印（映）出细微的表面结构（如塑料件的木纹、皮革纹、布纹、缝纫纹等），因而特别适合制作形状结构很复杂、精细，尺寸精度要求高的塑料件的成型模。

4）耐蚀性好，可成型有腐蚀性的塑料而不被腐蚀。其电镀性能好，可镀镍、镀铬等。

5）耐热冲击的敏感性比钢、铁小很多，因而使模具连续工作的时间比钢、铁模长，使用寿命也比钢、铁长。

6）焊接性能好，可用气焊、电焊、氢弧焊等焊接方法修复损坏处。

7）在600~800℃退火后，其挤压性能也比较好，可挤出深度不太深的挤压模具零件。

8）机械加工、抛光性能和电加工性能都比较好。

9）制模周期短、适应面广，模具的性价比高。

10）铍、钴、铜的价格均比钢、铁贵很多，使模具成本相对增高。

11）铍为有毒性的元素，操作时要严格防护。

（2）适用范围

1）最适合制作各种塑料成型模特别是注塑模的型腔件、型芯件、热流道部件、冷却座部件。

2）作为形状复杂、尺寸精度要求高的铝合金、钛合金铸件的铸造模及锌合金的压铸模零件。

3）作为形状简单、要求表面质量好的不锈钢、碳素钢、铝合金、镁合金等钣金件的拉深模、压延模零件。

4）作为形状复杂、精度要求高的橡胶成型模、塑料模、玻璃成型模零件。

5. 塑料模用铸造铝青铜（SMZQ合金）

塑料模用铸造铝青铜是针对前述优秀的塑料模材料铍青铜在熔炼、加工等工序中对人体有害、环保设备投资大、铍的价格昂贵等不足而研制的一种新型塑料模用材料。

铸造铝青铜作为模具材料，各项性能虽比上述铍青铜差，但它与传统的锡青铜、铝青铜相比，却具有许多优良的性能，如强度、塑性均高于锡青铜1倍以上，而且比锡青铜更耐酸、耐腐蚀，成本也低。其不足是电磁吸引力和材料韧性较差。

铸造铝青铜的化学成分（%）是：$Al = 10.12$，$Ni = 5~7$，$Fe = 6~8$，$Cr = 0.4~0.8$，其余为Cu。其铸态抗拉强度$\sigma_b = 470~500$ MPa，铸态硬度HRC 26~31。主要物理性能是：淬火和回火状态下的$\sigma_b = 833~910$ MPa；硬度HRC 39~43；弹性模量$E = 1.257 \times 10^{11}$Pa；导热系数［W/（m·k）］在室温下为40.1，200℃下为60.0，400℃下为15.7；

线膨胀系数在 29~100 ℃为 1.8×10^{-6}，29~250 ℃为 21.17×10^{-6}。

从以上数据可知，铸造铝青铜的主要性能接近铍青铜，具较高的硬度和抗拉强度，具有良好的导热性能和良好的加工抛光性能（可达到镜面），而且价格低廉，是一种比较理想的塑料模材料。更重要的是它可用简便快捷的陶瓷型、精铸法等方法来获得模具零件。

四、钼基合金

钼基合金为难熔金属合金。常用作模具零件的有钼钛合金，即在钼中加入合金总质量 0.4%~0.5% 的钛、0.08%~0.15% 的锆和 0.02%~0.03% 的碳。此合金适合作工作温度 >900 ℃的模具，在模具工作温度为 800℃时，其高温耐热强度比 3Cr2W8V 高 2~3 倍，是另一种较好的热作模具材料。

五、钨基合金

这也是一种难熔金属合金。它是在钨中加入合金总质量的 5%~10% 的钼、8%~10% 的钴和 3% 的钛。此合金适合制作铜合金，钢、铁的压铸模，金属铸造型和钛合金，奥氏体耐热钢（合金）的挤压模等模具零件。

六、硬质合金

1. 硬质合金的特点

硬质合金（Carbides 或 Cabidealloys）是以难熔金属碳化物［如碳化钨（熔点为 2720℃）、碳化钛（熔点为 3150℃）、碳化钼、碳化铌、碳化钒等］为基体及硬质相，以铁族金属（钴或镍）为黏结相，用粉末冶金的方法，在强大压力下把它们的微细粉末压入模具中成型坯后，再在高温下烧结成的多相组合的高硬度高生产率工程材料。

硬质合金的特点是：硬度高（常温下一般为 HRC 86~93，在600 ℃时仍大于高速钢和碳钢的常温硬度值），耐磨性能好（为高速钢的 15~20 倍），耐疲劳性能好，使用寿命长，弹性模量大（$4 \times 10^4 \sim 7 \times 10^4$ kg/mm^2），抗压强度高，热传导率低，线膨胀系数小（比高速钢小很多），不需要热处理，没有尺寸、硬度、时效变形等问题，材料具有各向同性，但其脆性大、冲击韧性低、加工困难（要用金刚石刀、磨具和用电加工）、价格昂贵。

2. 硬质合金种类及用作模具材料的牌号、成分、特性

在七类硬质合金［钨钴类（即 WC - Co 硬质合金）、钨钛钴类及钨钛钽钴类（即 WC - TiC - Co 及 WC - TiC - TaC - Co 硬质合金）、碳化钛基类、超细晶粒钨钴类、涂层硬质合金（表面涂喷 TiC 或 TiN）、其他类（包括碳化钨基、氮化物、铸造硬质合金）］中用作模具材料的硬质合金主要是钨钴类（包括超细晶粒的）和后面所述的钢结硬质合金，而且是含钴量较高的钨钴类硬质合金。

模具用国产硬质合金的化学成分和物理性能见表 4 - 27，我国钨钴类硬质合金牌号及其与国外生产的硬质合金近似对照见表 4 - 28，几种硬质合金的高温硬度见表4 - 29。

表 4 - 27　　　　　模具用国产硬质合金的化学成分和物理、力学性能

牌号	化学成分（%）		物理及力学性能									适用模具种类
	WC	Co	密度（g/cm³）	硬度HRC	抗弯强度（MPa）	抗压强度（MPa）	冲击韧度（J/cm²）	热导率[W/(m·k)]	线膨胀系数[mm/(mm·k)]	顽力[(×1 000/4π)A/m]		
YG3X	97	3	15.0 ~ 15.3	92	980				4.1	170 ~ 200		拉丝模
YG3	97	3	14.9 ~ 15.3	91	1 180							
YG4C	96	4	14.9 ~ 15.2	90	1 370							拉丝模
YG6	94	6	14.6 ~ 15.0	89.5	1 370	4 510	2.6	79.5	4.5	130 ~ 160		
YG6X	94	6	14.6 ~ 15.0	91	1 325			79.5	4.4	200 ~ 250		
YG8	92	8	14.4 ~ 14.8	89	1 470	4 385	2.5	75.4	4.5	140 ~ 160		拉丝、拉深成型及冷镦等模具
YG8C	92	8	14.35	88	1 720	3 825	3	75.4	4.8	50 ~ 70		
YG11C	89	11	14.0 ~ 14.4	87	1 960		3.8			80 ~ 95		
YG15	85	15	13.9 ~ 14.2	87	1 960	3 590	4	58.6	5.3	80 ~ 90		冲裁、冷镦及冷挤模
YG20	80	20	13.4 ~ 13.7	85.5	2 350	3 430			5.7			
YG25	75	25	12.9 ~ 13.2	84.5	2 650	3 240			4			

注：1. 合金牌号代号：Y—硬质合金（汉语拼音字头，下同）；G—钴，其后数字表示含量%；C—粗颗粒；X—细颗粒。

2. 含钴多或颗粒粗者：抗弯强度高，冲击韧度高，抗压强度低，硬度低，耐磨性低。

表 4 - 28　　　　中国钨钴类硬质合金及其与国外生产的同类产品对照

中国牌号	国际标准组织 2ISO	德国特殊钢公司商标 TITANIT	美国肯钠公司 Kennametal	英国	苏联	日本		瑞典 SECOIT
						三麦金属矿业公司	佳友金属公司	
YG3X	K01		K11		BK3M			
YG3					BK3			

续表

中国牌号	国际标准组织 2ISO	德国特殊钢公司商标 TITANIT	美国肯钠公司 Kennametal	英国	苏联	日本		瑞典 SECOIT
						三麦金属矿业公司	佳友金属公司	
YG4C					BK4B			
YG6	G10	GTi05	K95	BS3	BK6	GTi10	G2	H30
YG6X	G05				BK6M			
YG8			K1	BS5	BK8			
YG8C	G15				BK8B			
YG11C	G20			BS6	BK10			
YG15	G30	GTi30		BS8	BK15	GTi30	G6	
YG20	G40	GTi40	K91		BK20	GTi40	G7	G4
YG25	G50	GTi50	K90		BK25	GTi50	G8	G5

表 4-29　　　　　　　　　几种硬质合金的高温硬度

牌号	常温硬度		高温（℃）下的硬度 HV					
	HRA	HV	300	400	500	600	700	800
YG3	91.0	1 500	—	1 250	1 060	960	810	670
YG6	89.5	1 350	1 230	1 120	970	870	750	640
YG6X	91.0	1 500	1 440	1 260	1 150	1 020	850	720
YG6A	92.0	1 650	1 530	1 380	1 230	1 120	960	820
YG8	89.0	1 300	1 190	1 080	940	830	710	620
YG15	87.0	1 140	890	780	670	570	490	380
YG20	86.0	1 010	790	720	600	500	440	320

3. 模具用硬质合金的选择

（1）冷镦、冷冲模用硬质合金

10 余年来，我国冷镦、冷冲模多选用 YG20，特别是 YG20C，使用效果更好，如使用它作标准件的六角组合套模，其平均寿命比使用 Gr12MoV、9SiCr、60Si2Mn 等材料高 200 倍以上。

（2）拉丝模用硬质合金

拉丝模，国内多选用 YG8、YG6、YG6A、YG6X、YG3、YG3X、YG15 等牌号。

（3）热切边模用硬质合金

使用硬质合金代替过去使用 8Cr3、7Cr3、4CrW2Si 作切边模钢，可大大提高其耐磨性能。钨钴类合金中的 YG3、YG4C、YG6、YG6Y、YG8、YG8X、YG11C、YG15、YG20、YG25 均可作为热切模用材料，特别是其中的 YG20，因含 Co 量较高，有较高的冲击韧度。

七、钢结（基）硬质合金

钢结硬质合金（steel bonded carbides），又称钢结合金。它是 20 世纪 60 年代初由美国开发的一种新型金属材料。它以难熔金属碳化物为硬质相，以钢为基体黏结相，用粉末冶金方法生产的多相结合的首先应用于模具的工程材料。

1. 钢结硬质合金的特点

钢结硬质合金是以碳化钨和碳化钛等为硬质相的微细晶粒，按一定比例弥散地均匀分布于钢基体中，可进行机械切削加工和热处理，可锻造、可焊接的既具有钢的特性又具有硬质合金特性的金属材料。

钢结硬质合金的特点：①物理性能良好；②比工具钢高的硬度和高耐磨性能；③稍低于普通硬质合金的抗氧化、耐腐蚀和热稳定性及摩擦系数；④比钢有较高的抗弯和抗压强度及刚性；⑤比普通硬质合金有较高的韧性和密度小。

钢结硬质合金有合金工具钢钢结硬质合金、不锈钢钢结硬质合金、高速钢钢结硬质合金、高锰钢钢结硬质合金等种类。用作模具工作零件的主要是合金工具钢钢结硬质合金和不锈钢钢结硬质合金。前者主要用于拉拔、拉深、冲裁、冷挤压和冷镦模等模具，后者可用于热挤压、热冲孔、热平锻模等模具。有我国的 GT35，美国的 Ferro - Tic - O，荷兰的 Ferro - Tic - C 特，瑞典的 V - 4 等牌号。

八、火焰喷镀模和修模用喷熔金属粉末及其应用

1. 火焰喷镀模用材料

1）铜锌合金——赤黄铜（85% Cu + 15% Zn）；

2）铜锌镍合金——锌白铜（6% Cu + 24% Zn + 40% Cu）；

3）镍铜合金——蒙耐尔合金（60% Ni + 40Cu）；

4）铜锌锡合金——勃拉卡乙合金（22% Ni + 60% Cu + 14% Zn + 2% Sn）；

5）不锈钢（74% Fe + 18% Ni + 8% Cr）；

6）铍铜合金（BeA25、BeA275、BeAl1T 等）；

7）锌基合金（ZMC、Au13 - 1、Au13 - 2、Au13 - 3 等）。

2. 氧 - 乙炔自熔合金粉末修模用材料见表 4 - 30

表 4 - 30　　　　　模具修理常用自熔合金粉末牌号、特性和应用

合金类别	牌号	化学成分（%）										硬度 HRC	熔点（℃）	特性与应用
		C	Ni	Cr	B	Si	Fe	Cu	Mo	Co	W			
镍基类	Ni - 20	≤0.1	其余			4.2 ~ 4.7	>6					20	1 070	具有耐热耐蚀、耐氧化而热疲劳性能良好的韧性和切削加工性。应用于塑料模和玻璃模的修复
	Ni - 25				1.2 ~ 1.7	3.2 ~ 2.7 / 3.7 ~ 4.2						25	1 040	
	Ni - 30					4.2 ~ 4.7						30	1 000	
镍铬基类	NiCr - 12	0.15	其余	10	2.5	2.5	<12					40		耐压耐热耐蚀性好。摩擦系数小，高硬度，在 600 ~ 700℃有高耐磨性。适合冲裁模等模具及工夹量具的修复
	NiCr - 15	≤1		16 ~ 17	3.5	4						60		
	NiCr - 16B	0.8		17	3	4		2.4	2.4	3		58		
	NiCr - 16C	1		17	3	4		2.4			5 ~ 10	60		

注：自熔合金粉末粒度≤23 目/cm²（150 目/寸²）。

第三节　模具零件热处理及表面强化

一、模具用金属材料的改锻

1. 模具用金属材料改锻的目的

模具用金属材料改锻的目的是改变坯料的形状尺寸，使之达到零件的粗样，便于加工和减少加工量。对于采用高速工具钢（如 W18Cr4V）和合金工具钢［如 Cr12、Cr12MoV、6W6Mo5Cr4V（6W6）、65Cr4W3Mo2VNb（65Nb）等］制造的模具零件，改锻还可使其共晶碳化物破碎细化、分布均匀、控制碳化物分布方向和形成合理分布的碳化物流线；对于硬铝等非铁金属材料，改锻则可使其晶粒细化、组织致密，消除铸造时的气孔、疏松等缺陷，提高其力学、物理性能。

2. 模具用金属材料改锻的主要工作

1）首先要按 GB 1298—86 碳素工具钢技术条件、GB 1299—85 合金工具钢技术条件和 GB 9943—88 高速工具钢技术条件等有关材料标准规定的项目，进行进厂（场）验收。

2）按模具零件图考虑加工余量和锻坯余量，计算好金属材料的尺寸，按尺寸用锯床或砂轮机切割下料，如采用热切（气焊割、砂轮切割）下料，则应把毛刺清除掉，严禁先锯一缺口再打断料的办法。

3）选择合适的锻造设备和锻锤吨位，并按不同牌号金属材料的要求进行纵向、横向锻拔和三向镦粗及锻造加热和冷却。

二、模具零件热处理、化学热处理和表面强化的方法及其作用

1. 模具零件（含坯料）的热处理方法、规范及其作用

模具零件热处理方法、规范及其作用见表 4-31。

表 4-31　　　　　　　　　　　　模具零件热处理方法及作用

名称	加热规范	冷却方法	作　用
正火	1. 加热温度：亚共析钢 $AC_3 + 30 \sim 50$ ℃ 过共析钢：$AC_{cm} + 30 \sim 50$ ℃ 用于合金钢，要给予调整 2. 加热时间：一般随炉加热至规定温度，均匀烧透后起算保温时间 3. 保温时间：一般为加热时间 $1/3 \sim 1/2$	一般在静止空气中冷却，按具体要求也可采取吹风冷却、喷雾和用金属板进行冷却	1. 消除过共析钢原始组织中的网状碳化物 2. 提高韧性，改善切削加工性能，增加表面光洁度 3. 正火起细化组织的作用 4. 作为预先热处理或最终热处理

288

名称	加热规范	冷却方法	作用
球化退火	1. 加热温度：严格控制在 $AC_1 + 20 \sim 30$ ℃ 2. 加热时间同于正火 3. 保温时间：一般取 $0.5 \sim 1$ h	1. 以 $20 \sim 50$ ℃/h 冷至 $500 \sim 600$ ℃后，随炉冷至室温 2. 以 $20 \sim 50$ ℃/h 冷却到 Ar_1 $10 \sim 30$ ℃，保温 1.5 倍的加热时间，并随炉冷至 $450 \sim 500$ ℃，然后出炉空冷	1. 降低硬度，增加塑性，改善切削加工性能，消除加工应力 2. 减小淬火时过热和淬裂倾向，且淬火后可增加硬度和耐磨性能
等温退火	1. 加热温度：亚共析钢 $AC_3 + 30 \sim 50$ ℃ 过共析钢 $2AC_1 + 30 \sim 50$ ℃ 2. 加热时间：同于正火 3. 保温时间：参照正火，一般取碳钢 $2 \sim 3$ min/mm	以任意冷速，一般取 < 150 ℃/h 冷至 $Ar_1 - 10 \sim 30$ ℃。等温停留：碳钢 $1 \sim 2$ h，合金钢 $3 \sim 4$ h。随后空冷	1. 代替完全退火、不完全退火、球化退火，可缩短退火时间，提高工效 2. 获得均匀组织和性能 3. 使合金钢得到低硬度和可加工性，常用于合金钢件的退火
周期球化退火	1. 加热温度：亚共析合金 $AC_1 + 30 \sim 50$ ℃ 2. 加热时间：同于正火 3. 保温时间：各阶段 $0.5 \sim 1$ h	过共析合金钢冷却时的等温温度为 $Ar_1 30 \sim 50$ ℃，等温时间各阶段取 $0.5 \sim 1$ h	与球化退火相同，用于高合金工具钢退火
完全退火	1. 加热温度 碳钢 $AC_3 + 30 \sim 50$ ℃ 合钢 $AC_3 + 50 \sim 70$ ℃ 2. 加热和保温时间同于正火	随炉冷却至300 ℃出炉空冷。冷却速度：碳钢 $100 \sim 200$ ℃/h，低合金钢 $50 \sim 100$ ℃/h，高合金钢 $20 \sim 50$ ℃/h	1. 消除冷热加工应力 2. 降低硬度，提高塑性，改善切削加工性能 3. 改善组织，为随后热处理作准备 4. 主要用于亚共析钢、铸铁的退火

名称	加热规范	冷却方法	作　用
低温退火	1. 加热温度 $AC_1 - 15 \sim 30\ ℃$ 2. 加热时间：同于正火 3. 保温时间：$3 \sim 4\ min/mm$	缓冷，冷速在50 ℃/h左右，在300 ℃以下出炉空冷	消除冷热加工内应力和降低硬度
调质	淬火加回火就是调质。见淬火与高温回火	见淬火与高温回火	1. 细化晶粒，获得综合机械性能 2. 改善切削加工性能，常作为模具零件淬火及软氮化处理前的中间工序
单一介质淬火	1. 加热温度：亚共析钢 $AC_3 + 30 \sim 50\ ℃$ 亚共析合金钢 $AC_3 + 50 \sim 70\ ℃$ 共析与过共析钢 $AC_1 + 50 \sim 70\ ℃$ 合金钢 $AC_1 + 50 \sim 70\ ℃$ 2. 加热时间：随炉加热烧透达淬火加热温度时起，算保温时间 3. 保温时间：盐浴炉 $0.2 \sim 0.8\ min/mm$，箱式炉 $1 \sim 2\ min/mm$	有效尺寸在 $3 \sim 5\ mm$碳钢零件，用油冷，大于该尺寸用水冷或各类水溶液冷却 合金钢零件用油炉，对淬透性好的合金钢可采用空冷或风冷	1. 得到马氏体组织，增加硬度和耐磨性 2. 与随后的回火处理相配合
双液淬火	同单一介质淬火的加热规范	一般先在水溶液中冷却，再转入油冷，在第一液中停留时间，以工件中心冷至 $300 \sim 400\ ℃$ 为标准。一般可按 $0.2 \sim 0.35\ s/mm$ 进行估算	1. 同单一介质淬火 2. 可减小淬火内应力，减少开裂与变形 3. 常用于碳素工具钢件和简单形状的低合金工具钢件的淬火

名称	加热规范	冷却方法	作　用
分级淬火	1. 加热温度 同单一介质淬火。若材料硬化性能差，工件尺寸又较大时，可比单一介质淬火温度高 30～50 ℃ 2. 加热、保温时间同单一介质淬火	一般在碱浴、硝盐浴及其他盐浴中进行等温停留（温度 Ms±10 ℃）。停留时间以工件的心部温度与盐浴温度相等为准，然后取出空冷	1. 同单一介质淬火 2. 可显著减小淬火应力、变形和开裂
贝氏体等温淬火	同单一介质淬火的加热温度规范	热浴冷却温度取在贝氏体转变不稳定区，一般在 Ms+30～100 ℃，保温足够长时间，一般取 1～2 h	减小淬火内应力、变形和开裂倾向，常用于合金工具钢工件的淬火
低温回火	1. 加热温度 150～250 ℃ 2. 保温时的有效厚度<30 mm，保温时间取 1 h；30～60 mm，保温时间取 1.5 h；60～80 mm，取 3 h	空冷	消除淬火应力，不降低或很少降低淬火硬度，但可降低脆性
中温回火	1. 加热温度 300～450 ℃ 2. 保温时间 盐浴炉、井式回火炉、箱式电阻炉分别以 0.5～0.8 min/mm、1～1.5 min/mm、2～2.5 min/mm 计算，并酌情增加 10～20 min	空冷	1. 消除淬火应力，提高淬火件的韧性 2. 常用于碳素工具钢、合金钢零件、中温回火硬度 HRC45～55
高温回火	1. 加热温度 500～650 ℃ 2. 保温时间同中温回火或按需要将加温范围提高到 650 ℃～AC_1	同中温回火	降低硬度（HRC23～35），消除应力，常用于旧模具返修

注：AC_1、AC_3、AC_{cm} 为加热时的临界温度；Ar_1 为冷却时的临界温度。

2. 模具零件的化学热处理方法及对模具的作用

根据模具零件进行化学热处理方法、规范及其作用，表面层渗入元素的不同，可把化学热处理方法分为渗碳、软氮化、渗硼、碳氮共渗和碳、氧、硼等三元共渗等多种方法，其目的是提高表面层的硬度、耐磨和耐蚀能力。其中渗碳又有固体渗碳、液体渗碳、气体渗碳、真空渗碳和离子渗碳 5 种，渗硼又有盐溶渗硼、固体渗硼、电解渗硼 3 种，盐溶渗金属、渗氮即氮化，氮化又有离子氮化、气体氮化、真空氮化、固体氮化和液体软氮化 5 种，以及碳氮硼三元共渗、渗硫、硼铝共渗、托氏沉积法（TD 法）等。这些方法对提高模具表层硬度、耐磨（或降低摩擦系数）和耐蚀能力的作用各有其特点和强弱，技术复杂程度也各不相同，所用设备和处理成本也有差异，要根据模具件所处工作条件的具体要求和材质热处理特性及零件生产批量等情况酌情选用。

3. 模具零件的其他表面强化法

其他表面强化法有镀硬铬法、火焰淬火法、合金堆焊法、电火花强化法、氧-乙炔火焰喷合金粉末法、化学气相沉积法（CVD 法）、物理气相沉积法（PVD 法）、低温处理法等。这些方法各有其优缺点，同样要根据模具件所处工作条件下的性能要求和其材质特性及其生产批量等因素，合理选用。

三、模具的工作条件及其热处理、化学热处理或表面强化工艺

（一）金属铸造模

（1）压铸模

1）压铸模的工作条件。压铸模在压铸铸件时，受熔融金属液的高温、高压、高速注射，对模具型腔、流道表面产生激烈的冲击和冲刷，使此表面产生高温腐蚀和磨损，型芯还可能受压力而偏移或弯曲变形，加速模具表面裂纹；压铸过程中，模具吸收热量，表面产生膨胀大，而内层膨胀较小，因而产生压应力；而开模后，又受空气和涂料的激冷激热而产生拉应力，当这种交变应力超过模具材料的疲劳极限时，模具就先产生塑性变形，并在薄弱处产生裂纹。

2）压铸模主要零件常用材料的热处理要求。压铸模主要零件常用材料的热处理要求见表 4-32。

3）压铸锌、镁、铜合金的模具的成型零件，经淬火后，其成型面可进行软氮化或一般氮化处理，氮化层深度应为 0.08 ~ 0.15 mm。

（2）金属型（俗称钢模、硬模）

1）金属型的工作条件。金属型铸造是重力铸造，其工作条件比压铸模要好，它不承受高压、高速液流的注射冲击，纯粹是在大气压力下的自由浇注和充型，所以模具受热应力比压铸模小，因而模具的应变力也小，发生裂纹、变形的可能性也小，但也频繁地受空气和涂料的激冷和浇注时金属液的激热作用，在型腔的薄壁处仍可能产生变形，复杂的型腔仍可能产生裂纹等问题。

压铸模主要零件常用材料的热处理要求

表 4 - 32

零件名称		锌、铝、锡合金		铝、镁合金		铜合金	
		选材	热处理及硬度	选材	热处理及硬度	选材	热处理及硬度
与金属接触的零件	型腔镶块、型芯、滑块中成型部位等成型零件	4Cr5MoVlSi 3Cr2W8V （3Cr2W8） 5CrNiMo 5CrNnMo 4CrW2Si 4CrSi 40CrNi 40CrV	精加工后热处理 HRC48～52	4Cr5MoViSi 3Cr2W8V （3Cr2W8） 4CrWNi 5Cr10 3Cr13 4Cr13	不易变形零件精加工后热处理 型腔件 HRC42～46 型芯件 HRC44～48 复杂零件调质后： HRC31～35 试压后作 氮化处理	3Cr2W8V （3Cr2W8） 3Cr2W5Co5MoV 4Cr3Mo3W2V 4Cr3Mo3SiV 4Cr5MoViSi	精加工后热处理 型腔件 HRC42～44 型芯件 HRC38～42
浇注系统	浇道镶块、浇口套、分流锥等	4Cr5MoVlSi 3Cr2W8V （3Cr2W8）	HRC48～50（分流锥） HRC50～55 （浇口套） HRC45～50 （浇口镶块等零件）	4Cr5MoViSi 3Cr2W8V 3Cr2W8 5CrMnMo	分流锥 HRC44～48 浇口套 HRC48～50 浇口镶块 HRC44～48		分流锥 HRC42～44 浇口套 HRC44～46 浇口镶块 HRC 42～44
滑动部分	导柱导套及斜销、弯销等	T8A T10A	HRC50～55	T8A T10A	HRC50～55	T8A T10A	HRC50～55

293

续表

零件名称		压铸合金常用材料					
		锌、铝、锡合金		铝、镁合金		铜合金	
		选材	热处理及硬度	选材	热处理及硬度	选材	热处理及硬度
配合部分	推杆	4Cr5MoVlSi 3Cr2W8V 3Cr2W8	HRC45~50	4Cr5MoVlSi 3Cr2W8V 3Cr2W8	HRC45~50		HRC45~50
		T8A T10A	HRC50~55	T8A T10A	HRC50~55	T8A T10A	HRC44~46
	复位杆	T8A (T10A)	HRC50~55	T8A (T10A)	HRC50~55	T8A (T10A)	HRC50~55
模架结构零件	各种动模套板、压板	45、T8A 等	HRC40~45	45、T8A 等	HRC40~45	45、T8A 等	HRC40~45
	模座、模架	A3 铸钢 高强铸铁		A3 铸钢 铸铁		A3 板 铸钢件 铸铁件	
	齿轮、齿轴、齿条	45	HRC40~45	45	HRC40~45	45	HRC40~45

注：表中所列材料，居前者为优先选用的材料，居后者表示也可选用的材料。

294

2) 金属型主要零件常用材料及热处理要求见表 4 - 33。

表 4 - 33 金属型主要零件常用材料及热处理要求

零 件 名 称	常用材料	热处理要求	适 用 范 围
型体	HT200 HT150	时效	结构简单的大、中型金属型型体
	45	HRC30 ~ 35	各种结构的中、小型金属型型体
型芯	HT200	时效	结构简单的大型金属型芯
	45	HRC30 ~ 35	一般结构的金属型芯
	4Cr5MoV1Si 3Cr2W8V 5CrMnMo	HRC30 ~ 35	细长的金属型芯、薄片及形状复杂的组合型芯
活块 镶块	HT200	时效	结构简单的大型活块、镶块
	45	HRC30 ~ 35	一般结构尺寸的活块、镶块
	4Cr5MoV1Si 3Cr2W8V 5CrMnMo	HRC30 ~ 35	形状复杂、工作条件恶劣的小型片状活块与镶块
排气塞激冷块	45	HRC30 ~ 35	一般要求的排气塞
	紫铜		起激冷作用好,用作排气塞和激冷块均可
顶杆、复位杆、导柱、定位销	45 T8A	HRC45 ~ 50	用作受力或耐磨零件
底板、平台、支架、安装板、顶杆板	HT200 45 A6	时效	用作大型零件 用作一般小型结构件
偏心、锁扣、齿轮、齿条、轴	45	HRC35 ~ 40	用作一般受力零件
螺杆、螺母、连杆、手柄、垫圈	45 A6	HRC30 ~ 35	用作各种连接件、紧固件

(二) 锻模

1. 锻模工作条件

锻模受高温下的热冲击作用,其型腔表面除受冲击力作用外,还常与高温锻坯接触,每锻一次,要加水或加其他介质,使模腔表面承受交变热应力而引起热疲劳破坏,模具型腔表面被加热到 300 ~ 450 ℃(局部可达 600 ~ 650 ℃),工作条件十分恶劣,这就要求锻模具有较高强度和抗冷热疲劳性能及有良好的回火性能，以保证它在热态工作时不致降低硬度；还要求模具有良好的淬透性、良好的导热性、良好的切削加工性和抗热处理变形能力。

2. 锻模主要零件常用材料的热处理要求

锻模常用钢材及热处理要求见表4-34。

表4-34 锻模常用钢材及热处理要求

锻模种类			钢材型号	硬度要求 HRC	
				模腔表面	燕尾部分
锤锻模	锻钢锻模	小型锻模（<1 t）	5CrNiMo 5W2CrSiV	42~47	35~39
		中小（1~2 t） 中型（3~5t） 大型（>5 t）	3W4Cr2V 5CrMnMo 5Cr2NiMoVSi	39~44	32~37
		校正模		42~47	32~37
	镶块锻模	模块	2G50Cr　2Cr40Cr	42~47	32~37
		镶块	5CrNiMo　5CrMnSiMo 3Cr2W8　5CrMnSi		
	铸钢堆焊锻模	模体	2Cr45MnZ	42~47	32~37
		镶块	5CrNiMo　5CrMnMo		
胎模	摔子	上、下模	45　40Cr	37~41	
	扣模		T7	40~44	
	弯曲模	模把	20	—	
	垫模套模	模套	5CrMnMo　5CrNiMo 5CrMnMoV	38~42	
		冲头模垫	45Mn2　40Cr	40~44	
	合型	小型 中型 大型	5CrMnMo　40Cr 5CrNiMo　T7 5SiMnMoV　T8	40~44 40~44 38~42	

296

锻模种类			钢 材 型 号	硬度要求 HRC	
				模腔表面	燕尾部分
胎模	冲切模	热切冲头 热切凹模	7Cr3 T7 T8	42～46	
			45 T7 T8	42～46	
		冷切冲头 冷切凹模	T7 T8	46～50	
摩擦压力机用锻模		凸模镶块	4Cr5W2VSi 3Cr2W8	HB390～440	
		凹模镶块	3Cr2W8 5CrMnMo		
		凸、凹模模体	40Cr 45	HB349～390	
		整体凸、凹模	5CrMnMo	HB369～422	
		上、下压边圈	45	HB349～390	
		上、下垫板	T7 T8	HB369～422	
		上、下顶杆	T7 T8	HB369～422	
		导柱导套	T7 T8	56～58	
切边模		热切边凹模	8Cr3 5CrNiMo T8A	HB368～415	
		冷切边凹模	Cr12MoV T10A Cr12Si	HB444～514	
		热切边凸模	8Cr3 5CrNiMo	HB368～415	
		冷切边凸模	9CrV 8CrV	HB444～514	
		热冲孔凹模	8Cr3	HB321～368	
		热冲孔凸模	8Cr3 3Cr2W8	HB368～415	
		冷冲孔凹模	8Cr3 3Cr2W8	56～58	
		冷冲孔凸模	Cr12MoV Cr12V T10A	56～60	

（三）冷冲模

（1）冷冲模工作条件

冷冲模零件工作时要承受激烈的冲击载荷和很大的压力并反复摩擦，故要求材料的耐磨性好，以保证模具有一定寿命，特别是冲裁模的凸及凹模刃口、拉深模的凹模入口处、冷挤压模凹模侧壁和凸模端头的角部等处，要求材料的刃性要好，抗疲劳强度和抗压强度高，并有较好的耐热性能或良好的热传导性能；要求材料加工性能好且热处理后变形、开裂的敏感性要小，价格适中。

（2）冷冲模零件用材料的选择及其热处理要求

冷冲模主要工作零件选用材料的原则，主要是看所冲压钣料的硬度、塑性、冲压批量、厚度、模具结构复杂程度及其大小、冲压时所施压力大小、冷镦和冷挤压时模具的工作温度等因素，结合表4－35所列钢材性能来进行恰当的选择，其工作零件和一般零件常用钢的性能及其热处理要求见表4－36。其结构零件常用材料及其热处理要求见表4－37。

（3）冷冲模零件用金属材料的热处理工艺

冷冲模零件热处理工序路线安排见表4－38。

表4-35

模具常用钢性能参数

钢号	使用性能				淬透层（临界直径 mm）				工艺性能						
	淬火硬度 HRC	耐磨性	热（红）硬性	韧性	水	油	碱	硝盐	成本	可切削加工性	淬火变形倾向性	过热倾向性	脱碳敏感性	退火硬度 HB	淬火温度（℃）
T10A	62~64	1	1	6	15~18	1~5	~12	8~10	1	60	大	大	一般	187~207	低
GMn2V	62~65	1.8	2	5	60~70	35~40		20~25		60	中等	中等	一般	≤229	
GWMn	62~66	4.8	3	4		60~80	~100	80~90	2	50	较小	较小	一般	207~249	中
9SiCr	62~65		3			40~45					中等	较小	较高	207~249	中
GCr15	60~65		2			30~35			1.5		中等	较小	一般	207~227	中
Cr6WV	60~64	12.7	3	4		~200		空气80		42		中等	高	≤229	较高
Cr12	60~64	15.9	6	1		~300			4		小	小	较高	217~255	较高
Cr12MoV	60~64	16.7	6	2		300~350			4	34	小	小	较高	217~255	高
3Cr2W8V	46~57	8	5	6		70~80			5		较小	中等	一般	207~255	高
5CrNiMo	50~58	6	5	7							中等	较小	较低	197~241	中
5CrMnMo	50~58	6	5	7							中等	中等	一般	197~241	
W18Cr4V	62~66	14	8	2		~100			11	34	较大	较大	一般	277~255	高
W6Mo5Cr4V2	62~66	14	8	3					11	34	较大	较大	高	277~255	高，
9CWMn		中	4							60	中等		较大		
Cr4W2MoV		较好	4								中等		中等		
4Cr3W4Mo2VTiN6		较好	6								较好		中等		

注：除硬度、临界直径外，其余参数作参数用。数字由小到大，表示性能逐渐提高。成本参数是表示钢的相对成本。

表 4-36　　　　　　　　　　冷冲模工作零件的选材及热处理要求

模具类型	模具工件零件名称及冲压情况	宜选用的材料牌号	热处理种类及硬度要求
冲裁模	冲裁铜、铝、镁、锌合金钣料、低质、纤维软材料，普通塑料、强化塑料	生产批量小时选用 T10A、T8A；生产批量中时选用 CrWMn、9MnV；生产批量大时选用 Cr12、Cr12MoV、Cr12W、XW-5、D2、V4 等	淬火凸模 HRC56~60 淬火凹模 HRC58~62 淬火加氧化
	冲压硅钢片、弹簧钢板、不锈钢板、碳钢板等高硬度板材	选用 Cr12MoV、W6Mo5Cr、4V2 硬质合金（YG8、YG15、YG20）、钢结硬质合金（GT35、R5、TLMW50、GW50、GJW50、V4、D2、XW-5）	淬火 HRC58~62 淬火态 65~72
	冲裁厚钣料	冲裁钣料厚度 >3.2 mm 的小批量零件可选用 CrWMn 冲裁板料厚度 >6.4 mm 时选用 5CrW2Si（渗碳）、W6Mo5、Cr4V2、Cr12MoV、GCr15、GT35、XW-41、V4、D2	淬火态 HRC58~62 淬火态 HRC58~62 HRC86（GT35）
冷冲压成型模	成型低碳钢零件	成型批量 <10 000 件，选用 T10A、9Mn2V、CrWMn 成型批量 >10 000 件，选用 Cr6WV、Cr12MoV（氮化）、XW-5、XW-10、XW-41	淬硬 HRC58~62 淬硬 HRC58~62，氮化后 HRC60~64 或镀铬后 HV950~1050
	成型奥氏体不锈钢等低碳合金钢零件	成型批量 <10 000 件，选用 T10A、CrWMn（镀铬）、Cr12MoV（氮化）成型批量 >10 000 件，选用 Cr6WV、CrWMn（镀铬）、Cr12MoV（氮化）、XW-5、XW-10、XW-41	淬火态 HRC58~62 镀铬 HV950~1 050 氮化后 HRC60~64
拉深模的凸凹模	一般拉深模的凸、凹模	T8A、T10A，批量大时可选用 XW-10，XW-41 及 D2 等	淬火凸模 HRC58~62 凹模 HRC62~64
	拉深不锈钢或含 Ni 量高的零件（如可伐）	拉深批量 <5 万件，凹模可用 T10A（镀铬）、CrWMn、铝青铜，凸模可用 T10A 拉深批量 >5 万件，凹模用 Cr6WV（氮化）、铝青铜、Cr12MoV（氮化）、XW-41、YG8、YG15	淬火态 HRC58~62 氮化 HRC60~64 HRC86（YG8、YG15）
	拉深铝铜合金等软性钣料及碳钢零件	拉深批量 <5 万件，选用 T10A、CrWMn、Cr6WV 拉深批量 >5 万件，用 CrWMn、C6WV、Cr12MoV、XW-10、XW-41	淬火 HRC58~62 淬火 HRC60~62
	热拉深凸、凹模	5CrNiMo，5CrNiTi	淬火 HRC52~56

模具类型	模具工件零件名称及冲压情况	宜选用的材料牌号	热处理种类及硬度要求
冷镦模	整体型	生产批量 <5 万件，选用 T10A 生产批量 >5 万件，选用 V 钢、XW-10、XW-41	淬火 HRC58~62 淬火 HRC60~62
	镶嵌型	生产批量 <5 万件，选用 T10A、Cr12MoV、W6Mo5Cr4V、XW-10、XW-41	淬火 HRC58~64
冷挤压模的凸、凹模及顶出样	挤压锌合金	凸模用 Cr12MoV、Cr12、W18Cr4V，凹模用 YG15、YG20	淬火 HRC62~64 HRC86（YG15、YG20）
	挤压铝合金	挤压批量 <5 000 件，用 Cr15、9SiCr、Cr6WV、9Mn2V 挤压批量 >5 000 件，选用 GrWMn、Cr12MoV、XW-4	淬火 HRC62~64
	挤压铜合金	挤压批量 <5 000 件，选用 GCr15、Cr12、MoV、W18Cr4V、W6Mo5Cr4V2 挤压批量 >5 000 件，选用 Cr12MoV、XW-41	淬火 HRC62~64
	挤压 <0.4% 的碳钢	挤压批量 <5 000 件，用 CrWMn、Cr6WV、W6Mo5Cr4V2 挤压批量 >5 000 件，选用 Cr12MoV、W18Cr4V、GCr15、XW-41	淬火 HRC62~64
冷挤压模的凹模应力圈	挤压 <0.4% 的碳钢	外应力圈选用 5CrNiMo、oCrNiMo、45、40Cr、35CrMoA、35CrMnSiA 中应力圈用 5CrNiMo、40Cr、35CrMoA	淬火 HRC40~42 淬火 HRC45~47
弯曲模	一般弯曲模的凸、凹模及其镶块	T8A、T10A、XW-5、XW-41	淬火 HRC50~60
	要求高耐磨的，形状复杂、生产批量大的凸、凹模及镶块	CrWMn、Cr12、Cr12MoV、XW-10、XW-41	淬火 HRC60~64
	加热弯曲的凸、凹模	5CrNiMo、5CrNiTi、5CrMnMo、XW-10、XW-41	淬火 HRC52~56

表 4-37		冷冲模结构零件用钢选择及热处理要求
模具零件名称	选 用 材 料	热处理类型及 硬度要求
卸料板	Q235、Q275	
导料板、侧压板	45	淬火 HRC43~48
挡料销	45、T7A	淬火 45钢：HRC43~38 T7A：HRC52~56
导正销、定位销	T7 T8	淬火 HRC52~56
垫板、定位板	45/T7A、T8A	淬火 HRC43~48/45~58
废料切刀、定距侧 刀、侧刀挡板（块）	T8A、T10A、9Mn$_2$V、Cr6WV	淬火 HRC56~60
	9Mn$_2$V、Cr12	淬火 HRC58~62
压边圈 一般拉深	T10A、9Mn2V	淬火 HRC54~58
压边圈 双动拉深	钼钒铸铁、铬铬铸铁、 钼镍铸铁	火焰淬火淬硬表面层
凸模固定板、凹模框	45、Q235	45钢：HRC38~43
顶板、顶杆推板（杆）	45	淬火 HRC43~48
齿圈、压板	Cr12MoV	淬火 HRC58~60
螺钉	45	头部淬火 HRC43~48
圆柱销	45/T8A	淬火 HRC43~48/52~56
弹簧	65Mn 60Si2Mn	淬火 HRC40~45
滑动导柱导套	20	渗碳淬火 HRC58~62
活动导柱导管	GCr15	淬火 HRC62~66
钢球保持圈	LY11 H62	
压入、旋入、槽 形、凸缘式模柄及 通用模柄	45、Q235	
浮动模柄，推入 式活动模柄、球面 垫块	45、T7	淬火 HRC43~48

表 4-38

冷冲模零件热处理工序路线安排

模具种类	热处理工序路线安排	目的或作用
一般冷冲模	毛坯锻造→退火→机械切削成型→调质→机械精加工→钳工整修、装配、试模	退火是为了消除锻造应力、降低硬度、提高塑性和改善切削加工工艺性能;调质的目的是为了细化晶粒,获得综合机械性能,进一步改善切削加工性能,作为最后淬火及软氮化处理前的中间工序
采用成型磨削及电加工的模具零件	毛坯锻造→退火→机械切削粗成型→淬火或回火→精加工(凸模成型磨削、凹模电加工)→钳工修整装配、试模	退火的作用同上 淬火是为了得到马氏体组织,增加硬度和耐磨性能;回火是为了消除淬火应力,降低硬度,提高淬火件的韧性
形状结构	毛坯锻造→退火→机械切削粗加工→高温回火及调质→机械切削精加工成型→淬火与回火→成型磨削及电加工成型→钳工修整、装配试模	退火的作用是为了消除锻造应力、降低硬度、提高塑性和改善切削加工工艺性能。高温回火及调质是为了获得马氏体组织,增加硬度和耐磨性能。淬火与回火的目的是为了细化晶粒,获得综合机械性能,也是模具零件软氮化前的中间工序
旧模翻新	高温回火(或退火)→机械加工成型→淬火与回火→钳工修配试模	高温回火的目的是降低硬度(达到 HRC25~35)、消除应力;淬火与回火的目的是把已加工成型的模具再提高硬度、消除应力

(四) 塑料模

(1) 塑料模的工作条件及对其的要求

塑料模在成型塑件时,受200 ℃左右塑料熔体的压力和冲击摩擦,以及成型塑件过程中的激冷激热而引起的应力作用、塑料的腐蚀、浸蚀作用,因而要求此模具材料不含各种杂质和各种冶金缺陷,以免成型后出现气孔、麻点、缩孔和疏松等影响塑件表面质量的缺陷;要求合金组织均匀、偏折小、机械性能好、加工性能好;既有足够的硬度,又有一定的韧性;要求它的热处理性能好,热处理后变形小、硬度均匀。

(2) 塑料模工作零件常用材料和热处理要求

塑料模工作零件常用材料和热处理要求见表4-39。

(3) 塑料模结构零件常用材料及热处理要求

塑料模的结构零件(即一般零件),除浇注系统、热浇道、冷却座外,其他的均不接触熔融的热塑料,因而只要求它有一定的强度、硬度和刚度,并便于加工即可。

塑料模结构零件用材料及热处理要求见表4-40。

表4-39

塑料模工作零件常用材料及热处理要求

模具类型		零件名称	材料牌号	热处理方法	硬度要求 HRC	适用范围
压塑模和挤塑模	一般压塑模	型腔（凹模）、型芯（凸模）、螺纹型芯、成型镶件、成型顶杆等成型部分零件	T8A、T10A、20（渗碳）、锌合金、铝合金	淬火	>55	用于形状简单、批量小的中小型模具
			9Mn2V、9GrWMn、MnGrWV、20Gr锌合金、铝合金	淬火 铸态	54~58	用于批量大、形状结构简单的模具
	高温下的压塑模		5GrWMn、5GrW2Si、Gr6WV铝合金	淬火	>55	各种压塑模
	受冲击比较大的压塑模		5GrMnMo 5GrW2Si 40GrMnTi	渗碳淬火	54~58	用于一般耐磨、高强度、高韧性的大尺寸模具零件
			38GrMoAl 3Gr2W8V	调质氮化	HV100	用于形状复杂、要求耐腐蚀的高精度模具
			45/20、15（渗碳）	调质/淬火	22~26/43~48	用于形状简单要求不高的模具零件
	高耐磨、高精度、高寿命模具		Gr4W2MoV、GrMn2SiWMoV、Gr6WV、锡青铜、铝青铜（SMZQ）、ASP-23、RIGOR		>53	用于生产批量比较大的形状复杂、尺寸精度要求高的零件
注射模	一般注射模	型腔（凹模）、型芯（凸模）、螺纹型芯、及成型镶件、型腔顶杆等成型零件	55、5GrMnM	淬火	50~55	适合形状简单、生产批量小的模具
			9Mn2V、9GrWMn、GrbWV	淬火	>55	形状复杂、尺寸精度较高、生产批量大的模具
	高耐热、高精度、高寿命、形状结构复杂的注射模		BeAl25、BeAl275、20C、275C、锡青铜、铝青铜（SM2Q）			适合形状结构复杂、精细、深腔、生产批量大的模具
			GrMn2SiWMoV、Gr4W2MoV、GrbWV	淬火	>55	适合形状比较复杂的生产批量大的模具

续表

模具类型	零件名称	材料牌号	热处理方法	硬度要求 HRC	适用范围
注射模 / 高耐热、高精度、高寿命、形状结构复杂的注射模		3Cr2NiMo（4410）、5NiSCa、P20BSCa、3Cr2Mo、40Cr、38CrMoAl、5GrNiMnMoVSCa、8Gr2MnWMoVS	已预硬	32~36 / 800~825℃进行局部火焰淬火后 56~60	因有良好的加工性、抛光性（表面可达Ra0.05~0.25μm）及强韧性反抗蚀性，故适合作为要求表面达镜面、有较高尺寸精度要求、形状结构复杂的模具，P20BSCa还适合制作截面（达600mm厚）的注射模
		P20（美）、618、718、383、RIGOH、SB6H（瑞典）、S55C（PDS）（英）、SKD61（DH2F）（日）、M202、M300ESR、M310HESR（澳）、PM788、PM818（德）	已预硬	32~36	因加工性和抛光性都好，而且耐蚀性强，适合制作PA、POM、PS、PE、PP、ABS等塑料的成型模
高耐蚀性模具	型腔（凹模）、型芯（凸模）、螺纹型芯及型环、型芯镶件及顶杆等成型部分零件	2Cr13、40Cr、38CrMoAl（氧化）、ASP-23	淬火	35~42	适合制作有较大腐蚀性塑料的成型模
		0Cr16Ni4Cu3N6（PRC）	淬火	32~35	耐蚀性比17-4pH高3~8倍，且加工性好，热处理简单，变形小，可补焊，故适合聚氯乙烯等腐蚀性大的精密塑料成型模
精密塑料模		25CrNi3MoAl、06CrNi6MoVTiAl、C12Mo5Ni4Mo3Al	回火时效	39~42 / 42~45	适合一般或高精密塑料模及要求高表面光洁度的精密塑料模具
		10Ni3MnCuAl（PMC）	退火	25~35	切削加工性能优于中碳钢，可作为塑料成型模，型腔挤压成型件
			淬火	38~45	适合作为有镜面和良好图案刻蚀性要求的各种热塑性塑料件的成型模，氮化处理后，还可作为工程塑料模

续表

模具类型	零件名称	材料牌号	热处理方法	硬度要求 HRC	适用范围
真空吸塑模及气动吸塑模中空吹塑模（真空吸塑模、气动吸塑模、中空吹塑模）	凹模或凸模	铝合金	铸态	HB≥50～100	适合各种结构形状复杂，但尺寸精度要求不太高的小型或大型模具表面光洁程度要求大高的小型或大型模具
		锌合金	铸态	HB≥80～100	
		45　50	淬火	38～40	适合各种结构形状复杂、表面光洁程度要求高的模具且尺寸精度和
		40Cr　38CrMoAl	淬火	38～40	适合各种有腐蚀性塑料的吸塑及吹塑模

表 4 - 40　　　　　　　塑料模一般零件用材料及热处理要求

零件类别	零件名称	常用材料牌号	热处理	硬度 HRC	特点及适用范围
浇注系统零件	浇口套、推料杆、拉料套、分浇锥	T8A、T10A	淬火	45～60	适合一般结构形状、生产批量较小的注射模
		40CrMnMo、9CrSi、C₁₂、CrWMn、9Mo2V、45Mn2、40MnB、ASP－23	淬火	45～60	适合生产批量大、形状结构复杂的注射模
注塑模热浇道部件	内浇口板、热流道板、喷嘴、冷却座	铍铜合金（BeAll，20C等）		铸态 23	适合形状复杂、结构精细、尺寸精度和表面光洁程度要求高、大型的生产批量大的塑件模
		锡青铜、铝青铜（SMZQ）		变形态35～45	
模体零件	热板（支承板）、口浇板、锥模套	45	淬火	43～48	适合各种塑料模
	动、定模板，动、定模座板，脱浇板	45	调质	HB230～270	
	固定板	T8A、T10A	淬火	54～58	
		45	调质	HB230～270	
导向零件	导柱	20　9CrWMn	渗碳淬火回火	56～60	
	导套	T8A、T10A	淬火	50～55	
	限位导柱顶板导柱顶板导套导钉（杆）	T8A　T10A	淬火	50～55	
抽芯机构零件	斜导柱（斜）滑块	T8A、T10A	淬火	54～58	
	锁紧楔	45	淬火	43～48	
		T8A、T10A		54～58	
顶出机构零件	顶块、顶杆、顶管	45	淬火	43～48	
其他零件	定位板支持件	45、T8、T10、40CrMnMo	淬火	45～50	
	销钉、螺钉	45、T7、T8	淬火	35～45	
	凸模吊环、模柄	Q235　20	—	—	

306

5. 热挤压模

（1）热挤压模的工作条件及对热挤压模材料的要求

1）型材热挤压模的工作条件：随着挤压产品品种规格的大型化、形状复杂化、尺寸精密化、材料高强化以及大型的高比压挤压筒和新的挤压方法的不断出现，使挤压模具的工作条件更为恶化，具体表现在受长时间的高温（挤压镁合金为 350～450 ℃，铝合金为 420～525 ℃，铜、钛合金及结构钢、模温可高达 600～800 ℃）高压（150～1 200 MPa）和激冷激热（间断挤压升、降温及水冷）作用，承受反复循环和挤压交变应力（间歇式操作引发的）及偏心、冲击载荷，承受高压下的摩擦作用和局部应力集中作用。

2）对挤压模材料的要求：①要求有高的常温和高温强度、硬度，在挤压铝合金时，其常温下的 σ_b 值应大于50 MPa，保证在长时间高温和激冷激热条件下保持持久强度而不过早有疲劳破坏，并有好的抗蠕变性能和红硬性。②要有高的耐热性能，即在挤压的高温（挤压铝合金时模具工作温度达500 ℃左右）下有保持形状的屈服强度和避免破断的强度、韧性而不过早（一般在500 ℃以下）产生退火和回火现象，其 σ_s 值不应低于1 000 MPa，与模具配用的挤压工具材料的 σ_s 值，不应低于650 MPa。③要求在常温和高温下具有高的冲击韧性和断裂韧性值，以防止模具在低应力条件下或在冲击载荷作用下产生断裂。④要求有高的化学稳定性，即在高温工作条件下产生氧化或产生极微弱的氧化。⑤要求有高的耐磨能力，即在长时间高温、高压和润滑条件不良的高摩擦条件下有抗磨损的能力和抗某种合金（如铝合金）的"黏结"的能力。⑥要求有高的抗激冷激热的能力，防止长期、反复、连续工作中冷热应力引起的热疲劳裂纹和崩块。⑦要求有高的热传导率，能把模、工具表面的热量迅速传导、散发出去，防止模具表面与被挤压型材表面产生局部过热。⑧要求其热膨胀系数小，保证与挤压杆等挤压工具的配合尺寸和型材的尺寸。⑨要求有良好的加工工艺性能和热处理、表面强化性能。⑩来源广、采购易，性价比好。

（2）热挤压模主要零件常用钢及热处理要求

热挤压模主要零件常用钢及热处理要求见表4-41。我国常用3Cr2W8V、H13等牌号钢。

表4-41　　　　热挤压模主要零件常用钢及热处理要求（英）

工模具名称	被挤压的金属或合金		
	钛合金、镍合金、钢	铜和铜合金	铝合金和镁合金
挤压模	CVM2、CVM3、HSM/W9A		CVM2、CVM3 要求 HRC46～53
	要求 HRC43～51	要求 HRC40～48	
模垫	CVM2 或 CVM3		CVM2、CVM3 要求 HRC48～52
	要求 HRC42～46	要求 HRC45～48	
压挤垫	PLMB 或 CVM 要求 HRC42～46		PLMB、CVM 要求 HRC44～50

工模具名称	被挤压的金属或合金		
	钛合金、镍合金、钢	铜和铜合金	铝合金和镁合金
穿孔针	CVM、CVM2、CVM3、HSM/W9A		CVM2、CVM3、HW4，要求 HRC48～52
	要求 HRC42～51	要求 HRC40～48	
挤压筒	En24、En26、CV8、CVM，要求 HB300～350		
衬套	CVM2、CVM3、HSM/W9A，要求 HB400～475		CVM 或 2% Cr、2% NiMo 钢，要求 HB400～475
挤压轴	CVM、CrM2 或 2% Cr2、NiMo 钢，要求 HB450～500		CVM、CVM2 或 2% Cr、2% NiMo 钢，要求 HB450～500

第五章 模具零件坯料的准备

模具零件坯料，俗称模具零件毛坯。加工模具零件坯料的方法有3种：

1）锯割法。按所需尺寸采用锯切、气焊切割、电焊切割、线切割等方法切割现成的金属钣料、条料、棒料（其中切割钢板的量最多）或其他材料，达到所需尺寸的毛坯，然后直接进行切削加工或经过锻造、退火后再进行切削加工。

2）锻造改制。把预先计算有锻造余量的金属材料（钣料、条料、棒料），经加热锻打，改制成所需尺寸形状和组织纤维的毛坯，然后直接进行切削加工或经退火后再去切削加工。

3）铸造法。即熔化金属，浇入砂型或金属型或陶瓷型等铸型内，待其冷却凝固后获得所需尺寸形状和内部组织的毛坯，然后直接进行切削加工，经退火再切削加工。

这3种加工（准备）毛坯的方法比较：锯割法可直接对市场供应的金属板、条和棒材，甚至接近模具零件尺寸的坯材快速切割，保证一般模具的表面质量和物理、力学性能，其缺点是加工复杂异形型面的工序复杂，占用的设备多、时间长、成本高；锻造法的优点是对金属材料进行加热锻压，使毛坯的组织进一步致密并改变其纤维方向，使物理、力学性能和气密性能进一步提高，这对受力大的冷冲模、挤压模、压铸模的延寿有重要意义，其缺点是锻造后的毛坯仍需进行上述锯割法的加工程序；铸造法的优点是可快速、经济地铸造出形状结构复杂和奇异的模具零件型面、形状结构及表面状态，大大节省和回收重熔贵重的模具材料及简化模具加工工序，缩短制模周期，降低模具费用，其缺点是由于其力学性能较锯割法和锻造法的低，不适合承受高温冲击力和高机械力的模具（如压铸模、挤压模、冲压模等）零件。

选用何种方法来准备模具零件坯料，这要根据模具类型、工作条件、生产批量和现场条件等因素来综合考虑。

第一节 模具零件坯料的铸造

一、采用铸造法加工模具零件坯料的概况

由于铸造方法制备模具零件坯料的独特优势，使各工业发达国家相继采用并不断扩大其应用范围，至今已扩大到冷冲模、塑料模、橡胶模、陶瓷制品模、橡胶制品模、玻璃制品模、车辆覆盖件、古玩文物及艺术品复制模等诸多模具领域。日本早在20世纪60年代，仅用17天时间，采用铸造法制造了一副重1.5 t的锌基合金塑料件成型凸模和凹模。美国在20世纪80年代，仅用两天时间制造了一副重8 t的锌基合金钣金件拉延凸模和凹模，之后又制造了一副重40 t的锌基合金塑料成型模。

在模具寿命方面，铸造模具也达到了较高的水平，日本拉延厚1.5 mm中等复杂形状的冷轧钢板的模具寿命，可达1 500次，最大冲裁厚度可达3.2 mm。

我国铸造模具的寿命也有较大的提高，如冲裁1 mm厚钢板的冲裁模，一次修模寿命已达26 000次，锌基合金拉延模的寿命已超过10 000次。

二、铸造模具零件坯料的分类

适合采用铸造坯料的模具零件大致可分为3类：

1）各类模具的底板、模座板、框架等，如冷冲模的上、下模座，压铸模的上、下底板，锻造用剪切模的模座，校正模模座，塑料模的框架，金属铸造模（钢模、硬模）的模座等。

2）大型型腔模零件，如冰箱内胆真空吸塑模，冰箱内胆隔热体发泡模、压塑模，大型锌基合金（包括超塑性锌基合金）的塑料成型模、橡胶成型模，铝合金或锌基合金的一般冲裁模、弯曲模、拉延－成型模，铝合金压蜡模的工作零件或成型零件，金属铸造模锻造模、玻璃制品成型模、压塑模、车辆覆盖件成型模的模基体件及部分型腔件，古玩文物及艺术品复制或批量制造的模具等。

3）电渣堆焊复合锻模用板极。

三、对铸造模具零件坯料的技术要求

采用铸造法铸造模具零件坯料的技术要求：

1）铸件的化学成分和力学性能必须符合模具设计图规定的材料标准。

2）铸件的尺寸偏差应符合模具设计图规定，灰铸铁和碳钢铸件允许的尺寸偏差见表5-1。

表5-1　　　　　　　　　　灰铸铁件和碳钢铸件允许的尺寸偏差　　　　　　　　　　（mm）

铸件最大尺寸	铸件材料	公称尺寸					
		≤120	120~160	200~500	500~800	800~1 250	1 250~2 000
<500	铸铁	±1.5	±2.0	±2.5	—	—	—
	铸钢	±1.8	±2.2	±3.0			
500~1 250	铸铁	±1.8	±2.2	±3.0	±4.0	±5.0	—
	铸钢	±2.0	±2.5	±3.5	±5.0	±6.0	
1 250~3 150	铸铁	±2.0	±2.5	±3.5	±5.0	±6.0	±7.0
	铸钢	±2.2	±3.0	±4.0	±6.0	±7.0	±9.0

注：本表不适用于采用精密铸造工艺或机器造型生产的铸件。

3）铸件非加工表面壁厚和筋厚应符合表5-2的要求。

表5-2　　　　　　　　模具铸件非加工表面壁厚和筋厚偏差　　　　　　　　（mm）

铸件的壁厚和筋厚	铸件最大尺寸			
	≤500	500~1 250	1 250~2 500	2 500~4 000
	偏差值			
≤6	±0.8	±1.2	±1.5	±2.0
6~10	±1.0	±1.2	±1.5	±2.0
10~18	±1.5	±1.5	±2.0	±2.0
18~30	±1.5	±2.0	±2.5	±2.5
30~50	±2.0	±2.0	±3.0	±3.0
50~80	±2.5	±2.5	±3.0	±3.5
80~120	±2.5	±3.0	±3.5	±4.0

注：若铸造时采用铸型与型芯、型芯与型芯方式组合铸造出来的壁厚或筋厚，其偏差可比表中数值放大30%。

4）铸件非加工表面上浇冒口允许残留高度应符合表5-3的要求。

表5-3　　　　　　　　铸件非加工表面上浇冒口允许残留高度　　　　　　　　（mm）

材料　　残留高度	浇口	冒口颈部直径		
		≤150	150~300	300~500
铸铁	2~3	2~3	3~4	—
铸钢	2~4	2~4	5~7	9~1

5）铸件的机械余量应符合表5-4的要求。

311

表5-4		铸件的机械加工表面应留的机械加工余量				（mm）
材料	铸件加工表面的位置	铸件最大尺寸				
		≤500	500~1 000	1 000~1 500	1 500~2 500	2 500~3 150
铸钢	顶面	5~7	7~9	9~12	12~14	14~16
	底面、侧面	4~5	5~7	6~8	8~10	10~12
铸铁	顶面	4~5	5~7	6~8	8~10	10~14
	底面、侧面	3~4	4~6	5~7	7~9	9~12

注：1. 模板上的导柱、导套孔原则上不铸出，只有当孔>100 mm时可酌情铸出。

2. 大型拉深模铸件曲面部分采用机械加工成型时，其曲面加工余量可比表中数值放大2~3 mm。

6）铸件的表面质量应符合下列要求：①铸件的整个表面应经过吹砂处理，不得残留有黏砂、锈斑等疵病；②铸件表面的金属结疤铁豆等应铲除并打磨平整光滑；③铸件表面、棱边的飞边、毛刺应打磨光滑平整，其残留高度应<2 mm。

7）铸件内部质量要求：①铸件内部特别是靠近工作表面，不允许有气孔、砂眼、裂纹、疏松等缺陷；②铸件的非工作表面的缩孔深度应<2 mm，面积≤1 cm²；③对于热锻模、滚轧模、冷挤模、热挤模等受冲击、受压力大的模具铸件，还要通过X射线或磁力或超声波探伤，检查内部冶金质量，确认是否可用。

8）铸件的热处理要求：①铸钢件应按照其牌号确定其热处理工艺，并结合铸件外形内构的复杂程度确定适当的温度和保温时间，一般以完全退火为主。退火后的硬度一般HB≤229。②铸铁件一般进行时效处理以消除内应力，改善切削加工性能。还要根据铸件外形内构复杂程度，确定合适的时效温度和保温时间。时效后的硬度一般应HB≤269。铜合金铸件则一般不作处理，而在铸态下直接使用。只有做了补焊之后，才作退火处理，以消除补焊时产生的内应力。而铍青铜、铝青铜、铬青铜则可进行调质处理，除可达到上述消除铸造应力、改善加工性能、稳定尺寸、提高物理力学性能的目的外，还可改善组织致密程度，即提高气密性能。

第二节　模具零件坯料的锻造

一、模具零件坯料锻造的目的

采用锻造法加工模具零件坯料的目的是为了获得几何形状接近模具零件的加工余量很少的坯料，以减少切削加工工作量，节省金属材料，同时使材料内部组织致密，改变并细化碳化物的分布和流线分布，改善热处理性能，提高模具零件的物理和力学性能、气密性能，延长模具的使用寿命。

二、模具零件坯料锻造的技术要求

1. 坯料的加工余量

1) 矩形锻件的加工余量应符合表 5-5 要求。

表 5-5 　　　　　　　　　　　矩形锻件加工余量 　　　　　　　　　　　（mm）

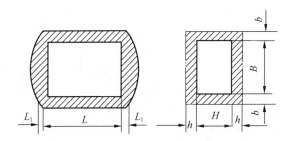

工件截面尺寸 B 或 H	工 件 长 度									
	<150		151~300		301~500		501~750		750~1 000	
	加工余量 2 b、2 h、2 L 及公差									
	2 b 或 2 h	2 L	2 b 或 2 h	2 L	2 b 或 2 h	2 L	2 b 或 2 h	2 L	2 b 或 2 h	2 L
<25	4^{+3}_{0}	4^{+4}_{0}	4^{+3}_{0}	4^{+3}_{0}	4^{+3}_{0}	4^{+3}_{0}	4^{+5}_{0}	4^{+4}_{0}	5^{+5}_{0}	5^{+6}_{0}
26~50	4^{+4}_{0}	4^{+4}_{0}	4^{+4}_{0}	4^{+5}_{0}	4^{+4}_{0}	4^{+6}_{0}	4^{+5}_{0}	4^{+5}_{0}	4^{+6}_{0}	4^{+7}_{0}
51~100	4^{+4}_{0}	4^{+5}_{0}	4^{+4}_{0}	4^{+5}_{0}	4^{+4}_{0}	4^{+7}_{0}	4^{+6}_{0}	4^{+7}_{0}	4^{+6}_{0}	4^{+6}_{0}
101~200	5^{+5}_{0}	4^{+5}_{0}	5^{+5}_{0}	5^{+7}_{0}	5^{+5}_{0}	8^{+8}_{0}	6^{+6}_{0}	8^{+8}_{0}		
210~250	5^{+7}_{0}	5^{+8}_{0}	6^{+5}_{0}	9^{+9}_{0}	6^{+6}_{0}	10^{+9}_{0}				
251~500	9^{+6}_{0}	10^{+8}_{0}	7^{+6}_{0}	13^{+10}_{0}	7^{+7}_{0}	13^{+10}_{0}				

注：1. 表列加工余量及公差均不包括锻件的凸面和圆弧。

　　2. 应按 H 或 B 的最大截面尺寸选取余量，例如：$H=50$ mm，$B=120$ mm，$L=160$ mm 的工件，其 H 的最小加工余量应按 120 mm 取 5 mm，而不是按 50 mm 取 4 mm。

2）圆形锻件的加工余量应符合表 5-6 的要求。

表 5-6

圆形锻件的加工余量

（mm）

工件直径 D	<30		31~80		81~180		181~360		361~600		601~900		901~1500	
	2h	2L	2h	2L	2h	2L	2h	2L	2h	2L	2h	2L	2h	2L
	加工余量 2h、2L 及公差													
18~30	—	—	—	—	3^{+2}_{0}	3^{+3}_{0}	3^{+2}_{0}	3^{+3}_{0}	4^{+3}_{0}	4^{+4}_{0}	4^{+3}_{0}	4^{+4}_{0}	4^{+4}_{0}	4^{+4}_{0}
31~50	—	—	3^{+3}_{0}	3^{+4}_{0}	3^{+3}_{0}	3^{+4}_{0}	3^{+3}_{0}	3^{+4}_{0}	4^{+4}_{0}	4^{+4}_{0}	4^{+4}_{0}	4^{+5}_{0}	4^{+4}_{0}	4^{+5}_{0}
51~80	—	3^{+3}_{0}	3^{+3}_{0}	3^{+4}_{0}	4^{+4}_{0}	4^{+4}_{0}	4^{+4}_{0}	4^{+5}_{0}	4^{+4}_{0}	4^{+5}_{0}	4^{+4}_{0}	4^{+5}_{0}	4^{+5}_{0}	4^{+5}_{0}
81~120	4^{+4}_{0}	4^{+4}_{0}	4^{+4}_{0}	3^{+4}_{0}	4^{+4}_{0}	4^{+4}_{0}	4^{+4}_{0}	4^{+5}_{0}	4^{+4}_{0}	4^{+5}_{0}	4^{+5}_{0}	4^{+5}_{0}	—	—
121~150	4^{+4}_{0}	4^{+4}_{0}	4^{+4}_{0}	4^{+4}_{0}	4^{+4}_{0}	5^{+5}_{0}	4^{+4}_{0}	4^{+5}_{0}	4^{+4}_{0}	4^{+5}_{0}	5^{+5}_{0}	5^{+5}_{0}	—	—
151~200	4^{+4}_{0}	5^{+4}_{0}	4^{+5}_{0}	4^{+5}_{0}	5^{+5}_{0}	5^{+5}_{0}	—	—	—	—	—	—	—	—
201~250	5^{+5}_{0}	4^{+4}_{0}	5^{+5}_{0}	4^{+5}_{0}	—	—	—	—	—	—	—	—	—	—
251~300	5^{+5}_{0}	5^{+6}_{0}	6^{+6}_{0}	5^{+5}_{0}	—	—	—	—	—	—	—	—	—	—
301~400	7^{+7}_{0}	6^{+8}_{0}	8^{+7}_{0}	6^{+8}_{0}	—	—	—	—	—	—	—	—	—	—
401~500	8^{+10}_{0}	—	—	—	—	—	—	—	—	—	—	—	—	—

注：1. 表列余量均不包括锻件之凸面及圆弧。
2. 表列长度方向之余量及公差，不适于锻后再切断的坯料。

314

2. 对不同类型模具零件坯料的锻造要求

对于冷冲模工作零件、型腔模的型腔件、型芯件、冷热挤压模的挤压件等受力大或受冲击大、摩擦力大的关键零件以及生产批量大、要求高的零件的坯料，应经多次镦粗和拔长的改锻工艺，应严格掌握始锻和终锻温度，使内部组织均匀致密，以提高其力学性能和延长其使用寿命。

3. 对锻件表面和内部的质量要求

锻件表面不允许有裂纹、脱碳层、氧化斑疤和表面凹陷不平等缺陷，内部不得有分层等缺陷。

4. 锻件的热处理

锻件的热处理按第四章介绍进行。

第三节　模具零件坯料的机械加工

一、模具零件坯料的备料方法和程序

一般根据模具设计图上的零件明细表逐个备料。其程序和方法是：

1）根据模具零件图的尺寸，计算出要锻造件的坯料的体积和质量。

2）根据计算出来的坯料的体积和质量，按库存钢材直径，换算成所需钢材长度并留出足够的加工余量。对于长方体和正方体的坯料，其加工余量可按下述经验数据留取：锻压后的各方向尺寸，应比实际尺寸在各方向大 5 ~ 6 mm，即在各方向上应留有 5 ~ 6 mm 的加工余量。

当用圆棒直接车削模具零件时，下料毛坯所应留取的加工余量可按表 5 - 7 留取。

表 5 - 7　　　　　　　　　热轧圆钢棒最小机械加工余量　　　　　　　　　　（mm）

零件直径	加工余量 h
$D \leqslant 10$	3 ~ 3.5
$10 < D \leqslant 30$	3 ~ 4
$30 < D \leqslant 50$	3.5 ~ 5
$50 < D \leqslant 100$	4 ~ 7

注：1. 按表中数据留取加工余量决定坯料直径时，应根据市场上的标准钢材品种规格选取接近的规格，这样既防止浪费金属材料，又可减少切削加工量，加快加工进度。

　　2. 装夹余量可按 10 ~ 15 mm 长留取。

　　3. 采用铸造方法铸造的模具零件坯料，由铸造厂（车间）按模具零件图标示的尺寸、材料牌号及技术条件铸造。

二、模具零件坯料的加工

1. 长方体和正方体坯料的加工工序

备料→锻造→热处理退火→刨（铣、立车）六面→磨平面

2. 圆形坯料的加工工序

备料→车加工→平磨上下平面或内、外圆磨表面

经机械加工后的坯料应打印记、编号，各坯料均应把各棱边倒成（0.5～1.5）×45°的角，以防后工序划伤手。

三、坯料在磨削前的留磨余量

1）矩形件在磨削前的留磨余量见表5-8。

表5-8 矩形件的留磨余量 （mm）

宽度 B	厚度 H	零件长度 A			
		≤100	100～250	250～400	400～450
<200	≤18	0.30	0.40	—	—
	19～30	0.30	0.40	0.45	—
	31～50	0.40	0.40	0.45	0.50
	>51	0.40	0.40	0.45	0.50
>200	≤18	0.30	0.40	—	—
	19～30	0.35	0.40	0.45	—
	31～50	0.40	0.40	0.45	0.45
	>50	0.40	0.45	0.50	0.60

注：本表只是淬火后的磨削余量。对于非淬火零件，可适当减少20%～30%。

2）圆形件的留磨余量见表5-9。

表5-9 圆形件的留磨余量 （mm）

直径 D	零件长度 L					
	≤18	19～50	51～120	121～260	260～500	>501
≤18	0.20	0.30	0.30	0.35	0.35	0.50
19～50	0.30	0.30	0.35	0.35	0.40	0.50
51～120	0.30	0.35	0.35	0.40	0.40	0.55
121～260	0.30	0.35	0.40	0.40	0.45	0.55
261～500	0.35	0.40	0.45	0.45	0.50	0.60
>500	0.40	0.40	0.50	0.50	0.60	0.70

注：本表只是淬火后的磨削余量。对于非淬火零件，可适当减少20%～40%。

3）内孔和外圆的留磨余量见表5－10。

表5－10　　　　　　　　　　　内孔和外圆的留磨余量　　　　　　　　　　　（mm）

直径 D	材料：35　45　50　Cr12				材料：T8　T10　T10A			
	内孔		外圆		内孔		外圆	
	壁厚≤15	>15	≤15	>15	≤15	>15	≤15	>15
6~10	0.25~0.35	0.30~0.35	0.35~0.50	0.25~0.50	0.25~0.30	0.25~0.30	0.35~0.50	0.35~0.60
11~20	0.35~0.40	0.40~0.45	0.40~0.55	0.30~0.55	0.30~0.40	0.35~0.40	0.40~0.55	0.40~0.66
21~30	0.40~0.50	0.50~0.60	0.40~0.55	0.30~0.55	0.40~0.50	0.35~0.45	0.40~0.55	0.40~0.70
31~50	0.55~0.70	0.60~0.70	0.40~0.55	0.30~0.55	0.55~0.70	0.40~0.60	0.40~0.55	0.55~0.75
51~80	0.65~0.80	0.80~0.90	0.45~0.60	0.30~0.60	0.65~0.80	0.50~0.60	0.45~0.60	0.65~0.85
81~120	0.70~0.90	1.00~1.20	0.60~0.80	0.35~0.70	0.70~0.90	0.55~0.75	0.60~0.80	0.70~0.90
121~180	0.75~0.95	1.20~1.40	0.70~0.90	0.50~0.90	0.75~0.95	0.60~0.80	0.70~0.90	0.75~0.95
181~260	0.80~1.00	1.40~1.60	0.80~1.00	0.60~1.00	0.80~1.00	0.65~0.85	0.80~1.00	0.80~1.00

注：如果内径/壁厚≥5 或 长度/外径≥2 时，选用表中上限值。

第六章　模具零件加工

一、模具零件加工的程序和加工方法

（一）模具加工程序

加工模具的程序：

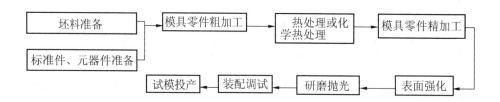

（二）模具零件的加工方法

1）去除法。用机械切削加工和电火花腐蚀、电解等方法去掉模具零件坯料上不需要的金属部分，获得所需形状尺寸和表面光滑度的零件的方法。

2）铸造法。把流体状态的金属和非金属材料浇入铸型内，待其冷却成型后进行少量加工，获得所需形状尺寸和表面光滑度的模具零件的方法。

3）挤压法。利用某些金属的塑性和超塑性，用挤压冲头，对其施以强大的挤压力而获得所需形状尺寸和表面光滑度的模具零件的方法。

表6-1收集归纳了各种加工模具零件的方法和适用范围，这些方法只能改变模具零件的几何形状和尺寸，不包括改变其性能和组织的热处理、化学热处理及表面强化法，可供模具设计和制造选择方法时使用。

表6-1　　　　　　　　　　　模具零件加工方法及其适用范围

加工方法分类	加工方法名称	使用的设备	使用的工装	加工件的质量	适用范围
机械切削加工	平面加工	牛头刨床 龙门刨床 龙门铣床 立车 卧铣	刨刀 刨刀 端面铣刀 车刀 片铣刀	$Ra3.2 \sim 1.6\mu m$	模具零件坯料的六面加工、大尺寸型孔粗加工

加工方法分类	加工方法名称	使用的设备	使用的工装	加工件的质量	适用范围
机械切削加工	车削加工	车床 立式车床 NC 车床	车刀	$Ra1.6 \sim 3.2\mu m$	模具零件的型孔、型面
	钻削加工	普通钻床 摇臂钻床 立铣 数控铣床 加工中心	钻头、铰刀	$Ra1.6 \sim 0.8\mu m$	模具零件的各种孔
		深孔钻床	深孔钻头		
		手电钻	钻头、铰刀	约 $Ra1.6\mu m$	加工模具零件的小孔和注塑模冷却水孔、吸塑模的抽（通）气孔
	镗孔加工	卧式镗床 加工中心 铣床	镗刀	尺寸精度较高 尺寸精度较高 尺寸精度一般	镗削各种孔
		坐标镗床		尺寸精度很高，可达 $\pm 0.02 \sim \pm 0.03$ mm	适合高精度孔（如级进模的凹模孔、定距销孔等）的镗削
	铣削加工	普通铣床 NC 铣床 加工中心	立铣刀 端面铣刀	$Ra1.6 \sim 0.8\mu m$	铣削型孔、型面
		仿形铣床 雕刻机	球头铣刀 小直径铣刀		进行仿形加工 雕刻图案、文字
	磨削加工	平面磨床	砂轮	$Ra1.6 \sim 0.4\mu m$ 或以上，尺寸精度为 $\pm 0.02 \sim \pm 0.01$ mm	磨削模板各平面
		成型磨床 NC 磨床			各种形状的模具零件的外表面及部分零件内表面
		光学曲线磨床 坐标磨床			磨削精密模具（如级进仪表模等）的型孔
		内外圆磨床 万能磨床			磨削零件外表面、圆孔、圆锥孔的内表面
	抛光加工	手持抛光工具 手工抛光工具	各型号的砂轮、锉刀、砂布、油石、抛光剂（膏）等	$Ra1.6 \sim 0.8\mu m$	去除铣削痕迹
		抛光机		$Ra0.8 \sim 0.4\mu m$	对模具零件作抛光

续表

加工方法分类	加工方法名称	使用的设备	使用的工装	加工件的质量	适 用 范 围
电加工	电火花腐蚀	电火花加工机	成型电极	尺寸精度在 0.01mm 以上，表面粗糙度 $Ra1.6 \sim 1.8\mu m$，最高可达 $Ra0.1\mu m$	加工用切削法难加工的材料和形状复杂的模具零件型孔、型面 对淬硬模具件和硬质合金进行磨削
	电火花线切割加工	线切割机	线电极	慢走丝的锥度精度比快走丝切割的高。表面粗糙度 $Ra0.8 \sim 1.6\mu m$	切割淬硬的凸凹模及模具零件的精密轮廓及对模具零件修补
	电解成型加工	电解成型机床直流电源电解液系统	工具电极	加工精度 ±0.15mm，表面粗糙度可达 $Ra0.2 \sim 0.8\mu m$	适合切割加工法难加工或不能加工的高硬度模具型腔件、型芯件的加工
	电解磨削	电解磨床、直流电源、电解液系统	电解磨轮	加工精度与机械磨削相同，表面粗糙度 $Ra < 0.1\mu m$	适合机械难以磨削的高硬度的模具零件的各种形式的磨削
	电解抛光	直流电源	修模头、电解液输送管	表面粗糙度 $Ra 6.3 \sim 3.2\mu m$	去除已形成的表面波纹 一般修磨工具难以精修的部位及形状（如狭窄槽、不规则圆弧棱角）
	电铸	直流电源、电铸槽	母模沉积电极	型面粗糙度 $Ra 0.2 \sim 0.4\mu m$，尺寸精度 ±0.1mm	形状结构复杂精细的注塑模等塑料和压蜡模型腔件 电火花成型电极 复制已有的模具型腔或型芯
	电镀	直流电源、电镀槽及槽液	电极	型面粗糙度 $Ra0.02 \sim 0.4\mu m$，尺寸精度 ±0.1mm，耐磨性能比不镀的提高 2 倍以上，耐蚀性也提高 2 倍以上	形状结构复杂，要求表面光滑度很高的耐腐蚀耐磨损且寿命长的注塑模，橡胶制品成型模具的型腔件 已损坏的模具镀铬层的退铬重镀
	电弧堆焊	电焊机	电焊条		各种陶瓷、耐火制品模、冷冲模、锻模等模具的频繁摩擦的型腔或工作面 已磨损的或损坏的模具件的修复 耐蚀塑料或橡胶成型模型腔或型芯件的堆焊

320

加工方法分类	加工方法名称	使用的设备	使用的工装	加工件的质量	适 用 范 围
铸造（浇注）加工	砂型铸造（包括有机自硬性砂型铸造）	造型设备、熔化浇注设备	造型工具	表面粗糙度约 Ra 3.2μm，尺寸精度约±2mm	各类模具中形状结构复杂的各种材质的成型件、型腔件及其他零件坯料或基本，如冰箱内胆吸塑模、发泡模的坯料 各类模具的座板、模板、垫板、固定板、卸料板等
	陶瓷型铸造、熔模精密铸造	水解及造型设备、熔化浇注设备	母模压型	表面粗糙度 Ra 1.6～6.3μm，尺寸精度 0.10～0.50 mm	各种锻模、玻璃模、橡胶模、塑料模、陶瓷模、耐火制品模、石膏制品模、压蜡模 铸造模的型腔件、型芯件、压料板、卸料板等耐磨件及热流道、冷却系统零件 拉深模、弯曲模、成型模的成型、耐磨件 古玩、文物、艺术品复制模零件
	石膏型精铸	配料、灌浆设备、熔化浇注设备	母模压型	表面粗糙度 Ra 3.2～1.6μm，尺寸精度 ±0.1 mm/ 25.4 mm，可铸造0.5 mm厚的薄壁件	各种塑料、橡胶、蜡料零件（制品）用铝、铜、低熔点合金及不锈钢模具的型腔件、型芯件，拉深模用铜合金成型件的铸造 青铜古玩、文物、艺术品复制模 各种石膏制品、艺术品及雕塑的复制模
	压力铸造	熔化浇注设备	压铸凸模或凹模	表面粗糙度 Ra 1.6μm，尺寸精度 ±0.02～0.05/基本尺寸≤20，平面度 ±0.02/基本尺寸≤20	铍铜合注塑模的型腔件、型芯件，热流道部件，冷却座等零件
	自由浇注法、加压铸造法	熔化浇注设备	成型凸模或凹模	表面粗糙度 Ra 1.6μm，尺寸精度 ±0.05～0.1 mm	锌基合金模具、环氧树脂压蜡模及车辆覆盖件成型模、塑料板、有机玻璃板成型模等模具
	铸造挤切法	压力设备	模架、钢凸模	表面粗糙度 Ra 0.08～0.1 mm	锌基合金简易模具

续表

加工方法分类	加工方法名称	使用的设备	使用的工装	加工件的质量	适用范围
其他加工方法	冷挤压	油压机	挤压凸模	表面粗糙度 $Ra <$ 0.16μm，尺寸精度 ±0.08~0.1 mm	以紫铜、低碳钢为坯料的形状结构复杂的热塑性、热固性塑料注塑模的深型腔件 用中碳钢、高碳钢为坯料的各种模具的中等深度的型腔件 用工具钢、合金钢为坯料的各种模具的较浅的型腔件
	超塑挤压	油压机、加热设备	挤压凸模	表面粗糙度 Ra 3.2~0.16μm	形状复杂、结构精细的热塑性塑料注射模、吹塑成型模、乳胶发泡模等模具的型腔件、型芯件等
	挤压珩磨	挤压珩磨机	夹具、珩磨介质	表面粗糙度 Ra 0.2μm，尺寸精度 ±0.015~0.03μm	冲模、塑料模、粉末冶金模、拉丝模、挤压模等模具型腔面的抛光
	超声波抛光	超声波抛光机	抛光工具、研磨膏	表面粗糙度 $Ra <$ 0.16μm	各种模具的型腔面、型芯面，特别是其狭缝深槽、异形型腔面、圆弧面的抛光 电火花加工和线切割后模具表面硬化层、黑白条纹的去除 可使碳钢、合金钢、硬质合金模具表面光洁度达到镜面
	化学抛光		化学药品	表面粗糙度 Ra 0.8μm	适合碳钢、不锈钢等材质的模具零件的表面抛光
	照相腐蚀	照相机	玻璃板等	蚀刻文字、图案形位的精度高	适合模具零件上各种文字、图案、花纹等的加工
	涂层制模	配料搅拌设备	母模、胎模等	表面粗糙度约 Ra 1.6μm	适合结构粗大的汽车覆盖件，环保、游乐设施用冷冲模和塑料模等模具的制造

322

二、模具零件的钳工加工

（一）模具零件坯料的划线

由钳工详细看清看懂模具零件图，并在选准划线基准且计算准确无误后，利用钳工台和画线工具仪器进行。

（二）模具零件坯料的钻孔

1）模具零件的复合冲模钻孔实例见表6-2。

表6-2　　　　　　　　　　　　　　　复合冲模钻孔实例

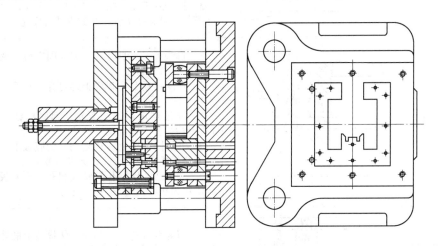

顺　序	简　图	说　明
复钻凸模固定板		1. 将凹模与凸模固定板夹紧，并将拼块凹凸模插入 2. 通过凹模及拼块螺孔，在凸模固定板上复钻锥坑 3. 拆开，按锥坑钻螺钉穿孔及沉孔，并攻螺孔
复钻卸料板		1. 将卸料板、凸模套入凹模后，调整间隙，用螺钉将凹模、拼块紧固在凸模固定板上 2. 用相等于凸凹模孔的钻头通过凸凹模孔对卸料板复钻锥坑 3. 通过凹模销钉孔在凸模固定板上钻孔（留铰量） 4. 取下卸料板根据锥坑锪钻

顺　序	简　图	说　明
复钻凸模固定板	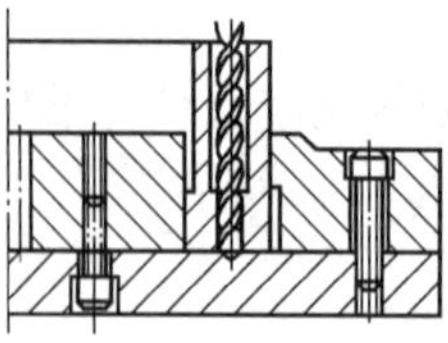	1. 将凸凹模套入凹模后，调整间隙 2. 用相等于凸凹模孔的钻头通过凸凹模孔对凸模固定板复钻锥坑 3. 拆除凸凹模，根据复钻锥坑钻孔、锪孔、铰孔并锪台肩 4. 在凸模固定板上钻顶杆孔
复钻垫板	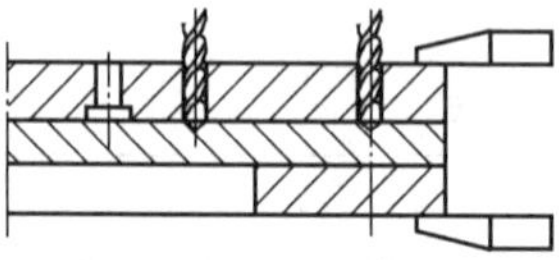	1. 将凸模固定板与两块垫板叠合夹紧 2. 通过凸模固定板的螺孔、销钉孔、顶杆孔对两块垫板复钻 3. 拆开后扩孔，在凸凹模垫板上印出固定凸凹模的螺钉穿孔位置，并钻锪螺钉穿孔
复钻底板	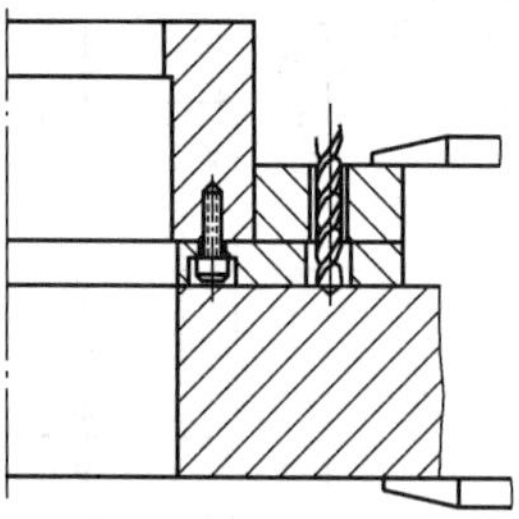	1. 将垫板与凸凹模（已装入固定板）紧固后放在底板上夹紧 2. 从固定板上钻卸料板螺钉孔，钻至底板见锥坑 3. 通过固定板螺孔复钻，到底板钻穿为止（拆开后扩孔、锪沉孔） 4. 通过固定板销钉孔复钻，到底板上钻出锥坑为止，然后换钻头，钻穿（待铰） 5. 通过凸凹模圆孔复钻漏料孔，到底板上钻出锥坑为止（拆开后钻、锪孔）
复钻卸料板	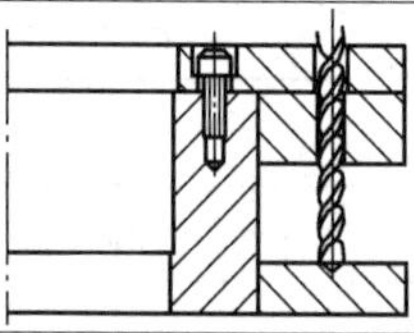	1. 将卸料板套上凸凹模，从垫板上的孔中复钻卸料板螺钉孔，钻出锥坑 2. 取下卸料板钻攻螺孔
复钻上模座	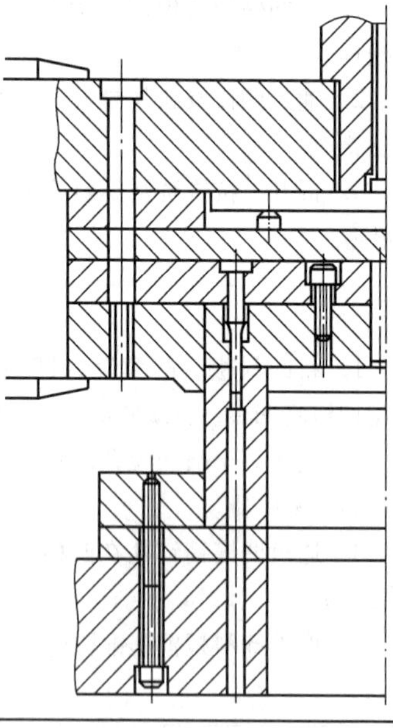	1. 将凸凹模固定在底板上 2. 将上模套上凸凹模，合上模架 3. 将上模与上模座夹紧 4. 取下上模，通过凹模螺孔复钻上模座上的螺钉穿孔 5. 拆开，锪钻上模座螺钉穿孔，锪沉孔 6. 用螺钉初步紧固凹模，合拢模架，调整间隙，紧定螺钉 7. 取下上模座，通过凹模销钉孔在上模座上复钻销钉孔锥坑，调换钻头钻孔、锪孔、铰孔

2）模具零件上的销孔及固定板上的圆形凸模（冲头）安装孔一般精度都为IT12～IT13级（H7）或IT14级（H8）公差的配合孔，钻孔和铰孔时的刀具选择可参照表6－3和表6－4。

表6－3　　　　IT12～IT13级公差（H7）孔钻孔、铰孔时刀具的选用

加工孔的直径 （mm）	钻孔时钻头直径 （mm）	锪孔时钻头直径 （mm）	粗铰铰刀直径 （mm）	精铰铰刀
3	2.9	—	2.96	3H7
4	3.9	—	3.96	4H7
5	4.5	4.9	4.96	5H7
6	5	5.9	5.96	6H7
8	7	7.9	7.96	8H7
10	9	9.9	9.96	10H7
12	11	11.9	11.96	12H7
13	12	12.9	12.96	13H7
14	13	13.9	13.96	14H7
15	14	14.9	14.96	15H7
16	15	15.8	15.96	16H7
18	17	17.8	17.94	18H7
20	18	19.8	19.94	20H7
22	20	21.8	21.94	22H7
24	22	23.8	23.94	24H7
25	23	24.8	24.93	25H7
26	24	25.8	25.93	26H7
28	26	27.8	27.93	28H7

表6－4　　　　IT14级公差（H8）孔钻孔、铰孔时刀具的选用

加工孔的直径 （mm）	钻孔时钻头直径 （mm）	锪孔时钻头直径 （mm）	铰孔铰刀
3	2.9	—	3H8
4	3.9	—	4H8
5	4.5	4.9	5H8
6	5	5.9	6H8
8	7	7.9	8H8
10	9	9.9	10H8
12	11	11.9	12H8
13	12	12.9	13H8

加工孔的直径 （mm）	钻孔时钻头直径 （mm）	锪孔时钻头直径 （mm）	铰孔铰刀
14	13	13.9	14H8
15	14	14.9	15H8
16	15	15.9	16H8
18	17	17.9	18H8
20	18	19.8	20H8
22	20	21.8	22H8
24	22	13.8	24H8
25	23	24.8	25H8
26	24	25.8	26H8
28	26	27.8	28H8

3）利用复印顶尖定凹模圆心。如图 6-1（a）凹模的小圆孔，在坐标镗床上一般只加工上端孔口部分图 6-1（b），而不加工出通孔。原因是：首先钻通孔容易钻歪斜；其次钻通产生的铁屑多从孔口往上走，刮伤孔口壁，而此凹模孔下的漏料孔多从凹模板的下面（对面）另外钻孔，要找准与此凹模孔中心对准的圆心很费事，通过从上面已镗出的凹模孔中心线往对面画线既费时又不准。而采用图 6-1（c）所示的复印顶尖，可便捷地在对面复印出此圆心。再把钻头对准此圆心即可钻出与凹模孔同轴的漏料孔。

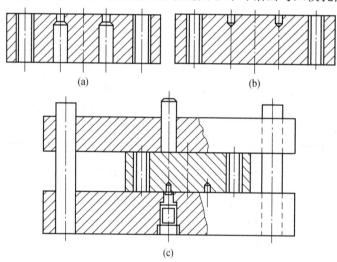

图 6-1　利用复印顶尖凹模圆心

4）利用框形垫块钻各种场合下的孔，这种钻孔方法见图 6-2 和表 6-5 所示。

5）利用复钻法钻模板孔，这种方法又叫套钻、叠合钻。它是把已钻孔并铰孔的模板作钻模板叠在另一块与此块尺寸相同的模板上，对准对齐并在四周夹紧，再钻孔、铰孔。这种方法应注意：

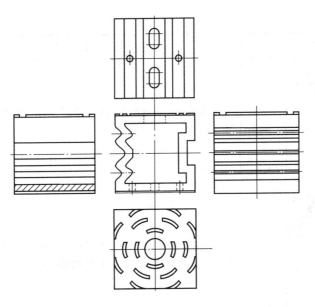

图 6-2　利用框形垫块钻各种场合的孔

表 6-5　　　　　　　　　　　框形垫块应用于钻孔的各种场合

简　　图	说　　明
	垫块上的中间孔可容纳模柄，可使模架放平在垫块上进行钻孔，钻孔后孔的毛刺可容纳在垫块平面上的凹坑处，因此不需每钻一孔倒一次毛刺
	导板等一类薄板形零件可放在垫块槽内钻孔
	圆柱形零件可放在 V 形槽内钻孔

简　图	说　明
	垫块的槽子可容纳平行轧头而使工件放平在垫块平面上进行钻孔
	中小型四导柱式模具，当无坐标镗床加工时，可利用垫块上腰形槽，用螺钉压紧模具，钻铰四导柱孔

①通过螺孔复钻螺钉穿孔时，所用钻头直径应略小于螺钉底孔孔径。

②只要复钻一个钻孔用导引"锥坑"时，所用钻头的顶角可磨小到105°~110°，如图6-3所示，这样可改善钻孔时的导正作用，以保证不钻偏斜。钻头的横刃磨小到标准宽度的1/4~1/3。

③复钻同轴度要求高的孔时，钻头的直径应与导向孔径一样。

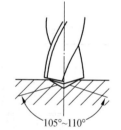

图6-3　用锥坑导正钻孔

④复钻时常用平行夹头夹紧，或几块模板同时钻几个孔用螺钉紧固。采用后者的比较多，紧固力大且不容易错动，钻出的孔的同轴度高。

⑤复钻锥坑，当钻头接触到工件时，进刀量要小，转速要慢，当达到锥坑深度后，要将钻头稍许提起一下，再落下缓慢进刀0.2~0.3 mm，就能达到较高的同轴度和锥坑的光洁度。

⑥模具零件的深孔加工。

塑料的冷却水道孔、加热器孔及一部分顶杆孔、真空吸塑模的吸塑孔、塑料板气动成型的吸/吹气孔等模具零件上的孔都很深（长），都属于深孔加工范围。一般冷却水道孔精度虽要求不高，但要防止偏斜不钻通型腔（或型芯）；加热器孔为保证热传导效率，其孔径和孔壁粗糙度都有一定的要求（要求孔径比加热棒大0.1~0.3 mm，要求孔壁粗糙度 Ra 12.5~6.3 μm）；而顶杆孔要求较高，一般都要求其精度达到IT8级，并要求垂直度和一定的表面粗糙度；真空吸塑模的孔径很小（最小达 ϕ1.2 mm），要求钻孔不偏斜，不钻通冷却水道，并有一定的角度和孔壁粗糙度要求（孔壁表面粗糙度 < Ra1.25 μm）。

深孔加工常用方法见表6-6，四棱带深孔麻花的形状结构及特点见表6-7。

表6-6 深孔加工常用方法

模具类型	钻孔内容及技术要点
中小模具	其冷却水孔、加热孔，常用普通钻头加长（焊接长）或标准的长柄钻头，在立钻、摇臂钻床上加工；也可用手电钻、手用气动钻进行钻削。加工中应注意及时排屑、冷却，进刀量要小，防止钻偏和把钻头断卡在模具零件上
大中型模具	一般把钻头装夹在摇臂钻床、镗床、铣床及深加工钻床上进行钻孔。先进的方法是在加工中心机床上与其他孔（指一般深度的孔）一起加工
超长孔	对于这种超过标准钻头长度的厚大件上的孔，可采用精密划线后从相对的两面对钻。这要求零件相邻两面的直度及两对面划线精度要高，否则就难保证孔的同轴度
高精度垂直孔	一是在精密镗床上钻孔，二是在数控铣床、加工中心机床上钻孔，三是采用较厚的钻模板导向等措施钻孔

表6-7 四棱带深孔麻花钻

类型 项目	有横刃四棱带深孔麻花钻	无横刃四棱带深孔麻花钻
简图		 (a) 对称容屑槽　　(b) 不对称容屑槽 无横刃四棱带深孔麻花钻
刃形特点	1. 有较长的修光刃，修光刃锋角 $2\phi_1 = 3° \sim 6°$，具有微量、逐渐切除余量及光整孔壁作用，可获得稳定的尺寸及较高的表面质量 2. 钻尖较低，外锋角较大，随孔径增大而增大，一般 $2\phi = 150° \sim 165°$，采取修窄横刃、磨小横刃斜角、加大圆弧深度、加强分屑等方法弥补定心精度 3. 外刃磨有鱼肚形分屑槽。直径 $\phi 12 \sim 20$ mm 的钻头，磨一条分屑槽；>20 mm 的钻头，磨二条分屑槽；分屑可靠，易形成侧隙角 4. 横刃很窄，呈"S"形。内刃前角大，钻削轻快、省力；内刃斜角大，钻心强度高	1. 无横刃。钻尖偏离钻头轴线，大大降低了轴向力，减小了钻孔弯曲度 2. 内尖、外尖的外刃都分布在130°的不同锥面上，外尖的锋角比内尖的锋角大5°左右，在钻头轴向上外尖高于内尖0.1～0.2 mm，当钻头在钻透工件之前，内尖仍在起定心作用的情况下，外尖先钻透工件，避免了崩刃 3. 鱼肚形分屑槽，刃磨方便 4. 钻尖（外尖）有一偏心距 e，产生一定的径向力，使钻头的导向棱带紧贴已加工的孔壁，提高了孔的直线度及表面质量。e 的选取依工件材料、钻头直径、精度要求而定

329

⑦孔系加工。

在同一模具零件上有许多个孔，且都要求保证孔距、孔边距、各孔轴线的平行度、与端面的垂直度及两个零件组装后的同轴度，这种孔的加工称之为孔系加工。这些孔的加工对模具尺寸精度和装配精度以及最后所生产出来的工件（产品）的精度具有非常重要的意义。这种孔系加工有难度，常用方法见表6-8。

表6-8　　　　　　　　　　　　　　孔系加工常用方法

加工方法	加工内容及说明
组合配制 加工	为保证零件组装时孔距一致，把零件叠合（拼合）起来一起加工的方法
精密 划线法	利用机床或精密测量工具，将划线尺寸精准地调整到要求尺寸，定出加工线，然后利用机床定中心，钻预孔。经检查、修正各孔距，合格后再行镗孔、铰孔。加工精度可达±0.05 mm
通用机床坐标加工法	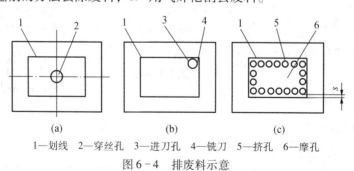 按坐标加工原理，在工具铣、钻床或镗床上用千分表、块规或数显尺等工具，提高工作台的移动精度。图示为用工具铣，加工前工件基准必须达到要求，工件沿工作台X-X运动方向平面平行方向找正，刀具与机床主轴同心，按坐标依次加工各孔。精度可达±0.01 mm，移动坐标时应注意沿同一方向顺次移动，避免往复移动造成误差
坐标镗床 加工	见本章三（三）

⑧型孔排废料。

模板上各种非圆形的异型孔，在划线时要考虑为机械加工做好准备。如图6-4（a）是利用线切割加工的型孔，划线后要钻出穿丝孔，为以后线切割穿钼丝用；图6-4（b）是钻出进刀孔，供铣型孔时进刀用；图6-4（c）是沿加工线留加工余量S，钻出排孔后去除全部废料，供铣型孔用。去除废料的方法是：a. 用带锯机锯割废料；b. 用手锯或錾削的方法去除废料；c. 用气焊枪割去废料。

1—划线　2—穿丝孔　3—进刀孔　4—铣刀　5—挤孔　6—摩孔

图6-4　排废料示意

侧面加工余量 S，根据后续工序加工方法、钻孔直径和工件厚度而定。其经验数据见表 6-9。

表 6-9   侧面加工余量 S （mm）

钻孔直径 d	工件厚度	侧面加工余量 S		
		后工序加工方法		
		镗削加工	电火花加工	铣插削加工
3~6	<10	0.4~0.8	1~2	2~3
	10~25	0.8~1.5	1.5~2	2~5
6~12	<20	0.2~1.2	1.5~2.5	2~3
	20~40	1.2~1.6	1.5~3	2~6
12~16	<40	1.2~1.6	2~3	2~3
	40~80	1.2~1.6	2~3	3~8
16~20	<80	1.2~1.6	2~3	3~10
	80~120	1.2~1.6	2~3	3~10

加工凹模孔、模套孔、固定板孔、底板漏料孔、模框孔等成型孔，一般都要先去除废料。排除废料的方法，除前述采用线切割、立铣或先钳工钻排孔后再用锯或錾的方法外，还可用图 6-5 所示的方法。图 6-5（a）为用机用废锯条改制的錾子对准搭边，錾断一个钻孔后的搭边；图 6-5（b）为用机用废锯条改制的錾子对准所钻孔，利用斜刃同时錾断钻孔后的两边搭边；图 6-5（c）为专门加工的錾断钻孔后搭边的专用錾子的形状。

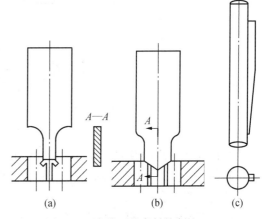

图 6-5   去除型孔废料的方法

（三）模具零件的铰孔实例

模具零件上要铰的孔，主要有销钉孔，安装圆形凸模、型芯或顶杆等安装板上的孔，冲裁凹模刃口直孔或锥孔等。

（1）销钉孔的铰孔

1）在不同材料上铰销钉孔。如图 6-6，铰孔时应从较硬材料一面铰入，如从较软的一面铰入，则易使孔扩大。

2）通过淬硬件的铰孔。如图 6-7，应先检查淬硬件 1 是否在热处理工序中已变形。如没发现变形，则可将铰刀通过此淬硬件进行铰孔；若发现变形，则应采取如下措施予以解决：

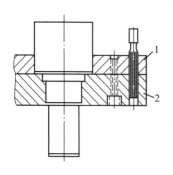

1—上固定板（软钢）　2—上模座（铸铁）

图6-6　在不同材料上铰销钉孔

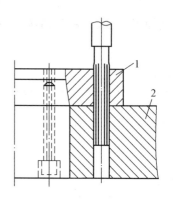

1—凹模（淬硬件）　2—底板（铸铁）

图6-7　通过淬硬件的孔铰孔

①用标准硬质合金铰刀或图6-8所示的硬质合金无刃铰刀进行铰孔。

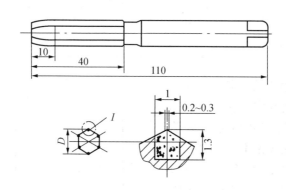

图6-8　硬质合金无刃铰刀

②将变形孔用旧铰刀铰孔，然后用铸铁研磨棒研至正确尺寸。

3）铰不通孔。对于不通的孔，先用标准铰刀铰孔，然后用磨去切削部分的废旧铰刀铰孔的底部一段孔。

（2）安装圆形凸模、型芯或顶杆等孔的铰孔

这类孔一般为单件铰孔，可按一般的铰孔方法进行。

（3）冲裁模刃口锥孔的铰孔

冲裁模的凹模的锥孔一般锥度都较小（30′～2°）。无标准铰刀时，可根据各种锥度要求特制专用铰刀，也可由模具钳工按所需无刃锥度铰刀的形式，利用废旧铰刀自行改制或定做。

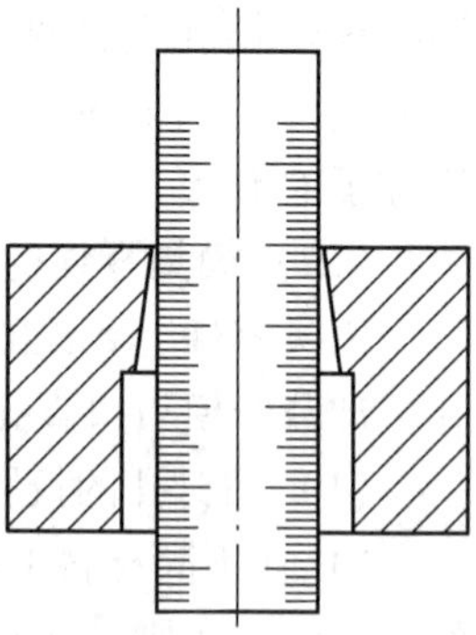

刃口锥孔直径的大小直接影响冲模的配合间隙，在铰孔时应随时用内径千分尺或游标卡尺测量此孔径尺寸，也可采取边铰边去配，当凸模与孔径达到间隙配合时，还可用带锥度的测量尺测量，根据斜度大小刻尺寸线，见图6-9。

图6-9　用专用测量尺测量锥孔直径

(四) 模具零件的研磨抛光

研磨与抛光的操作及所用材料、设备、工具由模具钳工负责。由于塑料、压铸、压蜡等模具的型腔、凸模、型芯等的型面的表面粗糙度均要求较低，一般 $Ra < 0.2\mu m$，且大多数型面的形状复杂，用机械加工往往达不到要求，因此必须用手工来进行研磨和抛光。但手工研磨抛光的效率低，因此其工作量在这些模具的制造过程中占很大的比重。

1. 研磨抛光的过程

为了减少热处理以后研磨、抛光工作量，必须在热处理前就进行研磨、抛光，并达到一定的表面粗糙度，然后在热处理后，再作精密研磨和抛光。这样可取得事半功倍的效果。

为了去除机械加工、电加工在上述型面上的加工痕迹及电加工后留下的硬化层，使之达到要求的表面粗糙度，可用油石或砂纸进行手工研磨，用成型芯棒粘上砂粒或涂上研磨膏进行研磨，用油毛毡或布质抛轮粘上研磨膏进行抛光。

2. 研磨抛光工艺

(1) 手工研磨、抛光

1) 用油石研磨。这种研磨法适合型面的加工痕迹粗大的模具件，可按图 6-10 的曲线选用适当硬度的油石，并配用研磨液（起调和磨料使之均匀和润滑冷却作用、化学作用），常用 10 号机油和 10 号机油 1 份加煤油 3 份，另加少量透平油或锭子油、轻度矿物油或变压器油，在研磨中应不时将油石和零件加以清洗，以防发热胶着和堵塞而降低研磨速度。

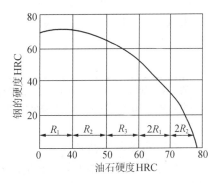

图 6-10　油石的选用

要根据研磨面的大小和形状，选择适合的油石以便油石能纵横交错地移动。油石要常在砂轮上修磨成所需形状、尺寸及平整度。

2) 用砂纸研磨。研磨用的砂纸有氧化铝、碳化硅、金刚砂 3 种。一般用 60~600 目的砂纸来研磨。研磨时，多用比研磨零件材料软的竹或硬木块压在砂纸上，再在待研磨面上来回研擦。研磨液可用灯油、轻油，同样研磨过程中要不时清洗砂纸与研磨零件表面，砂纸的粒度由粗到细逐步改变。

3) 用砂粒研磨。用油石和砂纸不能研磨的细窄部位或文字、花纹，可在研磨棒上用油粘上砂粒进行研磨，对凹的文字、花纹可将砂粒粘在工件上用铜刷反复擦刷。所用的砂粒有氧化铝、碳化硅、金刚石质。粒度的选择可参考表 6-10。

表 6-10　　　　　　　　　　　　　　研磨用砂粒粒度的选择

粒　　度	能达到的表面粗糙度 Ra（μm）	粒　　度	能达到的表面粗糙度 Ra（μm）
100~120	0~80	W28~W14	0.10~0.20
120~320	0.20~0.80	≤W14	0.10

4）用研磨膏研磨。多用竹棒或木棒作为研磨工具，粘上研磨膏摩擦要研磨的型面，或把研磨膏涂在布轮或毡轮上研磨要研磨的型面或在抛光机上进行抛光。研磨膏使用时要用煤油或汽油稀释。表 6-11 所列研磨膏可供参考选用。

表 6-11　　　　　　　　　　　　　研磨膏的成分及应用

成分规格 适用工序	研　磨　粉			油酸	混合脂	凡士林	煤油
	规格	名称	%	%			
粗研	W14~W10	Al₂O₃	52	7	26	15	—
半精研	W7		45	22.4	31.5	—	1.1
精研	W5		40.8	20.5	36.7	—	2
			19.4	29	45.1	—	6.5
抛光	2~5μm	Cr₂O₃	19.4	29	45.1	—	6.5
	1~3μm		11.6	31	54	—	3.4
	1~3μm		19.4	32.2	45.1	—	3.3
	1~3μm		56	8	12	24	—
	2~5μm		23.3	26.7	46.7	—	3.3

注：煤油加入量要视气候情况而异，天暖时可少加些，天冷时要多加些。油酸与混合脂的比例总值不变，例如油酸少加 5%，则混合脂的加入量就要增加 5%。

（2）机械研磨抛光

为改变手工研磨抛光劳动条件差、工作量大、效率低等弊端，各国都在设法扩大机械、化学抛光工艺。除传统的老办法外，还包括下述内容：

电动抛光机抛光实例。

1）手持往复式研抛头一端与软轴连接，一端可安装研具或锉刀、油石等，研抛头在软轴传动下作频繁的往复运动（最大行程为 20 mm，往复频率最高可达 5 000 次/min）。研抛头工作端可按加工需要在 270°范围内调整。这种研抛头所用的研具主要以圆形或方形铜环（或塑料环）配上球头杆对工件进行研抛，卸下球头杆可安装金刚石锉刀、油石夹头或砂纸夹头。

2）手持直身式旋转研抛头，装夹 φ2~12 mm 的特形金刚石砂轮进行复杂形状凹弧面的修磨，装上打光球用的轴套，用塑料研磨套可研抛圆弧部位。装上各种尺寸的羊毛毡抛头可对各种型面进行抛光，因为研抛头在软轴传动下作高速旋转运动。

3）手持角式旋转研抛头，配用铜环用于研光，与塑料环配用用于抛光、研光，用尼龙纤维圆布、羊毛毡紧固于布用塑料环上用于抛光。因研抛头呈角式，因此便于深入型腔各处。

4）电动抛光机配用回转工作台和大视场透镜照明工作仪，更使研抛操作方便和便于对加工状况的判断。由于回转工作台可随意作平面 360°的旋转，亦可向前作 90°直角空间内的任意角度翻转，这就使夹持在上面的工件的型面处于所需适宜的抛光位置。而大视场透镜照明工作仪安置在万向支架上，其放大率为 5 倍，并采用冷灯光源，可把加工的型面的视场清晰放大，使抛光者看得非常逼真、清晰。

（3）研磨抛光工艺技术要点

1）对于大平面或曲率大的规则弧面的抛光，可使用手持角式旋转研抛头，配用金刚石环，采用高速并稍施压力，使金刚石环在整个表面内不停地均匀移动。

2）对于形状复杂、奇特的加工型面，可采用手持往复式研抛头装夹金刚石锉刀，或采用手持直角式旋转研抛头装夹砂轮（在使用前应在金刚石锉刀上整修成同轴）进行修磨。然后用手持往复式研抛头装夹油石修磨（应先用粗油石后用细油石），研磨时应稍加压力并作纵横交错快速运动，最佳行程一般为 3 mm，速度为 5 000 次/min。

3）研磨平面或规则的大曲率弧面时，以采用手持角式旋转研抛头，配用铜环，以金刚石研磨膏为研磨剂最为有效；研磨小曲面或形状复杂的型面时，采用手持往复式研抛头、配用铜环、以金刚石研磨膏为研磨剂比较好。

在研磨操作中应注意：①金刚石研磨膏的涂布不宜太多，以 10～20 mm 的间隔散布在研磨表面上较好；②必须添加研磨液；③使用金刚石研磨膏也应由粗到细，在改变不同粒度的研磨膏时，必须清洗工件的研磨面与研磨工具；④用手持角式旋转研抛头配上塑料环，施以较大的压力于研磨表面，使金刚石小颗粒嵌入塑料环表面，利用塑料的弹性和金刚石颗粒负角刃切削研磨表面，把研磨后表面形成的微小峰和谷研磨平坦，产生光泽。

4）对于型面的抛光，可使用手持角式或直身式旋转研抛头，配用羊毛毡或布质抛轮，涂上合适的研磨膏对型面进行抛光，也可在机械式抛光机上装上羊毛毡或布质抛轮、涂上合适的研磨膏对型面进行抛光。

（五）压印、光切加工

1. 压印工艺及操作

压印方法一般有单型孔压印法、多型孔压印法两类。多型孔压印法又有用精密方箱夹具进行多型孔压印法和多型孔的凸模固定板压印法两种，下面分别介绍这些方法。

（1）单型孔压印

表 6 - 12 列出了几种单型孔压印方法。

表 6 - 12　　　　　　　　　　　　　单型孔压印方法

方　法	简　图	说　明
用凸模对凹模压印		对于有斜度的凹模刃口，压印后凹模内壁有材料被切出，边压边锉，最后成型。用特制角尺检查内壁斜度（压印后表面稍有凸起，应锉平） 压印过程中用角尺或精密方铁校正压印凸模垂直度

335

方 法	简 图	说 明
用凸模对固定板压印光切		固定板孔要求与凸模紧配合。因此用凸模压印固定板时，要防止锉松。在初步压印后锉去余量，使留约0.1 mm均匀余量后，可将凸模直接压入光切内壁，达到紧配合要求
用凹模对凸模压印		将留有余量的、硬度较低的凸模放在淬硬的凹模面上，用角尺校正冲头垂直度后压印（只需一次压印），压印后按印痕用仿形刨或钳工加工
用压印工艺冲头压印		对于凸凹模间隙较大的冲裁，或间隙较大的塑压模模框，用放大的压印工艺冲头进行压印

对于较大间隙的凹模或模框，如果不另制工艺冲头进行压印，则可用表6-12所列的第一种方法先压印并修正凹模框，然后用下列步骤扩大凹模或模框的间隙值。

先扩大凹模或模框的一侧，并用片状塞规测量扩大值。测量时，将凸模紧靠凹模或模框的另一侧，将片状塞规插入测量［图6-11（a）］。在凹模或模框一侧扩大间隙完成后，再扩大另一侧。用增加1倍厚度的片状塞规做检查［图6-11（b）］。

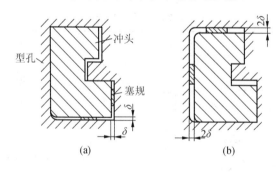

图6-11 扩大间隙的方法

（2）多型孔压印

多型孔压印的基本方法与单型孔压印方法相同。但需控制各成型孔之间的距离，并要保证各零件之间（如凹模与固定板之间）的成型孔相对位置。

1）用精密方箱夹具进行多型孔压印。各型孔之间的距离用精密方箱夹具及块规保证。精密方箱夹具的结构及使用方法如图 6-12。

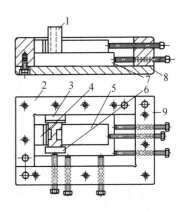

精密方箱夹具由角尺板 2、9 及底板 8 组成。角尺板2 具有一对互相垂直的经研光的基准面。工件 7 的一对垂直基准面靠住角尺板 2 的基准面，并用螺钉紧固。

根据型孔至工件基准面之间的距离要求，垫相应尺寸的块规组 3、4，将凸模靠上块规，并用螺钉通过垫块5、6 限制凸模上下滑动。在压印机上对凸模进行加压而

1—凸模　2、9—角尺板　3，4—块规
5、6—垫块　7—工件　8—底板
图 6-12　用精密方箱夹具压印

完成压印。然后取下工件（凹模）进行修正，然后对此型孔反复的压印与修正可根据印痕而不在夹具内进行。在修正过程中应该用测量工具测量孔的距离。

同一工件上的其他各孔的压印与修正可按这一方法进行。

当所需压印的成型孔与工件外形倾斜成一角度时（图 6-13），仍可利用精密方箱夹具，配备斜度垫块后压印。

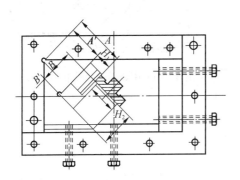

图 6-13　成型孔倾斜的压印方法

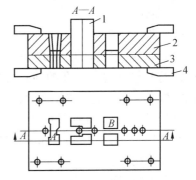

1—凸模　2—凹模　3—固定板　4—平行夹头
图 6-14　利用凹模作导向对固定板压印

此时成型孔基面至夹具基准点之间的垂直距离 AB 可由计算得出。斜度垫块基准面至基准点之间的距离 $A'B'$ 均为已知，则所垫块规高度为

$$H_1 = A - A'$$

$$H_2 = B + B'$$

计算压印坐标尺寸时需将凸凹模间隙考虑进去。

2）多型孔的凸模固定板的压印。同样可用精密方箱夹具对多型孔的凸模固定型孔进行压印。但在模具制造中往往为了简化压印工序，利用已制成的多型孔凹模或模框作导向对固定板进行压印。如图 6-14 所示，将凹模与固定板用平行夹头或螺钉固定相对位置，然后用凸模通过凹模各型孔对固定板各孔一个一个进行压印。

压印后的修正，应注意先将相距最大的孔修正好（图6-14中A、B两孔），然后再修正其他各孔，这样易保证孔的位置，避免工件外形的错位。

在凹模上有圆形凹模孔时，要将固定板上安装圆形凸模的孔镗出（或通过凹模复钻出），可先用定位销钉把凹模与固定板定位，用凸模通过凹模对固定板进行压印，如图6-15所示。

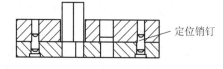

图6-15 用销钉定位后通过凹模压印

如果固定板的型孔有个别与凹模的型孔的形状不完全一致（如凸模有台肩），则不能用凹模作导向对固定板进行压印，此时需另制压印工艺冲头用精密方箱夹具进行压印。

凸模与凹模（或模框）的配合间隙有大小，故压印方法也不尽相同。

①凸、凹模的间隙较小时，可直接以淬硬的凹模为导向对固定板进行压印。由于凸、凹模间隙较小，凹模孔能起很好的导向作用，可使凹模与固定板成型孔孔距的一致性较好。

②当凸、凹模的间隙较大时，单面间隙在0.03~0.05 mm时，可在凸模一端（压印端）镀铜或涂漆，镀、涂到略小于凹模孔尺寸（即成间隙配合），然后用凸模通过凹模孔对固定板进行压印。

③若单面间隙>0.05 mm，压印时先在凸、凹模间隙内的对称点上垫与此间隙等厚的金属垫片（紫铜片、磷铜片等），如图6-16所示，再对固定板进行压印。

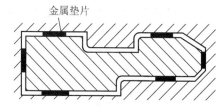

图6-16 用金属垫片控制凸、凹模间隙均匀

3）用卸料板作导向压印凹模及固定板。精确导正凸模的卸料板的各型孔的间距需要与凹模型孔、固定板孔一致，这时可用精密方箱夹具对卸料板进行压印修正，然后参照图6-14的方法，以卸料板作导向分别对凹模及固定极进行压印修正。

压印操作技术要点：

1）压印前成型孔应先去除毛刺，每边留0.5~1 mm的压印修正余量（尽可能小，尖角窄槽处取约0.2 mm即可），经过第1次压印后，根据压印痕迹修正到每边均匀达0.1 mm左右之后，再进行第2次压印修正，直到合格。

2）利用凸模光切凹模孔时，余量应尽量小，一般每边0.1~0.2 mm为宜，而压印后用仿形刨加工的凸模，余量可适当放大，每边留1~2 mm都可。

3）对于大间隙冲模及塑压模等的模框，大多采用特制的压印工艺冲头来压印。压印工艺冲头的最小尺寸可取成型孔要求的最小尺寸（图6-15），压印工艺冲头的制造公差取成型孔公差的1/2，见图6-17。

4）压印修正的操作步骤是：①将压印基准件进行退磁处理，在压印基准件表面涂抹硫酸铜溶液，以降低压印工件表面的粗糙度；②把压印基准件正确的放于工件上，用角尺检查垂直性；③把它们移放到压印机工作台上，使压印中心尽量在压印机中心；④进行第1次加压，使压痕深度控制在0.2 mm左右；⑤按压印痕修正后再进行第2次

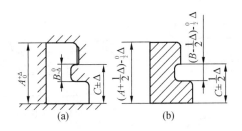

（a）成型孔　　（b）压印工艺冲头

图 6-17　压印工艺冲头的确定

压印，再修正，直到所需尺寸。

2. 光切加工

以药丸模具光切型孔为例。

图 6-18 为生产药丸的模具图。它由上下两块模板组成，上下模板上各有 119 个沉孔，沉孔四周壁部粗糙度为 Ra 0.8μm，上下模板合模后各沉孔要求同轴。

光切前的技术准备工作：上下模板以钻铰导柱孔，上下模板合拢并用导柱插入导柱孔定位，用钻模板钻出所有圆孔，并用立铣分别加工上下模板的沉孔。使沉孔壁部每边留 0.05～0.1 mm 的光切余量，然后用图 6-19 所示的光切冲头，将端部插入模板的钻孔内，加压力一次完成光切工作，切出沉孔。

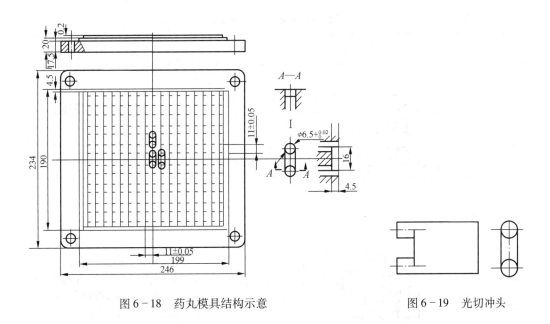

图 6-18　药丸模具结构示意　　　　　　　图 6-19　光切冲头

（六）黏接（结）、浇固

黏接、浇固工艺属模具钳工基础技术，故此处只介绍图 6-20 所示 5 种模具零件的黏接实例，以及表 6-13 所列低熔点合金浇固实例和表 6-14 所列的浇固结构形式。

339

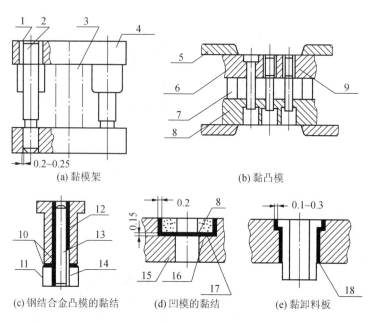

(a) 黏模架   (b) 黏凸模

0.2~0.25

(c) 钢结合金凸模的黏结   (d) 凹模的黏结   (e) 黏卸料板

1—导套 2—导柱 3—平行块 4—上模板 5—夹板 6—固定板 7—垫板
8—凹模 9—套接 10、16—黏接处 11—凸模 12—接头 13—辅助销
14—"十"字形 15—垫板 17—L形 18—Y形

图 6-20 无机黏接应用实例

表 6-13   低熔点合金的浇固工艺实例

类型	简　图	说　明
固定凸模	凹模固定板　凹模　凹模垫块　平板 凸模固定板　凸模Ⅰ　凸模Ⅱ	1. 将凸模固定板放在平板上,再放上等高垫块 2. 放上凹模,用以定位,安放凸模,控制间隙均匀 3. 浇注低熔点合金
固定导套	上模板　导套　导柱　下模板	1. 下模板装上导柱,放在平板上 2. 放一等高垫块(用以垫平上模座)及导套(用调节螺钉支撑) 3. 放上上模板,控制导柱、导套的间隙均匀 4. 浇注低熔点合金

续表

类型	简 图	说 明
浇注卸料板导向孔	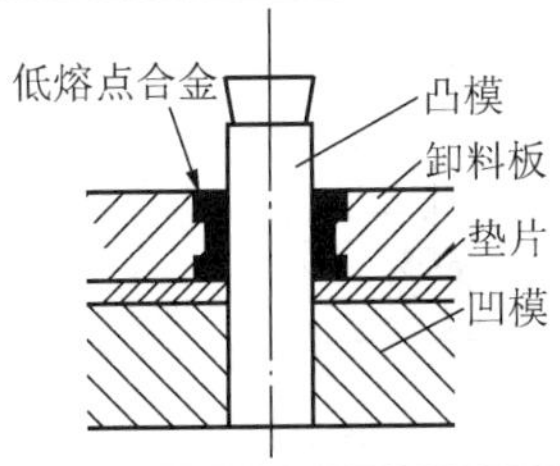	1. 凸模经镀铜、涂漆或用垫片后装入凹模,控制间隙均匀及垂直度 2. 放上垫片及卸料板 3. 浇注低熔点合金
注意	1. 零件的结构形式:能保证合金浇注后牢固可靠 2. 准确定位:浇注前,零件组合安装到位,如凸、凹模间隙控制均匀,导柱、导套保证同轴度 3. 清洗预热:浇注部位应去除油污、杂物、锈斑,并预热到 100~150 ℃,对凸、凹模预热温度应降低,以免影响刃口硬度 4. 浇注中及浇注后,不得碰动有关零件,24 h 方可移动	

表 6－14　　　　　　　　　　低熔点合金浇固零件结构形式

序号	项目	结 构 形 式	说 明
1	单个或多个凸模	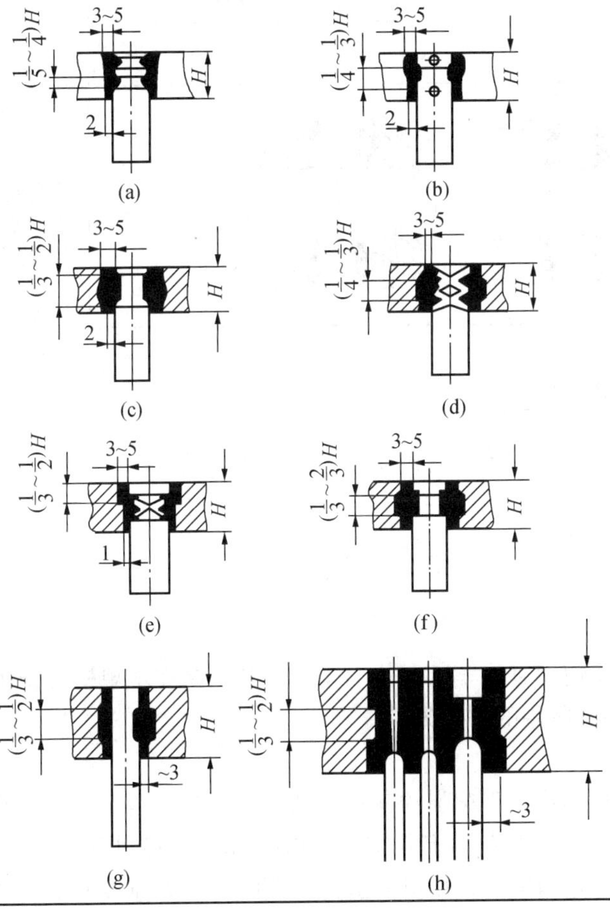	1. 浇注窝孔内加工台阶、环形槽、斜面,可增加连接强度 2. 牢固可靠 3. 加工容易

341

序号	项目	结 构 形 式	说 明
2	凹模	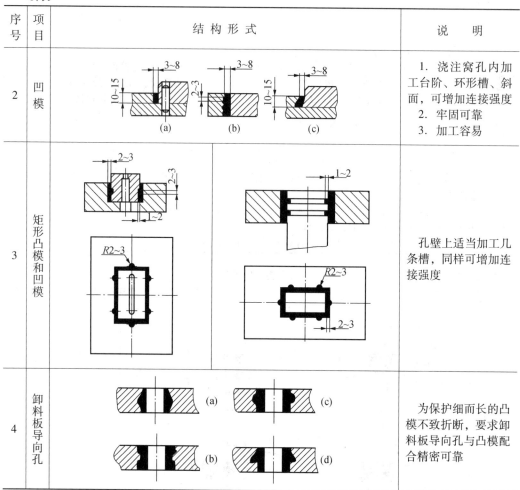	1. 浇注窝孔内加工台阶、环形槽、斜面，可增加连接强度 2. 牢固可靠 3. 加工容易
3	矩形凸模和凹模		孔壁上适当加工几条槽，同样可增加连接强度
4	卸料板导向孔		为保护细而长的凸模不致折断，要求卸料板导向孔与凸模配合精密可靠

三、模具零件的机械加工

车、铣、刨、磨、镗、插为传统的机械加工，在我国城乡已广泛使用，故本书对其工艺过程和加工原理及使用的一般设备不作介绍，只介绍在模具零件加工中的一些先进的加工方法、经验实例和使用的特种设备工具、刀具等。

（一）车床加工

1. 车削加工设备

模具零件加工，主要使用卧式车床和仿形车床。其主要技术规格可查相关资料。

2. 模具零件车削加工所用的一些先进工具

（1）定程挡块

定程挡块是在车削时用作定程车削的工具，其形式较多，图 6－21 所示为转盘式多位定程挡块，图 6－22 为拨块式多位行程挡块。在车削图 6－23 所示的 $\phi21.71$ mm 锥孔时，将刀架小拖板倾斜一定角度，采用纵向进刀并同时移动大拖板退出刀排，经常测量锥孔直径，测量之后大拖板仍要回到原位固定，才能掌握进刀量（掌握锥孔锥度尺寸，放此挡块就是为大拖板准确定位）。对图 6－24 所示的两半式塑压模型腔中的尺寸 L，也可借图 6－21 所示的多位行程挡块，通过控制大拖板的纵向位置控制其粗车和精车尺寸。

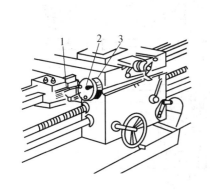

1—挡块　2—圆盘　3—套
图 6－21　转盘式多位行程挡块

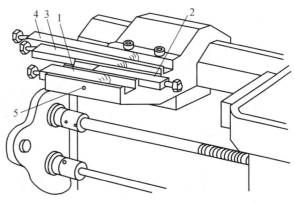

1～4—活动挡块　5—轴销
图 6－22　拨块式多位行程挡块

图 6－21 所示的行程挡块 1 固定在车床轨道上，圆盘 2 上有 4 个可调节螺钉，能在套 3 上分度转动，装在大拖板左侧，可以控制 4 个长度尺寸。

图 6－22 所示拨块式多位行程挡块的挡铁上装有 4 个活动挡块 1～4，都能以轴销 5 为中心转动。每挡块上都有调节螺钉，分别适用于控制不同长度的纵向尺寸。选用某一挡块时，将该挡块拨向右边，图中 2 为工作挡块。

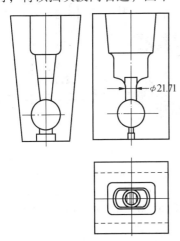

图 6－23　两半式塑压模型腔（一）

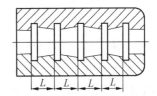

图 6－24　两半式塑压模型腔（二）

（2）车锥度工具

各类模具中，带锥度孔或带锥度的外圆形零件经常出现，如图 6－25 所示的可卸式导柱、导柱座、注塑模浇口套及塑压模套筒等。为保证加工这类零件锥度的质量，特别是加工件有一定数量时，采用图 6 - 26 和图 6 - 27 所示车锥度工具，不但能保证质量，而且可大大提高车削加工效率。

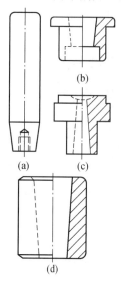

（a）导柱　（b）导柱座
（c）浇口套　（d）套筒
图 6 - 25　带锥度的模具零件

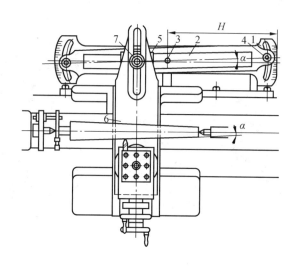

1—靠模底座　2—靠模　3—轴销　4—螺钉
5—滑块　6—中滑板　7—压板
图 6 - 26　导轨式靠模车锥度工具

图 6 - 26 所示的用导轨式靠模车锥度工具，它的靠模底座 1 固定在床身上，靠模 2 为导轨形式，并可绕轴销 3 转动，用以调整倾斜角 α 的大小（调好后用螺钉 4 紧固），滑块 5 能沿导轨滑动，滑块 5 是用特殊的中滑板 6 及压板 7 相连接。为使中滑板能自动滑动，必须将中滑板丝杆抽掉。为便于吃刀，可将小滑块回转 90°。

图 6 - 27 所示的用靠模板车锥度工具的刀架体 3 装于车床四方刀架上，车刀装在刀体 4 上，刀体 4 可在刀架体 3 的方孔中前后滑动。拉簧 5 使刀体上的轴承 7 与装在靠模座 8 上的靠模板 9 接触，靠模板两端装有球头接柄 10，使用时套在导轨 2 的圆槽中，支架 1 紧固在机床导轨的一定位置上。

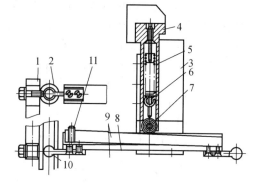

1—支架　2—导轨　3—刀架体　4—刀体　5—拉簧
6—销钉　7—轴承　8—靠模座　9—靠模板
10—球头接柄　11—调节螺钉
图 6 - 27　用靠模板的车锥度工具

当床鞍自动进刀时，滚动轴承随刀架移动，而靠模受支架限制不能移动，因而使刀体随靠模板斜度自动横向进给。

（3）车螺纹工具

这是为车削带有螺纹的型芯、螺纹型腔而设计的车削工具。

1）车外螺纹自动退刀工具。图6-28所示为车外螺纹用的自动退刀工具。车削时，把此工具装在车床刀架上，螺纹车刀紧固在可伸缩的刀排1上，拨动手柄2，滑块3向前压缩弹簧4，并由弹簧将心轴6往左移动。此时松开手柄2，轴7的尾部就直接支撑在心轴6的外圆上，切削螺纹时可不致产生让刀。

在车床床身上设一退刀挡块。当达到车削螺纹长度时，触头8与退刀挡块接触并将心轴6往右推，轴7的尾部在弹簧4的作用下陷入心轴6的缺口内，完成了自动退刀。

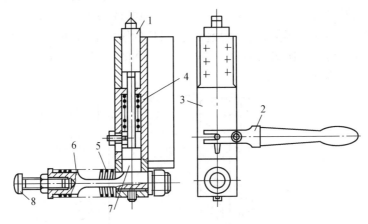

1—刀排　2—手柄　3—滑块　4、5—弹簧　6—心轴　7—轴　8—触头

图6-28　车外螺纹自动退刀工具

2）车盲孔内螺纹自动退刀工具。图6-29所示为车盲孔内螺纹的自动退刀工具。工具装在刀架上，扳动手柄1将滑块2向左拉出，同时扳动手柄3使半圆轴4转动并将滑块2下压（此时销钉11位于滑块2的槽内），并将半圆轴沿轴向推进，使销钉5插入

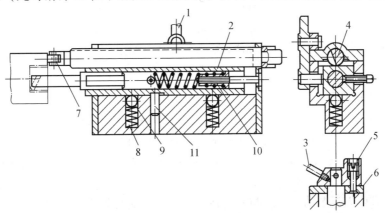

1、3—手柄　2—滑块　4—半圆轴　5、11—销钉　6—盖板
7—滚动轴承　8—弹簧　9—滚珠　10—拉力弹簧

图6-29　车盲孔内螺纹自动退刀工具

盖板6的孔内（如图示状态）。调节好刀头与半圆轴端部（装滚动轴承7）距离，即可车削。当加工至接近要求深度时，滚动轴承7撞在工件端面上，并将半圆轴向右推，当销钉5被推出盖板6的孔时，在弹簧8的作用下通过滚珠9将滑块2推出，半圆轴的平面转为水平状态。此时销钉11与滑块2的槽子脱离，并在拉力弹簧10的作用下将滑块2向右拉回，完成了退刀。

3）车锥度螺纹工具。图6-30所示为车锥度螺纹工具。刀架1尾部设有锥度控制杆2，刀杆3尾部有调节螺钉5，在弹簧4的作用下，调节螺钉5靠在锥度控制杆的斜面上。床鞍纵向移动时，锥度控制杆由于挡块的限制而相对地向右移动，车刀则相应后退而车出锥螺纹。当完成车削时，由于锥度控制杆的阶梯而刀杆立即退刀。由于退刀，销钉7将杠杆6下压。再次车削前，扳动杠杆6，抬起刀杆3，并在弹簧8的作用下将锥度控制杆2向左推动。

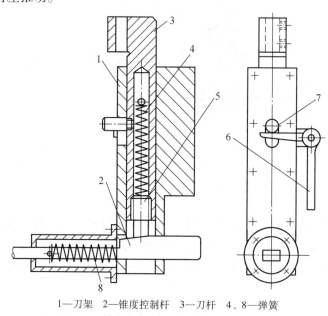

1—刀架　2—锥度控制杆　3—刀杆　4、8—弹簧
5—调节螺钉　6—杠杆　7—销钉
图6-30　车锥度螺纹工具

（4）车型面工具

各种回转体、方体、多棱多面体的内、外型面可以使用万能异形仿形车床或数控车床加工。在使用卧式车床时，可应用相应工具加工各种型面。

1）车球面工具。如冲模的球面模柄、球面垫圈等，可用图6-31所示的车球面工具进行加工。

连杆1是可以调节的，一端与固定在机床导轨的基准板2上的轴销铰接，另一端与调节板3上的轴销铰接。调节板3用制动螺钉紧固在中滑板上［图6-31（a）］。

当中滑板横向自动走刀时，由于连杆1的作用，使床鞍作相应的纵向移动，而连杆绕O点回转使刀尖也作出圆弧轨迹。图6-31（b）所示为车制凹球面的安装。

346

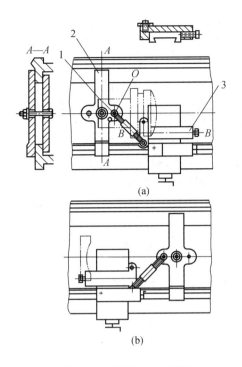

(a)

(b)

1—连杆　2—基准板　3—调节板

图 6-31　车球面工具

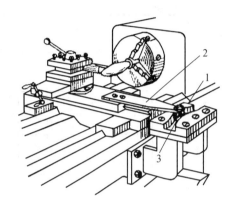

1—靠模　2—连接板　3—滚子

图 6-32　车曲面靠模工具

2）车曲面工具。特殊型面的型心、型腔，可用靠模装置进行车削。靠模形式很多，如图 6-32 所示。

靠模装置安装在车床背部。靠模 1 上有曲线沟槽，槽的形状尺寸与工件型面曲线形状和尺寸相同。

使用靠模时抽掉中滑板丝杆，并在中滑板上安装连接板 2。滚子 3 装在连接板端部，并使滚子正确与靠模上的沟槽配合。当床鞍作纵向移动时，中滑板以及车刀即随靠模作横向移动，车出成型曲面。

3．车削加工实例

（1）对拼式塑压模型腔曲面车削加工

图 6-33 所示为对拼式塑压模型腔，在车床上加工 ϕ44.7 mm 圆球面以及 ϕ21.71 mm 锥孔。车削加工的过程见表 6-15。

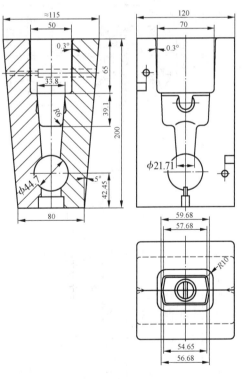

图 6-33　对拼式塑压模型腔

347

顺序	简　　图	说　　明
坯料准备	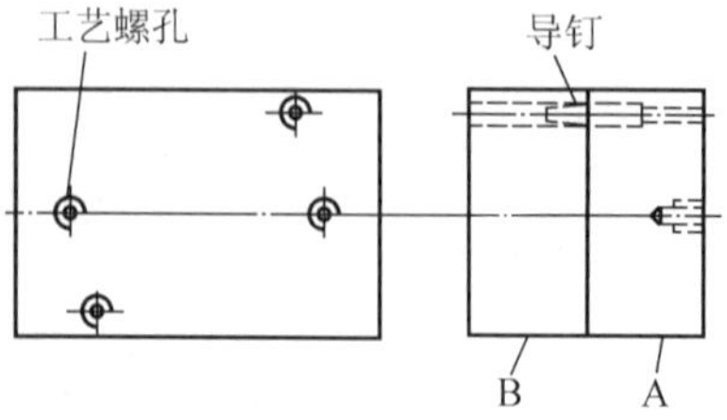 工艺螺孔　　　导钉 B　　A	1. 坯料为六面体，5°斜面不刨出 2. 两拼块上装导钉，一端与拼块 A 过渡配合，一端与拼块 B 间隙配合 3. 在拼块 A 上设工艺螺孔备装夹用 4. 两拼块合装后外形尺寸磨正，对合平面要求磨平，两拼块厚度要求一致
画线	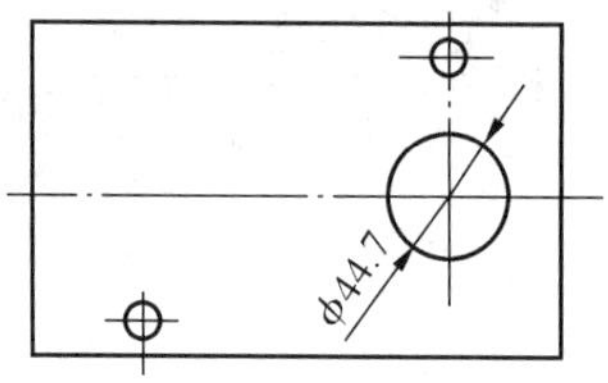 $\phi 44.7$	在对合平面上画 ϕ 44.7 mm 线
装夹	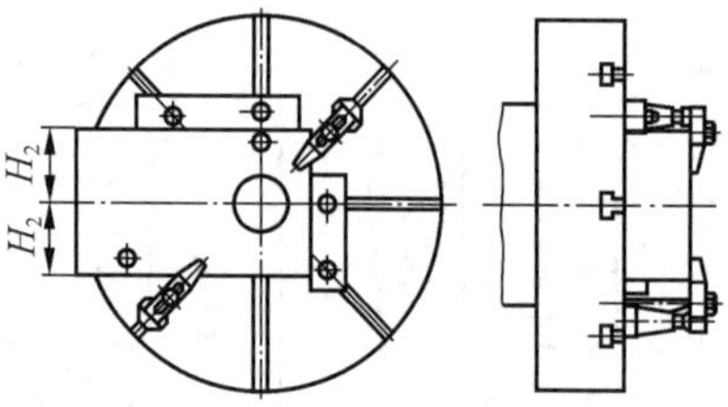 H_1　H_2　H_2	1. 将工件压在花盘上，用千分表找正 ϕ 44.7 mm 并使 H_1、H_2 一致 2. 靠紧工件一对垂直面，压上两块定位块，以备车另一件时定位
车球面	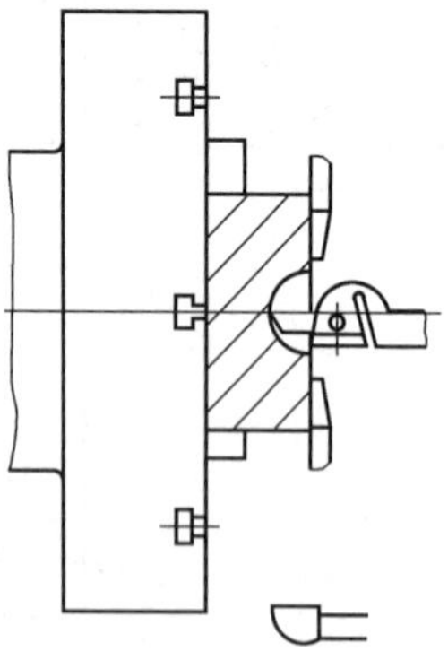	1. 粗车球面毛坯 2. 使用弹簧刀排和成型车刀车制球面

顺序	简图	说明
第二次装夹	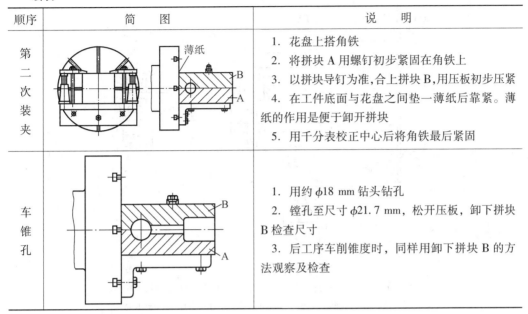	1. 花盘上搭角铁 2. 将拼块 A 用螺钉初步紧固在角铁上 3. 以拼块导钉为准，合上拼块 B，用压板初步压紧 4. 在工件底面与花盘之间垫一薄纸后靠紧。薄纸的作用是便于卸开拼块 5. 用千分表校正中心后将角铁最后紧固
车锥孔		1. 用约 φ18 mm 钻头钻孔 2. 镗孔至尺寸 φ21.7 mm，松开压板，卸下拼块 B 检查尺寸 3. 后工序车削锥度时，同样用卸下拼块 B 的方法观察及检查

（2）利用靠模车削加工拉深凸模

图 6-34 为风扇罩壳第五次拉深凸模，在车床上利用液压靠模装置进行加工。

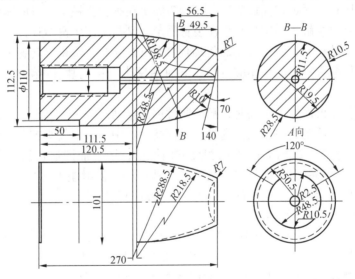

图 6-34　风扇后罩壳拉深凸模

在进行仿形车削之前，将工件坯料的 38.1 mm（$1\frac{1}{2}$ 英寸）螺孔及端面先车出，然后进行仿形车削（图 6-35）。

工件 1 利用螺孔被固定在心轴 2 上，心轴 2 装夹在卡盘上。心轴 2 上固定有链轮 3。在车床床身上固定有一对顶尖 4，用以支承靠模 10。靠模制成与工件所需形状一致，可用硬木、铝或环氧树脂制成。靠模一端固定一链轮 5（直径、齿数与链轮 3 一致），由

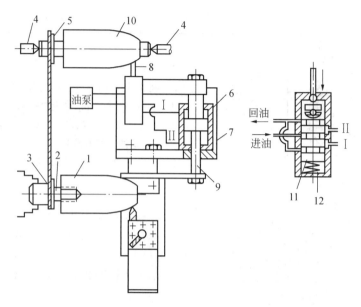

1—工件　2—心轴　3、5—链轮　4—顶尖　6—液压缸
7—托板　8—触头　9—活塞　10—靠模　11—滑座　12—弹簧
图 6-35　用液压靠模装置进行仿形车削的示意

链条传动。液压缸 6 固定在托板 7 上，托板 7 固定在车床床鞍上，只能随床鞍作纵向移动，触头 8 与靠模接触。活塞 9 与靠模装置固定，又与车床中滑板连接。

当车床主轴转动时，由于链轮的传动使靠模 10 与工件作相等转速的回转。触头 8 与靠模接触，根据靠模形状作相应变位，同时活塞带动中滑块作相应的移动（中滑板丝杆抽掉）。

当触头靠住靠模而推动触头时，触头通过钢珠推动滑座 11（箭头方向），此时压力油通过油路 I 进入活塞上腔，使活塞带动靠模装置及中拖板向箭头方向移动。当触头脱离靠模，立即由弹簧 12 将滑座 11 向相反方向推动，压力油即通过油路 II 进入油缸下腔，使活塞带动靠模装置及滑板向相反方向移动。这样使滑座 11 保持在中间位置而靠模装置按靠模形状运动。小滑板的调节可作吃刀量的调整。

（3）车削已淬硬的模具零件

已淬火，最后只要磨削内圆、内圆弧或型面不规则的外圆弧面，以及大型模具（如汽车、拖拉机、飞机、游乐器械、石化设备等模具）零件上一些大尺寸内圆形弧面型面、外圆形弧面无法用磨床磨削或磨削非常困难时，可借助车床配上高硬度的车刀（如硬质合金车刀、人造金刚石或天然金刚石车刀、立体氮化硼车刀等）进行车削即可大显身手，多快好省地解决难题。

1）刀具。刀具的首要问题是硬度要高（其硬度自然要高于被加工的已淬硬的模具零件的硬度），其次是刀具的角度。磨削刀具的角度、形状取决于被加工模具零件和刀具的硬度及材质特性。硬质合金 YT3 和 YG3 车削 T10A 和 Cr12MoV 钢时刀具角度和切削速度的经验值，参看表 6-16 和表 6-17。

表 6-16　　　　　　　　　　　　　　连续车削时的刀具角度

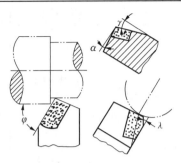

工件材料	工件硬度 HRC	刀具材料	刀具主要角度				
			γ	α	φ	λ	
						刚性好时	刚性差时
T10A	58~62	YT30	－ (10°~15°)	4°~8°	75°~45°	20°~30°	10°~20°
		YG3	－ (10°~15°)	4°~10°	90°~45°	10°~20°	0°~10°
Cr12MoV	58~62	YT30　YG3	－ (15°~25°)	4°~8°	60°~45°	25°~35°	5°~10°
		YC12　YMo51	－ (10°~20°)	4°~10°	75°~40°	10°~20°	0°

表 6-17　　　　　　　　　　　　　　车削淬硬件的切削速度

工件材料	工件硬度 HRC	刀具材料	切削速度（m/min）
T8A、T10A	58~62	YT30	20~35
		YG3　YG6	15~30
Cr12MoV	58~62	YT30	15~30
		YG3　YG6	10~20

2）磨刀具的一些经验。

①硬质合金较脆，特别是 YT30，刃磨时容易崩刃，所以要施力小而缓慢。

②要选用颗粒较细的碳化硅砂轮、人造金刚石砂轮，最好是金刚石砂轮在刃磨机上刃磨，在一般砂轮机上也可刃磨，但要小心操作。

③一般是先磨负前角和刃倾角 λ，后磨其他角度，以减少崩刃等故障。

④刃磨时刀刃要朝上，否则可能产生严重的崩刃。

⑤刃磨时施力不要过大，磨一下要用水冷却或用压缩空气吹拂再去磨，防止温度急剧升高而使刀具产生裂纹和降低硬度。

⑥当工件表面粗糙度要求很低时，则要在刀尖磨出 R_1~R_3 的圆角，这样可使车削表面的光滑度提高。

⑦车削淬硬零件刀具材料的选择见表 6-18。

表6-18　　　　　　　　　　　车削淬硬模具件刀具材料的选择

序号	车削零件状况	零件硬度	建议选用的刀具材料
1	切屑均匀并连续，不粘刀、振动小	HRC58~62	YT5　YT15　YT30　YW₁ YW2　YG3
2	切屑不连续的间隙式切削且散热慢		YC12　YMo51　YG6 YW1　YW2
3	切屑连续不粘刀且散热快（如切削淬硬碳素工具钢）	HRC38~48	YG3　YG6　YT30

3）车削的一些经验。

①车削前应打磨掉待车削表面的氧化斑疤，若表面有孔或缺口，则要在加工前先加工一个硬度与工件硬度相同的零件压入孔或缺口内。

②进刀量。加工淬硬零件不像加工未淬硬件那样可加大吃刀量，由于工件硬度已很高，它的切削抗力较大，受工件硬度和机床刚性及刀具脆性等因素的限制，吃刀量不能太大，一般只能 <3 mm。当工件硬度高时，吃刀量应减小，到最后加工余量快到零时，则应 <0.1 mm，这样才能达到所需要的表面粗糙度。

③走刀量。走刀量取决于刀具的硬度、切削角度、机床能承受的切削力。为达到表面所需的粗糙度，精加工时一般采用 0.1~0.4 mm/r。

④车削速度。车削淬硬件一般都采取慢转速，这样与小的吃刀量配合，才能使加工表面的粗糙度达到所需要求。可根据表6-17所列切削速度选择。

⑤刀刃要保持锋利，中途不要停车，否则会出现微细台阶痕迹。

⑥车削时刀的悬臂要尽量短而粗，防止受力产生颤振而影响表面粗糙度。

⑦加工内喇叭形（图6-36）等复杂型面时，由于只能靠手动进刀和走刀，车出的型面最后要用砂布手工进行抛光，其方法是在零件高速旋转下，用粗砂布抛光表面微细的车削刀痕，再用细砂布或毛毡涂上研磨膏精抛，使复杂型面达到 $Ra\,0.8~0.4\mu m$ 的表面粗糙度。

⑧当加工表面有冲模刃口时，在靠近刃口处要用油石或木块垫着砂布来抛光，以防把刃口研抛成不锋利的小圆角。

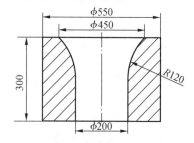

图6-36　拉深凹模

笔者曾用株洲硬质合金厂产的 YC12 硬质合金（HRA93.0，抗弯强度1 320N/mm²）车刀，以约 0.05 的吃刀量、15 mm/min 切削速度车削已淬硬到 HRC52 的拉深凹模内喇叭形面（图6-36），其表面粗糙度达到了 $Ra\,0.4\mu m$ 的水平。

根据经验，对于非高精度尺寸要求的这类零件的异形型面，不应使用昂贵的曲线磨和坐标磨来磨削，采用硬质合金车刀慢速、少吃刀量车削然后研抛，不但加工方便，而且效率高、费用低。

（二）铣床加工

模具零件加工过程使用最多的是立铣、万能工具铣、卧铣、仿形铣，主要用于加工模具零件的侧面、型腔和不规则的成型部分，其加工范围及铣削运动状态见图 6-37。数控铣是把上述立铣或卧铣配上数控系统及步进电机，使其能按预先输入的程序自动控制铣刀和工件进行切削。一般模具使用三坐标（三维空间）铣床即可。扭角的复杂型面（如叶轮、叶片等）则需要用四坐标或五坐标的数控铣加工。数显铣是把传统的铣床配上数字显示系统，使操作者能直观地看到加工到某点的尺寸，大大减少了操作者的检测工作量，避免铣过尺寸而报废工件，提高了铣削效率。加工中心（图 6-38）除有铣削功能外，还有钻、铰等功能，由于它是按程序加工，效率和精度高。

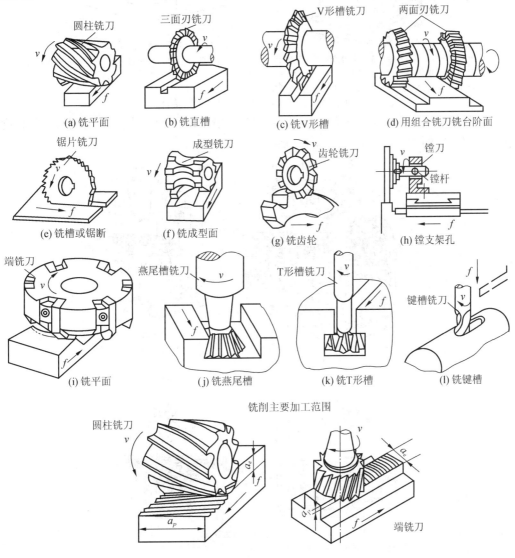

图 6-37　铣削加工范围、铣削运动及进刀状态

353

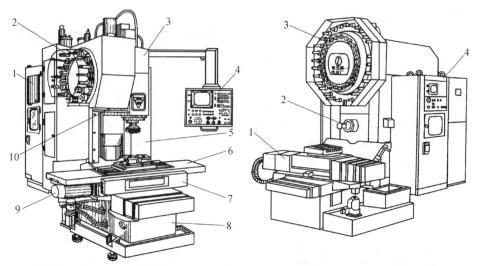

1—数控柜　2—刀库　3—主轴箱　4—操纵台
5—驱动电源柜　6—纵向工作台　7—滑座
8—床身　9—X 进给伺服电机　10—换刀机械手

1—工作台　2—主轴　3—刀库　4—数控柜

图 6-38　立式和卧式加工中心外形结构

形状结构复杂程度为一般的模具零件，采用立铣和万能工具铣，可得到较好的精度和表面粗糙度的型面和型孔（$Ra < 1.6\mu m$）。

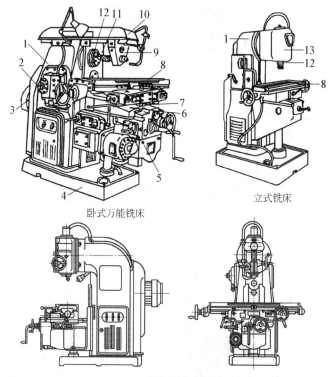

卧式万能铣床

立式铣床

X52K型立式铣床

1—床身　2—变速手轮　3—电动机　4—底座　5—升降台　6—横向溜板
7—转台　8—工作台　9—吊架　10—横梁　11—刀杆　12—主轴　13—主轴头

图 6-39　普通卧式铣床和立式铣床的外形结构

354

1．铣床的主要技术规格

仿形铣、坐标铣的主要技术规格见模具设计手册等资料，其外形结构如图6-39至图6-41。

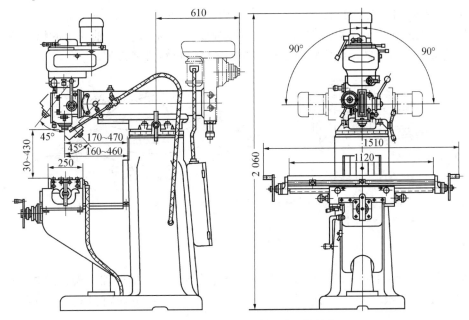

图6-40　XJ6325型立式摇臂万能铣床

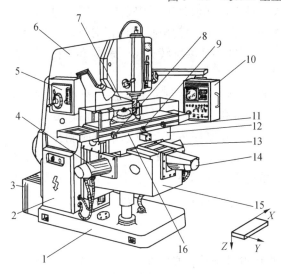

XK5040A 数控铣床

1—底座　2—强电柜　3—变压器箱　4—升降进给伺服电动机　5—主轴变速手柄和按钮板　6—床身立柱　7—数控柜　8、11—纵向行程限位保护开关　9—纵向参考点设定挡铁　10—操纵台　12—纵向溜板　13—纵向进给伺服电动机　14—横向进给伺服电动机　15—升降台　16—纵向工作台

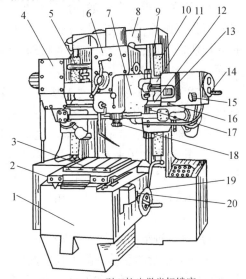

T4240B型双柱光学坐标镗床

1—床身　2—主传动座　3—工作台　4—主变速箱　5，10—立柱　6—主轴箱　7—滑板　8—顶梁　9、15、16、20—手钮　11—横梁　12—定位标尺　13—光屏　14、19—手轮　17—指针　18—主轴

图6-41　数控铣和坐标镗床外形结构

2. 模具加工中铣床常用的附件和工夹具

1）圆转台。圆转台是加工模具圆弧面及不规则曲面的主要装置，配备其他专用工具还可加工型腔的特殊曲面。圆转台有手动进给［图6－42（a）］和机动进给［图6－42（b）］两种。使用手动圆转台时，转台由蜗轮蜗杆传动，其圆柱面上有刻度线，用它调定转台的旋转角度或对工件的圆弧面进行分度。转动手轮4，轴3上的蜗杆就会带动转台绕转台中心旋转。固定螺钉5可把转台锁紧，进行直线铣削。

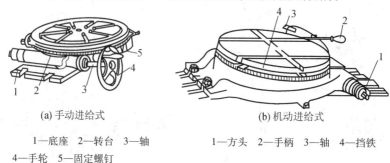

(a) 手动进给式   (b) 机动进给式

1—底座　2—转台　3—轴   1—方头　2—手柄　3—轴　4—挡铁
4—手轮　5—固定螺钉

图6－42　圆转台

使用机动圆转台时，利用万向接头由机床转动装置带动蜗杆轴3操纵圆转台转动。手柄用于使机动蜗杆与蜗轮脱开，此时方头1上套一手轮即可进行手动调节或进给。

2）万能分度头。除如前所述作为画线工具外，在模具加工中还广泛用来对模具零件进行任意圆周等分或不等分分度或直线移距分度，以便把模具零件相对铣床工作台面扳转成所需角度；配合工作台的移动，使模具零件作连续旋转；用于铣削螺旋面等复杂曲面。

万能分度头主要由分度头基座、回转体、主轴、刻度盘、分度盘、分度盘手柄和分度叉及附件等组成。主轴为空心，两头均为锥孔，前端锥孔及端面可用作安装顶尖或工件心轴、三爪自定心卡盘。主轴可随回转体在基座内转动成水平或倾斜位置。

3）铣斜面专用夹具。这是采用垫块对一个或多个工件进行定位、卡紧的方法（不用此夹具的方法有：将工件转成所需角度后的装夹法；工件装卡在分度头、万能转台上转动方向法；将铣头转到所需角度法等），如图6－43所示。采用此夹具可提高工件加工质量和生产效率。

4）直线进给曲线靠模铣削夹具。

①手动进给的靠模铣削工具。此工具的特点是结构简单，但加工精度较低。图6－44所示为靠模手动进给铣削多圆弧连接直线成型表面的工具。铣削前应将靠模和工件叠合在一起装夹在工作台上，然后用手操纵工作台的纵、横向进给，使立铣的刀柄部外圆始终与靠模面型面接触，逐渐铣出成型面。

此方法要注意的几点：所用铣刀柄部一段外圆和切削刃外圆直径应一致；靠模的型面必须有一定的硬度，能承受铣刀柄外圆的摩擦而不致被磨损而影响工件的加工尺寸。

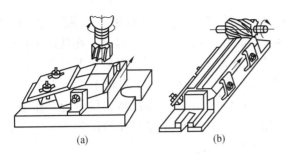

图 6-43 铣斜面专用夹具

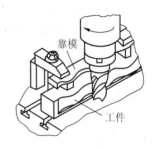

图 6-44 靠模手动进给铣削

图 6-45 所示为在工件已成型的圆弧面铣削一条与型面相等距离的沟槽的方法。这是以工件已成型的型面替代靠模面并在铣刀刀杆 3 上套上用夹布胶木（耐磨，有较高硬度）制作的滚轮 5 当作靠模销。铣削时，将滚轮 5 始终贴靠在工件 6 的型（弧）面上，铣刀 1 的刃部圆柱面即可加工出上述沟槽。很明显，用此法加工弧面的沟槽，铣刀刃部的沟槽深度是滚轮外径的 2 倍。

②直线进给曲线靠模铣削夹具。图 6-46 所示为直线进给曲线靠模铣削夹具用于立式铣床的示意图。滚轮架 1 固紧在机床的垂直轨道上，靠模板 3 与溜板 4 相连，工件 5 夹紧在横向滑板 6 上，松开两球头手柄 8，旋转螺杆 7，可使滑板 6 横向进给。在压缩弹簧的作用下，靠模板 3 与滚轮 2 紧密接触，并带动工件 5 作横向移动。当夹具随工作台作纵向移动时，工件 5 即一边随工作台作纵向移动，一边随溜板 4 作横向移动，这样便按靠模板 3 的形状加工出直线形曲线轮廓。

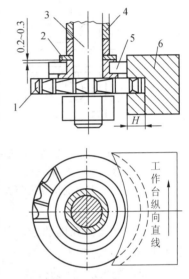

1—铣刀　2—衬套　3—刀杆
4—刀杆垫圈　5—滚轮　6—工件

图 6-45 与型面等距离沟槽的铣削

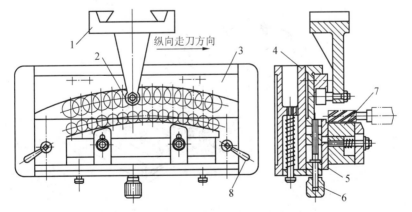

1—滚轮架　2—滚轮　3—靠模板　4—溜板　5—工件
6—滑板　7—螺杆　8—球头手柄

图 6-46 直线进给曲线靠模铣削夹具

5）回转铣削靠模装置。图 6-47 为回转铣削凹模型孔的简易靠模装置示意图。图 6-48 所示为回转铣削凹模型孔的典型靠模装置，其工作过程是：在铣床工作台上加装一层滑板 2，滑板的导轨座 3 固定在工作台上，滑板 2 可在导轨上滑动。回转工作台 1 又固定在滑板上，工件 8 和靠模 4 叠合在一起固定在回转工作台上，在重锤 13 的作用下，靠模始终和固定支架 10 上的滚轮 9 接触。当回转工作台旋转作圆周进给时，滑板 2 便在重锤 13 及滚轮 9 作用下，带动工件 8 作附加的径向往复运动，铣削出成型表面。

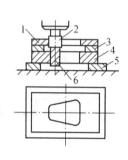

1—样板　2—滚轮　3、5—垫板
4—凹模　6—指状铣刀
图 6-47　简单靠模装置

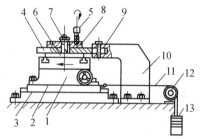

1—回转工作台　2—滑板　3—导轨座
4—靠模　5—铣刀　6—心轴　7—平键
8—工件　9—滚轮　10—支架　11—钢丝绳
12—滑轮　13—重锤
图 6-48　回转铣削靠模装置

6）铣削大圆弧面的专用装置。图 6-49 所示的铣大圆弧面专用夹具是应用了曲柄连杆原理。固定销 3 和固定在工作台上的垫块 2 连接，摆动台面 4 一端有一个孔，可使其绕销轴线转动。摆动台的另一端有一弧形通槽，穿过通槽的活动销 7 固定在回转工作台 8 上。当转动回转工作台时，活动销即拨动摆动台面绕固定销 3 转动。加工时，根据工件的圆弧半径和铣刀直径，调整固定销 3 和铣刀 5 中心距即可铣削。该装置使用方便，加工精度较高，铣削效率也较高。

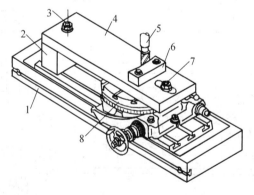

1—工作台　2—垫块　3—固定销　4—摆动台面
5—铣刀　6—工件　7—活动销　8—回转工作台
图 6-49　铣大圆弧面专用装置

358

7）在卧铣床上镗削特殊半圆孔的装置。特殊半圆孔是指其中心线为圆弧形的弯曲半圆槽［图6-50（a）］，或两端与工件两侧面都不贯通的封闭半圆槽［图6-51（a）］。这类在模具中多见的型腔件不能用一般铣床和镗削的方法来加工（因为镗刀杆会与工件其他部位相碰），而在卧式铣床上改装镗削特殊半圆孔装置即可实现。

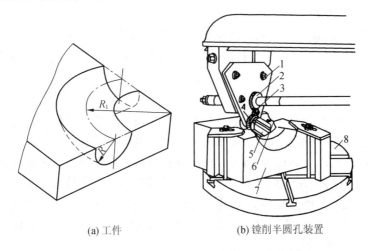

(a) 工件　　　　　　　　　(b) 镗削半圆孔装置

1—平板　2—主动齿轮　3—中间齿轮　4—从动齿轮

5—刀盘　6—镗刀　7—工件　8—回转工作台

图6-50　镗削弯曲半圆孔装置

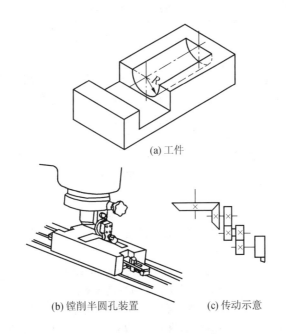

(a) 工件

(b) 镗削半圆孔装置　　　　(c) 传动示意

图6-51　镗削封闭半圆孔的装置

①利用图6-50（b）所示在卧式铣床上镗削半圆孔的装置，镗削图6-50（a）所示弯曲半圆孔。其工作原理是在铣床构架侧面安装平板1，刀杆上的主动齿轮2、传动平板

359

上的中间齿轮 3 和从动齿轮 4，使装有镗刀的刀盘 5 旋转，如此刀盘可深入工件 7 的半圆孔，保证刀尖旋转半径和圆槽中心重合。铣削时，把工件装夹在回转工作台 8 上，并使圆弧中心与回转工作台中心重合。镗刀的刀尖旋转半径与圆槽半径相同；镗销时由回转工作台旋转作圆周进给运动，如此即能镗削出图 6-50（a）所示的弯曲的半圆孔。

②利用图 6-51（b）所示镗削封闭半圆孔的装置在立铣床上镗削图 6-51（a）所示的两头封闭的半圆孔。因其内部结构是通过齿轮的传动使刀盘旋转［图 6-51（c）］来进行铣削，在加工时为防止刀具背面与工件相碰，故两次装夹工件，即通过接刀来完成槽两端部的加工。

3．铣刀

由于模具切削加工的范围广而杂，从成型汽车覆盖件的大型模具到成型电子器件的小型高精度模具，所以就要有对于模具零件的高精度、高效率、高寿命、低成本的各种刀具。铣刀分为单刃、双刃、多刃等多种形式和规格，其材质也有碳素工具钢、合金工具钢、粉末冶金的等，在模具制造中其用量和品种规格也最大最多。

1）单刃立铣刀。单刃立铣刀是最容易磨制的铣刀，钳工、铣工均可自己磨出来，所以是用得最多最广的一种铣刀。单刃、双刃、多刃铣刀都有标准规格形式。单刃铣刀的形式和用途见表 6-23。

表 6-23　　　　　　　　　　　　单刃立铣刀的形式

图　　形	参　数　及　特　点	用　　途
	A 为主切削刃，后角为 α B 为副切削刃，后角为 β $\alpha = 25°$ $\beta = 15°$ $\gamma = 5°$	用于平底、侧面为垂直的铣削
	用硬质合金时，前角做成 $10° \sim 20°$ 的负前角，直径一般 < 12 mm 铣削时吃刀量宜小，可加大纵横向走刀量，以提高效率	用于加工半圆槽
	铁屑易排出，刃口不易磨损，因此加工粗糙度较小	用于侧面垂直、底部有 R 的面加工

图　　形	参　数　及　特　点	用　　途
		用于平底斜侧面的加工
	A 为主切削刃，后角为 α B 为副切削刃，后角为 β $\alpha = 25°$ $\beta = 15°$ $\gamma = 5°$ 用硬质合金时，前角做成 $10° \sim 20°$ 的负前角，直径一般 $< 12\ mm$ 铣削时吃刀量宜小，可加大纵横向走刀量，以提高效率 铁屑易排出，刃口不易磨损，因此加工粗糙度较小	用于斜侧面、底部有 R 的槽子加工
		用于斜侧面、底部有 R 的加工
		用于铣凸 R
		雕刻细小文字及花纹

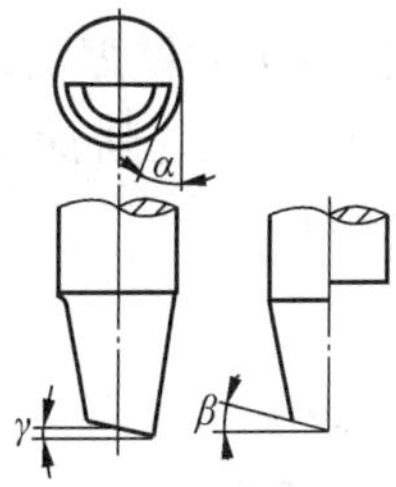

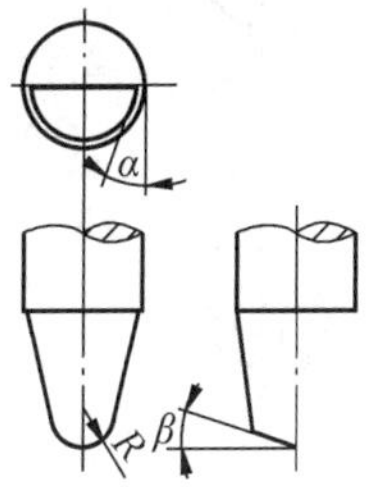

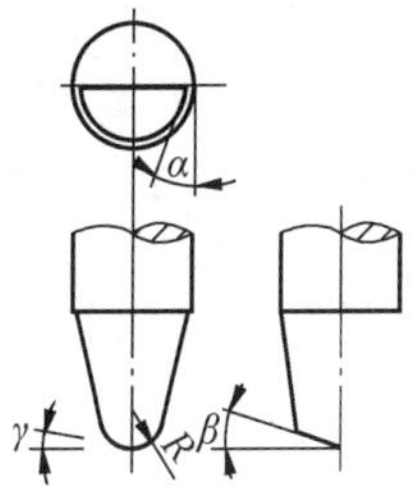

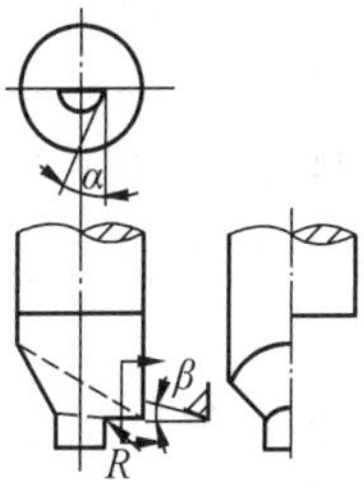

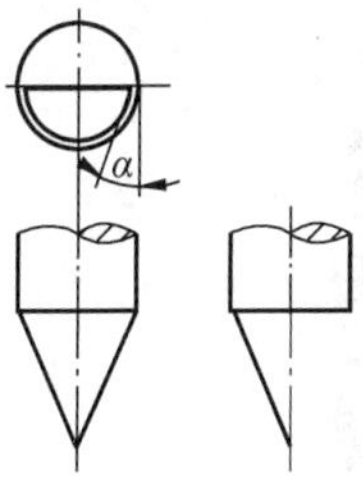

2) 双刃立铣刀。由于双刃立铣刀在切削时受力平衡，因而可承受较大的切削量，其刀刃的排屑比多刃立铣刀宽大，排屑快，发热少，铣削精度也较高，较适合铣削直线形的凸、凹型面。

双刃立铣刀市售的标准产品有锥柄和直柄两种形式。平底刃的双刃立铣刀的结构尺寸如图6-52。这些立铣刀适合加工深槽或圆形有底凹模等零件，它铣削深度较深（高），但铣削中磨损激烈，因此可设计加工成较小的45°斜面或圆角。

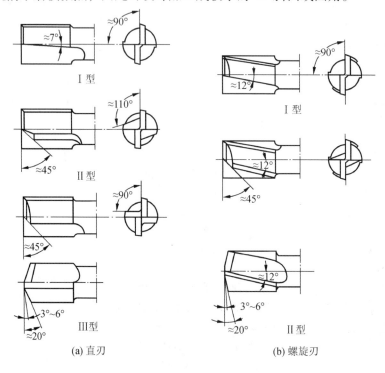

图6-52　平底刃的双刃立铣刀

3) 多刃立铣刀。这种铣刀由于多刃而使制作变得困难，多用标准市售产品，仅在特殊用途又无标准市售产品的情况下才自磨非标准规格的。这种立铣刀由于是多刃切削，因而切削效率高，而且使被加工件的表面较光滑。

4) 改制的立铣刀。不少工厂利用废旧的麻花钻头、刃磨制成立铣刀，既改旧利废，又能解决问题和有实效。改制的立铣刀见图6-53。

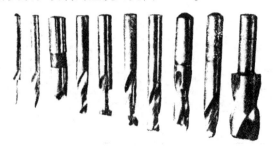

图6-53　用麻花钻头改制的立铣刀

5）不重磨立铣刀。这是国外近十年来开发的功能配套、切削效率高的立铣刀。这种铣刀与整体铣刀和焊接立铣刀相比，具有运输成本低和调换、调整刀具方便的优点。其种类繁多，加工范围大，如图6-54所示。

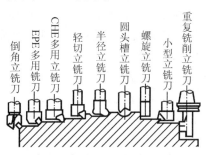

图6-54　碳化钨硬质合金不重磨立铣刀的类型

①铣削端面的立铣刀。a. CHE 系列立铣刀。CHE 系列端面立铣刀是一种用于直角切削的带柄立铣刀，直径 $\phi10 \sim 16$ mm，共有 14 种尺寸规格形成系列化。当直径 $>\phi25$ mm时，其轴向前角是 $+15°$。因是高前角刃型铣刀，所以锋利度很高。b. EPE 多用立铣刀。EPE 多用途带柄立铣刀是带 $45°$ 趋近角的通用端面铣刀，也可用于倒角。又因是轴向前角呈 $+15°$，径向前角为 $-30°$ 的精密光洁型刀刃，所以在不等的分割中有防振效果，适合于加工一般钢材及难切削钢材。铣刀直径已实现标准化，分为50 mm、63 mm、80 mm、100 mm 4 种。另外，在刀片材料中增加了切削铸铁的 G10E 和切削通用钢材的 A30N 品种，从而使刀具的使用范围更为广泛。c. 小型 MP 立铣刀。这种铣刀使用带 $87°$ 趋近角的方形刀片。可调换使用 $90°$ 与 $80°$ 的三角形刀片及 $90°$ 菱形刀片。这种立铣刀使用方便，其基本尺寸系列为$\phi50$ mm及$\phi60$ mm。

②加工曲面的立铣刀。这是一种球头立铣刀，在模具加工中用得很多，在粗加工中整体式和带柄式都可使用。

③加工台阶的立铣刀。a. 螺旋立铣刀。这种立铣刀是以夹紧直径为 $\phi35 \sim 50$ mm、刃长为60 mm、螺旋角为 $25°$ 的螺旋刀头进行铣削的。由于螺旋刀头的锋利度和排屑性能好，又与高刚性本体相结合，因而适用于精加工深孔台阶。b. 重复铣削立铣刀。这种铣刀是用螺旋夹角两副角为 $15°$（当直径 >50 mm时，两副角为 $11°$）的不重磨刀片，适用于粗加工深孔台阶。缺点是易振动，不重磨刀具容易缺损。

6）硬质合金整体立铣刀。整体立铣刀过去多用高速钢制成。随着加工中心的迅速普及和硬质合金刀具的发展，专门开发了超微粒高韧性硬质合金整体铣刀。由于这种立铣刀解决了过去常出现的易折断或崩块的老问题，因而使其用途和用量迅速发展。

①硬质合金整体立铣刀的特点。与高速钢立铣刀相比，硬质合金整体立铣刀的硬度更高，耐磨性能更好。在高速切削、保持精度和切削高硬度材料等方面都更有效。由于硬质合金的杨氏模量比高速钢高 $2 \sim 3$ 倍，在总长度较长的整体立铣刀中，硬质合金整体立铣刀的挠度最小，可保持其应有的加工精度，特别是在铣削深孔、深槽时，其效果尤为明显。

为防止铣削中黏附被切削材料而出现急剧磨损，还多用 PVD 或 CVD 法沉积高硬度、硬性更好的 TiN、TiC 等涂层于切削刃两面，以大幅度地提高其切削不锈钢及其他高硬度难切削材料的性能。

②用于精加工的立铣刀。为缩短模具加工中最为费时和困难的抛光工序，尽量降低用立铣刀精加工表面的粗糙度，还开发了韧性很好的 TiN 金属陶瓷整体立铣刀。用此立铣刀加工，可使表面抛光的时间大为缩短。

③整体立铣刀的种类和用途。为适应模具加工精度高、形状复杂、材料硬度高、切削困难等特点，开发了多种形式的立铣刀。图 6-55 所示为碳化钨硬质合金整体立铣刀的种类和加工实例。此外还有加工石墨电极带通气孔的长切削刃型整体式立铣刀。

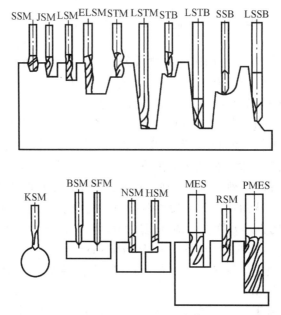

图 6-55 碳化钨硬质合金整体立铣刀的种类及加工实例

7）立方氮化硼（CBN）立铣刀。用于加工硬度超过 HRC50 的模具零件的高效率、高精度、高寿命的立铣刀。已开发有直角形（$\phi 6 \sim 20$ mm）和圆头立铣刀（$\phi 2 \sim 20$ mm）。其最大特点是可用10 m/min的线速度切削高硬度材料。其精加工面的粗糙度几乎可达到磨削的水平。用它加工塑料模具，其使用寿命为硬质合金刀具的 3.8 倍，加工效率提高了 2.4 倍；它的另一特点是可用高速切削铸铁模具零件，解决过去用硬质合金立铣刀加工铸铁件寿命短、加工面粗糙度高的弊病，使表面粗糙度降低 50%，加工效率提高 4 倍。

8）模具加工中常用小尺寸铣刀。精密塑料件、精密压铸件、精密蜡模等生产用模具，其外形复杂、结构精细，有许多奇异形状的沟槽、深穴等部位，常需用各种形状的小尺寸铣刀来铣削成型。这些铣刀的结构形状和规格见表 6-24。

高速钢直柄立铣刀

基本尺寸					
D	L	l	d	粗齿齿数	细齿齿数
2	32	6	3	3	4
2.5	32	6	3	3	4
3	36	8	3	3	4
4	40	10	4	3	4
5	45	12	5	3	4
6	50	15	6	3	4
8	55	18	8	3	4
10	60	20	10	3	4
12	65	25	12	3	5
14	70	30	14	3	5

$A—A$ 旋转

直柄键槽铣刀

(GB 1112—73)

$A—A$ 旋转　$B—B$ 旋转

基 本 尺 寸					
D			L	l	d
公称尺寸	用于 JZ 配合	用于 D_{C4} 配合			
2	−0.018 −0.038	+0.02 +0.005	30	6	3
3	−0.018 −0.038	+0.02 +0.005	32	7	3
4	−0.019 −0.042	+0.028 +0.008	36	8	4
5	−0.019 −0.042	+0.028 +0.008	40	10	5
6	−0.019 −0.042	+0.028 +0.008	45	12	6
8	−0.025 −0.05	+0.035 +0.01	50	14	8
10	−0.025 −0.05	+0.035 +0.01	60	18	10

365

切 口 铣 刀	基本尺寸			齿数	
	D	B	d	粗齿	细齿
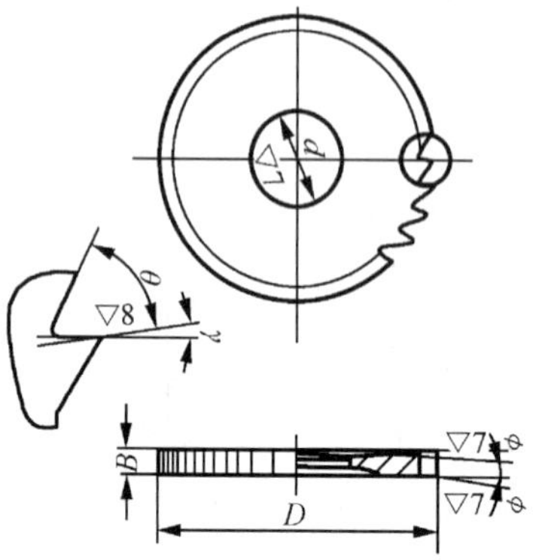	32	0.2	10	50	80
		0.3			
		0.4		44	72
	40	0.3	13	56	90
		0.4			
		0.5		50	80
		0.6			
		0.8		41	72
	50	0.4	16	56	90
		0.5			
		0.6			
		0.8		50	80
		1.0			

粗齿(GB 1122—73)
细齿(GB 1123—73)

9) 仿形铣刀。由于采用仿形铣刀加工模具零件效率高、精密度高、时间短,因此其专用的铣刀的品种规格也很多。仿形铣刀的形状和尺寸是根据型腔的形状和尺寸,尤其是型面圆角半径大小而选用的,简单的也可自行刃磨。常见仿形铣刀的类型见表6-25。

表6-25 常见仿形铣刀类型

铣刀名称	图 示	用 途
圆柱立铣刀	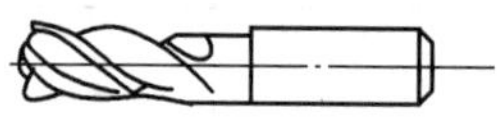	1. 各种凹、凸型面的去余量的粗加工 2. 要求型腔底面清角的仿形加工 3. 轮仿凸轮类工件
圆柱球头铣刀	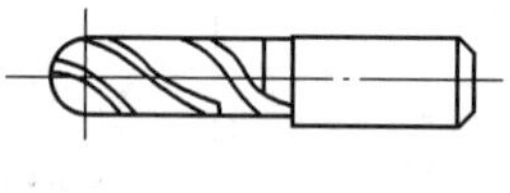	1. 各种凹、凸型面的半精和精加工 2. 在型腔底面与侧壁间有圆弧过渡时,进行侧壁仿形加工
锥形球头铣刀	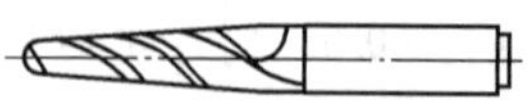	形状较复杂的凹、凸型面,具有一定深度和较小凹圆弧的工件
小型锥指铣刀	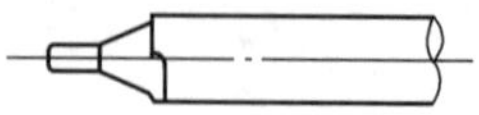	加工特别细小的花纹、凹坑等
双刃硬质合金铣刀	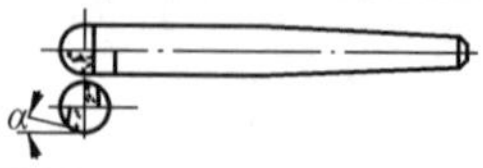	铸铁工件的粗、精加工

4. 模具零件的铣削加工

（1）在立铣床上加工

一般形状结构和精度要求的中小型模具零件多在立铣床上加工。据统计，在立铣床上加工模具零件的工作量和时间为各类模具机械切削加工中最多和最长的。其常用的加工方法如下。

1）利用圆转台加工。在立铣加工中，广泛利用圆转台加工圆弧或不规则的曲面，其加工要点结合图6-56介绍如下：

①铣削前，应先加工好工件的其他部位并符合图纸尺寸要求。

②按图纸在型面上画线，并检查画线是否无误及线条是否清晰。

③加工圆弧面时，一般在装夹工件时需将圆转台中心与所要加工的圆弧中心重合，并根据工件形状来确定铣床主轴中心是否需要与圆转台中心重合。

④在立铣工作台上安装圆转台6，在圆转台6上固定托板5及支架8，将工件4紧固在支架8上，调整托板5的位置，使

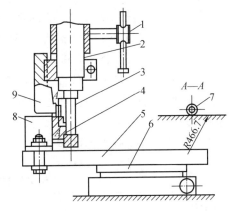

1—手柄　2—主轴　3—铣刀　4—工件
5—托板　6—圆转台　7—压轮　8、9—支架
图6-56　利用圆转台进行仿形立铣
　　　　加工方法示意

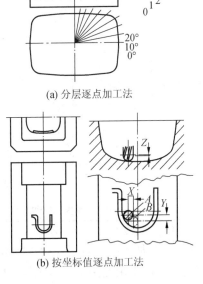

(a) 分层逐点加工法

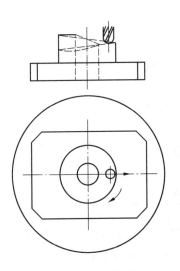

图6-57　端型面铣削加工

(b) 按坐标值逐点加工法

图6-58　复杂空间曲面铣削加工

367

工件$R168$ mm圆弧面与圆转台6的中心距离为168 mm，通过支架9将压轮7固定在主轴2上，再调正支架9保持压轮与铣刀的相对位置，装夹完后，转动手柄1将压轮7紧压$R466.7$ mm的工件基准面上，同时转动转台，即可加工出具有两个方向圆弧的型面。

⑤在加工过程中，要随时用块规检查，调整工件位置，控制其加工尺寸。

⑥利用圆转台加工螺旋面。如图6-57，将工件装夹在回转工作台上，并根据端型面的形状，调整工件与回转台中心的相对位置。工件每转一个角度，铣刀便移动一个距离，这样逐点铣削后经钳工修整便可获得所需螺旋型面。

⑦利用圆转台加工图6-58所示复杂空间曲面。加工时要同时控制好立铣刀在纵横方向的位置和立铣刀的高度位置，将曲面分层逐点进行平面轮廓的坐标加工，然后再逐层完成空间曲面加工。也可按曲面的各点坐标逐点加工，然后经钳工修整即可获得所需空间曲面。

利用圆转台加工圆弧面的实例见表6-26。

表6-26　　　　　　　　　　　利用圆转台加工圆弧面的实例

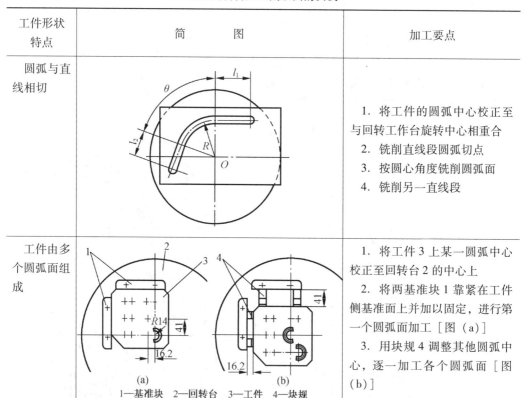

工件形状特点	简　图	加工要点
圆弧与直线相切		1. 将工件的圆弧中心校正至与回转工作台旋转中心相重合 2. 铣削直线段圆弧切点 3. 按圆心角度铣削圆弧面 4. 铣削另一直线段
工件由多个圆弧面组成	1—基准块　2—回转台　3—工件　4—块规	1. 将工件3上某一圆弧中心校正至回转台2的中心上 2. 将两基准块1靠紧在工件侧基准面上并加以固定，进行第一个圆弧面加工［图（a）］ 3. 用块规4调整其他圆弧中心，逐一加工各个圆弧面［图（b）］

2）坐标加工法。对图6-59所示的这类不规则型面以及不能直接用圆转台加工的圆弧面，可以采用控制工作台纵、横向移动以及主轴的升降来进行立铣加工。

①将工件装夹在工作台上，校正基准面与拖板轴线平行度后，将主轴中心对准工件中心，并记住纵、横拖板的刻度。

②根据工件形状尺寸、铣刀直径，求出铣刀在不同位置时的各坐标尺寸。但计算比较麻烦，可采用在坐标纸上（如在一张坐标纸上有困难，可将图形分块，分别画在几张坐标纸上来求得）放大绘出所需加工的图形并求得坐标尺寸。

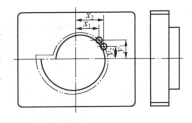

图 6-59　不规则面立铣加工法

③加工时，根据多坐标尺寸移动立铣刀逐点铣削，最后由钳工修整，获得所需平面轮廓尺寸。

3）其他加工方法。

①加工坐标孔。在立铣床上可加工坐标孔，加工方法与用坐标镗床加工一样，但加工精度较低。其加工方法如表 6-27 所列。

表 6-27　　　　　　　　　　　　平面孔系加工方法

工件尺寸标注方法	加　工　方　法
用直角坐标标注的尺寸	1. 直接用立铣床工作台的纵横走刀来控制平面孔系坐标尺寸，加工出孔的尺寸精度可满足一般低精度模具的要求 2. 当孔的坐标尺寸精度要求较高时，可用块规和千分表来控制铣床工作台的纵横向移动距离。此法加工出的孔距精度一般可达 0.01 mm 左右 3. 利用专用夹具和块规来控制铣床工作台的纵横向移动距离，则加工出的孔距精度可达微米级
用极坐标标注的尺寸	1. 先将极坐标尺寸换算成直角坐标系尺寸 2. 加工方法同上 3. 用精密回转工作台和块规，按极坐标方法来控制孔系的极坐标尺寸

加工斜孔时，可将工件平放，主轴头倾斜 α 角后进行铣削或用角度为 α 的斜垫块（或正弦夹具）将工件垫起，用主轴头垂直铣。

②拉槽。可用立铣刀铣槽，但效率低，而在立铣床上用拉刀拉槽则效率高很多，而且尺寸准确，表面粗糙度低。拉刀刀架如图 6-60 所示，刀架柄装夹在主轴上，加工时主轴不能转动。靠工作台的纵或横向移动来拉削出如图 6-61 所示的直槽子。

③加工凹模型孔。可用靠模装置精加工凹模型面，其方法如图 6-62。精加工前，型孔应进行粗加工，再把靠模样板、垫板、凹模一起固定在铣床工作台上，在指状铣刀的刀柄上套上一个钢质淬硬

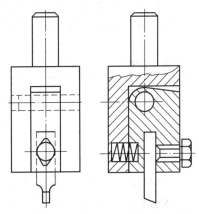

图 6-60　在立铣床上用拉刀拉槽子用刀架

滚轮，加工凹模型孔时，用手操纵工作台纵向和横向移动，使滚轮始终与靠模样板的孔壁接触，并沿此孔壁轮廓走刀，如此即可精加工出凹模型孔。

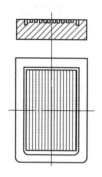

图 6-61　型面有凹槽的模具件

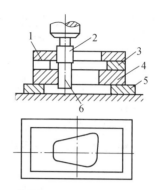

1—靠模样板　2—滚轮　3、5—垫板
4—凹模　6—指状铣刀
图 6-62　利用靠模加工凹模型孔

应注意的是，利用简单靠模加工凹模型孔时，铣刀的半径应小于凹模型孔转角处的圆角半径，因为只有这样才能铣削出整个轮廓。

④加工型腔。在立铣床上加工型腔是用各种不同形状和尺寸的指状铣刀（表 6-25）按画线加工的。由于指状铣刀切削时是用其侧面刀刃进行的，不适合加工深度大的型面。为了把铣刀插进坯料并提高铣削效率，要预先在坯料钻出许多小孔，其深度应接近铣削深度；孔钻好后，先用圆柱形指状铣刀粗铣，再用锥形指状铣刀精铣，铣刀的锥角和圆角要与零件图的要求一致，型腔留出单边余量 0.2~0.3 mm 作为钳工修整之用。简单的型腔可用一般的游标卡尺和深度尺测量，形状复杂的型腔可用样板检验。在加工过程中要不断进行检查，以防铣削过度而报废。立铣适合铣削形状不太复杂的型腔。

（2）在仿形铣床上加工

仿形铣床加工，是以装在铣床上事先制作好的靠模的轮廓形状作轨迹自动走刀而将坯料铣削到与靠模外形完全相同的型腔表面的加工方法。

1）常用仿形铣床的技术规格。常用的仿形铣床的技术规格见表 6-28。XB4450 型电气立体仿形铣床外貌如图 6-63。XB4480 型立体仿形铣床动作示意如图 6-64。

表 6-28　　　　　　　　　　常用仿形铣床的技术规格　　　　　　　　　　（mm）

机床型号	加 工 范 围			工作台尺寸（长×宽）
	最大铣削长度	最大铣削宽度	最大铣削高度	
XB4450	900	600	350	1 200×630
XB4480	1 400	800	500	1 620×1 250
XB4412	2 250	1 120	710	1 800×1 750
XW4525	550	250	330	1 000×250
XWC4525	550	250	350	1 100×250
XB44200	4 000	2 000	800	5 000×3 000
XB44230	4 000	2 300	800	5 000×3 000

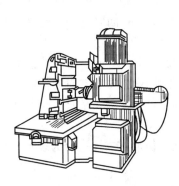

图 6-63　XB4450 型电气立体仿形铣床

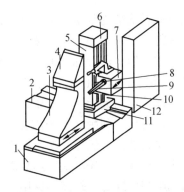

1—工作台　2—床身　3—工件座　4—靠模座　5—立柱
6—靠模仪座　7—主轴箱　8—横梁　9—铣刀
10—主轴套筒　11—滑座　12—控制箱

图 6-64　XB4480 型立体仿形铣床动作示意

2）基本操作原理。仿形铣床的动作，以 XB4480 型铣床为例，参照图 6-64，简要说明如下：加工时，把工件固定在工件座 3 上，把靠模固定在靠模座 4 上，靠模座 4 可沿工件座 3 作横向移动（它是用齿轮、齿条传动的），靠模座 4 与工件座 3 一起可沿工作台作横向移动。

铣刀 9 固定在主轴套筒 10 上，主轴箱 7 沿横梁 8 可作横向移动，也可以与横梁 8 一起沿立柱 5 垂直移动。立柱 5 固定在滑座 11 上，它与滑座一起可沿床身作纵向移动。

靠模仪座 6 内固定着靠模仪（可调整靠模仪中心与主轴头中心的距离），靠模仪带有电感发生器作为测量装置。主轴箱 7 移动时（1、2 或 3 个方向），铣刀 9 和靠模销产生协调的相应运动，当靠模面对靠模销在任何方向有微量偏斜，则靠模销与铣刀 9 的位置就会出现误差，误差的大小由靠模仪的电感发生器测量，反映靠模销偏差的电气信号使进给系统的电动机转速和方向改变，有助于误差的减少。

3）仿形方式（或称机能）。按传递信息的形式及机床的进给传动的控制方式的不同，可分为机械式、液压式、电气式、电液式和光电式等。它们的工作原理、加工质量和适用范围分述如下：

①机械式仿形。靠模销与刀是刚性联结或通过其他机械装置（如缩放仪、杠杆等）联结在一起，以实现同步仿形铣削。这种仿形适合加工精度低的模具型腔。

②液压式仿形。其工作台由液压电机拖动作进给运动，靠模使仿形指产生位移，同时位移信号使伺服阀的开口量发生变化，从而改变进入铣刀机构油缸的液流参数（流经压力等），带动铣刀作出与仿形指同步的位移。液压随动系统结构简单、工作可靠，仿形精度较高，可达 0.02~0.1 mm。

③电气式仿形。伺服电机拖动工作台运动，靠模通过靠模销给传感器一个位移信号。传感器把位移信号变成电信号，经控制部分对电信号作放大和转换处理，再控制伺服电机转动丝杆带动铣刀作相应的转动，实现仿形加工。

电气仿形系统结构紧凑，操作灵活，仿形精度可达 0.01~0.03 mm，可用电子计算机与其连接起来，构成多工序连续控制的仿形加工系统。

④电液式仿形。仿形加工时，电气传感器得到电信号，经电液转换机构（电液伺服阀）使液压执行机构（油缸、液压马达）驱动工作台作相应伺服运动。电液式仿形是将电气系统控制的灵活性和液压系统动作的快速性相结合的形式。

⑤光电式仿形。利用光电跟踪接受图纸反射来的光信号，经光敏元件转换为电信号，再送往控制部分，经信号转换处理和放大，分别控制 x、y 两个方向的伺服电机带动工作台作仿形运动。光电式仿形只需图纸，按图样与工件为 1：1 的尺寸进行仿形铣削。对图纸绘制精度要求较高，只用于平面轮廓的仿形加工。

按靠模销动作所能控制的坐标轴的数量及配制不同，仿形方式还可分为表 6-29 所列方式。

表 6-29 仿形加工方式

方　　式	简　　图	说　　明
表面往复仿形（行切）		x（或 y）向做主进给运动，y（或 x）向做周期进给运动，x 向随动仿形
平面轮廓仿形（轮仿）		x、y 方向同时做随动仿形进给，可加工 360°的内外轮廓
立体轮仿		可在 360°的内外轮廓进行轮仿，z 方向给予连续周进（仿形主导进给和周期进给同时进行）

注：实际生产中可根据被加工型面的特点，把表中各加工方式组合起来应用。如加工具有复杂曲线的轮廓，而深度又不一致的工件，可采用轮仿加行切的组合方式加工。

4）仿形靠模。仿形靠模可采用下列材料制作，它们的特点也各不相同。

①木材。其特点是易于加工，更改修补方便。应注意选用硬质木材（如水曲柳、铁木，稠木等），且经自然干燥不变形，否则接触压力大时就很容易变形。

②石膏。其特点是制作方便，成型精度高，成本低。但其强度低，且长久放置易吸潮，不易保存。

③菱苦土。用菱苦土（200# 左右）加卤水浇固凝固而成，比石膏靠模表面硬，强度高，成本更低，使用也很方便，因而较常用。

④树脂。用树脂加氧化铝粉作填料浇注而成。它的密度比菱苦土的小，强度高，耐磨性也好，而且收缩小，易于控制尺寸，制作也比较便易，但价格高。

⑤金属。多用钢、铸铁、铝合金、铜合金、低熔点合金加工而成，尺寸精确，可反复使用。

5）靠模销与铣刀。

①靠模销（亦称靠模指，仿形指，触头）。靠模销是仿形铣削时用作感测靠模表面的坐标信息的零件，其头部形状应与靠模的形状相适应，倾斜角应小于靠模工作表面的最小斜角，其头部的球头半径应小于靠模工作面的最小圆角半径。形状和使用要求见表6-30。同时，由于仿形铣削是由靠模仪上的靠模销受到径向和轴向压力而变位并产生仿形动作，因此为达到模具零件型面的加工精度，就要求靠模销的直径比铣刀大，以保证它有足够的刚性而不致出现塑性变形。靠模销的直径 D 由下式决定：

$$D = d + 2（\alpha + e）\tag{6-1}$$

式中　d——铣刀直径；

　　　e——靠模销偏移的修正量（表6-31），它取决于靠模销的构造、长度、仿形铣削速度、模具型腔形状等因素；

　　　α——型腔加工后需留的钳工修正量。

表6-30　　　　　　　　　　　　靠模销的形状和选用

仿形指名称	简　图		说　明
	正确	不正确	
球头仿形			以球头为仿形基准，用于三维型腔型面的加工，可以保证在任何方向上仿形指与靠模表面成法向接触
圆柱形仿形指			以圆柱面为仿形基准面，用于平面轮廓和型腔底部清根仿形
锥形球头仿形指			以球头为仿形基准，用于曲率半径较小的深型腔复杂型面的立体仿形

表6-31　　　　　　　　　　　　靠模销修正量2e

靠模销长度 L（mm）	工作台进给速度			
	20	30	40	50
	2e（mm）			
60	0.5	0.55	0.6	0.8
70	0.55	0.60	0.65	0.9
85	0.6	0.65	0.75	0.95
100	0.65	0.75	0.8	1.1
115	0.75	0.80	0.90	1.2

注：1. 当用圆柱铣刀加工时，可采用锥度为1∶20～1∶50的靠模销。

　　2. 靠模销装于靠模仪主轴上后，应用千分表检查其不同心度应≤0.05 mm。

　　3. 靠模销的工作表面的粗糙度 $Ra < 0.8 \mu m$ 并经抛光，使用表面还要涂润滑剂。

　　4. 其长度应尽量短，以减少仿形误差。

②铣刀。仿形铣刀的形状和尺寸是根据模具型腔的形状和尺寸，尤其是型面的圆角半径的大小来选择的，用得最多的是锥形球面铣刀。铣刀端面的圆角半径尺寸应小于工件凹入部分的最小半径 r（图 6-65），铣刀的斜度 β 应比被加工面的最小倾角 α 小（图 6-66，这是指最后精加工时。但在粗加工时，为提高加工效率，可采用大半径的铣刀），常用小尺寸铣刀见表 6-24，常用仿形铣刀类型见表 6-25。

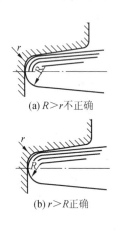

(a) $R>r$ 不正确

(b) $r>R$ 正确

图 6-65 铣刀端部圆角

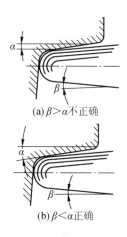

(a) $\beta>\alpha$ 不正确

(b) $\beta<\alpha$ 正确

图 6-66 铣刀斜度

6）加工方法和加工技术要点。可按被加工型面的特点和表 6-32 所列方法单独或组合起来应用，以提高仿形加工精度、光洁程度和生产率。组合加工方法时应掌握下列原则：

表 6-32 　　　　　　　　　ZF-3D55 三坐标自动仿形铣床加工方法

方 法	简 图	说 明
表面往复仿形（行切）		1. x 行切，带 $\pm y$ 方向周期进给 2. y 行切，带 $\pm x$ 方向进给 3. 对直角、负角型面仿形加工
深度分层行切		1. x 行切带深度分层加工，$\pm y$ 周进 2. y 行切带深度分层加工，$\pm x$ 周进主要用于去除余量的粗仿加工
沿轮廓周进行切		可 x 行切或 y 行切，均可沿外轮廓周进或沿内轮廓周进

方　法	简　图	说　明
带深度分层加工，沿轮廓周进行切	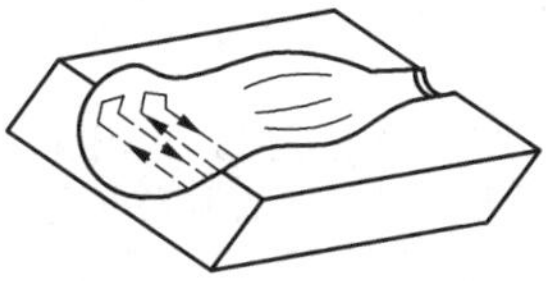	可 x 行切或 y 行切，但只能沿内轮廓周进
平面轮廓仿形（轮仿）	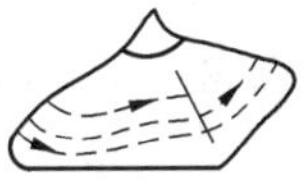	在 360° 的内外轮廓上不限仿形加工方向均可进行，但内角 R 受刀具半径限制
立体轮仿	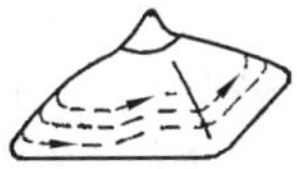	可在 360° 的内外轮廓进行轮仿，在 $\pm z$ 方向给予连续周进
局部轮仿		1. 局部立体轮仿 $\pm z$ 方向，间断周进 2. 局部平面轮仿 $\pm z$ 方向，间断周进
空间曲线仿形		1. 用轮仿加行切的组合方式进行加工 2. 局部空间曲线也可按组合方式加工 3. 用于仿形加工具有复杂曲线轮廓，而深度又不一致的工件，仿形加工的爬坡能力为 30°

①浅而扁平类的型面一般宜用行切仿形加工（包括接近垂直于刀杆的型腔底平面），不宜用轮仿。

②对较深的型腔，底面可用行切，侧壁用轮仿或局部轮仿组合加工的方法。

③对不规则轮廓工件，采用沿轮廓周进行切，优于表面往复仿形，可避免较多的空刀。

④一般轮仿不能加工的工件，多数能用行切仿形加工。

⑤当工件坯料加工余量较多时，多采用深度分层行切或带深度分层加工，沿轮廓周进行切。

加工技术要点如表 6-33 所列。

表 6-33　　　　　　　　　　仿形铣床加工技术要点

项号	项目名称	加工技术要点
1	工件与靠模的装夹	1. 工件的装夹方向，应使加工方便，并便于操作者能随时观察到加工情况 2. 工件与模型的方向应装夹一致 3. 装夹必须牢固 4. 装夹工件时，要注意不碰伤模型工作表面

续表

项号	项目名称	加工技术要点
2	找正与对刀	1. 首先将工件与靠模在 x、y 方向以靠模中心线或基准点的坐标线找正，使靠模与工件同心 2. 再在 z 方向（即铣刀吃刀深度方向）找正 3. 按基准点的坐标线对刀或以工件的最高点及最低点对刀
3	选择铣刀	1. 粗加工及曲面精加工时，选用球头铣刀 2. 加工细小的沟槽和曲率小的圆角时，采用 3~7 的立铣刀 3. 加工平面及缓慢进度的曲面或接近直角的侧面时，常选用圆角或带清角的立铣刀 4. 粗加工时，选用大直径铣刀；精加工时，选用符合图纸形状的成型工具
4	覆盖件冲模仿形铣削凸模或凹模	1. 主模型一般都反映产品的内表面，即与凸模尺寸一致。因此，在按主模型仿形加工凸模时，铣刀直径 $D_{刀}$ 应为 $$D_{刀} = D_{靠} - \Delta - \delta \ （mm）$$ 式中　$D_{刀}$——铣刀直径 　　　$D_{靠}$——靠模直径 　　　Δ——钳工加工余量 2. 按样架加工凹模时，由于样架是按主模型翻制的，这时铣刀直径为 $$D_{刀} = D_{靠} - \Delta - \delta - 2t \ （mm）$$ 式中　t——钣料厚度

7）主要工艺参数

①切削速度与进给量见表 6 - 34。

表 6 - 34　　　　　　　　　　切削速度与进给量

切削速度（mm/min）		硬质合金刀具	进给量（高速钢刀具加工钢件）	周期进给量（mm）
高速钢刀具				
10 ~ 15		50 ~ 120	每齿进给量 f_z 取 0.05 ~ 0.15（mm/z）；每分钟进给量 $f_n = f_z \times n \times z$（mm/min） n——铣刀转速（r/min） z——铣刀齿数	粗铣 3 ~ 10 半精铣 1 ~ 3 精铣 0.2 ~ 0.5 R_z 以下球头铣刀 精铣 0.05 ~ 0.2
材料硬度 HB < 220	粗铣 20 ~ 25			
	精铣 25 ~ 28			

②周期进给方向。根据模具件形状确定周期进给方向和仿形铣削进给方向。

③仿形极限。仿形极限是根据型腔的几何形状划定铣削进给区域。

④周期进给量（周进量）。周进量是指仿形铣刀经过轮仿一周或行切变换方向时，铣刀沿轮廓型面进给的距离，即相邻两条仿形铣削轨迹间的垂直距离。周进量愈小，仿形加工出来的表面粗糙度愈小，反之亦然。2F - 3D55 仿形铣床周进量和周进方式的选用见表 6 - 35。

表6-35　　ZF-3D55仿形铣床周进量和周进方式的选用

计算公式及简图		说　　明
周进量	$\Delta S = \Delta t V_{周}$	周进量采用时间制 　ΔS——周时量（mm） 粗加工：3～10 mm，有显著进刀痕迹 半精加工：1～3 mm，表面粗糙度 $Ra12.5～6.3\mu m$ 精加工：0.2～0.5 mm，表面粗糙度 $Ra3.2\mu m$ 光洁加工：0.05～0.2 mm，表面粗糙度 $Ra1.6\mu m$ 　Δt——周进时间，在0.05～20t内选用 　$V_{周}$——周进速度（mm/min），由仿形主导速度 $V_{仿}$ 比例衰减而得 　$V_{周} =（0.1～1）V_{仿}$，$V_{周}$，一般取30～60 mm/min
周进方式	(a)　　(b)	间断周进是指仿形主导进给暂停后，再周期进给。适用于行切［图（a）］、局部轮仿［图（b）］以及在360°内外轮廓仿形加工
		连续周进是指仿形主导进给和周期进给同时进行。适用于360°轮仿和主体轮仿

8）在数控铣床上加工

以往使用通用机床加工模具零件是由操作者按加工要求，用手动方法控制刀具或工件的移动和定位来实现的。而数控加工则是把被加工工件的全部工艺过程、工艺参数和位移数据以信息的形式记录在机床的数控系统所需的控制介质（穿孔纸带）上，用它来控制机床实现对工件的全部加工过程。

①采用数控机床加工模具零件的特点及适用范围。采用数控机床加工模具零件的特点是：a. 自动化程度高，加工质量好。因为机床对模具零件的加工都是由精确的数值控制来完成，即各轴的位置、移动距离和速度，主轴的正转、停止、反转及其转速以及注入切削油、调换刀具、位置补偿等各种附属功能都是事先根据图纸用英文字母和数值组合的数控编码、CN程序来控制机床，实现对工件的自动加工，零件加工精度和质量完全由数控机床来自动保证和完成。因而避免了各种人为误差造成的种种故障或缺陷。b. 操作者的劳动条件好，劳动强度低，技术熟练程度低。因为在整个加工过程中，操作者只需装卸刀具和工件、安装控制带、调整机床原点、开停机、监护机床运行、处理机床运行中的临时故障。c. 加工精度高，再现性好。一般的加工经济精度为0.05～

0.1 mm，而数控机床可达到的精度为 0.01~0.02 mm。在加工相同型腔时，再用同一程序，可保证型腔尺寸几乎完全一致。d. 生产效率高。免去了像普通铣床加工那样，要事先进行繁复的划线并复查以及装卸工卡具等工作，省去了靠模、样板等二类工装，大大缩短了生产准备周期；又由于是按程序不停地加工，这就使机床的净切削时间（为机床开动时间的 65%~70%）比普通铣床（15%~20%）长很多。e. 适应性、灵活性强。加工程序可按加工工件不同要求来变换，如设计尺寸、形状更改时，只需对程序（即数控带）作局部修改即可，不像普通铣床那样，还要相应的更改工夹具，因而数控机床可加工形状很复杂的零件。f. 可使计算机辅助设计（CAD）和计算机辅助制造（CAM）一体化，以建立共用的几何图形数据库，使 CAD 的数据直接输入 CAM，省去重复编程，避免人为误差，成为解决模具设计与制造中一些薄弱环节和问题的有效途径。g. 需要识图能力强及对机械切削加工工艺熟练且熟悉计算机技术、经验丰富的编程人员。h. 机床价格昂贵（目前国产的 50 万~70 万元/台，国外产的 100 多万元/台），其加工经济性视工件形状复杂程度、精度要求高低、使用场合（目的）不同而有很大的差别。i. 形状复杂的零件（如各种四维空间的叶片、整体叶轮等）的编程时间较长。

　　根据目前我国生产、经济水平，结合上述数控机床的特点综合衡量，采用数控铣床加工，很适合那些工件形状复杂、结构精细、尺寸和形位精度要求都比较高且生产批量大（几十万件以上）的模具零件，或虽生产批量很小，但有某种特殊意义（如生产导弹用的钛合金整体叶轮的模具型腔件，复制形状结构很复杂的文物模具等）的模具零件的加工，而使用普通铣床可以保证质量的其他模具零件，从性价比的角度考虑，不是非常急需和特殊的情况，还是采用普通铣床或采用其他加工方法为好。对于模具制造来说，数控铣床适合以下模具零件的加工：a. 冲裁模的冲头（尤其是形状复杂怪异的冲头）、凹模、卸料板等；b. 各类模具的型腔，特别是多型腔模具件的加工和相同形状、尺寸工件的复制；c. 四坐标、五坐标铣床适合加工各种带扭角或整体叶轮等形状复杂的模具零件；d. 加工各种电加工用电极，特别适合加工有阶梯形的电极。

　　②数控铣床的类型及特点（见表 6-36）。

表 6-36　　　　　　　　　　　数控铣床的类型及特点

类 型		特 点
三坐标数控铣床	两坐标联动	以两个坐标同时控制，一个坐标按一定周期进给的方法加工。可加工由直线和圆弧构成的平面类零件和由平面轮廓叠加构成的立体型腔
	三坐标联动	三个坐标同时控制，可实现三坐标空间直线插补，有的还可实现螺旋插补
四坐标数控铣床		除三坐标（x 轴、y 轴、z 轴）外，还有绕 x 轴的旋转坐标 a 轴或绕 z 轴的旋转坐标 c 轴，即可实现此四坐标联动，可加工四维空间尺寸的（如分度的不带扭角的叶轮等）型腔模零件等

类 型	特 点
五坐标数控铣床	除有 x 轴、y 轴、z 轴、a 轴或 c 轴坐标外还有 b 轴坐标,可使刀具在空间走给定的任意轨迹,即可实现五坐标联动加工。可加工分度且又带扭角的具有五维空间尺寸的零件,如生产各种带有扭角的叶片或叶轮的模具型腔件或叶片、叶轮件等

③数控铣床的控制方式。

图 6-67 为 XK715B 型数控立式铣床的外形。

机床的主要规格如下:

工作台工作面尺寸(宽×长)	500 mm×2 000 mm
工作台纵向行程	1 320 mm
工作台横向行程	550 mm
主轴箱垂直行程	600 mm
主轴锥孔	7 : 24　50#
主轴转速范围	36~1 800 r/min
进给速度	
工作进给	1~2 400 mm/min
快速进给	10 mm/min
主传动电机功率	DC11/15kW

XK715B 型数控立式铣床是一种连续曲线轨迹数控机床。配有 FANUC–BESK6M 数控装置和直流主轴电机、宽调速直流伺服电机和精密滚珠丝杠。

图 6-67　XK715B 型数控立式铣床

图 6-68　XKFMA716 型精密数控仿形铣床

图 6-68 为 XKFMA716 型精密数控仿形铣床的外形，此机床配有日本 FANUC 6M 数控系统、330D 仿形系统和精密仿形头。可以实现单独数字控制、单独仿形控制、数字和仿形联合控制的 3 种控制方式。数控用 6M 系统实现，具有数控机床的所有功能。仿形控制用 330D 系统实现，具有手动仿形、双向行切、单向行切、360°轮廓仿形、部分轮廓仿形、三坐标仿形等 16 种仿形功能。数控和联合控制是同时使用 6M 和 330D 系统，6M 数控系统控制 x 轴、y 轴，330D 仿形系统控制 z 轴，以实现数控仿形。

（三）坐标镗床加工

1. 坐标镗床的种类和主要技术规格

坐标镗床的种类、规格较多，有立式的和卧式的，有单柱的和双柱的，有数显的和数控的。其主要种类及其技术规格如表 6-37。

表 6-37　　　　　　　　　　　　　　坐标镗床的主要技术规格

型　　　号			T4132A	T4145	T4163A	TA4280
工作台尺寸（宽×长）（mm）			320×500	450×700	630×1 100	840×1 100
工作台行程（横向/纵向）（mm）			520/400	400/600	600/1 000	800/950
主轴行程（mm）			120	200	250	300
主轴锥孔			莫氏 2 号	3：20	3：20	莫氏 4 号
主轴转速		挡数	无级	无级	无级	18
		转速范围（r/min）	80～800 800～2 000	40～2 000	20～1 500	36～2 000
主轴进给量		挡数	2	4	4	6
		进给量（mm/r）	0.03、-0.06	0.02、0.04、0.08、0.16	0.03、0.06、0.12、0.24	0.03～0.30
坐标精度		读数（mm）	0.01	0.001	0.001	0.001
		定位（mm）	0.002	0.004	0.004	0.003

2. 坐标镗床光学系统成像原理

坐标镗床的纵向与横向光学系统成像原理完全一样，图 6-69 为 T4145 坐标镗床的光学系统图。结合此图仅以纵向为例加以说明。该机床光学系统的物镜放大倍数为 40 倍，即精密刻线尺的线间距离为 1 mm，经物镜放大 40 倍后，在成像屏上为 40 mm。从图 6-69 可知，光源 6 经聚光镜 8 射出的光束，由纵向反射镜 9 偏转 90°后，通过纵向物镜 5 会聚于槽形精密刻线尺 4 上，被照亮的刻线尺 4 又通过纵向物镜 5、3 及纵向反射镜 10、14、15 成像在光屏 2 上呈正像，供操作者视读。

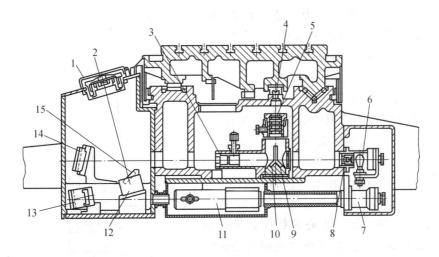

1—刻度盘 2—光屏 3、5—纵向物镜 4—刻线尺 6—纵向光源 7—横向光源 8—聚光镜
9、10、14、15—纵向反射镜 11—横向物镜 12、13—横向反射镜

图 6-69 T4145 坐标镗床光学系统

3. 模具的镗孔方法

模具零件的镗孔方法有划线镗孔法、定位套镗孔法、同镗合镗法、用精孔钻加工法、用工件上的孔定位镗斜孔法、坐标法镗孔法、配镗加工法、用坐标镗床镗孔法、镗淬硬工件法等 9 种，因篇幅所限具体方法步骤略。

4. 坐标镗床的其他用途

1）划线及冲中心孔。将需要精密划线的工件安装在万能转台上，把图 6-70 所示的中心冲子的锥柄端装夹在坐标镗床的主轴孔内，由弹簧 1 使顶尖 3 给工件一定的压力进行划线，划圆弧时必须使圆弧中心对准转台回转中心，转动转台即可划出圆弧线，当划线图形有较多圆弧时，由于调整中心麻烦，而多用手工连接。

冲中心孔时，转动手轮 2，使转动手轮 2 上表面的斜面将柱销 4 往上推，使顶尖 3 提升并压缩弹簧 1，当柱销达到斜面最后位置而继续转动手轮时，弹簧 1 就将顶尖 3 下弹，便打出中心孔。

2）用于测量。利用坐标镗床的高精度和万能转台，对已加工零件的孔进行测量。例如，测量热处理以后的孔距变形情况及其他零件的尺寸。

3）用于铣削。在坐标镗床上装夹主铣刀还可对工件进行小余量铣削（精铣）。

（四）加工中心加工

随着电子技术、计算机技术、自动控制、精密测量、机床结构设计的日益进步和加工工艺的快速发展，高自动化的机床如数控车床、数控钻床等加工机床相继问世，给模具和机械制造业带来了好、快、省的效果，但由于这单能（只能车、铣、钻）的数控机床还不能满足模具零件与多工序加工的要求，并有工序间耗费的时间长等缺点。为此，国外又开发了具有快速换刀，能进行铣、钻、镗、攻等多种加工功能，工件装夹一次就能自动完成或接近完成加工模具零件的数控机床——加工中心。

由于国外已开发的加工中心品种繁多、性能各异，本书仅作一概括性的介绍。

加工中心的外形、结构见图6-38。

1. 不带自动换刀装置的加工中心

数控坐标数一般有：

1）数控两坐标加工中心。它的 x 坐标、y 坐标是数显的，而 z 坐标则是用挡块等机件来控制的。

2）数控三坐标加工中心。它的 x、y、z 三个坐标都是数控的。

3）数控四坐标加工中心或数控五坐标加工中心，是带有数控回转工作台或倾斜工作台的分别可加工有四维空间尺寸或五维空间尺寸（前者如分度的齿轮，后者如带扭角的叶片、叶轮等）工件的 x、y、z、a（或 c）、b 五坐标都可数控联动的加工中心。

2. 带自动换刀的加工中心

自动换刀装置由换刀装置、刀具传送装置、刀库等组成，其数控坐标数有三坐标、四坐标、五坐标的。

3. 数控仿形加工中心

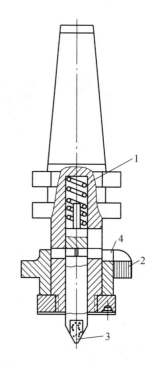

1—弹簧　2—手轮　3—顶尖　4—柱销
图6-70　中心冲子

其控制方法可以是数字控制或仿形控制，也可作数控—仿形混合加工。所以此机床是加工大型模具零件的理想设备。

XHF7610型数控仿形加工中心的主要技术规格如下：

主工作台尺寸	1 000 mm × 1 650 mm
仿形工作台尺寸	1 000 mm × 1 250 mm
三向行程 x、y、z	1 250/1 000/800
主轴锥孔	7：24　50#
主轴转速	10 ~ 4 050 r/min
主电机功率	22/18.5 kW
进给速度	1 ~ 4 000 mm/min
仿形速度	20 ~ 2 000 mm/min
刀库容量	60
控制系统	FANUC6MB + 330D
定位精度	±0.02/全行程 mm
重复定位精度	±0.005 mm

加工中心虽然技术很先进，生产效率也高，加工出来的零件尺寸和形位精度都很高，操作者的劳动强度低、劳动条件好，但由于设备昂贵，需要比前述技术更全面、经

验更丰富的数控编程人员，而且零件加工费用高，故在我国目前的情况下，仅适合用来加工形状很复杂，尺寸和形位精度要求很高，且有较大生产批量的零件；有特殊意义的或非它不能加工的单个、少量复杂精密零件。一般复杂程度和精度要求的模具零件还不适合用它来加工。

（五）刨床、插床加工

牛头刨床、龙门刨床在模具零件的外平面、斜面、圆弧面及大的内孔加工中被广泛使用，特别是在大尺寸平面的粗加工中起着重要的作用，而仿形刨床则在加工由直线和圆弧组成的各种复杂形状凸模方面成为模具零件加工的专用设备。

1. 刨床的主要技术规格

牛头刨床和龙门刨床为通用刨削设备。液压仿形牛头刨床和刨模机的主要技术规格分别见表 6-38 和表 6-39，仿形刨床的主要技术规格见表 6-40。

表 6-38   液压仿形牛头刨床主要技术规格

机 床 名 称	型号	规格	主要技术参数								
			最大仿形长度（mm）	最大刨削长度（mm）	最大刨削宽度（mm）	滑刨速度（mm/min）		工作台顶面尺寸（mm）	工作台行程（mm）		滑座水平行程（mm）
						仿形速度	工作速度		水平	升降	
液压仿形牛头刨床	BY 61100	1000	850	1000		6~10	3~35	1000×500	1000	320	
移动式液压仿形牛头刨床	BF 62100	1000×2000	850	1000	2000	6~10	3~22	1000×2000			2000

表 6-39   刨模机主要技术参数

机床名称	型号	最大刨削长度（mm）	主要技术参数						工作精度
			工作台顶面尺寸 $A \times B$（mm）	工作台行程（mm）		刀架最大回转角度（°）	滑地往返次数		
				横向	纵向		级数	范围（次/mm）	平行度（mm）
刨模机	B8810-2	100	134×295	100	250	0~80	3	42~85	0.02/40

表 6-40　　　　　　　　　仿形刨床的主要技术规格、加工范围及外形

技术规格	加工范围	外　形
最大刨削宽度（mm）	220	
最大刨削长度（mm）	100	
行程长度（mm）	40 ~ 110	
每分钟行程次数（次/mm）	40、54、70	
刨刀摆动范围	≈90°	
每一来回的自动走刀量（mm）	0.03 ~ 0.18	

2. 刨床加工模具零件配用的工夹具、刀具及测具

（1）专用工夹具

1）刨斜面专用夹具

图 6-71 所示冲槽凸模（两个凸模背靠背同时加工出来）的专用夹具，在刨削两平面、侧面及槽时，主要采用撑板挡铁等形状的夹具如图6-72（a）、图 6-72（b）、图 6-72（c）所示，图 6-72（d）所示为刨

图 6-71　冲槽凸模

凸模斜面的专用夹具，夹具上有一所需角度的斜面，以此斜面及与它垂直的另一面作定位面（五点定位），由螺钉与弯板来夹紧。

此种刨斜面的夹具结构很简单，使用也很方便。

2）刨平面夹具

图 6-73 所示为刨模具上平面所用的专用夹具。工件底面 1 和侧面 2 均已加工好，现要刨上平面 3、上平面 5 与侧面 4、侧面 6，要求上述待加工表面对已加工平面、侧面平行并有尺寸公差要求。为达到上述要求，应选择已加工底面 1 和侧面 2 作定位基准来装夹。

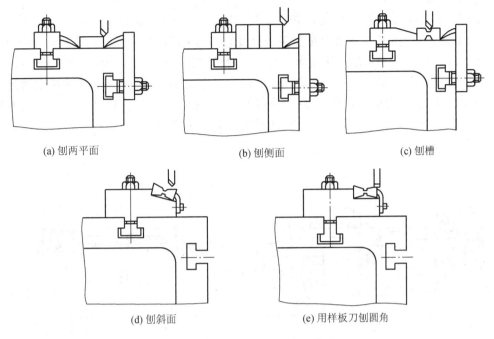

(a) 刨两平面　　　　　　　(b) 刨侧面　　　　　　　(c) 刨槽

(d) 刨斜面　　　　　　　(e) 用样板刀刨圆角

图 6-72　刨冲槽凸模的专用夹具

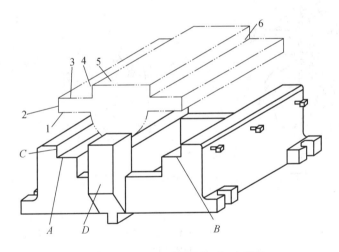

1—底面　2、4、6—侧面　3、5—上平面

图 6-73　专用夹具

　　选择台阶平面 A、平面 B 作为主要定位基准面与工件上的已加工底面 1 接触，因为这样不但可限制工件的三个自由度，而且可保证工件水平面之间的平行度和尺寸要求；选择夹具上侧面 C 作为导向基面与工件侧面接触，既消除工件两个自由度，又保证了工件侧面的平行度，夹具上的挡块 D 为止动挡块，其作用是防止工件在刨削中沿刨刀行程方向位移，工件定位后，由夹具体侧面均布的几个夹紧螺钉来夹紧。

（2）可转位工具

图 6-74 所示为冲槽凸模的可转位工具。图 6-74（a）为此工具的结构图，主要包括：主轴顶尖、尾座顶尖和辅助顶尖，以及它们的支承调节装置。主轴 1 一端的中心锥孔内装顶尖 2，同一端的燕尾槽内有滑板，滑板的孔内装活动顶尖 4，螺钉 3 可使滑板作径向调节，调整两顶尖距离 L，旋转螺钉 9，推动顶销 7、8，使胀圈 6 张紧蜗轮 15，此时，转动手轮并使主轴转动；手柄 10 用作主轴锁紧，手轮 14 上的平面齿与螺母 13 上的平面齿啮合后，转动螺杆 12 可使尾座顶尖 11 前后移动。

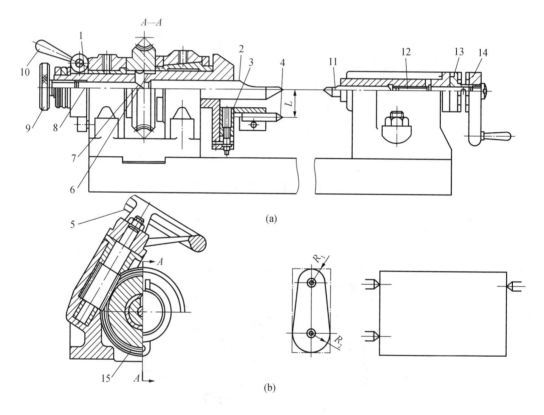

(a)

(b)

1—主轴　2、11—顶尖　3、9—螺钉　4—活动顶尖　5、14—手轮
6—胀圈　7、8—顶销　10—手柄　12—螺杆　13—螺母　15—蜗轮
图 6-74　刨冲槽凸模的可转位工具

冲裁凸模刨削装夹方法如图 6-74（b）所示，在短型坯料的 R_1、R_2 的中心位置钻中心孔，调节夹具三顶尖装夹工件。加工 R_1 圆弧面时，R_1 中心孔架于主、尾顶尖，调整活动顶尖 4 顶 R_2 中心孔。转动手轮 5 使工件转动，加工 R_1 圆弧。调换 R_1、R_2 的装夹位置即可加工 R_2 圆弧弧面。转动手轮 5 将斜面调整到水平位置后，用手柄 10 锁紧，即可加工连接 R_1 和 R_2 两弧面的斜面。

应注意的是，此夹具纯靠三顶尖夹紧，故进刀量不要过大。

(3) 曲面刨削装置

1) 牛头刨床手动圆弧面刨削装置

图6-75为在牛头刨床装刀座上安装的蜗轮副圆弧面刨削装置。加工时，转动手轮1，蜗杆2带动蜗轮3旋转，使刨刀转动，刨刀安装时，刀尖到蜗轮转动中心的距离为圆弧刨削半径。刨刀的不同安装形式可刨凸圆弧面［见图6-75（a）］、凹圆弧面［见图6-75（b）］和内圆弧面［见图6-75（c）］。

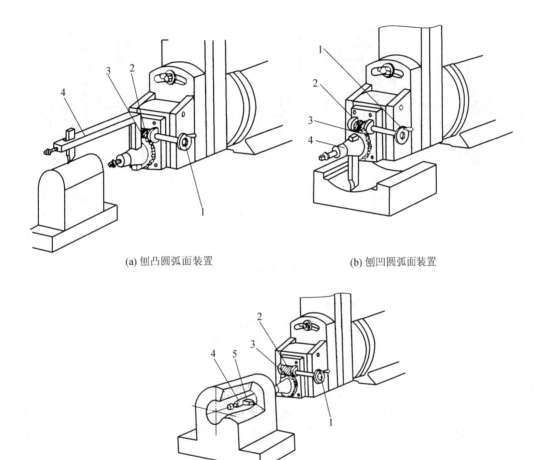

(a) 刨凸圆弧面装置　　　　　　　　　　　(b) 刨凹圆弧面装置

(c) 刨内圆弧面装置

1—手轮　2—蜗杆　3—蜗轮　4—刀杆或装刀座　5—刨刀
图6-75　牛头刨床刨圆弧面装置

2) 牛头刨床自动圆弧面刨削装置

牛头刨床自动圆弧面刨削装置的结构原理如图6-76所示。刀杆1安装在牛头刨床的刀架上，刀杆1下部装有刀排14。蜗杆座23固定在刀杆1上，作为蜗杆轴22的支撑，并通过蜗杆轴22支撑棘轮壳19。支承轴2固定在蜗杆座23上，其上用螺钉固定装有滑块轴4的支杆3和固簧轮15。滑杆9上的滑槽可在滑块轴4上滑动，并带动摆柄

5、棘轮壳 19、棘爪销 8 绕蜗杆轴 22 摆动，使棘爪单方向拨动蜗杆轴 22 上的棘轮。刀排 14 上装有蜗轮 11 可由蜗杆带动转动。

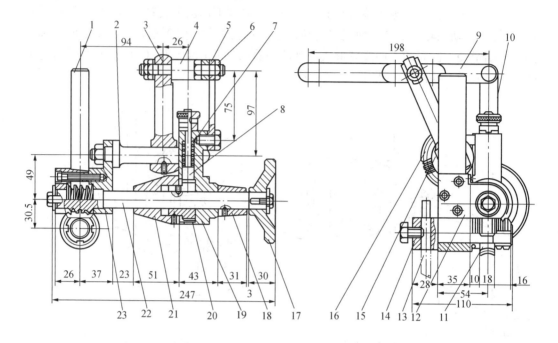

1—刀杆　2—支承轴　3—支杆　4—滑块轴　5—摆柄　6—螺母　7—弹簧
8—棘爪销　9—滑杆　10—小套　11—蜗轮　12—盖板　13—刨刀　14—刀排
15—固簧轮　16—拉簧　17—手轮　18、21—固定套　19—棘轮壳　20—棘轮
22—蜗杆轴　23—蜗杆座
图 6-76　牛头刨床自动圆弧面刨削装置

在刨削的每个行程中，刨刀退回近底端时，滑杆 9 便撞在预先固定在床身上的挡块，使滑杆相对于滑块移动，通过摆杆、棘轮和蜗轮蜗杆带动刀排 14 转过一角度，这样在整个刨削过程中，刀尖自动走过圆弧轨迹加工出圆弧面。摆杆的复位靠固定在固簧轮 15 上的拉簧 16，拉动棘轮壳 19 上的凸柄。

采用自动圆弧面刨削装置使圆弧面刨削加工的质量好，效率高。该装置可用于刨削 $R18 \sim 45$ mm 圆弧面。

3）龙门刨床刨圆弧面连杆机构

图 6-77 所示为龙门刨床刨圆弧面连杆机构。图 6-77（a）、图 6-77（b）所示的刨圆弧面连杆机构是将机床原垂直刀架垂直进给丝杠拆除，连杆 2 的一端与刀架溜板 5 上的连接座 4 铰接，另一端与固定座铰接。图 6-77（c）、图 6-77（d）所示刨圆弧面连杆机构采用双刀架，连杆两端分别与垂直刀架溜板铰接。

加工时，刀架作水平进给运动，见图 6-77（a）、图 6-77（b）、图 6-77（d）或垂直进给运动，见图 6-77（c），铰接点摆动连杆绕固定铰接点摆动，带动刀架作合成运动，加工出型面。

388

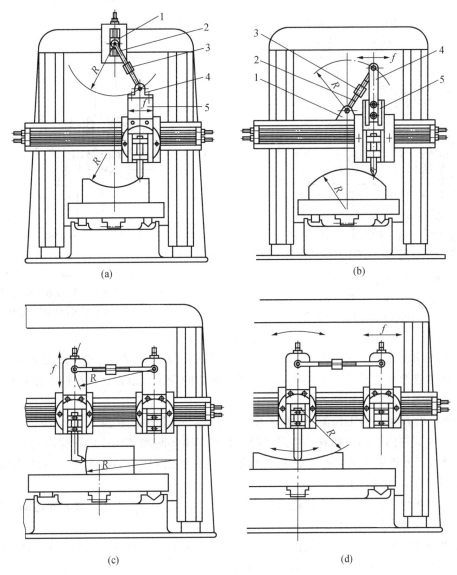

(a)

(b)

(c)

(d)

1—固定座　2—连杆　3—调节螺母　4—连接座　5—刀架溜板

图 6-77　龙门刨床刨圆弧面连杆机构

（4）曲面刨削的靠模装置

普通刨床加装仿形装置和靠模，可以仿照靠模形状刨削模具零件形状复杂的工作曲面。

1）牛头刨刀架曲面靠模装置

常见的仿形装置有机械式和液压式。

①机械式靠模装置。图 6-78 所示为刨曲面机械靠模装置，其结构及工作原理是：拆除刀架丝杆，在刀架溜板 3 上端装一对压缩弹簧 2，在溜板左侧安装可调滚轮支架 6，

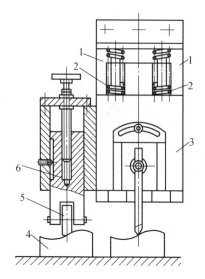

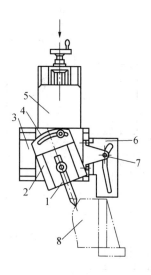

1—溜板座　2—弹簧　3—刀架溜板
4—靠模　5—滚轮　6—滚轮支架
图6-78　刨曲面的机械靠模装置

1—刨刀　2—刀座　3—下垫板　4—上垫板
5—刀架溜板　6—靠模板　7—滚轮　8—工件
图6-79　刨工件侧曲面的靠模装置

支架下端的滚轮5支承在靠模4上。加工时，滑枕往复运动带动滚轮沿靠模表面滚动，同时工作台进给带动靠模与工件移动，随靠模曲线的变化，滚轮支架6带动刀架上下移动，加工出与靠模曲线相同的曲面。

图6-79所示的刨工件侧曲面的靠模装置是另一种机械式靠模装置。

刨工件侧曲面的靠模装置是在刀架溜板5与刀座2间加装能作水平移动的上垫板4和下垫板3。上垫板右侧装有滚轮7，滚轮嵌入固定在滑枕上的靠模板6的曲线槽中。下垫板固定在刀架溜板上。

刀架溜板作垂直进给时，滚轮沿曲线槽滚动，带动上垫板4作合成方向运动，加工出与靠模曲线槽相同的型面。

②液压式靠模装置。液压靠模装置如图6-80所示。外形图如图6-80（a）所示，靠模装置的主要结构包括：液压刀架6、靠模3、触杆4、液压阀5及供油系统。其工作原理如图6-80（b）所示，在液压刀架中，油缸滑板5固定在刨床滑枕上代替原来的刀架。刀架滑块6装有小刀架，用于安装刨刀，其上部与活塞4相固定，并可沿油缸滑板的导轨作上下滑动。刀架滑块左侧装有纵横滑板，纵向导轨上装有靠模器阀体11，阀体可作上下、左右、前后移动，以调整触杆9与刨刀的位置，保证靠模与工件的对应位置和吃刀深度要求。液压阀体内设有滑阀3，它的上端装有拉杆1，旋动螺母2可使拉杆上下移动。上弹簧下压滑阀，通过滚珠、球面摇杆10，使触杆始终压向靠模8，下弹簧托起球面摇杆，使球面摇杆与滑阀始终保持接触。

加工时，滑枕带动刀架及液压阀作往复运动，工作台作水平进给带动工件7、靠模8作水平移动，液压阀触杆9相对靠模曲面变化带动阀芯上下移动，不断改变开隙的大小，使液压缸上下油腔油压改变，推动活塞及刀架移动，从而加工出与靠模相同的曲面。

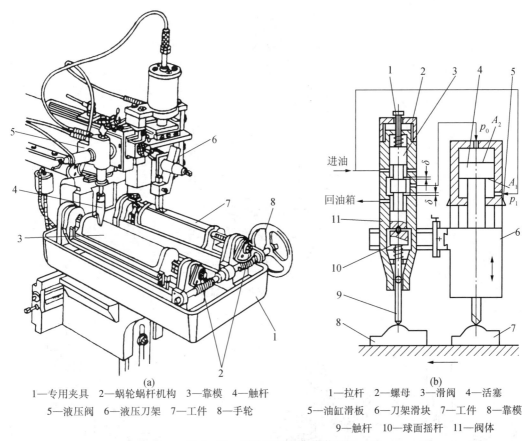

(a)

1—专用夹具 2—蜗轮蜗杆机构 3—靠模 4—触杆
5—液压阀 6—液压刀架 7—工件 8—手轮

(b)

1—拉杆 2—螺母 3—滑阀 4—活塞
5—油缸滑板 6—刀架滑块 7—工件 8—靠模
9—触杆 10—球面摇杆 11—阀体

图 6-80 刨曲面液压靠模装置

2）牛头刨工作台下靠模装置

图 6-81 为牛头刨工作台下靠模装置。安装时，将牛头刨床工作台的垂直丝杆和床身底座上的平导轨拆除，在床身底座上装靠模 5，在工作台底部装上支架 3 和滚轮 4，滚轮支承在靠模上。

当工作台水平移动时，滚轮沿靠模滚动，带动工作台和工件对刀具做曲线运动，加工出与靠模曲线相反尺寸一样的型面。

3）龙门刨曲面靠模装置

图 6-82 所示为龙门刨曲面靠模装置。龙门刨液压仿形装置需要在龙门刨床上拆去垂直刀架进给丝杆。其外形结构如图 6-82（a）所示，刀架溜板 3 与驱动液压缸 2 相连，液压缸活塞杆固定安装在刀架水平溜板的支架 1 上。油缸移动时，可带动刀架上下移动。刀架溜板侧面装有随动阀 8。

工作原理如图 6-82（b）所示，工作台带动工件及靠模作往复运动，刀架水平进给带动随动阀移动，触杆 1 沿靠模表面曲线变化作上下移动，触杆的移动通过杠杆传递给随动阀芯 2 作相反方向移动，改变开隙 δ_1、δ_2 的值，使液压缸内的油压改变，液压缸相对活塞上下移动，便使刀具在工件上加工出与靠模曲面一样的曲面。

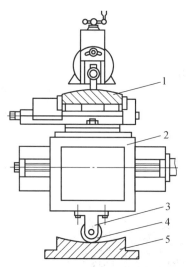

1—工件　2—工作台　3—支架　4—滚轮　5—靠模

图6-81　牛头刨工作台下靠模装置

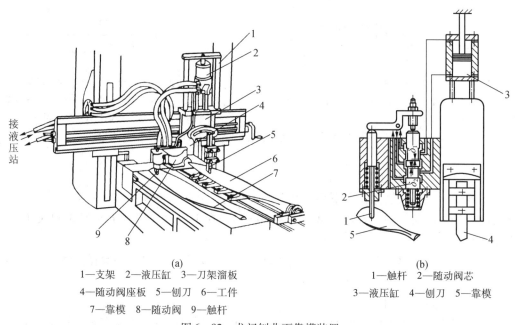

接液压站

(a)

1—支架　2—液压缸　3—刀架溜板

4—随动阀座板　5—刨刀　6—工件

7—靠模　8—随动阀　9—触杆

(b)

1—触杆　2—随动阀芯

3—液压缸　4—刨刀　5—靠模

图6-82　龙门刨曲面靠模装置

（5）仿形刨床用工夹具

仿形刨床主要用于加工由圆弧和直线组成的各种形状复杂的凸模，如带台肩的凸模、型腔冷挤冲头等零件的加工，也可加工内孔及划线。其加工精度可达 ±0.02 mm，表面粗糙度可达 $Ra2.5 \sim 0.63\mu m$，但生产率较低，凸模精度受热处理变形影响大。用仿形刨床加工凸模时，一般应采用自动走刀，利用刨刀的摆动运动及凸模毛坯的纵、横向旋转和进给运动进行加工。因此仿形刨用工夹具主要作为工件的装夹和找正、对刀装置。

1）对刀装置

在仿形刨中，刨刀随机床摆臂做圆弧摆动，实现凸模根部圆角的切削，因此刀头与刨刀摆动中心的相对位置决定工件根部圆角半径的大小，图6-83所示对刀装置为控制加工工件根部圆角半径的工具。该工具由工具体和对刀杆组成。使用时，将工具体1靠在机床摆臂2侧面，拉动对刀杆3，根据工件根部所需圆角半径大小，将对刀杆上刻线对准工具体上的相应刻度值，将刀头对准对刀杆即可完成对刀。

2）工件的装夹和找正装置

仿形刨工件的常用装夹工具如图6-84所示，有三爪自定心卡盘1、连接板3，以及固定连接在机床回转盘4上的压板。当需要三爪自定心卡盘与机床回转盘同轴时，还需使用定位芯棒2。

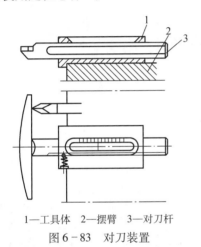

1—工具体 2—摆臂 3—对刀杆

图6-83 对刀装置

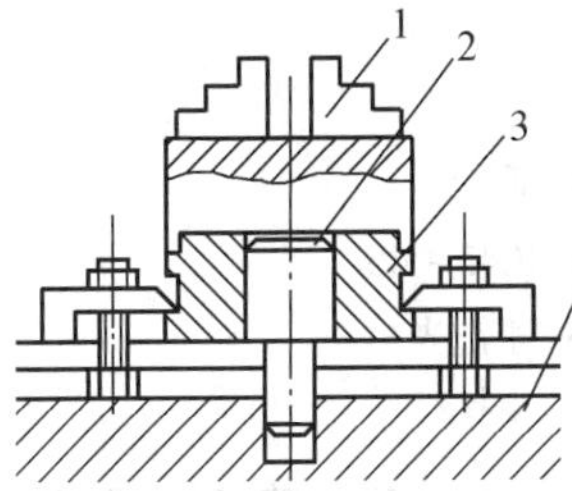

1—三爪自定心卡盘 2—定位芯棒
3—连接板 4—机床回转盘

图6-84 定心夹具

加工圆弧时，必须使凸模上的圆弧中心与机床回转盘中心重合，其校正工具可采用中心校正器或光学显微镜，如图6-85所示。图6-85（a）为采用中心校正器找正，将工件3上的圆弧中心位置钻好中心孔后放在回转盘4上，用中心校正器1上的顶尖2校正中心孔后，将工件夹紧。该方法找正精度高，但不适用于圆弧中心处于工件毛坯之外的工件找正。

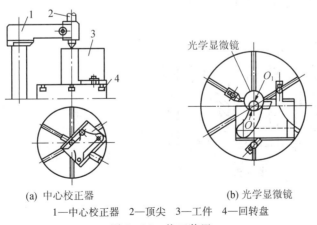

光学显微镜

(a) 中心校正器　　　(b) 光学显微镜

1—中心校正器 2—顶尖 3—工件 4—回转盘

图6-85 找正装置

图 6-85（b）为采用光学显微镜找正。它是把光学显微镜装在机床摆臂上，将已划好圆弧轮廓线的毛坯，按圆弧中心初步固定在回转盘中心 O 上夹紧，转动回转盘，观察显微镜上十字线交点 O_1 与圆弧线的重合性，并根据情况调整坯料的位置直到找正重合为止。

（6）刨床用其他附件（工夹具、刀具、测具）

刨削用其他机床附件、工夹具、刀具、测具的名称、结构及使用方法等见表 6-41。

表 6-41　刨床加工用附件、工夹具、刀具、测具的名称、结构及使用方法

名称	形 状 结 构	作 用	装夹和使用方法
撑板	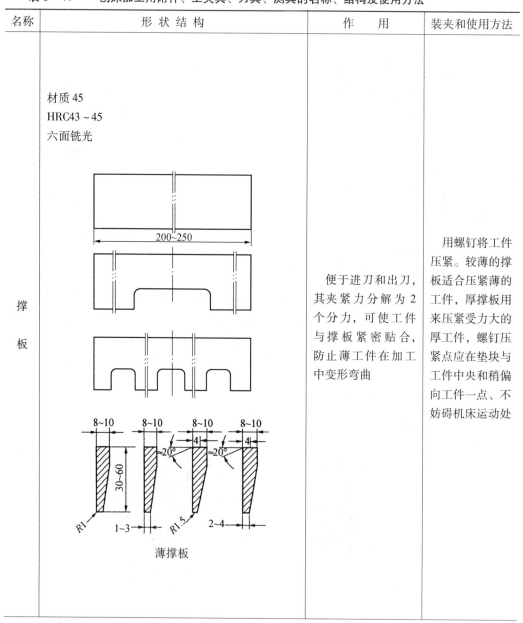	便于进刀和出刀，其夹紧力分解为 2 个分力，可使工件与撑板紧密贴合，防止薄工件在加工中变形弯曲	用螺钉将工件压紧。较薄的撑板适合压紧薄的工件，厚撑板用来压紧受力大的厚工件，螺钉压紧点应在垫块与工件中央和稍偏向工件一点、不妨碍机床运动处

名 称	形 状 结 构	作 用	装夹和使用方法
撑 板	 厚撑板 加工气割的坯料用的撑板	有缺口的撑板用作同时装夹两件以上的工件 加工气割的坯料用撑板是针对气割钢板坯料两面高低不平(有焊渣等)而设计的	
挡 块	材质 45 HRC43～48 大面磨光 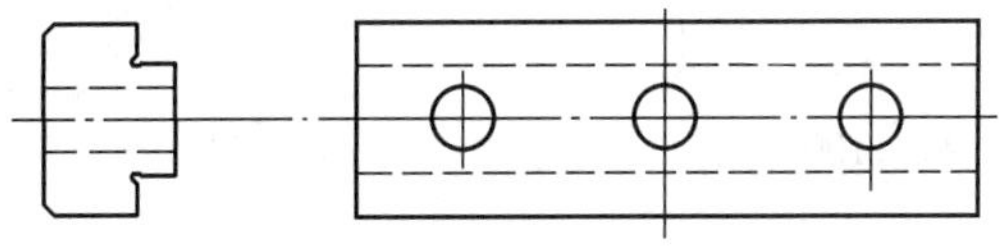 挡块 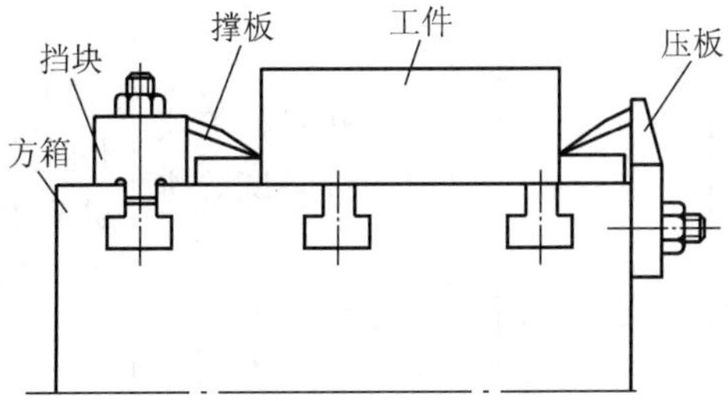 用挡块、压板装夹	用于虎钳不能夹的大工件、特殊的工件	利用挡块及压板将工件(或夹具)直接装夹在刨床的方箱上,如图所示

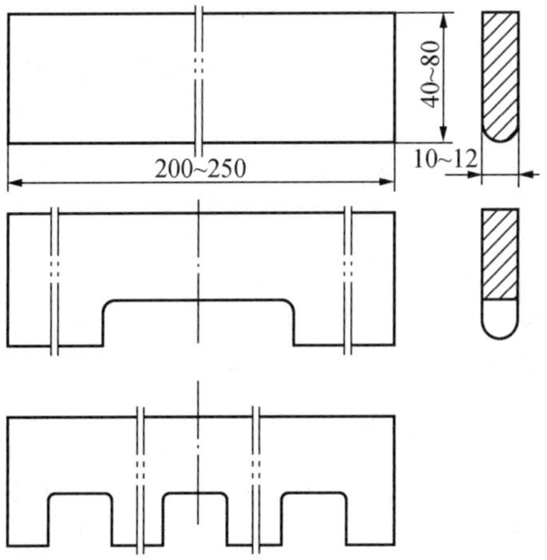

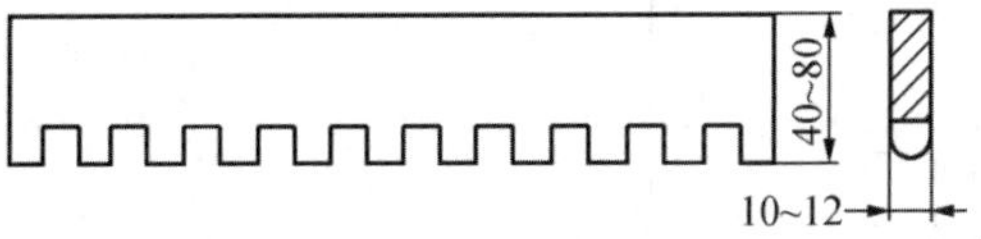

名称	形 状 结 构	作 用	装夹和使用方法
测 量 规	材质45 HRC43~48 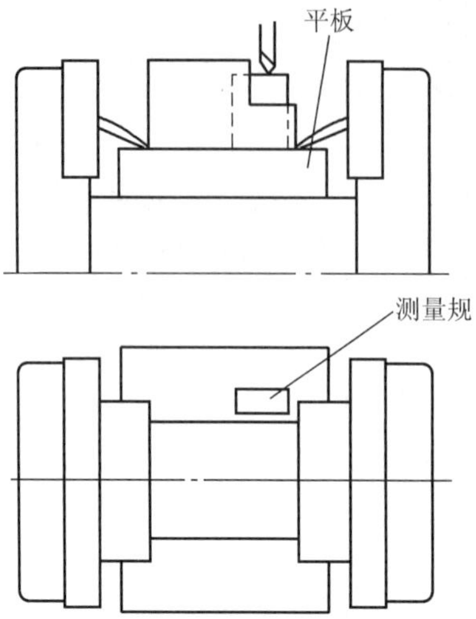 平板 测量规 测量规的使用 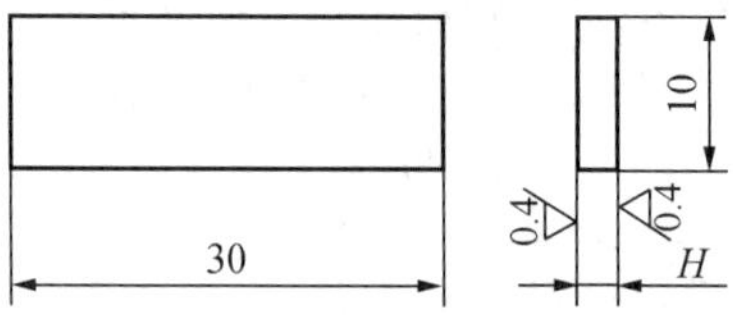 30 10 0.4 ▽ ▽ 0.4 H 测量规尺寸 测量规的厚度 H 可加工成：1、1.1、1.2、1.3、1.4、1.5、2、2.1、2.2、2.3、2.4、2.5、3、4、5、6、7、8、9、10、11、12、13、14、15、20、25、30、35、40、50、60、70、80、90、100 等，其尺寸和表面要求如图	用于对工件刨削厚度的对刀	图中所示为将测量规放在装夹工件的平板上，使测量规的高度相当于加工尺寸，刨刀用测量规对刀后进行刨削
斜 垫 块	材质45 HRC43~48 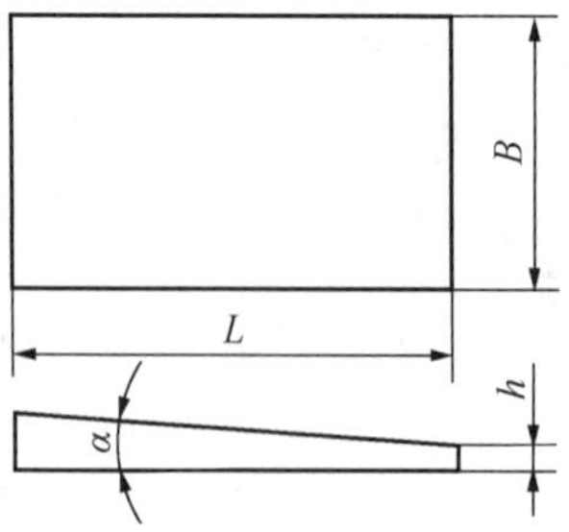 B L h α	加工塑料模等模具中的带斜度的拼块用	用斜垫块将工件垫成所需角度进行刨削或磨削、铣削等加工

名称	形 状 结 构	作 用	装夹和使用方法
斜垫块	规格： $B \times L$　60×100　100×150 α：$30'$、$45'$、$1°$、$1.5°$、$2°$、$2.5°/h = 4$ mm $3°$、$3.5°$、$4°/h = 3$ mm $5°$、$6°$、$8°$、$10°$、$15°$、$20°/h = 2$ mm		
刨垂直面用夹具	材质 45 HRC43 ~ 48 尺寸规格 <table><tr><td>规格号</td><td>A</td><td>L</td><td>B</td><td>H</td><td>T</td><td>M</td></tr><tr><td>1</td><td>100</td><td>70</td><td>35</td><td>45</td><td>12</td><td>8</td></tr><tr><td>2</td><td>120</td><td>90</td><td>40</td><td>50</td><td>12</td><td>8</td></tr><tr><td>3</td><td>150</td><td>120</td><td>45</td><td>60</td><td>14</td><td>10</td></tr><tr><td>4</td><td>150</td><td>120</td><td>55</td><td>65</td><td>15</td><td>10</td></tr><tr><td>5</td><td>170</td><td>130</td><td>65</td><td>75</td><td>18</td><td>12</td></tr><tr><td>6</td><td>190</td><td>150</td><td>80</td><td>95</td><td>20</td><td>12</td></tr><tr><td>7</td><td>200</td><td>160</td><td>100</td><td>120</td><td>20</td><td>12</td></tr><tr><td>8</td><td>250</td><td>180</td><td>120</td><td>140</td><td>25</td><td>12</td></tr></table>	用于同时加工几块各种要求相互垂直的侧面的模板	通过该夹具两头的螺钉孔用螺钉把几块模板压紧后，一起刨削，保证相邻侧面垂直
仿形刨床用刀	材料：T8、T10、Cr12、W18Cr4V HRC60 ~ 62 整体式刨刀 刀排式刨刀	用于仿形刨削曲面、平面	见仿形刨床加工工艺

续表

名 称	形 状 结 构	作 用	装夹和使用方法
仿形刨床用刀	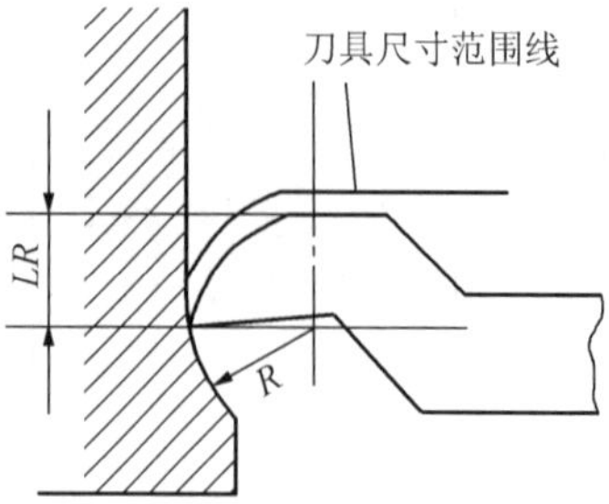 刀具尺寸范围线 LR R 刀具尺寸范围	用于仿形刨削曲面、平面	见仿形刨床加工工艺

3. 装夹方法

利用上述机床附件、工夹具对各种形状尺寸的工件进行装夹的方法见表6-42至表6-44，刨刀的装夹方法见图6-86。

表6-42 各种装夹方法

方法	简 图	说 明
用撑板夹紧薄件	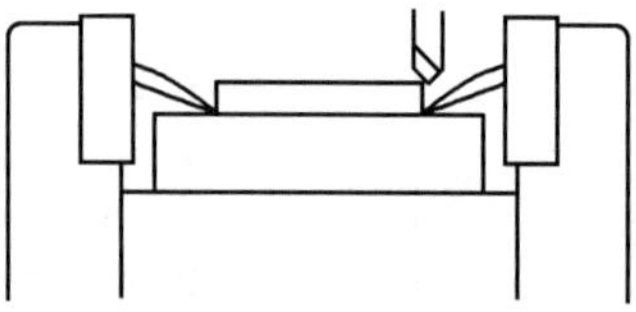	夹紧力不宜过大，以防工件弯曲
用撑板夹紧厚件	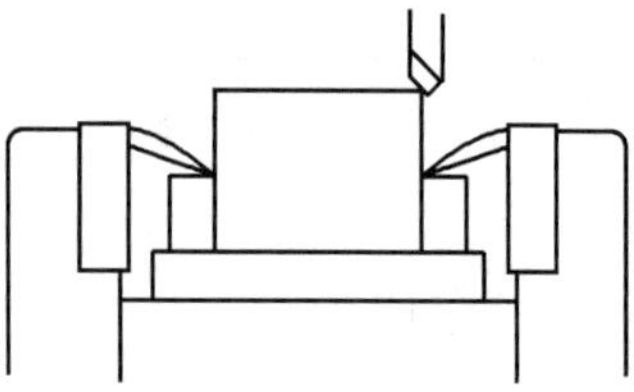	用厚撑板。平行垫块高度接近工件高度的一半
单面撑板夹紧加工矩形件侧面	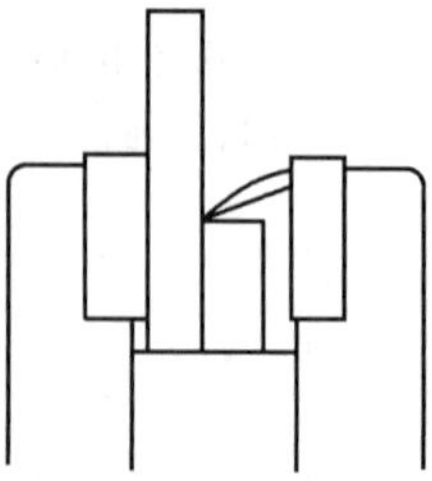	撑板应撑在活动钳口一边才能使工件垂直，如发现少量不垂直现象可改变垫块高度

续表

方法	简　图	说　明
多件撑板夹紧	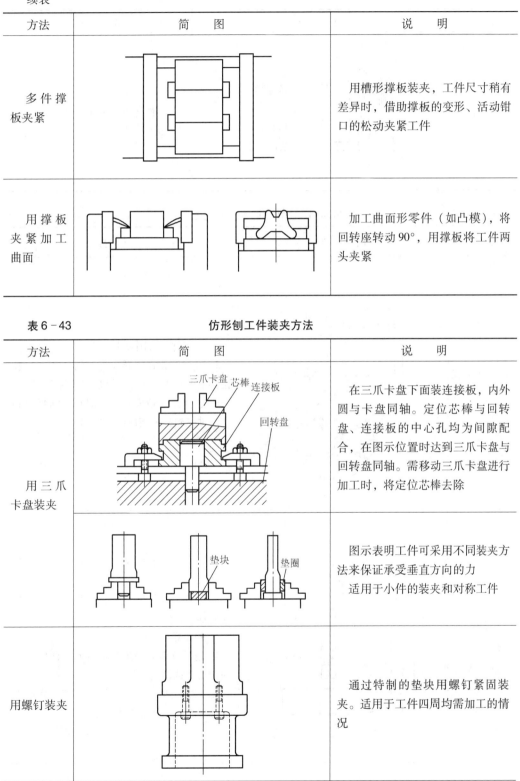	用槽形撑板装夹，工件尺寸稍有差异时，借助撑板的变形、活动钳口的松动夹紧工件
用撑板夹紧加工曲面		加工曲面形零件（如凸模），将回转座转动90°，用撑板将工件两头夹紧

表 6–43　　　　　　　　仿形刨工件装夹方法

方法	简　图	说　明
用三爪卡盘装夹		在三爪卡盘下面装连接板，内外圆与卡盘同轴。定位芯棒与回转盘、连接板的中心孔均为间隙配合，在图示位置时达到三爪卡盘与回转盘同轴。需移动三爪卡盘进行加工时，将定位芯棒去除
		图示表明工件可采用不同装夹方法来保证承受垂直方向的力 适用于小件的装夹和对称工件
用螺钉装夹		通过特制的垫块用螺钉紧固装夹。适用于工件四周均需加工的情况

399

续表

方法	简 图	说 明
用压板装夹	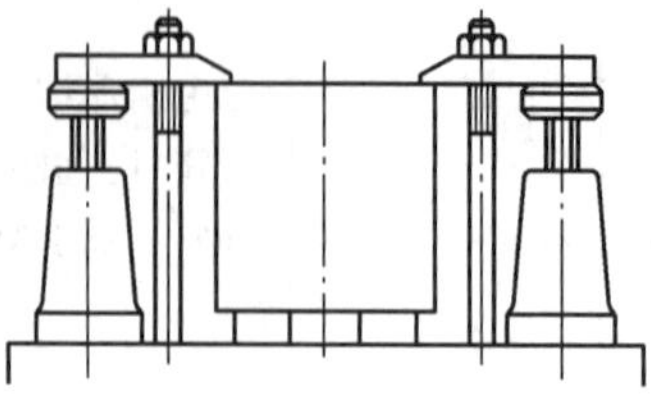	工件四周均需加工时不宜采用

表 6-44　　　　　　　　　　仿形刨床上找正圆弧中心的方法

方法	简 图	说 明
用顶尖找正	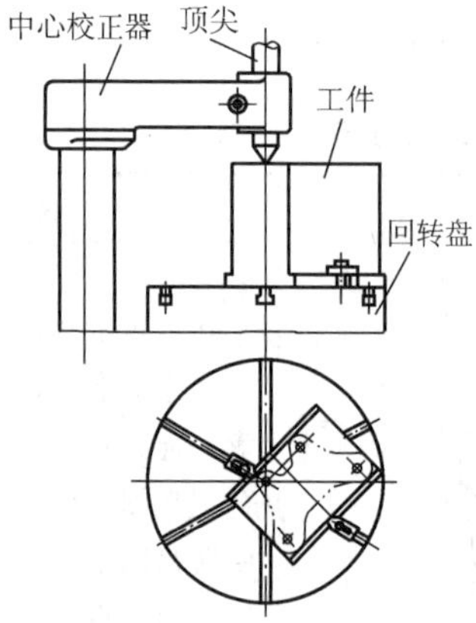	1. 在工件的各圆弧中心位置钻中心孔 2. 将工件放在回转盘上，用装在中心校正器上的顶尖校正中心孔后将工件夹紧 3. 这种方法精度较高，但对于圆弧中心在工件坯料外的情况则不适用
用辅助顶尖找正	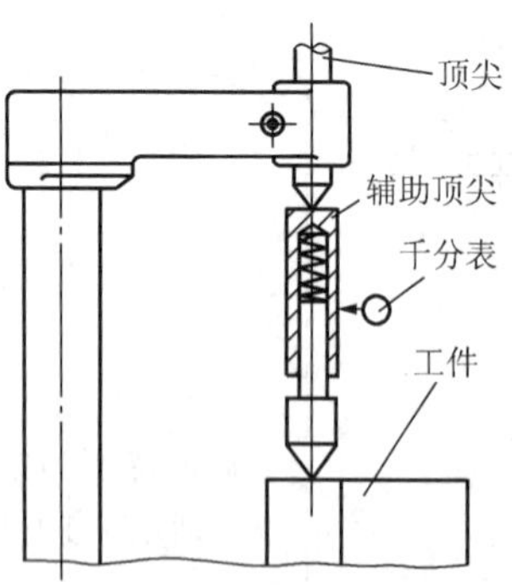	1. 工件的各圆弧中心位置钻中心孔或打样冲眼 2. 工件放在回转盘上，在顶尖与工件之间放辅助顶尖 3. 初步紧固工件 4. 用千分表靠辅助顶尖外圆，同时转动回转盘并调整工件位置 5. 此方法精度较高，但对于圆弧中心在工件坯料外的情况则不适用

400

续表

方法	简　图	说　明
用圆弧样板找正	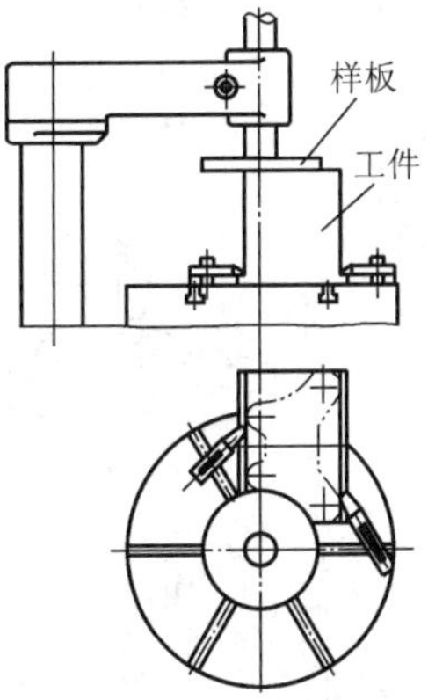	根据工件圆弧半径尺寸，利用圆弧样板找正工件圆弧中心 这种方法精度较差，但当圆弧中心在工件坯料外时也能找正
用光学显微镜找正	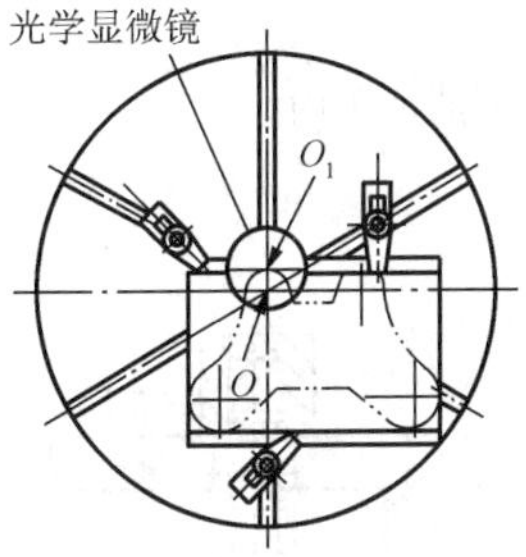	将工件进行划线，将圆弧中心初步定在回转盘中心。光学显微镜装在机床摆臂上，移动机床纵横拖板使显微镜十字线交点 O 与圆弧线重合。转动回转盘时工件圆弧线始终在 O_1 时，则说明圆弧中心已与回转盘中心重合（O 点），否则应重新调整工件位置
利用十字拖板调整	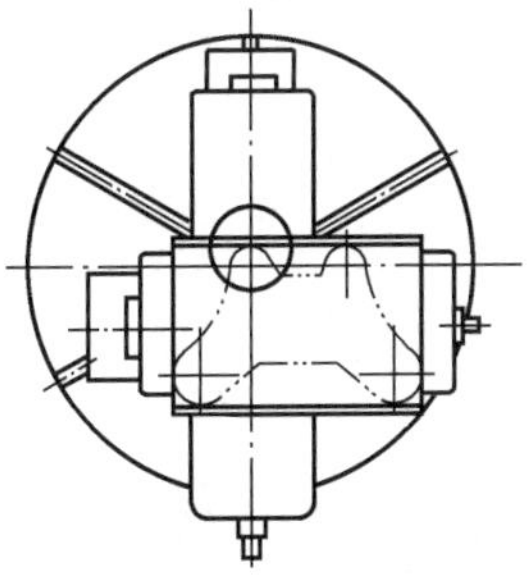	在回转盘上安装十字拖板，工件安装于十字拖板上，可以方便地调整位置 找正时可用上述任何一种方法

4. 模具零件的刨削加工工艺

（1）牛头刨床加工

用牛头刨床加工单件或小批量生产的模具零件，虽然生产效率不太高，但经济效益好，故仍被广泛采用。

牛头刨床可以粗加工模具零件的外平面或曲面，对于大的内孔、沟槽均可加工（见图 6-86 所示）。

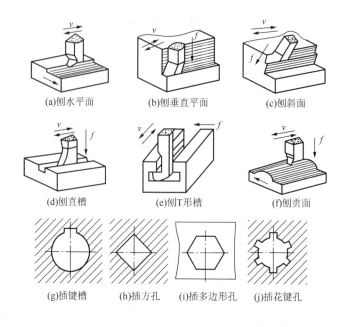

(a)刨水平面　　(b)刨垂直平面　　(c)刨斜面

(d)刨直槽　　(e)刨T形槽　　(f)刨贡面

(g)插键槽　　(h)插方孔　　(i)插多边形孔　　(j)插花键孔

图6－86　刨削、插削的加工内容

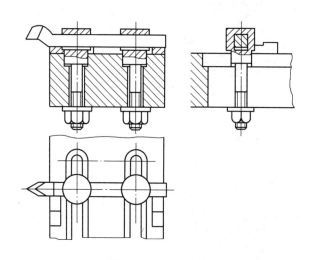

图6－87　刨刀装夹

使用牛头刨床加工模具零件所需机床附件、工夹具有虎钳、撑板、压板、压板螺钉、挡铁等。根据加工件的形状、尺寸灵活地组合这些附件和工夹具进行各种各样的装夹（参见表6－41至表6－43及图6－87）。

牛头刨床加工模具零件的方法有下列几种：

1）用斜垫块刨斜面。如图6－88所示是刨削塑料模的带斜度的零件的方法。其加工方法如图6－89所示。图6－89（a）表示在工件底下垫斜垫块，图6－89（b）表示在底面及侧面都垫斜垫块。

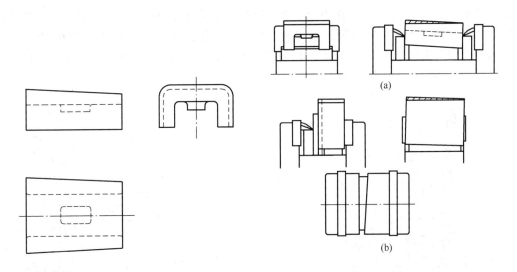

图 6-88　外形带斜度的拼块　　　　图 6-89　用斜垫块刨外形斜面

斜垫块有各种不同的斜度和厚度（见表 6-41）。

2）利用刨垂直面夹具刨模板相互垂直的侧面。如图 6-90 所示，把已刨平上下两平面及两侧面的模板的平面及侧面紧靠夹具 A、B 两面，使工件底面高于夹具基准面 1~2 mm，旋紧螺钉，使模板夹紧，然后将它们一起装上虎钳，再用虎钳及撑板进一步夹紧，尺寸由测量块控制。刨另一端面时，松开夹具，将已刨好的一端作为基准靠贴到刨床垫板上，再夹紧并装入虎钳内，然后用虎钳及撑板夹紧刨削另一端。这种刨垂直面的夹具见表 6-41。

3）用专用夹具刨冲槽凸模。见本节三（五）及图 6-72、图 6-74。

4）大型零件曲面用靠模刨削。见本节三（五）中的曲面刨削装置内容及图示。

5）用可转位工具刨冲槽凸模的方法见本节三（五）及图 6-74 至图 6-76。

（2）仿形刨床加工

在仿形刨床上可加工带有台阶的凸模、型腔冷挤压冲头等模具零件和划线刨内孔，用仿形刨床加工零件的精度和粗糙度比普通刨床加工的要好，其尺寸精度可达 ±0.02 mm，粗糙度可达 Ra 0.08~3.2 μm。

1）仿形刨床的动作原理

如图 6-91 所示，滑块 2 联动摆臂 4 能沿固定立柱 1 上下运动，并且当滑块 2 到达最下部位置

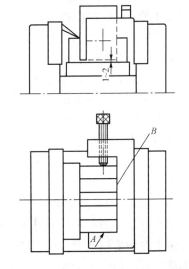

图 6-90　用夹具刨矩形模板垂直面

时，摆臂 4 就绕轴 3 转动，由此而形成刨刀的动作。如图 6-92 所示，各阶段的动作说明如下：图 6-92（a）表示刨刀在最高位置（在工件顶面），开始垂直向下做直线运

动；图 6 - 92（b）表示刨刀在中间位置，继续向下垂直运动对工件进行刨削；图 6 - 92（c）表示刨刀在工件根部位置，刨刀做圆弧摆动，刨削工件根部圆角；图 6 - 92（d）表示根部圆角刨削结束（刨刀的摆动角度可以调节在 0° ~ 90°）；图 6 - 92（e）、图 6 - 92（f）表示刨刀返回原始位置。

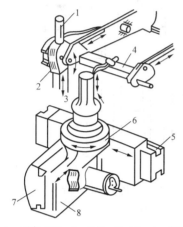

1—固定立柱　2—滑块　3—轴　4—摆臂
5—导轨　6—回转盘　7、8—滑板
图 6 - 91　仿形刨床动作示意

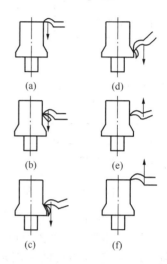

图 6 - 92　仿形刨刀切削过程

装夹工件的回转盘 6（可作分度）安装在滑板 8 上，能沿滑板 7 做横向移动，使工件做进给运动（见图 6 - 91）。滑板 7 可沿导轨 5 做纵向移动，此纵向移动就是走刀。要获得光洁平滑的加工表面应尽量采用自动走刀。

在加工零件前，应先把毛坯在铣床、车床或牛头刨床、龙门刨床上进行粗加工，并将凸模端面磨平，然后在凸模端面上划线，并在铣床上按划线加工出凸模的轮廓，留 0.2 ~ 0.3 mm 的单面加工余量，最后用仿形刨床做精加工到所要求的尺寸。在精加工凸模前，若凹模已加工好，则可利用凹模在凸模上压出印痕代替划线，然后按此印痕在仿形刨床上加工。

凸模毛坯装夹在可作分度的回转盘 6 上，回转盘 6 安装在滑块 8 上，并能沿滑板横向移动，使毛坯做进给运动，滑板 7 可沿导轨做纵向移动而自动走刀。利用刨刀的运动及凸模毛坯的旋转和纵横向进给，即可加工出各种复杂形状的凸模。

使用仿形刨床精加工凸模应与凹模配合，生产效率不高，且精度又受热处理变形的影响较大，为保证凸模与凹模的配合间隙适当而均匀，在热处理后还要研磨、抛光其工作表面。

2）刀具及刀具的装夹

①刀具。仿形刨床用刀具有整体式和刀排式（表 6 - 41）两类，刀排式的用得较多。由于在仿形刨削中，刀具产生摆动动作，因此要把刀具的外形设计成表 6 - 41 中仿形刨床用刀一栏中所示的形状，刀具的后角以及刀背不能超过图中点划线的范围，以防在刨削中刀具受力摆动使刀具与工件发生碰撞的事故。

②刀具的装夹。刀具装夹在摆臂 4（见图 6 - 91）上，由于摆臂 4 绕轴 3 回转，因此刀具与轴 3 的相对位置会影响刀具的寿命和加工质量。刀具装夹的适当位置见图 6 -

93。从此图可知，工件根部圆角半径 R 就是刀头伸出轴 3 中心线的距离，因此控制好此距离就可控制根部圆角半径 R 的大小。仿形刨床专用工夹具及图 6-83 所示对刀装置就是控制此根部圆角半径 R 的。

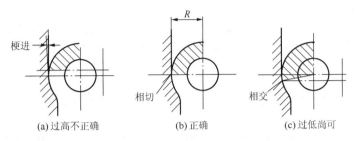

(a) 过高不正确　　(b) 正确　　(c) 过低尚可

图 6-93　刀具装夹位置比较

仿形刨床刨刀的装夹方法见图 6-86 所示，刨刀刀头高度是用阶梯形垫块来调节的。

　3）仿形刨床上工件的装夹方法

　在仿形刨床上装夹工件的方法见表 6-42、表 6-43。

　4）圆弧中心的找正

　在加工圆弧面工件时，装夹工件需将工件的圆弧中心与刨床的回转盘中心重合，找正这个中心使之重合的方法见表 6-44。

　5）加工方法

　①对称性工件的加工。如图 6-94（a）所示对称性工件在仿形刨床上装夹时，先要找正其 $\phi13.8$ 的中心与回转盘中心重合，对刀后采取在中心线两边等量刨削的方法刨削。

　②按工艺计算尺寸加工。

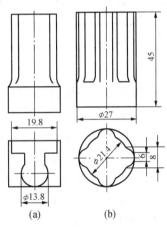

图 6-94　对称性工件

图 6-94（b）所示为一凸模，先要按前面所述的先粗加工好型面，再留余量划线并进行计算，其加工方法见表 6-45。

表 6-45　　　　　　　　　　仿形刨床上加工凸模的实例

零件图	换算工艺尺寸
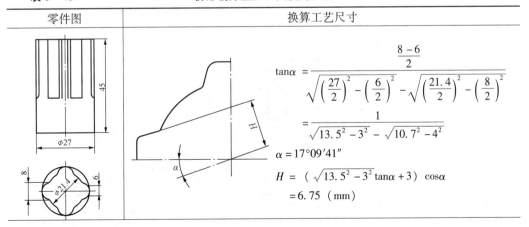	$\tan\alpha = \dfrac{\dfrac{8-6}{2}}{\sqrt{\left(\dfrac{27}{2}\right)^2 - \left(\dfrac{6}{2}\right)^2} - \sqrt{\left(\dfrac{21.4}{2}\right)^2 - \left(\dfrac{8}{2}\right)^2}}$ $= \dfrac{1}{\sqrt{13.5^2 - 3^2} - \sqrt{10.7^2 - 4^2}}$ $\alpha = 17°09'41''$ $H = \left(\sqrt{13.5^2 - 3^2}\tan\alpha + 3\right)\cos\alpha$ $= 6.75$（mm）

零件图	换算工艺尺寸
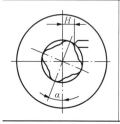	先车外圆 $\phi27$mm，并在工件表面划十字线，然后校正工件中心与回转盘中心重合，再刨削 $\phi21.4$mm 圆弧面，记下回转盘刻度基准
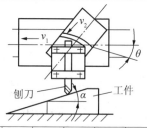	将回转盘转动 α 角刨斜面，利用机床刻度控制尺寸 H，并用光学显微镜复验尺寸 圆弧面与斜面交接处要接刀

③按压印印痕线加工。即前述的用已加工好并淬硬的凹模在凸模上压出印痕代替划线，然后按压印痕加工的方法。

由于仿形刨床加工模具零件是在热处理之前进行的，加工后的热处理将引起工件变形，因此，对于一些尺寸和形位精度要求高的模具零件的加工，已逐步由电火花拷贝加工、光学曲线磨床加工、坐标磨床加工所取代。

（3）龙门刨床加工

1）龙门刨床加工范围

对于大型模具零件的平面、斜面、沟槽，多用龙门刨床来加工，而且在加工斜面时，水平进刀和垂直进刀可以同时进行。有的龙门刨床上还配装有磨轮，在粗加工平面和斜面之后，还可在不拆卸工件的情况下，一起将平面或斜面磨好。机床的水平进刀和垂直进刀之比是 2：1（这时刀具运动轨迹的斜角为 26°34′），如要加工其他角度，可将刀架旋转一定角度，其常用角度在 14°38′～26°34′，724 型龙门刨床刀架的旋转角度与工件形成角度的关系如表 6-46 所列。

表 6-46　　　　　724 型龙门刨床刀架旋转角度与工件形成角度的关系

工件角度 α	14°38′	15°	16°	17°	18°	19°	20°	21°	22°	23°	24°	25°	26°	26°34′
刀架角度	45°	43°50′	40°33′	37°13′	33°50′	30°22′	26°50′	23°15′	19°20′	15°36′	11°34′	7°18′	2°45′	0°

2）加工方法

①靠模法加工型面。图 6 - 95 所示为在龙门刨床上用靠模法加工型面的示意图。其方法是把靠模板装在刨床固定横梁上，拆除刀架上垂直走刀丝杆，在刀架上端固定一个滑块嵌入靠模板的型槽内，在刀架底旁及刨床立柱上装上两个小滑轮，用钢丝绳系一重锤，使滑块在靠模槽中滑动时不会松动，当刀架做横向走刀时，刀架又在靠模槽内做上下移动，这样就在工件上加工出与靠模槽轨迹一样的型面。

②用连杆控制刀架刨型面。图 6 - 96 所示为在龙门刨床上用连杆控制刀架上下移动刨型面的方法。此方法是将刀架垂直进刀丝杆拆下，刀架即可上下自由移动。刀架上装有角架，角架与连杆的一头相连，连杆的另一头与滑槽内的滑块相连，并通过螺杆固定。滑槽固定在刨床的顶架上，圆弧半径是依靠连杆的长短来决定的，连杆是由两段正、反螺杆组成，中间有正、反螺母相配合连接，旋转螺母就可以使连杆伸长或缩短，以调节 R 的长短（大小）。加工时，刀架做水平方向自动进刀（即横向移动），这时刀架就因连杆的作用而做上下移动，于是刀头就走出（刨削出）和连杆下端相同的圆弧。由于刨刀头半径为 r，因此刀头的圆弧中心按连杆长度 R 移动，而实际刨出的工件的圆弧半径为 $R+r$，故调节螺杆的长度 R 为工件圆弧半径减去刀头圆弧半径。

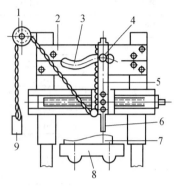

1—滑轮 2—横梁 3—靠模 4—滑块
5—刀架 6—刨刀 7—工件
8—工作台 9—重锤
图 6 - 95 用靠模加工型面

这种方法适合加工圆弧半径较大的工件的型面。

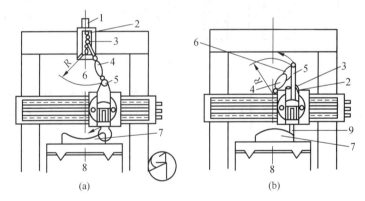

(a)　　　　　　　　　(b)

1—螺杆 2—滑槽 3—滑块 4—螺帽 5—角架 6—连杆 7—工件 8—工作台 9—刨刀
图 6 - 96 连杆控制刀架上下移动刨型面

（4）插床加工

插床加工在模具零件加工中主要用来成型内孔和外形，并用来作为电火花线切割加工受外形尺寸大小限制的大工件的加工。其加工方法主要是根据划线形状用插床的纵横拖板及回转工作台插成型内孔或外形，加工的内孔一般都留出加工余量，供后工序精加工，插削生产效率及尺寸精度都不高。在插削中由于进刀量大等原因还可能出现冲击现象。

1）直壁外形及成型孔的加工

表6-47列出了几种加工形式及加工要点。要注意的是在插削硬而脆的材料（如Cr12、Cr12MoV、W18Cr4V等）时，当插刀快要到通孔底部边缘时，容易出现崩裂（见图6-97）的问题，防止的办法是在加工凹模横刃口时，应将作为刃口的一面放在上面，而把非刃口的一面放在下面，即作为刃口的一面划线。

表6-47　　　　　　　　用插床加工直壁外形、内孔的形式、加工要点

形　式	简　　图	加　工　说　明
直壁外形加工	(a)　　　　(b)	图（a）外形较大，用插床加工外形基准面 图（b）外形较大，用插床加工外形，安装时使 R 中心与回转工作台中心重合，加工 R 圆弧面
直壁内孔接角		成型孔在立铣加工后，留下圆角部分用插床加工成直角
直壁内孔加工		成型孔在用钻头排孔后，再用插床粗加工成型
割孔		大型内孔，在4个角钻孔后，直接用插床插割出来，适合形状简单的成型孔

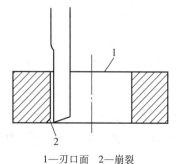

1—刃口面　2—崩裂

图6-97　插削硬材料时崩裂

408

2）斜壁内孔加工

各类型腔模的模框及镶块上的内孔多有斜度（如图6-98所示），用插床加工图6-98（a)所示的两个倾斜壁相交的4个角，也可采用图6-99所示利用垫块的方法来插削，即将工件用有斜度的垫块垫起，使其中的一个斜面放置成与工作台面垂直，这时，另一倾斜面与工作台面所形成的角度 α_1 并不是工件斜壁的 α 角，α_1 与 α 之间的关系是：

$$H_1 = \frac{b}{\sin\alpha}$$

$$\tan\alpha_1 = \frac{b}{H_1} = \sin\alpha$$

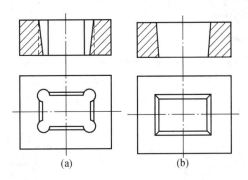

(a)　　　　(b)

图6-98　有斜度的内孔

因此，当采用角度为 α 的斜垫块时，即将 A 面做直壁加工，而加工 B 面时，将插床滑枕倾斜，倾斜角度应为 α_1，但是内壁斜度不大时，由于 $\tan\alpha_1 \approx \sin\alpha$，因而可将滑枕倾斜 α 角就可以了。

而插削如图6-98（a）所示模框时，只需将插床滑枕倾斜到所需角度即可插削出所需斜壁。

龙门刨床的外形结构见图6-100，牛头刨床的外形结构及牛头刨床的刀架结构见图6-101，牛头刨床刨削时的切削运动原理如图6-102所示，插床的外形结构及插削时的运动原理如图6-103所示。

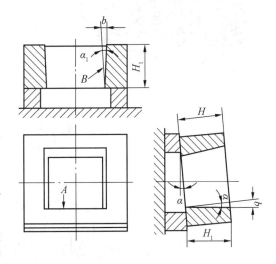

图6-99　利用斜垫块加工内斜壁

409

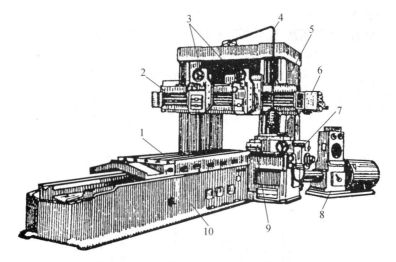

1—工作台　2—横梁　3—垂直刀架　4—操纵开关　5—立柱　6—垂直刀架进给箱

7、8—侧刀架进给箱　9—侧刀架　10—床身

图 6-100　龙门刨床

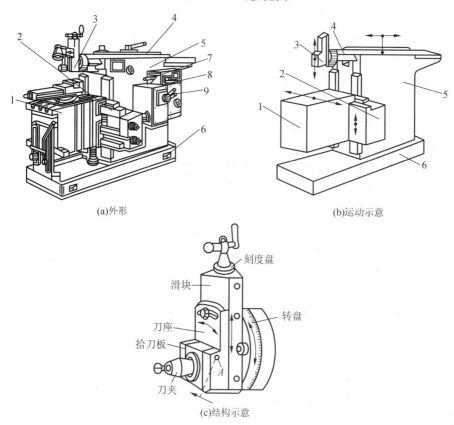

(a)外形

(b)运动示意

刻度盘

滑块

转盘

刀座

拾刀板

刀夹

A

(c)结构示意

1—工作台　2—横梁　3—刀架　4—滑枕　5—床身　6—底座

7—摆杆机构　8—变速手柄　9—行程长度调整机构

图 6-101　牛头刨床的外形结构及刀架的结构

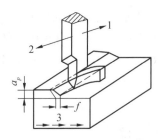

1—返回　2—切削　3—进给

图 6-102　牛头刨床刨削时的切削运动原理

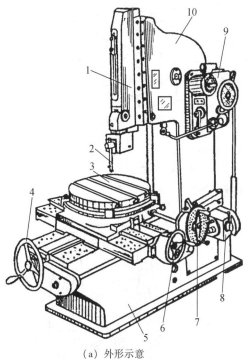

（a）外形示意

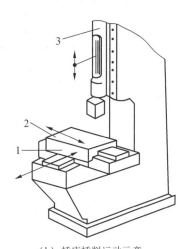

（b）插床插削运动示意

1—滑枕　2—插刀　3—工作台　4—工作台横向移动手轮

5—底座　6—工作台纵向移动手轮　7—分度盘

8—进给箱　9—变速箱　10—床身

1—下滑座　2—上滑座　3—滑枕

图 6-103　插床的外形结构及插削运动原理

（六）磨床加工

使用磨床磨削模具零件是在划线之前的粗磨和热处理之后的精磨。在模具零件加工中使用的磨床有平面磨床、外圆磨床、内圆磨床、成型磨床、曲线磨床、坐标磨床等。平面磨床是准备坯料磨出平面和磨平面刃口用；外圆磨床是磨削圆柱曲面、导柱、导柱销、顶杆、圆形凸模等零件用；内圆磨床主要是磨削模具零件的内孔、导套孔等零件用；成型磨床主要磨削模具型芯及模具工作零件用；曲线磨床则主要是磨削各种圆柱形工件、圆弧面用；坐标磨床则主要是磨削有高精度要求的直孔、锥孔及圆弧面等用。

对于各种形状复杂的模具零件，可采用成型磨削的方法获得所需的加工精度和表面粗糙度，因而是目前最常用的一种加工方法。其好处是加工零件的精度高、质量稳定、加工速度快，减少了热处理后的变形的影响。几种磨床的外形见图 6－104 至图 6－107，平面磨床的磨削运动原理见图 6－104（b）所示。坐标磨床（MK2932B 型）的外形如图 6－107 所示，传动系统如图 6－108 所示。

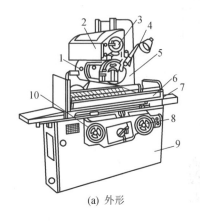

(a) 外形

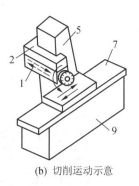

(b) 切削运动示意

1—磨头　2—床鞍　3—横向手轮　4—修整器　5—立柱　6—撞块
7—工作台　8—升降手轮　9—床身　10—纵向手轮

图 6－104　M7120 平面磨床的外形及切削运动

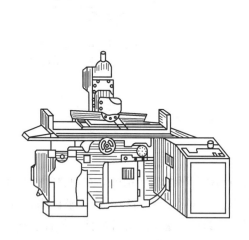

图 6－105　数控成型磨床外形

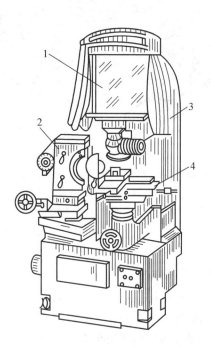

1—光屏　2—砂轮架　3—床身　4—坐标工作台

图 6－106　光学曲线磨床外形

412

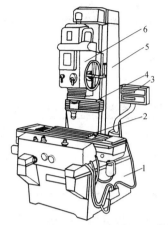

1—底座
2—坐标工作台
3—数字显示装置
4—高速磨头
5—立柱
6—磨头箱

图 6-107　MK2932B 型坐标磨床主机的外形

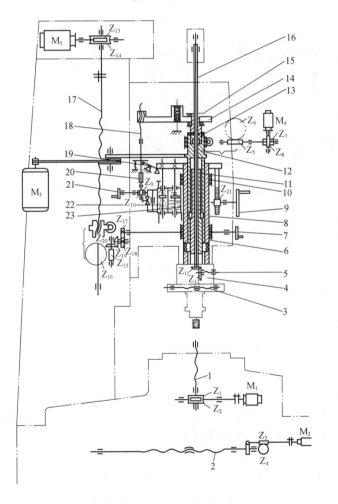

1、2、3、5、17、18—丝杆
4—高速磨头滑板
6、12—套筒
7、9、21—手轮
8—滑键
10—滚动轴承
11—主轴
13—滚轮
14—支架
15—凸轮轴
16—传动轴
19—滑块
20—套筒轴
22—阻尼油缸
23—动力气缸

图 6-108　MK2932B 型坐标磨床传动系统

413

1. 磨床的主要技术参数与规格

1）常用卧轴矩台平磨、成型磨、内外圆磨光学曲线磨、工具曲线磨、坐标磨等磨床的技术参数和规格见相关资料。

2）缩放尺曲线磨床主要技术规格（见表6-48）。

表6-48 缩放尺曲线磨床的主要技术规格

加工范围（长×宽×高）（mm）	150×60×50
样板工作台 纵向/横向移动量	100/100
工作台移动量 纵向/垂直	80/0~70
比例机构缩放比	1：1~1：100

缩放尺磨床的比例机构（缩放器）的外形结构见图6-109。

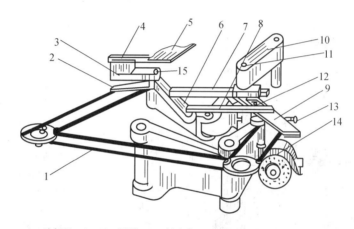

1—连杆组 2、13—摇臂 3—触头座 4—仿形触头 5—放大样板
6、7、8、9—连杆 10—悬臂 11、12、15—轴 14—磨头座
图6-109 缩放尺磨床的比例机构的结构

2. 磨削模具零件常用的机床附件、磨具、工夹具

1）修整砂轮用夹具

①卧式砂轮角度修整夹具

卧式砂轮角度修整夹具的结构如图6-110所示。它可修整0°~100°范围内的各种角度的砂轮。当旋转手轮10时，通过齿轮5和滑块上的齿条4的运动，使装有金刚石刀2的滑块3沿正弦尺座1的导轨做直线动作。正弦尺座1可绕轴6转动，转动的角度是利用在圆柱9与平板7或侧面垫板8之间垫一定尺寸的量块的方法来控制的，当正弦尺座转到所需角度，拧紧螺母11，将正弦尺座压紧在支架12上。

②立式砂轮角度修整夹具

立式砂轮角度修整夹具的结构见图6-111，其结构和装夹原理是在立柱3的底部设计有4根相距为（50±0.01）mm、直径为ϕ（20±0.02）mm的圆柱4，相互成正交，在立柱上的顶面设计有两条相互成正交的槽，并与圆柱中心连线成45°角，刀杆滑块2在槽内做精确的滑动。

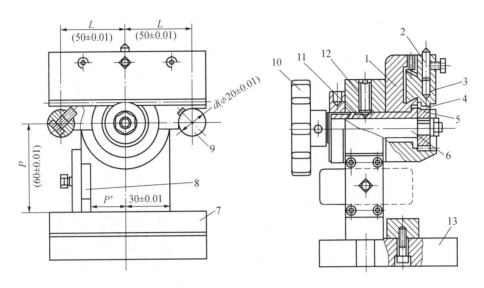

1—正弦尺座　2—金刚石刀　3—滑块　4—齿条　5—齿轮　6—轴　7—平板
8—垫板　9—圆柱　10—手轮　11—螺母　12—支架　13—底座

图6－110　卧式砂轮角度修整夹具的结构

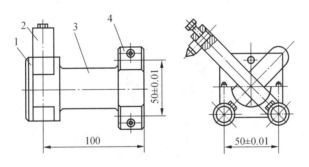

1—盖板　2—刀杆滑块　3—立柱　4—圆柱

图6－111　立式砂轮角度修整夹具的结构

③砂轮圆弧修整夹具

a. 卧式砂轮圆弧修整夹具。卧式砂轮圆弧修整夹具的结构见图6－112所示，用这种夹具可修整各种不同半径的凹圆弧、凸圆弧或内圆弧与圆弧相连的型面。其动作原理是主轴7的左端装有滑座4、金刚石刀1固定在金刚石刀支架2上。通过螺杆3可使金刚石刀支架2沿滑座4上下移动，以调整金刚石刀尖到夹具回转中心的距离，使之获得所需修整出的砂轮的不同圆弧半径。当转动手轮8时，主轴7及固定在其上的滑座等都绕主轴7中心回转，回转的角度可用固定在支架上的刻度盘5、挡块9和角度标6来控制。

金刚石刀到主轴回转中心的距离就是砂轮要修整的圆弧半径的大小。此值是用在金刚石刀尖与基准面之间垫量块的方法来调整的。

b. 立式砂轮圆弧修整夹具。立式砂轮圆弧修整夹具的结构如图6－113所示。用这种夹具修整砂轮的各种不同半径的凸圆弧、凹圆弧。其结构和动作原理是：金刚石刀杆

415

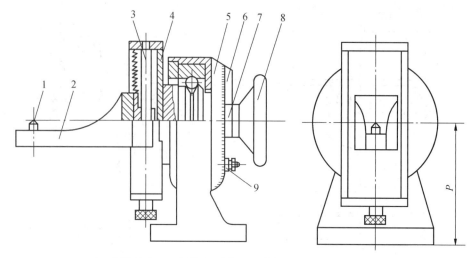

1—金刚石刀　2—金刚石刀支架　3—螺杆　4—滑座　5—刻度盘

6—角度标　7—主轴　8—手轮　9—挡块

图6-112　卧式砂轮圆弧修整夹具的结构

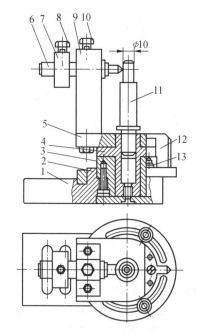

1—直角底座　2—刻度盘　3—滑动轴承　4—转盘　5—面板

6—金刚石刀杆　7—调节环　8、10—螺钉　9—支架　11—标准芯棒

12—指针块　13—挡块

图6-113　立式砂轮圆弧修整夹具的结构

6 装夹在支架 9 内，由支架 9 与面板 5 及转盘 4 固定连接在一起，滑动轴承 3 固定在直角底座 1 上，当转盘转动时，固定在其上的金刚石刀等都绕轴承回转中心线转动，旋转的角度由固定在面板 5 上的指针块 12 与装在刻度盘 2 圆周槽中的两块可调挡块 13 相碰来控制，角度值由指针在刻度盘 2 上指示。

金刚石刀尖到轴回转中心线的距离就是所要修整的砂轮的圆弧半径的大小，此值是通过在调节环 7 与支架 9 之间垫量块以及配合调节环 7 和标准芯棒 11 来进行调节的。

c. 砂轮圆弧摆动式修整夹具。砂轮圆弧摆动式修整夹具的结构如图 6 - 114 所示。用这种夹具可修整各种不同半径的砂轮的凸圆弧、凹圆弧。一般半径范围为 0.5 ~ 45 mm，此夹具适用于中心座夹具或分度夹具磨削。其结构和动作原理是：在弓形摆轴 1 的两端带有中心孔，并与基面 B 保持精确的距离 A，金刚石刀杆 4 利用弹簧夹头 3 与调节套 2 连成一体，拧紧螺钉 5 可使金刚石刀杆固定在所需位置。

金刚石刀尖与两中心孔连线的距离就是所修整的圆弧的半径大小。

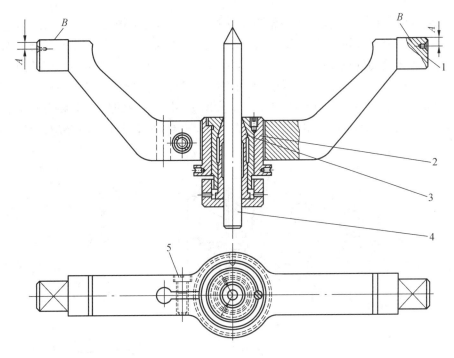

1—弓形摆轴　2—调节套　3—弹簧夹头　4—金刚石刀杆　5—螺钉
图 6 - 114　砂轮圆弧摆动式修整夹具的结构

d. 砂轮大圆弧修整夹具。砂轮大圆弧修整夹具的结构如图 6 - 115 所示。用这种修整夹具可修整砂轮的侧面成较大半径的凸圆弧、凹圆弧。其结构和动作原理是：用螺钉将定心架 5 固定在所需位置。金刚石刀杆 2 装夹在可调支架 1 上，可调支架 1 借助螺杆 3 在摆杆 4 上移动来调节圆弧半径的大小。可调支架的圆弧形长槽是为了调整金刚石刀杆 2 中心线对准定心架 5 上的回转中心，摆杆可绕回转中心摆动来修整砂轮。

金刚石刀尖到回转中心的距离即为所需修整的砂轮的圆弧半径。由于此值是利用卡尺来测量和调整的，所以这种修整方法的精度较低。

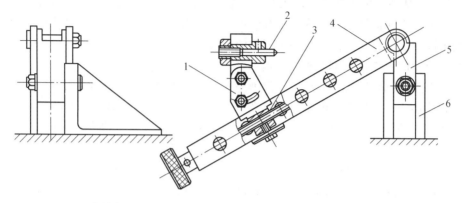

1—可调支架　2—金刚石刀杆　3—螺杆　4—摆杆　5—定心架　6—体座

图 6‑115　砂轮大圆弧修整夹具的结构

e. 砂轮圆弧万能修整夹具。砂轮圆弧万能修整夹具的结构见图 6‑116。用这种万能修整夹具可以修整砂轮的凸圆弧、凹圆弧及不同的角度，并可修整由圆弧与圆弧或由圆弧与直线相连接的砂轮型面。其结构和动作原理是：主轴 1 装在两只精密的向心球轴承上，由调整螺母 2 进行预紧，以消除轴承的轴向和径向间隙。主轴一端装有正弦分度盘 4 和 4 个正弦圆柱 5，以在确定精密角度时使用。主轴的另一端装有横滑板 14，刀杆滑板 11 可在横滑板的燕尾导轨上做直线运动。金刚石刀杆 13 由螺钉 12 锁紧在刀

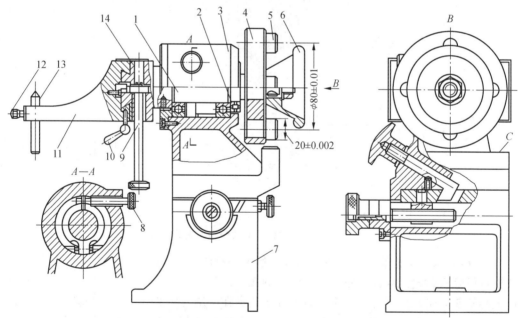

1—主轴　2—调整螺母　3—主体　4—正弦分度盘　5—正弦圆柱　6—手轮

7—底座　8、10—锁紧手柄　9—正齿轮杆　11—刀杆滑板　12—螺钉

13—金刚石刀杆　14—横滑板

图 6‑116　砂轮圆弧万能修整夹具的结构

418

杆滑板 11 上，当利用正弦圆柱和垫入量块使横滑板燕尾导轨与水平位置倾斜成一定角度时，拧紧锁紧手柄 8，把主轴固定在该角度上，转动正齿轮杆 9，通过齿轮齿条机构便可使刀杆滑块带动金刚石刀尖做往复直线运动而进行砂轮的修整；当刀杆滑板在横滑板的正中位置时，即金刚石刀杆中心通过主轴回转中心，拧紧锁紧手柄 10 把刀杆滑板固定在该位置上，调整金刚石刀尖到主轴回转中心的距离，转动手轮 6 就可进行砂轮圆弧的修整。

主体 3 可利用螺杆沿底座 7 的导轨做整体横向移动，以便在修整连续轮廓的型面砂轮时，调整夹具轴线与砂轮的轴向位置。

④挤成型砂轮用的夹具

挤成型砂轮的原理是与砂轮凹形状、凸形状相反，但基本吻合的圆盘形挤轮，安装在挤砂轮用夹具上，使砂轮与挤轮接触并做相对运动进行跑合（一般是挤轮主动），而将砂轮的砂粒和黏结剂不断刮落下来把砂轮挤成所需形状。

这种挤砂轮用夹具有手动式和机动式两种。它们的结构形状如图 6－117 和图 6－118 所示。

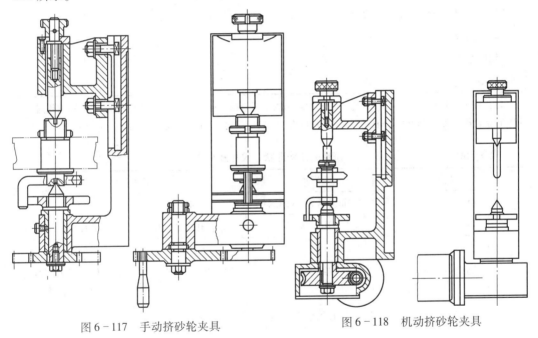

图 6－117　手动挤砂轮夹具　　　　图 6－118　机动挤砂轮夹具

手动式的挤轮利用心轴固定后，被安装在夹具顶尖间，旋转手轮（正齿轮）通过拨盘使挤轮随之转动。两顶尖最好镶嵌硬质合金，以延长其使用寿命。

机动式的蜗杆与电动机连成一体，通过蜗轮带动挤轮旋转。挤轮转速一般为 50～100 r/min，由于转速比手动的均匀，因而修整砂轮的质量比手动的好。

这种修整砂轮的方法，由于要先制造挤轮，因而适合成批修整型面复杂或带有小圆弧的成型砂轮。用挤压法修整的成型砂轮，由于砂轮的形状、尺寸比较标准，因而用此成型砂轮磨削的零件的形状、尺寸也就比较标准均一。

挤轮形状与挤压加工性能见表 6－49，挤轮的结构形状、尺寸及材质见表 6－50。

示意图	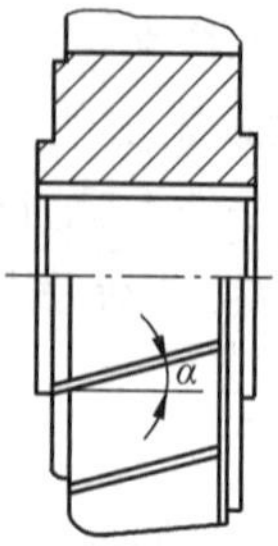	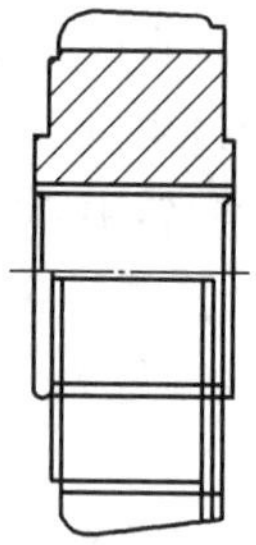	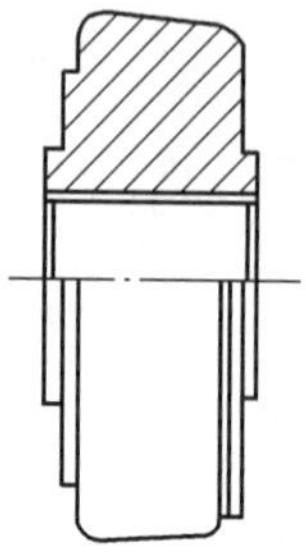
	幅向带有不等分的斜槽 $\alpha = 10° \sim 15°$	幅向带有不等分的直槽	表面不开槽
生产率	高	高	低
排屑情况	良好	良好	差
震动情况	较小	较大	小
轮向推力	有	无	无
成型精度	较好	较差	好

注：一套挤轮共有 2 个或 3 个，其中一个为标准挤轮，其余的为挤磨砂轮的工作挤轮，当工作挤轮磨损后，就用标准挤轮作标准，用砂轮来修整已磨损的工作挤轮，使其形状达到标准挤轮的形状尺寸。

表 6－50　　　　　　　　　　　挤轮的结构形状、尺寸及材质

名称		标准	工作挤轮	
内容	材料	CrMn、CrWMn、W18Cr4V	45	T10
	热处理	淬硬 HRC60 ~ 64	调质 HRC28 ~ 32	淬硬 HRC60 ~ 64
	制造方法	光学曲线磨削	用样板刀车削	1. 光学曲线磨削 2. 用样板刀车削 3. 用样板研磨
	精度要求	孔与心轴配合间隙不大于 0.01 mm，与两端垂直度不大于 0.01 mm		
尺寸	$b = 1.5 \sim 2.5$ mm $t =$ 低于成型面2.5 mm $D = \phi40 \sim 100$ mm 一般取砂轮直径的 1/4 ~ 1/5，当砂轮直径≤100 mm 时取 1/1 ~ 1/2	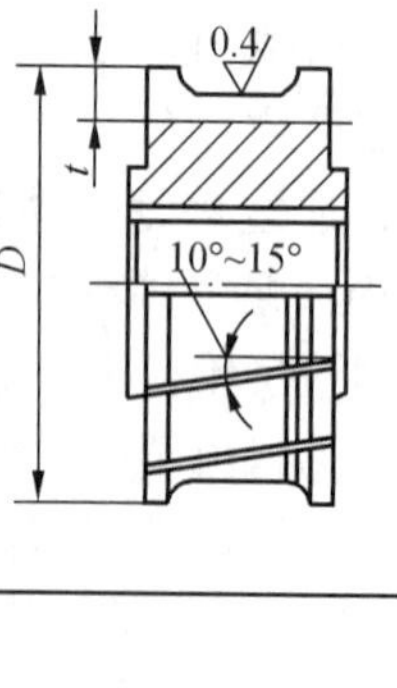 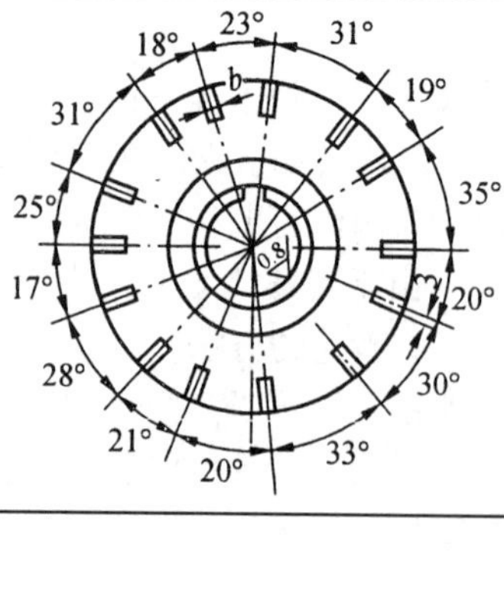		

2) 平面和斜面磨削中常用的导磁元件

表 6－51　　　　　　　　　　磨削平面和斜面常用的导磁元件

名　称	简　图	技术要求及说明
导磁立柱	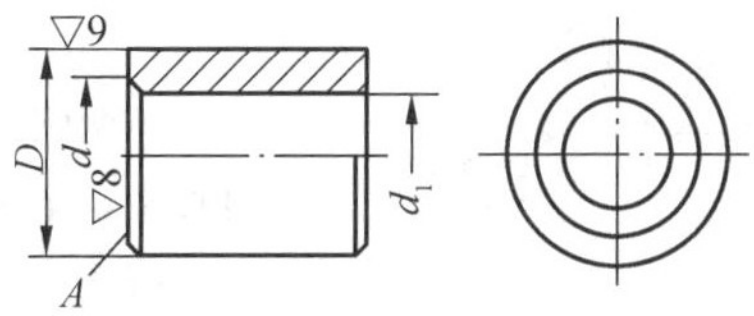	D 一般取 $\phi35 \sim 55$ mm，d_1 为 $\phi20$ mm $$d = d_1 + \frac{D - d_1}{2}$$ A 端面与外圆垂直度允差为 $0.01:100$
导磁方铁	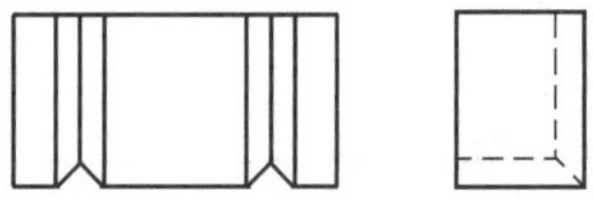	表面开槽以改善接触情况，四周精磨并相互垂直。一般成对使用，两件等高
专用角度导磁铁		α 一般做成 $30°$、$45°$、$55°$、$60°$ 等 表面开槽，成对制造，每组角度和尺寸一致
直角导磁铁	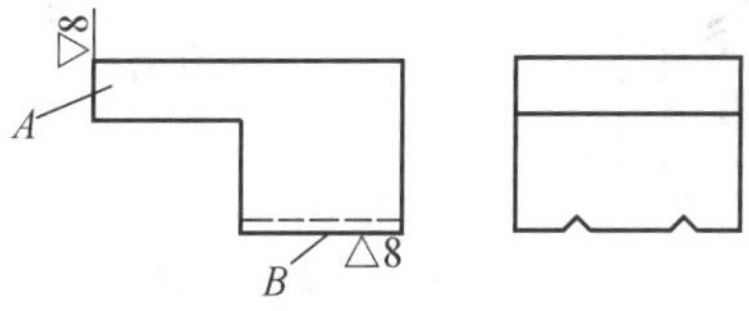	底面开槽，A、B 保持垂直，垂直度允差为 $0.01:100$
导磁圆柱	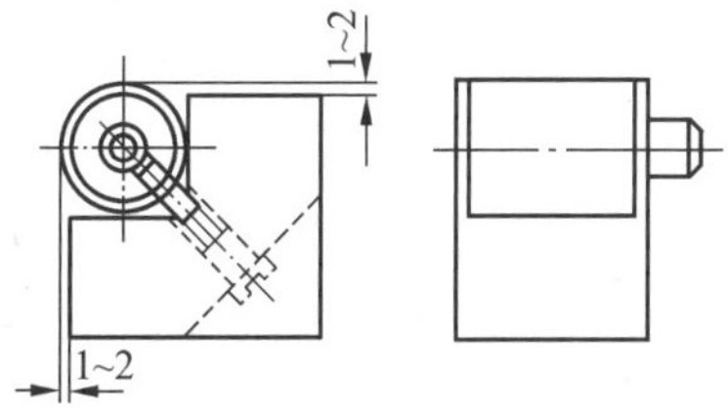	圆柱至端面需留有一定的距离，并在圆柱的一端留有工艺装夹部分，以便重磨
导柱挡铁	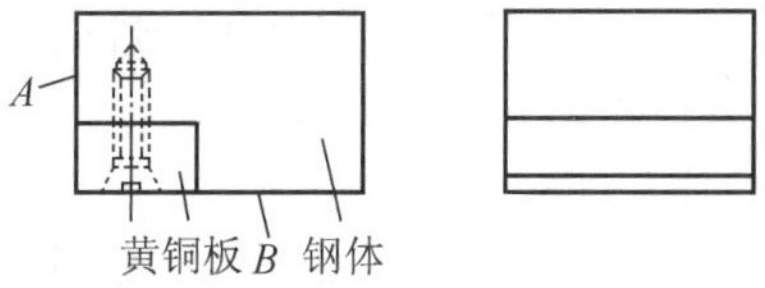	由黄铜板及钢体用螺钉组合而成，A、B 面精磨并保持垂直，垂直度允差为 $0.01:100$

421

续表

名　　称	简　　图	技术要求及说明
余切导磁工具	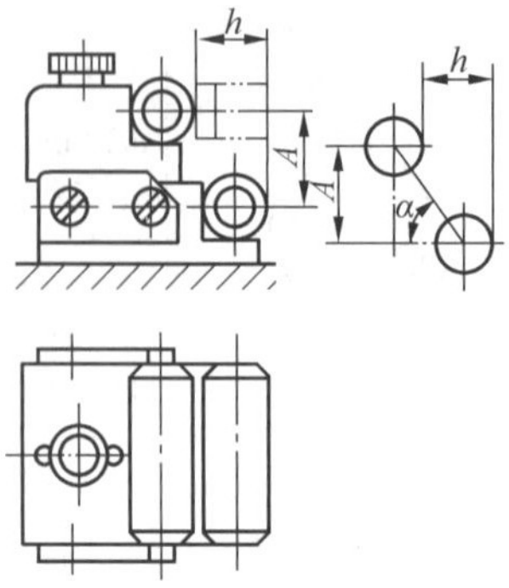	上下两圆柱直径尺寸应一致，角度按余切定理计算，用块规调整好后，将滚花螺钉拧紧方可使用 $h = \Delta\cot\alpha$

注：各元件一般用 45 号钢制成，淬硬至 HRC40～45。

3）磨削用导磁元件的结构及规格

表 6 - 52　　　　　　　　　　　　导磁铁的结构及规格

种类名称	结　构　图	说　　明	参考规格（mm）			
平行导磁铁		A、B 四面精磨并相互垂直 一般相同尺寸做成 2 件或 4 件为 1 套	尺寸	A	B	C
	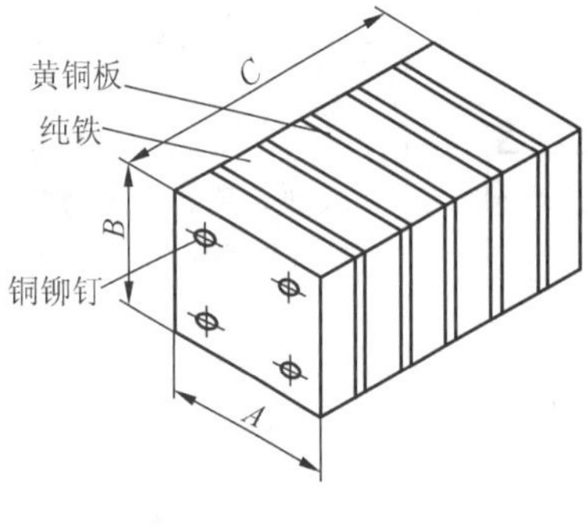		Ⅰ	60	35	88
			Ⅱ	80	50	134
			Ⅲ	100	65	156
			Ⅳ	120	80	170
端面导磁铁		B、C 四面精磨并相互垂直 台肩 A、B 与磁性吸盘工作台面上磁极板条相等，空隙 z 与隔磁槽相等	尺寸	A	B	C
	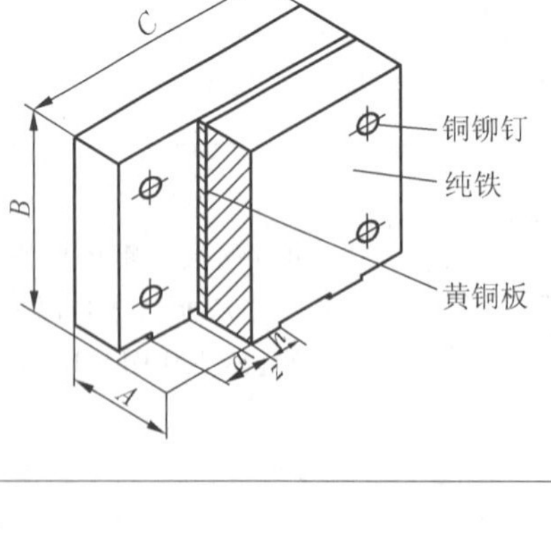		Ⅰ	45	75	88
			Ⅱ	45	100	88
			Ⅲ	50	125	110

种类 名称	结 构 图	说 明	参考规格（mm）
端面导磁铁	纯铁　黄铜板　纯铁　铜铆钉　浇隔磁材料	底面形状与上图相同，适用于狭而高的零件端面磨削	
角度导磁铁	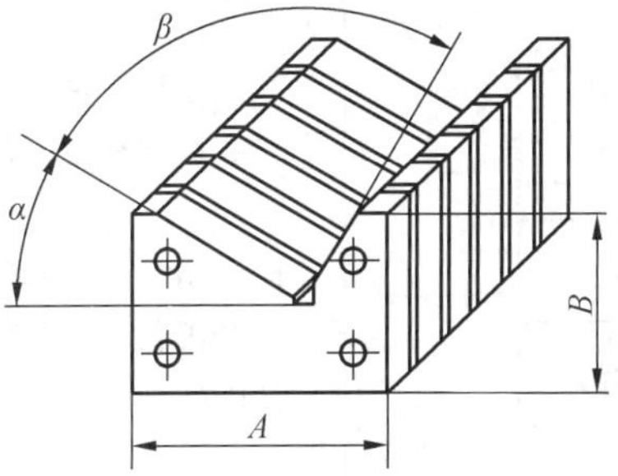 β α A B	A、B 四面及角度要精磨，适用于成批零件的磨削加工	α 做成 15°、30° 或 45°等，β 为 90°
导磁铁安装示意图	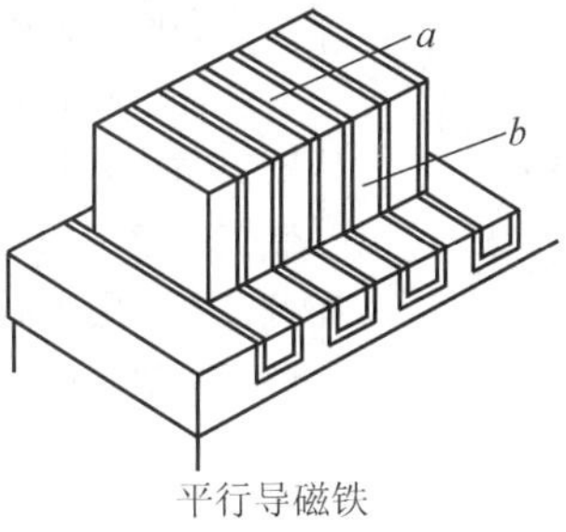 a b 平行导磁铁　　b c 端面导磁铁		
作用	1. 改变磁性吸盘磁力线方向可吸住工件的侧面或端面 2. 导磁铁连同工件一起吸住在磁性吸盘的工件台面上		
结构特点	1. 用导磁纯铁（或低碳钢）与黄铜隔磁板相间叠合后用铜铆钉铆紧 2. 导磁纯铁厚度与磁性吸盘工作台面上的磁极板条的宽度相等，或两导磁纯铁间距与隔磁槽距相等		

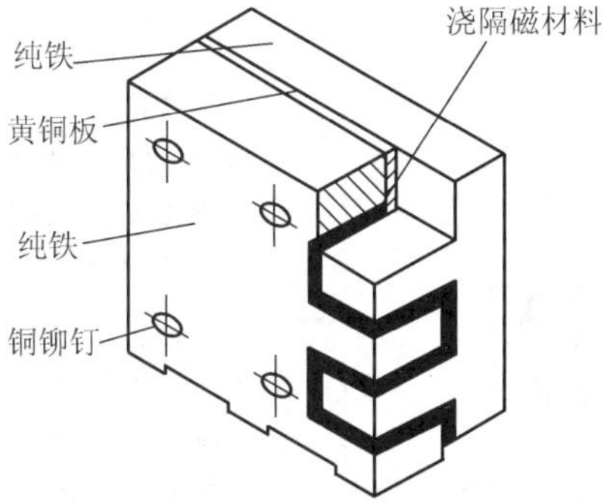

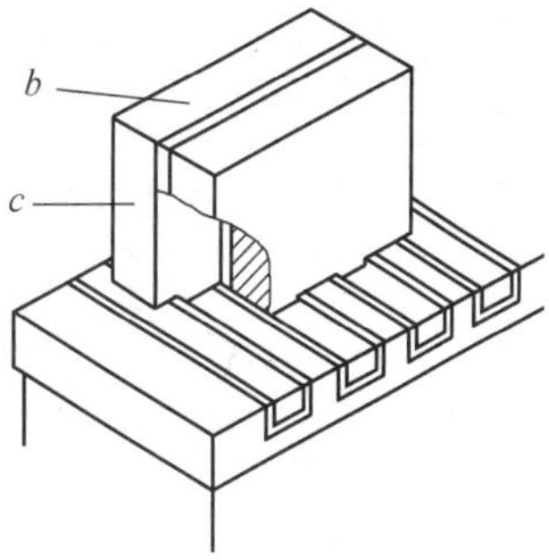

423

4）磨削模具零件常用的工夹具

表 6 – 53　　　　　　　　　磨削平面、斜面和圆弧常用的工夹具

工序号	名称	结 构 简 图	说　　明
1	精密平口钳	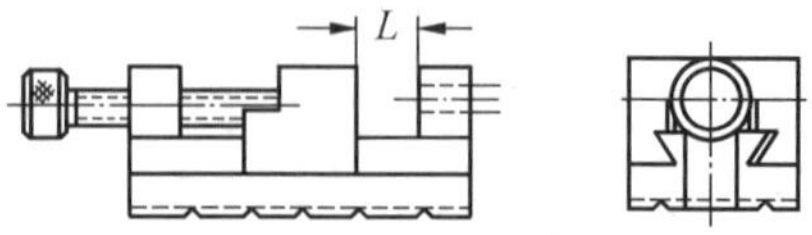	结构与一般平口钳一样，只是尺寸加工得很精密，表面粗糙度低，零件淬火硬度高，耐磨 主要用于磨削两相互垂直的表面，磨削后工件的垂直度由平口钳的精度来决定
2	单向正弦平口钳	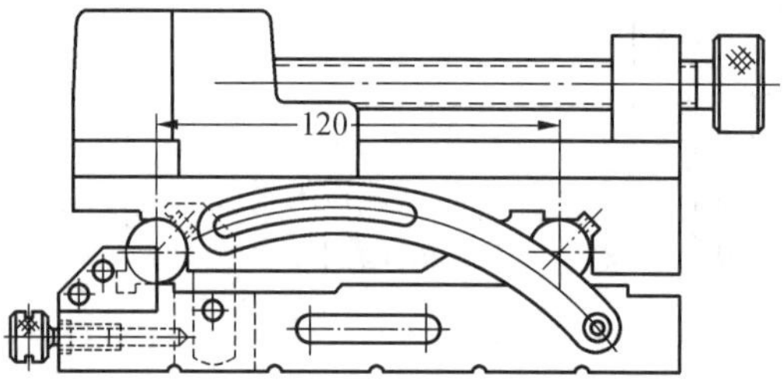	靠调整锁紧套在弧形槽内的螺钉、螺帽来定工件的倾斜角度 倾斜角为 0°～45° 适合细长、尺寸较小的模具零件的斜面的磨削
3	正弦精密平口钳	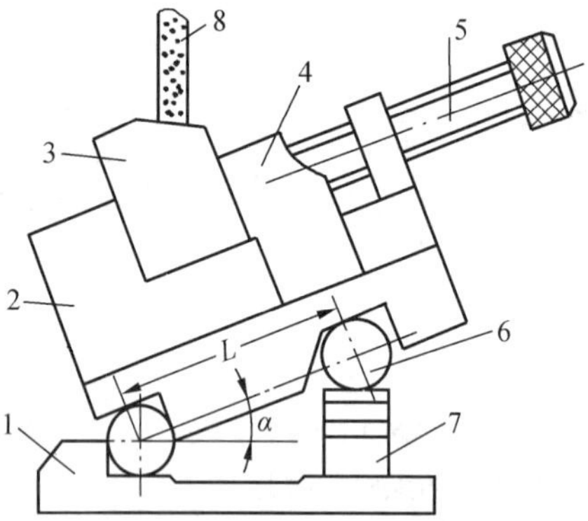 1—底座　2—精密平口钳体　3—工件　4—活动钳口 5—螺杆　6—正弦圆柱　7—量块　8—砂轮	主要由带有正弦尺的精密平口钳和底座组成，使用时，旋转螺杆 5 使活动钳口 4 沿精密平口钳体 2 上的导轨移动，以装夹被磨削的工件 3。在正弦圆柱 6 和底座 1 的定位面之间垫入量块，可使工件倾斜一定的角度。所磨削的工件的最大倾斜角为 45°。倾斜时应垫入量块 7 的高度值可按下式计算 $$H = L\sin\alpha$$ 式中　H——应垫入量块高度值（mm） 　　　　L——正弦圆柱间的中心距离（mm） 　　　　α——工件所需倾斜角度（°）

工序号	名称	结 构 简 图	说 明
4	单向正弦电磁夹具	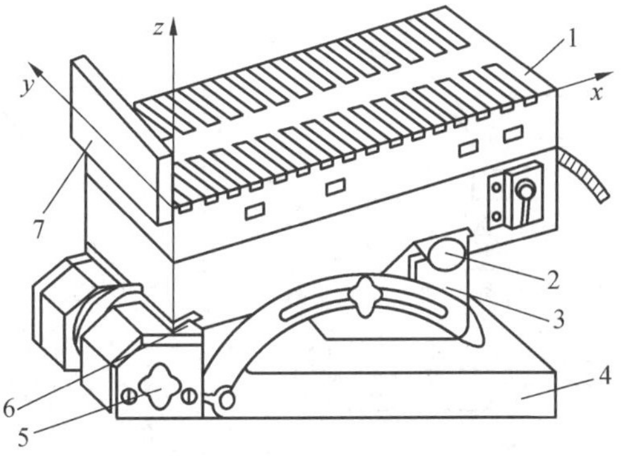 1—电磁吸盘 2、6—正弦圆柱 3—量块 4—底座 5—偏心锁紧器 7—挡板	主要由电磁吸盘1和正弦尺组成，在电磁吸盘1的侧面装有挡板7，当被磨削工件在电磁吸盘上定位时作为限制 $\vec{z}$ 自由度的定位基面，此基面必须与正弦圆柱轴线平行或垂直。在正弦圆柱2和底座4的定位面之间垫入量块，即可使工件倾斜一定的角度，需垫入的量块值的计算公式与"正弦精密平口钳"相同 此夹具适合磨削工件倾斜面（最大倾斜角为45°）和扁平工件
5	正交双向正弦永磁夹具	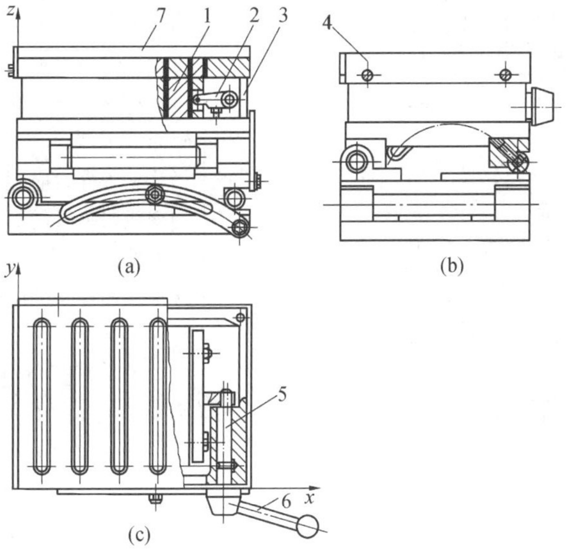 1—磁力块 2—连接板 3—框架 4、7—挡板 5—偏心轴 6—手柄 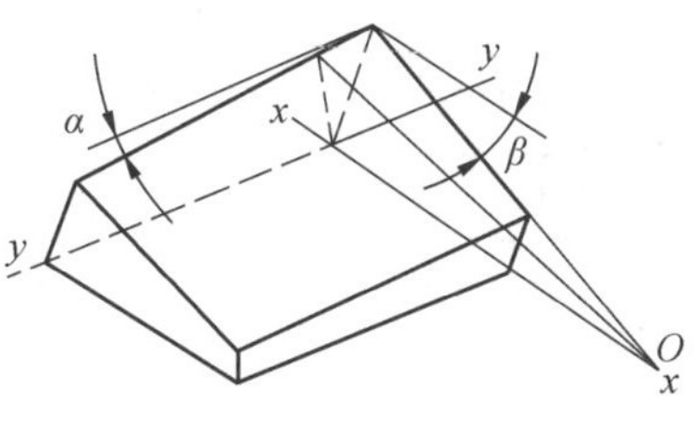 正交双向正弦永磁夹具的计算	该夹具由永磁吸盘和上、下两组成正交的正弦尺组成。永磁吸盘的磁力块1是由电磁钢、隔磁板及纯铁板叠加而成的。转动手柄6时，由偏心轴5带动连接板2经销轴传递使磁力块在铝制的框架3内移动，以实现夹紧和松开的动作 永磁吸盘的磁力回路及结构图中（a）所示为转动手柄使磁回路开启状态，磁力线消失，以便卸下工件的情况；图中（b）表示当转动手柄使磁回路呈闭合状态，此时产生磁力线使工件夹紧进行磨削 夹具的挡板4、7是限制工件 z 自由度的定位基面，此两挡板分别平行于 x 轴和 y 轴 此夹具适合用作磨削工件上的空间斜面（如左图所示绕 x 轴的转角为 α 或绕 y 轴的转角为 β 的二维或三维空间尺寸的斜面）

工序号	名称	结　构　简　图	说　　　明
6	正负向正弦永磁夹具	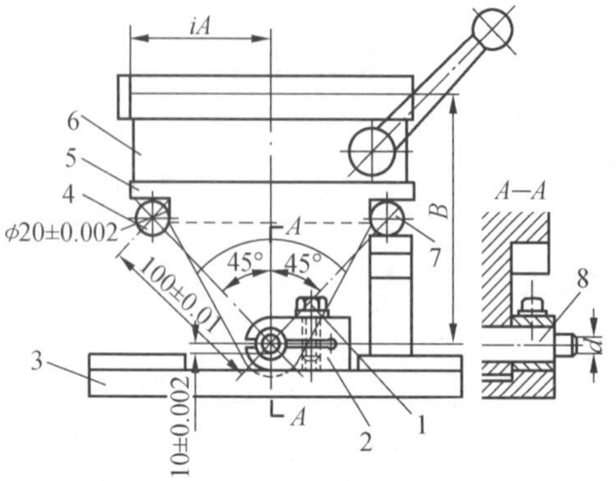 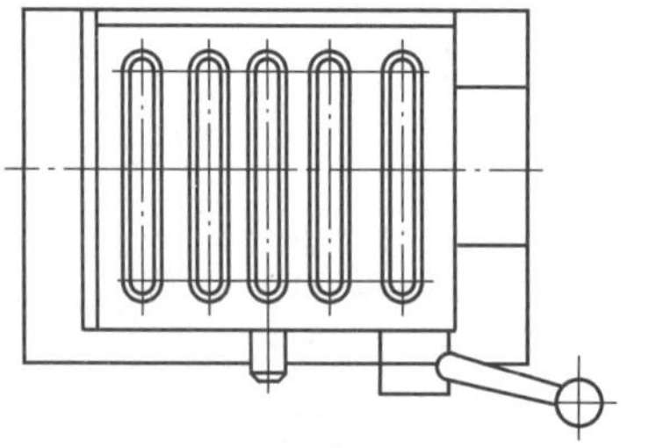 1—螺钉　2—支承套　3—底板 4、7—正弦圆柱　5—支架 6—永磁吸盘　8—轴 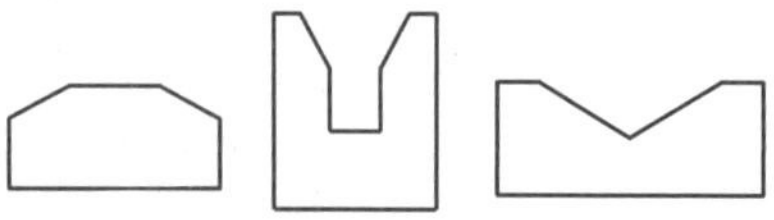 双侧斜面工件 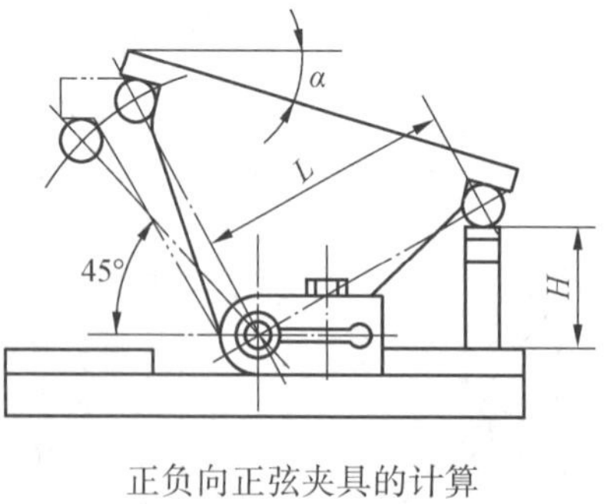 正负向正弦夹具的计算	主要由永磁吸盘和能向正负方向摆动的正弦尺组成。永磁吸盘6安装在支架5上，轴8与支架5连成一体，并能在支承套2内转动，在正弦圆柱4或7与底板3的支承面之间垫入一定厚度的量块，可使永磁吸盘沿正向或负向倾斜一定的角度，拧紧螺钉1，用支承套锁紧轴8，即可将永磁吸盘固定在所需角度上 　　这种夹具适于磨削两侧均有斜面的工件 　　装夹工件时应注意双向斜面的交线与夹具的对称中心重合 　　为使工件倾向到所需角度，应垫入的量块的高度 H 可按下式计算 $$H = L\sin\,(45° - \alpha)$$ 式中　H——应垫入的量块的高度（mm） 　　　L——正弦圆柱与轴8之间的中心距（mm） 　　　α——加工工件斜面所需要的倾斜度

工序号	名称	结 构 简 图	说 明
7	测量调整器	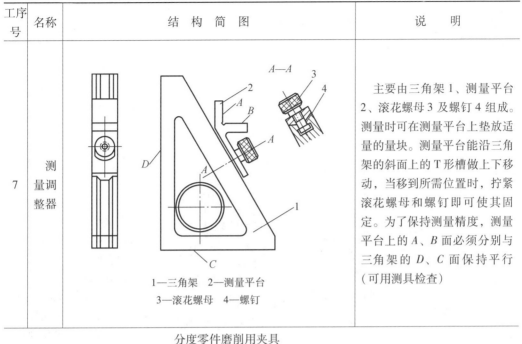 1—三角架　2—测量平台 3—滚花螺母　4—螺钉	主要由三角架 1、测量平台 2、滚花螺母 3 及螺钉 4 组成。测量时可在测量平台上垫放适量的量块。测量平台能沿三角架的斜面上的 T 形槽做上下移动，当移到所需位置时，拧紧滚花螺母和螺钉即可使其固定。为了保持测量精度，测量平台上的 A、B 面必须分别与三角架的 D、C 面保持平行（可用测具检查）
		分度零件磨削用夹具	
8	一、卧式旋转夹具	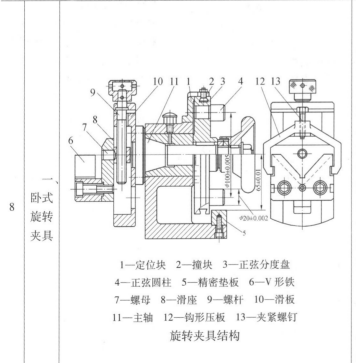 1—定位块　2—撞块　3—正弦分度盘 4—正弦圆柱　5—精密垫板　6—V 形铁 7—螺母　8—滑座　9—螺杆　10—滑板 11—主轴　12—钩形压板　13—夹紧螺钉 旋转夹具结构	其主轴一端装有正弦分度盘 3，另一端装有滑板 10，滑板 10 上带有一 V 形铁 6，工件的圆柱面在 V 形铁上定位，通过旋转螺杆 9 调整工件的圆柱中心，使其与夹具主轴回转中心重合，钩形压板 12 和夹紧螺钉 13 是用作将工件夹紧在 V 形铁上，旋转正弦分度盘 3 时，可用定位块 1、撞块 2 控制回转角度，从分度盘圆周的刻度上读取回转角度，或在正弦圆柱 4 与精密垫板 5 之间垫以一定尺寸的量块，即可获得所需的精确角度 　　此夹具适合磨削以圆柱面定位并带有台阶的多角体、等分槽及带有一个或两个凸圆柱的工件

工序号	名称	结 构 简 图	说 明
8	二、立式旋转夹具	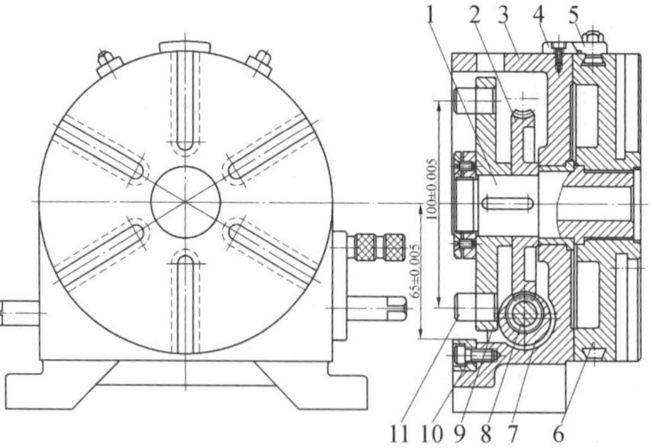 1—主轴 2—蜗轮 3—主体 4—角度游标 5—撞块 6—台面 7—偏心套 8—蜗杆 9—正弦分度盘 10—精密垫板 11—正弦圆柱 旋转夹具 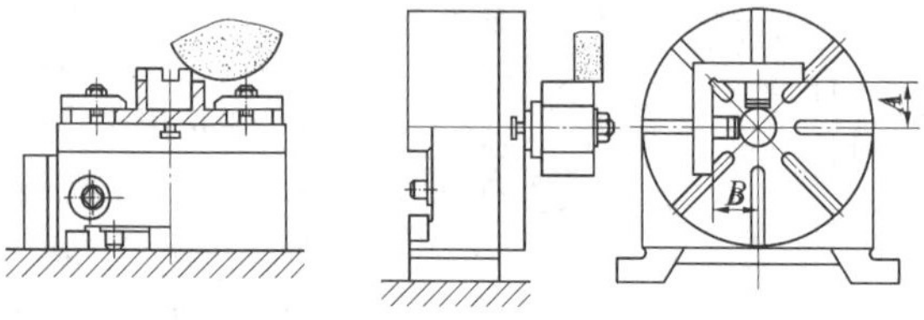 (a) 工件的装夹 （卧式）　(b) 工件的装夹 （立式）　(c) 工件的定位 工件的装夹及定位	此旋转夹具的结构和动作原理是：台面 6 与中间带有锥孔的主轴连成一体，当旋转蜗杆 8 通过与其啮合的蜗轮 2 带动台面与正弦分度盘一起旋转，将偏心套 7 旋转一定角度后，便使蜗轮与蜗杆分开，而直接拨动台面旋转，利用撞块 5 控制其回转角度，从台面圆周上的刻度及角度游标 4 的指示，便可读得回转的角度数，也可在正弦圆柱 11 与精密垫板 10 之间垫入一定尺寸（厚度）的量块来精确获得所需的角度数 要磨削的工件用螺钉、压板或心轴固定在台面上，如左图（a）、（b）所示。工件的回转中心必须与夹具中心重合

428

工序号	名称	结 构 简 图	说 明
8	三、正弦分中夹具	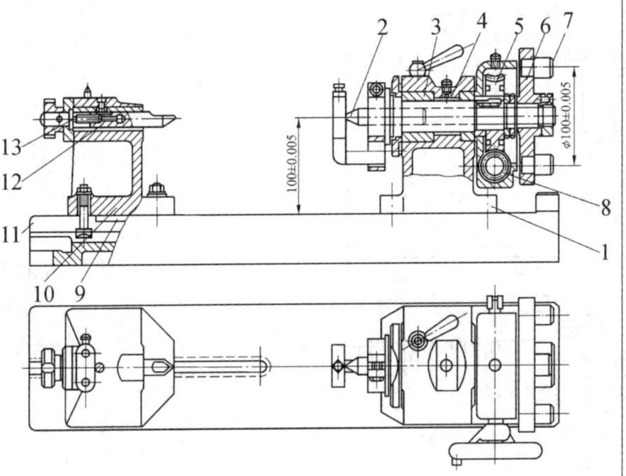 1—前支架　2—前顶针　3—钢套　4—主轴　5—蜗轮 6—分度盘　7—正弦圆柱　8—蜗杆　9—滑链 10—尾座　11—基座　12—后顶针　13—螺杆 正弦分中夹具结构	此夹具主要由正弦分度头、尾架和底座三部分组成。前顶针 2 和后顶针 12 分别装在前支架 1 和尾座 10 内。前支架固定在基座 11 上，而尾座 10 可以在基座 11 的 T 形槽内移动位置。工件装夹在前顶针、后顶针之间，安装工件时，先根据工件的长度调整好尾座 10 的位置，用螺钉将其固定，然后旋转螺杆 13 使后顶尖移动，以调整顶块与工件的松紧度。转动与蜗杆 8 连接的手轮（见左图）时，通过蜗轮 5、主轴 4 及鸡心夹头带动工件回转。主轴后端装有分度盘 6。磨削精度要求不高时，可直接调整分度盘 6 上的刻度来控制工件的回转角度。当磨削精度要求较高时，可通过在正弦圆柱 7 与固定在基座 11 上的量块垫板之间垫入一定尺寸的量块方法来获得工件所需的回转角度 量块值的计算和夹具中心高度的测定与前述旋转夹具的方法一样（见第 424 页和第 426 页）

工序号	名称	结 构 简 图	说 明
9	万能夹具	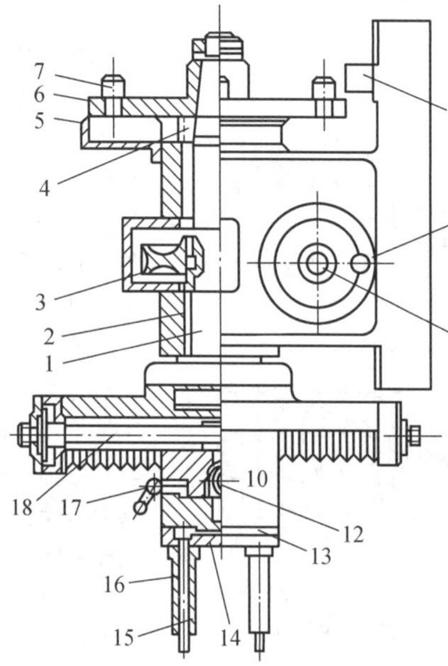 1—主轴 2—衬套 3—蜗轮 4—螺帽 5—角度游标 6—正弦分度盘 7—正弦圆柱 8—基准块 9—蜗杆 10—纵滑板 11—手轮 12、18—丝杆 13—横滑板 14—圆盘 15—螺钉 16—垫柱 17—手柄	万能夹具主要由工件装夹、十字滑板、回转台和正弦分度等四部分组成 工件装夹部分由垫柱 16、螺钉 15 和圆盘 14 等组成。用来把被磨削的工件通过某种方法固定在夹具上 十字滑板部分由横滑板 13、丝杆 12 和 18、手柄 17、纵滑板 10 等组成。旋转丝杆 12 或丝杆 18 可使工件在两个相互垂直的方向上移动，用来调整工件的圆弧中心（或回转中心）与夹具中心重合，当工件移动到所需位置后，转动手柄 17 等即可将滑板锁紧 回转部分由主轴 1、衬套 2、蜗轮 3、蜗杆 9 及手轮 11 组成。主轴 1 的前端与纵滑板 10 连成一体，旋转手轮 11 可通过蜗轮、蜗杆、主轴带动十字滑板（纵、横滑板）连同工件一起绕夹具主轴中心回转，同时也使正弦分度盘 6 也绕夹具主轴中心线回转 正弦分度部分由正弦分度盘 6、角度游标 5、正弦圆柱 7 及基准块 8 组成。当对工件的回转角度有不同要求时，可直接从角度游标卡 5 所指的刻度读取。对回转角度要求精确时，应采用在正弦圆柱 7 与基准块 8 之间垫一定高度的量块方法来调整夹具的回转角度。应垫量块高度的计算及分度部分的用法与正弦分中夹具相同 在制造和装配此夹具时，应注意把 4 个正弦圆柱 7 的中心十字连线与十字滑板的坐标重合

工序号	名称	结构简图	说明
10	磨削大圆弧用夹具	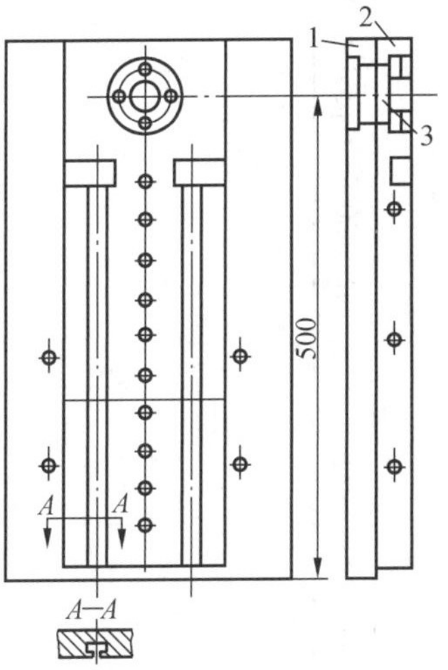 1—固定板 2—转动板 3—轴 转板式夹具结构 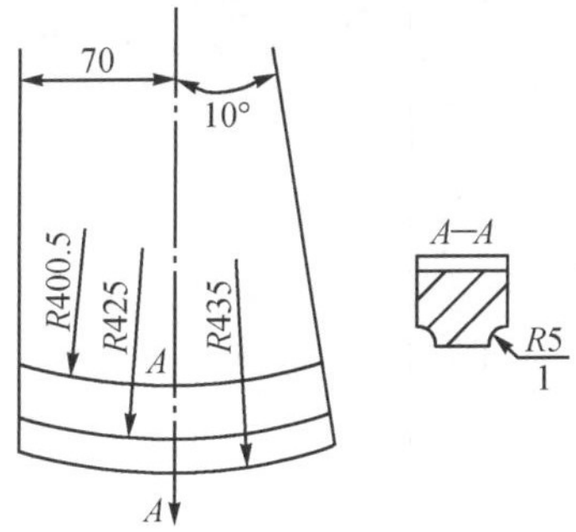 大圆弧工件尺寸图	此夹具由固定板 1、转动板 2 及轴 3 组成。转动板中间的一排螺钉孔是装夹工件用的，两边的梯形槽是插入螺钉用的，用压板和螺钉压紧工件，转动板的两侧面距离对称中心线为80 mm，轴 3 的中心到固定板底面为500 mm 固定板 1 通过精密角铁座安装在磨床的工作台上，固定板的大平面必须与机床的工作台面垂直，其侧面必须与机床的纵向导轨平行 安装在转动板 2 上的工件随转动板绕轴 3 的中心回转，工件的圆弧中心应为轴 3 的中心。因工件半径大不易精确调整其圆心位置，故在装夹工件时，以距轴 3 中心为500 mm 的固定板底面为径向基准，通过工件圆弧半径来调整工件的位置，并以转动板 2 的平面和侧面作为另一个方向的基准面

5）砂轮角度、圆弧修整夹具的使用方法

①卧式砂轮角度修整夹具的使用方法

使用这种夹具（图 6-110）时，先根据所要修整的砂轮角度 α，计算出应垫量块厚度（高度）H 值，在5种修整情况下，其 H 值和夹具倾斜的角度、砂轮的位置如表 6-54。

表6-54 卧式砂轮轮角度修整夹具的使用方法

砂轮要求修整的形状	$\alpha = 0°$（平面）	$\alpha = 90°$（侧面）	$0° < \alpha \leqslant 45°$	$45° \leqslant \alpha \leqslant 90°$
旋转夹具及修整砂轮角度示意图	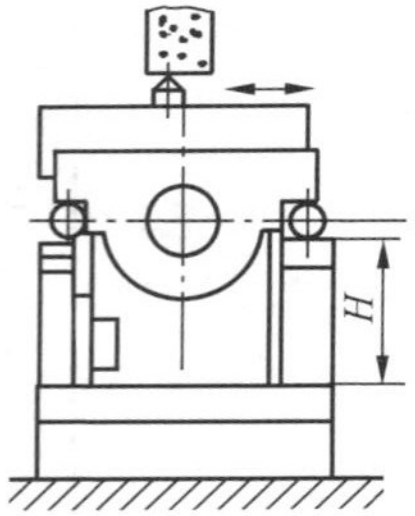	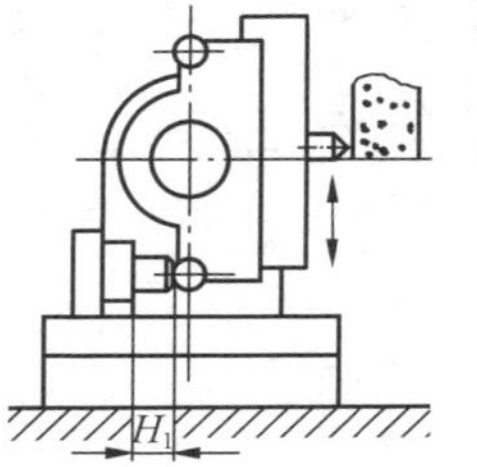	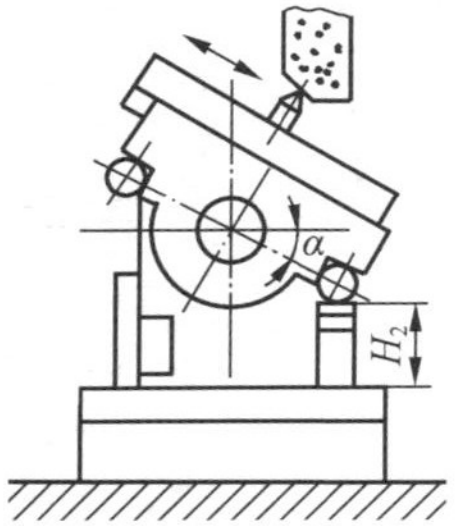	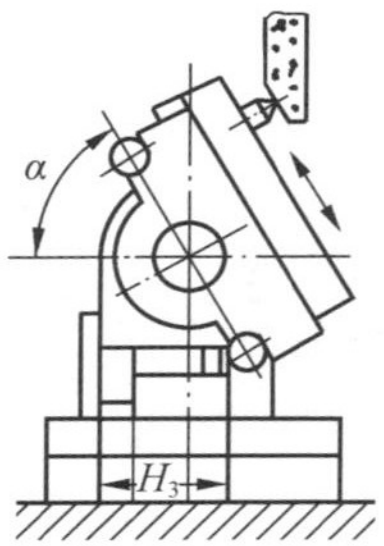
计算公式	$H = 65 - 10 = 55$	$H_1 = 30 - 10 = 20$	$H_2 = 65 - 10\ (5\sin\alpha H)$	$H_3 = 30 + 10\ [5\sin(90° - \alpha) - 1]$

432

由表中计算可知，当 $\alpha < 45°$ 时，适合在图 6-110 的圆柱 9 与平板 7 之间垫量块；当 $\alpha > 45°$ 时，适合在图 6-110 的圆柱 9 与侧面垫板 8 之间垫量块；当 $\alpha < 45°$ 不需要使用侧面垫板 8 时，可将它推进去，使其不妨碍正弦尺座的转动，也不妨碍在平板 7 上垫放量块。

②立式砂轮角度修整夹具的使用方法

表 6-55　　　　　　　　　　立式砂轮角度修整夹具的使用方法

砂轮要求修整的形状	砂轮右侧		砂轮左侧	
	$0° \leqslant \alpha \leqslant 45°$	$45° \leqslant \alpha \leqslant 90°$	$0° \leqslant \alpha \leqslant 45°$	$45° \leqslant \alpha \leqslant 90°$
转动夹具及修整砂轮角度示意图	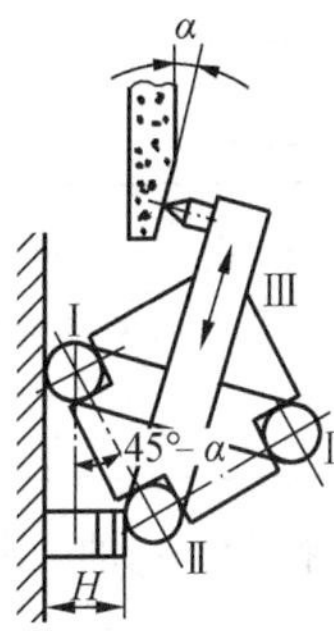	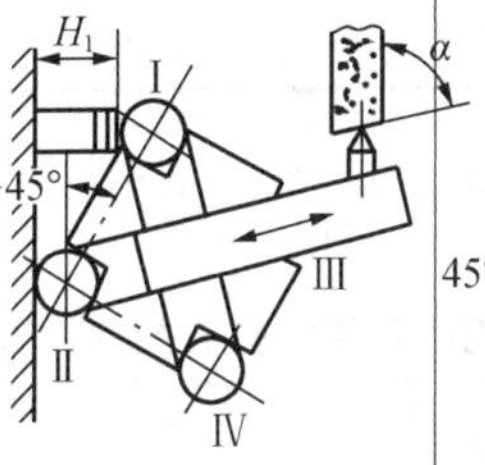	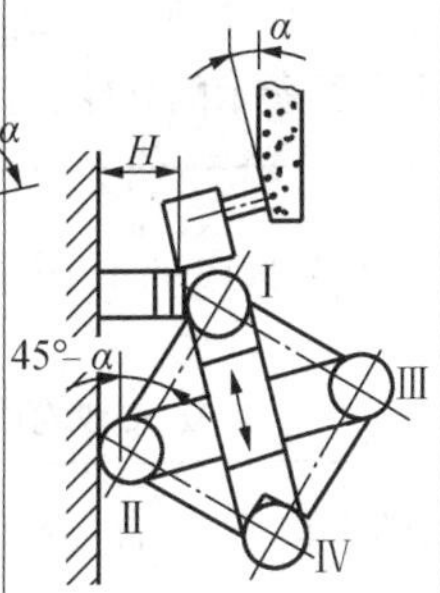	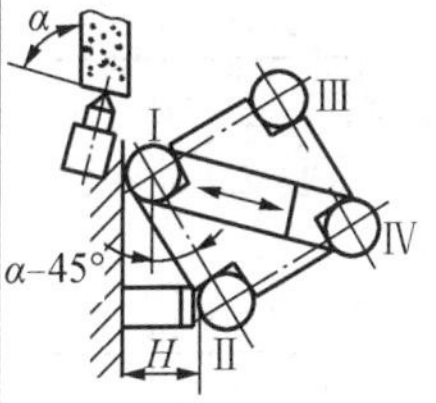
计算公式	$H = 50\sin(45° - \alpha)$	$H_1 = 50\sin(\alpha - 45°)$	$H_2 = 50\sin(45° - \alpha)$	$H_3 = 50\sin(\alpha - 45°)$
状态说明	圆柱 I 紧贴定位板	圆柱 II 紧贴定位板	圆柱 II 紧贴定位板	圆柱 I 紧贴定位板

③卧式砂轮圆弧修整夹具的使用方法（图 6-112）

表 6-56　　　　　　　　　　卧式砂轮圆弧修整夹具的使用方法

砂轮要求修整的形状	修整半径为 R_1 的凸圆弧	修整半径为 R_2 的凹圆弧	修整出来的凸圆弧砂轮
操作示意图	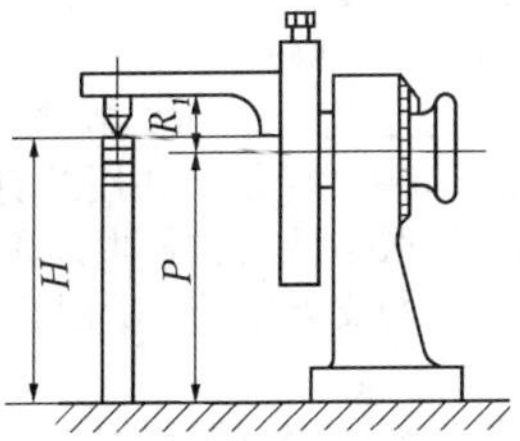	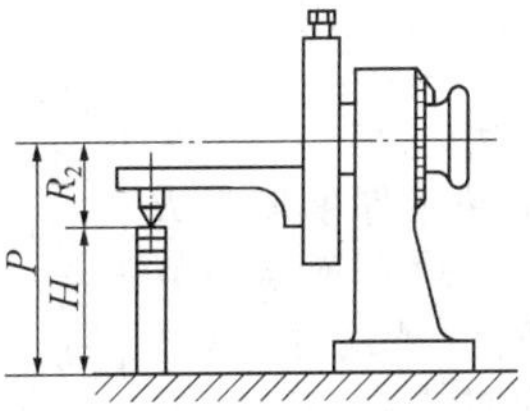	
计算公式	$H = P + R_1$	$H = P - R_2$	

续表

砂轮要求修整的形状	修整半径为 R_1 的凸圆弧	修整半径为 R_2 的凹圆弧	修整出来的凸圆弧砂轮
操作说明	金刚石刀尖应高于主轴中心，在此情况下所垫入的量块高度：$H = P + R_1$（P—主轴的中心高度）	金刚石刀尖应低于主轴中心，在此情况下所垫入的量块高度：$H = P - R_2$	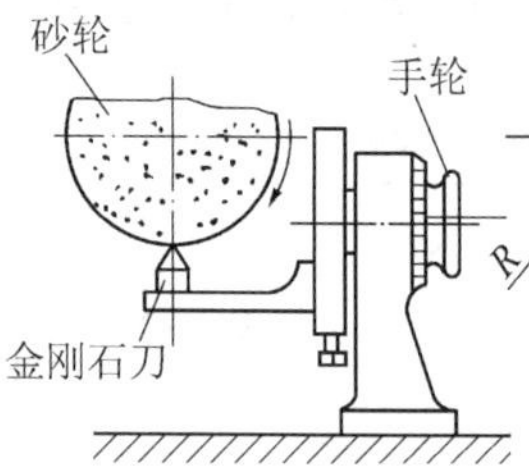
	转动手轮使刀尖处于砂轮下面，根据砂轮圆弧修整角度调整好挡块的位置，在砂轮高速旋转的情况下，旋转手轮使金刚石刀绕主轴中心来回摆动，即可修整出右图所示的砂轮圆弧		

④立式砂轮圆弧修整夹具的使用方法

表 6-57　　　　　　　　　　立式砂轮圆弧修整夹具的使用方法

砂轮要求修整的形状	修整半径为 R_1 的凹圆弧	修整半径为 R_2 的凸圆弧
砂轮圆弧图示	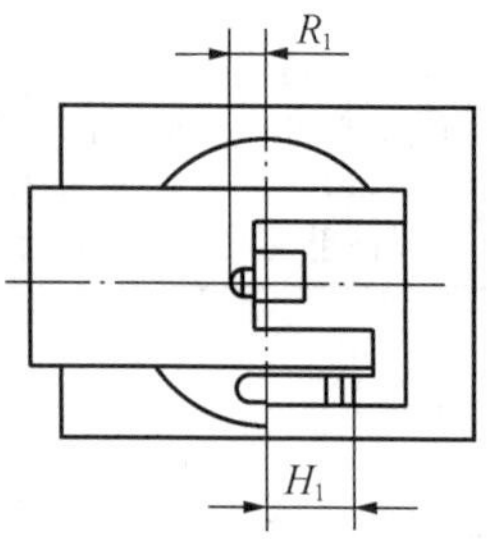	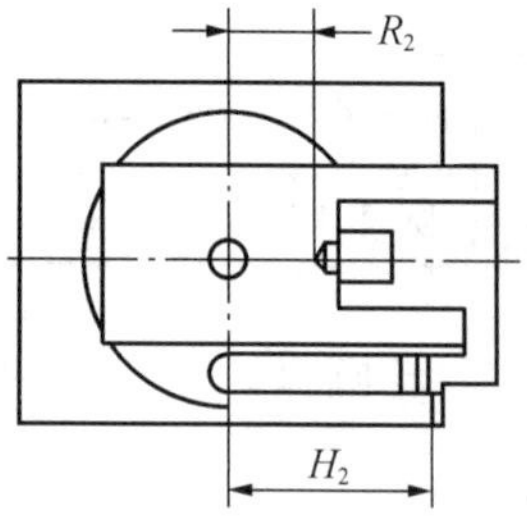
计算公式	$H_1 = H - \left(R_1 + \dfrac{d}{2} \right) = 70 - \left(R_1 + 5 \right)$	$H_2 = H + \left(R_2 - \dfrac{d}{2} \right) = 70 + \left(R_2 - 5 \right)$
操作说明	欲修整半径为 R_1 的砂轮圆弧，先按右边修整凸圆弧的方法，用直径为 10 mm 的标准芯棒调整金刚石刀尖的位置，使刀尖到回转中心的距离为 5 mm，并用螺钉把刀杆锁紧。在调节环与支架之间垫入厚度值为 $H = R_1 + 5$ 的量块，用螺钉锁紧调节环，松开螺钉，取出量块和芯棒，推动刀杆使调节环的右端与支架紧贴，再用螺钉把刀杆锁紧在此位置上即可	先在转盘中心锥孔内插入一根上端直径为 10 mm 的标准芯棒（转盘的中心锥孔与其外圆有较高的同心度），让金刚石刀尖刚好与标准芯棒接触，并用螺钉把刀杆锁紧。此时刀尖到回转中心的距离为 5 mm，在调节环与支架之间垫入 5 mm 厚的量块，并用螺钉锁紧调节环。松开螺钉，取出量块和芯棒，推动刀尖，使调节环的右端与支架紧贴，此时刀尖刚好通过回转中心 要修整半径为 R_2 的砂轮圆弧，就需在调节环与支架之间垫入厚度值为 $H = R_2$（mm）的量块，并用螺钉把刀杆锁紧在此位置上即可

注：1. $H = 70$ mm 是基数，是指金刚石刀杆抵住芯棒时所垫入的量块厚度值。

　　2. 测量芯棒直径 $d = 10$ mm。

⑤砂轮圆弧摆动式修整夹具的使用方法

表6–58　　　　　　　　砂轮圆弧摆动式修整夹具的使用方法

砂轮要求修整的形状	凹圆弧		凸圆弧	
	不加接长板	加接长板	不加接长板	加接长板
圆弧图示				
计算公式	$H = R_1 - A$	$H = R_1 - B - C$	$H = R_2 + A$	$H = R_2 - C$
操作说明	当修整半径为 R_1 的砂轮凹圆弧时（如上左图所示），在夹具基面 B 与平板之间垫入量块，量块的厚度值为 $H = R_1 - A$。调整金刚石刀杆使刀尖恰好与平板接触，拧紧螺钉，把金刚石刀杆锁紧在此位置上即可进行修整		当修整半径为 R_2 的砂轮凸圆弧时（如上左图所示），松开图6–114中的螺钉及金刚石刀杆。把夹具的基面 B 紧贴在平板面上，在金刚石刀尖与平板之间垫入量块，量块的厚度（高度）值 $H = R_2 + A$。推进金刚石刀杆，使刀尖恰好与量块接触，拧紧螺钉把金刚石刀杆锁紧在此位置上即可进行修整	

注：H 为计算的量块厚度值；A、B 为夹具的基准尺寸；a 为接长板基准尺寸；R_1 为凹圆弧半径；R_2 为凸圆弧半径。

⑥砂轮大圆弧修整夹具的使用方法

砂轮大圆弧修整夹具的使用方法按图6–115所示结构和图6–119所示方法进行。当要修整半径为 R 的凸圆弧时，如图6–119（a）所示，把金刚石刀尖向内装夹，用卡尺测量并控制刀尖至回转中心圆柱销（直径为 d）内侧的距离 H，其值为 $H = R - d/2$；当要修整半径为 R 的凹圆弧时，如图6–119（b）所示，把金刚石刀尖向外装夹，用卡尺测量并控制刀尖至回转中心圆柱销（直径为 d）外侧的距离为 H，其值 $H = R + d/2$。

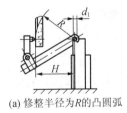

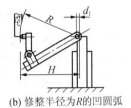

(a) 修整半径为R的凸圆弧　　　　　(b) 修整半径为R的凹圆弧

图6–119　砂轮大圆弧修整夹具的使用方法示意

⑦砂轮圆弧万能修整夹具的使用方法

砂轮圆弧万能修整夹具的使用方法以实例说明：例如要修整图6-120所示砂轮的形状尺寸，其修整的方法、步骤为：

a. 修整砂轮外圆。使金刚石刀尖与砂轮接触，以确定两者之间的初始位置，再修整连续砂轮型面，如图6-121（a），金刚石刀尖与砂轮轴向的初始位置对应着凸圆弧的圆心 O_2，如图6-120，为了以后修整凹圆弧对刀方便，将金刚石刀尖调整为距主轴回转中心垂直向上5 mm的位置，这样，砂轮高速旋转时就对外圆进行修整。

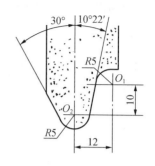

图6-120　砂轮要求修整的形状及尺寸

b. 修整 $R=5$ mm凹圆弧及小平面。如图6-121（b）所示，调整夹具主体做横向移动，移动量 $X=12$ mm。使金刚石刀尖对准凹圆弧的圆心 O_1（见图6-120），将砂轮下降20 mm并高速旋转，转动手轮即可进行砂轮凹圆弧的修整。调整正弦分度盘，使横滑板导轨处于小平面位置，拧紧锁紧手柄，转动正齿轮杆，使金刚石刀尖右移，修整与圆弧相切的小平面。

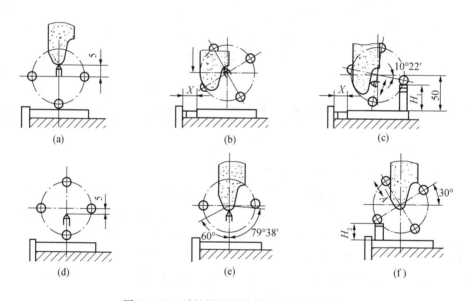

图6-121　砂轮圆弧万能修整夹具使用实例

c. 修整角度为10°22′的斜面。如图6-121（c）所示，调整正弦分度盘，使金刚石刀尖指向斜面，在刀尖后侧的正弦圆柱下面垫入量块，量块的厚度值 $H_1=50-（40\sin10°22'+10）=32.802$ mm，即可保证角度为10°22′的斜面。拧紧锁紧手柄，转动正齿轮杆对砂轮斜面进行修整。

d. 修整 $R=5$ mm的凸圆弧。将金刚石刀尖调整为距主轴回转中心垂直向下5 mm的位置，如图6-121（d）所示，砂轮上升20 mm回到图6-121（a）时的位置，夹具回

436

转中心再回到 $X=0$ mm 处。利用正弦分度盘外圆上的刻度或用垫量块的方法，控制主轴的回转角度在如图 6－121（c）所示的范围内，转动手轮对砂轮的凸圆弧进行修整。

e. 修整角度为 30°斜面。如图 6－121（f）所示，在刀尖后侧的正弦圆柱下面垫入量块，量块的厚度值 $H_2=50-（40\sin30°+10）=20$ mm。拧紧锁紧手柄，转动正齿轮杆即可修整出与凸圆弧相切的角度为 30°砂轮斜面。

⑧用挤轮挤压砂轮的方法

用挤轮来挤压砂轮的方法结合图 6－117 和图 6－118 说明如下：

a. 挤轮的线速度。当线速度高时，挤压砂轮的生产率高，反之则低；另外，线速度高时，挤轮的磨损会较大，反之则较小。因此，线速度应选择适中，一般控制在 14～25 mm/min。

b. 挤磨量（指挤轮与砂轮接触并跑合时，挤轮挤刮砂轮的深度）。选用金刚石刀杆或砂轮粗修砂轮，再用挤轮对砂轮进行粗挤（粗挤压以每挤压 2～3 转挤入量为 0.03～0.04 mm 为宜），然后再进行精挤（精挤压以每挤压 2～3 转挤入量为 0.01 mm 为宜），成型后在不挤入的情况下再转 1～2 min，以磨光滑砂轮的型面。

c. 冷却液。挤压时，一开始就采用大量冷却液对挤轮和砂轮进行冷却，这样不但可减少两者发热，提高生产率，而且可冲洗掉砂粒，提高成型面质量。同时还采用铜丝刷，刷去挤轮表面的砂粒。

d. 夹具安装要求。应注意使挤轮的轴线与砂轮主轴中心线平行，且在同一垂直面内。

⑨几种典型的砂轮圆弧的修整方法

表 6－59 　　　　　　　　　几种典型的砂轮圆弧的修整方法

圆弧面夹角	圆弧示意	修整方法示意	说　　明
$\alpha=90°$	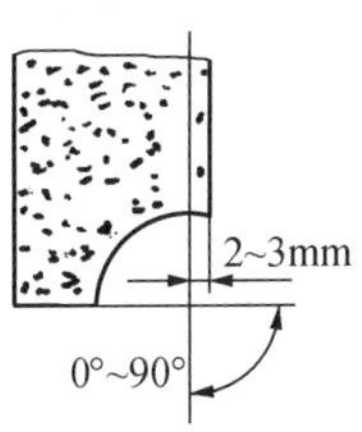	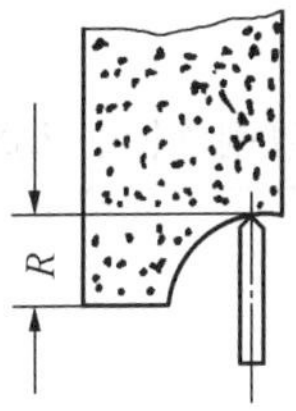	1. 将金刚石刀尖的摆动量调整 α 为 90° 2. 圆弧修整后，边摆动金刚石刀尖边移出砂轮侧面，从圆弧中心至侧面保持余量为 2～3 mm 3. 适于磨矩形型芯或矩形凸模周围圆弧
$\alpha>90°$	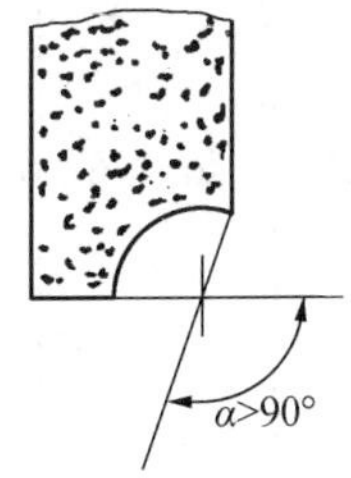	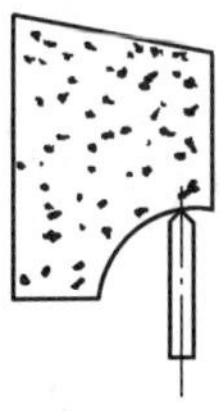	1. 将金刚石刀尖从砂轮的侧面按要求量横移，摆动金刚石刀尖垂直进给修整成圆弧 2. 适于翻转工件对中心磨削完整的圆弧面

续表

圆弧面夹角	圆弧示意	修整方法示意	说　　明
$\alpha = 180°$	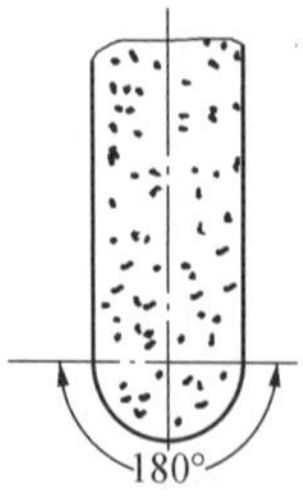	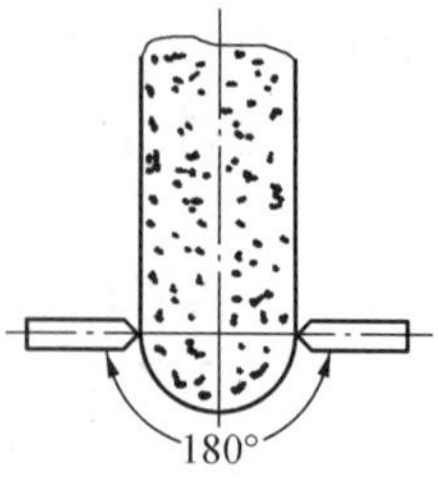	1. 将砂轮的厚度修整成 2 倍的 R 值 2. 金刚石刀尖摆动角度 α 为 $180°$ 时与砂轮两侧面相切，垂直进给修整成圆弧面 3. 修整简单，但切点不易修整圆滑，适于磨削圆弧槽
$\alpha > 180°$	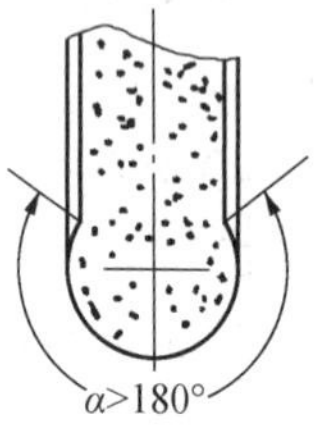	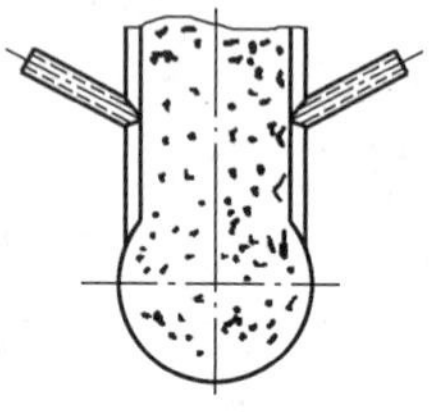	1. 金刚石刀尖摆动量按要求对称调整 $\alpha > 180°$，其余修整与 $\alpha = 180°$ 的方法相同 2. 修整完圆弧面后，将金刚石刀尖分别停在两侧制动点上，下降砂轮并修整出凹面 3. 该修整法切点圆滑，形状较精确

6）成型磨削方法及砂轮的选择

成型磨削是各种形状复杂的模具零件获得所需成型精度和表面粗糙度的方法。其原理是把形状复杂的几何线型分解成若干直线、圆弧等简单的几何线型，然后对其分段磨削，使它们连接圆滑光整，达到图纸要求。其方法有用专用夹具进行成型磨削的方法、仿形磨削的方法和坐标磨削的方法等。

砂轮是成型磨削的必备工具，在进行成型磨削前，针对模具零件材质、形状，选择合适的砂轮是很重要的。

表 6–60　　　　　　　　　　　　　成型磨削砂轮的选择

被加工面形状	砂轮形状简图	工件材料	砂轮			
			磨料	粒度	硬度	结合剂
凸圆弧	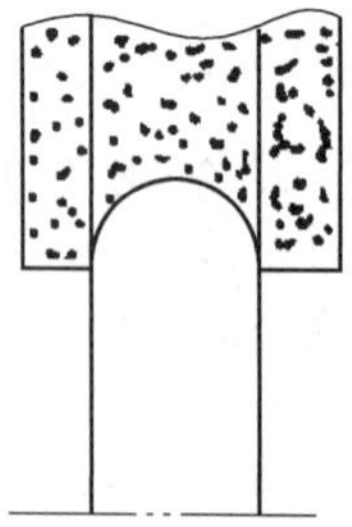	淬火钢	GB	60 ~ 80	ZR_1 至 ZR_2	A

438

续表

被加工面形状	砂轮形状简图	工件材料	砂轮			
			磨料	粒度	硬度	结合剂
凹圆弧	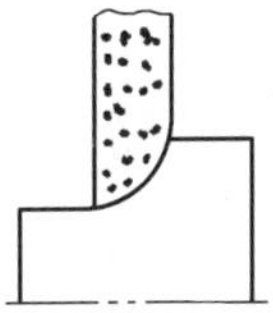 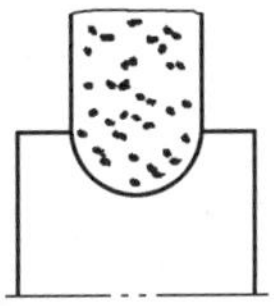	未淬火钢	GB	40~60	ZR$_2$ 至 ZR$_1$	
		淬火钢	GB	60~80	ZR$_1$ 至 ZR$_2$	
凸圆弧或凹圆弧	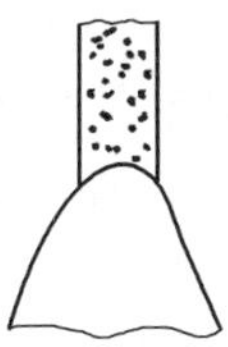 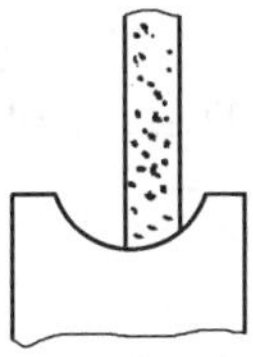	淬火钢	GB	60~80	ZR$_1$ 至 ZR$_2$	A
斜面及圆弧	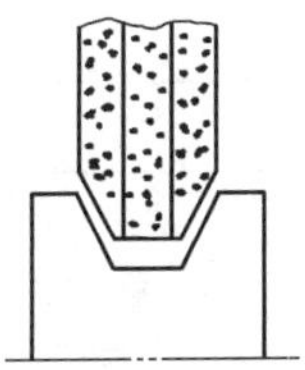 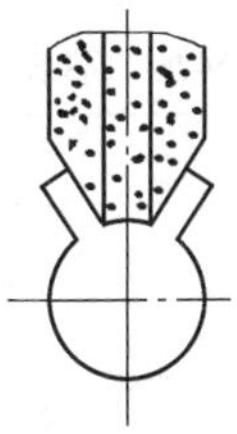	未淬火钢	GB	45~60	ZR$_1$ 至 Z$_1$	A
		淬火钢	GB	60~80	ZR$_1$ 至 ZR$_2$	
切断或切口	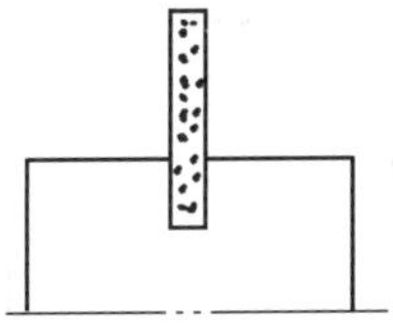	未淬火钢及淬火钢	GB	80	Z$_1$ 至 Z$_y$	A
清角	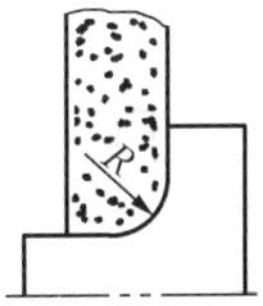	淬火钢	GB	80~150 (R = 0.2~0.4) 150~180 (R = 0.1~0.2) 180~250 (R = 0.5~0.1)	ZR$_1$ 至 ZR$_2$	A

7）平面、斜面磨削用工夹具的应用方法

①使用正交双向正弦永磁夹具装夹、磨削工件斜面的方法

按表 6‐53（工序 5）图示，首先把工件按坐标方向放置在永磁吸盘（磁力块）1

上，同时将工件的一个基准面贴靠在挡板 4 或挡板 7 的定位基准面上定位，并通过磁力将其夹紧。然后转动正弦尺，使其绕 x 轴转动 α 角，即在上正弦圆柱和其底座之间垫入量块值为

$$H_\text{上} = L_\text{上} \sin \alpha$$

再转动正弦尺，使其绕 y 轴旋转 β_1 角度

$$\beta_1 = \tan^{-1}(\tan \beta \cos \alpha)$$

在下正弦圆柱和其底座之间垫入量块值为

$$H_\text{下} = L_\text{下} \sin \beta_1$$

式中　$H_\text{上}$——两上正弦圆柱之间的中心距（mm）；

　　　$H_\text{下}$——两下正弦圆柱之间的中心距（mm）。

按以上计算的数据进行调整后，就可获得磨削工件所需空间角，夹紧后即可对工件进行斜面磨削。

②用正弦夹具可磨削的典型工件的形状

用正弦夹具可磨削的典型工件的形状见表 6-61。

表 6-61　　　　　　　　　用正弦夹具可磨削的典型工件的形状

类别	示　意　图	附　注
斜面	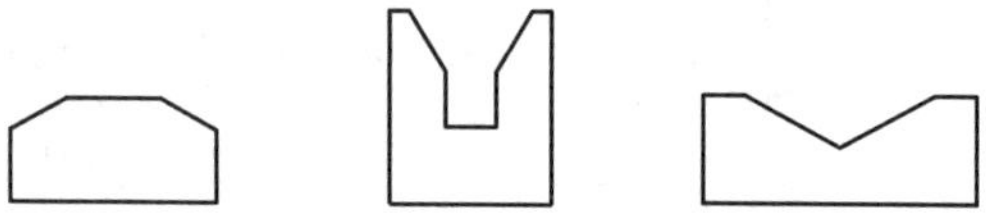	可使用单向正弦夹具、正弦虎钳或正负向正弦夹具
台肩	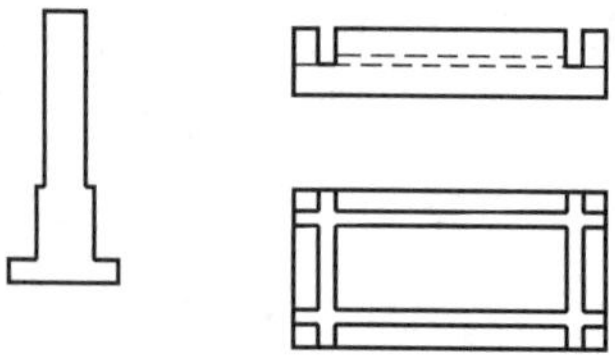	可使用正弦夹具或正弦虎钳等
狭槽	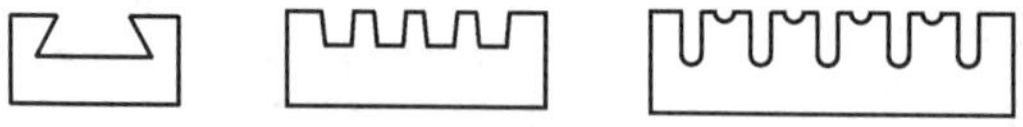	使用正弦夹具及成型砂轮
复杂型面	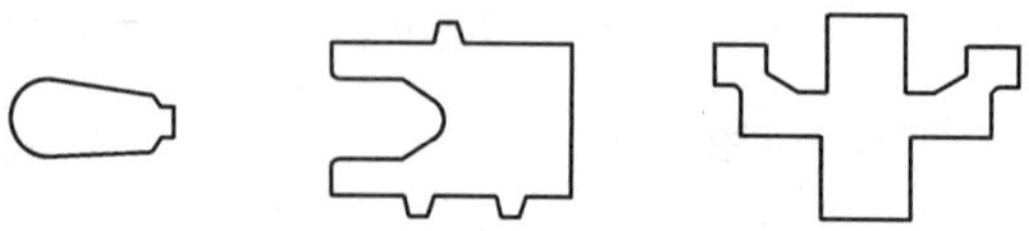	使用正弦夹具及成型砂轮

类别	示　意　图	附　注
大型	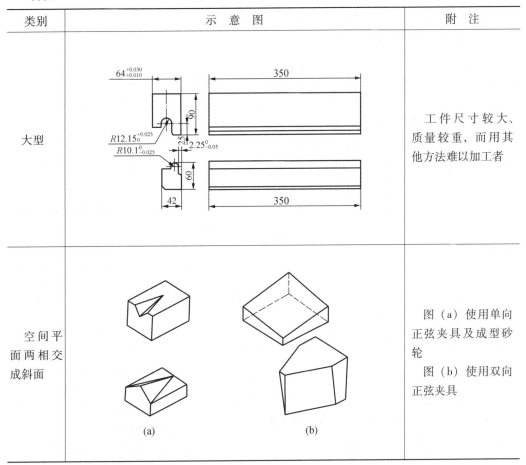	工件尺寸较大、质量较重，而用其他方法难以加工者
空间平面两相交成斜面		图（a）使用单向正弦夹具及成型砂轮 图（b）使用双向正弦夹具

③在平面、斜面磨削中利用测量调整器、量块、千分表等夹具进行辅助测量方法

先在表6-53（工序7）图示的测量调整器的测量平台2上垫放适量高度 P 的基础量块，然后调整测量平台的位置，采用千分表对工件基准面和基础量块上表面进行测量，使两者高度相等。当工件被测表面高于其基准面时，就在基础量块的上面再垫入量块，直至使千分表在量块组上表面与被测表面的读数相同，这样，量块组的高度 S 就等于被测表面至基准面的距离，这时量块组的总高度为 $H = P + S$。

当工件被测表面低于其基准面时，就将测量平台上的基础量块取下几块厚的，并放入若干块薄的进行高度调整，直到使千分表在量块组上表面所测的高度数值与工件被测表面的高度数值相同。其量块组的高度为 $H = P - S$，则 S 就等于被测表面到基准面的距离。

当然，若工件被测表面均高于其基准面，也可不用垫放基础量块的方法。

④平面和斜面磨削的工艺要点

在模具零件加工中，不管是划线前的粗磨，还是热处理以后的精磨，平面磨削的工作量都是最大的（由于斜面磨削实质也是平面磨削，只不过是先要用夹具使工件倾斜

441

一个角度），所以，掌握平面磨削工艺的要点，对保证模具零件尺寸精度、表面质量，提高模具生产效率，都具有十分重要的意义。

平面磨削的工艺要点见表 6-62。

表 6-62　　　　　　　　　　　平面磨削工艺要点

项目	工艺内容及简图	工艺要点
砂轮	磨淬硬钢选用 R_3 至 ZR_1 磨不淬硬钢选用 R_3 至 ZR_2	砂轮粒度一般在 $36° \sim 60°$，常用为 $46°$
周面磨削用量	1. 砂轮圆周速度 钢工件：粗磨 $22 \sim 25$（m/s）、精磨 $25 \sim 30$（m/s） 2. 纵向进给量一般选用 $1 \sim 12$ mm/min 3. 砂轮垂直进给量 粗磨 $0.015 \sim 0.05$（mm）、精磨 $0.005 \sim 0.01$（mm）	1. 磨削时横向进给量与砂轮垂直进给量应相互协调 2. 在精磨前应修整砂轮 3. 精磨后应在无垂直进给下继续光磨 $1 \sim 2$ 次
工件装夹方法	1. 电磁吸盘装夹是磁性材料工件常用方法 2. 利用精密的平口钳、角铁、V 形铁、正弦平口钳、正弦磁力台、导磁角铁、精密回转盘等，适用于装夹小尺寸形状较复杂的工件 3. 非磁性材料（铜合金、硬质合金、铝等）除用精密平口钳、角铁、V 形铁等机械装夹外，还可用黏结剂装固工件 4. 对于小而薄的成批工件的平面磨削，采用框式挡板专用夹具	1. 工件的定位基面要用锉刀或油石等去除毛刺 2. 在磁力台上装夹工件，应尽量多地使工件盖住绝磁层条数 3. 小而薄的工件应放在绝磁层中间 4. 对于高度较高而定位面较小的工件，装夹在磁力台上时应在工件前面放上挡铁
平行平面磨削	1. 一般工件磨削顺序 粗磨去除 $\frac{2}{3}$ 余量→修整砂轮→精磨→光磨 $1 \sim 2$ 次→翻转工件粗、精磨第二面 2. 薄工件磨削 垫弹性垫片。在工件与磁力台间垫一层约0.5 mm厚的橡胶或海绵，工件吸紧后磨削，并使工件两平面反复交替磨削，最后直接吸在磁力台上磨平 垫纸法。在工件间隙内垫入电工纸后，反复交替磨削	1. 若工件左右方向平行度有误差，则工件翻转磨第二面时应左右翻。若工件前后方向有误差，则在磨第二面时应前后翻 2. 带孔工件端平面的磨削，要注意选准定位基面，以保证孔与平面的垂直度。在一般情况下前道工序应对基面做上标记 3. 要提高两平面的平行度，要反复交替磨削两平面

442

	工艺内容及简图	工 艺 要 点
垂直平面磨削	用精密平口钳装夹工件，磨削垂直面 	1. 用磨削平行面的方法磨好上下两大平面 2. 用精密平口钳装夹工件，磨好相邻两垂直面 3. 用相邻两垂直侧面为基面，用磨削平行面的方法磨出其余两相邻垂直面
	用精密角尺圆柱或精密角尺找正磨垂直面。找正时用光隙法，借垫纸调整位置后，在磁力台上磨削。该法能获得比精密平口钳装夹更高的垂直度	1. 磨好两平行平面 2. 用精密平口钳装夹磨相邻两垂直面，作为粗基准 3. 用光隙法找正，置于磁力台上磨出垂直面 4. 再以找正后磨出的垂直面为基面，磨出另外两垂直面
	用精密角铁和平行夹头装夹工件。适于磨削较大尺寸平面工件的侧垂直面 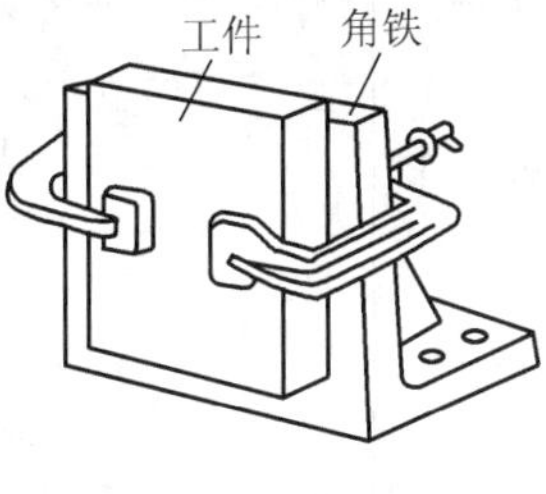 工件 角铁	1. 磨好两平行大平面 2. 工件装夹在精密角铁上，用百分表找正后磨削出垂直面 3. 用磨出的面为基面，在磁力台上磨对称平行面 4. 需要六面对角尺的工件，其余两垂直平面的磨削采用精密角尺找正的方法，在精密角铁上装夹后磨出
	用导磁角铁和垫块、装夹工件磨垂直面。它适用于磨削比较狭长的工件 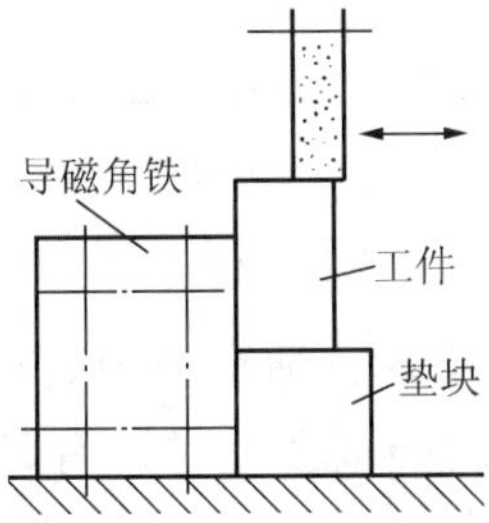 导磁角铁 工件 垫块	1. 装夹时应将工件上面积较大的平面作为定位基面，并使其紧贴于导磁角铁面 2. 磨削顺序 磨出一平面→用导磁角铁磨出垂直面→以相互垂直的两平面作基面，磨出对称平行面

443

	工艺内容及简图	工艺要点
垂直平面磨削	用精密 V 形铁和夹紧爪装夹带台肩或不带台肩的圆柱形工件，磨削端面 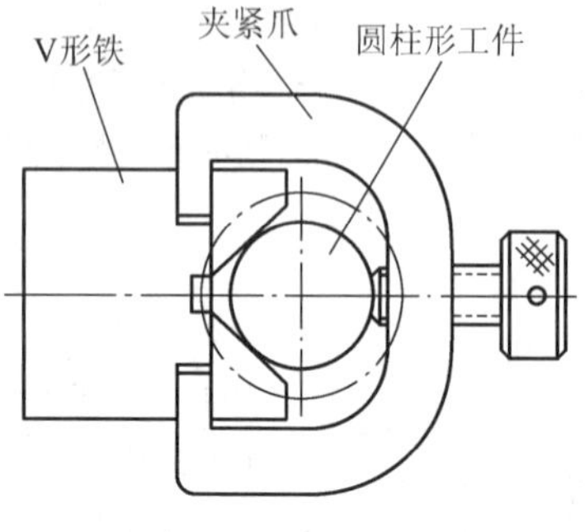 V形铁　　夹紧爪　　圆柱形工件	在螺钉夹紧工件圆柱面处垫入铜皮，保护已加工表面
斜面磨削	1. 用正弦平口钳或正弦磁力台装夹工件，最大倾斜角为45° 2. 用双向正弦平口钳装夹工件，适用于磨削空间斜面 3. 用导磁 V 形铁装夹工件，磨削斜面为 15°、30°、45°、60° 4. 用正弦规和精密角铁配合装夹工件 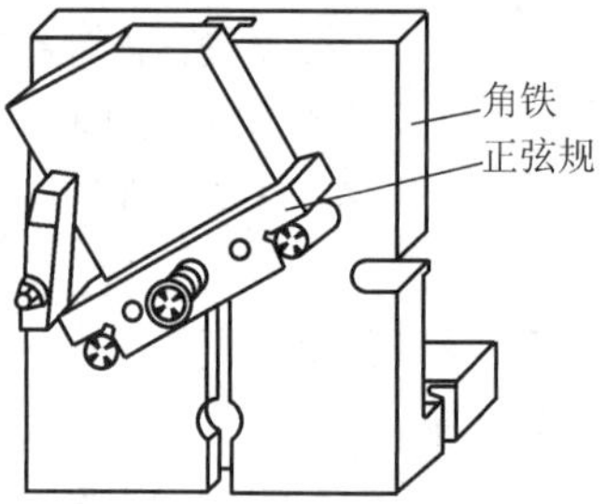 角铁 正弦规	正弦夹具垫块规尺寸计算（见下图解） $$H = L\sin\alpha$$ 式中　H——垫块规尺寸（mm） 　　　L——正弦夹具两圆柱中心距，一般为 200（mm） 　　　α——工件斜面与基准面的夹角（°） 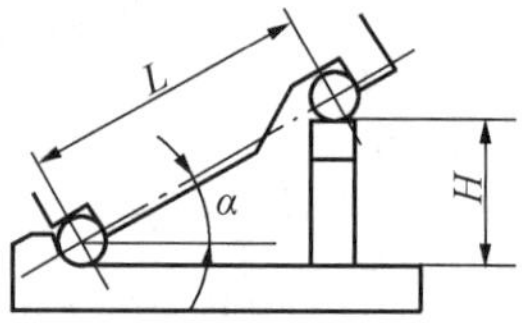

注：可参见表 6-61。

8）分度零件磨削用夹具的应用实例

表 6-53（工序 8）所列分度零件磨削用夹具，适合磨削具有一个回转中心的各种等分槽、多角度及带有台肩的多个回转中心的凸圆弧零件，有时也与成型砂轮配合使用，磨削比较复杂的型面。用这些夹具可磨削的典型零件的形状、使用的夹具及装夹方法如下：

①磨削带有台肩的多角体、等分槽及凸圆弧工件

这些工件的典型形状如图6－122所示。工件圆柱中心与夹具中心的调整方法如图6－123所示。根据图6－123（a）、（b）所示两个位置，用千分表测量工件外圆柱读数值之和的一半，调整V形铁以使两个中心重合，如图6－123（c）所示。

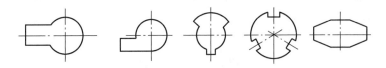

图6－122　适合正弦分中夹具装夹的工件形状

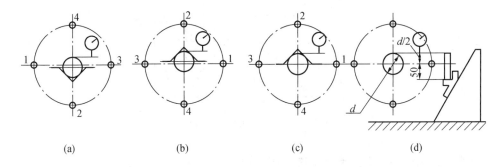

图6－123　工件圆柱中心与夹具中心的调整方法

当夹具需回转精确角度时，量块值的计算公式如下（见图6－124）。

$$H_1 = H_0 - L\sin\alpha - d/2$$
$$H_2 = H_0 + L\sin\alpha - d/2$$

式中　H_0——夹具主轴中心到精密垫板的距离（mm）；

L——夹具主轴中心到正弦圆柱中心的距离（mm）；

α——所需的回转角度（°）；

d——正弦圆柱的直径（mm）。

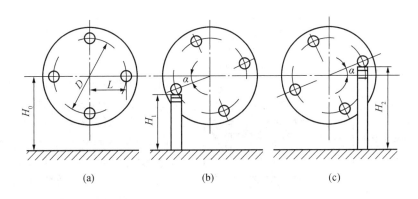

图6－124　分度时量块值的计算图解

445

夹具中心高度的测定如图 6 – 125 所示。在夹具的两顶尖之间装上一根直径为 d 的标准圆柱，并在测量调整器的测量平台上放置厚度为50 mm的量块以及厚度为 $d/2$ 的量块组（几个不同厚度量块的叠加组合）。借助千分表调整测量平台的位置，使量块组与标准圆柱等高，这样，测量平台的基面与夹具的中心相距为50 mm，图中尺寸 P 为夹具中心高度。磨削时随时利用测量调整器、量块、千分表来检查各被磨削表面至夹具中心的距离，以保证磨削尺寸合格。

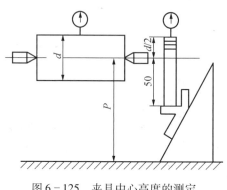

图 6 – 125　夹具中心高度的测定

用卧式、立式旋转夹具磨削工件实例分别见表 6 – 63 和表 6 – 64。

表 6 – 63　　　　　　　　　　用卧式旋转夹具磨削工件的实例

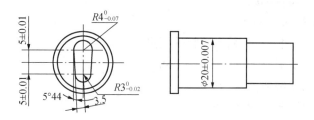

工序号	内容	操作示意图	说明及要求
1	工件装夹定位		以工件 $\phi20_0^{+0.007}$ mm 的外圆在 V 形铁上定位，并调整工件外圆中心与夹具中心重合，进行夹具中心高度的测量，使在测量平台上垫放（长）50 mm +（宽）10 mm 厚度的量块组后的高度与工件 $\phi20_0^{+0.007}$ mm 外圆高度等高，即测量高度 $L_1 = P + 10$ （mm）

工序号	内容	操作示意图	说明及要求
2	磨削 5°44′斜面	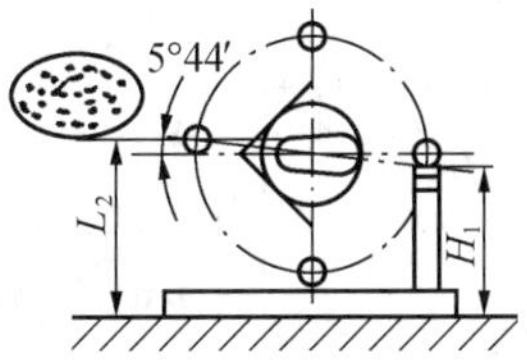	在正弦圆柱与基准板之间垫入量块，其厚度为 $H_1 = H_0 - 50\sin5°44' - 10 = H_0 - 14.99$（mm），以使工件上两凸圆中心连线在水平的基础上倾斜 5°44′的角度。调整测量平台上的量块组，使其上表面距夹具中心高出 3.5 mm，即测量高度 $L_2 = P + 3.5$（mm）。然后开动磨床用砂轮的圆周磨削工件的斜面（砂轮主轴与夹具主轴平行），直至磨到斜面的高度与量块组上表面的高度相等。再将工件调头磨削另一斜面，其方法与上述的相同
3	调整工件位置	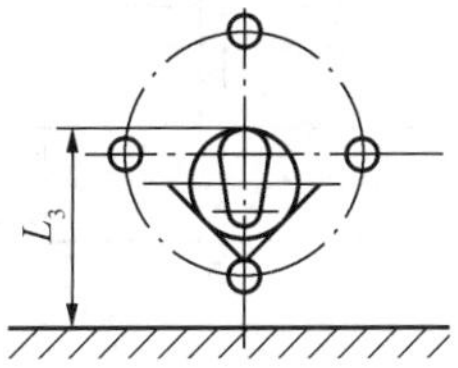	调整工件的位置到左图所示位置。将工件两个凸圆中心连线调成垂直。转动表 6-53 中（工序 8）卧式旋转夹具图中示意的螺杆 9，使 V 形铁带动工件下降，工件外圆的高度距夹具中心高出 5 mm，即测量高度 $L_3 = P + 5$（mm），这时的 $R = 4$ mm，凸圆弧中心正好与夹具中心重合
4	磨 R_4 凸圆弧	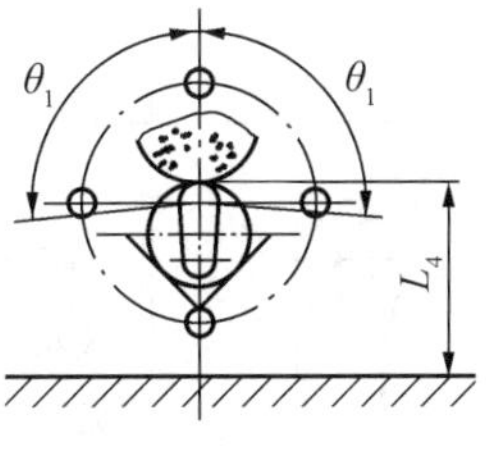	再调整测量平台上的量块组，使其上表面距夹具中心高出 4 mm，即测量高度 $L_4 = P + 4$（mm），顺逆时针转动夹具主轴相同的角度 $\theta_1 = 90° + 5°44' = 95°44'$，然后用砂轮磨削工件凸圆弧，磨到凸圆弧边缘与量块组上表面高度相等

工序号	内容	操作示意图	说明及要求
5	调整工件位置		先调整工件位置到左图所示位置，转动夹具的螺杆9，使V形铁带动工件上升到工件外圆的高度距夹具中心高出15 mm，测量高度 $L_5 = P + 15$（mm），这时的 $R = 3$ mm，凸圆弧中心正好与夹具中心重合
6	磨 R_3 凸圆弧		将工件翻转180°，调整测量平台上的量块组，使其上表面距夹具中心高出3 mm，即测量高度 $L_6 = P + 3$（mm），顺逆时针转动夹具主轴相同的角度 θ_2 = 90° − 5°44′ = 84°16′，即如左图所示位置，即可用砂轮磨削凸圆弧到其半径为 $R = 3$ mm

表6-64　　　　　　　用立式旋转夹具磨削工件的实例

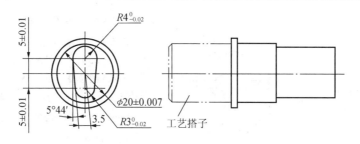

工序号	内容	操作示意图	说　　明
1	工件装夹		工件用V形铁装夹，并测出 a、b 尺寸
2	工件的安装		在角尺垫板基面与V形铁间垫以 L_1 及 M_1 尺寸的块规，使工作 $\phi 20$ mm 的圆心与夹具中心重合 $L_1 = A - a$；$M_1 = B - b$

工序号	内容	操作示意图	说　明
3、4	磨两个斜面	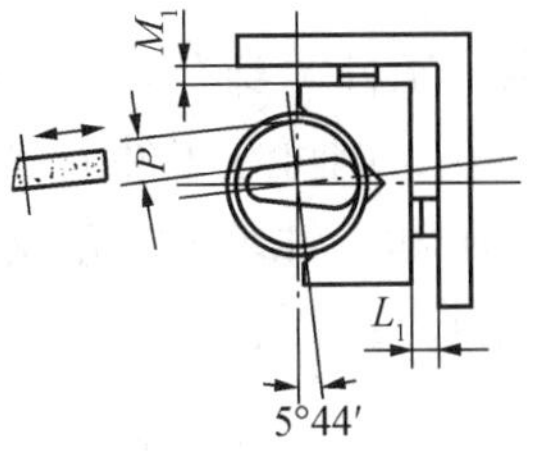	1. 正弦分度盘分别在两个方向转 $5°44'$，用砂轮侧面磨两个斜面 2. 以 $\phi20$ mm 外圆为基准测量斜面尺寸 $P = 10 - 3.5 = 6.5$ mm
5	调整工件位置	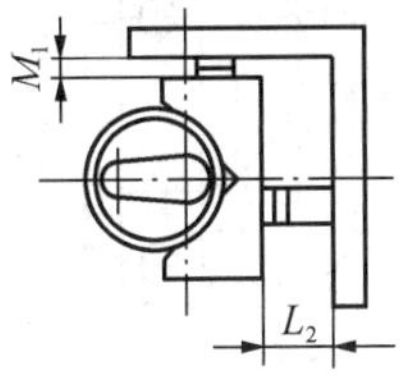	调整块规值：$L_2 = (A - a) + 5$ (mm) 使 $R = 4$ mm 圆弧中心与夹具中心重合
6	磨 $R = 4$ mm 圆弧	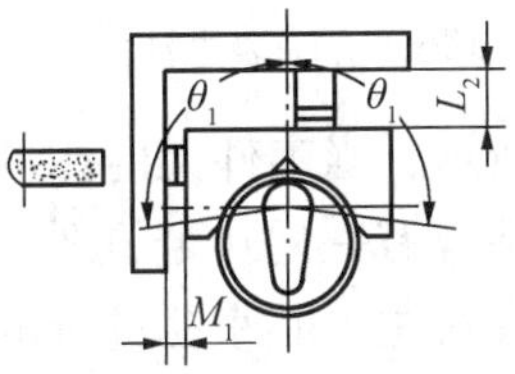	左右摆动台面接磨 $R = 4$ mm 圆弧 $\theta_1 = 90° + 5°44'$
7	调整工件位置	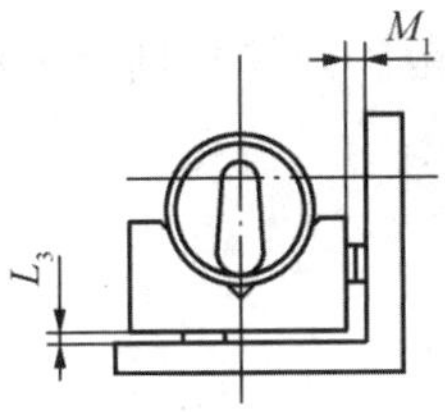	调整块规值：$L_3 = (A - a) - 5$ (mm) 使 $R = 3$ mm 圆弧中心与夹具中心重合
8	磨 $R = 3$ mm 圆弧	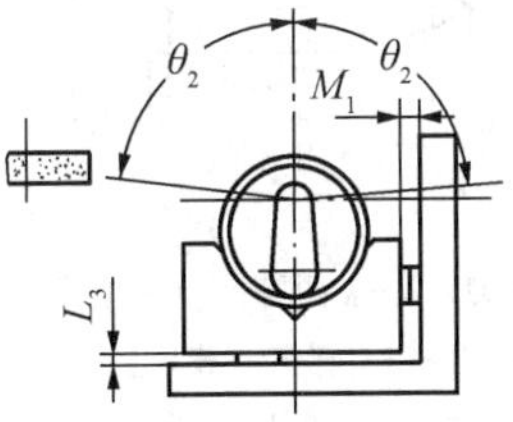	左右摆动台面接磨 $R = 3$ mm 圆弧 $\theta_2 = 90° - 5°44' = 84°16'$

449

②磨削具有一个回转中心的多角体、分度槽（一般不带台肩的）类工件。

这些工件的典型形状如图6－122所示。这类工件适合用正弦分中夹具来装夹。在正弦分中夹具上，工件的装夹通常有心轴装夹、双顶尖装夹和螺钉及顶杆装夹3种方法。

a．心轴装夹法。如图6－126所示，工件本身有与外成型表面的回转中心相同的内孔，则可在孔内装入心轴，如工件无内孔，则可在工件上加工出工艺孔，用此工艺孔安装心轴，利用心轴两端的中心孔，将心轴和工件装夹在正弦分中夹具的两顶尖之间。夹具主轴回转时，通过鸡心夹头4带动工件一起回转。

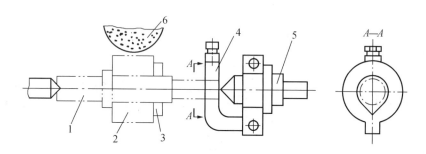

1—心轴　2—工件　3—螺母　4—鸡心夹头

5—夹具主轴　6—砂轮

图6－126　心轴装夹法

b．双顶尖装夹法。如图6－127所示，当工件无内孔，也不允许在工件上加工工艺孔时，可采用双顶尖装夹法。工件上除应有一对中心孔外，还应加工出一个副中心孔。夹具的加长顶尖1和后顶尖对工件的一对主中心小孔进行定位装夹。副顶尖2顶在工件副中心孔中，用来拨动工件随主轴转动。副顶尖可在叉形滑板4的槽内移动，以适应工件副中心孔的不同位置，并能通过螺母3调节其所需的长度及锁紧在适当的位置上。副顶尖加工成弯的，以进一步增加其使用范围。注意副顶尖对工件的推力不能太大，防止使工件的位置产生歪斜。

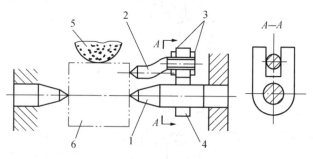

1—加长顶尖　2—副顶尖　3—螺母

4—叉形滑板　5—砂轮　6—工件

图6－127　双顶尖装夹法

c. 螺钉及顶针装夹法。如图6-128所示，使用此装夹法时工件应加工两个中心孔和一个螺钉孔。拨叉板固定在长顶针上，用两只螺钉调节并固定工件的位置。

夹具中心的测定可用图6-128所示方法，先在两顶尖间装上一根φ30 mm的测量棒，再在测量调整器的测量平台上放一块50 mm厚的量块，然后调整量块与测量棒，使两者一样高，则测量平台基面至夹具中心的距离为35 mm。

图6-129是带正弦尺的正弦分度夹具，图6-130是一种多功能分度夹具，利用电动机使工件旋转来磨削旋转体的成型零件，并可利用插齿板来磨削分度的零件，同时也可拿去尾座装上夹紧附件进行磨削。

③磨削具有一个或多个回转中心并带有台阶的多角体类零件

这些工件的形状见图6-131。这些零件可用短正弦分中夹具装夹后进行成型磨削。

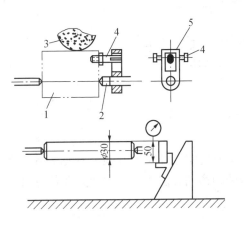

1—工件　2—长顶针　3—砂轮
4—螺钉　5—拨叉板

图6-128　螺钉及顶尖装夹法

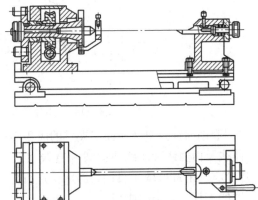

图6-129　带正弦尺的正弦分度夹具

图6-130　多功能分度夹具

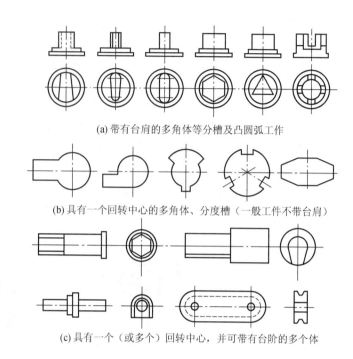

(a) 带有台肩的多角体等分槽及凸圆弧工作

(b) 具有一个回转中心的多角体、分度槽（一般工件不带台肩）

(c) 具有一个（或多个）回转中心，并可带有台阶的多个体

图 6-131　用分度夹具磨削的工件形状

9）磨削曲线及复杂型面用夹具的应用实例

曲线及由曲线和曲线或曲线和直线组成的复杂型面，可采用万能夹具见表 6-53（工序 9）或在 M9025 工具曲线磨床上进行。这两种磨削方法都可一次装夹多种封闭形状轮廓的工件，并磨削成型。

用万能夹具磨削的工艺要点：

①用万能夹具磨削上述零件的原理是如前所述的对复杂型面进行分解后逐个磨削，所以在使用万能夹具前，应分析被磨削工件的几何形状，合理地将工件复杂的几何型面分解成若干直线和圆弧组成的简单型面。见表 6-65。

表 6-65　几种类别型面的磨削次序

类别	直线与凸圆弧相连	直线与凹圆弧相连	两凸圆弧相连	两凹圆弧相连	凹圆弧与凸圆弧相连
先	直线	直线	大凸圆弧	小凹圆弧	凹圆弧
后	凸圆弧	凹圆弧	小凸圆弧	大凹圆弧	凸圆弧

②必须根据工件的形状、尺寸来调整夹具中心与测量调整器测量平台基面的距离，以便磨削中随时测量磨削尺寸。其调整方法见表 6-66。

452

表 6-66　　　　　　　　　　　　　　　万能夹具中心高度的测量

工序号	1	2	3	4
操作示意图	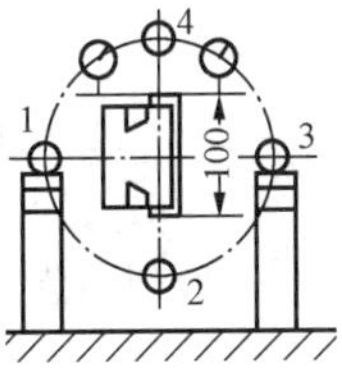	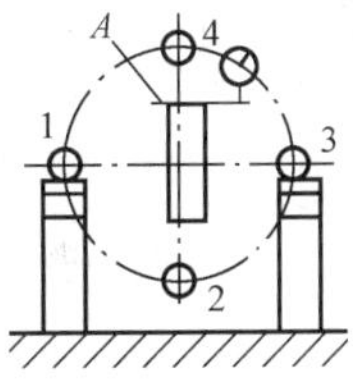	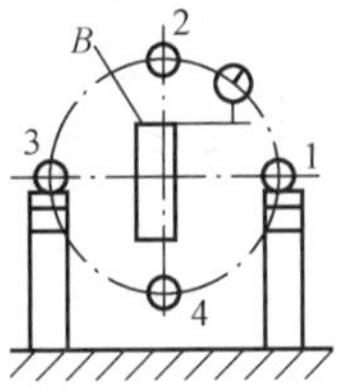	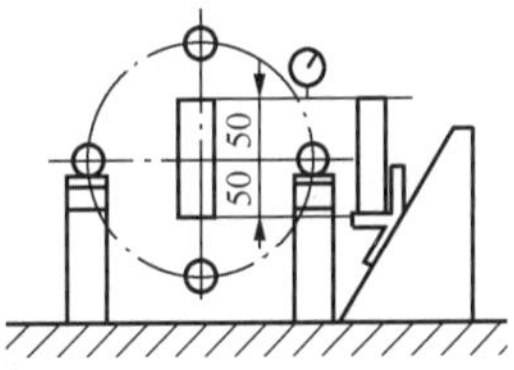
说明	用精密平口钳夹持 100 mm 的块规，并校正成水平	用百分表测量块规 A 面，记下其读数	将主轴回转 180°，测量 B 面，与 A 面读数比较，利用滑板调整 A、B 两面并使读数一致	在测量调整器平台基面上放一组 100 mm 的块规，用百分表校正与平口钳上一组块规，并使两者等高，则平台基面与夹具中心相距 50 mm

③根据工件的形状、尺寸，按表 6-67 选择合适的装夹方法，把工件装夹在万能夹具上。

表 6-67　　　　　　　　　　　　　　　万能夹具装夹的方法及附件

名　称	结构示意图	用　途	说　明
直接用螺钉与垫柱装夹	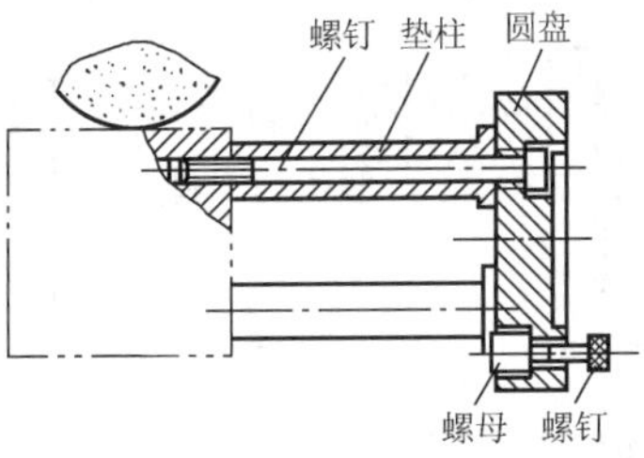	磨削封闭形状的工件	1. 利用螺钉及垫柱将工件固定在圆盘上，并用螺钉及螺母使圆盘固定在夹具上 2. 垫柱一般用 1~4 个，长度为 70~90 mm
精密平口钳装夹	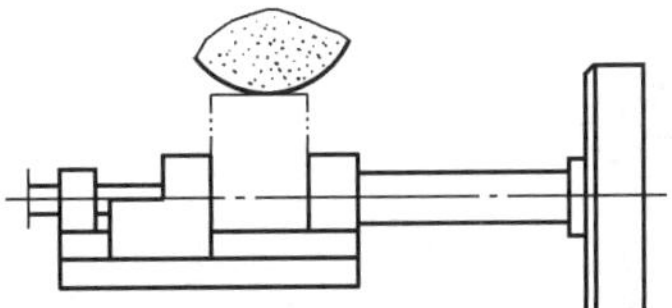 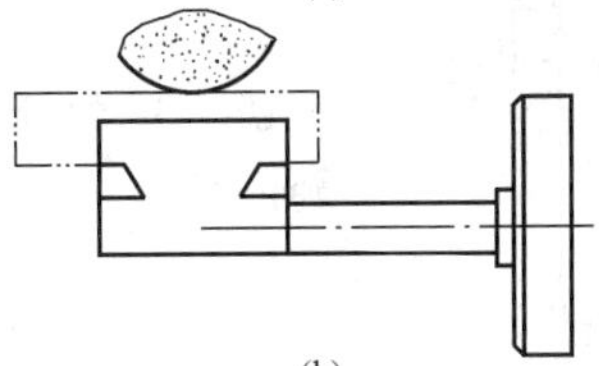	1. 磨削非封闭形状的工件 2. 图（a）装夹长度 <80 mm 图（b）装夹细长工件	由精密平口钳与螺钉装夹部分组成

453

名 称	结构示意图	用 途	说 明
狭口钳装夹		磨削非封闭形状的工件	此装夹附件比平口钳装夹面积小,磨削的范围广
简易钳口装夹		磨削非封闭形状的工件	由简易钳口与螺钉装夹部分或与球面支架装夹部分组成,可装夹尺寸较大的工件
电磁台装夹		磨削非封闭形状的工件	由小型电磁台与螺钉装夹部分组成,工件必须以平面定位
球面支架装夹	螺钉 支架	磨削尺寸较大的封闭形状的工件	工件用螺钉固定在球面支架上,可调整工件的水平面,支架的稳定性好
磨大圆弧附件		扩大磨削圆弧范围	磨削的工件用螺钉直接固定在此附件上,也可用螺钉固定平口钳,再用平口钳装夹工件

续表

名 称	结构示意图	用 途	说 明
简易修砂轮器		修整砂轮的圆周及侧面	用螺钉使其固定在螺钉装夹器的垫柱上，这样装卸方便
专用角度垫块		代替块规组	根据计算值将垫块制成阶梯形，以减少块规的使用

④根据工件形状特征选择回转中心（或称测量中心），这就是在磨削中要调整此中心与万能夹具的中心重合，使工件以此中心回转来进行磨削，并按此中心及时测量各磨削面的尺寸。几种类别的型面的回转中心的选择及磨削方法（略）。

⑤对平面或斜面磨削，是将它们依次转到水平（或垂直）位置进行磨削，而对圆弧型面磨削，除半径较小的凹圆弧采用成型砂轮磨削外，一般圆弧中心即为回转中心，磨削时依次调整各中心与夹具中心重合，并按此中心测量各磨削尺寸。

⑥根据万能夹具的结构和磨削工艺特点以及测量方法，首先要在工件上建立平面坐标系，因为磨斜面时，为了将工件被磨削面转至水平位置磨削，就要知道此斜面对坐标轴的倾斜角；为了以回转中心为基准对加工平面作比较测量，还要知道各平面与回转中心之间的垂直距离；磨削圆弧时，为了把各回转中心依次调到夹具中心，就要知道各回转中心之间的坐标；为了在磨削圆弧时不碰伤工件的其他表面，就需要知道圆弧的包角，以便在磨削时控制夹具的回转角度；而零件图上的设计尺寸是按设计基准标注的，因而在成型磨削之前把这些尺寸与夹具及磨床的相关尺寸结合起来换算成所需的工艺尺寸，并绘出工艺尺寸图，这样才能进行成型磨削。

工艺尺寸的换算及万能夹具的使用实例：例如要磨削的模具零件设计图如图6-132

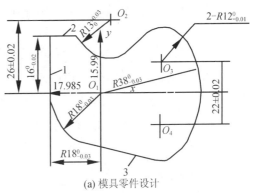

(a) 模具零件设计

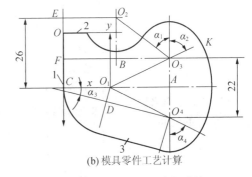

(b) 模具零件工艺计算

图6-132 工艺尺寸设计与计算

（a）所示，经分析其几何形状，该零件是由 3 个平面和 5 段圆弧组成的复杂型面，可以选择两个相互垂直并直接相连的平面 1 和平面 2 作基准面，也可以选择平面 1 和平面 3（它们不平行但在图外相交）作为基准面，但以前者最省事，按平面 1 和平面 2 作为工艺基准建立 $X-O$ 的平面坐标系绘制的工艺尺寸计算图，如图 6-132（b）所示。建立了零件的平面坐标系，绘制了零件的工艺尺寸计算图之后，就可以进行工艺尺寸的换算并绘制出工件的磨削工艺尺寸图了，其换算过程和方法如表 6-68。

表 6-68 凸模零件工艺尺寸换算实例

工序号	内　容	计算及公式
1	计算各回转中心的坐标尺寸	由零件图已知：$O_1x = 17.985$，$O_1y = 15.99$，在 $\triangle O_1O_3A$ 中： $O_1O_3 = O_1K - O_3K = 38.385 - 11.985 = 26.4$ $O_3A = 22/2 = 11$ $O_3x = CO_1 + O_1A = CO_1 + \sqrt{O_1O_3^2 - O_3A^2} = 17.985 + \sqrt{26.4^2 - 11^2} = 41.984$ $O_3y = 15.99 - O_3A = 4.99$ $O_4x = O_3x = 41.984$ $O_4y = O_3y + 22 = 26.99$ 在 $\mathrm{Rt}\triangle O_2BO_3$ 中： $O_2O_3 = 13.015 + 11.985 = 25$ $O_2B = 26 - 22/2 = 15$ $BO_3 = \sqrt{O_2O_3^2 - O_2B^2} = 20$ $O_2x = O_3x - BO_3 = 41.984 - 20 = 21.984$ $O_2y = 26 - 15.99 = 10.01$
2	计算斜面对坐标轴的角度	由零件图已知：平面 2、平面 1 分别与 x、y 轴重合 在 $\mathrm{Rt}\triangle O_1AO_4$ 中： $\angle AO_1O_4 = \sin (O_4A/O_1O_4) = \sin^{-1} (11/26.4) = 24°37'30''$ 所以，斜面 3 与 x 轴的角度为： $\alpha_3 = \angle AO_1O_4 - \angle O_1O_4D = 24°37'30'' - 13°8'10'' = 11°29'20''$
3	计算各圆弧的包角	大圆弧 R 为 $38_{-0.03}^{0}$ mm 及凹圆弧 R 为 $13_{0}^{+0.03}$ mm 可自由回转，不会碰坏其他表面，故不必计算包角 圆弧 R 为 $18_{-0.03}^{0}$ mm 与两个平面相切，平面 1 与 y 轴重合，平面 3 对 x 轴的倾斜角 α_3 已求出。因此该圆弧的包角已确定 以 O_3 为圆心的圆弧 R 为 $12_{-0.01}^{0}$ mm 与两个圆弧相切，包角 α_1 和包角 α_2 为：$\alpha_1 = \angle BO_2O_3 = \cos^{-1} (O_2B/O_2O_3) = \cos^{-1} (15/25) = 53°7'50''$ $\alpha_2 = \angle O_1O_3A = \angle O_1O_4A = 90° - \angle AO_1O_4 = 90° - 24°37'30'' = 65°22'30''$ 以 O_4 为圆心的圆弧 R 为 $12_{-0.01}^{0}$ mm 与一个平面和一个圆弧相切，平面 3 对 x 轴的倾斜角 α_3 已求出，与大圆弧相切的包角为 $\alpha_4 = \alpha_2 = 65°22'30''$

根据以上计算尺寸和角度绘制出磨削工艺尺寸图,如图 6 – 133 所示。

10)磨削大圆弧用夹具的应用

顾名思义,磨削大圆弧用夹具是专为磨削受常规机床设备规格和夹具结构尺寸限制的圆弧半径大且两端是贯通的模具零件大圆弧型面而设计的成型磨削夹具。下面以表 6 – 53 工序 10 所示磨削大圆弧工件为例介绍此夹具的应用方法。

从夹具和磨床的结构、尺寸、大小看,采用小直径砂轮装置可利用表 6 – 53 工序 10 中所示转板式磨削大圆弧夹具来进行磨削。其磨削过程如表 6 – 69。

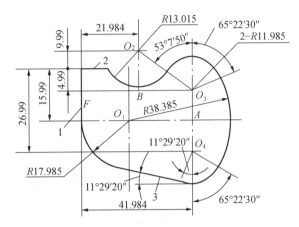

图 6 – 133　成型磨削工艺尺寸

表 6 – 69　　　　　　用转板式磨削大圆弧夹具磨削大圆弧工件实例

工序号	内　容	操作示意图	操作步骤及说明
1	装夹调整固定工件		由于夹具的转动板侧边与对称中心的距离为80 mm,而工件的直边到中心垂线距离为70 mm,为使工件的圆弧中心与夹具的中心线重合,应在工件与转动板的侧面垫10 mm厚的量块 在磨床工作台面垫放量块的高度 H_1 = 500 mm – 400.5 mm = 99.5 mm,摆动转动板及工件,用百分表测量并调整圆弧面到底面的距离 R 为400.5 mm。当百分表对量块组上表面的读数为零时,对于 R 为400.5 mm 的圆弧,读数则应为磨削余量0.3 mm。当工件的位置调整好后,便用压板、螺钉把工件固紧在该转动板上
2	磨削 R 为400.5 mm 凹圆弧面		摆动夹具的转动板2进行磨削,直磨削到测量尺寸 H_2 = 500 mm – 400.5 mm = 99.5 mm。图中所示的在转动板与工件之间垫上一垫板的作用是为了方便砂轮的退刀,使在退刀时砂轮不致磨坏转动板2

457

工序号	内 容	操作示意图	操作步骤及说明
3	更换压板，磨削 R 为 435 mm 凸圆弧	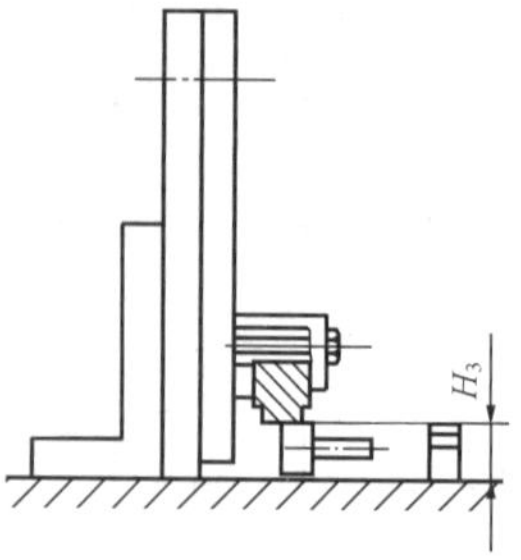	先用压板螺钉在已磨好的凹圆弧端夹紧工件，再松开上次的在凸圆弧端紧固的压板螺钉。注意在此更换压板的过程中要小心，严禁碰撞已定位对好尺寸的工件，否则会引起后工序的尺寸偏差而使工件报废 由于工件的凸圆弧半径较大，因此要选用小直径的砂轮来磨削，直到磨削到测量尺寸 H_1 = 500 mm - 435 mm = 65 mm 为止
4	磨 R 为 5 mm 圆弧肩格	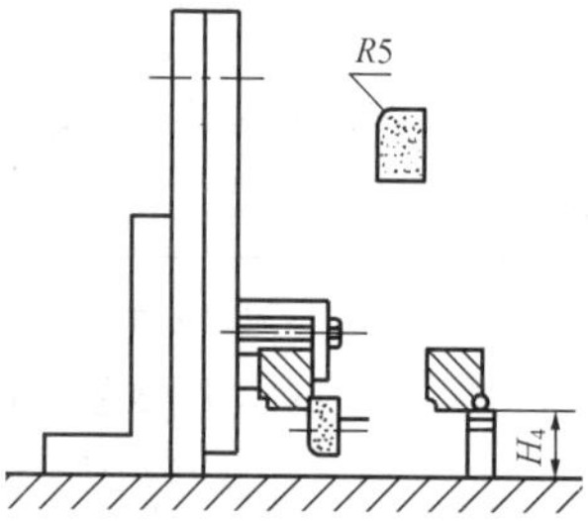	先把砂轮的直角修磨成 R 为 5 mm 的凸圆弧成型砂轮，用它来磨 R 为 5 mm 圆弧肩格。用千分尺测量槽深 5 mm，用 $\phi10$ mm 的量柱及量块组测量 10 mm 的槽宽，量块高度 H_4 = 500 mm - (425 + 10) mm = 65 mm
5	磨另一条 R 为 5 mm 圆弧肩格	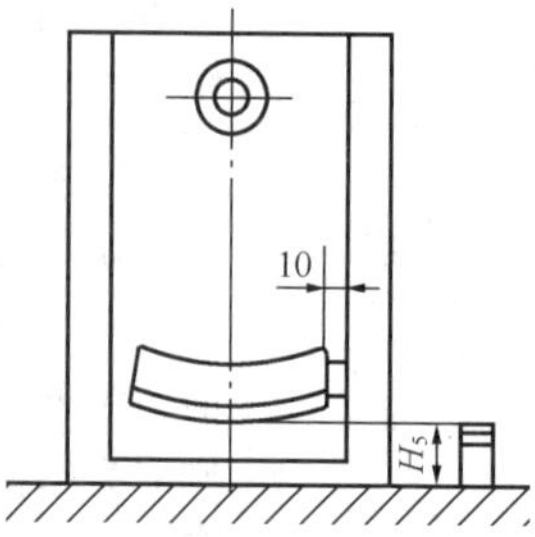	先把工件反过来装夹在转动板上（如左图所示），在工件侧面及底面各垫入 10 mm 和 H_5 = 65 mm 的量块，同样用 R 为 5 mm 的凸圆弧成型砂轮，采取同样的方法磨削出 R 为 5 mm 的圆弧肩格

11）光学曲线磨床的磨削

图 6 - 134 所示为 M9017A 型光学曲线磨床的外形结构，这是图 6 - 106 所示光学曲线磨床的另一种型号。这种磨床是由光学投影仪与曲线磨床相结合的产物。它可以磨削平面、圆弧面和非圆弧形的复杂曲面，因而特别适合单件、小批量生产中各种复杂曲面零件的磨削，其磨削精度可达 ±0.01 mm。

①M9017A 型光学曲线磨床的结构和操作过程

光学曲线磨床的磨削方法为仿形磨削法。其操作过程、动作原理是：先把所要磨削零件上的曲线放大 50 倍绘制在描图样上，然后把描图样夹在光学曲线磨床的投影屏幕

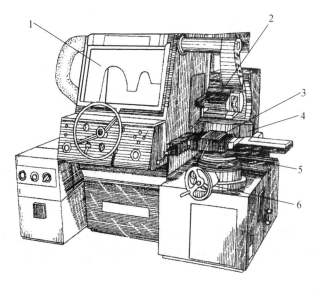

1—投影屏幕　2—砂轮架　3、5、6—手柄　4—工作台

图 6-134　M9017A 型光学曲线磨床

1 上，再将工件装夹在工作台 4 上，并用手柄 3、5、6 调整工件到加工位置。在透射照明的照射下，使被加工工件及砂轮通过放大物镜放大 50 倍后，投影到屏幕上。为了在屏幕上得到清晰的工件轮廓的影像，可通过转动手柄 6 调节工作台 4 的升降运动来达到。由于工件在磨削前留有加工余量，故其外形超出屏幕上放大图样的曲线。磨削时，只需根据投影屏幕上放大图样的曲线，相应移动砂轮架 2，使砂轮磨削掉由工件投影到屏幕上的影像与放大图样上曲线相复合的多余部分，这样就简便、准确、节省地磨出较理想的曲线来。

②M9017A 型光学曲线磨床的光学系统

M9017A 型光学曲线磨床的光学系统如图 6-135 所示。该系统由两部分组成：一部分为投影放大系统，包括放大镜和成像系统；另一部分为照明系统，包括透射照明 3 和反射照明 2 两部分。其投影屏幕尺寸为 500 mm×500 mm，因此在它上面只能看到 10 mm×10 mm 范围内的工件轮廓，当工件轮廓尺寸超过此范围时，在投影屏幕上就容纳不下整体放大 50 倍的工件图样和工件轮廓了。这时可将工件外形分为若干段，工件外形如图 6-136（a）所示，按 10 mm×10 mm 的范围把工件轮廓分成 3 段，把每段内

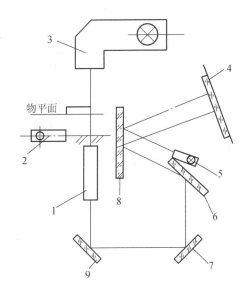

1—50 倍物镜　2—反射照明　3—透射照明

4—投影屏幕　5—光学指示仪　6、7、8、9—反射镜

图 6-135　M9017A 型光学曲线磨床的光学系统

459

的曲线放大50倍重叠绘制在一张图样上，见图6-136（b），然后逐段磨出工件轮廓。即将重叠放大图置于投影屏幕上，先按图上1~2段曲线磨出工件上1~2段轮廓；然后调整工作台带动工件向左移动10 mm，并按图上2~3段曲线磨削工件2~3段轮廓；最后调整工作台连同工件向左、向上分别移动10 mm，按图上3~4段曲线磨削工件的3~4段轮廓。

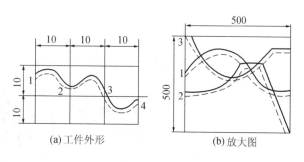

(a) 工件外形　　　　(b) 放大图

图6-136　分割磨削示意图

在磨削生产中，除按图6-136所示的按10 mm分段磨削外，还有按曲线的几何元素分隔点来分段的，这种磨削法可使磨出的工件轮廓更加光滑精确。

③光学曲线磨床用砂轮

由于光学曲线磨床磨削的特点是逐点磨削工件。因此，砂轮的磨削接触面小，这就使磨削（接触）点的砂轮磨粒容易脱落。所以在选用砂轮时，应比使用平面磨床所用的砂轮硬1~2个小级，常用的砂轮形状如表6-70。

表6-70　　　　　　　　　　光学曲线磨床常用砂轮形状

项目	单斜边砂轮	双斜边砂轮	平直形砂轮	凸圆弧、凹圆弧砂轮
砂轮形状				
应用	磨凸圆弧、凹圆弧，清内角，切磨斜槽或根据图面要求修整角度，一次切磨成型	磨凸圆弧、凹圆弧，切磨V形槽或根据图面要求修整角度，一次切磨成型	切磨直凹槽，清角，将砂轮两侧90°角修圆后可磨削凸凹圆弧	修整凸圆弧、凹圆弧，可一次切磨成型。凸圆弧砂轮还可磨削较大的凹圆弧

12）成型磨床磨削

图6-137所示为磨削模具零件用的专用成型磨床，其主要结构和磨削过程是：砂轮由装在磨头架4上的电动机5带动高速旋转，磨头架装在精密的纵向导轨3上，通过液压传动实现纵向往复运动。此运动可由手把12操纵，转动手轮1可使磨头架沿垂直导轨2上下运动，即砂轮做垂直进给动作，此运动除手动外，还可机动，以使砂轮迅速接近工件或做快速退出；夹具工作台9具有纵向和横向滑板，滑板上固定着万能夹具8，它可在床身13的右端的精密纵向导轨上做调整运动，只有机动；转动手轮10可使

万能夹具做横向移动,床身中间是测量平台7,用来放测量工具、修整成型砂轮用夹具以及校正工件位置、测量工件尺寸等。

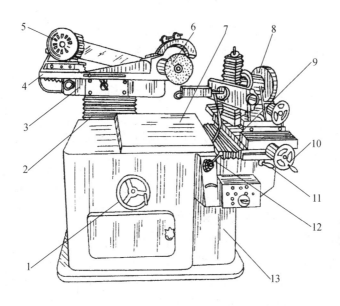

1、10—手轮 2—垂直导轨 3—纵向导轨 4—磨头架 5—电动机 6—砂轮
7—测量平台 8—万能夹具 9—夹具工作台 11、12—手把 13—床身
图6-137 成型磨床

工件装夹在万能夹具上,用夹具将其调整在不同位置上磨削出平面、斜面和圆弧面或通过成型砂轮磨削出更为复杂的曲面。

13)数控成型磨床磨削

图6-105所示为数控成型磨床的外形,其磨削动作与平面磨床相同,即工作台做纵向往复运动和横向进给运动,砂轮除可旋转外,还可做垂直进给。其特点是砂轮的垂直进给和工作台的横向进给都采用数字控制,这是它与一般平面磨床的主要区别。

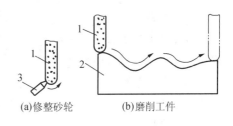

(a)修整砂轮   (b)磨削工件

1—砂轮 2—工件 3—金刚石刀
图6-138 数控成型磨床磨削

在磨削工件时,先根据零件图纸编制出数控加工程序单,并将此程序单打成穿孔纸带输入数控装置,在机床工作台做纵向往复直线运动的同时,由数控装置控制砂轮架的垂直进给和工作台的横向进给,使砂轮沿着工件的轮廓轨迹自动对工件进行磨削,其磨削过程,见图6-138。此种磨削法适合加工面宽的零件。

在数控成型磨床上,也可使用成型砂轮对工件进行成型磨削,这时先要把金刚石刀(笔)装夹在机床工作台上,将成型砂轮的数控程序输入数控装置,由数控装置控制砂轮架与金刚石刀做相对运动,对高速旋转的砂轮进行修磨,修磨成所需外形,见图6-139(a),然后用此成型砂轮去磨削工件。磨削时,工件随磨床做纵向往复直线运动、砂轮高速旋转并做垂直进给而磨削出工件的成型面，如图 6 -139（b）所示。此法适用于加工面窄且生产批量大的工件。

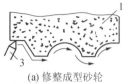

(a) 修整成型砂轮

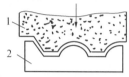

(b) 磨削工件

1—砂轮　2—工件　3—金刚石刀

图 6 -139　成型砂轮磨削

除上述两种方法外，还有把此两方法结合起来用于磨削多个相同型面的工件的方法，即所谓复合磨削法，此法如 6 -140 所示。

用数控成型磨床磨削零件的特点是可使模具制造朝着高精度、高质量、高效率、低成本和自动化方向发展，也便于采用电子计算机对模具进行辅助设计和制造，是目前模具制造的发展方向。

14）坐标磨床磨削

①坐标磨床简介

坐标磨床的主要型号和技术规格见模具手册等资料，其外形见图 6 - 107。MK2932B 型坐标磨床的传动系统见图 6 -108。G18 型、G18CMC1000 型及 G18CP 型是美国生产的，MK2945、MK2932B、J3GB 等型号为国产的。

(a) 修整成型砂轮

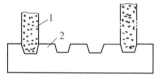

(b) 磨削工件

1—砂轮　2—工件　3—金刚石刀

图 6 -140　复合磨削

坐标磨床有单柱式和双柱式两种类型。G18 型是手动操作的，而 G18CMC1000 型是由微机控制点位移动的，MK2945 型是带有二轴数控系统可做精密二坐标二联动连续轨迹磨削的，G18CP 型和 MK2938B 型除可做精密二坐标二联动连续轨迹磨削外，它的砂轮轴线还同时绕主轴中心线转动，并与 x 轴、y 轴联动，使砂轮的方位保持与工件被磨削表面垂直。

MK2932B 型为常用的单柱式坐标磨床。它适用于磨削具有高精度坐标孔距要求，并经淬火的零件的直孔、锥孔及型腔，利用分度圆台、槽磨头等附件还可磨削直线与圆弧，圆弧与圆弧相切的内、外型面，键槽，方孔等。

G18 型为美国 Moore 公司生产的常用连续轨迹坐标磨床，它采用最新的微处理技术，具有存储和编辑能力，加工效率高，型面曲线接点处精度高且圆滑，凸模、凹模的配合间隙可达0.002 mm，而且间隙配合得很均匀。

②基本磨削方法

坐标磨床的基本磨削方法是行星磨削，其原理如图 6 - 141 所示的行星运动原理，即砂轮在高速旋转下，绕主轴中心偏移一定的距离回转，在磨削过程中可通过手轮进给机构或数控进给机构来控制上述偏移量以达到磨削所需尺寸，同时在磨削过程中，主轴做上下往复运动，亦即坐标磨床的磨削机构有 3 个运动：砂轮的高速自转、主轴旋转（带动高速磨头做行星运动）、主轴套筒做上下往复运动，如图 6 -142 所示。

根据磨削零件的不同形状和条件，选择相适合的磨削方法进行磨削。各种磨削方法见表 6 -71。

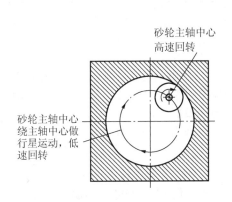

图 6-141 行星运动

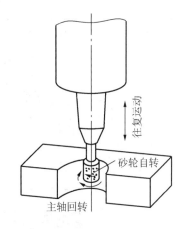

图 6-142 坐标磨床磨削机构的 3 个运动

表 6-71   **磨削的方法**

方法	简 图	说 明
内孔磨削		1. 砂轮高速回转，主轴做行星运动进行磨削，利用行星运动直径扩大而进给 2. 磨小孔时砂轮直径取孔径的 3/4
外圆磨削		行星运动，直径缩小而进行进给
沉孔磨削（台阶孔磨削）		1. 按所需的孔径决定行星运动直径而固定之，砂轮主轴做向下进给，用砂轮的底部棱边进行磨削 2. 在内孔磨削余量多的情况下最有效
横向（侧面）磨削		1. 砂轮不做行星运动，工件做直线运动 2. 适用于直线或轮廓磨削的精密加工

续表

方法		简　图	说　　明	
插磨（垂直）磨削			1. 砂轮在高速回转下，沿着孔壁或轮廓做上下运动进行磨削 2. 适用于轮廓磨削而余量多的情况，切削量大而产生热量小，其磨削精度取决于进给量（节距） 3. 插磨也可用于磨削小孔	
孔底面磨削			1. 将砂轮底部修成凹面，以提高磨削效率，便于出屑和提高平直度 2. 砂轮的直径不应大于沉孔半径加通孔半径，否则易形成凸面，进给的方式与沉孔磨削相同	
铡磨（直槽磨削）			安装磨槽机构，做垂直运动，可磨削型槽及带清角的内型腔等	
锥孔磨削	全锥形	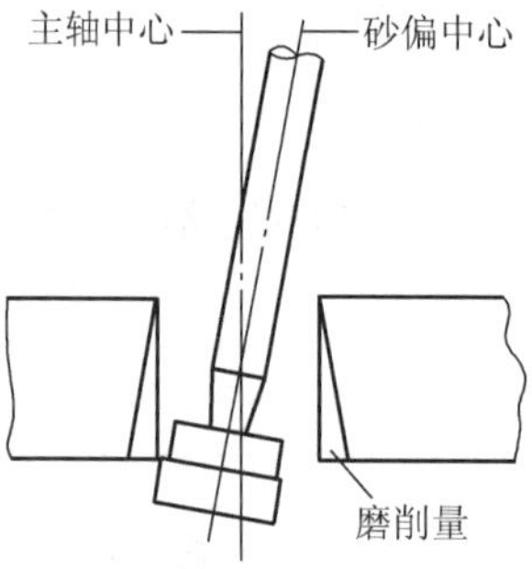	将砂轮的轴线与机床主轴轴线倾斜成 α 角度，绕机床主轴中心回转，砂轮高速回转并上下往复运动 　　磨削时先从工件底部开始，并退出0.05 mm，再启动磨头进行磨削	磨孔直径小于ϕ4.5 mm，因砂轮过于脆弱，宜采用电镀立方氮化硼或金刚石砂轮，并可选用较低的磨速，一般为普通砂轮的1/3~1/4
	孔下部呈锥形（孔大时）	图略	先将孔全部磨成直壁，然后再磨锥面部分，可在孔壁上涂以硫酸铜溶液，以观察所需直壁的高度	
	孔下部呈锥形（孔小时）		先将孔全部磨成锥孔，但需计算 A 的尺寸，再磨直壁，$A = B - 2\tan\alpha \cdot t$	

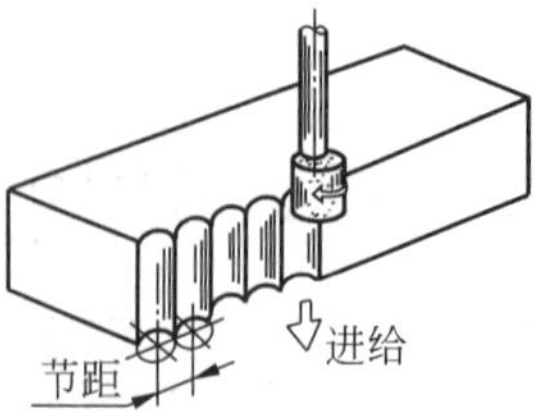

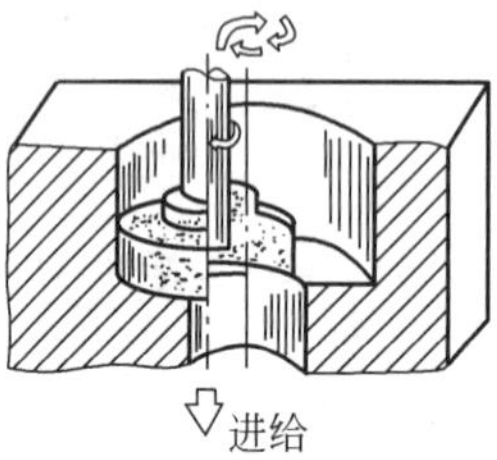

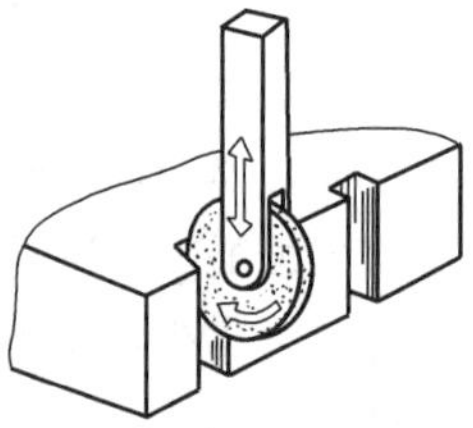

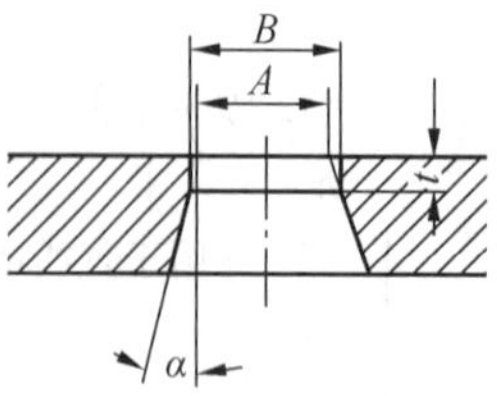

464

续表

方法		简　图	说　明
锥孔磨削	直锥形孔	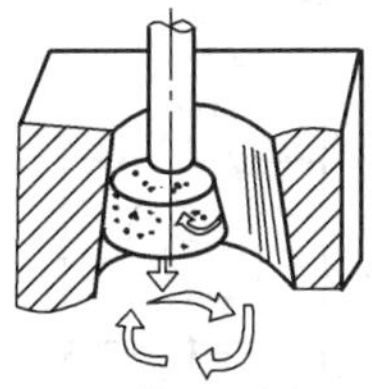	将砂轮修磨成所需角度，主轴做垂直运动。行星直径随砂轮轴下降而扩大
插磨		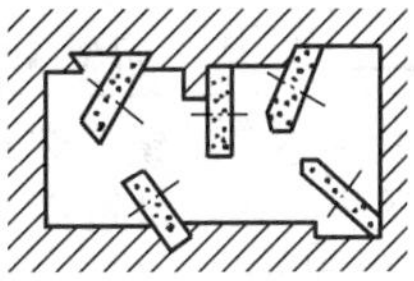	安装磨槽机构，砂轮做垂直运动，可磨削型槽及带清角的内、外型腔

③工件安装位置及检测

一般以工件外形的两垂直基面作工件装夹定位面，用千分表分别校正基面与机床工作台纵坐标、横坐标平行。为方便装夹、校正和检测，多在机床工作台上安装转台，利用转台来调整基面的正确位置，装夹工件的要点如下：

a. 因坐标磨削过程中没有机械切削那样的刀具切削力，因此，只需压板和螺钉把工件压紧到不松动即可。

b. 为了便于从工件孔的顶部和底部都能测量孔的直径大小，要把工件垫高到与机床工作台面一样的高度。

c. 因为小孔比大孔难以校准位置，且其磨削量一般都很少，故在调整工件位置时，应先考虑小孔的位置。

d. 应先考虑使预孔处于适当的位置，然后在孔磨好后，再配磨边面。

e. 较难磨削的部位要优先考虑。

f. 在检查工件定位尺寸和轮廓尺寸时，通常把千分表安装在磨头外壳的千分表夹持器上，以主轴旋转中心为基准来校正千分表触头最高点与主轴中心重合或相距一定尺寸来调整工件的位置与测量轮廓尺寸。定位找正工具及使用方法见表 6-72。

表 6-72　　　　　　　　　　定位找正工具及其使用方法

名　称	特　点	简图及使用方法
千分表调零	找正工件基准侧面与主轴中心线重合的位置	把千分表装于主轴上，将工件被测侧基面在 180°方向上的两次千分表读数差值的一半，作为移动工件（工作台）的距离。再用上述方法复测一次，如两次读数相等，则侧基面与主轴中心重合

续表

名　称	特　点	简图及使用方法
开口型端面规调零	找正工件基准侧面与主轴中心线重合的位置	把千分表装在主轴上，永磁性开口型端面规吸在被测工件的侧面，千分表测端面规开口槽面，在180°方向上读数相等，将工件移动10 mm，完成调零
找中心显微镜	找正工件侧基准面或孔轴线与主轴中心重合的位置	把找中心显微镜安装在机床主轴上，保证两者中心重合。在显微镜面上刻有十字中心线和同心圈，用于找正工件
L型端面规找正	找正工件	当工件侧基面的垂直度低或被测棱边不光滑、不清晰时，可用L型规靠在工件的基面上，移动工件使L型规标线对准找中心显微镜的十字中心线，即表示工件基面与主轴中心线重合
用芯棒、千分表找正	找正小孔孔位	千分表不能直接找正小孔孔位，要用相配的芯棒。如钻头等插入小孔后才能找正

④坐标磨床基本参数的选择

坐标磨床的基本参数包括主轴往复运动行程、行星转速、砂轮直径和磨削速度等，如何选择这些参数，可分别见表6-73至表6-75。

表6-73　　　　　　　　　　主轴往复运动行程的选择

行程距离	行程速度（$\dfrac{\text{砂轮垂直移动距离}}{\text{行星运动每转一周}}$, mm/r）	
	粗磨	精磨
工件厚度＋砂轮宽度	$<\dfrac{1}{2}$砂轮宽度	$<(\dfrac{1}{3}\sim\dfrac{1}{2})$砂轮宽度

表6-74　　　　　　　　　　行星转速选择（参考值）

加工孔径（mm）	300	150	100	50	30	20	10	8	6	4
行星转速（r/min）	5	12	20	40	60	100	190	240	300	300

466

表6-75   砂轮的选择

砂轮直径（mm）			砂轮切削速度 v（mm/min）		
被加工孔径 D	$D > \phi 20$	$D < \phi 8$	金刚石砂轮磨削硬质合金	立方氮化硼砂轮磨削碳素工具钢、合金钢	普通磨料砂轮磨削碳素工具钢、合金钢
$d = \dfrac{3}{4} D$	d 适当减小	d 适当加大	1000 ~ 1500	1200 ~ 1800	1500 ~ 2000

⑤砂轮的修整

砂轮的形状、砂轮轴的长度、砂轮是否变形、装夹时是否引起振动等，都对磨削效率和质量有很大的影响，因此，正确地修整和装夹砂轮，选择合适的砂轮轴长度就非常重要，砂轮轴的长度与被磨削面的深度成正比例，但也不能太长，装夹砂轮要尽可能使它靠近主轴端（即砂轮不要伸出砂轮柄直径的5~6倍）。修整砂轮有两种方法：一种是手工修整法，另一种是用修整器修整法。

a. 手工修整法。这是对普通砂轮由人手持金刚石笔（刀、条），对转动的砂轮进行修整，修整其底面和顶面，包括在柄周围的任何水泥或胶的黏结物，一直修整到所需外形尺寸。

b. 用修整器修整法。使用此法可扩大磨削的应用范围和提高其工作效率及加工精度。有几种主要的砂轮修整器：直线砂轮修整器、横滑座修整附件、球窝修整附件、仿形砂轮修整附件、圆弧角度修整附件等，由于本书篇幅所限，这些修整器的使用方法从略。

⑥用金刚石砂轮磨削。

表6-76   金刚石砂轮的结构及特性

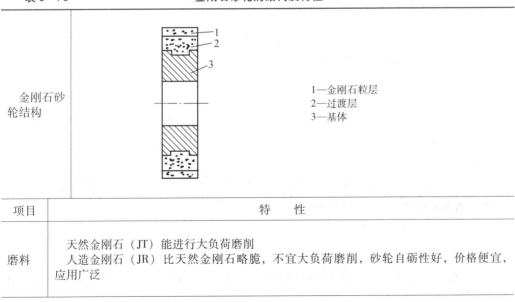

项目	特　　性
金刚石砂轮结构	1—金刚石粒层　2—过渡层　3—基体
磨料	天然金刚石（JT）能进行大负荷磨削 人造金刚石（JR）比天然金刚石略脆，不宜大负荷磨削，砂轮自砺性好，价格便宜，应用广泛

467

续表

项目	特 性
粒度	树脂结合剂砂轮： 100～150 粒度、$Ra\ 0.4～0.2\ \mu m$ 150～240 粒度、$Ra\ 0.2～0.1\ \mu m$ 280 至 W_{20} 粒度、$Ra\ 0.1～0.025\ \mu m$ W_{14} 至 W_5 粒度、$Ra\ 0.2～0.1\ \mu m$ 青铜结合剂砂轮： 80～100 粒度、$Ra\ 0.8～0.4\ \mu m$ 100～150 粒度、$Ra\ 0.8～0.2\ \mu m$ 150～240 粒度、$Ra\ 0.4～0.2\ \mu m$
结合剂	树脂结合剂（S）： 砂轮不易堵塞，易修整，磨削工件的光洁度高，效率高，但不宜大负荷磨削。一般用于半精磨、精磨和抛磨等 青铜结合剂（Q）： 能承受大负荷磨削，但易堵塞发热，与磨料的结合力强，能较长久地保持砂轮外形，砂轮修整困难。用于粗磨、半精磨 电镀金属结合剂（D）： 结合的磨料层不厚，使用寿命较短。用于制造小尺寸的特异成型磨具
硬度	只有树脂结合剂的砂轮才有硬度分级，一般用 Y 级
浓度	树脂结合剂的人造金刚石砂轮以 50% 浓度为宜 高浓度砂轮保持砂轮形状的能力强，低浓度砂轮金刚石磨料损耗小，砂轮的自砺能力强

表 6-77　　　　　　　　　用金刚石砂轮磨削硬质合金的进给量

磨削部位	磨削的表面粗糙度（μm）	砂轮的线速度（m/s）	工件进给量（mm/min）		磨削深度（mm/行程）
			纵向移动	线速度	
平面	$Ra\ 0.7～0.4$	25～30	4～5		0.01～0.03/2～3
	$Ra\ 0.2$	30～35	3		0.01/3～5
	$Ra\ 0.1$	30～35	2～3		0.005/5～10
外圆	$Ra\ 0.8～0.4$	25～30	0.5	10～15	0.01/2
	$Ra\ 0.2$	30～35	0.5	10～15	0.005～0.01/3～5
	$Ra\ 0.1$	30～35	0.5～0.3	15～20	0.005/8～12
	$Ra\ 0.05～0.025$	30～35	0.3	20～30	0.003/15～25
内孔	$Ra\ 0.8～0.4$	25～30	1	20	0.01/3～5
	$Ra\ 0.2$	30～35	0.5	>25	0.005/5～8
	$Ra\ 0.1$	30～35	0.5	>25	0.005/8～12

注：1. 用煤油作冷却液有较好的磨削效果。
　　2. 不宜磨削一般钢材和其他较软的材料。

⑦用坐标磨床磨削工件的实例

此实例的模具型腔分别由圆弧与圆弧相连和直线与直线相连所组成的轮廓，其磨削实例见表 6-78。

表 6-78　　　　　　　　　　　　模具型腔磨削实例

工序名称	操作示意图	工 艺 说 明
用行星运动磨削		1. 使用回转工作台及坐标工作台 2. 磨削时工件圆心 O_1、O_2 需分别调整到与回转工作台的圆心重合 3. 图中的数字表示磨削的工序号，图中工序 1、工序 2 表示的是内孔磨削，而工序 3 为外圆磨削
用磨槽机构磨削		1. 图中标注的 1、2、3、4、5、6 表示工序号 2. 图中标注的 1、4、6 表示采用已修磨成一定角度的成型砂轮磨削 3. 图中标注的 3，表示使用一般平直形砂轮做行星运动磨削或将工件圆心 O 与回转工作台圆心重合进行圆弧磨削 4. 图中标注的 2、5 表示用一般平直形砂轮磨削

⑧磨削硬质合金模具零件的方法

磨削硬质合金模具零件可间断磨削和金刚石砂轮磨削的方法。

间断磨削可用开槽砂轮进行，也可采用行星磨削法。砂轮的开槽数和槽的尺寸见表 6-79。开槽砂轮的线速度：外圆磨、平面磨时为 32～36 m/t，工具磨时为 20～30 m/t。粗磨时进给量为 0.03～0.1 mm/行程，精磨时为 0.005～0.03 mm/行程。行星磨削所用砂轮不需开槽，因而强度高，可选用较大的磨削用量。

金刚石砂轮磨削所用砂轮结构、特性及磨削用量如前述。

表 6-79　　　　　　　　　　　　砂轮槽数及尺寸

砂轮形状	简 图	说 明
平直形砂轮		圆周上开 16～24 条槽，平面磨砂轮开 24～36 条槽。槽应中心对称，圆周上均布，以利于平衡和防止振动。槽的斜角为 25°～35°，取右旋可使产生的轴向力由主轴承担
圆柱砂轮		外径较小，可等分开槽 4～6 条，槽的斜角为 30°～40°

砂轮形状	简　图	说　明
杯形、碗形砂轮	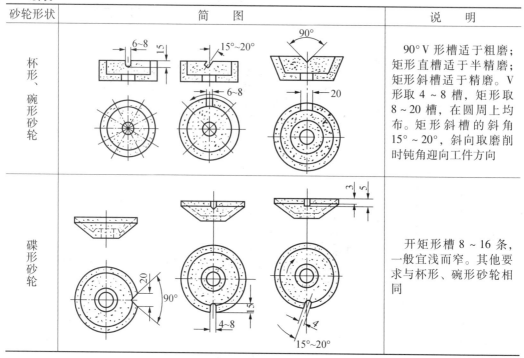	90° V 形槽适于粗磨；矩形直槽适于半精磨；矩形斜槽适于精磨。V 形取 4 ～ 8 槽，矩形取 8 ～ 20 槽，在圆周上均布。矩形斜槽的斜角 15°～ 20°，斜向取磨削时钝角迎向工件方向
碟形砂轮		开矩形槽 8 ～ 16 条，一般宜浅而窄。其他要求与杯形、碗形砂轮相同

四、模具零件的电加工

（一）电火花成型加工

1. 电火花加工机床的主要型号和技术规格及机床附件、工具

（1）电火花加工机床的主要型号和技术规格，包括电源形式及加工性能等见相关资料

（2）电火花加工机床的组成

如图 6－143 所示，主要结构为脉冲电源、机械和自动控制系统、工作液循环处理系统 3 个部分组成。脉冲电源是将普通直流电或交流电通过某种方式转换成频率较高的、并连续产生火花放电的脉冲电流装置，它对加工速度、表面粗糙度、工具电极损耗等都有很大的影响；机械和自动控制部分是用来调整工具电极与工件的相对位置，使两者之间有一定的放电间隙，同时检测出两极间电压或电流的变化，并采用伺服电机或液压驱动的液压伺服机构，使电极的主轴头上下进行调节运动的机构，其操作部分是通过控制面板上各

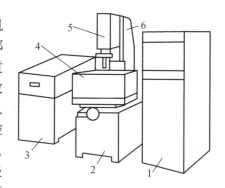

1—脉冲电源　2—机床本体　3—工作液系统
4—工作液槽　5—主轴头　6—立柱
图 6－143　电火花加工机床组成

种按钮操作，实现加工过程的自动化控制或 CNC 控制；工作液循环处理系统是保证在液体介质中进行电火花加工的工作液的洁净、具有良好的绝缘性能、适当的温度、不断进行循环带走电蚀产物并使工作液降温和过滤的系统。

2. 电火花加工的原理、特点及应用

表 6‑80　　　　　　　　　　**电火花加工原理、特点及应用**

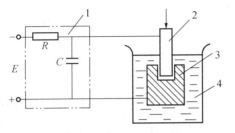

1—脉冲发生器　2—工具电极
3—工件　4—工作液

电火花加工装置原理

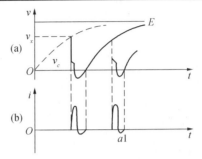

(a) 间隙电液波形　(b) 间隙电流波形

RC 线路脉冲波形图

基 本 原 理	特 点	应 用
电火花加工是受电器开关闭合或断开时产生电火花并使开关触点烧损现象的启发而引申到模具加工中来的一种加工方法。它是利用电极与工件之间的脉冲放电（即工具电极与加工件之间分别接脉冲电源的一极，其间充满加工液）时所产生的电腐蚀现象来去掉工件上不需要部分，把工件加工到所需形状、尺寸的加工方法。 　左上图所示为其简单的电火花加工原理。工具电极和工件都浸泡在绝缘的工作液中，并分别与直流电源 E 的负极、正极相连接。虚线框所示为脉冲电源发生器，它由限流电阻 R 和电容器 C 组成，其作用是利用电容器 C 的充电和放电，把电源 E 的直流电转变成脉冲电源。 　当接通 $100\sim200\,V$ 的直流电源 E 后，通过限流电阻 R 使电容器 C 充电，电容器 C 两端的电压以及工具电极与工件之间的电压 V_c 同时增高，当电压升高到等于电极与工件之间最小间隙的击穿电压时，其间的工作液就被击穿，而形成火花通道，电容器就将其所储藏的能量瞬时在电极与工件之间放出，便形成脉冲电流。此时工件上被蚀去一小坑，工具电极也会出现微量损耗，放电后的电蚀产物微粒则随工作液的流动被从间隙中带走。由于电极与工件间隙中的液体介质的电阻是非线性的，当被击穿时电阻很大，击穿后则迅速减少并趋于零，因此间隙被击穿后电容器上的能量瞬时放完，电压下降并趋于零，又使间隙中的液体介质立即恢复绝缘状态，把间隙电流切断，电容器就再次充电，完成一次电蚀加工。此后又重复上述放电过程，如此不断地连续进行火花放电，即可加工出模具型腔来	1. 工件与工具电极不直接接触，两者之间不加任何机械力，不存在切削力而产生的一系列设备和工艺问题，因此不受工件几何形状的影响，有利于常规机械切削法难以加工或无法加工的复杂形状的工件或有特殊要求的工件的加工。如薄壁窄槽、异形型孔、立体曲面等 　2. 所用工具无须比工件材质硬，因为脉冲放电产生的高温火花足以熔化和气化任何硬度的材料，所以电火花加工很便于加工用机械加工方法难以加工或根本无法加工的特殊材料，包括各种淬火钢、硬质合金、耐热合金等硬脆、韧软及高熔点的导电材料，在一定条件下还可加工半导体和非半导体材料 　3. 脉冲数可任意调节，在一台机床上能连续进行粗、中、精加工，又由于具有仿形加工的特性，因而它具有多种切削机床的功能 　4. 因是直接利用电能来加工，故很便于实现自动化控制和加工自动化 　5. 虽可完成模具零件 30%~50% 的工作量（锻模可达70%），但加工速度慢，加工量少，生产效率低 　6. 需设计制作电极，电极也有损耗，从而影响模具的精度 　7. 加工的表面有变质层，某些材料（硬质合金、不锈钢）的硬质层还要处理掉	1. 加工各类模具的型孔，如冲裁模、复合模、连续模等各种冲模的凹模；凸模、凹模、固定板、卸料板等零件的型孔；拉丝模、拉深模等具有复杂型孔的零件等 　2. 加工复杂形状的型腔，如锻模、塑料模、压铸模、橡胶模等各种模具的型腔加工 　3. 加工 $\phi0.015\,mm$ 的各种圆形、异孔，如线切割的穿丝孔、纺织行业的喷丝板型孔等 　4. 对淬硬钢件、硬质合金工件进行平面磨削、内外圆磨削、坐标孔磨削以及成型磨削 　5. 强化金属表面：如对凸模和凹模进行电火花强化、渗碳等，提高其耐磨性能 　6. 进行文字、花纹等的蚀刻、电火花攻螺纹等

3. 模具零件电火花加工的方法

表 6-81 　　　　　　　　　　　模具零件电火花加工的方法

方法	原理及特点	电极和加工的工件形状	电极制造方法及精度	电极的装夹和定位	对电极的要求	适用范围
单电极加工	用一个整体式电极或用多个电极装配在一起的组合电极，一次电火花成型的加工法	电极／工件（a）穿孔加工　电极／工件（b）型腔加工　电极／工件（c）窄槽加工　工件／电极／A（d）反拷贝字母加工	用一般的机械加工方法加工，要求电极精度比型腔精度高1级以上	用通用夹具直接装夹在机床主轴头下端	常用晶体管可控硅电源	多用于无壁的型腔加工、型孔加工、反拷贝字母加工等
单电极平动加工	电极先不做平动而进行粗加工成型，然后开始逐级平动修光侧面，直至达到所要求的尺寸为止。其加工效率不高，仿形有一定的误差，并且需要有较大的平动头		用一般的机械加工方法加工，电极精度应比型腔精度高1级以上	装夹在平动头上要保证重复定位精度	晶体管、可控硅电源均可	为常用的电火花加工方法之一，适合形位精度要求不很高的大、中、小型模具型腔的加工
多电极加工	分为重复多电极加工和不同尺寸但同一形状的多电极加工两种。前者指用相同形状、尺寸的多个电极重复多次对模具件进行加工，后者是指把电极分为粗、中、精几个电极（如右图），靠电极尺寸的增大来修光直壁侧面	1—精加工电极　2—粗加工电极　3—中加工电极　不同尺寸的多电极加工	常用电铸仿形铣及振动加压成型（石墨），放电成型（铜）石膏型精铸等方法，设计制造中的关键是要解决重复精度和重复定位问题。精加工的电极的精度要求高，重复加工各电极的几何形状精度要协调统一	装夹在多电极装夹具中，电极需有一定的定位基准，要保证电极的重复定位精度　电极和工件的定位要精确	各类电源	1. 适合精度要求高、结构复杂的型腔加工，电极的个数越多达到的精度越高　2. 不同尺寸的多电极加工则适合高精度低糙度型腔、型孔的加工　3. 当使用粗加工有损耗电源时　4. 当无平动头等侧面修正装置时

472

方法	原理及特点	电极和加工的工件形状	电极制造方法及精度	电极的装夹和定位	对电极的要求	适用范围
分解电极加工	把复杂型腔或型孔分成若干简单形状，然后分别用几个与此简单形状对应的类似电极逐个加工出局部型腔或型孔的加工方法　其特点是同一型腔（孔）用多个类似电极加工；加工型腔的精度高（电极愈多愈高）；各电极有统一的基准面	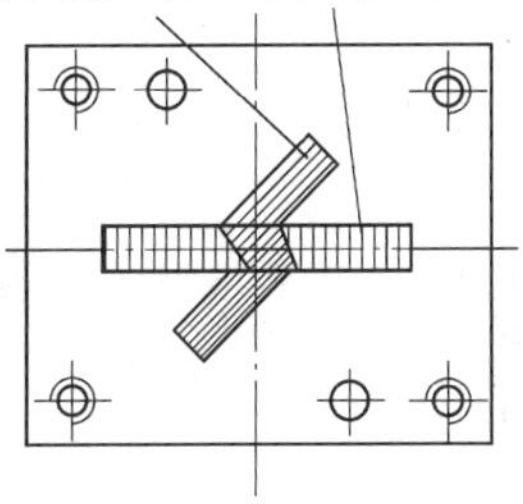 用电极 I 加工　用电极 II 加工	常用一般加工方法加工，要求达到相应精度，各电极的尺寸和几何形状精度随电火花加工的先后依次提高，紫铜分解电极多采用仿形铣，锻造后机械加工、电铸加背衬以及放电压加工等方法制作　不管采用哪种方法都要求各电极有一定精度和统一的基准面	根据型腔加工要求和电极形状尺寸，用统一的基准面，并选用上述装夹定位方法装夹定位，保证多次重复定位一致	各类电源	型孔构成型腔加电难整体加工，如图所示零件合型结构困难或形状整体很复杂采用电极效果不如左图具模腔形工好体工件
立体成型加工	首先在 Z 轴方向进行成型加工，然后在不拆卸电极并把它固定于 Z 轴某位置情况下对侧向进行加工。右图为锁住 Z 轴的摇动轮廓加工，但要求机床具有多向伺服加工性能，其特点是电极除端面有形状尺寸要求外，侧面、顶面都有形状尺寸要求，成型精度高、电极和工件定位容易，机床有多向加工性能	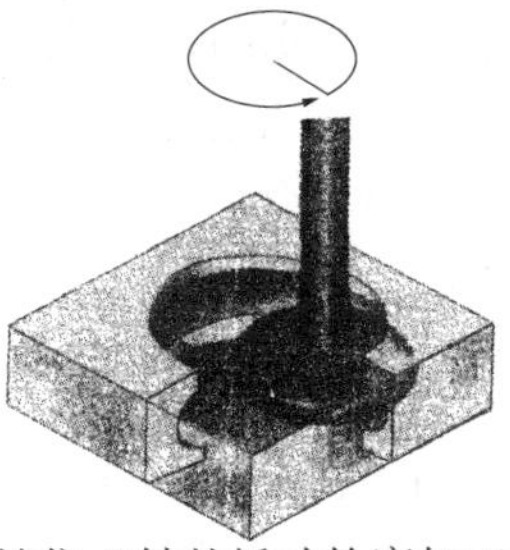 锁住 Z 轴的摇动轮廓加工	根据不同形状和尺寸及精度要求及不同材质的电极选一般机械加工，加上数控铣、坐标磨或采用陶瓷型、熔模槽铸等方法制造，要求在 Z 轴方向和侧向顶角方向都有较高的形位精度、尺寸精度	装夹在平动头上，不需要重复定位，采用夹具和装夹电极前述定位夹方法使装夹电极和工件对准位置	各类电源	形简单腔特合型面、加工合型的可当相可型工得形状较型的工，适别可见型腔获高精度
二次电极法	利用一次电极加工出二次电极来加工出凹模或凸模的方法。缺点是加工过程较复杂，并要求作为一次电极的材料损耗要小		采用一般的加工方法加工		各类电源	穿中模有场在工凸模的用加制造凹制或困合

473

续表

方法	原理及特点	电极和加工的工件形状	电极制造方法及精度	电极的装夹和定位	对电极的要求	适用范围
创成加工	1. 用简单形状的电极完成对模具型腔成型加工的一种新的模具型腔加工方法，如右图，其基本原理是用简单形状的圆柱形电极（类似铣床用的铣刀）并由数控装置控制沿工件一定的轨迹移动，对工件进行电火花铣削（即蚀除）而获得型腔（或型孔）的方法 2. 要使用多个电极 3. 电极制造时间大大缩短，平直侧面型腔可省去电极制造	用旋转电极的轮廓创成加工	采用一般机械加工方法或加压成型（石墨电极）法或电铸（紫铜或纯铜电极）等方法制作	用单电极夹具装夹	各类电源	既适合形状比较简单的型腔、型孔，也适合比较复杂的型腔、型孔的加工
CNC型加工	根据型腔的几何形状和加工要求编成程序，然后通过机内微处理机进行数控加工。它可以控制 X、Y、Z 和 U 坐标，进行 X、Y、Z、U 正负8个方向的数控。因此不但可作双坐标同时控制进行平面加工，而且可进行三坐标同时控制实现立体加工。它具有各种复杂的控制机能，加工条件为粗→中→精加工自动变换、自动定位、横向加工、电极端面自动定位、电极交换等。可进行各种形式的加工					

4. 电火花加工的工艺过程及其工艺因素

（1）电火花加工的工艺过程

1）电火花穿孔的工艺过程

选择加工方法→选择电极材料→设计电极→加工电极→电极组合装夹→准备要加工的工件→装夹与校正电极→装夹工件并定位→调整主轴头上下位置→加工准备→开机加工→规准换算与加工检查→零件检查及交付

2）型腔（孔）电火花加工工艺过程

分析加工工件形状结构尺寸并分类→选择加工方法→选择配齐加工设备附件、工夹具→选择电规准→选择电极材料→设计电极→制造电极→做电加工前的各项准备→热处理安排→$\dfrac{\text{工件装夹定位}}{\text{电极装夹定位}}$→开机加工→清理、检查、交付零件

（2）影响电火花加工的工艺因素

影响电火花加工的工艺因素有电极与工件间的间隙与斜度、电规准（指加工某一工件时，机床应选择的一套合适的电参数）、电极损耗、极性效应（电极与工件的蚀去量的多少）等。

474

5. 工具电极的设计制造与安装

由于采用电火花加工模具是把电极的外形精确地复制在模具零件上，因此电极就是电火花加工中第一个重要的工具，所以称它为工具电极。工具电极的合理设计与制造就与模具型腔（或型孔）的形状和加工精度有着很直接的关系。在设计制造电极时，必须选择适当的电极材料、合理的电极结构、正确的几何尺寸和良好的切削加工工艺性能。

（1）对电极材料的要求和对电极的技术要求

对电极材料的要求是价廉易得，易成型，成型后变形小，并且具有一定的强度，电加工性能好。对电极的技术要求是：

1）电极的几何形状要和模具型孔或型腔的几何形状完全相同，其尺寸大小根据模具型孔或型腔的尺寸公差、放电间隙的大小、凸模与凹模配合的间隙来决定；

2）电极的尺寸精度应不低于7级精度；

3）电极的表面粗糙度 Ra 0.63 ~ 1.25 μm，当采用铸铁或铸钢时，表面不允许有砂眼、疏松等缺陷；

4）各表面间的平行度在100 mm内，不能 >0.01 mm；

5）电极加工成型后的变形量应在0.02 mm以下，长度在150~200 mm。

（2）电极材料及其优缺点

由于不同材料的电极对于电火花加工的稳定性、生产率及模具零件的加工质量等都有很大的影响，因此在设计加工时，应选择损耗小、电火花加工过程稳定、生产率高、易于加工成型、成本低的材料来作电极材料。现在常用的电极材料有黄铜、纯铜、铸铁、钢、石墨、银钨合金、铜钨合金等。这些材料的性能及说明见表6-82。

表6-82   **电火花加工常用电极材料的性能及说明**

	电 极 材 料						
	紫铜	石墨	钢	铸铁	黄铜	铜钨合金	银钨合金
主要成分	Cu	C	Fe·C	Fe·C	Cu，Zn	Cu-W	Ag-W
密度（g/cm³）	8.96	1.7~1.8	7.8	7.2	8.5	13.5	15.2
电阻（Ω）	1.67	1 000	9~11	8~9	6.2		
成型方法	切削、电铸、精锻、液电成型	切削、加压振动成型、烧结成型	切削加工精铸	切削加工精铸	切削加工铸造	切削加工铸造	
成型性能	磨削较困难	强度较差	切削加工性能好	切削加工性能好	切削加工性能好	切削加工性能好	
电加工性能	稳定性好，电极损耗较大，精密微细加工性能好	稳定性尚好，电极损耗小，生产率高	稳定性差，电极损耗一般	稳定性比钢略好，电极损耗一般	稳定性好，电极损耗最大	稳定性好，电极损耗小	

	电 极 材 料						
	紫铜	石墨	钢	铸铁	黄铜	铜钨合金	银钨合金
使用场合	穿孔、型腔加工常用，尤其是精密、微细加工的场合	中、大型型腔，部分穿孔	穿孔，为常用电极材料	穿孔，为最常用的电极材料	精密微细加工、穿孔	深孔、精细小型腔、直壁孔、硬质合金模具	
优缺点	磨削较困难，难与凸模连接后同时加工，但电加工性能较好	价廉易得，易加工，但机械强度差，易崩角，不适合作与精细、精密的型腔和型孔加工电极	价廉易得，加工成型也容易，但在选择电规准时应注意加工稳定性	比钢更易得，成本仅次于石墨，加工成型也较易，但不适合作精细、精密的型腔和型孔用电极	磨削也较困难，由于其电损耗大，故不适合作为精细、精密的型腔和型孔用电极材料	为加工形状复杂奇异，尺寸和形位精度要求高的精细、精密的型孔和型腔及高硬度（如硬质合金等）模具零件的成型性能和电加工性能好的电极材料，但价格较贵	

（3）如何合理选择电火花加工的电极材料

应根据对工件所采用的电火花加工方法、工件的形状与尺寸、表面粗糙度等要求及工件的材质特性等因素来综合考虑合理选择。

1）铸铁电极的电极损耗和电火花加工稳定性都较一般，容易起弧，生产率不及铜电极，但来源广、价廉、易加工、便于采用成型磨削，因而其尺寸精度、几何形状精度及表面粗糙度等都易得到保证。使用铸铁电极的另一好处是当它与钢凸模连接在一起进行成型磨削时，既缩短了模具的加工周期，又与钢凸模在几何形状上达到高度相似，使凸模、凹模之间的间隙配合很均匀。所以铸铁就常用来作为穿孔加工的电极材料。

2）钢电极的电火花加工的稳定性差，电极损耗也大，生产率也低，但来源广、价廉，且有良好的加工性能。它的独特优点是把电极与凸模做成一体，实质就是把凸模加长，把加长的一段用作电极。通过电火花加工后，把作为电极损耗一段切除，剩下一段就是凸模。这种方法可使加工电极的工耗减到最低，同时还因为电极和凸模为一整体进行磨削的，这样不但尺寸精度高，表面粗糙度低，而且两者的几何形状完全相同，从而保证了凸模、凹模之间的配合间隙非常均匀，所以钢也常用来作为穿孔加工的电极材料。

3）纯铜电极在电火花加工过程中稳定性好、生产率高，但损耗大、来源也不广，且价贵，并因其韧性大，使其机械加工性能变差，磨削困难。仅用作小型腔及高精度型腔加工的截面形状较复杂的小型电极。纯铜电极比其他材质的电极最大优点是它可使模具零件的表面达到最小的粗糙度。

4）黄铜电极在电火花加工中的稳定性好，价格比纯铜低，机械加工性能尚可，可用仿形刨或成型磨削加工，但其磨削性能比铁、钢差，且电极损耗大，故仅用在要求表面粗糙度低、尺寸和形位精度较高和形状结构复杂的小穿孔加工上。

5）石墨电极的电极损耗小，电火花加工稳定性尚好，易加工成型，价格较铜低。缺点是机械强度低，尖角处易崩裂，故不适合加工结构精细、尺寸精密的电极。但由于它的热膨胀系数小以及上述优点，使它成为用得最多的电极材料。它适用于制作大、中、小型腔电极，也可作为穿孔（较大直径的孔）加工的电极材料，特别是大尺寸电极的穿孔加工。

6）铜钨合金和银钨合金电极在电火花加工中稳定性很好，电加工性能优越，电极损耗小，且机械加工性能好，磨削抛光性能比铜好，但铜钨合金价格比铜价格高40倍，因而主要用在高精度深孔，直壁孔和面积小、但精度要求高的结构精细复杂的型腔或型孔以及硬质合金模具零件的加工。银钨合金的价格更高，为铜价格的100倍左右，故仅用在硬质合金模具零件的电火花加工电极。

（4）电极的结构形式

电极的结构形式要根据模具型孔或型腔的形状结构复杂程度、尺寸大小及电极材料的加工性能来确定。常用的结构形式有整体式（图6-144所示）、组合式电极（如图6-145所示）、镶拼式电极（见图6-146所示）和分解式电极（表6-81中分解电极加工一栏）。

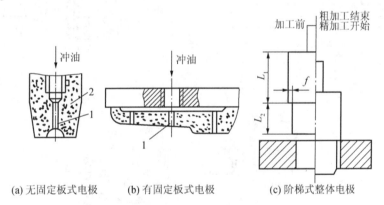

(a) 无固定板式电极　　(b) 有固定板式电极　　(c) 阶梯式整体电极

1—冲油孔　2—石墨电极　3—电极固定板

图6-144　整体式电极

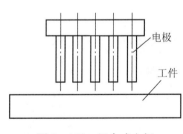

图6-145　组合式电极

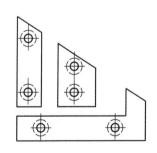

图6-146　镶拼式电极

（5）电极尺寸的设计、计算（略）

（6）冲油孔和排气孔的设计（略）

（7）电极的制造（略）

（8）电极的装夹与调校

电极要安装在电火花加工机床的主轴头上，并使电极轴线平行于轴头轴线，就要使用各种电极装夹夹具。

电火花机床床电极夹具有整体式（又有标准套筒形、钻夹头、螺纹夹头、连接板式、石墨电极式），多电极装夹式（又有多电极装夹通用、专用两类）高、精度型（如国外的 EROWA 装夹系统、快速卡盘、定心板、方形电极夹型、圆形电极夹型、标准电极夹型、夹紧销插型等）等以及它们的调节（校）装置（钢球铰链式、精密角尺校正电极垂直度式、千分表校正电极垂直度式等），图 6 – 147 为常用的几种电极夹具，其装夹原理、方法、特点及应用和电极的调校（略）。

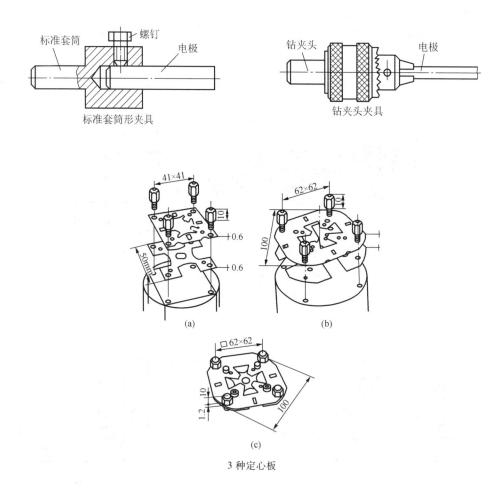

3 种定心板

478

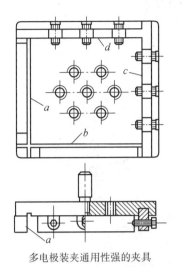

多电极装夹通用性强的夹具

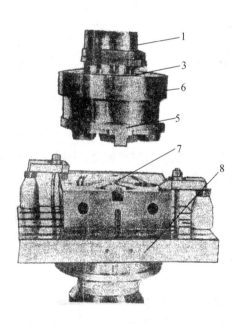

采用 EROW 夹具的加工示例

EROWA 电极装夹系统

多电极装夹的专用夹具

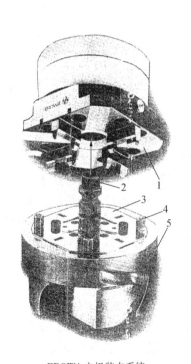

1—快速卡盘　2—夹紧插销　3—定心板　4—支承脚
5—电极　6—连接板　7—模具　8—工作台

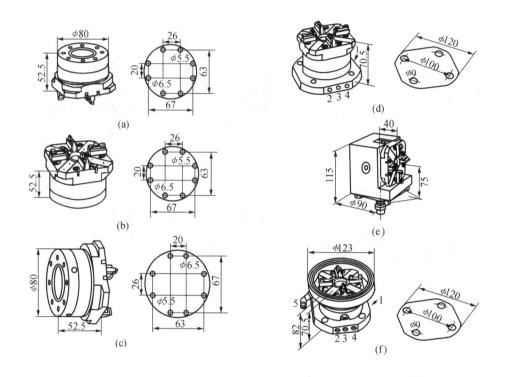

6种快速卡盘

图 6-147 常用的几种电极夹具

（9）电极与工件的定位

电极与工件的定位是指已安装在电火花加工机床主轴头上的电极如何对准要加工的工件的位置，以保证电火花加工出来的型孔或型腔在凹模上的位置精度。国内外有量块角尺定位、测定器定位、角尺、千分表定位、同心环同心轮毂定位、回转工作台和千分表定位、定位板定位、角尺十字线定位、套板和定位销定位及无装置定位等数种定位方法及其机构（装置），其装置图示、使用方法及应用等略。

6. 电火花成型加工的工艺过程和工艺方法

（1）电火花穿孔加工的工艺过程和工艺方法

1）电火花穿孔加工的工艺过程

选择工艺方法→选定加工设备→选择电极材料→设计电极→制作电极→电极组合装夹→工件准备（工件预加工、专磁防锈及划线）→电极装夹与校正→工件装夹与定位→调整机床主轴头的上下位置→做好加工前的各项准备工作→开机加工→中间检查→规准转换→中间检查→穿孔完毕→穿孔后的检查

2）电火花穿孔加工的工艺方法

电火花穿孔加工的方法有直接法、间接法、混合法和二次电极法4种（见表6-83至表6-89）。

表 6-83	直接法加工过程

加工过程简图	说　明
加工前	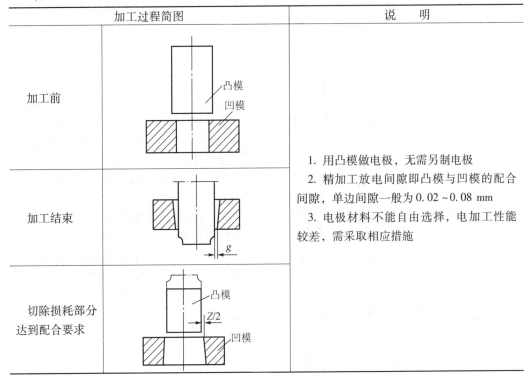
加工结束	1. 用凸模做电极，无需另制电极 2. 精加工放电间隙即凸模与凹模的配合间隙，单边间隙一般为 0.02~0.08 mm 3. 电极材料不能自由选择，电加工性能较差，需采取相应措施
切除损耗部分 达到配合要求	

表 6-84	间接法加工过程

加工过程简图	说　明
加工前	1. 电极和凸模分别制造，电极材料可自由选择 2. 凸模与凹模的配合间隙不受放电间隙的限制，凸模、凹模单边间隙为 $\dfrac{d}{2}+g-\dfrac{D}{2}$ 3. 多件生产时，一个电极可加工几个凹模 4. 由于电极与凸模分别制造，凸模与凹模的间隙不易均匀
加工结束	
凸模与凹模配合	

481

加工过程简图	说　　明
加工前	1. 电极和凸模采用不同的材料，将电极和凸模连接在一起加工。电极和凸模的尺寸相同，电加工后凸模与凹模配合间隙均匀，与直接法相同 2. 电极材料能自由选择，改善电加工性能 3. 增加了电极和凸模的连接工序（用机械方法连接或环氧树脂黏接） 4. 电极和凸模连接后增加了总长度，往往会影响凸模和电极的制造精度 5. 对横断面太小的电极，由于与凸模连接困难，一般不采用混合法加工
加工结束	
达到配合要求	

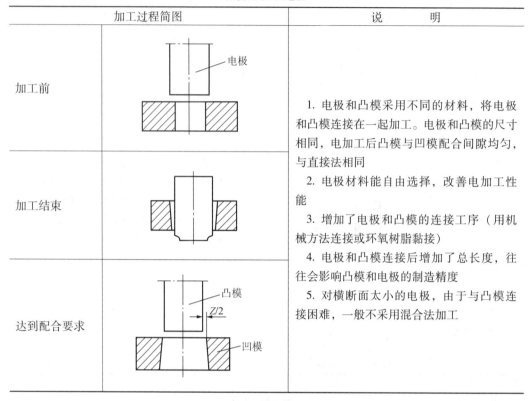

表 6－86　　　　　　　　　　　　　　　　　一次电极为凹形的二次电极法

加工过程简图	说　　明	加工过程简图	说　　明
	1. 用凹形一次电极对凸模反拷贝加工（间隙为 g_1） 2. 凸模尺寸为 $d-2g_1$		1. 用凸形二次电极加工凹模 2. 凹模尺寸为 $d-2g_2+2g_3$
	1. 用凹形一次电极反拷贝加工凸形二次电极（间隙为 g_2） 2. 二次电极尺寸为 $d-2g_2$		凸模与凹模达到配合要求，凸、凹模单边间隙为 $g_1-g_2+g_3$

注：该法用于凸模制造有困难时。

一次电极为凸形的二次电极法

加工过程简图	说　　　明
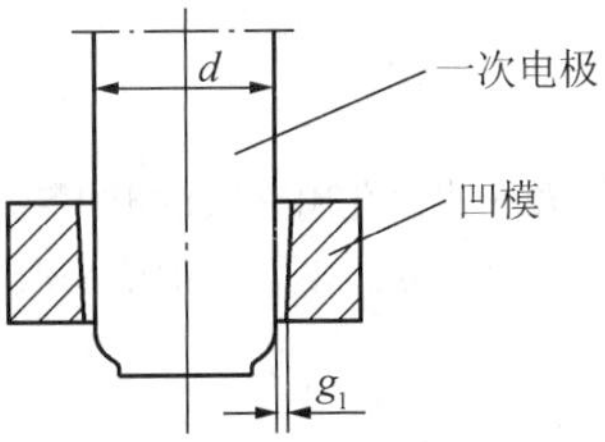	1. 用凸形一次电极加工凹模（间隙为 g_1） 2. 凹模尺寸为 $d+2g_1$
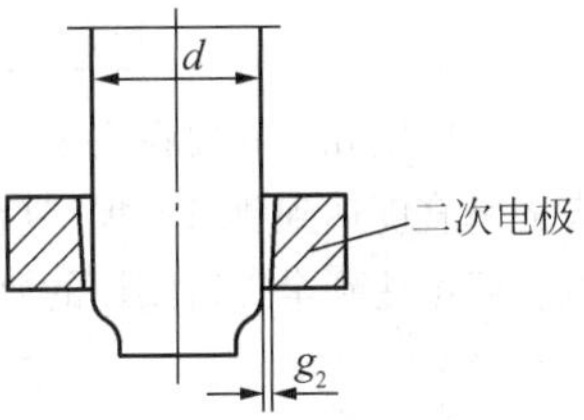	1. 用凸形一次电极加工凹形二次电极（间隙为 g_2） 2. 二次电极尺寸为 $d+2g_2$
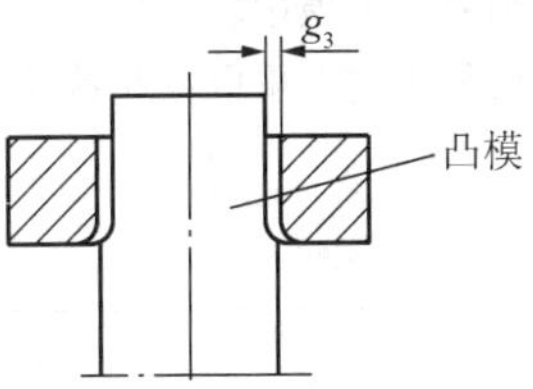	1. 用凹形二次电极反拷贝加工凸模（间隙为 g_3） 2. 凸模尺寸为 $d+2g_2-2g_3$
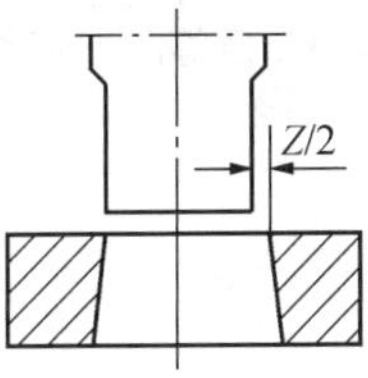	凸模与凹模达到配合要求，凸、凹模单边间隙为 $g_1-g_2+g_3$

注：该法用于凹模制造有困难时。

表 6－88　　　　　　　　　　　穿孔加工方法选择

凸、凹模单边间隙（mm）	加　工　方　法			
	直接法	间接法	混合法	二次电极法
＞0.20	×	△	×	
0.1～0.2	×	×	×	×
0.1～0.15	△		△	
0.05～0.15		×		△
＜0.05		×		△

注：×——尚可，△——最适宜。

表 6 - 89

类 型	图 示	特点及说明
带有漏料斜度的凹模		漏料斜度不大的凹模孔用一般的电火花加工即可,对于漏料斜度大的凹模孔,则要采取一些工艺措施
全刃口凹模		由于基本上是直壁型孔,只要在安装电极和工件时注意两者的垂直度达到要求,加工后只稍微有一点点斜度,便可达到全刃口凹模的要求
直壁深孔		这种模具在粉末冶金模中较多。因孔较深,在电火花加工中要从工艺上采取一些特殊措施才可达到要求
凸形零件		各种平直或异形的凸模等凸形零件可采用反拷贝加工法来完成
其他零件		如卸料板、凸模固定板、压料板,线切割前的穿丝孔、精密件的工艺孔以及折断丝锥的取出孔等均可采用电火花穿孔加工来实现

所谓直接法,对模具电火花穿孔加工而言就是"钢打钢",即在加工中,将凸模长度适当增加,先作为电极进行电火花加工凹模后,再割去加工段(端)后作凸模用。这种方法在电机行业最为常用,其工艺较为简单,配合间隙均匀,但由于电极材料是钢,故而加工性能很差,脉冲电源还要适应钢电极的加工要求。

所谓间接法是指在模具电火花加工中,凸模与加工凹模用的电极是分开制作的,即根据凹模尺寸设计制作电火花加工用电极,进行凹模加工,然后根据间隙要求来配制凸模。

所谓混合法是先把电极与凸模连接在一起加工,然后再把凸模与电极分开,电极用来加工凹模。它与直接法不同的是电极可选用电加工性能好的电极材料,但电极尺寸

（横断面）则与凸模尺寸相等。由于电极材料可选用电加工性能好的材料，所以这种方法的加工效率自然比直接法高，且配合间隙均匀，但电极断面尺寸较小者有不易与凸模连接在一起的缺点。

所谓二次电极法是指利用一次电极加工二次电极，并加工出凹模和凸模的工艺方法，其两种情况的加工过程分别见表6-86和表6-87。因为二次电极法的加工过程比较复杂，故在一般情况下，不常用，但对于硬质合金等高硬度材料和异形小而深的孔等模具件（如精冲模、修光模的）则多采用合理调整放电间隙的办法，采用二次电极法来加工。

（2）型腔电火花加工工艺过程和工艺方法

1）型腔电火花加工的工艺过程

分析加工工件的有关情况→决定工艺方法→安排加工工序→工件前加工→工件预加工→电火花成型加工

2）型腔电火花加工的工艺方法

型腔电火花加工方法大致有单电极加工、单电极平动加工、重复电极加工及不同尺寸的多电极加工和创成加工法等。

7. 电火花成型加工的精度和粗糙度

（1）电火花穿孔加工的精度和粗糙度

电火花成型加工的精度一般只能达到0.01 mm左右，表面粗糙度一般可达 Ra 1.6 ~ 0.8 μm，最高达 Ra 0.2 ~ 0.1 μm，加工间隙为 0.01 ~ 0.15 mm（单面），自然斜度为 3′ ~ 45′。

（2）型腔电火花加工的精度和表面粗糙度

型腔电火花加工后的精度和表面粗糙度与所使用的电极材质有关。如紫铜电极，其尺寸精度可达0.01 mm，表面粗糙度可达 Ra 0.025 mm。

8. 电火花加工时规准与平动量的分配

（1）使用不同电源和不同材质的电极时，用可控硅脉冲电源、石墨电极（双边收缩率约为1.2 mm）加工模具型腔时规准的转换与平动量的分配见表6-90，电规准与平动量的分配见表6-91。

表6-90　　采用可控硅脉冲电源、石墨电极加工时规准转换与平动量的分配

类　别	脉冲宽度（μs）	脉冲间隔（μs）	电源电压（V）	加工电流（A）	总面总平动量（mm）	端面进给量（mm）	备　注
粗加工	600	350	80	35	0	0.6	
电加工 Ra 12.5 ~ 3.2 μm	400	250	60	15	0.20	0.30	1. 型腔加工深度101 mm
	250	200	60	10	0.35	0.20	2. 工件材料为
	50	50	100	7	0.45	0.12	CrWMn
精加工 Ra 1.6 ~ 10.8 μm	15	35	100	4	0.52	0.06	
	10	23	100	1	0.57	0.02	
	6	19	80	0.5	0.6		

表 6-91　　采用晶体管复管式脉冲电源紫铜电极加工时规准转换与平动量分配

工序号	加工规准							侧面修量			面修量		备注
	高压脉冲宽度（μs）	低压脉冲宽度（μs）	低压脉冲间隔（μs）	微精加工电容（μF）	高压电流峰值（A）	低压电流峰值（A）	加工极性	与上规准间隙差（双面）	修光量（双面）	单平动量（双面）	与上规准间隙差（双面）	加工深度（mm）	
1	60	1 000	100		5.4	48	－						电极侧面（双面）收缩量为 0.9mm，型腔深度大于 30mm
2	60	200	50		5.4	24	－	0.38	0.09	0.47	0.14	0.19	
3	20	50	20		5.4	8	－	0.20	0.05	0.72	0.10	0.32	
4	10	2	20		5.4	4.8	＋	0.11	0.02	0.85	0.06	0.39	
5	10			0.05	5.4	5.4	＋	0.02	0.01	0.88	0.01	0.41	
6	5			0.03	5.4	5.4	＋	0.005	0.005	0.89	0.005	0.42	
1	60	200	50		5.4	24	－						电极侧面（双面）收缩量为 0.43mm，型腔深度小于 30mm
2	20	50	50		5.4	8	－	0.2	0.05	0.25	0.1	0.13	
3	10	2	20		5.4	4.8	＋	0.11	0.02	0.38	0.055	0.2	
4	10			0.05	5.4	5.4	＋	0.02	0.01	0.41	0.01	0.22	
5	5			0.05	5.4	5.4	＋	0.05	0.005	0.42	0.005	0.23	

（2）穿孔加工和型腔加工实例

硬质合金冲模穿孔加工1 400 mm吊扇硅钢片冲槽凹模的实例见表6－92。

表6－92　　　　1 400 mm 吊扇硅钢片硬质合金冲槽凹模电火花穿孔工艺

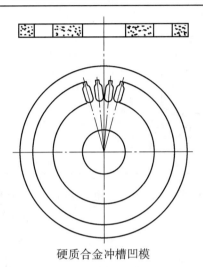

硬质合金冲槽凹模

工序号	名称及图示	内容说明
1	硬质合金坯料准备及划线	选购合适牌号和尺寸的硬质合金坯料，先在平面磨床上磨平上下两平面，在凹模刃口面的背面划型孔线或胶接同类模具的冲片取代划线
2	预加工孔	采用电火花加工。由于型孔尺寸较小，因此采用直径$\phi 3$ mm的紫铜管加工冲油孔，然后用紫铜电极穿孔，穿孔的电极按精加工电极单面缩小0.05 mm，电极长度取90 mm，用一个电极调头穿两个预孔 由于型孔直径小，采用 RL_C 电源即可满足要求。电源电压为300 V；电阻为60 Ω；电容为2.5 μF；电感为0.15 H；工作液采用煤油 穿预孔时，要注意在孔即将打穿时，把进给速度减小到最小，如太快了则会使坯料下面碰坏
3	选择加工设备	加工设备选用 ZQM$_1$ – 130/10 双闸流管线电加工机床
4	设计加工电极	1. 选用铸铁作为电极材料 2. 电极有效长度为 4.5 ~ 5 倍的工件厚度 3. 单面放电间隙取0.04 mm
5	装夹电极	电极装夹采用吊扇转子硅钢片冲模用多电极装夹专用夹具，该夹具由热套圈、衬圈、斜销组成。由于镶块的精度很高，装夹时只需将电极插入镶块槽内用斜销轻缓压入，即可将电极夹紧，然后再检查一下各电极的平行度，如发现一个电极的平行度不合格，则要找出原因，调校到平行

工序号	名称及图示	内容说明
6	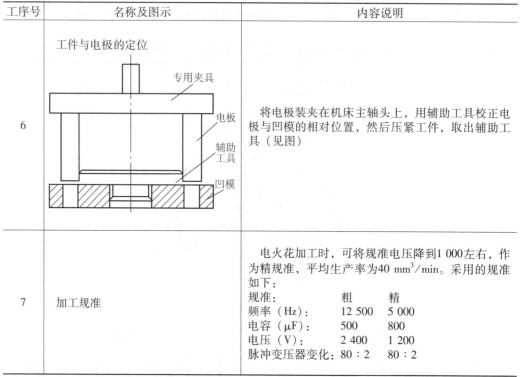 工件与电极的定位 专用夹具 电板 辅助工具 凹模	将电极装夹在机床主轴头上，用辅助工具校正电极与凹模的相对位置，然后压紧工件，取出辅助工具（见图）
7	加工规准	电火花加工时，可将规准电压降到1 000左右，作为精规准，平均生产率为40 mm³/min。采用的规准如下： 规准： 粗 精 频率（Hz）： 12 500 5 000 电容（μF）： 500 800 电压（V）： 2 400 1 200 脉冲变压器变化：80∶2 80∶2

（二）电火花线切割加工

1. 电火花线切割机床的型号、主要技术规格及模具加工用附件、工装

（1）电火花线切割机床的型号和主要技术规格

电火花线切割机床主要由机床本体（包括走丝机构和工作液系统）、控制装置以及脉冲电源三大部分组成。国产电火花线切割机床有三大类，每种类型的机床除必须共有上述三大组成部分外，电气靠模类线切割机还必须有靠模样板；光电跟踪类线切割机床还应有光电台和跟踪台；数控类线切割机床还必须有数控装置，有的机床还附有编程机。国产电火花线切割机床的技术规格见机电产品说明书和模具制造手册。

根据JB269-80，电火花线切割机床有5种工作台的规格，它们的参数（略）。坐标工作台功能是装载被加工的工件，并按照控制的要求，对电极丝做预定轨迹的相对运动。

（2）电火花线切割机常用的附件工具

电火花线切割机常用附件工具有电极丝绕丝器、缠丝器、校正电极丝垂直度用夹具、工件装夹及找正用夹具（分度用夹具、工件垫板、装夹切割斜度工件或棒状工件夹具、回转工作台、小断面工件夹具、无夹持面工件夹具、复杂形状工件夹具、3R线切割基准装夹系统等）、工件定位用工夹具（火花法定位用夹具、以工件外圆为基准的定位夹具、以工件侧端面为基准定位夹具、显微镜定位装置）及划线找正工具等。

图6-148为常用的几种附件、工具，供读者大致了解其各自特点（使用说明略）。

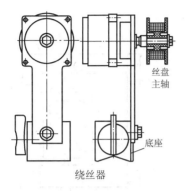

丝盘
主轴

底座

绕丝器

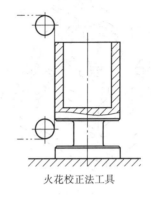

火花校正法工具

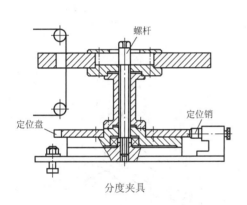

螺杆

定位盘

定位销

分度夹具

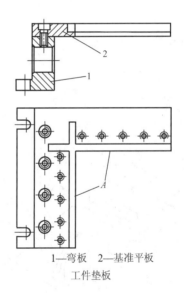

2

1

A

1—弯板 2—基准平板
工件垫板

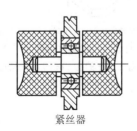

紧丝器

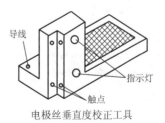

导线

指示灯

触点

电极丝垂直度校正工具

489

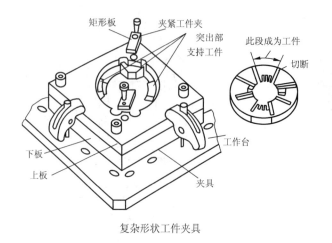

复杂形状工件夹具

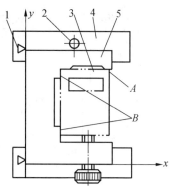

1—x 轴向定位器　2—y 轴向定位器
3—工件　4—工作台　5—夹具体
以工件侧端面为基准的定位夹具

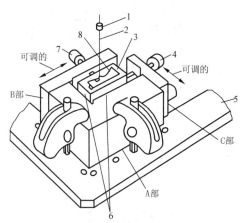

1—金属丝导轨　2—金属丝　3—工件　4—y 轴夹
5—工作台　6—基准面　7—x 轴夹　8—正在切割的孔
小断面工件夹具

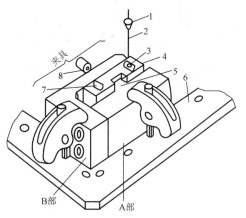

1—金属丝导轨　2—金属丝　3—正在加工的孔
4—工件　5—梯形基准沟槽　6—工作台
7—加工完了的孔　8—工件夹持螺钉
无夹持面工件夹具

图 6-148　电火花线切割机常用附件、工具

490

2. 电火花线切割加工原理

表6-93 电火花线切割加工的基本原理、特点及应用

基 本 原 理	特 点	适用范围
电火花线切割加工的原理与前面电火花成型加工的原理是一样的，都是基于工具电极和工件之间脉冲放电时的热腐蚀去掉工件部分金属（使金属熔化或气化），从而利用电极（很细的金属丝）切割出金属零件的各种形状，即安装工件的工作台按图样所要求的形状相对电极丝进行移动，即可把工件切割出图纸所要求的形状尺寸。可看下面的原理图 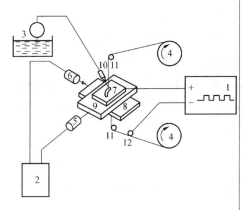 1—脉冲电源 2—控制装置 3—工作液箱 4—走丝机构 5、6—伺服机构 7—工件 8、9—纵、横向滑板 10—喷嘴 11—电极丝导向器 12—电源进电柱	1. 由于只用一根很细（0.8 mm左右）的金属电极丝作为工具电极，因此加工工件时不需要再设计制作工具电极，这样就大大缩短了加工周期，也节省了贵重的金属材料 2. 在切割加工的同时，由于电极丝本身还沿其轴线方向连续移动，使新的一段电极丝不断补充和替换在电蚀加工区受到损耗的原来那一段，这就避免了产生前述电火花成型加工那样不移动的电极，由于自身损耗变细而影响工件的加工精度的缺陷 3. 由于线切割所用电极丝很细，以及机床有间隙补偿功能，所以能加工出任何几何形状和任意间隙配合的精密细小的模具零件。例如0.05~0.07 mm的窄缝，圆角半径小于0.03 mm的锐角等，这是机械加工所难以做到或根本做不到的 4. 线切割加工零件的精度高，可达到 ±0.01~±0.005 mm，表面粗糙度可达 Ra 1.6~0.4 μm 5. 加工时一般采用一个规准一次加工完成，中途不需要更换规准，故简便省时 6. 一般不要求被加工工件作预加工，只需在工件上事先加工出穿丝孔（穿过电极丝用） 7. 在线切割加工的切缝宽度与凸模、凹模配合间隙相当时，就能一次切割出凸模和凹模来 8. 加工范围大，不仅可切割直壁模具，还可进行锥度切割；不仅可切割中型零件、小型零件，还在向切割大型零件方向发展；不仅可切割一般钢铁材料，还可切割钨棒、复合晶体、高熔点石墨及高阻抗的单晶硅和锗 9. 比机械加工法效率高、质量好	1. 可加工冷冲模的凸模、凹模、凸凹模、固定板、卸料板等 2. 可加工塑料模的模套、固定板及拼块等 3. 可加工粉末冶金模、硬质合金模、拉深模、挤压模等各种结构类型中的部分零件 4. 可对各类模具中的微型孔、沟槽、窄缝、任意曲线进行细微加工 5. 可切割高硬度、高熔点的金属材料 6. 可切割模具加工所使用的金属电极、模板、样板等零件

3. 电火花线切割加工的方式

（1）靠模仿形加工方式

靠模仿形加工是在对工件进行线切割加工前，预先制造出一个与工件形状尺寸相同的靠模，加工时把工件毛坯和靠模同时装夹在电火花机床的工作台上，在切割过程中，使电极丝紧贴在靠模边缘（轮廓）移动，通过工件与电极丝之间的电火花放电，可切割出与靠模轮廓和尺寸精度相同的工件来。

这种加工方式的自动化程度高，预制的靠模可长期保存重复使用。如果靠模的工作面具有较高的尺寸精度和较低的表面粗糙度，并在电火花加工中选用了合理的电规准、电极丝和工作液，就可切割出具有较高精度尺寸和较低表面粗糙度的工件。

（2）光电跟踪加工方式

光电跟踪加工是在对工件进行线切割加工前，先根据零件图样按一定放大比例放大绘制出一张光电跟踪图，将此图样放置在机床的光电跟踪台上，跟踪台上的光电头始终追随墨线图形的轨迹运动，通过电气、机械的联动来控制机床纵滑板、横滑板，使工作台连同工件相对电极丝做与图形相似的运动，通过工件与电极丝间的火花放电，不断熔化（或气化）工件，从而切割出与图样形状相同的工件来。不难看出，其实质也是一种仿形加工，所不同的仅是用图样取代了靠模，这就不仅节省了设计制作靠模的材料、工时和能耗等，大大降低了制作费用，而且可借助大比例的图样来加工一些形状复杂奇异、结构精细、尺寸和形位精度高的模具零件。

（3）数字程序控制方式

此种方式不需要制作靠模样板和绘制放大图，但需要按计算机的规定和工件的形状尺寸编制出工件的数控加工程序。数控线切割机床中的专用电子计算机就可按此程序中给出的工件形状几何参数，自动控制机床纵滑板、横滑板准确移动，并通过工件与电极丝的火花放电，不断蚀除金属而实现切割。由于此法采用了先进的数字化自动控制技术，因此它比前述两种线切割方式具有更高的精度和广泛的加工范围。

4. 电火花线切割加工模具零件的工艺过程

（1）选择加工方式，做加工之前的准备

在加工前按加工工件要求及现有加工设备条件，选择上述3种加工方式中的一种，并做好相应的准备工作。

（2）调整与检查线切割机床

在加工前对机床进行全面检查，主要是检查导丝轮是否有损伤和有杂物，电极丝导向定位用的导向器和导轮是否磨损出沟槽，纵、横向滑板的丝杆间隙是否有变化，是否有杂物等。

（3）零件准备

对工件毛坯进行锻铸粗加工成型或热处理、穿丝钻孔。

（4）工件装夹与穿丝

装夹零件时，必须调整工件的基准面与机床拖板 x、y 方向相平行，工件的切割位置应在机床纵滑板、横滑板的许可行程之内，工件与夹具不碰丝架，电极丝穿过穿丝孔后应调整在孔的中心位置，不得与孔壁相碰，校正好电极丝与工件表面垂直后，方可夹紧工件。

（5）切割加工

先要根据工件的表面粗糙度要求和生产率等要求，合理地选择电参数，并根据工件厚度、材质特性等因素，选择调整好进给速度，并在加工中不断清除电蚀产物和杂质。

（6）检验

对切割后的工件按图纸要求检查验收。

5. 数控程序编制方法（略）

（三）电解加工

电解加工是继电火花加工之后发展起来并得到广泛应用的一种新的电加工工艺。目前已被应用在电解成型加工、电解磨削和电解抛光等方面。

1. 电解加工机床的型号、主要技术规格可查相关资料。

2. 电解成型加工的基本原理、特点及应用

表6-94　　　　　　　　　　　　电解成型加工的基本原理、特点及应用

基 本 原 理	特 点	适用范围

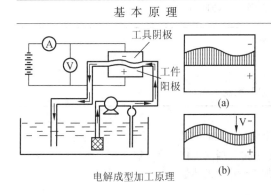

电解成型加工原理

电解成型加工是在电解抛光的基础上发展起来的一种加工技术。如图所示，它是在工件和工具电极之间接上直流电源，工件接正极（称为阳极），工具电极接负极（称为阴极），在工件和工具电极之间保持较小的间隙（0.1～1 mm），在间隙之间通过高速流动的电解液（最高流速可达75m/s），当电源给阳极和阴极之间加上直流电压时，在工件表面就会不断产生电化学阳极溶解，工具电极以恒定的速度向工件进给而具有0.49～1.96MPa压力，它和上述流速的电解液一起不断地把电化学溶解物冲走。由于阴极和阳极之间各点距离不相等，电流密度也就会不相同，如图中（a）所示，图中的细实线表示电流密度，细实线的疏密表示电流密度的大小，在工件表面产生的电化学阳极溶解速度也就会不相同，在阴、阳极距离最近的地方，电流密度最大，阳极的溶解速度也就最快，随着阴极的不断进给和电解产物不断被电解液冲走，最后使各处的两极间的距离趋

特点：

1. 不受被加工材料硬度、强度、韧性等性能的影响，故可加工任何导电的金属材料，这对硬度高、熔点高的难用机械切削法加工的淬硬模具钢、高温合金、高硬脆铸铁、硬质合金、不锈钢以及超硬金属材料的模具零件来说，电解成型提供了一种最好的加工手段

2. 生产效率高，电解加工型腔比电火花加工效率高4～10倍，比铣削加工的效率高了几倍至几十倍，且生产效率不直接受加工精度和表面粗糙度的限制

3. 加工的表面质量好，无毛刺和变质层，表面粗糙度可达 Ra 1.25～0.2 μm，平均加工精度可达±0.1 mm

4. 能以简单的直线运动一次性加工出模具零件的形状复杂、结构精细的型腔或型孔

5. 不产生机械切削力所引起工件的残余应力和变形，也没有毛刺和飞边

适用范围：

适合生产批量大、精度要求不太高的各种型腔模或复杂型孔的加工，硬质合金拉丝模穿孔等

493

续表

基本原理	特点	适用范围
近一致，从而使工具电极上的型面"复"印在作为阳极的工件上，加工出所需形状的工件型面 电解加工中的主要化学反应，在 NaCl 电解液中加工模具钢时，以主要成分 Fe 的阴极溶解为例，电解液存在的离解反应是： $$H_2O \Longleftrightarrow H^+ + OH^-$$ $$NaCl \Longleftrightarrow Na^+ + Cl^-$$ 通电后阳极的主要反应是 $$Fe - 2e \longrightarrow \overset{++}{Fe}$$ $$\overset{++}{Fe} + 2OH^- \longrightarrow Fe(OH)_2 \downarrow$$ $$4Fe(OH)_2 + 2H_2O + O_2 \longrightarrow 4Fe(OH)_3 \downarrow$$ 阳极的主要反应是 $$2H^+ + 2e \longrightarrow H_2 \uparrow$$	6. 加工中工具阴极在理论上不会损耗，可长期使用，这就避免了像电火花加工那样，由于阴极损耗而使工件精度降低的弊端 7. 不容易达到较高的尺寸和几何形状精度和加工稳定性，很难加工出棱角，一般圆角半径都大于 0.2 mm 8. 电解加工的设备投资大，占地面积也大，造价高，设备易锈蚀，防护保养也比较麻烦 9. 电解产物要妥善处理，否则将污染环境	

3. 电解液的作用及配制

表 6-95 　　　　　　　　　　　　　电解液的作用及配制

电解液的作用		1. 作为电化学反应的电极 2. 提供作用物，排除电化学反应物 3. 带走加工所产生的热量
电解液的配制	加工碳钢及合金工具钢 $T_{10}A$、T_{10}、5CrMiMo、5CrMnMo	1. NaCl：7% ~18%（低碳钢） 2. 20% $NaNO_3$ + 3% ~10% NaCl 3. 20% ~30% $NaNO_3$
	加工硬质合金（YG 类）	8% ~10% NaOH + 8% ~10% 酒石酸 + 2% NaCl + 0.2% ~0.6% CrO_3
	防腐剂	2% $NaNO_3$ + 0.6% $NaCO_3$ + 0.8% 甘油

4. 电解液的种类

电解液可分为中性电解液、酸性电解液与碱性电解液三大类，中性盐溶液的腐蚀性小，使用时较安全，故应用得最普遍。最常用的有 NaCl、$NaNO_3$、$NaClO_3$ 3 种电解液。在实际生产中，NaCl 电解液具有较广的通用性，基本上适用于钢、铸铁、合金钢及合金铸铁等。

5. 几种电解液的电参数

表 6 - 96几种电解液的电参数

加工材料	成分	电压（V）	电流密度（A/cm³）
各种碳钢合金钢、耐热钢、不锈钢等	1. 10% ~ 15% NaCl 2. 10% NaCl + 25% NaNO₃ 3. 10% NaCl + 30% NaNO₃	5 ~ 15 10 ~ 15	10 ~ 200 10 ~ 150
硬质合金	15% NaCl + 15% NaOH + 20% 酒石酸	15 ~ 25	50 ~ 100
铜、黄铜、铜合金、铝合金等	18% NH₄Cl 或 12% NaNO₃	15 ~ 25	10 ~ 100

6. 常用电解液的电导率

表 6 - 97　　　　　　　　常用电解液的电导率　　　　　　　　$l/(\Omega \cdot cm)$

名称 温度（℃） 电导率 浓度（%）	NaCl				NaNO₃				NaClO₃			
	30	40	50	60	30	40	50	60	30	40	50	60
5	0.083	0.099	0.115	0.132	0.054	0.064	0.074	0.085	0.042	0.050	0.058	0.066
10	0.151	0.178	0.207	0.237	0.095	0.115	0.134	0.152	0.076	0.092	0.106	0.122
15	0.207	0.245	0.285	0.328	0.130	0.152	0.176	0.203	0.108	0.128	0.151	0.174
20	0.247	0.295	0.343	0.398	0.162	0.192	0.222	0.252	0.133	0.158	0.184	0.212

7. 电解加工的应用

（1）电解加工型腔的方法

1）加工方法

电解加工型腔的方法主要有两种，即混气电解加工和非混气电解加工。混气电解加工是在电解液中混入一定数量的气体，使气液混合物输入加工间隙进行加工。氯化钠混气电解加工与非混气电解加工比较，具有加工速度低（0.15 ~ 2.5 mm/min）、加工精度高（一般可达 ±0.15 mm）、不使用导流装置等优点，而且可在较低的气液压力下进行加工，降低了对工艺装备刚性的要求。

电解成型加工的适用范围如表 6 - 94 所述，主要适合有一定生产批量或产品较为固定的锻模和高硬度难加工材料。

2）工具阴极及其连接件常用材料及特性

表 6-98　　　　　　　　　　工具阴极及其连接件常用材料及特性

项目 \ 材料 型号	钢材		不锈钢	黄铜	紫铜
	20 或 20Cr	45 或 45Cr	1Cr18Ni9Ti		
电阻率（μΩ·cm）	16.9		7.2	6.2	1.7
热膨胀系数（×10⁻⁶/℃）	11.7		17.3	19.9	16.42
抗腐蚀能力（10⁻⁵ mm 年）	20		忽略不计	2	6
抗张强度（MPa）	4.2　　8.0	6.1　　10.5	5.5	≈3.3	2.4
切削性能	较好		差	好	好
抗火花性能	差		较差	较好	好
来源及价值	来源容易，便宜		来源较难，价高	来源较难，价高	
修补与变形	小面积电焊修补，不易变形		易变形，要氩弧焊修补	喷涂修补不变形，气焊修补易变形	
用反拷贝法制作阴极	用反拷贝法加工阴极型面，电解液及工艺参数与型腔加工相同			与加工模具钢的电解工艺参数不同	
适用范围	各种类型的阴极及其连接件		中、小型阴极及其连接件	小型阴极	

电阻率单位：电阻率（μΩ·cm）

除上表所列材料外，铜钨合金（CuW70）可以作为小型型腔的工具阴极材料。它的抗火花性能很好。

3）工具阴极的制作

工具阴极多采用机械加工，主要是铣削加工来制作，即根据设计图纸经铣床铣削型面和轮廓外形后，再由钳工根据工具阴极及型面样板修磨成型。然后将其装夹在电解机床上试加工。根据电解试加工出来的型槽的尺寸形位误差，再修整加工到合格后才投入使用。经多次对电极的返修和调整电解成型参数即可正式投产使用。

制作工具阴极也可采用电解反拷贝加工法成型。先按型腔形状尺寸制作出液槽和孔，并留有较均匀电解余量的阴极毛坯，再将此被反拷贝加工的阴极毛坯接正极（阳极），把标准型腔的金属母模接负极（阴极），在两极间通电并严格控制加工中的各项参数，最后就会把阴极毛坯电解成为与金属母模形状相反、尺寸相同的工具阴极来，取下来对其型面做修光并精铣多余的金属后，即可拿去进行电解型腔的试加工，以验正修定型腔加工的预选参数，解决影响加工的稳定性因素，然后再根据在稳定参数下所加工的模具型腔误差对阴极型面尺寸修正及找出定位基准面。

（2）电解磨削

1）电解磨削的原理

电解磨削是将金属的阳极的溶解（占95%~98%）作用和机械磨削（占2%~5%）作用结合起来的一种磨削工艺，其磨削原理见图6－149所示。加工零件直接接直流电源的正极，电解磨轮接直流电源的负极。两者之间由电解磨轮中凸出的磨料保持一定的电解间隙，并在电解间隙中注入一定量的电解液。当接通直流电源后，零件（阳极）的金属表面发生电化学溶解，表层的金属原子失去电子变成离子被析出而溶解于电解液中，同时电解液

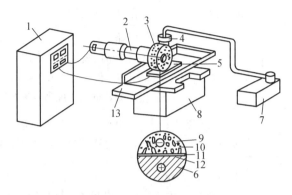

1—直流电源　2—绝缘主轴　3—电解磨轮　4—电解液喷嘴
5—工件　6—电解液泵　7—电解液箱　8—机床本体　9—磨料
10—结合剂　11—电解间隙　12—电解液　13—工作台

图6－149　电解磨削原理

中的氧与金属离子化合，在零件表面生成一层极薄的氧化膜。这层氧化膜具有较高的电阻，使阳极的溶解过程减慢，其硬度远比金属本身低，高速旋转的磨轮很易将其磨掉，并被电解液冲走，从而使零件表面露出新的金属，继续产生上述电解反应。由于上述电化学反应和机械磨削共同交替作用的结果，便使零件表面不断被蚀除和磨削掉而形成光滑的表面，达到一定的尺寸精度和表面粗糙度。

2）电解磨削的特点

表6－99　　　　　　　　　　　　　　　　　　电解磨削的特点

序号	特　点	具体表征和原因
1	加工范围广，生产效率高	1. 选择合适的电解液即可加工任何高硬度、高韧性的金属材料 2. 磨削硬质合金比一般机械磨削方法生产率高8~10倍，磨削平面时，生产率可达3 g/min 3. 磨削其他金属材料，生产率比一般机械磨削高3~5倍 4. 能很方便地改变电参数，而将粗细两套规准合并为一次加工完成，从而大大缩短生产周期，降低成本
2	表面质量好	1. 由于电解磨削中机械磨削力小，因而磨削产热少，不会产生像纯机械磨削那样常发生裂纹、烧伤、崩刃和变形等疵病 2. 工件均能获得低的表面粗糙度。一般均在$Ra\,0.10\,\mu m$以下（磨削硬质合金最小可达$Ra\,0.008\,\mu m$）的镜面粗糙度 3. 当生产率随加工电流升高而增高时，零件的表面粗糙度却基本不变，不会受到影响

续表

序号	特　点	具体表征和原因
3	加工精度	在 100 mm 的长度零件上，不平度为 0.01 mm 左右
4	磨轮损耗小，使用寿命长	1. 由于在电解磨削中，磨轮上的磨料仅起保持电解间隙和去掉零件表面产生的氧化膜的作用，因而磨轮的损耗比一般机械磨削时的损耗小很多，仅为它的 1/5～1/10 2. 磨轮的耐用度为机械磨削的 10～20 倍
5	设备投资大，辅助设备较多	1. 电解磨削设备的投资为一般平面磨床的 2～3 倍 2. 占地面积为一般平面磨床的 2 倍
6	加工中有刺激性气体，电解液本身带腐蚀性，要配防护设备	因为电解磨削中产生一氧化碳和氢气，加热后 $NaNO_3$、$NaCl$、$NaClO_3$ 等电解液会蒸发，挥发时冒出刺激性、腐蚀性的气体
7	磨削冲裁模刃口没有机械磨削的那么锋利	因为在棱边刃口处有电火花打火现象而使棱角、刃口不锐利

3）电解磨削在模具加工中的应用

表 6-100　　　　　　　　电解磨削在模具零件加工中的应用

序号	应用范围	应用情况及特点
1	磨削难加工材料	由于电解磨削不受工件硬度、韧性的影响，所以它在模具制造中可用来磨削一般机械磨削法无法磨削的高硬度及较大韧性的材料。如金刚石、硬质合金、铜或铝合金等，而且磨削效果显著并可获得较好的磨削质量
2	磨削平面	电解平面磨削，有立式和卧式两种磨削方式。磨削大平面时，为了提高生产率，可用立式电解磨床；为了提高加工精度，可采用卧式电解磨床 利用电解平面磨床磨削硬质合金，可使工件的表面粗糙度达到 $Ra\,0.05～0.012\,\mu m$，不平度达到 $0.003～0.004\,mm/100\,mm$、不平行度达到 $0.05\,mm/100\,mm$ 的水平
3	磨削外圆	电解磨削圆柱形轴类零件，如导柱，其表面粗糙度可达 $Ra\,0.025\,\mu m$ 以下，锥度、椭圆度精度可达到 1 μm 级
4	磨削内圆	使用电解磨削来磨削模具零件的内成型孔，如圆形凹模孔、导套内孔等，可使零件内孔的表面粗糙度达 $Ra\,0.10\,\mu m$ 左右

序号	应用范围	应用情况及特点
5	成型磨削	电解成型磨削是将电解磨轮的外圆周预先修磨成所需形状，然后进行电解磨削的方法。利用电解磨削，可直接加工模具的成型零件，而且磨轮的损耗比一般成型磨削小，生产率较高
6	磨削拼块模的拼块	使用电解磨削来磨削拼块模的拼块（特别是高硬材料的拼块），可省去或减少过去用机械磨削方法在热处理前的粗加工和热处理后的平面磨削、成型磨削，减少加工留量和磨轮消耗。避免磨削热裂纹、烧伤、变形等
7	电解抛光修整	对已电解磨削的零件蚀除和磨掉表面的凸点

（3）电解抛光

1）电解抛光的原理

电解抛光是利用阳极电化学溶解作用而蚀除零件表面凸点，使表面平整光滑的加工方法。

如图 6－150 所示，用铅板制成与被加工零件形状相似的工具电极作为阴极，与被加工零件之间形成一定间隙。通入直流电后，零件的表面就发生阳极溶解，并逐步被溶蚀平整光滑，从而去除了零件经电火花加工后在表面所产生的一层硬化层，使表面光滑平整，粗糙度降低。

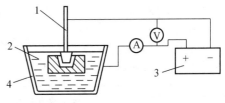

1—阴极　2—电解液　3—直流电源　4—工件
图 6－150　电解抛光原理

2）电解抛光的特点

表 6－101　　　　　　　　　　电解抛光的特点

序号	特点	具体表现和原因
1	零件不产生热变形和应力	因为电解抛光是基于电化学腐蚀原理，对工件施加的磨削力很小
2	抛光不受材料硬度的影响	因为抛光主要是靠电化学腐蚀，不是机械磨削，所以不受材料硬度和韧性的影响
3	工件表面粗糙度低	经电火花加工后再经电解抛光的零件表面粗糙度可由 $Ra\,3.2\ \mu m$ 降低到 $Ra\,0.4\ \mu m$ 左右
4	抛光效率高	比手工抛光效率提高数十倍。如加工余量为 $0.10\sim0.15$ mm的碳钢工件，电解抛光只需 $10\sim15$ min即可蚀除

续表

序号	特　点	具体表现和原因
5	抛光的周期短	1. 对于表面粗糙度及光亮度要求不高的模具零件，经电解抛光后即可直接使用，而无需再经手工抛光 2. 对于表面粗糙度及光亮度要求较高的零件，经电解抛光后再用手工抛光后即可使用
6	易于抛光一般机械或手工抛光难以抛光的深槽、窄缝、凹坑等不规则的圆弧、棱角、凹坑	因为电解抛光可采用异形磨头伸入这些深槽、窄缝、凹坑内准确地按原型腔形状进行抛光，且其抛光效果（时间和质量）比一般机械或手工抛光都好 用一般抛光法难以抛光的特殊部位
7	抛光设备简单、操作方便、工作电压低。电解液无害，便于维修	操作比一般机械抛光和手工抛光都简单省力，且劳动条件较好
8	波纹难去掉	经电火花成型加工的型腔，用石墨电极平动产生的表面波纹，电解加工很难消除，有时甚至还很严重
9	会使金属结构缺陷更明显	零件内部原有的金属结构缺陷（如疏松等）经电解抛光后显露出来
10	电解液消耗大	因抛光工作量不大，放久了不使用的电解液就会变坏

3）电解抛光的适用范围

电解抛光在模具制造中主要用于经电火花加工后的型腔模的抛光。如塑料注射模、压铸模、橡胶成型模、精铸压蜡模等模具型腔表面硬化层的去除和修整。其抛光后的表面粗糙度可从 $Ra\,3.2\,\mu m$ 降低到 $Ra\,0.8\sim0.4\,\mu m$，也可以用于机械加工后的型腔模型面的抛光，其留磨量在 $0.15\sim0.20\,mm$。

实践经验证明，把电解抛光和手工抛光结合起来，可以使模具表面达到光亮。

4）电解抛光设备

电解抛光设备由低压直流电源、工作液循环系统、修磨工具等部分组成。其机床主轴由伺服电机控制。工作台上有纵、横拖板，电解槽放在拖板上。工作液循环系统包括电解液箱、离心式电解液泵、控制流量的阀门导管及电解槽等。为防电解液的腐蚀，电解槽、电解液箱及电解液导管、电解液输送泵等与电解液接触的器具材料均采用耐酸的聚氯乙烯硬塑料板或铜材焊接而成，或采用耐酸碱的搪瓷槽。电解液还配有温度控制装置。直流电源采用全波式整流可控硅调压，斩波后以等脉宽的矩形波输出，最大输出电流10 A，电压0～24 V，也可采用一般的直流稳压电源；修磨工具有导电油石和人造金刚石导电锉刀及铅或铅合金。

5）工具电极的设计和制造

对于形状简单、结构大、尺寸和形位精度要求不高、生产批量不大的模具型腔，多采用厚度为2 mm以上的铅板加工成与模具型腔相似、形状相反的电极；对于形状结构稍微复杂、尺寸和形位精度要求不高，但生产批量较大的模具型腔，可采用熔化铅或铅合金浇注到铸模内获得毛坯再由钳工稍作加工的方法制作电极；对于形状复杂，结构精细，形位精度、表面质量都要求高并有较大生产批量的模具型腔，则要采用上述导电油石和人造金刚石锉刀。

6）电解抛光工艺

表6-102 电解抛光工艺

工序号	内容	溶液组成		工作条件			备 注
				温度（℃）	电流密度（A/cm²）	时间（min）	
1	清洗	汽油	—	—	—	—	—
2	化学除油	NaOH Na₃PO₄ Na₂CO₃ 水玻璃	20 g/l 30 g/l 40 g/l 2 g/l	80～90	5～10	5～7	—
3	清洗	热水	—	100	—	1～2	—
4	清洗	自来水冲	—	—	—	1～2	—
5	除氧化皮	HCl	1.1%	—	—	1～3	未经热处理的型腔可不采用此工序
6	清洗	自来水冲	—	—	—	1～2	—
7	装夹	—	—	—	—	—	阴极和零件的侧面、底面均保持5～10 mm间隙
8	电解抛光	H_2PO_4 H_2SO_4 CrO_9 H_2O	65% 15% 6% 14%	65～75	35～50	14～40	根据抛光余量定抛光时间时要经常搅拌电解液
9	清洗	热水	—	100	—	1～2	—
10	清洗	自来水冲	—	—	—	1～2	—
11	纯化处理	NaOH	10%	70～95	—	10～20	提高金属抗蚀性能
12	清洗	自来水冲	—	—	—	—	—
13	干燥	—	—	室温	—	—	—
14	涂防锈油	—	—	—	—	—	—

7）电解抛光加工实例

模具零件名称：长条胶木把手柄。

模具材料：CrMn（淬硬）。

抛光加工前粗糙度：Ra 3.2 ~ 6.3 μm（经过电火花中规准加工后）。

电解抛光时间：180 min。

电解抛光后的表面粗糙度：Ra 1.25 ~ 0.63 μm。

抛光电流：4 ~ 5 A。

表面黑膜去除：采用电动抛光器在带木杠手柄毛毡轮上涂上研磨膏后，将其装夹在钻头上以 1 000 r/min 的转速加以去除。

8）电解抛光出现的缺陷、特征、产生的原因及防止补救办法

表 6－103　　　　　　　　　　电解抛光出现的缺陷及处理

序号	缺陷名称及特征	产生的原因	防止补救办法
1	点状腐蚀	1. 电解液中有铬酐悬浮物 2. 电解液密度太大	1. 稀释电解液，使密度降到 1.74 g/cm^3 以下 2. 将电解液加热到 80 ~ 100 ℃并保温1 h
2	表面无光泽，出现黄色斑膜	1. 电解液密度小 2. 温度过低	加热蒸发电解液，提高其温度
3	表面有白色条纹	电解加工析出了气体	增加抬举阴极的次数并注意要缓慢抬举
4	表面出现乳白色或褐色斑点	电解液温度过高	降低电解液温度
5	表面出现线	电解液温度过低	在120 ℃加热 1 h
6	表面色泽灰白无光泽	电解液温度低，阳极电流小，抛光时间短，电解液密度小	提高电解液的温度，增长抛光时间，提高电解液密度
7	表面出现针孔、裂纹或有杂物	零件材料本身有这些缺陷	检查零件材质，更换材料
8	表面电火花痕迹未去除	电解抛光时间太短	延长电解抛光时间或再补手工抛光

（四）电铸成型加工

电铸成型原理

电铸成型原理与电镀一样，即都是利用电化学反应中的阴极沉积现象在阴极表面成型金属型腔壳体。它是用导电的工艺母模作为阴极，用电铸金属材料作为阳极，用电铸材料的金属盐溶液作为电铸液，当在阴极和阳极之间通入直流电后，就在直流电的作用下，作为电铸液的金属盐溶液中的金属离子在阳极获得电子后传送（移向）到阴极并

沉积镀覆在阴极表面上，阳极的金属原子失去电子而成为正的金属离子，源源不断地补充到电铸液中，使电铸液中的金属离子浓度保持不变。当工艺母模上的沉积层达到所需厚度时，便停止电铸，将已有沉积层的金属母模取出，把电铸成的金属型壳和金属母模分开，即获得型面与工艺母模相反、尺寸和表面状态与工艺母模基本一致的型腔壳体，再将此壳体嵌入并黏结（或熔接）在金属基体内即制成电铸模。

电铸成型加工的特点及适用范围、所用设备、工艺母模的设计与制造及其成型工艺过程等具体内容可见广东科技出版社出版的《简易模具的设计与制造》一书，在此不详述。

（五）镀铬

1. 模具零件镀铬的作用

模具零件镀铬是利用电镀的方法，在塑料模、橡胶模、压蜡模等模具的型腔表面镀上一层厚 $0.01 \sim 0.015$ mm 的硬铬层，其目的并不是像家电、车辆、装饰品那样为了好看和显示豪华，而是为了提高型腔表面的耐磨损和防腐的能力，提高其表面光滑度，有利于熔融塑料、橡胶、蜡料等的迅速流动充型和脱模，并延长模具的使用寿命。

2. 模具零件镀铬的方法

模具零件采用常规电镀法在型腔面和磨损严重表面镀铬。

电镀的原理就是前面电铸中所说的电化学反应阳极沉积。

五、模具零件的铸造

这里所述的模具零件铸造并不是传统的铸造，而是指工业发达国家采用一些新的先进的铸造技术铸造模具零件的工艺方法。下面简单介绍这些方法。

（一）特种砂型铸造

顾名思义，所谓特种砂型铸造，当然不是传统意义的砂型铸造，而是近 10 年来，国内外研发的一种新的铸造技术。应用在模具零件加工上的有：传统砂型加晶粒细化剂或设置冷铁的激冷铸造法、传统砂型里安放冷铁或加入传热系数大（或热容量大）的材料粒子的铸造法和消失模型铸造法 3 种。

1. 传统砂型加晶粒细化剂或设置冷铁的激冷铸造法

这是在传统砂型表面上涂刷（喷涂）石墨或在焦炭粉中加入晶粒细化剂，当钢铁等金属液浇入砂型后，便起外来结晶核心种子的作用，使所铸模具型腔或型芯表面形成一层致密细小的结晶组织，从而减少气孔、疏松等缺陷的形成，使加工抛光后的表面光滑平整，亮丽无疵，并提高耐磨能力，延长模具寿命。

所用晶粒细化剂有五氧化二钒、钛、硼、钍、钒、铍、锂等的粉末。

2. 传统砂型里安放冷铁或加入传热系数大（或热容量大）的材料粒子的铸造法

这是通过改变金属晶粒度大小四因素之一的铸型的热学性质来使铸件晶粒细化致密，提高其力学性能和物理性能的方法。

这一方法是预先在造型砂的面层砂中混入 10% 的粒度为 140 目左右的碳化硅砂、氧化铁砂或锆砂，以改善铸型的传热系数、热容量，增大温度梯度。

以上两种铸造法适合大型真空吸塑模、塑料发泡模等塑料模、橡胶成型模、玻璃制品模、搪瓷模等模具的型腔件、型芯件的铸造。如冰箱内胆铝合金吸塑模、发泡模及橡胶压模等模具。

3. 消失模型铸造法

这种铸造法很适合形状结构复杂、精细的模具零件的铸造，可取得比采用机械加工、电加工等方法显著的综合经济技术效果。

（二）熔模精密铸造

现代熔模精密铸造是当代最先进的铸造技术。它有以水玻璃水溶液为黏剂、石英砂（粉）为填料和以硅酸乙酯水解液为黏结剂、刚玉砂（粉）为填料制壳的两种工艺方法。前者型壳的耐火度低，高温下的强度低，线量变化大，只适合铸造形状比较简单、尺寸和表面粗糙度要求较高的碳钢、铸铁、铝铜及其合金和低熔点合金的模具零件；而后者型壳的耐火度高，高温下强度高，线量变化小，很适合铸造用机械加工等方法很难加工或根本无法加工的形状结构非常复杂、精度和表面光滑度要求很高的任何材质的模具零件，而且成本低、时间短。

（三）石膏型精密铸造

这是 20 世纪中叶美国突破了石膏型铸造上一些难关之后，使只能铸造金、银首饰品及雕塑等艺术品的传统的石膏型铸造与熔模铸造相结合，发展成为当代的一种新的精密铸造技术。它有取模和熔模两种工艺方法。石膏型取（拔）模精密铸造法铸造模具等零件的工艺过程如下：

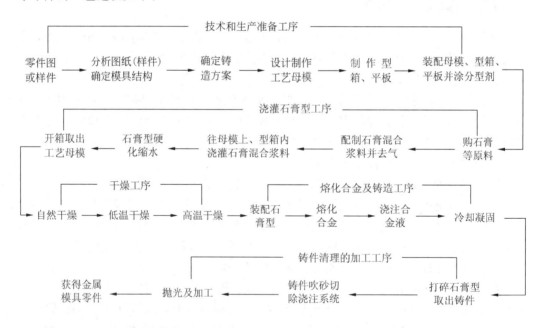

熔模石膏型铸造模的铸造工艺过程及特点和适用范围见第二章。

（四）陶瓷型精密铸造

陶瓷型精密铸造是在融合了熔模精密铸造技术的壳型技术而发展起来的一种新的铸造技术。由于此工艺具有承受高温、可用流体固化成型、复印形状和表面结构的性能好、尺寸稳定等诸多优异的工艺性能，便发展成为另一种快速经济制模的技术。

采用这种精密铸造方法可铸造各种锻造模、金属铸造模、大型塑料模、拉深模、橡胶模等模具零件。

（五）模压制模（压铸）

这是国外发展起来的一种制作铍铜合金模具的方法，又称压铸法。

模压制模法的原理和过程

这种压制铍铜合金模具零件的原理过程可用图6-151表示。

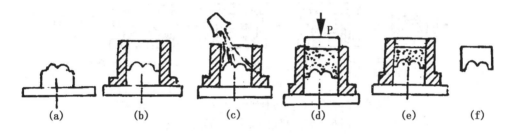

图6-151　压铸法制造铍铜合金简易模具的工艺过程

图中（a）为设计制作金属工艺母模及固定板；图中（b）为把钢模框套住工艺母模并调整好位置；图中（c）为向涂好了分型剂的金属母模型面及钢模框内浇注铍铜合金液；图中（d）表示在铍铜合金液面上加压铸块并向其施压，迫使铍铜合金液充填工艺母模型面及凸凹结构并在此压力下结晶凝固冷却、成型；图中（e）为冷却成型后取出了压块的情况；图中（f）表示把成型了的铍铜合金凹模从模框中取出来另外放置的情况。然后对它做少量机械和钳工加工（钻连接孔修正配合型面、研磨抛光型面等），即可装入模架内。采用同样的工艺即可制得与此相配合的铍铜合金凸模（或凹模）及其他铍铜合金模具零件。

这种铸造方法可制作含铍量在2%以上的下列铍铜合金模具零件：塑料成型模（特别是塑料注射模）的型腔件、型芯件、热流道部件、冷却座等零件，形状复杂、尺寸精度要求高的铝合金、钛合金的铸件铸造模，锌合金、铝合金的压铸模的型腔件、型芯件，熔模精密铸造用各种压蜡模（压型）的型腔件、型芯件，部分橡胶制品成型模的型腔件、型芯件，部分冷冲模的零件等。

六、模具零件的特种加工

（一）冷挤压加工

模具零件冷挤压的原理是利用金属塑性变形原理，用淬硬的挤压冲头，在油压机的高压下，缓慢地强行挤入具有一定塑性的模具零件坯料中，以获得与冲头外形相同、凸凹相反的型腔的一种加工方法。它是一种没有切屑的加工方法，也是一种加工各种成型模型腔的先进方法。主要适用于各种型腔模凹模的加工。如塑料注射模、塑料压模、橡胶注射模、橡胶成型模、锌合金压铸模、轻合金铸造模等模具的型腔件。

（二）超塑挤压成型

超塑挤压成型是利用某些合金所具有的超塑性特点，在一定的较小压力下，用等温挤压的方法使坯料迅速成型之后，再对它进行强化处理（淬火），使其恢复在常温下的力学性能而制得模具型腔件等零件的方法。其制模过程如图 6－152 所示。

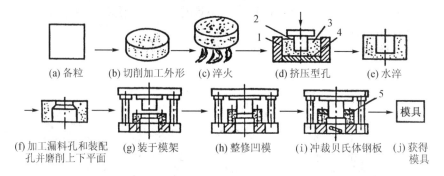

(a) 备粒　(b) 切削加工外形　(c) 淬火　(d) 挤压型孔　(e) 水淬

(f) 加工漏料孔和装配孔并磨削上下平面　(g) 装于模架　(h) 整修凹模　(i) 冲裁贝氏体钢板　(j) 获得模具

1—容框　2—凸模　3—超塑性凹模　4—顶板　5—贝氏体钢板

图 6－152　超塑合金模具的制造工艺

利用超塑等温挤压法挤压超塑合金〔主要有 ZAS（日本）、ZnAl22、ZnAl22Cu1.5Mg0.02、ZnAl4－1、HPb59－9 等〕来制作模具具有可用较小的变形力，一次性快速地挤出形状复杂、尺寸准确、表面光洁、复映性仿形性好的模具型腔件，并把用传统的加工手段加工复杂的深型腔底面（内表面）微细结构表面很困难并费时长的办法转变为结构形状、尺寸精度及表面粗糙度均容易达到要求的凸模外表面加工，从而大大简化和方便了加工并缩短了制模周期，降低了模具成本。可一次性挤压出多个凹模，制模效率高，且挤压凸模可重复多次使用，不但降低模具费用，而且可确保后制模具的型腔尺寸、形位精度及表面质量前后一致；还可对没挤压到位的或已用过的磨损的或已变形的模具作修补性重挤；所用设备简单，用一般通用的油压机即可。但这种模具的强度和硬度低（铜基超塑合金的较高），模具的使用寿命短，但可用成本很低的凹模备件来弥补。

这种制模方法适合制作形状结构比较复杂、尺寸和形位精度要求不很高的中小生产批量，特别是新产品试制用塑料件或蜡模用注射模、吸塑模、发泡模、压塑模、压蜡模等型腔模的型腔件。

（三）合金堆焊

采用合金堆焊法制作模具零件的工艺有电弧堆焊和电渣堆焊两种形式。前者多用于冲裁模刃口堆焊铬、钒、钨、钼合金和在各种砖模（红砖、耐火砖、墙地贴面砖等砖或制品模）易磨损部位堆焊前述合金或钢结硬质合金；后者多用于锻模、钢材轧制模，特别是大型锻压模的堆焊。

采用合金堆焊法制作模具的优点是制作工艺简单，制模时间短，使用的设备少，制作费用低，模具的使用寿命较长。堆焊后要对其作退火处理。

合金堆焊法适合制作冲裁模的凸、凹模，拉延成型模的易磨损零件、锻压模，钢、铝、铜材等的轧制模或拉延模的易磨损部位零件等。

（四）火焰喷镀

这是 10 多年来国外研发的一种新的简易塑料注射模、压塑模的制模技术。它是在工艺母模上喷镀2～15 mm的金属喷镀层，在此喷镀层外面浇注低熔点合金、环氧树脂、铝合金等背衬层予以加强，然后脱模、修整加工后装入钢制模框内制成塑料模等模具的制模工艺。其制作模具型腔（凹模）和型芯（凸模）件的工艺过程分别见图6－153和图6－154。这种制模法的特点是所制模具件复映性能好，能逼真地复映出母模表面的复杂微细结构，模具加工周期比钢模短50%～70%，加工工序大为简化，模具费用很低，不需要用高档加工设备，操作喷镀设备不需要高水平的技术工人，起步容易，有一定的使用寿命，用一个工艺母模可喷镀出多个型腔和型芯作为备件以延长模具的寿命。但模具的强度、硬度、刚性均比钢模差。适合外形结构复杂，但尺寸精度和表面光洁程度要求不太高的小批量塑料件用成型模，如注塑模、真空吸塑模、中空吹塑模、发泡成型模、压塑模等模具的制造。

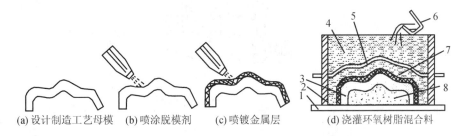

(a) 设计制造工艺母模　(b) 喷涂脱模剂　(c) 喷镀金属层　(d) 浇灌环氧树脂混合料

1—下模板　2—模框　3—工艺母模　4—环氧树脂　5—冷却水管
6—浇桶　7—金属喷镀层　8—型砂垫

图6－153　喷镀型腔（凹模）的喷镀工艺过程

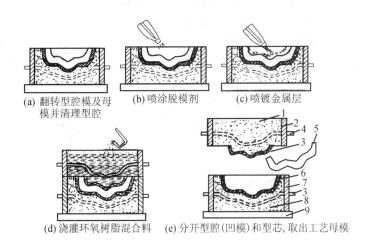

(a) 翻转型腔模及母模并清理型腔　(b) 喷涂脱模剂　(c) 喷镀金属层

(d) 浇灌环氧树脂混合料　(e) 分开型腔(凹模)和型芯,取出工艺母模

1—环氧树脂背衬　2、7—模框　3—冷却水管　4—型芯喷镀层　5—工艺母模
6—型腔喷镀层　8—环氧树脂背衬　9—下模板

图6－154　喷镀型芯（凸模）的喷镀工艺过程

（五）金属粉末烧结

这是近年国外发展起来的新的快速经济制模技术。其制作工艺与石膏型、陶瓷型的制作工艺大致相同，也是利用流体浆料（只不过是金属的粉末浆料）良好的复映（印）

仿形能力，经浇灌后脱水、固化、烧结后制得模具型腔件或型芯件。

这种制模方法适用于制作塑料成型模、橡胶成型模等模具。

（六）超声加工

这种加工方法的原理、特点及应用见表 6－104。

表 6－104　　　　　　　　　　超声加工的原理、特点及应用

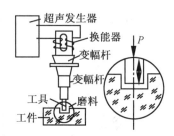

加工原理说明	特　　点	应　　用
超声加工是利用工具端面作超声频（频率为 16 000～25 000 Hz）振动，通过磨料悬浮液中的磨粒以很大的速度和加速度不断地撞击、抛磨被加工表面，使加工区域的材料粉碎成很细的微粒，从材料上剥落下来，以及用超声空化作用，实现对各种材料的加工和表面抛光	适合加工各种高硬度材料，特别是不导电的非金属材料 　　工具可用较软的材料做成较复杂的形状，故不需要使工具和工件做较复杂的相对运动。因此超声波加工机床的结构比较简单，操作维修方便 　　工件表面的宏观切削力、切削应力、切削热很小，不会引起变形和烧伤 　　表面粗糙度较低，可达到 $Ra\ 1～0.1\ \mu m$，加工精度可达 $0.01～0.02\ mm$ 　　可以加工薄壁、窄缝、低刚度工件	适合加工硬脆材料的圆孔、型孔、型腔、套料，特别是如下图所示微细孔的加工 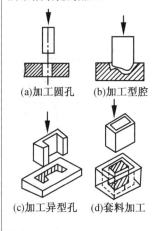 (a)加工圆孔　　(b)加工型腔 (c)加工异型孔　　(d)套料加工

（七）化学抛光

化学抛光是利用化学反应有选择性地溶解工件表面上的微小凹凸的凸出部分，从而获得光滑平整表面的一种精加工方法。其基本原理是由于金属工件浸泡在抛光液中，因材料质量不均匀和表面微细几何凹凸形状，会引起局部电位高低不一，从而形成局部短

508

路的微电池。电位高的区域为阴极，电位较低的则为阳极，两极的电位差便使阳极上发生金属离子化的局部溶解——阳极反应，从而产生腐蚀作用并连续不断地进行，把阳极离子不断转移到抛光液中，在金属表面形成一层黏性层，因凸出部分较薄就溶解得很快，这样便逐步使工件的凸出部分被腐蚀溶解，达到抛光的目的。

（八）文字、图纹的加工

在产品外表面加工出商标、厂名、电话号码、装饰性皮纹、花纹、织物纹、图案及文字说明，可增加美感和使用效果或防仿冒或起宣传广告等作用。加工这些商标、皮（花）纹和文字的方法有手工雕刻、雕刻机雕刻、化学腐蚀、电火花加工、陶瓷型精铸、石膏型精铸、压铸铍铜合金等方法。本书不介绍这些方法的详细工艺，仅示出图6-155 至图 6-158 以加深读者的了解。

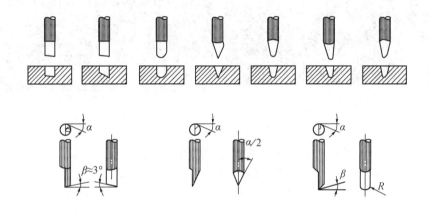

图 6-155　雕刻刀的种类和形状

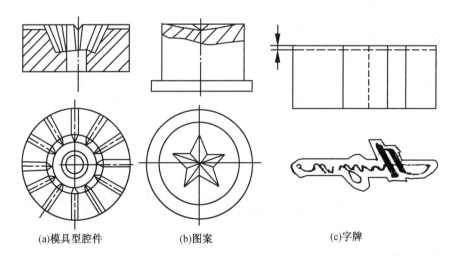

(a)模具型腔件　　(b)图案　　(c)字牌

图 6-156　雕刻机加工的模具件实例

509

反阴文版

正阳文版

正阴文版

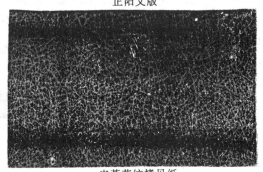

皮革花纹拷贝纸

图6-157 用照相腐蚀法蚀刻的有图案文字皮纹的正、
反阴（凹）、阳（凸）刻迹的模具零件

凸模型(用木材、
塑件胶泥或金属
制成的)

凹模型（用硅橡
胶制作的）

陶瓷模（根据需要
确定铸造方法）

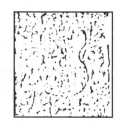

铸造模(用铍铜或锌
合金制造的)

图6-158 陶瓷铸造型铸造的图案、字纹的模具件与
其他方法制作的模具件相比较

（九）挤压珩磨

挤压珩磨的原理和过程

挤压珩磨（extrude hone process）是美国发明的一种加工模具零件表面的新方法。
它是将磨料均匀分布于黏弹性介质中，对此研磨介质加压，使之沿工件表面流动并产生压力摩擦而对工件表面进行研磨、抛光的方法。通过对介质所加的压力大小、介质通道断面积的大小、单位时间内介质的通过量，可使研磨介质的物理性质适合抛光要求。图6-159为黏弹性研磨介质的一种流动形式，介质从上面宽的通道被压向窄的通道时，在通道的半径方向受压缩。

图6-160所示为用挤压珩磨机进行研磨的示意图。在上下一对缸之间，将被加工的模具零件夹紧，从介质下缸的宽通道压入模具零件的窄通道而进入上缸，然后，相反的将介质从上缸压向下缸，如此重复若干次，就对模具零件表面自动进行了研磨。

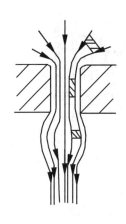

图6-159 黏弹性研磨介质的流动

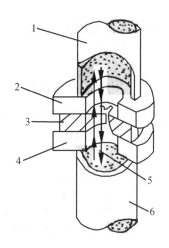

1—上缸　2—上固定板　3—工件　4—下固定板
5—介质流动　6—下缸

图6-160 用挤压研磨机加工示意

（十）浇注（灌）和黏结（接）涂敷

这里介绍的浇注（灌）是指向模框和工艺母模（或样件）上浇注（灌）环氧树脂混合料流体或石膏混合料或水泥等黏流体，待其硬化后分型，取出工艺母模而制得环氧树脂模具、石膏模（型）、水泥模（型）等的方法；黏结涂敷则是利用环氧树脂等黏结剂配制成的混合料的高黏结能力和高强度，在模具零件基体或工艺母模上分次涂敷，把玻璃纤维布或纤维及不锈钢丝网一层层黏结（接）在一起，达到所需厚度（一般5～20 mm）时便停止涂敷，让其凝结固化，再稍作修整，便获得所需模具零件的方法。

浇注（灌）法多用于环氧树脂蜡模压型，环氧树脂金属薄板拉延——成型模，冲裁模的阴阳模，弯曲模，石膏模（型），水泥模（型），塑料板真空或气动成型模，模胎，钻木板，铸造用模型、型板、型芯、模具加工中的划线，装配检验用工夹具以及模具装配中用作固定凸模、凹模、导柱、导套、浇注卸料板，在模具修补中用来修复局部崩裂、开裂等，在服装展示方面用来制作模特（型）。

黏结涂敷法则多用于各种车辆、船舶、室内装饰件、覆盖件成型模和环保、游乐产品成型模的制造，包括冷冲模、塑料模等。

511

（十一）钣焊法制模

钣焊法制模方法是采用手工技艺并借助一些万能工具、夹具、模具、胎具或机械，按图纸或样件（实物）加工出模具型腔件或型芯件。这种方法只适合那些尺寸和形位精度要求不高、形状不很复杂且结构粗大的产品件的真空及热气动成型模、有机玻璃、石英玻璃等板材的热压成型模等模具。

图6-161左边所示为某重型汽车驾驶室装饰顶板主视图和各断面图，图6-161右边所示即为用钣焊法手工加工出来的生产该零件的真空吸塑热成型模。其中的关键零件是型腔面板的加工成型，因为它是此吸塑模凹模型面。

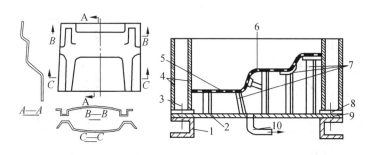

1—模具脚　2—模具底板　3—模框骨架　4—蒙皮　5—型腔面板　6—抽气孔
7—支撑骨架　8—密封橡胶　9—紧固螺钉　10—抽气管
左边为装饰顶板各断面图（δ=10，材料：PVC塑料板）
图6-161　重型汽车驾驶室装饰顶板的简易真空吸塑模

七、各类模具的加工要点

（一）冷冲模的加工要点

1. 冷冲模的特点

冷冲模是用来冲压大批量冲压件的冷作模。因此，冲模的尺寸精度和配合精度、工作零件的硬度都将直接影响冲压件的质量及冲压生产的稳定性。因此，在加工中要根据这些特点来进行加工。

2. 冲裁模的加工要点

（1）对冲裁模的加工要求

1）表面要光洁，刃口要锋利。一般都要求冲裁模刃口的表面粗糙度 Ra 1.60 ~ 0.8 μm，非工作表面允许适当放宽，要求刃口经常保持锋利，无锈疤（斑）、无缺口。

2）要求有较高的硬度。凹模、凸模的工作部分应具有高硬度、高耐磨及较高的韧性，一般都要求凸模工作部分的硬度为 HRC58 ~ 62；凹模工作部分的硬度为 HRC60 ~ 64，冲裁非金属材料时，凸、凹模刃口的硬度可适当降低。

3）要求凸、凹模初配时，有合理的间隙，而且配合间隙在各方向要均匀一致。

（2）冲裁模的制造

1）对冲裁凸、凹模的技术要求

表 6－105		对冲裁凸、凹模的技术要求
项目	技 术 要 求	图 示 说 明
尺寸精度	凸模、凹模、凸凹模、侧刃凸模加工后，其形状、尺寸精度应符合模具图纸要求，粗配后应保持合理的间隙	
表面形状	1. 凸模、凹模、凸凹模、侧刃凸模的工作刃口应尖锐、锋利，无倒链、裂纹、黑斑及缺口等缺陷 2. 凸模、凹模刃口应平直（除斜刃口外），不得有反锥度，但允许有向尾部增大的不大于15′的锥度 3. 冲裁凸模，其工作部分与配合部分的过渡圆角处，在精加工后不应出现台肩和棱角，并应圆滑过渡，过渡圆角半径一般为 3～5 mm 4. 新制作的凸模、凹模、侧刃凸模无论是刃口还是配合部分一律不允许烧焊 5. 凸模、凹模、凸凹模的尖角（刃口除外），图纸上未注明部分，允许按 R 0.3 mm 加工	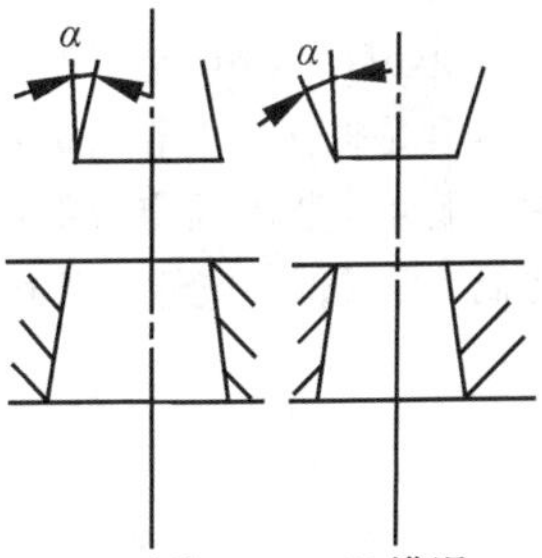 (a)正确　　　(b)错误
位置精度	1. 冲裁凸模刃口四周的相对两侧面应相互平行，但允许稍有斜度，其不垂直度应不大于0.01 mm，大端应位于工作部分 2. 圆柱形配合的凸模、凹模、凸凹模，其配合面与支持台肩的不垂直度允许差度不大于0.01 mm 3. 圆柱形凸模、凹模的工作部分直径对配合部分直径的不同轴度允许差度不得超过工作部分直径偏差的1/2 4. 镶块凸模与凹模其结合面缝隙不得超过0.03 mm	
表面粗糙度	加工后的凸模与凹模工作表面的粗糙度等级一定要符合模具图纸要求。一般刃口部分为 Ra 1.60～0.80 μm，其余非工作部分允许 Ra 25～12.5 μm	

项目	技 术 要 求	图 示 说 明
硬度	1. 加工后的凸模与凹模应有较高的硬度和韧性，一般要求： 凹模硬度：HRC60～64 凸模硬度：HRC58～62 2. 凡是铆接的凸模，允许自 1/2 高度处开始向配合（装配固定板部位）部分硬度逐渐降低，但最低不应低于 HRC38～40	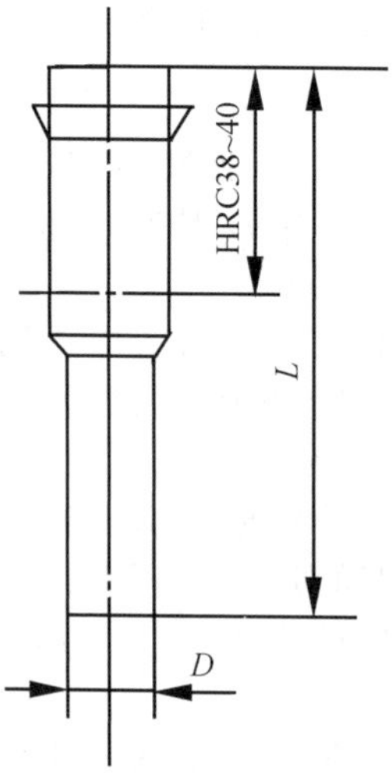

2）冲裁凸模与凹模的加工原则

①落料时，落料零件的尺寸与精度取决于凹模刃口尺寸。因此，在加工落料凹模时，应使凹模尺寸与制品零件的最小极限尺寸相近。凸模刃口的公称尺寸，则应按凹模刃口的公称尺寸减小一个最小间隙值。

②冲孔时，冲孔零件的尺寸取决于凸模尺寸。因此，在加工冲孔凸模时，应使凸模尺寸与孔的最大尺寸相近，而凹模公称尺寸，则应按凸模刃口公称尺寸加上一个最小间隙值。

③对于单件生产的冲模或复杂形状零件的冲模，其凸模、凹模应用配制法加工。即先按图纸尺寸加工凸模（凹模），然后以此为准，配制凹模（凸模），并适当加上间隙值。落料时，先加工凹模，再以凹模为标准加工凸模；冲孔时，先加工凸模，再以凸模为标准加工凹模。

④由于凸模、凹模长期工作受磨损而使间隙增大，因此，在制造新冲模时，应采用最小的合理间隙值。

⑤在制造冲模时，同一副冲模的间隙应在各方向力求均匀一致。

⑥凸模与凹模的精度（公差值）应随零件的精度而定。在一般情况下，圆形凸模与凹模应按 IT5～IT6 级精度加工，而非圆形凸模、凹模，可按零件公差的 25% 精度来加工。

3）冲裁模加工顺序的选择

514

冲裁凸模与凹模精加工方案选择

序号	方 案	适 用 范 围
第一方案	按图纸要求的尺寸，分别加工凸模与凹模并保证间隙值	在所采用的加工方法中，能够保证凸模和凹模有足够的精度，如直径大于5 mm的单孔圆形凹模与凸模
第二方案	先加工好凸模，然后按此凸模配制凹模，并保证凸、凹模规定的间隙值	适合外圆形冲孔模或直径小于5 mm的冲孔模
第三方案	先加工好凹模，然后按凹模配制凸模，并保证规定的间隙值	适用于非圆形的落料模

4）冲裁模的加工方法

①凸模的加工方法：冲裁凸模的加工方法一般都是根据其不同形状和结构形式来用与之相适合的方法加工。表 6－107 列举了各种加工凸模的方法，可供选用。

表 6－107　　　　　　　　　**冲裁凸模的常用加工方法**

凸模形式			常用加工方法	适 合 场 合
圆形凸模			车削加工毛坯→淬火→精磨→表面抛光及刃磨	适合各种圆柱形凸模
非圆形凸模	带安装台阶式		方法一：凹模压印修锉法。车、铣或刨削加工毛坯，磨削安装面和基准面，划线后铣轮廓，留0.2～0.3 mm单边余量，用凹模（已加工好的）压印凸模，然后修锉轮廓，淬火后抛光并磨刃口	适合无间隙模或设备条件较差的工厂
			方法二：仿形刨削加工。粗加工轮廓，留0.2～0.3 mm的单边余量，用已加工好的凹模压印凸模，再按压印线痕仿形精刨，最后淬火、抛光、磨刃口	适合一般要求的凸模
	直通式		方法一：线切割加工。加工长方形毛坯料，磨安装面和基准面，划线，加工安装孔、穿丝孔，淬硬后磨安装面和基准面，切割成型	适合加工精度较高、形状复杂的凸模
			方法二：成型磨削。加工毛坯，磨安装面与基准面，划线，加工安装孔，粗加工（铣、刨等）轮廓，单边留0.2～0.3 mm的余量，淬硬后再磨安装面，最后用成型磨磨轮廓	适合形状不太复杂、但精度要求较高的凸模或镶块

②凹模的加工方法：冲裁凹模是平面、直线、折线和曲线的加工，其加工方法取决于型孔的平面形状。常用加工方法见表 6－108 和图 6－22。

表 6-108　　　　　　　　　　　　　　　冲裁凹模的常用加工方法

型孔形式	常用加工方法	适用场合
圆形	方法一（钻铰法）：准备坯料→锻造→退火→车削加工上下端面及外圆→划型孔、销钉孔及螺钉孔位置线→钻、铣、铰孔及攻丝→淬火、回火供凹模达到要求的硬度→磨上下底面及型孔到所需尺寸，再研磨抛光工作型面	适合孔径小于5 mm的凹模型孔
圆形	方法二（磨削法）：准备坯料→锻造→退火→车削加工上下端面及外圆→钻、镗工作型孔及划线，加工销钉孔和螺钉孔并攻丝→淬火→磨上下底面和工作型孔→研磨抛光工作型面	适合型孔较大的凹模
系列圆孔	方法一（坐标磨削）：准备毛坯→锻造→退火→粗精加工上下底面及凹模外形→磨上下底面及定位基面→划系列圆孔位置线→坐标镗镗型孔系列，加工固定孔，淬火后研磨抛光型孔	适合高精度位置要求的凹模
系列圆孔	方法二（立铣加工）：准备坯料→锻造→退火→粗精加工上下底面和凹模外形→磨上下底面及定位基面，然后用坐标法在立式铣床上加工系列圆孔，之后的加工同方法一	适合一般位置精度要求的凹模
非圆形孔	方法一（锉削法）：准备坯料→锻造→退火→粗加工后按样板划轮廓线，切除中心余料后按样板修锉→淬火→研磨抛光	适合形状简单、精度要求不高、设备条件差的模具和工厂
非圆形孔	方法二（仿形铣）：准备坯料→锻造→退火→粗加工各面→磨上下底面及基准面→在仿形铣或立铣上用靠模精加工型孔（要求铣刀半径小于型孔圆角半径）→划线和钻铰销钉孔、螺钉孔并攻丝→淬火→研磨抛光型孔	适合形状不太复杂、精度不太高、过渡圆角较大的凹模
非圆形孔	方法三（压印加工法）：准备坯料→锻造→退火→粗加工上下底面及外形→磨上下底面及基准面→划线和钻铰销钉孔、螺钉孔并攻丝→用加工好的凸模或样件冲压印凹模→按压印痕铣或镗削工作型孔→钳工修锉→淬火→研磨抛光	适合尺寸不太大、形状不太复杂的凹模
非圆形孔	方法四（用线切割）：准备坯料→锻造→退火→粗加工外形→划线，加工安装孔并攻丝→淬火→磨上下底面及安装基面、线切割型孔（斜度可在淬火前铣好，也可在割型孔一道出小锥度）	可切割出各种形状的型孔，其精度较高，加工效率高
非圆形孔	方法五（成型磨削）：准备坯料→锻造→退火→粗加工外形→划线，加工安装孔并攻丝→磨上下底面及基准面、划线、粗加工各镶拼块轮廓→淬火→磨安装面→用成型磨床磨轮廓→研磨抛光→镶拼块组合	适合镶拼结构的凹模的加工
非圆形孔	方法六（电火花加工法）：准备坯料→锻造→退火→粗加工外形→划线，加工安装连接孔→淬火→磨安装基面→设计加工电火花用电极→在电火花成型机上用电极（或凸模）加工凹模型孔→研磨抛光	适合形状复杂、精度要求较高的整体式凹模
非圆形孔	方法七（采用前述各种铸造法）：按样件或工艺母模采用前述各种铸造法复制出非圆形的奇异形状的凹模坯件→机械和钳工加工→研磨抛光	适合各类模具中形状复杂、结构精细的各种材质较大尺寸凹模的制作

加工方法	加工工艺说明	注意事项及特点
热压法制造凹模孔	1. 适用范围：适用于制造相同形状的多孔冲模，如电机转子、定子的凹模型孔 2. 坯件准备：坯件上下两面要求粗糙度在 Ra 0.80 μm 以下，留有 1.2～1.5 mm 的加工余量，各凹模孔粗加工后的余量为 0.2～0.3 mm 3. 制作样冲：一般制作 2 个样冲。第一个样冲要比凹模孔尺寸每边小 0.1～0.2 mm；第二个样冲恰好等于凹模孔所要求的尺寸（可与凸模一起加工）。样冲应淬硬 4. 用电炉将凹模坯件加热至 900 ℃ 左右，然后放在压力机夹具上，使其工作面朝下 5. 用压力机将样冲依次压入各凹模孔 6. 再加热凹模，用第二个样冲再压入成型 7. 取下凹模，磨平上下面，经钳工修整后淬火即可使用	1. 凹模必须是整体结构，其凹模孔的形状尽量简单，没有窄槽及尖角 2. 劳动效率高，但精度差，为了提高精度可增加冲压次数，每次凹模孔加大 0.05～0.10 mm，最后一次余量应尽量小 3. 固定凹模坯件的夹具应能回转，每变化一次位置应固定一次 4. 冲压时，样冲一定要始终垂直于凹模工作面，不得偏斜
冷压法制造凹模孔	1. 应用范围：适用于形状相同而且数量较多的凹模型孔的加工 2. 坯料准备：将要冲制凹模孔的坯料粗加工外形并粗加工成孔，周边留 0.2～0.3 mm 的冲挤余量 3. 加工样冲：用 Cr12 或 T10A 加工成与凹模型孔形状相同，尺寸大小则每次依次相差 0.07～0.10 mm，最后一个样冲应与凹模孔尺寸基本相同（也可用与凸模一样的样冲代替） 4. 冲压：使样冲从小到大依次在压力机上对凹模预先粗加工的型孔进行冲压 5. 修整：冲压后的凹模放在平面磨床上磨平上下底面后再经钳工修整后进行淬火，以达到所需硬度	1. 冲制时，样冲一定要和凹模工作面垂直 2. 每换一次样冲，应与凹模孔相配准，四周间隙要均匀 3. 凹模与样冲要紧固牢靠，冲制时不得松动 4. 工艺简单、操作方便，冲出的凹模孔精度较高
化学腐蚀法制造凹模孔	1. 应用范围：用于形状复杂、钳工无法加工的凸模孔与凹模孔 2. 工艺过程： ①准备坯料：将经过锻造、退火的坯料粗加工成型（包括凹模型孔，型面留 0.12～0.2 mm 的加工余量）→磨凹模上下底面及基准面→划线，加工好装配连接孔并攻丝→在不需腐蚀的各面、孔、槽等表面涂硝基漆保护 ②将此凹模坯件放入硫酸、硝酸、盐酸混合液中进行腐蚀，根据上述留量控制时间 ③腐蚀后用冷水冲洗干净 ④经检验确认型孔尺寸已腐蚀到位后即用砂纸打光型孔表面的氧化物到清亮	1. 腐蚀前的凸、凹模预加工余量为 0.12～0.2 mm，最好是先抛光后再进行腐蚀 2. 不需腐蚀的部位涂上硝基漆保护 3. 要严格控制腐蚀时间，以防腐蚀时间过长而把型孔尺寸腐蚀得过大而报废

③卸料板型孔的加工方法：因为卸料板要有一定的硬度才能承受多次卸料及与工件的摩擦磨损，故多次热处理以后进行加工，其加工方法与凹模加工基本相同，但精度要求比凹模低。

表6-110　　　　　　　　　　　　　卸料板型孔常用的加工方法

型孔形状	常用加工方法	适合场合
圆形	坯料经退火和粗加工后，用车、铣等方法加工出型孔，再加工安装连接孔并攻螺纹，最后由钳工修整型孔，并保证适当的配合间隙值。也可用凸模或样冲在已磨好上下面的坯件上预加工孔内用凸模或样冲压印加工出型孔。压印前应留0.2~0.3 mm的单边余量，首次压印深度1 mm左右，以后各次可适当加深；锉修时不允许碰伤已挤压好的型孔光亮面；注意压印时凸模或样冲要与卸料板上面垂直	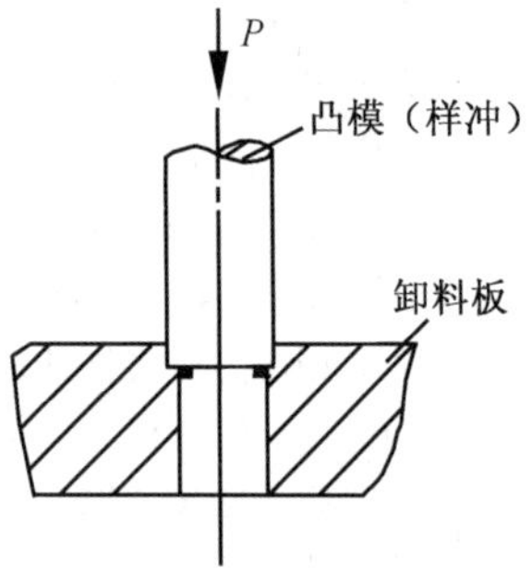
系列圆孔	毛坯经粗加工后，再平磨上下两面，然后在立铣床上用坐标法加工系列圆孔	适合所有系列圆孔
各种形状的型孔	方法一（铣削法）：坯料加工好后，钳工划线铣或仿形铣铣出型孔，最后钳工修锉并研磨抛光	适合形状不太复杂、过渡圆角较大的模具
	方法二（压印法）：毛坯粗精加工后，划线，粗加工型孔后用凸模或样冲压印凹模坯件，然后用仿形铣铣到所需尺寸或由钳工修锉、研磨抛光到位	适合形状不太复杂的型孔及所有模具厂家
	方法三（修锉法）：毛坯加工好后由钳工划线，钻排孔，修锉出型孔，然后研磨、抛光到位	适合形状简单的型孔和设备条件差的模具厂
	方法四（线切割法）：在毛坯各面粗精加工好后，用线切割机切割出型孔，最后用砂纸打光孔壁	适合形状复杂、精度要求高的型孔

型孔形状	常用加工方法	适 合 场 合
圆形孔或非圆形孔（异形孔）	方法一（利用凹模孔配作卸料板型孔）： 　1. 将预加工的卸料板件和用电加工成型的凹模用夹钳夹紧，并通过凹模的固定螺钉和销钉孔，配钻卸料板的螺钉孔和销钉孔 　2. 对卸料板的螺钉孔进行扩孔、攻丝，并与凹模再一次夹紧，然后用螺钉紧固 　3. 按凹模型孔在卸料板上划线 　4. 拆开后，再沿划出的轮廓线钻排孔，其孔间距 0.5～1 mm。钻后用錾子去除废料。如下图示。或用气焊枪沿轮廓线留 2 mm 余量切割出粗型孔 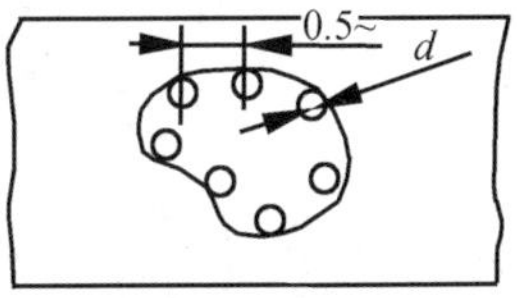 　5. 用锉锯机锉去孔内废料（也可用插床插削），并配合钳工手工锉削，直到成型 　6. 通过加工好的凸模配合进行精锉精修，保证凸模与卸料板对应孔有一定的配合精度和间隙均匀 　7. 精锉成型后，再一次与凹模夹紧在一起，并配好凸模，调整好间隙尺寸后铰销钉孔即算完成	适合经过电加工成型的凹模与卸料板一起配合加工卸料板的圆形或异形过孔。此法所加工的过孔精度较高，也比较简便省事
	方法二（用环氧树脂混合料浇注卸料板过孔）： 　1. 环氧树脂混合料配方：101# 环氧树脂100 g + 间苯二胺 14.5 g + 600# 碳化硼 80 g + 邻苯二甲酸二丁酯10 g 　2. 混合料配制及浇灌过程： ①将按上配比称取好的环氧树脂和碳化硼放入玻璃器皿中，然后移到60 ℃的恒温箱中使其熔化并不断用玻璃棒搅拌，以排出气泡。然后再加入其他材料，搅拌均匀呈糊状时即可使用 ②用乙醇或丙酮洗净卸料板孔壁，并在凸模的贴合面涂二硫化钼 ③将凸模放在卸料板预先加工的浇注孔（对于大尺寸的浇注过孔要按下图预先在卸料板孔壁上加工出增强沟槽）内，并调整	适合小型模具及冲裁钣料厚度小于 3 mm 的冲模 　优点是使凹模、凸模、卸料板三者的相对位置及间隙较容易保证并使加工简化

型孔形状	常用加工方法	适 合 场 合
圆形孔或非圆形孔（异形孔）	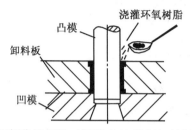校正好位置间隙（调校方法是把卸料板预加工毛坯与凹模用夹钳夹紧，按凹模螺孔配钻卸料板螺孔，用螺钉把两者紧固；将凸模涂一层漆片或镀一层铜，使厚度不超过间隙值；将凸模插入凹模型孔中，找正间隙并校正垂直度），将凸模、凹模和卸料板的组合体一起放到恒温箱中加热到80 ℃，时间为30～40 min ④用料勺将配好的环氧树脂混合料浇入凸模与卸料板预加工孔的间隙内（见下图）直到注满为止再多浇一点补缩 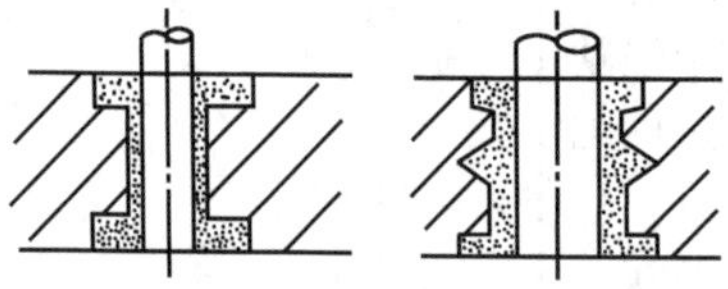 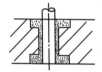 ⑤升温到140 ℃，保温2～3 h，以排除环氧树脂混合料中的气体，然后出炉空冷 ⑥卸下卸料板，铲除多余的环氧树脂混合料废料并修整	
	方法三（低熔点合金浇注卸料板过孔）： 1. 按下述成分配比称取各成分［14%铋（Bi）+28.5%铅（Pb）+14.5%锡（Sn）+9%锑（Sb）］，然后放入洁净（确认不会影响本次熔化合金液的成分质量）的坩埚中升温熔化 2. 将要浇注的卸料板的预加工孔内和孔口用酒精或丙醇擦洗干净，去除油污及杂物，并涂以氯化锌溶液 3. 用2～3 mm厚的钢板制作一垫板，并加工一孔，孔的大小形状与凹模相同，与凸模成Ⅱ级精度的过渡配合 4. 把凸模涂上一层漆片或镀上一层铜，使其厚度不超过间隙值	

型孔形状	常用加工方法	适合场合
圆形孔或非圆形孔（异形孔）	5. 将卸料板、垫板、凹模用夹钳夹紧，再把凸模插入此三者的组合孔内，调好间隙及垂直度 6. 用喷灯焰加热卸料板预加工孔内壁、上口及凸模周围，再把达到浇注温度的低熔点合金液浇入凸模与卸料板预加工孔的间隙内，并用小钢棒（或炭精棒、石墨棒）轻轻搅拌一下浇入的合金液，以排除气体和使熔渣上浮 7. 待合金液凝固冷却后，卸下卸料板，清除溢出的余料，放置 10~12 h后即可使用	操作简便，易于掌握，耐磨性好，配合精度高，可浇注出形状简单和复杂的卸料板过孔，并便于维修
	方法四（用电火花穿孔机或线切割机加工卸料板型孔）：在有电火花穿孔机或线切割机的工厂，可用电火花穿孔机直接按图纸尺寸准确打出卸料板过孔或用线切割机切割出此过孔	加工的尺寸和形位精度高，生产效率也高，而且加工时间短

注：在卸料板、凹模、垫板、凸模组装调好位置间隙后，到浇注完毕之后的冷却凝固过程中，都不得碰动卸料板、凸模、凹模及垫板，以免影响定位精度及尺寸。

④凸模固定板的加工方法：凸模固定板的结构形式与凸模的固定方式有直接的关系。安装凸模的孔的形式有圆形、矩形、系列圆孔和凹模型孔。其主要加工方法见表6-111。

表6-111　　　　凸模固定板型孔的常用加工方法

型孔的形式		常用加工方法	注意事项及适合范围
圆形固定孔	直径比较大的圆形型孔	1. 用车床、钻床、铣床、镗床的机械加工法 2. 利用电火花穿孔机穿孔	钻孔时应与凸模配合加工成Ⅱ级精度的压配合或加工出止转机构
	直径较小的精密型孔	1. 将预加工的固定板坯件与凹模（已加工完的）用平口钳或螺钉紧固在一起 2. 把此紧固的组合放在平台上，并用等高垫块垫起 3. 用稍小于凹模孔直径的钻头（铣刀）通过凹模孔导向，钻（铣）固定板相应的型孔 4. 卸下固定板，再用钻头扩孔，然后用铰刀进行精铰，使孔达到所需尺寸	1. 凹模与固定板要对准位置尺寸后才夹紧，要夹牢固，不得有位移 2. 在加工前应划线，以保证位置精确 3. 钻孔时不要碰坏凹模型孔 4. 钻头一定要垂直于固定板的上下工作面 5. 铰孔时选用的铰刀直径应比图纸要求的直径小0.10~0.15 mm

型孔的形式		常用加工方法	注意事项及适合范围
不规则形状的固定型孔	利用凹模孔作导向配作固定板的固定孔	1. 将经过淬硬的凹模与固定板坯件紧固在一起 2. 以凹模孔作为样孔在固定板划线（也可单独按图纸划线） 3. 卸下固定板，由钳工按划线痕加工型孔 4. 精锉精修时，可将凸模安装部位做样冲，采用压印锉削法对固定板的固定孔进行压印和锉修	1. 紧固要牢实，严防移动错位 2. 压印加工时，凸模一定要垂直于固定板上平面 3. 精锉时，一定要反复与凸模配锉，直到合适为止 4. 每次用凸模压印时，不要压得太深，一般压下 0.5 ~ 1 mm 为好
	利用已加工好的卸料板的型孔作为导向，用压印法加工出固定板的型孔	1. 将已加工好的卸料板与固定板叠合对好位置，然后用夹钳夹紧 2. 钻工艺销钉，插入销钉使之固定 3. 通过卸料孔，在凸模固定上按此做样板划线 4. 钳工按划线粗加工型孔并留压印余量 0.15 ~ 0.2 mm 5. 用凸模安装端对其压印成型，每次压印深度为 0.5 ~ 1 mm 6. 精锉精修研磨成型孔	压印锉修时，应防止将凸模损坏，最好把凸模与样冲一起加工成型，然后锯开，淬火后分别使用
	凹模与固定板同时加工	1. 将凹模与固定板分别划线 2. 用工艺销钉把凹模与固定板紧固在一起 3. 同时进行孔的粗加工，去除余料后留压印余量 0.15 ~ 0.2 mm 4. 分开凹模与固定板，分别进行压印加工	锉削时，应边锉边检查孔壁与支持面（上平面）的垂直度
肩台式固定孔		1. 将凸模的工作部位镀铜，镀层厚度与间隙相同 2. 把凸模分别放在凹模孔内，并垂直于凹模工作面，各凸模的上端面应在同一个平面上 3. 将固定板放在平台上，其外形与凹模外形对齐 4. 将凹模反转，使凸模固定端朝下用垫块垫起，用划针在固定板上按凸模固定端面边缘进行划线 5. 按划线痕加工固定板的型孔	固定板与凹模和凸模的组合外形一定要对齐，凸模一定要与凹模上平面垂直，也要与固定板工作面垂直

型孔的形式	常用加工方法	注意事项及适合范围
各种形状的固定型孔	在有电火花加工机床和线切割机床的模具厂，可把凸模固定板的固定型孔与卸料板型孔及凹模型孔紧固在一起用电火花或线切割同时加工出来	加工时，注意固定板型孔与凸模的配合间隙要合适

3. 弯曲模加工要点

（1）弯曲模加工的特点

弯曲模加工方法与冲裁模基本相同，也是根据零件的尺寸精度、形状结构复杂程度与表面粗糙度要求，并考虑现场已有加工设备条件，按图纸要求，采取各种合适的方法加工，但首先要考虑弯曲模的特点：

1）弯曲模在弯曲金属钣料时，由于钣料有弹性，使弯曲件产生回弹。因此在设计弯曲模时，必须考虑钣料的回弹量，以便使加工的弯曲件符合图纸尺寸要求，而材料的回弹量又受很多因素的影响，一般的设计计算和经验也很难估计准确，所以在大多数情况下，是在制造模具的过程中，通过 1 次以上的试弯曲，对凸、凹模进行精修，直到消除回弹量，最后获得合格零件为止。

因此，为保证弯曲模的凸、凹模经多次精修后的质量，弯曲模的凸、凹模的淬火是在消除了回弹量之后才进行的。

2）利用样板或样件修整凸、凹模的型面。弯曲模的凸、凹模型面一般都比较复杂，几何形状和尺寸精度要求较高，故在制造时，对其型面的曲线或折线，应用样板来控制（特别是大型弯曲模），以确保制造精度。样板及样件的精度应为 ±0.05 mm。由于有回弹量，故加工出来的凸、凹模的型面不可能完全与图纸（制品）的形状完全相同，因而必须允许有一定的回弹修正值。该值的大小是根据操作者的实践经验或反复试弯后来定，同时也应根据此修正值来加工样板或样件。

3）应按弯曲件图纸上外形尺寸的标准情况来选择弯曲凸、凹模的加工次序：尺寸标注在内形上的制件，一般都先加工凸模，凹模按凸模配制，并保证一定的间隙；尺寸标注在外形上的制件，则应先加工凹模，凸模按凹模配制，并保证双向间隙值。

4）弯曲凸、凹模的圆角半径及间隙应制造均匀，不允许有刃口。在淬火后进行精修、抛光，并保证有较低的表面粗糙度，以利于此处顺利弯曲而不出现裂纹或其他表面缺陷。

5）弯曲模的工作型面一般都为敞开面，易于加工。

（2）对弯曲凸、凹模加工的技术要求

凸、凹模是弯曲模的主要工作零件，弯曲件质量的好坏，在很大程度上决定于这两个零件的形状、尺寸精度和硬度及力学性能。因此，它应满足以下技术要求：

1）弯曲凸、凹模的结构应根据弯曲件弯曲的形状特点，所弯曲钣料的力学性质，凸、凹模材料的加工性能和钣料的回弹量等因素综合考虑，设计出合适的结构。

2）凸模的圆角半径 R。当凸模的圆角半径 R 与钣料厚度 t 的比值较小时，凸模的圆角半径可与弯曲件的弯曲半径相等，但不应小于钣料的最小弯曲半径。

3）凹模的圆角半径。一般应小于3 mm，其两边圆角半径大小应相等。

4）凸、凹模的间隙。一般取钣料厚度或取钣料厚度的 1～1.2 倍。

5）凸、凹模的表面粗糙度。一般要求 Ra 在0.40 μm以下。如生产批量大，则此 Ra 值越小越好。

6）凸、凹模的硬度。对一般弯曲件，要求 HRC56～60；生产批量大的弯曲件，HRC60～64；钣料脆硬且弯曲时要加热的弯曲件，HRC52～60。

（3）弯曲模的加工顺序

弯曲模的加工顺序多按弯曲件的形状复杂程度及要求来选择，其加工方案如表 6 - 112 所列。

表 6 - 112　　　　　　　　弯曲模加工方案的选择

序号	制 件 要 求	加 工 顺 序
1	制件要求有精确的内形尺寸	先加工凸模，再按凸模修配凹模，同时保证规定的间隙
2	制件要求有精确的外形尺寸	先加工凹模，再按凹模来修配凸模，并保证规定的间隙

（4）弯曲模的加工方法

圆形凸模不论大小，一般都采取车削和磨削的方法加工，加工精度较高，非圆形的弯曲凸、凹模常采用表 6 - 113 所列方法加工。

表 6 - 113　　　　　　　非圆形弯曲模的常用加工方法

方　法	工 艺 过 程	适 用 场 合
刨削加工	毛坯准备好后粗加工→磨削安装面、基准面→划线→粗、精刨型面→精修→淬火→研磨、抛光	大、中型弯曲模型面
铣削加工	毛坯准备好后粗加工→磨削平面和基准面→划线→粗、精铣型面→精修→淬火→研磨、抛光	中、小型弯曲模
成型磨削加工	毛坯加工后磨平面和基准面→划线→粗加工型面→加工安装孔→淬火→磨削型面→研磨、抛光	精度要求较高，形状结构不太复杂的弯曲模
线切割加工	毛坯加工后→淬火→磨安装面和基准面→线切割加工型面→研磨、抛光	型面尺寸小于100 mm 的小型弯曲凸、凹模

续表

方　法	工艺过程	适用场合
铸造凸、凹模毛坯与机械加工配合加工	设计制作母模（模型）→制作铸型（砂型、陶瓷型、石膏型、壳型等）→熔化浇注合金液→凸、凹模毛坯→磨安装面、基准面→加工固定连接孔→淬火→研磨抛光型面	型面形状复杂但尺寸精度要求不太高的难用机械加工、电加工的大型弯曲模

注：表中的加工方法，可根据模具厂（车间）设备条件和模具的型面形状复杂程度、尺寸精度要求酌情选择。

4. 拉深模的加工要点

（1）拉深模的加工特点

拉深模在冷冲模中占有较大的比重，了解拉深模的加工特点，就能抓住其加工要点。拉深模加工有如下特点：

1）拉深模的核心零件——凸模和凹模的淬火，多在试模及钳工反复修配（整）并冲压（拉深）出合格零件后进行，目的是为了使钳工能容易修整，快速制作出模具。

2）拉深模的凸、凹模与钣料接触的部分边缘应为光滑的圆角，以防拉深时把钣料拉裂。

3）拉深模的凸、凹模的型面的表面粗糙度，一般都要求较低，通常控制在 Ra 0.4～0.8 μm，故在淬火后要由钳工进行研磨抛光或镀铬。

4）拉深模的凸、凹模之间的间隙要均匀。因为它直接影响拉深力的大小、拉深件的质量及拉深模的寿命。一般先按制件图纸做一样件，供加工时作为样板对照修配。

5）拉深模件的坯料尺寸和形状，靠事先理论计算很难准确，故要通过一次以上的试模拉深，才能确定其尺寸及形状是否符合要求。所以此种模具的加工顺序是：先制作拉深模，拉深试模待确认拉深部位合格后，再以其所需毛坯尺寸制作首次落料模或拉深模。

6）根据工件尺寸要求，对要求外缘尺寸高的工件用模，在制模时要以凹模为基准进行修配，反之，对要求内接尺寸较高的工件用模，则在制模时，要以凸模为基准进行修配。

（2）对拉深模的凸、凹模加工技术要求

1）拉深模的凸、凹模，要有合适的几何形状和精度。

2）拉深凸、凹模的间隙应边试模边进行修整，直到修整到能冲压出合格零件才送去淬火和表面强化；各面的间隙要均匀；其尺寸精度应根据拉深件的要求并考虑模具在使用中的磨损及回弹量的影响来确定。

3）加工时，其尺寸公差只在最后一次拉深工序考虑；对于非圆形制品用凸、凹模的制造公差，可根据零件尺寸精度要求来考虑。当零件精度在7级以上时，可用4级精度的制造公差，若零件精度在8级以上时，应使用5级精度的制造公差。

4）拉深模凸、凹模的表面粗糙度要求低，其拉深钣材的型面及圆角处的表面粗糙度，一般应在 Ra 0.8～0.1 μm（拉深不锈钢钣，Ra 为0.4 μm），所以要对这些表面进行研磨与抛光。

5）拉深模凸、凹模的硬度，一般拉深和连续拉深的凸、凹模的硬度为HRC58～62（凸模）、HRC60～64（凹模）；拉深不锈钢钣用的凹模、凸模，其硬度 HRC 62～64，拉深要加热的硬脆钣料的凸、凹模的硬度为HRC52～56。

6）为防止拉深不锈钢零件时起皱，应采用铜基合金作为凸、凹模。

（3）拉深模的凸、凹模的加工方法

应根据拉深件的不同类型，采取不同的方法来加工拉深模的凸、凹模。拉深凸模可按表6-114所列方法进行，拉深凹模可按表6-115所列方法进行。

表6-114 拉深模的凸模常用加工方法

制件类型		常用加工方法	适用场合
回转体类	筒形和锥形	毛坯锻造后退火，粗车、精车外形及圆角，淬火后磨削装配面、成型面，修磨成型端面和圆角，研磨抛光成型面	所有筒形零件的拉深凸模
	曲线回转体	方法一（成型车）：毛坯加工后粗车，用成型刀或靠模成型曲面和过渡圆角，然后淬火，再研磨、抛光	适合设备条件差，要求较低的场合
		方法二（成型磨削）：毛坯加工后粗车、半精车成型面，淬火后磨安装面，成型磨磨削成型曲面和圆角，再研磨抛光	适合凸模精度要求较高的场合
盒形零件		方法一（修锉法）：毛坯加工后修锉方形和圆角→淬火→研磨、抛光	适合精度要求低的小型件及设备条件差的工厂
		方法二（铣削加工）：毛坯加工后→划线→铣成型面→修锉圆角等→淬火→研磨、抛光	适合精度要求一般的模具
		方法三（成型刨）：毛坯加工后→划线→粗、精刨成型面及圆角→淬火→研磨、抛光	适合精度要求稍高的凸模
		方法四（成型磨）：毛坯加工后→划线→粗加工型面→淬火→成型磨磨削型面→研磨、抛光	适合精度要求较高的凸模
非回转体曲面零件		方法一（铣削加工）：毛坯加工后→划线→铣型面→钳工修锉圆角等→淬火→研磨、抛光（如有靠模铣则最快最省事）	适合型面不太复杂、精度较低的拉深凸、凹模加工
		方法二（仿形刨）：毛坯加工后→划线→粗加工型面→仿刨精加工→淬火→研磨、抛光	适合型面形状复杂、精度要求较高的模具
		方法三（成型磨）：毛坯加工后→划线→粗加工型面→淬火→成型磨磨削型面→研磨、抛光	适合形状结构不太复杂、但精度要求较高的拉深模
		方法四（铸造模坯法）：设计制作母模（模型）→铸造凸、凹模毛坯→磨连接安装面和基准面→加工紧固连接孔→研磨、抛光型面	适合型面形状很复杂、难用机械、电加工成型的大型凸、凹模

表 6-115　　　　　　　　　　　　　拉深模的凹模常用加工方法

制件类型及凹模结构		常用加工方法	适用场合
筒形或锥形		毛坯加工后→粗、精车型孔→划线→加工安装孔→淬火→磨型孔或研磨抛光型孔	各种凹模
曲线回转体	无底模	与上述筒形凹模加工方法相同	无底中间拉深模
	有底模	毛坯加工后→粗、精车型面（可用靠模、仿形、数控等车削方法，也可用样板精修）→淬火→研磨、抛光	需整形的拉深模的凹模
盒形零件		方法一（铣削加工）：毛坯加工后→划线→铣型孔→钳工修锉到位→淬火→研磨、抛光	适合精度要求一般的无底凹模
		方法二（插削加工）：毛坯加工后→划线→插削出型孔→钳工修锉到位→淬火→研磨、抛光	
		方法三（线切割）：毛坯加工后→划线→加工安装孔→淬火→磨安装面、基准面等→线切割割出型孔→研磨、抛光	适合精度要求较高的无底凹模
		方法四（电火花成型）：毛坯加工后→划线→加工安装孔→淬火→磨安装面、基准面等→用电火花电极加工出型腔→研磨、抛光	适合精度较高，需整形的零件用凹模
非回转体曲面零件		方法一（仿形铣）：毛坯加工后→划线→加工安装孔等→磨安装面、基准面→用仿形铣铣出型面→精修到所需尺寸→淬火→研磨、抛光	适合有底的、精度要求较低的拉深凹模
		方法二（铣削或插）：毛坯加工后→划线→加工安装孔等→粗磨装配连接面、基准面→铣或插型孔→精磨装配面→钳工修锉→淬火→研磨、抛光	适合精度较低的无底模
		方法三（线切割）：毛坯加工后→划线→加工安装孔等→淬火→磨装配连接面、基准面→线切割割出型孔→研磨、抛光	适合要求精度较高的无底模
		方法四（电火花加工）：毛坯加工后→划线→加工安装孔等→淬火→磨装配连接面、基准面→用电火花成型机加工出型孔（腔）→研磨、抛光	适合尺寸精度要求高、型面复杂的拉深凹模
		方法五（铸造模坯法）：设计制作母模（模型）→铸造凸、凹模毛坯→磨连接安装面和基准面→加工紧固连接孔→研磨、抛光型面	适合型面形状很复杂、难用机械和电加工成型的大型拉深凸、凹模

此外，在没有出现仿形铣、仿形刨、电火花成型和电火花线切割之前，传统的加工拉深模的凸、凹模的样板法仍很有用场。

表6-116 拉深模的凸、凹模的传统加工方法

类型	加工过程及方法
圆形凸、凹模	1. 按图纸要求考虑下料锻造 2. 锻坯退火后按图纸车削加工 3. 按前述要求，将凸、凹模配作，保证间隙均匀 4. 热处理淬硬或作表面强化 5. 磨外圆及端面、钳工锉修、研磨抛光
非圆形的凸、凹模	1. 先制作样件或样板，然后按样板（样件）加工 2. 下料锻造坯料，退火 3. 粗加工坯料后按样板加工 加工要求： ①轮廓样板：按零件内部轮廓尺寸加工，给以小的负偏差，以便划线 ②"漏板"样板：按凸模的最大极限尺寸制作，作为检验凸模用；凹模"漏板"样板按凹模最小尺寸制作，作为检验凹模用 ③断面轮廓特殊部位形状样板：尺寸按最大极限尺寸加工，以便锉修时作为特殊形状的检验规用 样板可用薄钢板，按设计图纸加工并经检验合格 4. 将坯件按轮廓样板划线 5. 用铣、钻粗加工成型 6. 钳工按样板进行型面修磨，用"漏板"样板反验正，直到型面符合样板为止 7. 当认为凸、凹模型面和配合间隙合适后，才进行淬火 8. 研磨、抛光型孔（或型面）

5. 冷挤压模的加工要点

（1）冷挤压模的加工特点

冷挤压模在冷态下强行挤压金属，迫使其沿挤压冲头型面流动成型，因而冷挤压模的制造技术及要求均较高。

1）因挤压时受力很大，故对模具材料的选择和热处理要求很严格，材料必须有很高的机械强度，在高压下不产生塑性变形、破断和磨损，有较高韧性、抗弯曲性能及较好的切削加工性能。

2）模具工作表面要求光洁，其表面粗糙度应在 $Ra\,0.8\,\mu m$ 左右，其形状应有利于金属的流动，故淬火后要研磨、抛光。

3）模具的工作部分和上下底面与底板接触之间要垫足够厚的垫板，以承受压力。

（2）冷挤压模的加工技术要求

1）模架的承压部分应具有足够的刚性及强度，确保模具稳定可靠，便于模具工作部分的安装和更换；坯料的送进和取出制件要方便，便于自动化；要求把模板上下平面的平行度误差控制在0.01：100的范围内；导柱、导套的配合应按Ⅰ级或Ⅱ级精度配合加工，且固定在上下模板内的长度为直径的1.5～2倍，安装在模板上与模板的装合面的不垂直度误差应控制在0.01：100范围内。

2）模具零件的工作部分应加工成光滑的圆角过渡，并加工出合适的拔模斜度。

3）凸模装配后，其中心轴线与安装基面的不垂直度应控制在0.01：100的范围之内；凸模的工作部分相对于紧固部分的不同心度误差应控制在0.01：100的范围之内；凸模的轴线对凹模端面的不垂直度误差应控制在0.01：100的范围之内；凸模座与凹模座工作面不平行度误差应控制在0.01：100的范围之内；凹模型腔对外圆的不同心度误差应控制在0.01 mm；凹模型腔底面对其下平面的不平行度误差应控制在0.01：100的范围之内。

4）冷挤压凸、凹模的硬度均应淬火到 HRC62～64。

（3）冷挤压模的加工方法

冷挤压模的加工方法应根据型面类型来确定。型面一般分为两大类：回转体型和非回转体型。

表6-117　　　　　　　　　　　　冷挤压凸模的加工方法

类型	图　　示	加工方法及注意事项
回转体型		1. 下料及锻造毛坯 2. 退火后粗、精车成型 3. 淬火后回火 4. 研磨中心孔后磨削成型面 5. 安装定位，最后磨去端面凸头 6. 抛光后试模 注意事项： ①凸模端头不允许留中心孔，所以在粗车时要加一个中心孔凸台，待精磨后切除 ②过渡圆角要大，结构上尽可能以锥面代替过渡圆弧
非回转体型		1. 下料锻造毛坯 2. 退火后用铣床粗铣或用仿形刨刨铣或直接用仿形铣铣成型 3. 由钳工修锉到位 4. 淬火后回火 5. 研磨、抛光工作型面 注意事项： ①曲线与曲线或曲线与折线连接处要加工成光滑的圆弧转接 ②研磨、抛光后所有工作型面的表面粗糙度 Ra 应为0.2 μm左右

类型	结　构	常用加工方法及注意事项
回转体型	直通式	1. 下料锻造毛坯并退火 2. 毛坯粗、精车外形及型孔，留 0.2~0.3 mm 余量 3. 淬火 4. 磨型孔，外圆及上、下平面 5. 研磨、抛光型面
回转体型	不通或阶梯式	方法一：下料锻造毛坯并退火→粗、精车外形及型腔，留 0.02~0.05 mm 的研磨余量→淬火→磨外形→研磨、抛光型面 方法二：下料锻造毛坯并退火→粗、精车外形→淬火→用电火花机加工型孔→磨削外形及研磨、抛光型孔
非回转体型	直通式	方法一：下料锻造毛坯并退火→粗加工→划线→铣削或插削型孔→钳工修锉→淬火→磨削上下平面及安装面→研磨、抛光型孔及外型面 方法二：下料锻造毛坯及回火→粗加工成型→淬火→磨安装面及基准面→用线切割割出型孔→钳工修磨→研磨、抛光
非回转体型	不通式	1. 毛坯锻造、退火及粗加工后淬火，再磨安装面和基准面 2. 设计加工电极 3. 在电火花成型机上用电极通过电火花加工出型腔 4. 研磨、抛光型面
组合式凹模型腔		1. 预应力组合凹模，其预应力是由组合凹模之间的过盈配合获得的 2. 压合方法有热压合法和冷压合法两种： ①热压合法：将外圈加热（温度为400 ℃），使外圈胀大套入内圈，冷却后外圈收缩而压（箍）紧内圈，成为组合凹模 ②冷压合法：在常温下，借助压力机的压力，直接把内、外圈压合在一起 3. 压合次序：先外后内，即先将中圈压入外圈，再将内圈压入中圈 4. 压合时，应在凹模上垫以软材料垫板，并且要有保护措施 5. 更换凹模时，须由内向外依次压出 6. 外层各圈多次压入、压出后应进行退火以消除应力 7. 压合后应修整凹模，以消除压后的凹模变形 8. 中圈材料：5CrNiMo、40Cr、35CrMoA，HRC45~47；外圈材料：45Cr、35CrMoA、35CrMnSiA，HRC42~43
硬质合金凹模		1. 用硬质合金制作的凹模，有良好的耐磨性能，但不能承受较大的冲击载荷。做凹模时，必须配合预应力圈使用 2. 模具型腔应电火花及金刚砂轮配合加工 3. 型腔抛光、研磨时，应用金刚石研磨膏进行研磨

6. 大型覆盖件冷冲模加工要点

（1）大型覆盖件冷冲模加工的特点

加工大型覆盖件冷冲模有如下特点：

1）覆盖件冷冲模的轮廓尺寸较大，加工时要使用大型机械设备（如龙门铣、龙门刨、落地式车床、大型仿形铣、研配压力机等大型设备）。

2）覆盖件冷冲模的工作面多为立体曲面，尺寸和形位精度及表面质量都要求比较高，加工时要使用样架、样板、模型等专用工装配合。

3）大型覆盖件的冲压，需要使用多副模具配套冲压，一般有拉深、翻边、冲孔、落料和切边等多副模具来共同完成，而且这些模具在制造上相互关联、相互依存，并互有影响。

（2）大型覆盖件冷冲模的加工顺序

1）制作主模型。这是冲件的原始依据，也是产品的最终形状。

2）制作工艺母模、样件及样板。

3）制作拉深模。

4）以拉深模作为主体样板制作翻边模和切边模。

5）以拉深件尺寸为依据制作落料模。

（3）生产技术准备

生产技术准备的主要内容有下列几项：

1）工艺准备：包括编制冲模加工顺序，编制冲模加工工艺规程，编制冲模加工工时定额，写出材料及专用工具清单等。

2）坯件准备：包括铸件、锻件材料及坯件，要用的型材和标准件，需用的外购件等。

3）专用工装的准备：包括主模型的制作，非标准刀具及工夹具的设计与加工，专用检验工具的准备，专用样板、套板的设计加工等。

（4）大型覆盖件模型与样板的加工

1）模型与样板的派生关系如下所示：

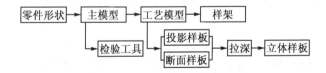

2）主模型的加工。主模型是按被冲压制件设计制作并以一定的基准面安装在特制的主架上而构成的，其基本尺寸、形状为覆盖件的内表面尺寸和形状，它是被冲制件的原始依据，以其进行加工和最后进行检验，所有其他模型和样板都依据它为母型（模）去翻制。它呈现产品最终形状。

主模型的材料，一般用优质木材或塑料。在制造主模型时，为了清楚地表示各覆盖件的形状特征在制品上的位置，在模型上要划 x 轴、y 轴、z 轴 3 个方向的坐标线。

不同材料的主模型，其制作方法也有所不同。

表 6－119　　　　　　　　　　　　　　　　　木质主模型的加工工艺

序号	名　　称	内　　容
1	备料及毛坯制造	根据覆盖件计算主模型的轮廓尺寸，并确定基准面和型面尺寸，分别做好坯料胶合，成为主模型毛坯
2	粗加工	先在主模型毛坯上划出坐标线，然后在有主样板的断面上加工成型并留 1～2 mm 的精加工余量，最后把加工好的断面以曲面过渡成型
3	精加工	重划坐标线，按主样板精修型面到规定尺寸，并精修过渡面，最后研磨、抛光。要求曲面过渡要圆滑、装饰，棱线要清晰，抛光应顺木纹方向进行。制造公差为 ±0.25 mm
4	划孔位线，镶边，上油漆	1. 在主模型上划出覆盖件各孔的形状和位置的尺寸线，并涂以黑漆 2. 在边缘尖角处镶边，一般镶边材料用宽 1.5～2 mm、长 25～30 mm 的铜板或铝板，用小沉头螺将它固定在主模型上，镶边后应保持主模型的原来形状和尺寸 3. 主模型的工作型面涂以规定颜色的油漆，非工作面和基准架涂以黑色油漆

随着塑料的被广泛使用，国外早已用塑料制作主模型，塑料主模型的制作过程为：

第一步：制作原始模型（又称工艺母模）。多用优质木材（指经过脱脂并烘干不变形的木材）制作，制作方法与制作木质主模型相同。因此原始模型只使用一次，故其材料和结构都应尽可能简化，对形状简单、尺寸较小且精度较低的覆盖件，则多用石膏来制作此原始模型。

第二步：用原始模型翻制过渡模型，过渡模型与原始模型的方向相反，但形状、尺寸相同，它又是专供翻制主模型的中间工艺模型，多用塑料制作。

第三步：制作主模型。

过渡模型和主模型的制作工艺基本相同，其制作过程见表 6－120。

表 6－120　　　　　　　　　过渡模型与塑料主模型的制作

种类	过　渡　模　型	塑料主模型
形状	凹形	凸形
制作依据	原始模型	过渡模型

续表

种类	过 渡 模 型	塑料主模型
制作工艺过程	1. 围墙板：在原始模型周围用胶合板围上原始模型，高于型面约 15 mm 2. 喷分型剂：在原始模型型面上涂（喷）分型剂 2～3 次。常用的分型剂有两种： ①过氯乙烯清漆 ②聚苯乙烯：甲苯 = 1：9的混合溶液 3. 涂刷环氧塑料面层。将原料（加入固化剂）搅拌均匀，涂刷在原始模型的型面上，厚 2～5 mm 4. 层敷玻璃布。铺抹一层玻璃布涂一层环氧树脂胶。先铺 0.2 mm 厚的玻璃布 20 层，再铺 0.5 mm 厚的玻璃布 20 层 5. 装支撑和加强筋。待塑料层固化后，用玻璃管在模型背面装设支撑和加强筋。以玻璃布和环氧树脂胶黏结 6. 装基准块。将铝制的基准块用玻璃布和环氧树脂胶固定在支架上，并使基准平面与原始模型的基准平面平行 7. 固化后，起模修整	制作工艺过程与过渡模型相同，区别在于： 1. 工艺过程第 1、2、3 步是在过渡模型上翻制主模型 2. 层敷玻璃布时，为了增加主模型的刚性，模型的边缘应做出翻边 3. 塑料主模型毛坯做成后还要修整、划坐标线、喷漆等，其方法与木质主模型相同，参见表 6－119

注意事项：制作环氧树脂塑料模型的过程中有大量化学品和玻璃纤维布对人体有一定的危害，必须注意劳动保护，工作场地应有抽风、排风设施，操作者应穿戴好防护用品（戴好眼镜、胶皮手套等），防止损伤人体皮肤和呼吸系统、眼睛等。

3）工艺模型与样架、样板的制作。工艺模型和样架、样板的制作过程及注意事项见表 6－121 和表 6－122。

表 6-121　　　　　　　工艺模型、样架、样板的制作过程

名称	作用和应用范围	加工过程及说明	注意事项
工艺模型	供制造冲模使用	工艺模型是按冲模制造的需要，将翻边线外的形状（工艺补充部分）补做出来，并根据冲模制造的需要按冲压方向改装基准面。它是在主模型的基础上改造而得的，故为主模型的工艺补充部分的模型	1. 改造时应保持主模型的完整性 2. 不得划伤工作表面 3. 不能用钉子钉在主模型上，只能用木螺钉拧在主模型的非工作面上

续表

名称		作用和应用范围	加工过程及说明	注意事项
样架		1. 用来检验凸模主体型面与工艺模型的一致性 2. 作凹模靠模用 3. 在检验凸模型面时，可把它装在研磨压力机下，用着色检验的办法来检验	1. 它是按工艺模型翻制的凹模 2. 它与工艺模型的尺寸一样，但形状相反 3. 样架的型面材料可用低熔点合金或塑料	1. 样架的工艺尺寸应与工艺模型一致 2. 当凹模靠模使用时，由于它比凹模尺寸小一个料厚（制件的材料厚度），所以选择铣刀时，其直径应大于靠模直径
样板	投影样板	进行加工时的检验及修磨	根据工艺模型有关轮廓按冲压方向投影到平面上的形状和尺寸来制造的	在两个覆盖件的衔接部分，通常采用同一块断面样板来控制两套覆盖件衔接部分形状，以保持其尺寸的一致性
	主体样板	主要用于修边模，控制其曲面形状和尺寸	利用拉延件拉深坯料，经过修边做出修边轮廓线	保持拉延件工艺补充部分和原有的正确形状

表 6-122　　　　　　　　用低熔点合金制作样架的工艺过程

合金成分	铅（Pb）	铋（Bi）	锡（Sn）	镉（Cd）
质量比（%）	26.7	50	13.3	10
熔点（℃）	327.4	271	232	320.9
熔化顺序	1	2	3	4
合金熔点	70			
浇注温度（℃）	90~100			
配制方法	1. 先将各种合金的炉料加工成20 mm×20 mm左右的小块 2. 清理坩埚（石墨坩埚、铸铁坩埚或钢板焊接的坩埚均可），然后将坩埚预热到150~200 ℃，以去除水分 3. 按配料比例称取各成分的炉料，并将它们预热到100 ℃左右，防止黏附有结晶水混入 4. 先将铅块放入坩埚内升温熔化，在表面撒上石墨粉，以防氧化，待铅块全部熔化完后，升温到340~350 ℃，用石墨棒或木棒进行缓慢搅拌，使铅液均匀 5. 依次加入已预热的铋、锡，使其熔化，并缓慢搅拌，使其均匀 6. 再升温到350 ℃左右加入镉块，同样缓慢搅拌均匀，然后降温到150 ℃左右，即可浇注			
注意事项	1. 镉易氧化，必须最后加入 2. 浇注温度不宜超过150 ℃，以防烧坏工艺模型 3. 工艺主模型在浇注前，必须涂一层黄油，不得刷清漆，以免产生气泡，影响样架表面质量			

（5）大型覆盖件拉延模加工要点

1）加工步骤。大型覆盖件拉延模的加工一般可按下列步骤进行：

第一步：加工凸模及压料圈，其型面按主模型用仿形铣床加工，然后由钳工按样架研磨和抛光型面，再在压料圈上镶嵌压料筋；

第二步：加工凹模，按样件用仿形铣加工凹模型面，然后由钳工修磨掉铣刀痕；

第三步：研配凹模，按凸模及压料圈，对上述加工好的凹模进行研磨修配型面到所需配合间隙和表面粗糙度；

第四步：装配，将上下模对正修配，配磨导板，然后按装配图进行总装；

第五步：在凸模和凹模的工作面、筋、棱线和圆角处进行火焰淬火。

2）对大型覆盖件拉延模的技术要求。大型覆盖件拉延模主要件为凸模、凹模和压边圈，对它们的技术要求分别见表6－123、表6－124、表6－125。

表6－123 大型覆盖件拉延模凸模的技术要求

序号	项　目	内　容
1	型面质量	1. 与样架研配均匀，其接触面积不小于80% 2. 装配棱线清晰、美观 3. 表面无波纹，粗糙度为 $Ra\,0.4\,\mu m$
2	外轮廓精度	按主模型的轮廓线，允许每边加大 1～3 mm
3	基面和导板安装面	凸模的基面（安装面）应与冲压方向垂直，导板安装面与冲压方向平行
4	热处理	在凸出的筋和棱角处火焰淬火，硬度 HRC56～60

表6－124 大型覆盖件拉延模凹模主要技术要求

序号	项　目	内　容
1	型面质量	形状要与凸模吻合，并保持均匀的料厚间隙；表面粗糙度应为 $Ra\,0.4\,\mu m$，轮廓尺寸允许小 1～3 mm
2	压料面	形状要与压边圈吻合，并保持均匀的料厚间隙；表面粗糙度应为 $Ra\,0.4\,\mu m$
3	导板安装槽	应与凹模底面垂直
4	安装槽	应与凸模和压料圈上的安装槽同心，位置度误差允许 ±1 mm
5	热处理	型面圆角和凸模部分及压料面表面火焰淬火，硬度应在 HRC56～60

535

表 6－125　　　　　　　　　　　大型覆盖件拉延模压边圈技术要求

序号	项　　目	内　　容
1	压料面	形状按工艺主模型仿形加工，表面粗糙度应为 Ra 0.4 μm
2	压料筋	压料筋与槽的配合应紧密，底面应贴紧，保证工作时不松动
3	内轮廓	与凸模外轮廓的单边间隙为 2~5 mm
4	安装面与安装槽	安装面要与凸模安装面平行；安装槽与凸模固定板和凹模上的安装槽同心，位置度误差在 ±1 mm
5	导板安装面	要与安装平面垂直；要与凸模、凹模的导板平行
6	热处理	压料面表面火焰淬火，硬度在 HRC56~60

3）大型覆盖件拉延模的加工方法。大型覆盖件拉延模的加工方法，要根据此拉延件的形状、结构、特点和现有的加工设备条件来灵活选择。表 6－126 为常用的加工方法，可供参考。

表 6－126　　　　　　　　　　大型覆盖件拉延模零件常用加工方法

方法	工艺要点说明	特点	注意事项	适用场合
采用仿形铣加工	1. 模型面应以冲模中心线或标线的基准点找正及对齐 2. 要根据零件形状和加工要求正确地选择铣刀的形状及规格 3. 根据零件材料的加工性能、加工要求及铣刀形状合理选择切削用量 4. 按工艺模型加工凸模和压边圈 5. 按样架加工凹模	1. 不需要投影样板 2. 凸模和压边圈的轮廓划线简单，但精度低，间隙不均匀 3. 仿形铣床的加工量大	1. 要掌握好仿形铣的误差，尽量少留加工余量，必要时可用样板控制加工余量 2. 加工凸模、压边圈时，在选择铣刀直径时，不必考虑制件的厚度 3. 按样件加工凹模选择铣刀直径时，要考虑其直径并应加大 2 倍制件厚度	1. 有仿形铣床 2. 各种拉延模的零件
组装后用仿形铣加工	将上模的凸模、压边圈及下模的凹模、顶件器分别组装后用仿形铣床加工	1. 可节约仿形铣削工时 2. 划线较前面困难但精度比上述高，且加工间隙均匀 3. 需要投影样板	1. 要按工艺模型的轮廓投影制作好投影样板 2. 对轮廓线的要求：凸模与压边圈可大 1~3 mm，但不允许小；凹模与顶件器则允许小 1~3 mm，但不允许大 3. 划轮廓线的方法：将工件的基准面和样板放（垫）平，利用投影划线法把样板的轮廓线投影到工件型面上 4. 组装时要相互对准位置，不得错位 5. 相互组合要固紧不松动	1. 有仿形铣床 2. 压料面较平坦，凸模轮廓较简单的拉延模

536

方法	工艺要点说明	特点	注意事项	适用场合
按断面样板加工	1. 凸模和凹模的型面按断面样板加工 2. 先加工型面，以型面为基准加工安装面，以减少型面加工量	1. 不需要仿形铣床 2. 需制作较多的断面样板 3. 钳工工作量大 4. 加工精度较低	1. 断面样板的加工应力求准确精细 2. 必要时可采用放大图，以求提高加工精度	1. 没有仿形铣床 2. 尺寸和形位精度要求较低的制件
由钳工研配精修	1. 凸模按样架着色研配，保证其形状和尺寸与主模型一致 2. 凹模按凸模着色研配，研配时先实现全面均匀接触，然后按凸模进行修磨配作 3. 可用砂轮、毡轮、锉刀等工具进行精修，最后用砂轮块由手工研磨抛光 4. 在精修时要不时用平尺目测对（照）光、手的感（触）觉（戴细纱手套）等办法来判断其表面的研磨质量好坏	1. 不需要仿形铣床等昂贵的设备，模具成本低 2. 需制作样板 3. 钳工研磨修配的工作量大 4. 制模周期较长 5. 加工精度比仿形铣差	1. 对精度不高的凸模，也用仿形铣粗加工后再磨光，不必按样架着色和研配 2. 对于较平坦的曲面，可不考虑冲模间隙，使其等于钣料厚度，对于水平面的夹角 > 45°的型面，要先使冲模间隙为钣料厚度的70% ~ 80%，到以后调试时再根据试模情况进行修整 3. 棱线要求平直，整个平面应没有高低不平和大的波纹 4. 研磨后的型面粗糙度应达到 $Ra\,0.8\,\mu m$ 以下	1. 没有仿形铣床 2. 尺寸和形位精度要求不高、形状简单、结构粗大的零件用模的制造
压料筋的装配	1. 加工压料圈上的槽子用来镶嵌压料筋 2. 制作压料筋是先锻造一直条，再粗加工，然后按压料圈上的筋槽尺寸、形状来研配 3. 把加工好的压料筋压配入筋槽内 4. 钻孔攻丝：从压料筋的一头开始钻一个孔并攻丝，然后装入一个螺钉并拧紧螺钉，如此依次加工装配	1. 只需钻床，不要其他设备 2. 磨床的磨削工作量较大 3. 钳工的工作量最大并要求有较高的技术	1. 槽宽要一致，槽深要保证 2. 要保证过盈量为0.05 mm，使压配合很紧密 3. 螺钉要拧紧，并保证压料筋底面与槽底面接触良好 4. 压料筋可分段压入连接，但接合面应以斜面相接，并没有缝隙	适合各种场合

在加工过程中，不管采取何种加工方法，为了保证安装精度，一般凸模、凹模及压边圈的安装槽都应在安装时加工。其加工方法是：以凹模的安装槽为基准，将其中心线引伸到压边圈和凸模固定板上，然后在压边圈和凸模固定板上以此为中心划安装槽线，然后按此线铣凹模、凸模固定板及压边圈的安装槽。

（6）所用材料及其热处理

冲压批量小的凸模、凹模与压边圈，多采用高强铸铁 HT250，大批量生产的凸模、凹模，应采用镍铬铸铁钼钒铸铁或球墨铸铁等材料。

用合金铸铁制造的大型覆盖件拉延模零件，其圆角、棱线、筋条等需要增加硬度和强度的部位，可采用局部表面火焰淬火，以提高其耐磨性能和力学性能。除此之外，合金铸铁一般以人工时效为主，时效后空冷，保证其硬度达 HRC38 ~ 42（镍铬铸铁）、HRC45 ~ 50（钼钒铸铁），而球墨铸铁则要按其不同牌号的热处理工艺进行热处理，使其硬度达到 HRC38 ~ 48。

（二）锻模的加工要点

1. 锻模的加工特点

（1）锻模因要承受高温及大冲击力的作用，故对其所使用材料的质量要求比其他模具要高：化学成分要符合规定的标准；要使用平炉钢、电弧炉钢或电渣冶炼的钢，有的锻模还要使用经过真空去气处理的钢；坯料必须用锻坯且钢锭镦粗比不小于 2，锻造比不小于 4；锻棒或轧钢，锻造比不小于 1。

（2）对锻造坯料的流线方向有严格的要求：长方形模块的流线方向应与纵向（长度方向）的中心线平行；宽度较大的模块的流线方向应与横向中心线平行；圆形或近似圆形的模块流线的方向应为径向，不允许顺镶块高度方向分布。

（3）对型面质量要求较严：型腔尺寸、形位精度要满足公差要求；型面的表面粗糙度一般都要达到 $Ra\,0.8\,\mu m$ 以下；整个模块不允许有白点、裂纹、缩孔、疏松等缺陷。

（4）热处理要求严：要满足所用钢材牌号标准规定的力学性能、硬度等指标，指标超差的不能使用。

（5）对锻模的表面质量要求也较严：棱边允许有小于最大边长的 3% 的圆角，基准面和检验面到夹棱边的圆角要小于 $R10$；表面应平整光洁，不允许有肉眼可见的斑疤、夹渣（砂）等缺陷；除型槽、毛边槽外，允许有不影响装夹的凹坑。

2. 锻模的制造技术要求

因为锻模的制造成本较高，又多用于大批量生产，故要求它有很长的使用寿命，所以在设计制造锻模时，就要保证如下技术要求：

（1）燕尾支撑面与分型面的不平行度应小于模块最大尺寸（长×宽）的 0.05%；燕尾直线不平行度、合模基准面的不平行度、上下模块燕尾模的不同心度应分别不超过图纸规定的偏差许可值。

（2）在加工模腔时，其各部位尺寸应在允许的公差范围之内。

（3）上下模模腔的错位（移）量不允许超过设计图的允许值。

（4）预锻模腔在热处理后应加以磨光，使其型面粗糙度达到 $Ra3.2 ~ 1.6\,\mu m$，终锻模腔的型面（包括边槽）需加以抛光，使其表面粗糙度达到 $Ra0.80 \sim 0.40~\mu m$；分模面与一般制坯模腔，经精刨或精铣后应达到 $Ra12.5 \sim 6.3~\mu m$ 的表面粗糙度；钳口槽可采用铣削成型。

（5）模腔在淬火前后，必须进行制件校样检验。

3. 锻模的加工方法

（1）样板的设计与制作

1）样板的分类与用途。样板是检测模具某一截（断）面或某一表面（或其投影）是否吻合的板状检测工具，它的主要作用是对模具的几何形状和尺寸进行检测，用以控制加工尺寸和形状。

按样板的工作特性，可把样板分成许多类别，其分类和用途见表 6-127。

表 6-127　　　　　　　　　　　　样板的分类和用途

分　类		说　明	用　途
专用样板	全形样板	模具呈工作位置时，按锻件在分模面上的垂直投影的形状所制作的样板	主要用于平面分模模具的划线和修形；切边模的粗加工，可缩短生产周期
	截面样板	反映某一截面形状或其某一局部形状的样板	一般供钳工修形、靠模加工和检验某截面的形状用
	立体样板	按锻件图制造的、具有立体型面，而且又符合样板要求的样板。可以是整体的，也可以是局部的	测量模腔立体型面，翻制截面样板或加工靠板
	检验样板	形状与样板反切，精度比一般样板高 $1 \sim 2$ 级	用于批量生产或精度要求较高的模具
通用样板		锻模典型结构，不同模具通用样板，如燕尾、锁扣、键槽等	对不同模具的相同结构要素的检测与控制

注：1. 根据模具图分析结构特点、技术要求、模具加工方案。

2. 确定测量位置和样板定位基准。

3. 明确样板使用方法和要求。

4. 计算工艺尺寸和尺寸偏差。

5. 绘制样板图并编号，同时在模具图上标注。

6. 确定样板加工方案，编写工艺规程。

2）样板的设计。样板设计的原则是在能用通用量具测量之外，尽可能少用样板而能测量模具的全部尺寸或大多数尺寸并能满足制模过程各工序检测需要。对锻模样板的基本要求是：

①制造公差一般取模腔尺寸偏差的 $2/5 \sim 1/5$，且凹模型面取负值，凸模型面取正值。

②表面粗糙度：

制坯模膛和自由锻胎模模膛样板 $Ra < 2.5 \sim 1.6$ μm。

普通锻模样板 $Ra < 1.25 \sim 0.4$ μm。

精锻模样板 $Ra < 0.63 \sim 0.2$ μm。

③材料要求。一般不进行热处理，中小样板（指800 mm×800 mm左右的），料厚 1～2 mm，大型样板（指800 mm×800 mm以上的），料厚2～5 mm。批量生产锻模用样板，则要进行热处理，提高其耐磨性能和刚度、强度，料厚分别：中小型3～5 mm，大型5～8 mm。样板表面要进行适当的防锈处理：涂（喷）漆、发蓝、镀铬等。材料多用45#钢、40#钢。

3）样板的制作方法。

表6－128 样板的加工方法

方 法	过 程	适 用 场 合
按图板对线法	材料磨平后划图板线及样板线，按线加工、打印记、修形，修形采用与图板对比的方法，最后按要求可进行热处理或表面处理	精度不高的普通锻模，料厚 δ≤3 mm
按放大图加工法	材料磨平后划样板线，同时划放大图板线，按线加工、打印记、修形，修形时采用投影放大对线法，其余与上面相同	精度较高的锻模样板，料厚 δ≤3 mm
数控线切割加工法	材料扳平后，淬火或不热处理，磨平，线切割切割样板（按图），留 0.01～0.05 mm的研磨余量，最后由钳工研磨	精密样板
光学曲线磨加工法	材料磨平后划线粗加工（铣或刨），钳工修正后留 0.1～0.3 mm余量，打印记、钻孔，需要时进行热处理，校平、磨平后工作面符合放大图	较厚的精密样板

（2）锻模的加工

锻模的制造主要根据工厂的技术水平、设备条件、锻件质量和尺寸精度要求高低及生产批量大小而定。锻模加工分为外形加工和模膛加工两部分。锻模的外形加工包括支承面、基准面、分模面、锁扣、燕尾、键槽等的加工，一般都采用常规的机械切削方法加工。加工过程为先进行粗加工，热处理后进行精加工、打磨、修光。外形加工中以锁扣加工较为复杂，故将其加工方法列于表6－129。

表6－129 锻模锁扣加工方法

类 型	方 法	尺寸测量
圆形锁扣	粗车时凸圆角车成锐角，根部车成大圆角，热处理后精车外圆、凹圆角和凸圆角到精度尺寸	加工中用游标卡尺测量，用样板精修尺寸，根据图纸要求，透光值小于最大间隙为合格

续表

类　型	方　法	尺寸测量
角形锁扣	用铣床或刨床进行粗加工，对复杂曲面、分模面、锁扣等特殊的部位用仿形铣加工，先用直柄铣刀铣，后用锥铣刀加工到工序尺寸，热处理后进行修正，先修凹锁配凸锁，一般只要求修对锁扣角度和两定位面互相垂直即可	用间隙规测量合模后的配合间隙

模膛的加工是锻模加工的核心和关键部分，其加工过程一般是先粗加工、留精加工余量，热处理后再进行精加工、修正、研磨、抛光，常用的模膛加工方法见表6-130。

表6-130　　　　　　　　　　　常用的模膛加工方法

方　法	过　程　说　明	适　合　场　合
立铣加工	划线粗铣大部分余量，再用圆形球头沿划线粗铣，最后再精铣，小型模具留修磨余量，大型模具留精铣余量，热处理后再精铣修正 铣削顺序：先深后浅 尺寸控制方法：水平靠线，垂直深度则靠样板	形状不太复杂、精度要求较低的锻模或设备条件差的工厂
仿形铣加工	划线，加工靠模，中小型模具精铣留修光余量，大型模具留精铣余量，热处理后精铣、修磨。粗铣用大直径球头刀，精铣用圆头刀。刀具直径小于等于槽底圆角尺寸，斜角小于等于出模角。仿形销应与刀具形状相同，质量不超过规定值	形状较复杂、无窄槽模具的加工
电火花加工	要求电极损耗小，蚀除量要大，采用相应的排屑方法，由于加工表面（几十微米）极硬，内应力极大，且有明显的碎裂倾向，必须去除。电火花加工后进行一次回火处理，消除应力，方便钳工精修。对大型模具加工余量较大时，在电火花加工前可进行适当的切削粗加工，减少加工余量，减少电火花加工的工作量，提高加工效率，缩短加工时间	形状较复杂，分模面为平面的精度较高的模具的加工
线切割	毛坯粗加工后热处理，再切割通孔型腔或定位孔	加工样板、冲切模、镶块孔等
电解加工	先设计制作工具电极：新模具要按图纸设计加工工具电极，工具阴极的材料为钢、黄铜、紫铜、不锈钢等。旧模具重做可利用废旧模具反拷再由钳工修正制作工具阴极。电解加工工艺参数不易确定，电解加工效率比电火花成型高4倍，尺寸精度高，表面粗糙度低	适合加工较陡的模膛，且变化曲率不大，批量较大

方　　法		过　程　说　明	适　合　场　合
压力加工	热反印法	将模块加热到锻造温度后，用准备好的模芯压入模块，模块退火后刨分型面，铣毛边槽，淬火后修整打光。模芯可用零件修磨而得，形状复杂精度较高的另做芯模。一般热压时除上下对压外还要压 4 个侧面，型面粗加工后再压一次，以消除分型处圆角	适合小批量生产或新产品试制。方法简便、周期短、成本低
	开式冷挤压	冲头直接挤压坯料，坯料四周不受限制，挤压后再加工型面	适合精度要求不高或深度较浅的多型模腔，或分模面为平面的模腔
	闭式冷挤压	挤压时坯料外加钢套套住，目的是限制金属流向，提高挤压效果和模具质量，保证冲头与模块金属吻合。模腔轮廓清晰，粗糙度值很小	适合精度要求高的单模腔锻模的加工
陶瓷型或烤模壳型、电渣重熔精铸法等		先按照锻件形状、尺寸加上各种收缩及加工余量设计制作工艺母模，然后用陶瓷型精密铸造法翻铸出各种锻模钢的锻模坯，再稍作加工及研磨抛光成为锻模。此法制模周期短，材料利用率和回收率高，模具的尺寸和形位精度也比较高，特别适合于锻模复制和能铸造出难加工的高硬度、耐热、耐磨损的模腔形状很复杂的锻模。复杂的模腔可用熔模壳型精密铸造法来铸造	用于大型精密，生产批量大，难加工材料的形状复杂的耐磨、耐高温的长寿命模具的制造

　　采用新的先进的铸造工艺来铸造锻模等模具零件，是国外发展起来的制造锻模等模具的先进的快速经济制模法，目前已被各工业发达国家广泛采用，这些方法的典型工艺及特点见表 6 - 131。

表 6 - 131　　　　　　　　　　　　精铸锻模的典型工艺及特点

工艺＼类别	拔模 - 陶瓷型	熔模 - 陶瓷壳型	熔模 - 壳型精铸	电渣重熔精铸
模型准备	根据锻模形状、尺寸设计制造工艺母模（金属或非金属的）	根据锻件形状尺寸并考虑收缩及加工余量设计制造压蜡模（压型），然后压制出蜡（熔）模		按锻模的几何形状设计制作金属结晶器

续表

工艺 \ 类别	拔模–陶瓷型	熔模–陶瓷壳型	熔模–壳型精铸		电渣重熔精铸
造型材料或引弧剂（熔渣）准备	耐火材料：石英砂、刚玉砂或铝矾土砂中任一种　黏结剂：硅酸乙酯水解液、硅溶胶溶液或水玻璃溶液任一种		刚玉粉 硅酸乙酯 盐酸	石英砂 环氧树脂 乌洛托品	二元或三元导电起弧材料组成（Al_2O_3、FeO、Al粉、Mg粉、CaF_2 等）的起弧剂（溶渣）
	催化剂：氢氧化钠、氢氧化钙、氧化钙、氧化镁、碳酸钠等				
制备砂套或制作自耗电极	用普通铸钢造型材料，按一般造型工艺方法制作砂套				锻制或铸造自耗电极
制作铸型（壳型）	1. 陶瓷型材料配制 2. 灌浆 3. 起模 4. 喷烧 5. 焙烧 6. 合箱		1. 配制涂料 2. 制壳 3. 失蜡 4. 焙烧 5. 熔化浇注合金液 6. 碎壳清理 7. 切割浇冒口得锻模铸坯	1. 混砂 2. 制壳：清理型板→型板预热喷涂分型剂→制壳顶出型自干 3. 合型 4. 熔化浇注合金液 5. 碎壳清理 6. 切去浇冒口得到锻模铸坯	1. 引入液体起弧剂或通电引弧熔化起弧剂（化）渣 2. 重熔自耗电极，铸模 3. 脱模缓冷

543

续表

类别 工艺	拔模－陶瓷型	熔模－陶瓷壳型	熔模－壳型精铸	电渣重熔精铸
热处理	铸坯退火			
特点	陶瓷型化学稳定性好，变形小，表面粗糙度低，复印仿形能力强		表面光洁，精度高，效率高，制模时间短，模具费用小，适合大批量生产的小型锻模	设备简单，制模周期短，金属纯度高，结晶单向致密，力学性能好，适合大批量生产的小型锻模
	适合单件、小批量生产的大中型锻模	适合大批量生产的中、小型锻模		

陶瓷型制造过程见本书第二章。

（3）锻模模膛的检测

锻模模膛的形状一般都比较复杂，模膛型面之间、型面与折线之间往往是光滑的圆弧连接，无明显的连接棱线，故在加工中很难用卡尺、角规、尺规等通用量具来检测，而多通过样板、检验棒、浇铅、浇硬蜡等方法来间接进行测量，这对确定型面的尺寸和形位精度是不准确的，也是很困难的，国内外的制模者创造和总结了许多检测方法，这些方法归纳在表 6－132。

表 6－132　　　　　　　　　　　锻模模膛检验方法

方　　法	工　艺　说　明	适　用　范　围
样板检验	先制作与模膛某截面形状一样的样板，通过透光度目测检验加工是否符合图纸要求	适合精度要求不高（公差值 ±0.05 mm）的模膛检验，因为凭目测不太准确
三坐标型面跟踪光学投影仪	仪器有两个球头，一个球头接触被检验型面，一个球头是投影仪球头。当接触球头沿型面运动时，投影仪球头就做相应运动，并通过物镜投影到屏上，同已画好的放大图比较，确定是否在允许的公差范围内	检验方法方便，比较直观，检验精度可达 ±0.012 mm，用于单件模具检验
三坐标跟踪电意检验仪	仪器有两个球头，一个球头与检验合格的标准模具型面接触，一个球头与新制的型面接触，两者进行比较。当两者相差时，电意测量头便产生意应电流，通过电流大小换算成长度值，由此来测量误差大小	测量准确，精度高达 ±0.024 mm，多用于批量较大的模具检验

(三) 压铸模的加工要点

铸造模种类繁多，用得较多的金属铸造模有压铸模（型）、压蜡模（蜡模压型）、金属铸模（金属型）等，因篇幅所限，本书只介绍压铸模的加工要点。

1. 压铸模的加工特点

（1）压铸模是安装在压铸机上工作的，制造时，必须熟悉与之配用的压铸机的技术规格、性能和它在压铸机上的位置、压铸时的动作和压铸工作过程。

（2）压铸模要在高温高压力作用下工作，高速注射到模腔内的高温熔融金属液，对型腔壁有很大的冲击作用，同时把热量传递给模具，因此就要求其型腔表面要光滑平整，不得有裂缝、锐角、台阶、凹坑等阻滞金属液流动充型的缺陷，引入型腔的内浇口不得对着型芯和型腔壁冲刷，以防止金属液注入时产生溅射而形成铁豆、涡流等弊端。

（3）压铸模工作表面的粗糙度应低于 $Ra\,0.2\,\mu m$，其作用：一是使金属液能顺畅地快速流动充型，二是提高压铸件的表面质量。故在淬硬后，凸、凹模和型芯等接触金属液的所有表面都要进行抛光，相互配合部分要仔细研磨，使配合面密合，防止金属液流入缝隙。

（4）压铸模型腔、型芯表面及浇道口，应有较高的硬度和刚性（尤其是形成长管子或孔洞的型芯），以保证其耐冲击、耐磨损的性能，故多采用热作模具钢来制作，粗加工后还要进行热处理和化学热处理来强化。

（5）型腔端面在压铸模分型面处、浇口套进口处应保持锐角，不能加工成圆角。合模时分型面不允许有间隙，局部间隙不得超过0.05 mm，与金属液接触的分型面、配合面均要在磨削后研配。

2. 压铸模成型零件加工工序

表 6－133　　　　　　　　　　　　　压铸模成型零件加工工序

序　号	类　型	加　工　工　序
1	精加工成型后，再进行淬火、回火	备料→锻造→退火→粗加工坯料→低温退火→精加工成型→淬火（回火）→表面强化→钳工修配
2	淬火前经高温化学热处理	备料→锻造→退火→粗加工坯料→低温退火→精加工成型→渗硼或渗钒→淬火（回火）→钳工修配→研磨、抛光
3	调质→精加工→低温化学热处理	备料→锻造→退火→粗加工坯料→调质→精加工成型→试模→软氮化→钳工修配→研磨、抛光
4	淬火（回火）→低温化学热处理	备料→锻造→退火→粗加工坯料→低温退火→精加工成型→淬火（回火）→试模→软氮化→钳工修配→研磨、抛光

3. 压铸模的加工方法

压铸模成型零件分型腔镶块和型芯。这些成型零件的加工与模具材料、热处理工艺及所采用的加工方法有直接的关系。常用的加工方法见表6-134所列。

表6-134 压铸模成型零件常用的加工方法

成型零件	加 工 方 法	适 用 场 合
整体、镶块结构型腔	切削加工：用立铣、仿形铣或数控铣加工，钳工修整研磨，热处理后抛光	结构简单、精度要求不太高的模具
	冷挤压加工：毛坯加工后通过冷挤压成型腔，再进行表面化学热处理或其他表面强化，之后再淬火并经钳工修配后再研磨抛光型面、流道面	适合加工精度高、多型腔加工、尺寸一致性要求高的复杂模具
组合镶块、镶孔及型孔镶块	切削加工：采用铣床加工，钳工修整、研磨，对精度要求较高的可采用成型磨削加工	精度要求较高但结构简单的型孔件
	线切割加工：毛坯粗加工后淬火，磨定位面和安装面，线切割切割出直通镶孔或镶拼块	组合结构较复杂、精度要求较高的镶拼模
型芯	采用车削及磨削方法加工	圆形型芯
	采用上述组合镶块加工方法加工	异形型芯
	采用模具压制的带金属加强芯骨架的可溶陶瓷型芯	形状非常复杂的异形型芯

（四）塑料成型模的加工要点

1. 注射模加工要点

（1）注射模加工的特点

1）注射模型腔的形状结构一般都比较复杂、尺寸和形位精度都要求较高，有的结构还很精细，而且型腔也比较深，加工就很困难。

2）注射模的成型零件中型腔件、型芯件、镶块的加工，一般先加工型芯件，然后按型芯件来配制型腔件，最后进行抛光或电镀。型芯件和型腔件如采用镶（拼）块结构时，镶块与镶块之间的连接配合要求很严密，不得有间隙和裂缝。

3）型腔件和型芯件都要加工拔（脱、取）模斜度。

4）要求顶出机构动作灵活可靠，而且各零件间的配合要密闭。

5）注射模的动模与定模合模后，合模接触面要很严密，这就要求加工时要磨削得很平整光滑，控制其表面粗糙度在 $Ra\,0.8\,\mu m$ 以下。

6）由于各种塑料性能差别较大、成型工艺也不一，因此注射模多要经过反复试模和修改才能使注塑件达到图纸的要求而实现最终定型。

7）对形状结构复杂的模具，设计者不可能事先考虑得很周详，很多配合处的问题需要在装配后才发现，然后予以修配改进或做位置调换，最终才能符合要求。

8）注射模有与型腔相适应的很复杂的浇注系统，大型模具还有复杂的冷却系统，这些浇注系统的加工也很特别、很困难（如热流道）。

（2）注射模的加工方法

1）注射模的制造步骤，模具工接到设计图纸后按下述次序进行加工：

①仔细看懂分析图纸，了解模具结构特点、注射成型塑件的动作原理、模具各部件加工要求、关键件和难加工点等情况。

②根据模具零件图所用材料、标准件、元器件进行备料，并准备好加工中所需的专用工具、样件、样板、测量器具、元器件及辅助材料。

③根据模具型腔件、型芯件的形状结构复杂程度，尺寸和形位精度要求等情况，结合现场加工设备条件，选择合适的加工方法。

④加工型腔件、型芯件及其他零件。

⑤对已加工工件进行尺寸、形位及表面状态检验，看是否符合图纸要求，处理超差件，报废重做不合格件。

⑥由钳工做必要的修磨、研配、抛光。

⑦根据部（组）件装配图、模具总装图进行装配。

⑧试模、修模或调整。

⑨交付投产。

2）注射模的加工方法。由于注塑件在电器、仪表、日用器具、玩具及部分工程机械产品上的应用日益增多，其形状尺寸、花色千变万化，这就使注射模的成型零件（主要是型腔件、型芯件、组合成型件的拼块、镶块、侧型芯、组合型芯等）的形状尺寸也随之千变万化，这给零件的加工带来了许多困难和麻烦。国内外根据这些零件的不同特点采用了下述不同的加工方法：

①型腔的加工。型腔（又称凹模）分整体式型腔和镶拼（组合）式型腔两种。整体式型腔的常用加工方法见表 6-135，镶拼式型腔的镶拼形式和加工方法见表 6-136。

表 6-135　　　　　　　　　　　整体式型腔常用加工方法

方　法	加工工艺说明	特　　点
机械切削加工法	模板粗加工后磨削定位面、安装面和分型面，划线找正，车削或铣削型腔，再由钳工修整、研磨、抛光	精度低，钳工工作量大，但采用仿形铣或数控铣加工则可提高加工精度
电火花成型加工法	模板粗加工后，划线找正，用电火花成型法加工型腔。电极可用紫铜、石墨等制作。一般先粗加工后精修电极再进行精加工成型，然后由钳工研磨、抛光型面	用于精度要求高、形状结构复杂的型腔。加工精度高，但时间长，抛光很困难

547

方法	加工工艺说明	特　点
铸造法制模	方法一：拔模石膏型低压铸造铝合金（或铜合金）的注塑模型腔坯件，再稍做机械加工，钳工修整和研磨抛光。铸造时要严格控制充型压力、充型时间、结晶压力和保压时间等工艺因素	用于型腔形状复杂的薄壁注射模的制造，时间短、成本低
	方法二：熔模壳型精铸法铸造出任何材质的形状结构复杂的注射模型腔件毛坯，再稍做机械加工、钳工加工、研磨、抛光	适合尺寸精度要求高、表面质量要求较高的注射模
	方法三：壳型铸法制作型腔件、型芯件毛坯，再做少量机械加工到规定的尺寸和精度，再由钳工修整，热处理后研磨、抛光	适合尺寸精度要求高、表面质量要求较高的注射模
	方法四：陶瓷型铸造出型腔或型芯毛坯件，再经机械加工和修整，热处理后研磨、抛光	可铸造出形状结构复杂、尺寸精度高的注射模

表 6 - 136　　　　　　　　　　　　镶拼式型腔的镶拼形式和加工方法

镶拼形式	图　例	加工方法	特　点
整体型腔嵌入式		方法一：用机械切屑加工法加工整体镶块，然后与凹模固定板相配或用螺钉、销钉连接，有方向要求时则加防转结构，最后修磨模板上、下表面	加工结构形式较简单，型腔内钳工的修磨工作量大
		方法二：用电火花成型法加工型腔，镶嵌方法与方法一相同	加工结构复杂件的表面要抛光
		方法三：用冷挤压法挤压出型腔，但尖角无法加工，要由机械加工补充加工完成	加工精度高，多型腔精度一致，表面质量很好
		方法四：采用电铸法铸造出镍型腔壳体，然后把此型壳加背衬并用低熔点合金或环氧树脂混合料浇（黏）结在钢基体上成为型腔件，然后装配组合成为注射模。可根据塑料的腐蚀性，选用抗腐蚀的型壳材料	电铸型壳的复制形状结构精确，精度高，表面粗糙度低，制模速度快，费用低，特别适合多腔模、抗腐蚀塑料模

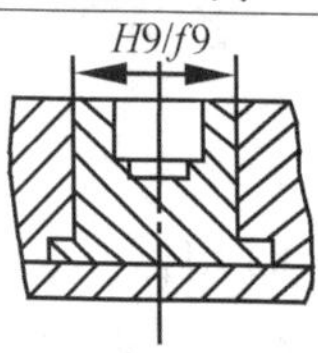

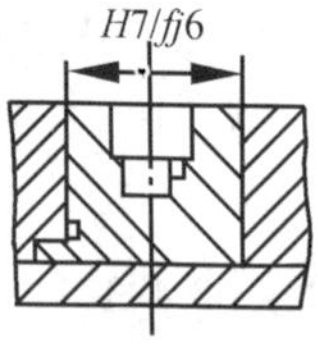

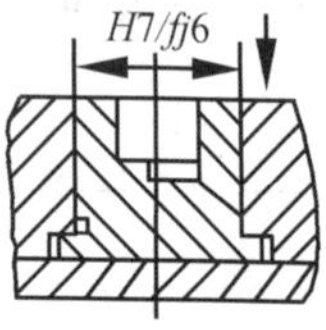

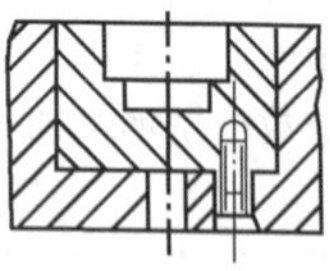

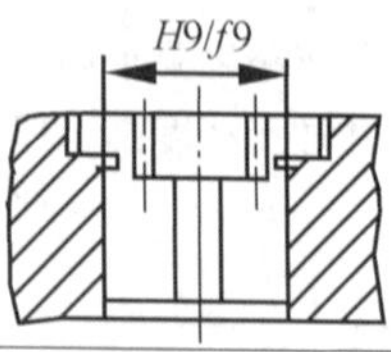

镶拼形式	图　　例	加工方法	特　　点
单型腔拼块	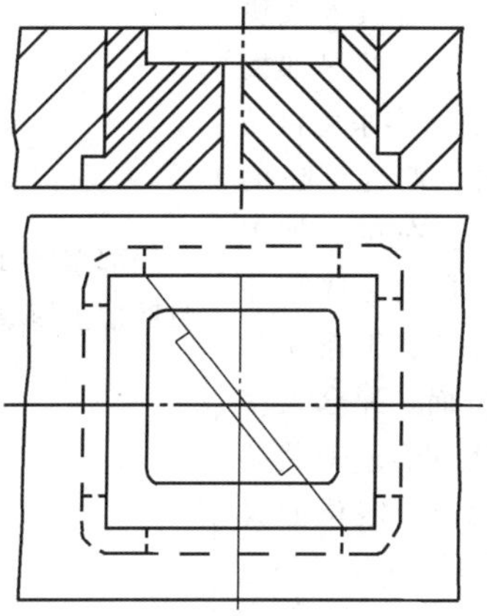	拼块及固定安装孔采用机械加工方法加工，拼块外形固定尺寸机械加工后，型腔孔应留修磨余量，拼块安装后用机械切削精修或用电火花成型法精修型腔，然后研磨、抛光	可采用切削加工方法加工形状结构很复杂的型腔，也可采用电火花成型法加工复杂型腔
多型腔拼块	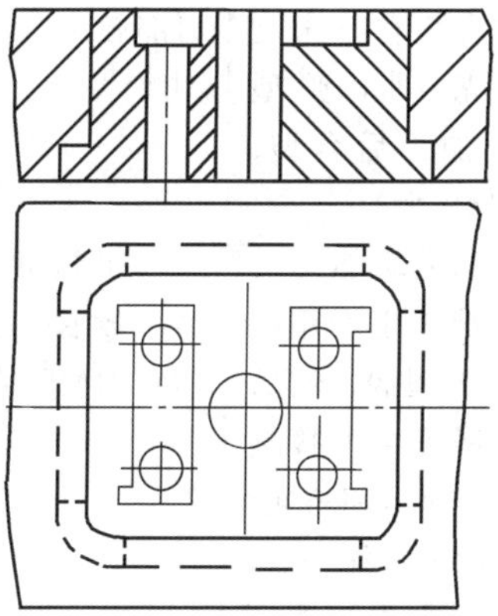	采用电火花成型或冷挤压成型法加工出型腔拼块，然后用机械加工法加工安装孔、拼合面，组装时根据拼块尺寸加工、修配模板孔	模具拼块尺寸小，型腔加工方便，并可保证精度要求
拼块模框	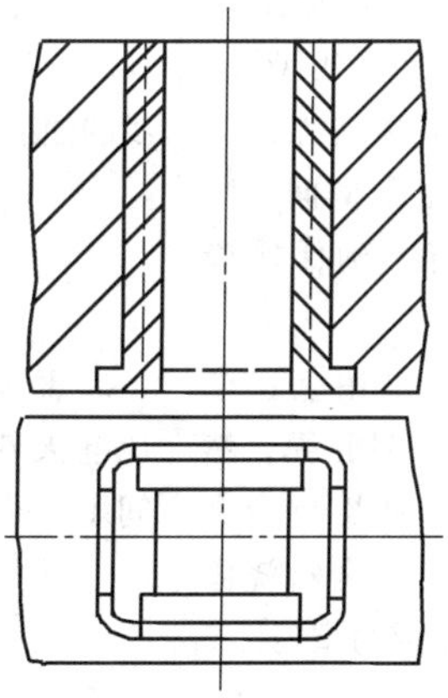	拼块的每一镶入模板均可采用磨削的方法精确控制其尺寸，并用红粉检查拼合面的密合性。模板孔一般采用压印法加工	可简化加工程序，加工精度高，适合大型型腔的制作

镶拼形式	图　　例	加工方法	特　　点
局部镶块	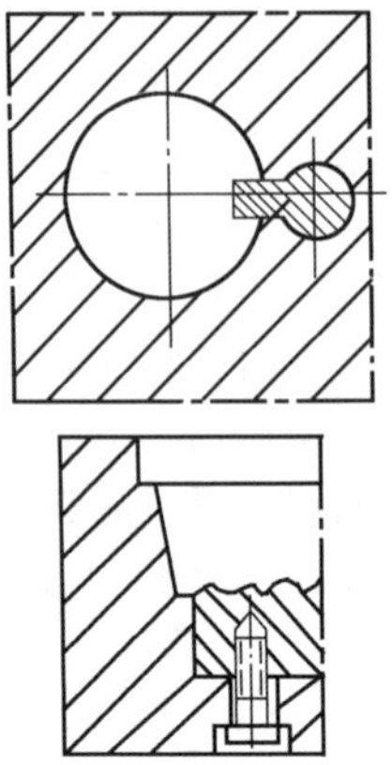	局部镶块是镶入大块型腔成型工件的局部模块（凹型）。多采用机械加工、钳工修锉到位的方法加工。在型腔加工时，除了要加工成型轮廓外，还要加工镶块的安装定位面。配合大多采用过渡配合，安装要紧固、稳定，定位面常留修正余量	局部型腔加工精度高，型腔加工简单
哈蚨凹模	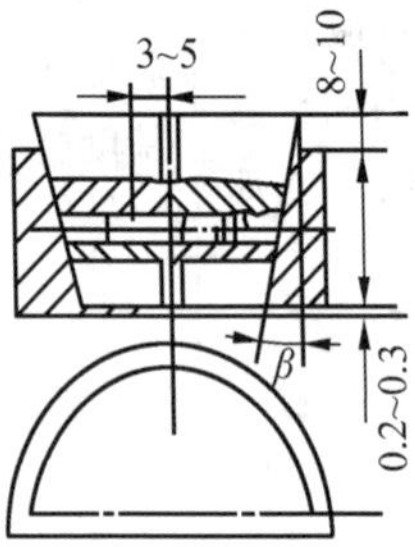 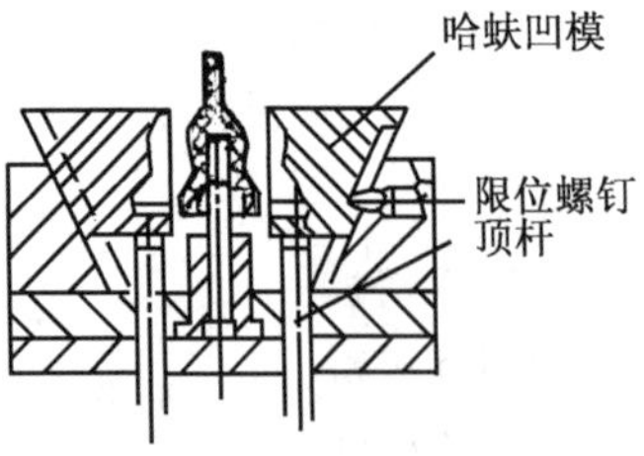 3～5　8～10　β　0.2～0.3　哈蚨凹模　限位螺钉顶杆	方法一（切削加工）：回转体类型腔在模块加工后定位合型在车床上车削、抛光。非圆形型腔可分别加工后合型、精修、研磨、抛光	加工合型精度高，接缝密合严密，但只适合口部较大、深度较浅的型腔
		方法二：模块加工后按定位基准校正后用电火花加工出型腔，然后抛光。为保证合型接缝质量，对于弧形和斜面，可把型腔加工得深一点，通过修磨分型面来保证过渡连接质量	加工精度高，但加工时间较长，适合复杂形状结构型腔的加工
		方法三：模块加工后采用冷挤压挤压出型腔，一般要加工深一点，然后加工修磨合型面，修去挤压圆角，确保接缝密合	加工表面质量好，精度高，适合型腔深度较浅的注射模
		方法四：采用上述电铸法电铸出型腔壳，然后加背衬用低熔点合金或环氧树脂混合料浇固在钢基体上成为型腔件	加工精度、表面质量比电火花成型更好，时间短，成本低

②型芯的加工。型芯有整体式和拼镶（组合）式两种：

a. 整体式型芯的加工。整体式型芯一般结构形状比较简单，都采用机械切削加工的方法加工。10多年来，由于铸造新技术的发展，国外多采用陶瓷型精铸、熔模多层壳体精铸、石膏型精铸等精密铸造法，先铸造出所需材质的型芯毛坯，再稍作机械加工和钳工加工，即可获得比常规机械加工法更简便、更快、成本更低的整体式型芯。

b. 拼镶（组合）式型芯的加工。当注塑件的内腔（通道）形状结构复杂，导致使用整体式型芯加工很困难或根本无法用一般机械加工、电加工法加工的型芯，或用整体式型芯无法脱出塑件的，就常采用拼镶（组合）式型芯的结构，这种拼合式型芯的常用加工方法见表6-137。

表6-137　　　　　　　　拼镶（组合）式型芯的常用加工方法

镶拼形式	图　例	加工方法	特　点
整体嵌入式	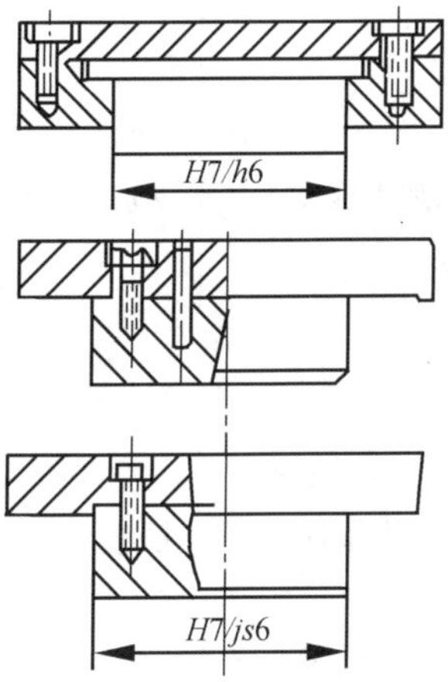 *H7/h6* *H7/js6*	带固定凸缘结构的型芯可以采用与整体式型芯相似的加工方法。直通式结构的型芯除了可用与上相同的加工方法外，还可用线切割加工。多型腔凸模固定板定位孔的加工可采用压印法，需留修配余量以便与型腔相配	结构简单，加工方便，尺寸一致性好
镶拼结构式	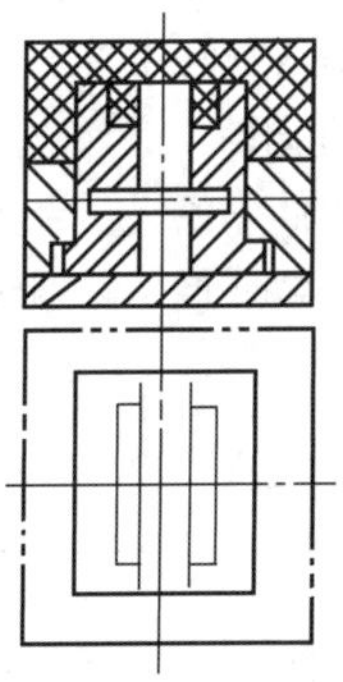	多个拼块分别加工后再拼合成一个型芯。单拼块的加工可用线切割加工方法，且需磨削	加工精度高，适合有窄槽结构的型芯

551

续表

镶拼形式	图　例	加工方法	特　点
局部镶拼式	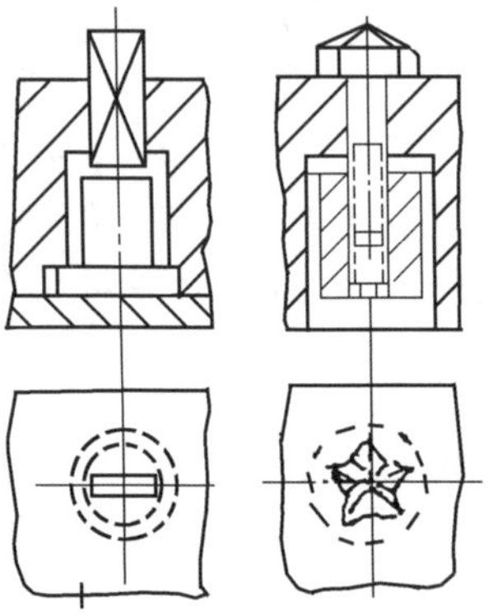	局部结构凸起的尺寸较大或形状复杂、加工困难的，采用与型腔镶块相似的结构和加工方法，可进行切削加工或电火花加工或电火花线切割加工，并与定位孔相配	加工简便，精度高，还可方便地更换
螺纹型芯	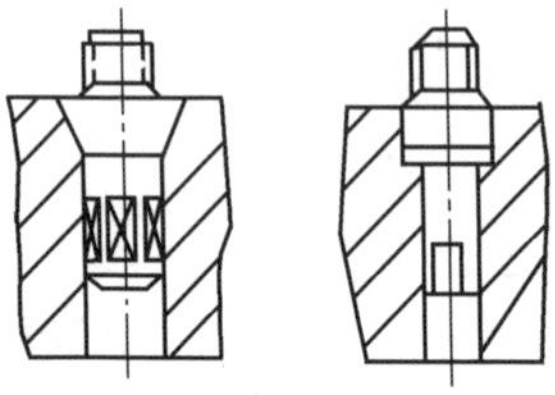	多用车削加工成型	加工简便，精度较高
内抽芯结构型芯	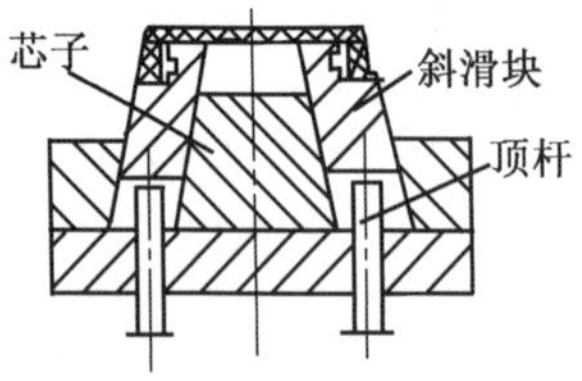 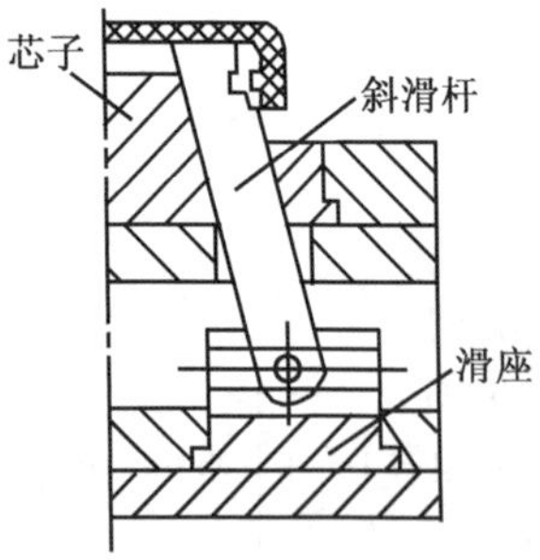	方法一：带凸缘或凹槽结构较深的型芯，为了脱模方便，常采用在结构内侧分型抽芯，为保证对接准确，常采用的方法是合型定位后加工抛光 方法二：型芯整体加工成型，然后分割开，再加工分型面及导向面 方法三：分别加工各部分型芯块，装配时再进行修正	要求具有较高的合型精度，并精确限位锁紧 合型精度高，分型面等加工困难 合型精度较低，尤其是回转体内

③注塑模型腔表面装饰花纹、文字的加工方法见本章六（八）。塑料件常有凹进去或凸出来的装饰纹或文字，对此，一般都是在模具型腔表面上加工。其加工方法是：对于塑料件表面呈凸起状的，一般都采用雕刻加工、电火花成型加工、照相腐蚀加工；对

于在塑料件表面呈凹入状的，则多采用电火花加工、石膏型精铸、陶瓷型精铸、压铸铍铜合金以及镶嵌法，先用雕刻法或电火花加工法把图纹文字加工在一个单独的镶块上，再在模具型腔件（或型芯件）上加工出相应尺寸的嵌孔，然后把此单独的镶块嵌到此嵌孔内。

2. 压缩模的加工要点

（1）压缩模的加工特点

压缩模加工中有如下特点应予注意：

1）在加工多腔模时，应严格控制各型腔尺寸的一致性，以防止在压塑过程中产生各个型腔受力不均匀的弊端。

2）压缩模的型腔表面的粗糙度要求较高，加工较困难，其表面粗糙度一般为 $Ra\ 0.2 \sim 0.1\ \mu m$，特别是在塑件表面的粗糙度要求较低、塑料熔体流动性差时，型腔的表面粗糙度还要低，一般应达到 $Ra\ 0.1 \sim 0.025\ \mu m$，型芯与加料腔的表面粗糙度要达到 $Ra\ 0.8 \sim 0.2\ \mu m$。

3）压缩模一般都要进行热处理，生产批量大、压注有腐蚀性塑料时，型腔和型芯表面及加料腔表面还要镀硬铬，以提高防腐和耐磨能力。

4）在加工模具型腔件和型芯件时，要采用配合加工，在加工中常用熔化的石蜡或橡皮泥（打样胶）边检试边修配，待最后试模，确认塑件合格后，才淬硬，然后研磨、抛光。

5）在加工模具型腔件或型芯件时，除应考虑压塑加热（60～150 ℃）后型腔尺寸胀大、冷却后型腔尺寸又缩小的特点，按图纸尺寸要求并考虑了塑料的收缩率进行加工外，还应把型腔和型芯的磨损因素考虑进去，使模具长期使用仍能保证塑件的尺寸合格。

6）当塑件不允许有脱模斜度时，要在保证塑件尺寸、公差的原则下，在型腔件或型芯（凸模）件上加工出工艺斜度，由于塑件在冷却时塑料的收缩，使塑件尺寸变小，如要使塑件出模时留在凸模上，则凸模的脱模斜度要取大一些。

7）在加工模具顶出机构时，一定要保证塑件顶出后不变形，要使顶出力靠近型芯处，并分布在塑件受力较大的部位，顶杆的位置分布因事先很难考虑到百分之百的平衡和有效，可先按设计图加工，经过试模发现问题后，再增设顶杆，确定其合适的位置，直到能压出不变形的塑料件为止。

8）在加工齿环及齿芯塑件的型腔模零件时，应根据计算的螺距来计算配比齿轮进行加工，其计算公式是：

$$\frac{Z_1}{Z_2} = \frac{Z_3}{Z_4} = \frac{t'}{S}$$

式中 Z_1、Z_2、Z_3、Z_4——配比齿轮数；

t'——型芯或型环螺距（mm）；

S——车床丝杆螺距（mm）。

为满足啮合条件需要应满足 $Z_1 + Z_2 - Z_3 > 15$，$Z_3 + Z_4 - Z_2 > 15$。

9）由于在设计模具时，对储料槽与排气溢料槽的形状、尺寸及个数不可能考虑得很准确，所以除先按设计图加工外，还要在边试模边修改，待确认符合要求后才作定型，并送去淬火，淬火后再研磨、抛光型面。

（2）压缩模的加工方法

压缩模型腔件（凹模）的结构形式及其加工方法见表6-138。

表6-138　　　　　压缩模型腔件（凹模）的结构形式及其加工方法

结构形式	加工方法及其简要过程	适用场合
整体式型腔凹模	1. 机械切削加工。用一般铣床或仿形铣、数控铣按划线铣削。回转体类凹模还可用各种车床车削成型，然后磨削、抛光；非回转体类凹模则在毛坯粗加工后，按划线铣削，结构形状复杂的则用数控铣或仿形铣铣削，再磨削、修整、研磨、抛光	适合形状结构比较粗大、尺寸和形位精度要求不高的模具
	2. 石膏型、陶瓷型精铸及压铸。采用前述石膏型、陶瓷型及压铸法加工出凹模的毛坯，稍作机械加工、钳工加工、研磨、抛光	适合形状结构复杂、但尺寸和形位精度要求不太高的模具
	3. 电火花加工。毛坯粗加工后划线，再用电火花成型法加工出型腔，然后修磨、研磨、抛光	适合结构形状复杂、精度要求高的模具
	4. 电铸成型。用前述电铸法电铸出8～15 mm的镍或镍钴合金整体型壳，然后在其背面浇注低熔点合金液或环氧树脂混合料予以加固，再将它黏结或浇注在钢基体上	适合形状结构复杂、精细、尺寸和表面质量要求高的多腔压缩模制造
	5. 电解加工。采用本章四（三）所述电解成型的方法加工整体型腔件	适合用切削加工法难加工的高硬度或高黏性合金钢的整体凹模和型腔结构，及在淬火中易变形的整体凹模
	6. 冷挤压加工	适合形状结构较复杂的中、小型压缩模
整体型腔组合模	此种型腔加工较困难，可采用机械切削或线切割加工法加工，镶拼下凸模同样可用切削加工或电火花加工法加工，在修磨抛光后镶入型腔件内	适合尺寸较大、结构较复杂、加工困难的模具
模套锁紧组合式凹模	模套粗加工后进行热处理，再磨削成型。拼块可组合在一起采用机械切削法加工出型腔型面，也可分开加工。镶拼下凸模也可采用上述两种方法加工	适合形状结构较复杂的垂直分型的模具
嵌件式组合凹模	多用机械切削加工法加工模套，多用冷挤压法或电火花成型法加工出嵌件型腔，再研磨、抛光	适合精度要求较高的模具
斜滑式拼块凹模	分开切削加工拼块，拼合后精修研磨、抛光，斜滑槽加工时要保证尺寸的一致性	适合垂直分型的模具

3. 压注模的加工要点

（1）压注模的加工特点

1）压注模的型腔和型芯多采用配合加工法，用熔融石蜡或橡皮泥（打样膏）浇注或堵塞，边试边修磨，直到确认配合密合并符合图纸尺寸为止。

2）压注模的成型零件必须加工出脱模斜度，考虑到塑件冷却后的收缩，若使塑件开模后留在凸模（型芯）上，这时凸模的脱模斜度要加工得大一些，以防塑件包紧凸模，造成脱模困难或损坏塑件。

3）压注模上下模的对准定位是由导柱、导套来保证的，故所有模板的导柱、导套孔的位置要一致，配合间隙要合适。型芯、固定板上的型芯孔等也要与导柱、导套保持一定的位置精度，故多采用把一副模具的模板叠起来钻孔、镗孔的方法加工孔系，以保证上下模装配合适，位置精度协调一致，闭合运动灵活自如。

4）为了保证塑件表面光洁靓丽，一般型腔和型芯件的工作型面的表面粗糙度要加工到 $Ra\,0.2\,\mu m$ 以下。

（2）压注模的加工方法

1）加料腔（室）和柱塞的加工。不同的模具其加料腔（室）和柱塞的结构、尺寸是不同的，但它们大多为回转体型结构，故加工时多采用先车加工，留磨削余量，淬火后磨削到图纸尺寸，再研抛到 $Ra\,0.2\,\mu m$ 以下的表面粗糙度。对于塑件生产批量大、压注有腐蚀性的塑料或加入有玻璃纤维的塑料并要求防腐或耐磨时，加料腔和柱塞与塑料接触的型面还要镀 $0.015\sim0.2\,mm$ 的硬铬，镀后再抛光到 $Ra\,0.2\,\mu m$ 以下的表面粗糙度。

2）压注模成型零件的加工。压注模的成型零件与注射模的型腔件结构类似，包括型腔件、型芯件、镶块等，其加工方法可参照前述注射模的同类零件的加工方法进行。

4. 挤出成型机头的加工要点

（1）挤出成型机头加工的特点

挤出成型机头加工有如下特点：

1）机头的内腔，即熔融塑料的通道应设计加工成流线型，表面粗糙度要低到 $Ra\,0.2\,\mu m$ 以下，弧面与直线连接处过渡要圆滑，不允许有台阶、凹坑、死角，以使熔融塑料流动快，顺畅地挤出成型。

2）挤出机头磨损大，必须用耐磨性和耐蚀性好的材料来制作，并经热处理淬硬到 HRC42 以上，如挤出有腐蚀性的塑料和加入了玻璃纤维的磨损性大的塑料，则还要在其内腔表面镀硬铬或采用合适的表面强化处理。

3）挤出机头的口模和定型套是成型挤塑件截面尺寸的关键，加工时要严格保证其尺寸加工精度和表面质量。

（2）挤出成型机头的加工方法

挤出成型机头的主要零件——口模、定型套、成型芯棒和分流器的加工方法见表 6-139。

挤出成型机头主要零件的加工方法

类型		加 工 方 法
口模	圆形	车削加工后热处理，磨削后研抛
	异形	短口模常切削加工外形后热处理，再磨定位面和长度面，用线切割加工内型面，最后研磨、抛光
		长口模一般在结构上采用拼合法，采用切削加工法加工各拼块
定型套或芯棒	圆形	均采用车削加工后热处理，然后磨削、研磨、抛光或镀铬等
	异形	长度小于 100 mm 的可采用线切割加工定型部位
		定型套尺寸大于 100 mm 的，常用拼合结构。拼块可用切削加工或电火花加工的方法加工
		定型芯棒直接用铣削或刨削加工，形状复杂的可用成型刨削等方法加工
成型芯棒	圆形	均采用车削加工后热处理，然后磨削、研磨、抛光或镀铬等
	异形	短芯棒用线切割加工，然后再研磨抛光
		长芯棒一般采用仿形刨削加工，再由钳工修正，淬火后抛光或镀铬。结构形状简单的芯棒也可用刨削或铣削加工
分流器		一般的结构较简单，精度要求不高，常采用成型车削或样板加工，加工时注意过渡曲线要平滑

5. 中空吹塑成型模的加工要点

（1）中空吹塑成型模加工特点

1）中空吹塑成型模多为垂直分型或水平分型的两半型哈蚨模，要求加工时定位准确不错位。

2）型腔表面粗糙度一般都要求较低，一般都在 $Ra\,0.4\,\mu m$ 以下。

3）型腔内部结构一般比注塑模压注模简单，故加工也比它们简单。

（2）中空吹塑成型模的加工要点

中空吹塑成型模型腔件的常用加工方法见表 6‑140。

表 6‑140 中空吹塑成型模型腔件常用加工方法

方法	特 点
电火花成型加工	可保证对称结构两半型腔的一致性，便于图纹、文字的加工成型
冷挤压	挤出的型腔表面质量好，尺寸精度高，可一次挤压出多个型腔件且一致性好，这样可使模具的使用寿命长，适合复杂形状结构的吹塑件用模具的加工

续表

方法	特 点
切削加工	口部较大的圆形型腔及口部螺纹可采用合模车削加工法加工,其他形状的型腔可采用各种铣床加工
石膏型精铸	采用前述石膏型精铸法铸造出铝合金、铜合金或不锈钢材质的型腔件坯料,再稍作机械加工、钳工修整和型面抛光
陶瓷型精铸	采用前述陶瓷型精铸法铸造出钢、铝或铜合金的型腔件坯料,再稍作机械加工、钳工修整和型面抛光

6. 真空及气动吸塑模的加工要点

(1) 真空及气动吸塑成型模的加工特点

1) 真空及气动吸塑成型模多采用凸模来吸塑成型塑件,而用凹模来吸塑成型的很少,因为加工凸模比加工凹模方便容易得多(特别是深型腔模),也易于保证尺寸精度和表面质量。

2) 型面形状大多比较复杂,加工难度大,加工周期长(如冰箱内胆吸塑模)。

3) 型面的表面粗糙度要求低(一般都在 $Ra\ 0.2 \sim 0.4\ \mu m$),加工费时,难度大,要求模具型面表层的组织致密,无针尖大气孔和疏松等缺陷,发现这类缺陷要设法排除。

4) 大型吸塑模要在凸模或凹模体内安设冷却水通道系统,这就使毛坯铸造和加工变得更为困难和复杂。

5) 大多数吸塑孔的设置部位、个数、孔径大小,全凭设计人员的经验和多次试模后才能确定,加工这些不同直径、不同深度、不同部位的孔的技术难度很大。

(2) 真空及气动吸塑模的加工方法

目前,国内外加工真空及气动吸塑模的加工方法见表6-141。

表6-141　　　　　　　　真空及气动吸塑模的加工方法

方法	过程简介	特 点	适用场合
机械加工法	用钢板、变形铝合金或铜合金板作为制模材料,采用常规机械切削加工成型,组装而成	1. 加工工艺成熟,材料易得 2. 加工周期长 3. 零件间的密合难度大 4. 大型的形状结构复杂的吸塑模很难加工	适合形状结构简单粗放的中、小型吸塑模

续表

方法	过程简介	特　点	适用场合
铸造毛坯与机械加工相结合法	先用特种砂型或石膏型铸造法、陶瓷型铸造法铸造出加工量很少并埋铸有冷却水管系统的凸、凹模毛坯，然后再用上述机械加工法作少量加工、钳工修配、研磨、抛光	1. 可铸造出外形复杂、结构精细的埋铸有冷却水管系统的整体凸模或凹模，避免了机械加工法由多板件拼装的缺陷，不但大大减少了加工量，而且还使气密性大大提高，从而大大提高吸塑效果和塑件成型质量 2. 冷却水管系统在铸造时一次铸出，既简便，又使冷却效果大为提高 3. 制模时间大为缩短 4. 适用范围广	适合形状复杂、结构精细、尺寸和形位精度高、表面粗糙度低的大型塑料件的真空及气动吸塑模
钣焊法	由经验丰富的、手工技巧高超的钣焊师傅借助各种万能工具、夹具、胎模具及机械按样件（工序件）或零件图加工出模具型腔件，再焊接模框，支撑并钻吸塑孔等	1. 不需要模具设计 2. 不需要机械和电加工设备 3. 不使用模具钢，只使用金属钣材 4. 加工周期短，上马容易，模具的成本低	适合形状结构比较简单、尺寸和形位精度要求不高、型腔较浅的车辆和船舶等塑料装饰件吸塑模的制造

（五）型材挤压模的加工要点

1. 型材挤压模的加工特点

型材挤压模加工有如下特点：

（1）因在挤压过程中承受高温、高压、高摩擦作用，故模具要使用高强度的耐热合金钢来制作，其锻造加工、热处理、表面强化等工艺都非常复杂，给模具加工带来一系列困难。

（2）模腔、工作带的表面粗糙度要求很低，一般要达到 $Ra\ 0.8\sim0.4\ \mu m$，平面粗糙度要达到 $Ra\ 1.6\ \mu m$ 以下，要采用特殊的抛光设备和工艺。

（3）由于挤压的产品向高、尖、精方向发展，要求模具加工精度高（一般要达到 $\pm0.01\ mm$）。

（4）型材断面的结构日益复杂和超薄化，导致模具结构也随之日益复杂，也给模具加工、热处理、表面强化带来了很多困难和麻烦。

（5）挤压的产品品种多、批量小、换模次数多，这就要求模具的适应性强，加工周期短，修模工作量要少。

（6）模具的规格、质量差异大，导致模具的加工方法和程序不一样，所用加工设备也多变。

（7）加工中采用的特种工夹刀具多。

（8）采用热处理、化学热处理及表面处理的方法也多。

2. 型材挤压模的加工方法

（1）型材挤压模加工的工艺过程

在20世纪50年代前，型材挤压模的加工主要靠车、铣、刨、磨、钳等传统的机械切削方法，随着数控加工和电加工技术的进步和设备的开发，使挤压模的加工方法上了一个新台阶。现在的加工过程是：备料→锻造坯料→坯料检验（超声探伤）→粗车外形→铣印口→划中心线及型孔坐标线→钻工艺孔→热处理→磨两端面→精车外形→划模具型孔中心线→电火花线切割加工工作带→电火花加工出口带→钳工修磨型孔→与相关零件配修组配→试模及修配→合格后再对工作带进行软氮化或辉光离子氮化等表面强化处理。

（2）型材挤压模的加工方法

型材挤压模按其形状结构来区分：可分为平面模（或叫整体模）和组合模两大类。平面模包括棒材模、管材模和型材模，组合模包括单孔组合模和多孔组合模。

不管哪一类型的挤压模（包括挤压筒、挤压轴等挤压工具）都采用冷加工、热加工和电加工相结合的加工方法来制作，具体来说，应根据挤压模具和工具的种类、结构特点、规格大小、精度和硬度要求、生产批量大小、设备条件和技术水平等情况来选择各自的制模工艺。

表 6－142 型材挤压模的加工方法

方法	过　　　程	作用及适合场合
冷加工	1. 用车床车削模具坯料外圆、精车工序件外圆	使模具成型，适合所有挤压模和挤压工具
	2. 用铣床铣印口、出口带、型腔宽度和深度、分流孔、桥部焊合腔等处	使模具内腔成型
	3. 钻线切割穿丝孔、分流孔、螺孔、销钉孔等	便于钼丝穿过、挤压材料分流及连接固定
	4. 用平面磨磨削模具两端、芯子头等处，使两端面的平行度与轴线的不垂直度误差＜0.005 mm，表面粗糙度 Ra 1.6 μm	保证模具两端面的平行度和两端面与挤压机轴线的垂直度
	5. 用珩磨机珩磨型孔等处	保证型孔内表面光滑、挤材顺畅通过
	6. 在 SS－IG 液体喷砂机上，清除线切割钼丝孔内的氧化皮	防止加工型孔时产生绝缘现象
	7. 由钳工划各种线，修配研磨工作带、出口带、相关件的配合面等	

方法	过　程	作用及适合场合
热加工	1. 锻造模具坯料 2. 按模具材料牌号和模具结构、形状特点进行热处理 3. 按模具结构复杂程度、生产批量大小进行不同种类的化学热处理，对型孔宽度 $\delta > 3$ mm 的模具进行辉光离子氮化，对宽度 $\delta < 3$ mm 的模具进行软氮化 4. 按模具的不同材质和生产批量大小，对模具工作带、出口带等表面进行不同的表面处理	使模具件组织致密，防止显微疏松等缺陷，提高力学性能，使硬度达到 HRC 46 ~ 50 延长模具寿命，使表面硬度达到 HRC 61 ~ 62，氮化层深度达到 0. 15 ~ 0. 25 mm 提高模具表面防腐性能并延长寿命
电加工	1. 用电火花线切割机切割型孔工作带 2. 在电火花成型机上用石墨作阳极加工出口带	获得挤压型孔 使出口带成型
模具检验	1. 用光学投影仪检测模具型孔及尺寸 2. 用表面粗糙度测定仪测定工作带、出口带型孔壁的表面粗糙度 3. 用表面深度及表面显微硬度测定仪测量表面层热处理或表面强化层深度及硬度	确保型孔尺寸及形位合格 确保表面粗糙度要求，使材料顺畅挤出，减少模具发热，提高挤出效率和型材质量 保证硬度和耐磨性能，延长模具寿命

（六）粉末冶金模的加工要点

1. 粉末冶金模的加工特点

（1）粉末冶金压制模成型零件的结构一般比较简单，多为直通式的结构，弧面结构的很少。

（2）粉末冶金压制模的成型部分不允许有尖角，因为有尖角的就会造成在粉末压制时产生局部密度低，导致粉末冶金件局部强度低的缺陷。

（3）粉末冶金压制模一般都有一个定量较精确的料腔。

（4）粉末冶金压制模一般要承受较大的压力和强烈的摩擦，所以要求模具有足够的强度和耐磨性能。

（5）粉末冶金件压制模成型时，因粉末流动性差，故要求模具的型腔表面有较低的表面粗糙度，一般 $Ra\,0. 8$ μm以下。

（6）粉末冶金压制模一般都采用镶拼结构，故要求各镶拼件之间配合严密，在拆卸分解时能灵活自如。

（7）因为粉末冶金件的尺寸精度较高，这就要求模具的制造精度也必须高。

（8）阴模多为镶拼和模套热配合的结构。

2. 粉末冶金模的加工方法

粉末冶金模的加工主要包括阴模、芯棒和模冲的加工。

（1）阴模的加工

阴模一般由阴模镶件与模套组成。二者通过采用过盈配合（过盈量为：工具钢镶件每厘米直径0.015 mm，硬质合金镶件每厘米直径0.01 mm）压配合为一体，阴模镶件与模套的加工方法见表6-143，两者压配合的方法见表6-144。

表6-143　阴模的加工方法

阴模组件		加 工 方 法
模套		一般为圆形结构，采用车削及磨削加工。非圆形的采用铣、刨、插及磨削或线切割后磨削，研抛加工
镶件	整体镶件	锻造毛坯、退火后粗加工、钻穿丝孔（尺寸大、结构复杂的镶件需酌情钻多个引孔），淬火后粗加工外形及端面，线切割加工型孔或电火花加工形状结构复杂的型腔，最后研磨、抛光
	组合镶件	先单独加工各镶件，多用机械切削法加工，精度要求较高的可采用成型磨削或线切割加工，形状复杂的也可采用电火花成型后再稍作机械和钳工加工

表6-144　镶件与模套压配合的方法

压 配 方 法	加工过程说明	适 用 场 合
加热包容件法（热配法）	将模套加热到250～400 ℃后将镶件压入模套，可在手扳丝杆压力机或油压机上进行	适合模套结构尺寸较大的情况
冷缩包容件法（冷配法）	将镶件置于-100 ℃以下保持一定时间，然后把镶件装入模套内，之后因镶件升温到室温，因膨胀而与模套配合紧密	适合镶件尺寸较小而模套尺寸较大的情况

（2）芯棒的加工

芯棒有圆形和异形两种。圆形的芯棒加工较简单，其加工过程是：车削→热处理→磨外圆→抛光。异形芯棒可采用机械切削加工或线切割加工等方法加工。

表6-145　异形芯棒的加工方法

方 法	说 明	适 用 场 合
机械切削加工	毛坯车削或刨削后由钳工划线，然后按线铣或仿形刨内孔成型面。热处理后磨削各面，再由钳工修锉、研磨、抛光	适合结构较简单、精度要求不高、带台阶或凸缘的芯棒

方　法	说　　明	适　用　场　合
线切割	毛坯粗加工后进行热处理，磨削基准面后加工外形，再研磨、抛光	直通芯棒，还要加工相应的芯棒安装孔；这是硬质合金芯棒的主要加工方法

（3）模冲的加工

为防止粉末的外逸，保证内、外形的同轴度，要求模冲的外表面与阴模相配合的内孔表面与芯棒相配合，径向配合间隙一般为 0.017～0.254 mm，加工时常在内、外径配合部后面做成径向 0.127～0.254 mm 的退让尺寸，且修磨成 0.063 5～0.127 mm 的倒梢，以便进入间隙中的粉末漏出。

表 6-146　　　　　　　　　模冲的结构形式及常用加工方法

结构形式	加　工　方　法
回转体类有固定凸台或锥	车削坯料后淬火，磨削内、外圆及凸台或锥面。研磨倒梢、抛光、型面
异形成型端面为平面或浅凹、凸面	方法一（切削加工）：对精度要求不高的制件及内芯型腔尺寸较大时可划线加工或用数控铣铣削、成型刨削等方法加工，然后研磨、抛光 方法二：用机械切削加工法加工端部成型面，用电火花线切割加工内、外型面。这种方法加工的内、外形位精度高，但要注意模冲的安装方法 方法三：端部成型面用电火花成型法加工，而内、外型面用电火花线切割加工，端面型孔的成型可在模冲上镶嵌型芯的方法。先在模冲上加工安装孔，孔一般用线切割加工，型芯的加工方法可参照芯棒的加工方法进行 采用这种结构，可较方便地更换损坏的型芯

第七章 模架及模架的制造

一、模架、标准模架及其作用

（一）模架和模架的作用

模架是模具的外部构（框）架（架构）。模架的作用是安装连接模的核心——成型零件，使之成为具有某种加工功能的工艺装备的框架。

（二）标准模架及其作用、意义

1. 什么是标准模架

标准模架是将模具中模架及其组成零件的结构形式、规格和技术条件实行统一的标准，以便于专业化加工，并作为商品上市供应的一种通用模架。

2. 采用和推行标准化模架的作用和意义

在模具生产中，采用标准模架、标准模具零件［包括导柱、导套、销钉、卸料螺钉、顶杆、冲头（啤嘴）、推杆、复位杆、喷嘴、热流道零件等］具有非常重要的作用和意义。

（1）简化设计，加快设计进度。设计者只需根据他所设计的模具的成型零件部分结构、成型原理及尺寸从国家和行业制定的统一标准模架、模具标准件（以下简称标准件）中选用与之适应（匹配）的模架和标准件，并复印成图纸即可，避免像过去那样为一副模具而单独进行模架和上述那些零件的设计和画图，从而节省了大量的时间。

（2）提高模具制造质量和劳动生产率，降低模具生产成本，缩短模具制造周期，加速模具的产出。因为模架和标准件是由专业模架（具）厂定点定型采用自动生产线大批量生产的商品化产品，各模具厂（或车间）只需根据其模具成型部分结构、功能和尺寸等技术要求和规格去对号选（订）购即可，而不必像过去那样为一副模具而单独备料制造模架和加工这些标准件。

（3）节省能源和材料，减少设备占用和环境污染。

（4）改变我国模架单件生产的模式，推动模具标准化，是提高我国模具技术水平的重要措施。

3. 模架、模具件的标准情况

目前我国制定的模架、模具件的标准有：

（1）冷冲模类

1）冷冲模滑动导向模架（GB 2851—81）；

2）冷冲模滚动导向模架（GB 2852—81）；

3）冷冲模导板模架（GB 2853—81）；

4）冷冲模模架技术条件（GB 2854—81）；

5）冷冲模导向装置（GB 2861—81）；

6）冷冲模模架精度检测（GB/T 12447—90）。

（2）塑料模类

1）塑料注射模、中小型塑料注射模模架及技术条件（GB/T 12556—90）；

2）塑料注射模、大型塑料注射模模架及技术条件（GB/T 12556—90）。

二、模架、模座的结构形式、规格及应用

（一）冷冲模模架

1. 对冷冲模模架的技术要求

（1）组成模架的各零件必须符合相应的标准及技术要求。

（2）装配成套的模架必须符合表 7－1 所列精度等级。

表 7－1 模架的精度等级

精 度 等 级		1 级	2 级
检查项目	上模板的上平面对下模板的下平面的不平行度	<0.05：300	>（0.05～0.08）：300
	导柱对下模板下平面的不垂直度 导套对上模板上平面的不垂直度	≤0.01：100	>（0.01～0.015）：100
	导柱与导套的配合精度	H6/h5	H7/h6
导柱导套的形位公差硬度要求			

1. 要求形位误差尽量小，增大接触面积，减少单位面积的接触负荷，一般要求是：

导柱 不圆度 ϕ25 mm 以下/0.001 mm　ϕ30 mm 以上/0.001 5 mm

圆柱度 l140 mm 以下/0.02 mm　l160 mm 以上/0.03 mm

导套不圆度 ϕ25 mm 以下/0.001 5 mm　ϕ30 mm 以上/0.002 5 mm

圆柱度 0.002 mm

2. 尽量提高导柱表面和导套内表面的光滑程度，以减少磨损和发热，提高耐磨能力。要求其表面粗糙度至少达到：

导柱 Ra≤0.1 μm

导套 Ra≤0.2 μm

3. 硬度要达到 HRC60 左右

注：模架精度应在选用闭合高度范围内进行检查。

（3）装配成套的模架，其导柱导套的压合应滑动平稳均匀、松紧度合适，滑合面应注润滑油并保持清洁；不得混入砂粒等影响滑动和损伤导柱、导套的异物。

（4）模架的上、下两工作表面不得有碰伤、凹痕等影响平行度和模架形位精度的机械损伤及黏附凸起物。

（5）经检验合格的模架应全部涂油防锈。

2. 冷冲模模架的结构形式、特点及应用

表 7－2　　　　　　　　　　　　冷冲模模架的结构形式、特点及适用场合

类型	结构形式	图　　示	特　　点	适用场合
滑动导向模架	中间导柱模架（GB 2851·5）	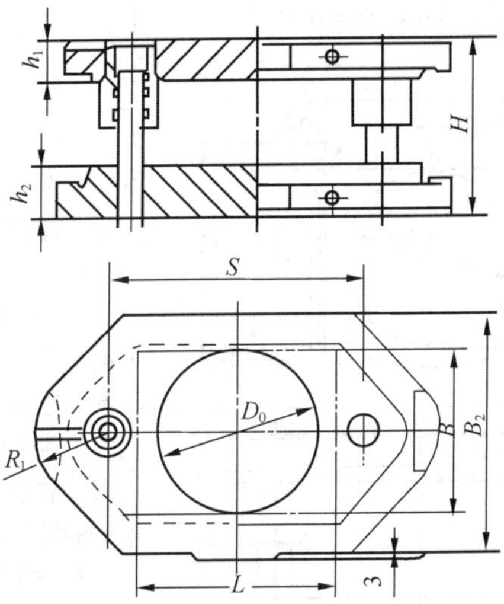	1. 两副导柱、导套均设置在模座的对侧中心两侧 2. 受力分布对称、平衡 3. 只能在前后一个方向送料 4. 具有较高的导向精度	适用于拉深、弯曲成型等冲压模具结构
	中间导柱圆形模架（GB 2851·6—81）	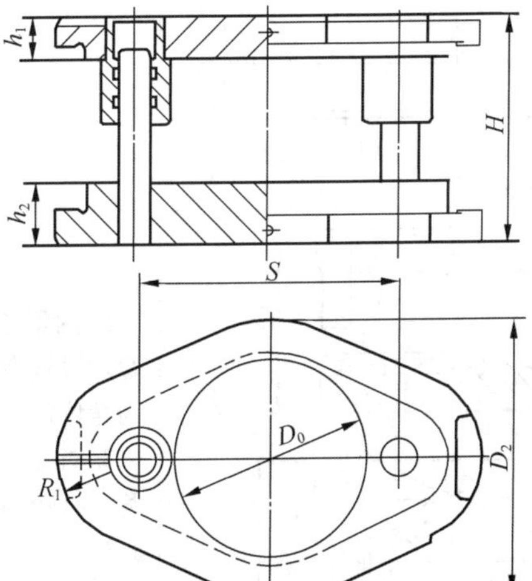		

类型	结构形式	图 示	特 点	适用场合
滑动导向模架	后侧导柱模架（GB 2851·3—81）	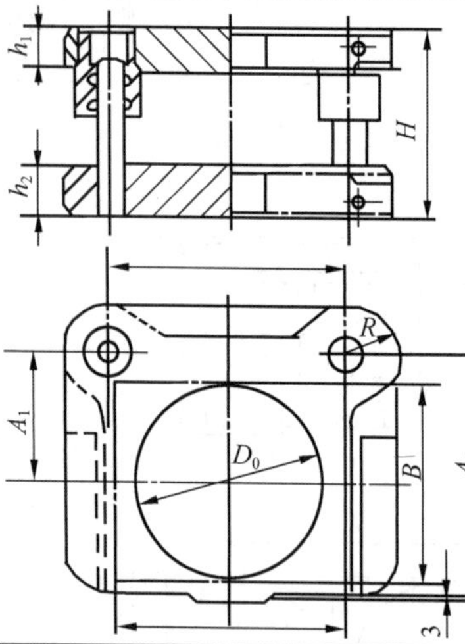	1. 两副导柱、导套均设置在模座的后侧 2. 可从左、右、前、后 4 个方向送料，送料方便 3. 冲压时振动导套，磨损不均匀，影响导向精度 4. 大尺寸模具，分模很困难，易搞裂导套	适用于薄板且尺寸精度要求不高的中、小型零件的各种冲压模
	后侧导柱窄形模架（GB 2851·4—81）	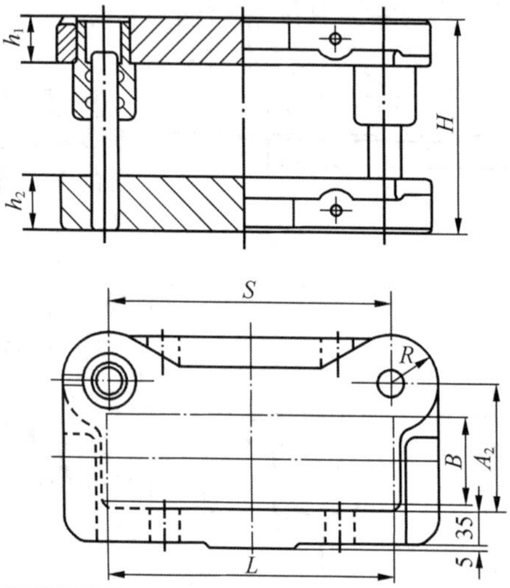		
	对角导柱模架〔A 型（GB 2851·1—81，B 型 GB 2851·2—81）〕	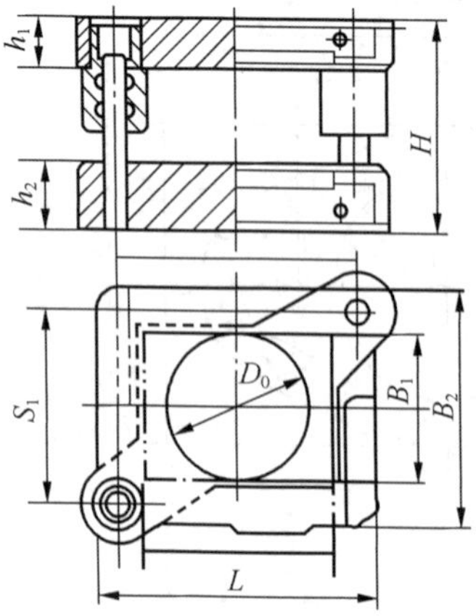	1. 两副导柱、导套均设置在模座的对角位置 2. 冲压时受力平稳，有较高的导向精度 3. 可从两个方向送料、退料	适用于精度要求较高或小间隙的冲裁模、级进模

续表

类型	结构形式	图示	特点	适用场合
滑动导向模架	四导柱模架（GB 82851·7—81）	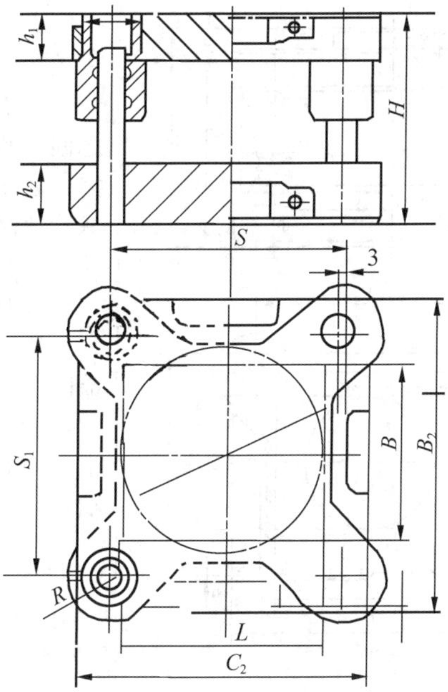	1. 四副导柱、导套分别设置在模座的4个角 2. 冲压时模架受力均匀且平稳，导向精度高	适合各种大型精密冷冲模
滚动导向模架	中间导柱模架（GB 2852·2—81）	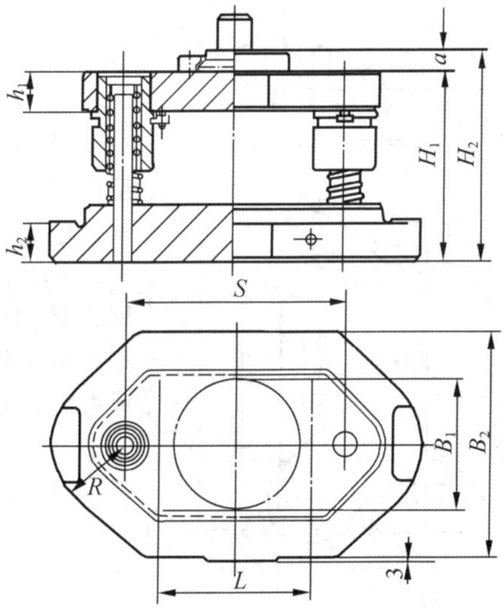	1. 导柱与导套之间采用滚动摩擦（若干个小钢球），磨损小，滑动灵活 2. 导向精度高 3. 磨损很小，寿命长 4. 模架外形与滑动导向模架类似	适合精度要求高的普通冲裁模和精冲模

类型	结构形式	图　示	特　点	适用场合
滚动导向模架	对角导柱模架（GB 2852·1—81）	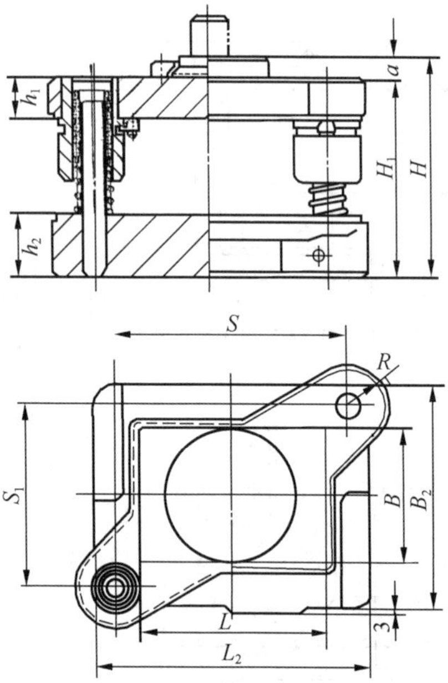	1. 导柱与导套之间采用滚动摩擦（若干个小钢球），磨损小，滑动灵活 2. 导向精度高 3. 磨损很小，寿命长 4. 模架外形与滑动导向模架类似	适合精度要求高的普通冲裁模和精冲模及级进模
	四导柱模架（GB 2852·3—81）	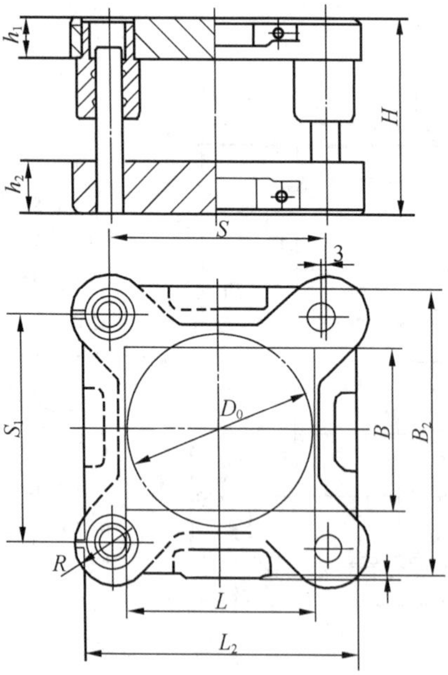	此种结构的模架除有上述特点外，它受力最均匀，活动最平稳，因而导向精度最高，模具寿命长，成本也最高	适合各种要求尺寸和形位精度要求很高的普通冲裁模、精冲模、级进模

类型	结构形式	图　示	特　点	适用场合
导板弹压模架	对角导柱模架（GB 2853·1—81）	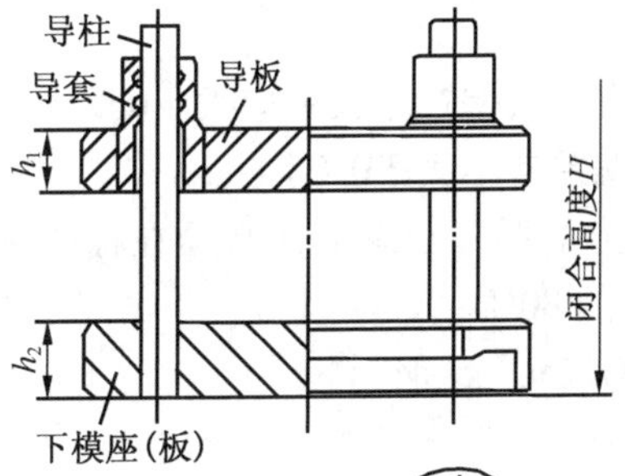 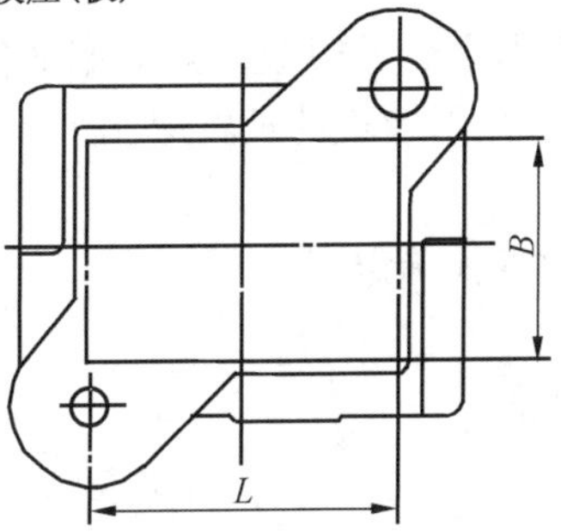	1. 利用导板对凸模进行导正 2. 导板上的导向孔完全按凸模断面形状加工 3. 在导板上设置有辅助导套和导柱，互相配合起导正作用 4. 凸模与导向孔之间采用 $H7/h6$ 配合	主要适用于精度要求很高的冲裁模
	中间导柱模架（GB 2853·2—81）			

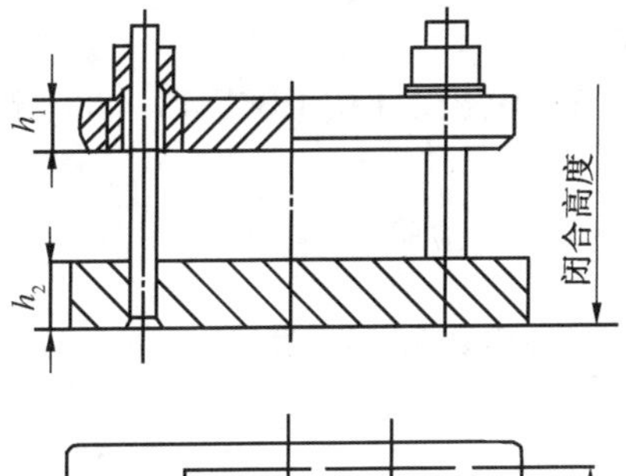

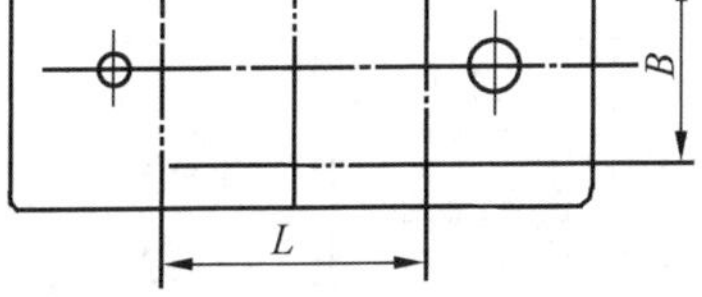

3．冷冲模模架的技术规格

冷冲模模架有滑动导向、滚动导向模架，中间、后侧及对角导柱模架，导板模，对角、中间导柱弹压模架等形式，它们的技术规格可查阅国标和相关资料。

4．冷冲模通用模座

冷冲模通用模座有带柄圆形、矩形上模座、HT20－40 铸铁模座、弯曲模下模座等，其图形和技术规格可查阅国标和相关资料。

5．冷冲模标准模板、垫板

其图形和技术规格可查阅国标和相关资料。

6．对模柄和模板的技术要求

（1）对模柄的技术要求

1）模柄的支撑面对轴心的垂直度偏差在全长不应大于0.2 mm；

2）模柄大小两直径的同心度偏差应不大于0.25 mm；

3）浮动模柄结构中，传递压力的凹、凸球面，必须在摇摆和旋转的情况下吻合，其吻合接触面积不少于应接触面积的80%；

4）模柄材料：可用Q235A、Q275、45钢。

（2）对模板的技术要求

1）对于圆形凹模，最好选用圆形上、下模板，其工作部位的轮廓要比凹模外轮廓直径大30～70 mm；对于矩形凹模，矩形模板的长度应比矩形凹模长40～70 mm，宽度比矩形凹模宽25 mm即可。

2）模板厚度应根据凹模厚度按下式确定：

$$H = (1.0 \sim 1.5) H_凹$$

式中　H——上、下模板的厚度（mm）；

　　　$H_凹$——凹模的厚度（mm）。

下模板外形尺寸应大于压力机工作台，漏料孔尺寸40～50 mm。

3）铸造模板的材质必须符合国家或部省级或企业标准要求，铸造后应进行热处理，以消除内应力，改善机械性能。

4）铸铁件要按GB 9439—88、球墨铸铁件按GB 1348—88、铸钢件按GB 11352—89选用。

5）铸造模板尺寸精度按表7-3加工检验。

表7-3　　　　　　　　　　　铸造模板的尺寸精度　　　　　　　　　　　（mm）

铸件最大尺寸	公　称　尺　寸					
	≤50	50～120	120～260	260～500	500～800	800～1 250
≤260	±0.5	±0.8	±1.0	—	—	—
260～500	±0.8	±1.0	±1.2	±1.5	—	—
500～1 250	±1.0	±1.2	±1.5	±2.0	±2.5	±3.0

6）未注明的铸造圆角半径尺寸为3～5 mm。

7）铸件不允许有夹渣、裂纹和直径大于3 mm的缩孔。

8）铸件内部不得有机械加工不能去掉的裂纹、夹层等缺陷。

9）铸件的非加工表面应清理干净，不得有刺手的毛刺飞边，其表面应涂保护漆。

10）所有模板的上、下两面的不平行度误差允许范围为冲裁类模具用模板：300∶0.03；成型类模具用模板：300∶0.05。

570

11）自由尺寸公差按国标 GB 1800—1804 八级精度要求。

12）模板上的导柱、导套孔必须与模板的基准面垂直，其垂直度允差为滚珠导柱模板：0.005：100；滑动导柱模板：0.01：100。

13）模板的非工作部分外缘铣边应加工成（1～4）×45°的倒角。

14）模板上、下平面的表面粗糙度要求为 Ra 1.60～0.40 μm，其余表面为 Ra 6.3～3.2 μm，四周非安装表面按非加工表面要求处理。

15）模板材料：一般用灰口铸铁（HT200、HT250）、铸钢（ZG25、ZG35）铸造而成，也可用 Q235、Q275、45 钢板切割加工。

7. 冷冲模模架的技术条件

见国家标准和相关资料。

（二）塑料模模架

1. 对塑料模模架的技术要求

（1）组成模架的零件应达到表 7-4 的加工要求，组装后运动应灵活轻便，无阻滞费力现象，并达到规定的平行度和垂直度要求。

表 7-4　　　　　　　　　　塑料模模架零件的加工要求

名　称	加工部位	条　件	要　求
动模板、定模板	厚度	平行度	300：0.02 以内
	基准面	垂直度	300：0.02 以内
	导柱孔	孔径公差	H7
	导柱孔	孔距公差	±0.02 mm
		垂直度	100：0.02 以内
导柱	压入部分直径	精磨	k6
	滑动部分直径	粗磨	f7
	直线度	无弯曲变形	100：0.02 以内
	硬度	淬火回火	HRC55 以上
导套	外径	磨削加工	k6
	内径	磨削加工	H7
	内外径关系	同轴度	0.01 mm
	硬度	淬火、回火	HRC55 以上

（2）分型面闭合后的贴合间隙应符合表 7-5 的要求。

表 7－5	模架组装后的精度要求	
模架组装后的精度	浇口板上平面对底板下平面的平行度	300∶0.05
	导柱、导套轴线对模板的垂直度	100∶0.02
	固定结合面间隙	不允许有
	分型面闭合时的贴合间隙	<0.03 mm

2．塑料模模架的结构形式、特点及应用

（1）塑料注射模中、小型模架（GB/T 12556·1—90）

1）模架组成零件名称及位置

模架组成零件的名称及位置见图7－1。

2）组合形式

①模架以模具所采用的浇注形式、制件脱模方法和定模、动模组成数分为基本型和派生型两类。

②基本型组合是以直接浇口（包括潜伏浇口）为主，其代号取 A，分为 A1型、A2 型、A3 型、A4 型 4 种，见图7－2 所示。

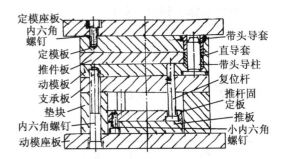

图 7－1　塑料注射模中、小型模架
组成零件名称及位置

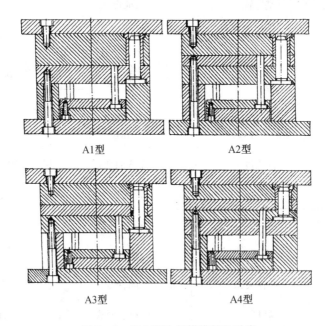

图 7－2　基本型注射模模架的种类

A1 型：推杆推制件、定模二模板、动模一模板组成。

A2 型：推杆推制件，定模、动模均由二模板组成。

A3 型：推件板推件，定模模板、动模模板组成同 A1 型，中间增加推件板。

572

A4 型：推件板推件，定模模板、动模模板组成同 A2 型，中间增加推件板。

③根据模具使用要求，模架的定模座、动模座可以做成带肩型（见图 7-2），也可做成无肩型。

④模架的导向零件、导柱可以采用带头导柱、带肩导柱或带肩定位导柱，导套可以采用直导套或带肩导套。

3）导柱、导套的安装形式

①导柱、导套根据使用要求分为正装（代号取 Z）、反装（代号取 F）两种，序号 1、2、3 分别采用带头导柱、带肩导柱、带肩定位导柱（见图 7-3）。

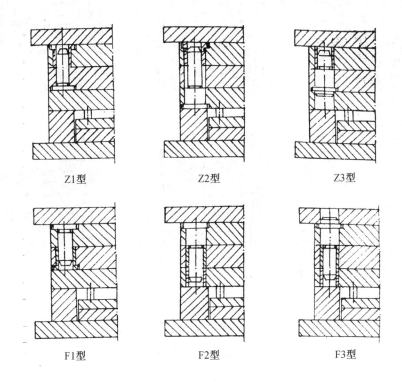

图 7-3 导柱、导套的安装形式

②导柱通过模板的数量和安装形式，允许承制单位按上条规定选用。

4）基本型模架组合尺寸

①组合尺寸为模板、推杆固定板、推板、垫块 4 个零件的平面配置尺寸；导柱和导套的孔径、孔位尺寸；复位杆和紧固螺钉的孔径、孔位尺寸（推荐性）以及模板、推板、垫块选用厚度尺寸。

②品种、系列、规格的区分：

品种：每一基本型或派生型的型号代表一个品种。

系列：依模板的每一周界尺寸划为一个系列，其中包括与该系列模板所应配制的其他零件尺寸。

规格：依同品种、同系列所选模板（A、B板）和垫块（C）厚度划分。

③模板导孔孔径公差取 H8。

④采用国际优先数和优先数列的下列模板尺寸，括号内数值在过渡期内使用：32（30）、63（60）、71（70）、125（120）、160（150）、315（300）、355（350）。

⑤模板周界尺寸使用括号内尺寸时，原组合零件的规定尺寸允许增减。

⑥基本型模架组合形式见图 7 - 4，基本型模架组合尺寸可查阅相关资料。

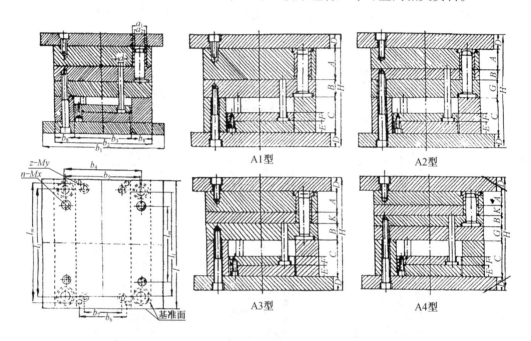

A1型　　A2型

A3型　　A4型

图 7 - 4　基本型模架组合形式

5）标记方法

①标记内容：标记项目为品种、系列、规格和导柱安装形式。

②标记项目的位置：

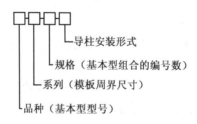

导柱安装形式

规格（基本型组合的编号数）

系列（模板周界尺寸）

品种（基本型型号）

③标记示例：

基本型 A2 型，模板周界尺寸 250 mm×400 mm，规格编号 16，导柱正装 Z2：

A2 - 250 400 - 16 - Z2　GB/T 12556 · 1—90

基本型 A3 型，模板周界尺寸 315 mm×355 mm，规格编号 16，导柱反装（F1）：

574

A3－315 355－16－F1　　GB 12556·1—90

④派生型组合的标记方法：其 P1 型、P2 型、P3 型、P4 型与基本型 A1 型、A2 型、A3 型、A4 型对应相同，其余品种型号、尺寸系列、导柱正反装可用代号表示，并依次（从上向下）列出各组成模板和垫块厚度，也可直接以简图标记。

6）模架的派生型组合

①派生型组合是以点浇口和多分型面为主的结构形式，其代号取 P，分为 P1 型到 P9 型 9 种，见图 7－5。

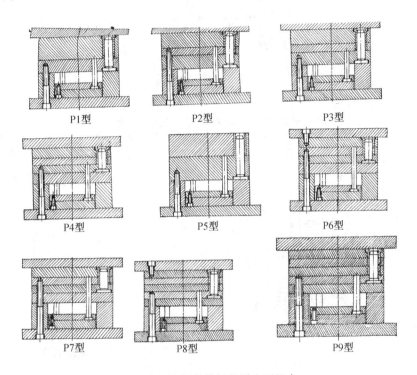

图 7－5　注塑模模架的派生型组合

②派生型组合中，未设置紧固螺钉的活动定模座板，使用什么方法（如螺钉、定距拉杆、定位拉板）使其不至于脱落，由承制单位自定。

③上述组合形式中的 5）③、④同样适用于派生型组合。

7）模架动模座结构

①模架动模座结构取代号 V 表示，分 V1 型、V2 型、V3 型 3 种（见图 7－6）。

②基本型和派生型模架动模座均采用 V1 型结构。需采用其他型时，应由供需双方协商。

（2）压塑模模架的结构形式、特点及应用

压塑模模架的结构主要分为移动式和固定式两种。这两种模架的结构形式、特点及应用见表 7－6。

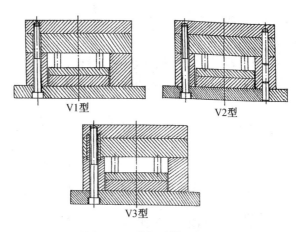

V1型　　　　V2型

V3型

图7－6　模架动模座结构

表7－6 　　　　　　　　　压塑模模架的结构形式、特点及应用

名称	结构图示	特点	适用场合
机外装卸开模架（移动式模架）	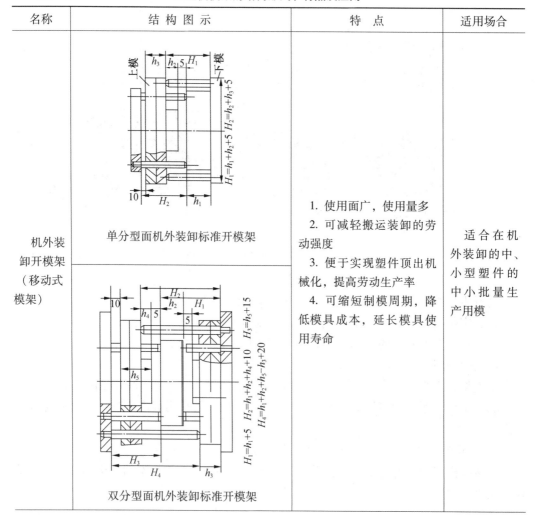 单分型面机外装卸标准开模架 双分型面机外装卸标准开模架	1. 使用面广，使用量多 2. 可减轻搬运装卸的劳动强度 3. 便于实现塑件顶出机械化，提高劳动生产率 4. 可缩短制模周期，降低模具成本，延长模具使用寿命	适合在机外装卸的中、小型塑件的中小批量生产用模

576

续表

名称	结 构 图 示	特 点	适用场合
固定式通用模架	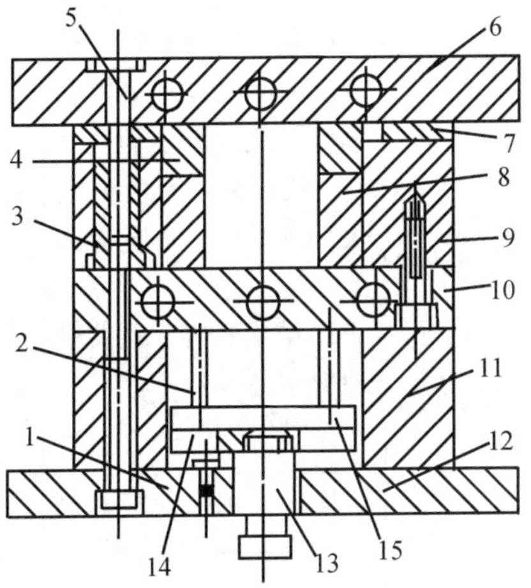 1—调整块 2—顶出杆 3—导套 4—上模 5—导柱 6—上模板 7—承压板 8—下凸模 9—型腔套 10—加热板 11—支撑板 12—下模板 13—尾轴 14—顶杆垫板 15—顶板 固定式压塑模通用模架结构	1. 能安装不同形状尺寸的压塑件的压塑模型腔件，模架的通用性强 2. 采用此模架可大大节省材料与加工工时，缩短制模周期 3. 大大降低模具和塑件的成本	适合在机外装卸的中、小型塑件的中小批量生产用模

（三）压铸模模架

1. 对压铸模模架的技术要求

压铸模要承受180（低熔点合金液）～900 ℃（铜合金液）的高温和150～1 000 kg的巨大压射力及每小时30～75次的高温循环应力作用，这就要求其模架的技术性能比其他型腔模的要高。

（1）模架应有足够的刚性，在承受压铸机的锁模力的情况下不发生变形。

（2）模架不宜过于笨重，以便装卸、修理和搬运，并减轻压铸机的负荷。

（3）型腔的反压力中心应尽可能接近压铸机的合模力中心，以防压铸机受力不均造成锁模不严密。

（4）模架在压铸机上的安装位置应与压铸机的规格或通用模座一致。安装时其推出机构受力中心应与压铸机的推出装置基本一致。

（5）在动、定模模架上应设置吊环螺钉，以便于吊运和装卸。

（6）对设有抽芯机构的模具，其模板边框应满足导滑长度和设置楔块的要求。

（7）模具的总厚度必须大于所选用压铸机的最小合模间距。

2. 压铸模模架的结构形式、特点及应用

压铸模模架是固定和设置成型镶块、浇道镶块、浇口套以及抽芯机构、导向零件的基体架构。它的基本形式有4种，从此4种基本形式中又派生出一种通用模架（见表7－7）。

表 7-7　　　　　　　　　　　　压铸模模架的结构形式、特点及应用

类型或名称	结 构 图 示	组成及特点	适用场合
不通孔模架	1—定模套板　2—定模镶块　3—动模套板 4—动模镶块　5—浇道镶块	1. 动、定模分别由动模套板 3 和定模套板 1 单体形成，定模镶块 2 和动模镶块 4 及浇道镶块 5 均用螺钉紧固在模架上 2. 结构紧凑，组成零件少	适合形状结构比较简单的无通孔的压铸件用单腔模
通孔模架	1—定模座板　2—定模镶块　3—定模套板 4—动模套板　5—支承板　6—动模镶块　7—浇道镶块	1. 动、定模分别由动模套板 4 和定模套板 3、支承板 5、定模座板 1 组成，镶块 2、6、7 固定在套板内，由支承板、定模座板压紧 2. 加工性能好，但设计时应注意支承板 5 的强度要足够，以防镶块受压力时变形而影响压铸件的尺寸精度	适合形状比较复杂的有通孔压铸件用多腔模或组合镶块模采用
推出机构为卸料板的模架	1—定模座板　2—定模套板 3—定模镶块　4—卸料板镶块 5—卸料板　6—卸料板导套 7—动模套板　8—支承板 9—动模型芯　10—紧固螺钉	1. 动模模架由卸料板 5、动模套板 7、支承板 8 等组成。动模型芯 9 固定在动模套板 7 上，卸料板镶块 4 固定在卸料板 5 上，卸料板由卸料板导套 6 导向滑动，开模后推杆将Ⅱ-Ⅱ分型面推开，通过卸料板推出压铸件 2. 此结构铸件在脱模时受力均匀，不易产生变形 3. 卸料在推出状态时将型芯挡住，不便于喷（刷）涂料 4. 模架组成的零件较多	适合有侧抽芯的压铸模

578

类型或名称	结 构 图 示	组成及特点	适用场合
带有抽芯机构的模架	 1—定模组合镶块　2—定模座板 3—定模套板　4—动模套板 5—动模组合镶块　6—支承板	动、定模架分别由动模套板 4 和定模套板 3、定模座板 2、支承板 6 组成，动、定模组合镶块 1、5 固定在导板内，由座板、支承板压紧（在不通孔镶块的模架上不需要座板和支承板）。动、定模模架上均设有抽芯机构各元件	适合形状结构复杂、有多个不同方向抽芯的压铸模
有斜滑块的模架	 1—定模套板　2—定模镶块 3—动模套板　4—斜滑块 5—动模型芯　6—支承板	动模模架由动模套板 3、支承板 6 等组成，动模型芯 5 采用不通孔的形式固定在支承板 6 上，在斜滑块 4 上形成型腔，在推出铸件的同时完成抽芯动作	适用于铸件侧面有较浅凹槽或孔及外形阻碍出模的模具

类型或名称	结 构 图 示	组成及特点	适用场合
卧式压铸机采用中心浇口的模架	1—限位板　2—限位块 3—定模座板　4—定模镶块 5—定模活动套板　6—动模镶块 7—动模型芯　8—支承板　9—动模套板	1. 定模模架由定模座板 3、定模活动套板 5、限位板 1 和限位块 2 等组成。开模时靠铸件对动模型芯 7 的包紧力、压射冲头送料的推力、定模活动套板 5 和余料一起随动模运动打开 I - I 分型面，继续开模至限位板 1 与限位块 2 相接触时阻止定模活动套板 5 的移动而拉断余料（或采用其他切料机构切断余料），并把 II - II 分型面打开，最后由推出机构将铸件从型芯上推出 2. 合金液充型速度快，充型效果好，可压注的深度大	1. 适合各种中心浇口在卧式压铸机上压铸的压铸模 2. 适合形状复杂、质量大的压铸件用压铸模
标准模架	1—定模底板　2—定模板 3—导柱　4—导套　5—支承板 6—垫板　7—支撑板　8—顶件板 9—顶件垫板　10—支持板　11—推杆 12—动模套　13—动模型芯 14—定模型芯　15—底板	1. 模架由定模板 2、定模底板 1 组成的定模部分和由动模套 12、底板 15、垫板 6 及支撑板 7 组成的动模部分和顶出卸料机构（由顶件板 8、顶件垫板 9、支持板 10、推杆 11 组成）和导向机构组成 2. 结构简单，制造较容易，成本较低 3. 通用性强，可用于不要抽芯机构的各种形状尺寸的压铸模	适合没有抽芯机构的各种形状、尺寸的压铸模

三、模架的制造

由于本书篇幅所限，本书仅介绍用量最大的冷冲模模架零件的加工方法，其装配方法和其他模具用模架零件的加工工艺及模架的装配、调试等内容略。

冷冲模模架零件的加工方法

1．模柄

（1）模柄的结构形式

表7-8　　　　　　　　　　　模柄的结构形式、特点及应用

类型	简　图	特　　点	适用场合
压入式模柄	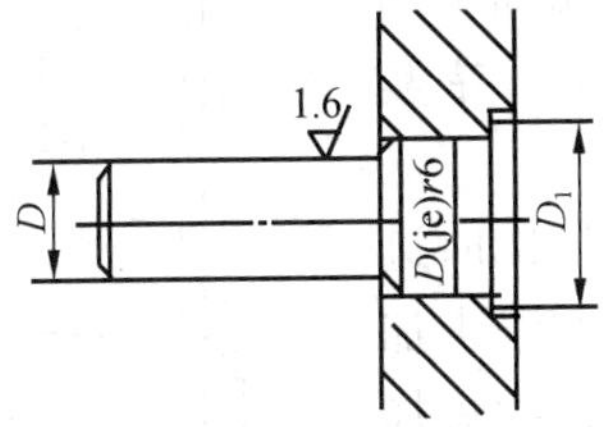	通用性强，应用广泛，与模板的安装孔应加工成Ⅱ级精度第一种过渡配合，以保证较高的装配精度	适合各种冲模
旋入式模柄	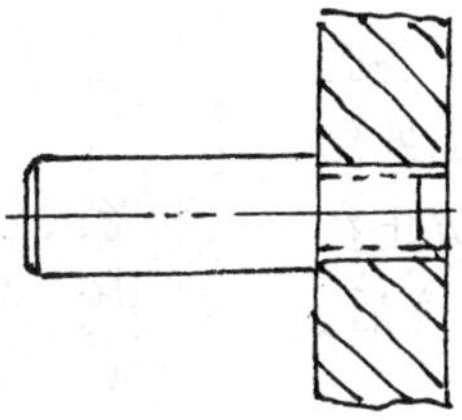	通过模柄上的螺纹与模板上的螺纹以旋入方式连接	适合于一般精度要求的冲模
螺钉固定式模柄	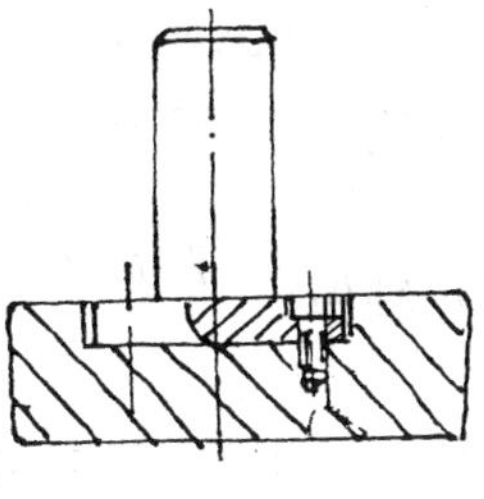	利用螺钉把模柄固定在模板上。拆装都很简单方便，牢固可靠	适用于大型冲模
浮动式模柄	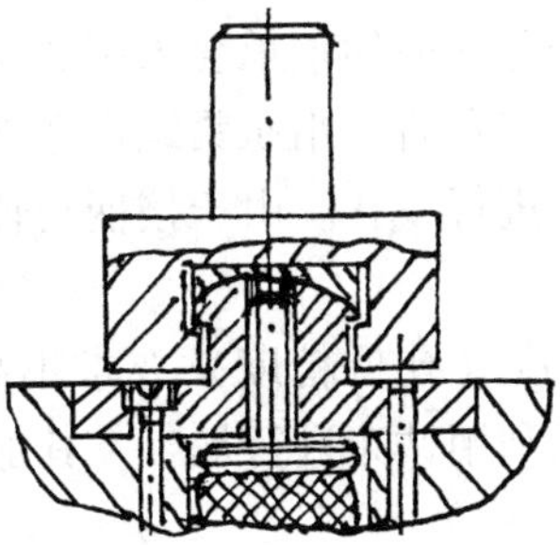	因模柄下有球面形的零件相扣合，能在冲压中自动弥补压力机导轨精度误差对冲模导向精度的影响。但结构复杂，加工困难	适用于精度要求高的薄板及小孔冲压件用冲模

581

（2）对模柄的技术要求

1）模柄的支撑面对轴心的垂直度偏差在全长要求应不大于 0.2 mm。

2）模柄大小两个直径的同心度要求应不大于 0.25 mm。

3）浮动模柄的结构中，传递压力的凹、凸球面，必须在摇摆和旋转的情况下吻合，其吻合接触面积不少于应接触面积的 80%。

（3）模柄材料

Q235A、Q275、45 号钢。

2．模柄和模板的加工

（1）模柄采用车、铣、钻床加工成型。

（2）模板的加工。

1）铸造毛坯经退火热处理后，采用刨床、磨床加工到符合图纸要求后，主要加工内容是镗导柱孔、导套孔。

2）多采用把上、下模板叠起来对齐、对正四周同时进行划线、钻孔、镗孔，并采用螺钉孔、销钉孔的方法来加工。这样既可保证各板的尺寸一致，又简化工序，缩短加工时间。

3）为保证上、下模板的上述各孔位的距离一致，各孔心严格对准，可采取在上、下模板的非安装用的空位处钻工艺用固定螺钉孔，并用几个螺钉紧固的方法，以防止在钻孔、铰孔、镗孔时把上、下模板错动。在模具加工完后，再把此工艺螺钉孔堵死磨平。

4）镗孔前的预钻孔应注意为镗孔留 1.5～2.5 mm 的加工余量。

5）根据孔的大小，选用台钻、立钻或摇臂钻来钻削上述各孔。

6）镗孔可根据情况选用卧式双轴镗床或立式双轴镗床。

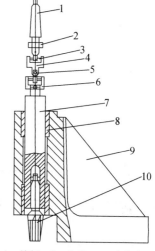

1—接柄　2—上座　3—十字头
4—中接座　5—销钉　6—下接座
7—转轴　8—轴承套　9—支座
10—铰刀

图 7-7　专用铰孔工具

7）铰孔。铰销钉孔、导柱孔、导套孔，既可用钻床，也可用图 7-7 所示的专用铰孔工具。专用铰孔工具由主轴支座 9、转轴 7、十字头 3、接柄 1 和铰刀 10 组成。支座底平面与转轴 7 孔的不垂直度不超 0.02 mm，转轴与支座的轴承套采用Ⅱ级或Ⅰ级精度滑配合。铰孔时应把铰刀插进转轴，并对准导柱安装孔后，用压紧螺钉把支座压紧在模板上平面上。当把接柄插进钻床后，即可开动钻床进行铰孔。由于接柄与转轴面是采用十字头连接，故铰孔不受钻床精度的影响。

8）利用钻床加工导柱、导套孔。对于形位精度（孔位精度）要求不高的销钉孔、导柱孔、导套孔，在没有镗床的情况下，完全可以利用钻床进行加工，其加工方法见表 7-9。

表7-9　　　　　　　　　　　用摇臂钻床加工导柱、导套孔的方法

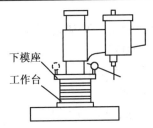

下模座
工作台

序号	内　　容	操作步骤说明
1	校正	将上模板放在工作台上，把千分表装在机床主轴上，转动摇臂校正下模板的平面。模板平行度、垂直度的调整既可用垫片，也可通过倾斜工作台来调整
2	钻毛坯孔	按划线钻孔，用小于锥孔小端尺寸0.5 mm的钻头钻透孔
3	镗孔	在毛坯孔内镗孔，镗孔后应留精铰余量0.5～0.6 mm
4	铰孔	用专用铰刀在钻床上铰出锥孔到所需尺寸
5	加工第二个锥孔	重复上述工序加工第二个导柱锥孔
6	镗沉孔	将模座翻转过来，锪孔

　　在钻床上加工导柱安装孔的方法，是把导柱的安装端设计成锥形，插入模板孔（按表7-9的方法加工）后，底下用螺母把导柱紧固在模板上，见图7-8。

　　利用普通钻床加工导柱孔、导套孔、销钉孔等孔时，应注意以下几点：①模板的上、下平面的平行度和表面粗糙度要求一定要保证图纸上所有的各项规定。②铰孔前，应按导柱孔的位置划线，并预钻出比导柱锥度小端直径小 0.08 mm 的圆孔。③铰孔中，钻床的转速不要太高，对于灰口铁铸造模板，其转速应为 60～90 r/min，对铸钢模板，其转速应为60 r/min 以下。

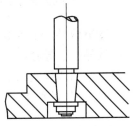

图7-8　锥形导柱

④铰孔中，应用煤油做冷却液，不能采用机油做冷却液。⑤钻孔工具的支座与模板之间采用压紧螺钉紧固牢靠，不得松动。

　　这种结构仅适用于小型的孔位精度要求不高的模具，因为锥孔较难加工，位置精度也较难保证。

　　（3）导向零件的加工

　　导向零件是影响模具导向和冲压精度及模具寿命的关键零件，也是模架的核心零件，因此导向零件的加工十分重要。

　　1）对导向零件的要求

　　①导柱、导套、滚珠卡的结构，尺寸精度，表面粗糙度，材质和热处理工艺及要求均应符合模具设计图的要求。

②导柱、导套的工作部分对配合部分的直径的不同轴度允差不得超过工作部分直径所允许的1/2。

③导柱、导套工作部分的不圆度允差应满足下列要求：

直径 $d \leqslant 30$ mm 时，允差为 0.000 3 mm；

直径 $d > 30$ mm 时，允差为 0.005 mm；

直径 $d \geqslant 60$ mm 时，允差为 0.008 mm。

④导柱与导套的配合精度要按照表7-10的要求加工和检验。

表7-10 导柱与导套的配合精度 （mm）

| 配合形式 | 导柱直径 | 模架精度等级 | | 配合后的过盈量 |
| | | I 级 | II 级 | |
		配合后的间隙值		
滑动配合	≤18	≤0.010	≤0.015	
	18~28	≤0.011	≤0.018	
	28~50	≤0.013	≤0.020	
	50~80	≤0.05	≤0.025	
	80~100	≤0.018	≤0.028	
滚动配合	>18~35			0.010~0.020

注：I 级精度模架的导柱和导套的配合精度为 $H6/h5$，II 级精度模架的导柱和导套的配合精度为 $H7/h6$。

⑤滚珠导柱用的滚珠卡，应保证其全部滚珠在孔内铆装后能自由旋转而不掉下来。

⑥导柱、导套进行渗碳处理时，其工作表面上的渗碳层应均匀，深渗层厚度应达到模具设计图所规定的范围。

2）导柱的加工

表7-11 导柱的加工工艺

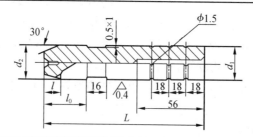

序号	名 称	加 工 说 明
1	备料	材料：20#圆钢，按长度要求锯切，并留有一定的车削加工余量
2	车削	粗车到尺寸，外圆留 0.5 mm 的磨削余量

序号	名　称		加 工 说 明
3	热处理		1. 渗碳：按渗碳工艺在表面层厚度为0.8 mm内均匀渗入碳离子 2. 渗碳后淬硬到 HRC58～62
4	磨削加工		在外圆磨床上磨外圆到所需尺寸，并留 0.010～0.015 的研磨、抛光余量
5	研磨抛光	用圆盘式研磨机研磨	把导柱装在圆盘式研磨机隔板内，并在上、下研磨盘之间做偏心运动研磨时，导柱运动方向做周期性变更，使研磨剂分布均匀。导柱表面研磨痕迹纵横交错，使其磨损均匀 在研磨时，为防止出现鼓形及多边形，研磨速度应先慢速研磨以改善形状缺陷，然后再逐渐提高速度 研磨时，采用 M28 金刚砂，用机油调匀做研磨剂
		用车床进行研磨	将导柱装夹在车床上，导柱表面均匀地涂上一层研磨剂，套上研磨环。导柱由机床带动旋转，用手握住研磨环沿轴线方向往复运动进行研磨，见下图。调节研磨环上的压紧螺钉，可控制研磨量的大小 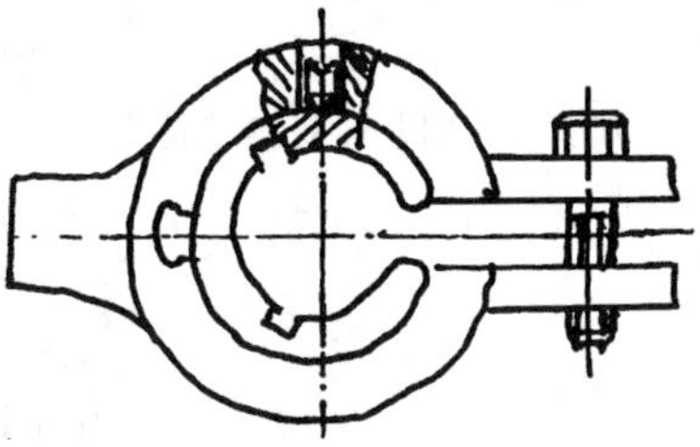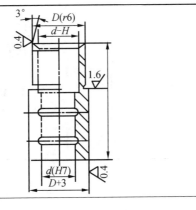

3）导套的加工

加工导套有两种方法：一是用20#圆钢车削出导套孔，二是采用挤压法加工出导套孔。采用车削法加工导套的工艺方法。

表 7－12　　　　　　　　　车床加工导套的方法

序号	名　　称		操作步骤及说明
1	备料		1. 考虑装夹及车削余量，锯割20[#]圆钢 2. 要求锯口与圆钢棒轴线垂直，两锯口齐平
2	车削		1. 按图纸要求粗车成型 2. 车内孔，留 0.5 mm 左右的磨削余量
3	化学热处理		1. 按渗碳工艺渗碳，使渗碳层深度达到0.8～1.2 mm 2. 检查渗碳层硬度是否达到 HRC58～62，如未达到则继续进行渗碳一段时间
4	磨削		将工件装夹在内圆磨床上磨内孔，并留研磨、抛光余量0.01～0.015 mm
5	研磨	方法一：用立式双轴研磨机研磨 方法二：用普通研磨工具研磨	利用立式双轴研磨专用机床对导套进行研磨。用前述M28 金刚砂加机油作研磨剂研磨导套内孔，边研磨边检查内孔尺寸，防止研磨过量而使内孔直径不合格 1. 将研磨工具装夹在车床上，并均匀地涂上上述研磨剂 2. 套上导套并用尾架顶住 3. 调整研磨工具与导套的松紧度（合适的松紧标准是用手转动导套时，感觉不十分费劲） 4. 开动车床，带动研磨工具旋转，用手握住导套不转动，只让它做沿轴向的来回移动来进行研磨 5. 边研磨边测量内孔尺寸，防止研磨过量而使内孔尺寸不合格 研磨工具的结构形状如下图所示，旋转调节螺母可使研磨套径向胀大或缩小，以调节研磨套与导套内孔的间隙，以控制研磨量的大小 1—调节螺母　2—研磨套　3—调节杆 研磨工具结构形状